2018 版安徽省建设工程计价依据

安徽省安装工程计价定额

(第三册·上)

静置设备与工艺金属结构制作安装工程

主编部门：安徽省建设工程造价管理总站

批准部门：安徽省住房和城乡建设厅

施行日期：2 0 1 8 年 1 月 1 日

中国建材工业出版社

图书在版编目（CIP）数据

安徽省安装工程计价定额．第三册，静置设备与工艺金属结构制作安装工程：全2册/安徽省建设工程造价管理总站编．—北京：中国建材工业出版社，2018.1
(2018.1)重印
（2018版安徽省建设工程计价依据）
ISBN 978－7－5160－2068－5

Ⅰ.①安…　Ⅱ.①安…　Ⅲ.①建筑安装—工程造价—安徽②石油化工—化工设备—建筑安装—工程造价—安徽③金属结构—建筑安装—工程造价—安徽　Ⅳ.①TU723.34

中国版本图书馆CIP数据核字（2017）第264868号

安徽省安装工程计价定额（第三册·上、下）静置设备与工艺金属结构制作安装工程
安徽省建设工程造价管理总站　编

出版发行：中国建材工业出版社
地　　址：北京市海淀区三里河路1号
邮　　编：100044
经　　销：全国各地新华书店
印　　刷：北京鑫正大印刷有限公司
开　　本：787mm×1092mm　1/16
印　　张：64
字　　数：1570千字
版　　次：2018年1月第1版
印　　次：2018年1月第2次
定　　价：265.00元（全二册）

本社网址：www.jccbs.com　　微信公众号：zgjcgycbs
本书如出现印装质量问题，由我社市场营销部负责调换。联系电话：(010)88386906

安徽省住房和城乡建设厅发布

建标〔2017〕191号

安徽省住房和城乡建设厅关于发布2018版安徽省建设工程计价依据的通知

各市住房城乡建设委（城乡建设委、城乡规划建设委），广德、宿松县住房城乡建设委（局），省直有关单位：

为适应安徽省建筑市场发展需要，规范建设工程造价计价行为，合理确定工程造价，根据国家有关规范、标准，结合我省实际，我厅组织编制了2018版安徽省建设工程计价依据（以下简称2018版计价依据），现予以发布，并将有关事项通知如下：

一、2018版计价依据包括：《安徽省建设工程工程量清单计价办法》《安徽省建设工程费用定额》《安徽省建设工程施工机械台班费用编制规则》《安徽省建设工程计价定额（共用册）》《安徽省建筑工程计价定额》《安徽省装饰装修工程计价定额》《安徽省安装工程计价定额》《安徽省市政工程计价定额》《安徽省园林绿化工程计价定额》《安徽省仿古建筑工程计价定额》。

二、2018版计价依据自2018年1月1日起施行。凡2018年1月1日前已签订施工合同的工程，其计价依据仍按原合同执行。

三、原省建设厅建定〔2005〕101号、建定〔2005〕102号、建定〔2008〕259号文件发布的计价依据，自2018年1月1日起同时废止。

四、2018版计价依据由安徽省建设工程造价管理总站负责管理与解释。在执行过程中，如有问题和意见，请及时向安徽省建设工程造价管理总站反馈。

安徽省住房和城乡建设厅

2017年9月26日

编制委员会

主　　任　宋直刚

成　　员　王晓魁　王胜波　王成球　杨　博

　　　　　江　冰　李　萍　史劲松

主　　审　王成球

主　　编　姜　峰

副 主 编　陈昭言

参　　编（排名不分先后）

　　　　　王宪莉　刘安俊　许道合　秦合川

　　　　　李海洋　郑圣军　康永军　王金林

　　　　　袁玉海　陆　戎　何　钢　荣豫宁

　　　　　管必武　洪云生　赵兰利　苏鸿志

　　　　　张国栋　石秋霞　王　林　卢　冲

　　　　　严　艳

参　　审　朱　军　陆厚龙　宫　华　李志群

总 说 明

一、《安徽省安装工程计价定额》以下简称“本安装定额”，是依据国家现行有关工程建设标准、规范及相关定额，并结合近几年我省出现的新工艺、新技术、新材料的应用情况，及安装工程设计与施工特点编制的。

二、本安装定额共分为十一册，包括：

第一册　机械设备安装工程

第二册　热力设备安装工程

第三册　静置设备与工艺金属结构制作安装工程（上、下）

第四册　电气设备安装工程

第五册　建筑智能化工程

第六册　自动化控制仪表安装工程

第七册　通风空调工程

第八册　工业管道工程

第九册　消防工程

第十册　给排水、采暖、燃气工程

第十一册　刷油、防腐蚀、绝热工程

三、本安装定额适用于我省境内工业与民用建筑的新建、扩建、改建工程中的给排水、采暖、燃气、通风空调、消防、电气照明、通信、智能化系统等设备、管线的安装工程和一般机械设备工程。

四、本安装定额的作用

1．是编审设计概算、最高投标限价、施工图预算的依据；

2．是调解处理工程造价纠纷的依据；

3．是工程成本评审，工程造价鉴定的依据；

4．是施工企业编制企业定额、投标报价、拨付工程价款、竣工结算的参考依据。

五、本安装定额是按照正常的施工条件，大多数施工企业采用的施工方法、机械化装备程度、合理的施工工期、施工工艺、劳动组织编制的，反映当前社会平均消耗量水平。

六、本安装定额中人工工日以“综合工日”表示，不分工种、技术等级。内容包括：基本用工、辅助用工、超运距用工及人工幅度差。

七、本安装定额中的材料：

1．本安装定额中的材料包括主要材料、辅助材料和其他材料。

2．本安装定额中的材料消耗量包括净用量和损耗量。损耗量包括：从工地仓库、现场集中堆放地点或现场加工地点至操作或安装地点的现场运输损耗、施工操作损耗、施工现场堆放损耗。凡能计量的材料、成品、半成品均逐一列出消耗量，难以计量的材料以“其他材料费占材料费”百分比形式表示。

3．本安装定额中消耗量用括号“（ ）”表示的为该子目的未计价材料用量，基价中不包括其价格。

八、本安装定额中的机械及仪器仪表：

1．本安装定额的机械台班及仪器仪表消耗量是按正常合理的配备、施工工效测算确定的，已包括幅度差。

2．本安装定额中仅列主要施工机械及仪器仪表消耗量。凡单位价值2000元以内，使用年限在一年以内，不构成固定资产的施工机械及仪器仪表，定额中未列消耗量，企业管理费中考虑其使用费，其燃料动力消耗在材料费中计取。难以计量的机械台班是以“其他机械费占机械费”百分比形式表示。

九、本安装定额关于水平和垂直运输：

1．设备：包括自安装现场指定堆放地点运至安装地点的水平和垂直运输。

2．材料、成品、半成品：包括自施工单位现场仓库或现场指定堆放地点运至安装地点的水平和垂直运输。

3．垂直运输基准面：室内以室内地平面为基准面，室外以安装现场地平面为基准面。

十、本安装定额未考虑施工与生产同时进行、有害身体健康的环境中施工时降效增加费，实际发生时另行计算。

十一、本安装定额中凡注有“××以内”或“××以下”者，均包括“××”本身；凡注有“××以外”或“××以上”者，则不包括“××”本身。

十二、本安装定额授权安徽省建设工程造价总站负责解释和管理。

总 目 录

册说明

一、第三册《静置设备与工艺金属结构制作安装工程》以下简称“本册定额”，适用于静置设备、金属储罐、气柜制作安装，球形罐组对安装，工艺金属结构制作安装等工程。

二、本定额编制的主要技术依据有：

1.《压力容器》GB 150.1～150.4-2011；

2.《石油化工钢制压力容器》SH/T 3074-2007；

3.《现场设备、工业管道焊接工程施工规范》GB 50236-2011；

4.《石油化工静设备现场组焊技术规程》SH/T 3524-2009；

5.《石油化工不锈钢复合钢焊接规程》SH/T 3527-2009；

6.《钢制焊接常压容器》NB/T 47003.1-2009；

7.《固体料仓》NB/T 47003.2-2009；

8.《大型设备吊装工程施工工艺标准》SH/T 3515-2003；

9.《石油化工钢结构工程施工质量验收规范》SH/T 3507-2011；

10.《金属材料熔焊质量要求》GB/T 12467.1～12467.5-2009；

11.《钢结构设计规范》GB 50017-2012 征求意见稿；

12.《钢结构工程施工规范》GB 50755-2012；

13.《钢结构工程施工质量验收规范》GB 50205-2001；

14.《金属焊接结构湿气式气柜施工及验收规范》HG J 212-1983；

15.《钢结构焊接规范》GB 50661-2011；

16.《钢结构用扭剪型高强度螺栓连接副》GB/T 3632-2008；

17.《钢制球形储罐》GB 12337-2014；

18.《球形储罐施工规范》GB 50094-2010；

19.《钢制球形储罐型式与基本参数》GB/T 17261-2011；

20.《现场设备、工业管道焊接工程施工质量验收规范》GB 50683-2011；

21.《石油化工球形储罐施工技术规程》SH/T 3512-2011；

22.《承压设备无损检测》NB/T 47013.1～47013.13-2015；

23.《建筑工程施工质量验收统一标准》GB 50300-2013；

24.《石油化工立式圆筒形钢制储罐施工技术规程》SH/T 3530-2011；

25.《石油化工球形储罐施工技术规程》SH/T 3512-2011；

26.《石油化工铝制料仓施工质量验收规范》SH/T 3513-2009；

27.《塔盘技术条件》JB 1205-2001；

28.《容器支座》JB/T 4712.1～4712.4-2007；

三、脚手架搭拆费按定额人工费的10%计算，其费用中人工费占35%。

目　录

第一章　静置设备制作

第二章　静置设备安装

第一章 静置设备制作

说　明

一、本章定额适用于碳钢、低合金钢、不锈钢Ⅰ、Ⅱ类金属容器、塔器、热交换器的整体、分段、分片制作，以及容器、塔器、热交换器的人孔、手孔、接管、鞍座、支座、地脚螺栓、设备法兰等的制作与装配。

二、本章定额内的容器、塔器、热交换器制作主体项目均不包括以下工作内容：

1. 各种角钢圈、支撑圈及加固圈的煨制。

2. 胎具的制作、安装与拆除。

3. 附设的梯子、平台、栏杆、扶手的制作安装。

4. 压力试验与无损探伤检测。

5. 预热、后热与整体热处理。

6. 工艺评定及产品试板检验。

三、外购件（外协件）按采购价计入主材费。

四、主材利用率

筒体（常压）	圆形平底盖	伞形顶盖	法　兰		鞍（支）座	地脚螺栓	接管
			≤Φ500	＞Φ500			
95%	75%	70%	30%	55%	84%	93%	90%

注：1. 金属常压容器套用“筒体（常压）”利用率。

2. 人孔、手孔、接管补强板损耗按筒体主材利用率计算，工程量可计入筒体中。

3. 短管按接管制作的利用率。

4. 设备法兰制作，按法兰外径的尺寸计算主材利用率；外购法兰按成品外购件计算。

5. 各部件材料毛重=各部件金属净重/该部件主材利用率。

6. 主材费=Σ（各部件金属材料单价×各部件材料毛重）。

五、下述内容可按外购件另计：

1. 平焊法兰、对焊法兰、弯头、异径管、标准紧固件、液面计、电动机、减速机等。

2. 塔器浮阀、卡子。

3. 未列入国家、省、市产品目录，以图纸委托加工的铸件、锻件以及特殊机械加工件。

六、有关定额项目说明：

1. 金属材质是分别以碳钢、低合金钢、不锈钢的制造工艺进行编制的。除超低碳不锈钢按不锈钢定额乘以系数 1.35 调整外，其余材质不得调整定额。如设计采用复合钢板时，按复合层的材质执行相应定额项目。

2.关于设备制作胎具项目：

(1)主材用量是按摊销量进入定额的。

(2)封头制作胎具以“封头个数”计算，即每制作一个封头，计算一次胎具。

(3)筒体卷弧胎具是按设备筒体重量综合取定，以“t”为计量单位。

七、设计结构与定额取定的结构不同时，按下列规定计算：

1.金属容器制作：

（1）当碳钢、不锈钢平底平盖容器有折边时，执行椭圆形封头容器相应定额项目；当碳钢、不锈钢锥底平盖容器有折边时，执行锥底椭圆封头容器的相应定额项目。

（2）无折边球形双封头容器制作，执行同类材质的锥底椭圆封头容器的相应定额项目。

（3）蝶形封头容器制作，执行椭圆封头容器相应定额项目。

（4）矩形容器按平底平盖定额乘以系数1.1。

（5）金属容器的内件已按各类容器综合考虑了简单内件和复杂内件的含量。除带有内角钢圈、筛板、栅板等特殊形式的内件，执行填料塔相应定额项目外，其余不得调整。

（6）夹套式容器按内外容器的容积分别执行本定额相应项目并乘以系数1.1。

（7）当立式容器带有裙座时，应将裙座的金属重量并入到容器本体内计算。

（8）当碳钢椭圆双封头容器设计压力PN＞1.6MPa时，执行低合金钢容器相应项目。当不锈钢椭圆双封头容器设计压力PN＞1.6MPa时，定额乘以系数1.1。

2.塔器制作：

（1）塔器内件采用特殊材质时，其内件另行计算。

（2）碳钢塔的内件为不锈钢时，则内件价格另计，其余部分执行填料塔相应项目，定额乘以系数0.9。

（3）当塔器设计压力PN＞1.6Mpa时，按相应定额乘以系数1.1。

（4）组合塔(两个以上封头组成的塔)应按多个塔计算，塔的个数按各组段计算，并按每个塔段重量分别执行相应定额项目。

3.热交换器制作：

（1）定额中热交换器的管径均按Φ25mm考虑，若管径不同时可按系数调整。当管径＜Φ25时，乘以系数1.1；当管径＞Φ25时，乘以系数0.95。

（2）热交换器如要求胀接加焊接再胀接时，按胀接定额乘以系数1.15。

（3）当热交换器设计压力PN＞I.6MPa时，按相应定额乘以系数1.08。

工程量计算规则

1. 金属容器、塔器、热文换器的“容积”是指按制造图示尺寸计算（不考虑制造公差）以“m³”表示，不扣除内部附件所占体积。“金属净重量”是指以制造图示尺寸计算的金属重量，以“t”为计算单位。

2. 金属容器、塔器、热交换器的设备重量，以金属净重量“t”为计量单位，不扣除开孔割除部分的重量；不包括外部附件(人、手孔、接管、鞍座、支座)和内部防腐、刷油、绝缘及填充物的重量。塔器的工程量应包括基础模块的重量。

3. 外购件和外协件的重量应从制造图的重量内扣除，其单价另行计算。

4. 计算材料消耗量时，应以金属净重量区分各结构组成部分的材质，按定额规定的主材利用率分别计算。

5. 鞍座、支座制作，按制造图纸的金属净重量，以“t”为计算单位。

6. 人孔、手孔、各种接管制作，按图纸规定的规格、设计压力，以“个”为计算单位。

7. 设备法兰制作，按设计压力、公称直径以“个”为计量单位。

8. 地脚螺栓制作，按螺栓直径以“10 个”为计量单位。

9. 定额中金属容器、塔器、热交换器分别为碳钢、低合金钢、不锈钢材质，除超低碳不锈钢执行不锈钢定颜乘以系数 1.35 外，其余材质均不得调整定额。如设计采用复合钢板时，按复合层的材质执行相应定额项目。

10. 当碳钢、不锈钢平底平盖容器有折边时，执行椭圆形封头容器相应定额项目；当碳钢、不锈钢锥底平盖容器有折边时，执行锥底椭圆封头容器相应定额项目。

11. 折边球形双封头容器制作，执行同类材质的锥底椭圆封头容器相应定额项目。

12. 碟形封头容器制作，执行椭圆形封头容器相应定额项目。

13. 矩形容器执行平底平盖定额乘以系数 1.1。

14. 金属容器已综合考虑了简单内件和复杂内件的含量，除带有内角钢圈、筛板、栅板等特殊形式的内件，执行填料塔相应定额项目外，其余均不得调整。

15. 夹套式容器内外容器的容积分别执行相应定额项目乘以系数 1.1。

16. 当立式金属容器带有裙座时，应将裙座金属重量计入容器本体内。

17. 当碳钢椭圆双封头容器设计压力 PN＞1.6MPa 时，执行低合金容器定额相应项目。当不锈钢椭圆双封头容器设计压力 PN＞1.6MPa 时，定额乘以系数 1.1。

18. 塔器内件采用特殊材质时，其内件应另行计算。

19. 碳钢塔的内件为不锈钢时，其内件价格另行计算，其余部分执行填料塔相应定额项目乘以系数 0.9。

20. 当塔器设计压力 PN＞1.6MPa 时执行相应定额乘以系数 1.1。

21. 组合塔（两个以上封头组成的塔）应按多个塔计算，塔的个数按各组段计算，并按每个塔段重量分别执行相应定额项目。

22. 定额中热交换器管径均按Φ25mm 考虑。当管径＜Φ25mm 时定额乘以系数 1.1，当管径＞Φ25mm 时定额乘以系数 0.95。

23. 热交换器如要求胀接加焊接再焊胀时，执行胀接定额乘以系数 1.15。

24. 当热交换器压力 PN＞1.6MPa 时，执行相应定额乘以系数 1.08。

一、金属容器制作

1.整体设备制作

(1)碳钢平底平盖容器制作

工作内容：放样号料、切割、调直、卷弧、钻孔、割豁、拼接、滚圆、找圆、组对、焊接等。

计量单位：t

定额编号				A3-1-1	A3-1-2	A3-1-3
项目名称				VN(m³以内)		
				1	2	4
基价(元)				7458.84	6134.86	4939.22
其中	人工费(元)			2196.04	1959.30	1609.16
	材料费(元)			587.27	523.68	466.94
	机械费(元)			4675.53	3651.88	2863.12
名称		单位	单价(元)	消耗量		
人工	综合工日	工日	140.00	15.686	13.995	11.494
材料	低碳钢焊条	kg	6.84	36.380	30.370	28.380
	钢板	kg	3.17	21.320	20.430	18.640
	木板	m³	1634.16	0.069	0.058	0.044
	尼龙砂轮片 φ100	片	2.05	10.150	8.620	7.800
	尼龙砂轮片 φ150	片	3.32	4.710	4.520	4.140
	碳精棒 φ8～12	根	1.27	29.000	35.000	30.000
	氧气	m³	3.63	9.519	9.000	8.490
	乙炔气	kg	10.45	3.173	3.000	2.830
	其他材料费占材料费	%	—	3.000	3.000	3.000
机械	半自动切割机 100mm	台班	83.55	0.640	0.590	0.530
	电动滚胎机	台班	172.54	1.830	1.620	1.600
	电动空气压缩机 6m³/min	台班	206.73	1.030	0.810	0.700
	电焊条恒温箱	台班	21.41	0.780	0.720	0.700
	电焊条烘干箱 80×80×100cm³	台班	49.05	0.780	0.720	0.700
	剪板机 20×2500mm	台班	333.30	0.310	0.250	0.160
	卷板机 20×2500mm	台班	276.83	0.290	0.270	0.250
	立式钻床 35mm	台班	10.59	0.240	0.210	0.020
	刨边机 9000mm	台班	518.80	0.120	0.100	0.070
	汽车式起重机 16t	台班	958.70	2.080	1.370	0.780
	桥式起重机 15t	台班	293.90	2.000	1.880	1.660
	载重汽车 10t	台班	547.99	0.080	0.070	0.070
	载重汽车 5t	台班	430.70	1.110	0.830	0.710
	直流弧焊机 32kV·A	台班	87.75	7.820	7.190	6.950

工作内容：放样号料、切割、调直、卷弧、钻孔、割豁、拼接、滚圆、找圆、组对、焊接等。

计量单位：t

定额编号				A3-1-4	A3-1-5	A3-1-6
项目名称				VN(m³以内)		
				6	8	10
基价（元）				**4529.18**	**3957.88**	**3806.24**
其中	人工费（元）			1550.08	1400.56	1389.78
	材料费（元）			422.77	412.86	398.73
	机械费（元）			2556.33	2144.46	2017.73
名称		单位	单价(元)	消耗量		
人工	综合工日	工日	140.00	11.072	10.004	9.927
材料	低碳钢焊条	kg	6.84	26.190	26.190	25.920
	钢板	kg	3.17	16.990	14.070	12.670
	钢管	kg	4.06	—	3.460	3.120
	木板	m³	1634.16	0.036	0.036	0.036
	尼龙砂轮片 φ100	片	2.05	7.120	5.390	5.370
	尼龙砂轮片 φ150	片	3.32	3.800	1.850	1.690
	碳精棒 φ8～12	根	1.27	27.000	25.000	24.000
	氧气	m³	3.63	8.031	7.770	7.179
	乙炔气	kg	10.45	2.677	2.590	2.393
	其他材料费占材料费	%	—	3.000	3.000	3.000
机械	半自动切割机 100mm	台班	83.55	0.480	0.380	0.330
	电动滚胎机	台班	172.54	1.490	1.170	1.150
	电动空气压缩机 6m³/min	台班	206.73	0.650	0.650	0.630
	电焊条恒温箱	台班	21.41	0.650	0.650	0.630
	电焊条烘干箱 80×80×100cm³	台班	49.05	0.650	0.650	0.630
	剪板机 20×2500mm	台班	333.30	0.160	0.160	0.140
	卷板机 20×2500mm	台班	276.83	0.230	0.170	0.150
	立式钻床 35mm	台班	10.59	0.200	0.190	0.180
	刨边机 9000mm	台班	518.80	0.070	0.070	0.070
	汽车式起重机 16t	台班	958.70	0.640	0.450	0.410
	桥式起重机 15t	台班	293.90	1.530	1.300	1.210
	载重汽车 10t	台班	547.99	0.070	0.070	0.070
	载重汽车 5t	台班	430.70	0.580	0.390	0.340
	直流弧焊机 32kV·A	台班	87.75	6.520	6.520	6.350

工作内容：放样号料、切割、调直、卷弧、钻孔、割豁、拼接、滚圆、找圆、组对、焊接等。

计量单位：t

定额编号				A3-1-7	A3-1-8	A3-1-9
项目名称				VN(m³以内)		
				15	20	30
基价（元）				**3601.59**	**3272.67**	**2477.37**
其中	人工费（元）			1364.44	1244.60	957.74
	材料费（元）			381.74	343.98	325.77
	机械费（元）			1855.41	1684.09	1193.86
名称		**单位**	**单价（元）**	**消耗量**		
人工	综合工日	工日	140.00	9.746	8.890	6.841
材料	低碳钢焊条	kg	6.84	25.250	24.570	8.620
	钢板	kg	3.17	12.640	12.530	7.410
	钢管	kg	4.06	2.500	2.500	2.500
	埋弧焊剂	kg	21.72	—	—	2.940
	木板	m³	1634.16	0.036	0.027	0.027
	尼龙砂轮片 φ100	片	2.05	5.320	5.200	4.950
	尼龙砂轮片 φ150	片	3.32	1.420	1.300	1.050
	碳钢埋弧焊丝	kg	7.69	—	—	5.880
	碳精棒 φ8～12	根	1.27	22.000	20.000	18.000
	氧气	m³	3.63	6.369	5.841	4.779
	乙炔气	kg	10.45	2.123	1.947	1.593
	其他材料费占材料费	%	—	3.000	—	3.000
机械	半自动切割机 100mm	台班	83.55	0.270	0.240	0.180
	电动滚胎机	台班	172.54	1.130	1.110	1.060
	电动空气压缩机 6m³/min	台班	206.73	0.570	0.510	0.230
	电焊条恒温箱	台班	21.41	0.570	0.510	0.230
	电焊条烘干箱 80×80×100cm³	台班	49.05	0.570	0.510	0.230
	剪板机 20×2500mm	台班	333.30	0.140	0.130	0.130
	卷板机 20×2500mm	台班	276.83	0.150	0.140	0.140
	立式钻床 35mm	台班	10.59	0.180	0.180	0.170
	门式起重机 20t	台班	644.10	—	—	0.070
	刨边机 9000mm	台班	518.80	0.070	0.070	0.070
	汽车式起重机 10t	台班	833.49	0.320	0.250	0.070
	汽车式起重机 16t	台班	958.70	0.070	0.070	0.060
	桥式起重机 15t	台班	293.90	1.180	1.160	1.050
	载重汽车 10t	台班	547.99	0.070	0.070	0.140
	载重汽车 5t	台班	430.70	0.320	0.250	0.070
	直流弧焊机 32kV·A	台班	87.75	5.660	5.110	2.280
	自动埋弧焊机 1200A	台班	177.43	—	—	0.200

(2)碳钢平底锥顶容器制作

工作内容：放样号料、切割、调直、弯曲、套丝、补强圈制作、组对、焊接、设备开孔。　计量单位：t

定额编号				A3-1-10	A3-1-11	A3-1-12	A3-1-13
项目名称				VN(m³以内)			
				12	16	20	30
基价(元)				5690.77	5280.93	4968.42	4297.08
其中	人工费(元)			2176.86	2061.08	1946.70	1695.96
	材料费(元)			650.09	598.61	573.82	505.92
	机械费(元)			2863.82	2621.24	2447.90	2095.20
名称		单位	单价(元)	消耗量			
人工	综合工日	工日	140.00	15.549	14.722	13.905	12.114
材料	道木	m³	2137.00	0.025	0.024	0.024	0.022
	低碳钢焊条	kg	6.84	32.510	28.690	28.240	27.680
	碟形钢丝砂轮片 φ100	片	19.74	1.220	1.100	0.990	0.890
	钢板	kg	3.17	32.210	30.610	28.240	21.710
	钢管	kg	4.06	4.490	4.220	3.960	3.550
	钢轨	m	8.60	2.920	2.820	2.710	1.580
	木板	m³	1634.16	0.037	0.032	0.028	0.026
	尼龙砂轮片 φ100	片	2.05	7.700	6.750	6.390	5.280
	尼龙砂轮片 φ150	片	3.32	4.140	3.920	3.780	3.440
	碳精棒 φ8～12	根	1.27	25.000	24.000	23.000	21.000
	氧气	m³	3.63	9.009	8.982	8.940	6.890
	乙炔气	kg	10.45	3.003	2.994	2.980	2.300
	其他材料费占材料费	%	—	3.000	3.000	3.000	3.000
机械	半自动切割机 100mm	台班	83.55	0.220	0.210	0.200	0.140
	电动滚胎机	台班	172.54	1.470	1.470	1.470	1.410
	电动空气压缩机 6m³/min	台班	206.73	0.770	0.710	0.680	0.630
	电焊条恒温箱	台班	21.41	0.770	0.710	0.680	0.630
	电焊条烘干箱 80×80×100cm³	台班	49.05	0.770	0.710	0.680	0.630
	剪板机 20×2500mm	台班	333.30	0.170	0.140	0.140	0.010
	卷板机 20×2500mm	台班	276.83	0.250	0.240	0.230	0.200
	立式钻床 25mm	台班	6.58	0.200	0.190	0.190	0.180
	门式起重机 20t	台班	644.10	0.420	0.390	0.390	0.380
	刨边机 9000mm	台班	518.80	0.430	0.340	0.220	0.200
	汽车式起重机 10t	台班	833.49	—	0.410	0.350	0.200
	汽车式起重机 16t	台班	958.70	0.480	0.060	0.070	0.070
	桥式起重机 15t	台班	293.90	1.340	1.280	1.230	1.160
	载重汽车 10t	台班	547.99	0.070	0.060	0.070	0.070
	载重汽车 5t	台班	430.70	0.420	0.410	0.350	0.200
	真空泵 204m³/h	台班	57.07	0.090	0.090	0.090	0.090
	直流弧焊机 32kV·A	台班	87.75	7.740	7.080	6.810	6.300

工作内容：放样号料、切割、调直、弯曲、套丝、补强圈制作、组对、焊接、设备开孔。　计量单位：t

定额编号				A3-1-14	A3-1-15	A3-1-16	A3-1-17
项目名称				VN(m^3以内)			
				40	50	60	80
基价（元）				4113.82	3967.22	3813.94	3660.00
其中	人工费（元）			1645.28	1592.36	1539.86	1489.18
	材料费（元）			454.53	461.15	445.74	431.70
	机械费（元）			2014.01	1913.71	1828.34	1739.12
名称		单位	单价(元)	消耗量			
人工	综合工日	工日	140.00	11.752	11.374	10.999	10.637
材料	道木	m^3	2137.00	0.022	0.022	0.020	0.018
	低碳钢焊条	kg	6.84	27.130	26.610	26.470	26.330
	碟形钢丝砂轮片 φ100	片	19.74	0.080	0.770	0.660	0.540
	钢板	kg	3.17	20.580	19.450	18.850	18.260
	钢管	kg	4.06	3.130	2.770	2.770	2.450
	钢轨	m	8.60	1.320	1.320	1.130	1.100
	木板	m^3	1634.16	0.020	0.022	0.022	0.022
	尼龙砂轮片 φ100	片	2.05	5.030	5.030	4.970	4.910
	尼龙砂轮片 φ150	片	3.32	3.060	2.920	2.780	2.580
	碳精棒 φ8～12	根	1.27	19.000	18.000	18.000	18.000
	氧气	m^3	3.63	5.700	5.698	5.200	4.944
	乙炔气	kg	10.45	1.900	1.889	1.733	1.648
	其他材料费占材料费	%	—	3.000	3.000	3.000	3.000
机械	半自动切割机 100mm	台班	83.55	0.140	0.130	0.120	0.110
	电动滚胎机	台班	172.54	1.400	1.380	1.350	1.320
	电动空气压缩机 $6m^3/min$	台班	206.73	0.600	0.580	0.560	0.540
	电焊条恒温箱	台班	21.41	0.600	0.580	0.560	0.540
	电焊条烘干箱 $80×80×100cm^3$	台班	49.05	0.600	0.580	0.560	0.540
	剪板机 20×2500mm	台班	333.30	0.130	0.130	0.120	0.130
	卷板机 20×2500mm	台班	276.83	0.160	0.140	0.130	0.110
	立式钻床 25mm	台班	6.58	0.170	0.170	0.170	0.170
	门式起重机 20t	台班	644.10	0.470	0.510	0.480	0.460
	刨边机 9000mm	台班	518.80	0.190	0.180	0.170	0.160
	汽车式起重机 10t	台班	833.49	0.080	—	—	—
	汽车式起重机 16t	台班	958.70	0.070	0.070	0.070	0.060
	桥式起重机 15t	台班	293.90	1.090	1.020	0.970	0.920
	载重汽车 10t	台班	547.99	0.160	0.220	0.200	0.170
	载重汽车 5t	台班	430.70	0.080	—	—	—
	真空泵 $204m^3/h$	台班	57.07	0.090	0.090	0.090	0.090
	直流弧焊机 32kV·A	台班	87.75	5.960	5.770	5.570	5.380

(3)碳钢锥底平顶容器制作

工作内容：放样号料、切割、坡口、压头卷弧、找圆、锥形封头制作、组对、焊接、内部附件制作组装、成品倒运堆放等。

计量单位：t

定额编号				A3-1-18	A3-1-19	A3-1-20
项目名称				VN(m^3以内)		
				1	2	4
基价（元）				**9037.06**	**7720.79**	**7184.37**
其中	人工费（元）			3039.40	2832.34	2704.66
	材料费（元）			714.41	652.00	609.49
	机械费（元）			5283.25	4236.45	3870.22
	名称	单位	单价(元)	消耗量		
人工	综合工日	工日	140.00	21.710	20.231	19.319
材料	电焊条	kg	5.98	41.680	38.510	35.740
	方木	m^3	2029.00	0.020	0.020	0.020
	钢板 δ20	kg	3.18	32.300	29.790	25.500
	尼龙砂轮片 φ100×16×3	片	2.56	9.800	9.140	8.570
	尼龙砂轮片 φ150	片	3.32	7.560	7.340	6.910
	碳精棒 φ8～12	根	1.27	52.500	48.000	45.000
	氧气	m^3	3.63	26.630	22.970	22.330
	乙炔气	kg	10.45	8.880	7.660	7.440
	其他材料费占材料费	%	—	2.224	2.233	2.224
机械	半自动切割机 100mm	台班	83.55	0.209	0.152	0.143
	电动单梁起重机 5t	台班	223.20	2.603	2.280	2.109
	电动单筒慢速卷扬机 30kN	台班	210.22	0.295	0.238	0.219
	电动滚胎机	台班	172.54	1.587	1.558	1.511
	电动空气压缩机 6m^3/min	台班	206.73	1.254	1.188	1.330
	电焊条恒温箱	台班	21.41	1.045	0.979	0.941
	电焊条烘干箱 80×80×100cm^3	台班	49.05	1.045	0.979	0.941
	剪板机 20×2500mm	台班	333.30	0.238	0.209	0.171
	卷板机 20×2500mm	台班	276.83	0.342	0.304	0.266
	立式钻床 25mm	台班	6.58	0.209	0.200	0.190
	刨边机 9000mm	台班	518.80	0.152	0.143	0.133
	汽车式起重机 8t	台班	763.67	1.330	0.969	0.808
	箱式加热炉 75kW	台班	123.86	0.675	0.447	0.399
	油压机 800t	台班	1731.15	0.675	0.447	0.399
	载重汽车 10t	台班	547.99	0.057	0.048	0.048
	载重汽车 5t	台班	430.70	1.273	0.922	0.760
	直流弧焊机 32kV·A	台班	87.75	10.422	9.795	9.434

工作内容：放样号料、切割、坡口、压头卷弧、找圆、锥形封头制作、组对、焊接、内部附件制作组装、成品倒运堆放等。

计量单位：t

定额编号				A3-1-21	A3-1-22	A3-1-23
项目名称				VN(m³以内)		
				6	8	10
基价（元）				6517.15	6034.98	5241.57
其中	人工费（元）			2550.10	2408.00	2300.34
	材料费（元）			569.37	525.45	482.21
	机械费（元）			3397.68	3101.53	2459.02
名称		单位	单价(元)	消耗量		
人工	综合工日	工日	140.00	18.215	17.200	16.431
材料	电焊条	kg	5.98	33.800	31.870	30.570
	方木	m³	2029.00	0.020	0.020	0.020
	钢板 δ20	kg	3.18	20.300	18.450	16.600
	钢管 DN80	kg	4.38	—	—	3.790
	尼龙砂轮片 φ100×16×3	片	2.56	8.400	7.070	6.220
	尼龙砂轮片 φ150	片	3.32	6.470	5.330	4.420
	碳精棒 φ8～12	根	1.27	41.400	37.500	33.000
	氧气	m³	3.63	21.680	19.790	14.950
	乙炔气	kg	10.45	7.230	6.600	4.980
	其他材料费占材料费	%	—	2.208	2.215	2.252
机械	半自动切割机 100mm	台班	83.55	0.133	0.124	0.124
	电动单梁起重机 5t	台班	223.20	2.024	1.853	1.587
	电动单筒慢速卷扬机 30kN	台班	210.22	0.181	0.171	0.124
	电动滚胎机	台班	172.54	1.463	1.283	1.245
	电动空气压缩机 6m³/min	台班	206.73	1.074	0.950	0.808
	电焊条恒温箱	台班	21.41	0.893	0.827	0.665
	电焊条烘干箱 80×80×100cm³	台班	49.05	0.893	0.827	0.665
	剪板机 20×2500mm	台班	333.30	0.162	0.143	0.133
	卷板机 20×2500mm	台班	276.83	0.209	0.181	0.152
	立式钻床 25mm	台班	6.58	0.190	0.181	0.171
	刨边机 9000mm	台班	518.80	0.133	0.133	0.124
	汽车式起重机 8t	台班	763.67	0.646	0.561	0.339
	箱式加热炉 75kW	台班	123.86	0.333	0.323	0.228
	油压机 800t	台班	1731.15	0.333	0.323	0.228
	载重汽车 10t	台班	547.99	0.048	0.048	0.048
	载重汽车 5t	台班	430.70	0.599	0.513	0.314
	直流弧焊机 32kV·A	台班	87.75	8.911	8.237	7.344

工作内容：放样号料、切割、坡口、压头卷弧、找圆、锥形封头制作、组对、焊接、内部附件制作组装、成品倒运堆放等。

计量单位：t

定额编号				A3-1-24	A3-1-25	A3-1-26
项目名称				VN(m³以内)		
				15	20	30
基价（元）				4758.58	4400.62	3983.23
其中	人工费（元）			2083.76	1887.76	1647.66
	材料费（元）			437.20	421.60	566.05
	机械费（元）			2237.62	2091.26	1769.52
名称		单位	单价(元)	消耗量		
人工	综合工日	工日	140.00	14.884	13.484	11.769
材料	电焊条	kg	5.98	29.120	28.670	17.950
	方木	m³	2029.00	0.020	0.020	0.020
	钢板 δ20	kg	3.18	14.860	13.530	9.980
	钢管 DN80	kg	4.38	3.380	3.010	2.200
	埋弧焊剂	kg	21.72	—	—	8.400
	尼龙砂轮片 φ100×16×3	片	2.56	5.620	5.320	5.160
	尼龙砂轮片 φ150	片	3.32	3.500	3.310	3.200
	碳钢埋弧焊丝	kg	7.69	—	—	5.600
	碳精棒 φ8～12	根	1.27	30.000	27.000	25.000
	氧气	m³	3.63	12.180	11.970	11.750
	乙炔气	kg	10.45	4.060	3.990	3.920
	其他材料费占材料费	%	—	2.264	2.261	2.174
机械	半自动切割机 100mm	台班	83.55	0.095	0.086	0.076
	电动单梁起重机 5t	台班	223.20	1.549	1.444	1.387
	电动单筒慢速卷扬机 30kN	台班	210.22	0.095	0.086	0.067
	电动滚胎机	台班	172.54	1.159	1.074	1.064
	电动空气压缩机 6m³/min	台班	206.73	0.741	0.703	0.456
	电焊条恒温箱	台班	21.41	0.675	0.646	0.456
	电焊条烘干箱 80×80×100cm³	台班	49.05	0.675	0.646	0.456
	剪板机 20×2500mm	台班	333.30	0.133	0.124	0.124
	卷板机 20×2500mm	台班	276.83	0.143	0.133	0.124
	立式钻床 25mm	台班	6.58	0.162	0.162	0.162
	刨边机 9000mm	台班	518.80	0.124	0.114	0.095
	汽车式起重机 10t	台班	833.49	0.143	0.238	0.143
	汽车式起重机 8t	台班	763.67	0.190	0.057	0.057
	箱式加热炉 75kW	台班	123.86	0.171	0.162	0.162
	油压机 800t	台班	1731.15	0.171	0.162	0.162
	载重汽车 10t	台班	547.99	0.038	0.038	0.038
	载重汽车 5t	台班	430.70	0.276	0.228	0.162
	直流弧焊机 32kV·A	台班	87.75	6.755	6.470	4.560
	自动埋弧焊机 1500A	台班	247.74	—	—	0.200

(4)碳钢锥底椭圆封头容器制作

工作内容：放样号料、切割、坡口、压头卷弧、找圆、封头制作组对、焊接、内部附件制作组装、成品倒运堆放等。

计量单位：t

定额编号				A3-1-27	A3-1-28	A3-1-29
项目名称				VN(m³以内)		
				1	2	5
基价（元）				**12421.77**	**9450.17**	**6950.09**
其中	人工费（元）			3436.86	3160.08	2747.50
	材料费（元）			1065.52	851.50	674.02
	机械费（元）			7919.39	5438.59	3528.57
	名称	单位	单价(元)	消耗量		
人工	综合工日	工日	140.00	24.549	22.572	19.625
材料	道木	m³	2137.00	0.060	0.040	0.020
	电焊条	kg	5.98	41.600	37.670	35.300
	碟形钢丝砂轮片 φ100	片	19.74	1.780	1.450	1.070
	方木	m³	2029.00	0.050	0.040	0.030
	钢板 δ20	kg	3.18	39.790	29.760	21.220
	尼龙砂轮片 φ100×16×3	片	2.56	12.440	9.600	8.410
	尼龙砂轮片 φ150	片	3.32	9.720	7.060	6.230
	石墨粉	kg	10.68	0.450	0.450	0.450
	碳精棒 φ8～12	根	1.27	51.000	45.000	36.000
	氧气	m³	3.63	37.770	29.240	22.970
	乙炔气	kg	10.45	12.590	9.740	7.660
	其他材料费占材料费	%	—	2.211	2.213	2.206
机械	半自动切割机 100mm	台班	83.55	0.124	0.114	0.086
	电动单梁起重机 5t	台班	223.20	3.268	2.537	1.815
	电动单筒慢速卷扬机 30kN	台班	210.22	0.684	0.513	0.266
	电动滚胎机	台班	172.54	2.423	2.242	1.881
	电动空气压缩机 6m³/min	台班	206.73	1.520	1.245	0.874
	电焊条恒温箱	台班	21.41	1.026	0.931	0.874
	电焊条烘干箱 80×80×100cm³	台班	49.05	1.026	0.931	0.874
	剪板机 20×2500mm	台班	333.30	0.190	0.190	0.171
	卷板机 20×2500mm	台班	276.83	0.257	0.247	0.162
	立式钻床 25mm	台班	6.58	0.390	0.333	0.323
	刨边机 9000mm	台班	518.80	0.114	0.105	0.086
	汽车式起重机 8t	台班	763.67	1.539	0.960	0.504
	箱式加热炉 75kW	台班	123.86	1.748	1.017	0.523
	油压机 800t	台班	1731.15	1.748	1.017	0.523
	载重汽车 10t	台班	547.99	0.076	0.057	0.057
	载重汽车 5t	台班	430.70	1.558	0.903	0.447
	直流弧焊机 32kV·A	台班	87.75	10.308	9.310	8.731

工作内容：放样号料、切割、坡口、压头卷弧、找圆、封头制作组对、焊接、内部附件制作组装、成品倒运堆放等。

计量单位：t

定额编号				A3-1-30	A3-1-31	A3-1-32
项目名称				VN(m³以内)		
				10	15	20
基价（元）				**6335.92**	**5955.73**	**5442.40**
其中	人工费（元）			2509.36	2382.10	2081.66
	材料费（元）			604.45	582.08	646.95
	机械费（元）			3222.11	2991.55	2713.79
名称		单位	单价(元)	消耗量		
人工	综合工日	工日	140.00	17.924	17.015	14.869
材料	道木	m³	2137.00	0.020	0.020	0.020
	电焊条	kg	5.98	33.340	31.390	20.140
	碟形钢丝砂轮片 Φ100	片	19.74	0.950	0.880	0.810
	方木	m³	2029.00	0.030	0.030	0.020
	钢板 δ20	kg	3.18	16.600	14.860	13.150
	钢管 DN80	kg	4.38	—	2.220	2.370
	埋弧焊剂	kg	21.72	—	—	7.470
	尼龙砂轮片 Φ100×16×3	片	2.56	7.990	7.570	6.790
	尼龙砂轮片 Φ150	片	3.32	5.140	4.910	3.950
	石墨粉	kg	10.68	0.500	0.500	0.510
	碳钢埋弧焊丝	kg	7.69	—	—	4.980
	碳精棒 Φ8～12	根	1.27	33.000	30.000	29.100
	氧气	m³	3.63	18.570	17.530	12.350
	乙炔气	kg	10.45	6.190	5.840	4.120
	其他材料费占材料费	%	—	2.208	2.218	2.160
机械	半自动切割机 100mm	台班	83.55	0.067	0.067	0.048
	电动单梁起重机 5t	台班	223.20	1.739	1.691	3.363

续表

定额编号				A3-1-30	A3-1-31	A3-1-32
项目名称				VN(m^3以内)		
				10	15	20
名称		单位	单价(元)	消耗量		
机械	电动单筒慢速卷扬机 30kN	台班	210.22	0.257	0.247	0.152
	电动滚胎机	台班	172.54	1.720	1.568	1.454
	电动空气压缩机 $6m^3/min$	台班	206.73	0.817	0.760	0.542
	电焊条恒温箱	台班	21.41	0.817	0.760	0.542
	电焊条烘干箱 $80\times80\times100cm^3$	台班	49.05	0.817	0.760	0.542
	剪板机 20×2500mm	台班	333.30	0.133	0.105	0.105
	卷板机 20×2500mm	台班	276.83	0.133	0.114	0.114
	立式钻床 25mm	台班	6.58	0.314	0.314	0.295
	刨边机 9000mm	台班	518.80	0.086	0.076	0.067
	汽车式起重机 10t	台班	833.49	—	0.143	0.143
	汽车式起重机 8t	台班	763.67	0.361	0.181	0.133
	箱式加热炉 75kW	台班	123.86	0.523	0.485	0.304
	油压机 800t	台班	1731.15	0.523	0.485	0.304
	载重汽车 10t	台班	547.99	0.057	0.057	0.048
	载重汽车 5t	台班	430.70	0.304	0.266	0.219
	直流弧焊机 32kV·A	台班	87.75	8.151	7.572	5.415
	自动埋弧焊机 1500A	台班	247.74	—	—	0.171

工作内容：放样号料、切割、坡口、压头卷弧、找圆、封头制作组对、焊接、内部附件制作组装、成品倒运堆放等。

计量单位：t

定额编号				A3-1-33	A3-1-34	A3-1-35
项目名称				VN(m³以内)		
				30	50	100
基价（元）				4655.44	4159.64	3650.12
其中	人工费（元）			1934.66	1804.32	1592.50
	材料费（元）			625.72	562.97	513.73
	机械费（元）			2095.06	1792.35	1543.89
	名称	单位	单价(元)	消耗量		
人工	综合工日	工日	140.00	13.819	12.888	11.375
材料	道木	m³	2137.00	0.020	0.020	0.020
	电焊条	kg	5.98	18.880	15.260	12.430
	碟形钢丝砂轮片 φ100	片	19.74	0.750	0.700	0.570
	方木	m³	2029.00	0.020	0.020	0.020
	钢板 δ20	kg	3.18	12.290	10.550	9.610
	钢管 DN80	kg	4.38	2.650	3.230	3.840
	钢丝绳 φ15	m	8.97	—	—	0.120
	埋弧焊剂	kg	21.72	7.340	7.080	6.890
	尼龙砂轮片 φ100×16×3	片	2.56	6.680	5.840	5.600
	尼龙砂轮片 φ150	片	3.32	3.620	3.420	2.370
	石墨粉	kg	10.68	0.510	—	—
	碳钢埋弧焊丝	kg	7.69	4.890	4.720	4.590
	碳精棒 φ8～12	根	1.27	28.500	21.000	19.800
	氧气	m³	3.63	11.660	10.100	7.460
	乙炔气	kg	10.45	3.890	3.370	2.490
	其他材料费占材料费	%	—	2.162	2.169	2.182
机械	半自动切割机 100mm	台班	83.55	0.038	0.019	0.019
	电动单梁起重机 5t	台班	223.20	1.587	1.511	1.330
	电动单筒慢速卷扬机 30kN	台班	210.22	0.143	0.105	0.048

续表

定额编号				A3-1-33	A3-1-34	A3-1-35
项目名称				VN(m^3以内)		
				30	50	100
名称		单位	单价(元)	消耗量		
机械	电动滚胎机	台班	172.54	1.435	1.378	1.321
	电动空气压缩机 $6m^3/min$	台班	206.73	0.466	0.380	0.304
	电焊条恒温箱	台班	21.41	0.466	0.380	0.304
	电焊条烘干箱 80×80×100cm³	台班	49.05	0.466	0.380	0.304
	剪板机 20×2500mm	台班	333.30	0.095	0.095	0.086
	卷板机 20×2500mm	台班	276.83	0.086	0.086	0.086
	立式钻床 25mm	台班	6.58	0.295	0.285	0.276
	刨边机 9000mm	台班	518.80	0.067	0.067	0.057
	平板拖车组 20t	台班	1081.33	—	—	0.048
	汽车式起重机 10t	台班	833.49	0.067	—	—
	汽车式起重机 20t	台班	1030.31	0.057	0.038	0.048
	汽车式起重机 25t	台班	1084.16	—	0.038	0.019
	汽车式起重机 8t	台班	763.67	0.086	0.086	0.086
	箱式加热炉 75kW	台班	123.86	0.276	0.209	0.152
	油压机 800t	台班	1731.15	0.276	0.209	0.152
	载重汽车 10t	台班	547.99	0.076	0.057	0.086
	载重汽车 15t	台班	779.76	—	0.038	0.019
	载重汽车 5t	台班	430.70	0.133	0.067	—
	直流弧焊机 32kV·A	台班	87.75	4.617	3.791	3.050
	自动埋弧焊机 1500A	台班	247.74	0.171	0.162	0.162

(5)碳钢双椭圆封头容器制作

工作内容：放样号料、切割、坡口、压头卷弧、找圆、封头制作、组对、焊接、内部附件制作组装、成品倒运堆放等。

计量单位：t

定额编号				A3-1-36	A3-1-37	A3-1-38	A3-1-39
项目名称				VN(m³以内)			
				0.5	1	2	5
基价（元）				15488.06	12387.56	9479.28	7313.06
其中	人工费（元）			3821.72	3406.48	3077.34	2686.04
	材料费（元）			949.80	878.38	787.46	649.65
	机械费（元）			10716.54	8102.70	5614.48	3977.37
名称		单位	单价(元)	消耗量			
人工	综合工日	工日	140.00	27.298	24.332	21.981	19.186
材料	道木	m³	2137.00	0.050	0.050	0.050	0.040
	电焊条	kg	5.98	49.010	43.270	39.960	33.930
	碟形钢丝砂轮片 φ100	片	19.74	2.030	1.760	1.410	0.970
	方木	m³	2029.00	0.050	0.050	0.050	0.050
	钢板 δ20	kg	3.18	27.480	25.820	22.720	15.960
	尼龙砂轮片 φ100×16×3	片	2.56	10.600	9.240	8.100	7.820
	尼龙砂轮片 φ150	片	3.32	7.830	6.860	6.300	5.150
	石墨粉	kg	10.68	0.880	0.880	0.820	0.820
	碳精棒 φ8～12	根	1.27	55.000	48.000	40.000	28.000
	氧气	m³	3.63	23.620	22.290	17.100	13.230
	乙炔气	kg	10.45	7.870	7.430	5.700	4.410
	其他材料费占材料费	%	—	2.217	2.226	2.242	2.262
机械	半自动切割机 100mm	台班	83.55	0.247	0.228	0.219	0.219
	电动单梁起重机 5t	台班	223.20	3.297	2.280	1.691	1.672
	电动单筒慢速卷扬机 30kN	台班	210.22	1.074	0.760	0.428	0.247
	电动滚胎机	台班	172.54	2.831	2.622	2.299	2.204
	电动空气压缩机 6m³/min	台班	206.73	1.197	0.969	0.903	0.789
	电焊条恒温箱	台班	21.41	1.102	0.969	0.903	0.789
	电焊条烘干箱 80×80×100cm³	台班	49.05	1.102	0.969	0.903	0.789
	剪板机 20×2500mm	台班	333.30	0.295	0.219	0.209	0.143
	卷板机 20×2500mm	台班	276.83	0.323	0.257	0.257	0.181
	立式钻床 25mm	台班	6.58	0.608	0.494	0.475	0.437
	门式起重机 20t	台班	644.10	0.988	0.798	0.646	0.437
	刨边机 9000mm	台班	518.80	0.447	0.447	0.447	0.409
	汽车式起重机 8t	台班	763.67	2.242	1.729	1.093	0.618
	箱式加热炉 75kW	台班	123.86	2.157	1.511	0.855	0.485
	油压机 800t	台班	1731.15	2.157	1.511	0.855	0.485
	载重汽车 10t	台班	547.99	0.114	0.105	0.076	0.086
	载重汽车 5t	台班	430.70	2.603	1.777	1.017	0.532
	直流弧焊机 32kV·A	台班	87.75	10.982	9.738	8.997	7.895

工作内容：放样号料、切割、坡口、压头卷弧、找圆、封头制作、组对、焊接、内部附件制作组装、成品倒运堆放等。

计量单位：t

定额编号				A3-1-40	A3-1-41	A3-1-42	A3-1-43
项目名称				VN(m³以内)			
				10	20	40	60
基价（元）				**6736.86**	**5484.92**	**4972.29**	**4329.20**
其中	人工费（元）			2469.32	2011.38	1776.74	1502.76
	材料费（元）			621.99	810.82	745.95	692.89
	机械费（元）			3645.55	2662.72	2449.60	2133.55
名称		单位	单价（元）	消耗量			
人工	综合工日	工日	140.00	17.638	14.367	12.691	10.734
材料	道木	m³	2137.00	0.040	0.040	0.030	0.030
	电焊条	kg	5.98	32.460	15.620	14.370	13.110
	碟形钢丝砂轮片 φ100	片	19.74	0.880	0.800	0.730	0.600
	方木	m³	2029.00	0.050	0.050	0.050	0.040
	钢板 δ20	kg	3.18	14.430	12.290	11.500	10.720
	钢管 DN80	kg	4.38	—	2.450	2.450	2.450
	埋弧焊剂	kg	21.72	—	11.440	10.880	10.820
	尼龙砂轮片 φ100×16×3	片	2.56	7.370	6.460	6.390	5.530
	尼龙砂轮片 φ150	片	3.32	5.060	3.510	3.370	2.580
	石墨粉	kg	10.68	0.820	0.820	0.530	0.470
	碳钢埋弧焊丝	kg	7.69	—	7.630	7.250	7.210
	碳精棒 φ8～12	根	1.27	27.000	25.000	22.000	20.850
	氧气	m³	3.63	12.030	9.990	8.900	7.450
	乙炔气	kg	10.45	4.010	3.330	2.970	2.480
	其他材料费占材料费	%	—	2.203	2.266	2.219	2.201
机械	半自动切割机 100mm	台班	83.55	0.162	0.162	0.143	0.133
	电动单梁起重机 5t	台班	223.20	1.644	1.625	1.558	1.463
	电动单筒慢速卷扬机 30kN	台班	210.22	0.219	0.143	0.124	0.095
	电动滚胎机	台班	172.54	2.090	1.976	1.891	1.824

续表

定额编号				A3-1-40	A3-1-41	A3-1-42	A3-1-43
项目名称				VN(m^3以内)			
				10	20	40	60
名称		单位	单价(元)	消耗量			
机械	电动空气压缩机 6m^3/min	台班	206.73	0.760	0.399	0.352	0.314
	电焊条恒温箱	台班	21.41	0.760	0.399	0.352	0.314
	电焊条烘干箱 80×80×100cm^3	台班	49.05	0.760	0.399	0.352	0.314
	剪板机 20×2500mm	台班	333.30	0.143	0.133	0.133	0.124
	卷板机 20×2500mm	台班	276.83	0.162	0.133	0.124	0.124
	立式钻床 25mm	台班	6.58	0.428	0.409	0.390	0.390
	门式起重机 20t	台班	644.10	0.342	0.295	0.285	0.276
	刨边机 9000mm	台班	518.80	0.390	0.352	0.352	0.295
	汽车式起重机 10t	台班	833.49	0.200	0.190	—	—
	汽车式起重机 20t	台班	1030.31	—	—	—	0.038
	汽车式起重机 25t	台班	1084.16	—	—	0.124	0.038
	汽车式起重机 8t	台班	763.67	0.304	0.124	0.114	0.114
	箱式加热炉 75kW	台班	123.86	0.447	0.285	0.238	0.200
	油压机 800t	台班	1731.15	0.447	0.285	0.238	0.200
	载重汽车 10t	台班	547.99	0.133	0.124	0.114	0.057
	载重汽车 15t	台班	779.76	—	—	0.124	0.038
	载重汽车 5t	台班	430.70	0.380	0.190	—	0.057
	直流弧焊机 32kV·A	台班	87.75	7.581	4.000	3.496	3.164
	自动埋弧焊机 1500A	台班	247.74	—	0.266	0.257	0.257

工作内容：放样号料、切割、坡口、压头卷弧、找圆、封头制作、组对、焊接、内部附件制作组装、成品倒运堆放等。

计量单位：t

定额编号				A3-1-44	A3-1-45	A3-1-46	A3-1-47
项目名称				VN(m^3以内)			
				80	100	150	200
基价（元）				4202.12	4153.43	4169.02	4050.76
其中	人工费（元）			1484.84	1467.62	1512.42	1468.32
	材料费（元）			676.31	644.75	677.35	655.96
	机械费（元）			2040.97	2041.06	1979.25	1926.48
名称		单位	单价(元)	消耗量			
人工	综合工日	工日	140.00	10.606	10.483	10.803	10.488
材料	道木	m^3	2137.00	0.030	0.020	0.020	0.020
	电焊条	kg	5.98	11.720	11.300	12.780	11.890
	碟形钢丝砂轮片 φ100	片	19.74	0.580	0.540	0.490	0.420
	方木	m^3	2029.00	0.040	0.040	0.030	0.030
	钢板 δ20	kg	3.18	10.320	9.930	9.190	8.450
	钢管 DN80	kg	4.38	2.480	2.480	4.190	4.190
	钢丝绳 φ15	m	8.97	—	0.160	0.050	—
	钢丝绳 φ17.5	m	11.54	—	—	0.110	0.150
	埋弧焊剂	kg	21.72	10.760	10.700	10.410	10.120
	尼龙砂轮片 φ100×16×3	片	2.56	5.430	5.340	5.310	5.070
	尼龙砂轮片 φ150	片	3.32	2.490	2.340	2.850	2.750
	石墨粉	kg	10.68	0.410	0.370	—	—
	碳钢埋弧焊丝	kg	7.69	7.170	7.130	6.940	6.750
	碳精棒 φ8～12	根	1.27	18.930	18.480	17.340	14.940
	氧气	m^3	3.63	7.280	6.850	13.970	13.960
	乙炔气	kg	10.45	2.430	2.280	4.660	4.650
	其他材料费占材料费	%	—	2.202	2.213	2.170	2.171
机械	半自动切割机 100mm	台班	83.55	0.124	0.114	0.200	0.200
	电动单梁起重机 5t	台班	223.20	1.397	1.387	1.368	1.349
	电动单筒慢速卷扬机 30kN	台班	210.22	0.076	0.076	0.057	0.048
	电动滚胎机	台班	172.54	1.796	1.767	1.739	1.710

续表

定额编号				A3-1-44	A3-1-45	A3-1-46	A3-1-47
项目名称				VN(m³以内)			
				80	100	150	200
名称		单位	单价(元)	消耗量			
机械	电动空气压缩机 6m³/min	台班	206.73	0.295	0.295	0.333	0.314
	电焊条恒温箱	台班	21.41	0.295	0.295	0.333	0.314
	电焊条烘干箱 80×80×100cm³	台班	49.05	0.295	0.295	0.333	0.314
	剪板机 20×2500mm	台班	333.30	0.124	0.124	0.010	0.010
	卷板机 20×2500mm	台班	276.83	0.124	0.114	0.105	0.048
	卷板机 40×3500mm	台班	514.10	—	—	—	0.057
	立式钻床 25mm	台班	6.58	0.371	0.361	0.352	0.342
	门式起重机 20t	台班	644.10	0.266	0.266	0.238	0.219
	刨边机 9000mm	台班	518.80	0.285	0.285	0.295	0.276
	平板拖车组 20t	台班	1081.33	—	0.067	0.038	0.038
	平板拖车组 30t	台班	1243.07	—	0.029	0.048	0.067
	汽车式起重机 20t	台班	1030.31	0.057	0.057	0.038	0.038
	汽车式起重机 25t	台班	1084.16	0.029	0.029	0.048	0.067
	汽车式起重机 8t	台班	763.67	0.114	0.105	0.105	0.105
	箱式加热炉 75kW	台班	123.86	0.162	0.143	0.114	0.086
	油压机 800t	台班	1731.15	0.162	0.143	0.114	0.086
	载重汽车 10t	台班	547.99	0.038	0.038	0.019	0.019
	载重汽车 15t	台班	779.76	0.067	0.057	0.086	0.086
	载重汽车 5t	台班	430.70	0.095	—	—	—
	直流弧焊机 32kV·A	台班	87.75	2.974	2.898	3.325	3.097
	自动埋弧焊机 1500A	台班	247.74	0.247	0.247	0.238	0.238

(6)低合金钢双椭圆封头容器制作

工作内容：放样号料、切割、坡口、压头卷弧、找圆、封头制作、组对、内部附件制作组装、成品倒运堆放等。

计量单位：t

定额编号				A3-1-48	A3-1-49	A3-1-50	A3-1-51
项目名称				VN(m³以内)			
				2	5	10	20
基价（元）				9481.09	7972.20	7227.40	6440.50
其中	人工费（元）			3249.12	2823.38	2566.06	2256.94
	材料费（元）			1505.43	1376.25	1296.14	1230.95
	机械费（元）			4726.54	3772.57	3365.20	2952.61
名称		单位	单价(元)	消耗量			
人工	综合工日	工日	140.00	23.208	20.167	18.329	16.121
材料	道木	m³	2137.00	0.050	0.040	0.040	0.040
	碟形钢丝砂轮片 φ100	片	19.74	1.650	1.370	1.170	1.040
	方木	m³	2029.00	0.050	0.050	0.050	0.050
	钢板 δ20	kg	3.18	23.110	21.030	19.650	16.900
	钢管 DN80	kg	4.38	—	—	—	3.730
	合金钢焊条	kg	11.11	25.870	24.750	21.530	18.210
	合金钢埋弧焊丝	kg	9.50	13.500	13.210	12.940	12.650
	埋弧焊剂	kg	21.72	20.240	19.820	19.410	18.980
	尼龙砂轮片 φ100×16×3	片	2.56	13.920	10.770	9.800	9.520
	尼龙砂轮片 φ150	片	3.32	8.740	7.880	7.580	6.970
	石墨粉	kg	10.68	0.850	0.850	0.840	0.840
	碳精棒 φ8～12	根	1.27	67.200	47.670	40.470	36.510
	氧气	m³	3.63	20.520	15.870	14.440	12.710
	乙炔气	kg	10.45	6.840	5.290	4.810	4.240
	其他材料费占材料费	%	—	2.085	2.092	2.096	2.105
机械	半自动切割机 100mm	台班	83.55	0.437	0.437	0.437	0.884
	电动单梁起重机 5t	台班	223.20	2.309	1.910	1.891	1.872
	电动单筒慢速卷扬机 30kN	台班	210.22	0.171	0.171	0.171	0.143

续表

定额编号				A3-1-48	A3-1-49	A3-1-50	A3-1-51
项目名称				VN(m^3以内)			
				2	5	10	20
名称		单位	单价(元)	消耗量			
机械	电动滚胎机	台班	172.54	2.328	2.328	2.309	2.309
	电动空气压缩机 $6m^3/min$	台班	206.73	0.703	0.646	0.542	0.437
	电焊条恒温箱	台班	21.41	0.703	0.646	0.542	0.437
	电焊条烘干箱 $80×80×100cm^3$	台班	49.05	0.703	0.646	0.542	0.437
	剪板机 20×2500mm	台班	333.30	0.247	0.162	0.143	0.133
	卷板机 20×2500mm	台班	276.83	0.266	0.209	0.171	0.162
	立式钻床 25mm	台班	6.58	0.494	0.485	0.485	0.456
	门式起重机 20t	台班	644.10	0.513	0.475	0.342	0.285
	刨边机 9000mm	台班	518.80	0.447	0.409	0.390	0.352
	汽车式起重机 10t	台班	833.49	—	0.228	0.143	—
	汽车式起重机 20t	台班	1030.31	—	—	—	0.171
	汽车式起重机 8t	台班	763.67	0.760	0.342	0.304	0.133
	箱式加热炉 75kW	台班	123.86	0.599	0.342	0.342	0.276
	油压机 800t	台班	1731.15	0.599	0.342	0.342	0.276
	载重汽车 10t	台班	547.99	0.152	0.228	0.143	0.171
	载重汽车 5t	台班	430.70	0.675	0.342	0.304	0.133
	直流弧焊机 32kV·A	台班	87.75	7.021	6.470	5.406	4.361
	自动埋弧焊机 1500A	台班	247.74	0.561	0.542	0.532	0.523

工作内容：放样号料、切割、坡口、压头卷弧、找圆、封头制作、组对、内部附件制作组装、成品倒运堆放等。

计量单位：t

定额编号				A3-1-52	A3-1-53	A3-1-54
项目名称				VN(m^3以内)		
				40	60	80
基价（元）				5695.59	5126.06	5100.99
其中	人工费（元）			1937.46	1785.70	1783.60
	材料费（元）			1136.55	1060.87	1031.64
	机械费（元）			2621.58	2279.49	2285.75
名称		单位	单价（元）	消耗量		
人工	综合工日	工日	140.00	13.839	12.755	12.740
材料	道木	m^3	2137.00	0.030	0.030	0.030
	碟形钢丝砂轮片 φ100	片	19.74	0.940	0.850	0.830
	方木	m^3	2029.00	0.050	0.040	0.040
	钢板 δ20	kg	3.18	16.270	14.290	13.760
	钢管 DN80	kg	4.38	3.610	3.600	3.510
	钢丝绳 φ15	m	8.97	—	0.170	0.170
	钢丝绳 φ17.5	m	11.54	—	—	0.180
	合金钢焊条	kg	11.11	14.070	12.510	11.180
	合金钢埋弧焊丝	kg	9.50	12.370	11.990	11.880
	埋弧焊剂	kg	21.72	18.560	17.990	17.830
	尼龙砂轮片 φ100×16×3	片	2.56	9.070	8.890	8.660
	尼龙砂轮片 φ150	片	3.32	6.470	5.400	5.370
	石墨粉	kg	10.68	0.650	0.330	0.270
	碳精棒 φ8～12	根	1.27	33.300	29.940	29.040
	氧气	m^3	3.63	12.710	12.430	11.510
	乙炔气	kg	10.45	4.240	4.140	3.840
	其他材料费占材料费	%	—	2.116	2.101	2.103
机械	半自动切割机 100mm	台班	83.55	0.779	0.751	0.665
	电动单梁起重机 5t	台班	223.20	1.786	1.729	1.691

续表

定额编号				A3-1-52	A3-1-53	A3-1-54
项目名称				VN(m³以内)		
				40	60	80
名称		单位	单价(元)	消耗量		
机械	电动单筒慢速卷扬机 30kN	台班	210.22	0.143	0.095	0.095
	电动滚胎机	台班	172.54	2.299	2.299	2.271
	电动空气压缩机 6m³/min	台班	206.73	0.352	0.314	0.295
	电焊条恒温箱	台班	21.41	0.352	0.314	0.285
	电焊条烘干箱 80×80×100cm³	台班	49.05	0.352	0.314	0.285
	剪板机 20×2500mm	台班	333.30	0.133	0.124	0.124
	卷板机 20×2500mm	台班	276.83	0.162	0.152	0.143
	立式钻床 25mm	台班	6.58	0.447	0.437	0.380
	门式起重机 20t	台班	644.10	0.266	0.238	0.228
	刨边机 9000mm	台班	518.80	0.352	0.295	0.285
	平板拖车组 20t	台班	1081.33	0.105	—	—
	平板拖车组 40t	台班	1446.84	—	—	0.067
	汽车式起重机 20t	台班	1030.31	0.105	0.076	0.048
	汽车式起重机 32t	台班	1257.67	—	0.029	0.067
	汽车式起重机 8t	台班	763.67	0.133	0.133	0.124
	箱式加热炉 75kW	台班	123.86	0.190	0.133	0.114
	油压机 800t	台班	1731.15	0.190	0.133	0.114
	载重汽车 10t	台班	547.99	0.133	0.133	0.124
	直流弧焊机 32kV·A	台班	87.75	3.553	3.173	2.955
	自动埋弧焊机 1500A	台班	247.74	0.513	0.485	0.475

工作内容：放样号料、切割、坡口、压头卷弧、找圆、封头制作、组对、内部附件制作组装、成品倒运堆放等。

计量单位：t

定额编号				A3-1-55	A3-1-56	A3-1-57
项目名称				VN(m^3以内)		
				100	150	200
基价（元）				4695.91	5346.76	5058.30
其中	人工费（元）			1614.48	1880.20	1776.74
	材料费（元）			907.62	1047.78	960.43
	机械费（元）			2173.81	2418.78	2321.13
名称		单位	单价(元)	消耗量		
人工	综合工日	工日	140.00	11.532	13.430	12.691
材料	道木	m^3	2137.00	0.020	0.020	0.020
	碟形钢丝砂轮片 φ100	片	19.74	0.690	0.730	0.640
	镀锌铁钉	个	0.04	67.000	—	—
	方木	m^3	2029.00	0.040	0.030	0.030
	钢板 δ20	kg	3.18	12.080	13.350	13.000
	钢管 DN80	kg	4.38	3.160	5.990	5.850
	钢丝绳 φ15	m	8.97	0.120	—	—
	钢丝绳 φ17.5	m	11.54	0.160	0.110	—
	钢丝绳 φ19.5	m	12.00	—	0.100	0.080
	钢丝绳 φ21.5	m	18.72	—	—	0.090
	合金钢焊条	kg	11.11	10.060	11.460	10.770
	合金钢埋弧焊丝	kg	9.50	10.130	12.400	11.140
	埋弧焊剂	kg	21.72	15.200	18.600	16.710
	尼龙砂轮片 φ100×16×3	片	2.56	7.780	8.030	7.730
	尼龙砂轮片 φ150	片	3.32	5.340	5.480	4.300
	石墨粉	kg	10.68	0.270	—	—
	碳精棒 φ8～12	根	1.27	26.010	24.270	22.560
	氧气	m^3	3.63	11.490	16.660	14.580
	乙炔气	kg	10.45	3.830	5.550	4.860
	其他材料费占材料费	%	—	2.115	2.089	2.097
机械	半自动切割机 100mm	台班	83.55	0.646	0.827	0.808
	电动单梁起重机 5t	台班	223.20	1.511	1.729	1.691
	电动单筒慢速卷扬机 30kN	台班	210.22	0.095	0.057	0.038

续表

定额编号				A3-1-55	A3-1-56	A3-1-57
项目名称				VN(m^3以内)		
				100	150	200
	名称	单位	单价(元)	消耗量		
机械	电动滚胎机	台班	172.54	2.261	2.128	2.128
	电动空气压缩机 6m^3/min	台班	206.73	0.295	0.390	0.361
	电焊条恒温箱	台班	21.41	0.295	0.390	0.361
	电焊条烘干箱 80×80×100cm^3	台班	49.05	0.295	0.390	0.361
	剪板机 20×2500mm	台班	333.30	0.124	0.010	0.010
	卷板机 20×2500mm	台班	276.83	0.124	0.010	—
	卷板机 40×3500mm	台班	514.10	—	0.114	0.114
	立式钻床 25mm	台班	6.58	0.390	0.428	0.428
	门式起重机 20t	台班	644.10	0.209	0.238	0.238
	刨边机 9000mm	台班	518.80	0.247	0.295	0.276
	平板拖车组 20t	台班	1081.33	—	0.038	0.038
	平板拖车组 40t	台班	1446.84	0.067	0.067	0.057
	平板拖车组 50t	台班	1524.76	—	—	0.019
	汽车式起重机 20t	台班	1030.31	0.048	0.038	0.038
	汽车式起重机 32t	台班	1257.67	0.067	0.038	—
	汽车式起重机 40t	台班	1526.12	—	0.048	0.029
	汽车式起重机 50t	台班	2464.07	—	—	0.038
	汽车式起重机 8t	台班	763.67	0.114	0.124	0.124
	箱式加热炉 75kW	台班	123.86	0.114	0.105	0.076
	油压机 800t	台班	1731.15	0.114	0.105	0.076
	载重汽车 10t	台班	547.99	0.114	0.124	0.124
	直流弧焊机 32kV·A	台班	87.75	2.926	3.914	3.639
	自动埋弧焊机 1500A	台班	247.74	0.409	0.418	0.352

(7)不锈钢平底平盖容器制作

工作内容：放样号料、切割、坡口、压头卷弧、找圆、组对、焊接、焊缝酸洗钝化、内部附件制作、组装、成品倒运堆放等。

计量单位：t

定额编号				A3-1-58	A3-1-59	A3-1-60
项目名称				VN(m³以内)		
				1	2	4
基价（元）				15230.81	13201.05	9841.59
其中	人工费（元）			2761.92	2454.34	2108.54
	材料费（元）			2442.53	2070.49	1809.47
	机械费（元）			10026.36	8676.22	5923.58
名称		单位	单价(元)	消耗量		
人工	综合工日	工日	140.00	19.728	17.531	15.061
材料	不锈钢电焊条	kg	38.46	35.950	30.310	29.200
	不锈钢氩弧焊丝 1Cr18Ni9Ti	kg	51.28	0.010	0.010	0.010
	道木	m³	2137.00	0.080	0.060	0.040
	电焊条	kg	5.98	5.670	3.110	2.020
	方木	m³	2029.00	0.170	0.150	0.110
	飞溅净	kg	5.15	12.800	11.660	8.470
	钢板 δ20	kg	3.18	38.840	36.980	32.630
	尼龙砂轮片 φ100×16×3	片	2.56	23.780	20.770	17.220
	尼龙砂轮片 φ150	片	3.32	11.450	10.430	9.400
	氢氟酸 45%	kg	4.87	0.720	0.650	0.470
	酸洗膏	kg	6.56	11.210	10.220	7.420
	碳精棒 φ8～12	根	1.27	41.930	34.890	34.440
	硝酸	kg	2.19	5.680	5.180	3.760
	氩气	m³	19.59	0.030	0.030	0.030
	氧气	m³	3.63	8.870	6.820	3.950
	乙炔气	kg	10.45	2.960	2.270	1.320
	其他材料费占材料费	%	—	0.610	0.618	0.603

续表

定额编号				A3-1-58	A3-1-59	A3-1-60
项目名称				VN(m³以内)		
				1	2	4
名称		单位	单价(元)	消耗量		
机械	等离子切割机 400A	台班	219.59	3.078	3.002	2.841
	电动单梁起重机 5t	台班	223.20	2.119	1.910	1.663
	电动滚胎机	台班	172.54	16.217	13.699	9.747
	电动空气压缩机 1m³/min	台班	50.29	3.078	3.002	2.841
	电动空气压缩机 6m³/min	台班	206.73	1.644	1.387	1.169
	电焊条恒温箱	台班	21.41	1.644	1.387	1.169
	电焊条烘干箱 80×80×100cm³	台班	49.05	1.644	1.387	1.169
	剪板机 20×2500mm	台班	333.30	0.466	0.352	0.295
	卷板机 20×2500mm	台班	276.83	0.409	0.285	0.276
	立式钻床 35mm	台班	10.59	0.304	0.238	0.228
	门式起重机 20t	台班	644.10	1.216	1.881	0.656
	刨边机 9000mm	台班	518.80	0.247	0.209	0.124
	汽车式起重机 8t	台班	763.67	2.651	1.701	0.903
	氩弧焊机 500A	台班	92.58	0.019	0.019	0.019
	载重汽车 10t	台班	547.99	0.038	0.029	0.029
	载重汽车 5t	台班	430.70	2.043	1.482	0.884
	直流弧焊机 32kV·A	台班	87.75	15.485	13.880	11.714

工作内容：放样号料、切割、坡口、压头卷弧、找圆、组对、焊接、焊缝酸洗钝化、内部附件制作、组装、成品倒运堆放等。

计量单位：t

定额编号				A3-1-61	A3-1-62	A3-1-63
项目名称				VN(m³以内)		
				6	8	10
基价（元）				8977.28	7926.52	7611.69
其中	人工费（元）			2013.34	1818.74	1805.58
	材料费（元）			1700.05	1629.73	1577.52
	机械费（元）			5263.89	4478.05	4228.59
名称		单位	单价(元)	消耗量		
人工	综合工日	工日	140.00	14.381	12.991	12.897
材料	不锈钢电焊条	kg	38.46	28.810	28.810	28.620
	不锈钢氩弧焊丝 1Cr18Ni9Ti	kg	51.28	0.010	0.010	0.010
	道木	m³	2137.00	0.030	0.020	0.020
	电焊条	kg	5.98	1.940	1.940	1.720
	方木	m³	2029.00	0.090	0.080	0.070
	飞溅净	kg	5.15	7.720	6.440	6.000
	钢板 δ20	kg	3.18	29.550	27.160	24.460
	钢管 DN80	kg	4.38	—	4.680	4.210
	尼龙砂轮片 φ100×16×3	片	2.56	15.680	13.400	13.340
	尼龙砂轮片 φ150	片	3.32	8.660	7.140	6.520
	氢氟酸 45%	kg	4.87	0.430	0.360	0.340
	酸洗膏	kg	6.56	6.760	5.640	5.250
	碳精棒 φ8～12	根	1.27	31.110	26.100	23.640
	硝酸	kg	2.19	3.430	2.860	2.760
	氩气	m³	19.59	0.030	0.030	0.030
	氧气	m³	3.63	3.730	2.550	2.300
	乙炔气	kg	10.45	1.240	0.850	0.770
	其他材料费占材料费	%	—	0.593	0.592	0.584

续表

定 额 编 号				A3-1-61	A3-1-62	A3-1-63
项 目 名 称				VN(m³以内)		
				6	8	10
名 称		单位	单价(元)	消	耗	量
机械	等离子切割机 400A	台班	219.59	2.584	2.185	1.938
	电动单梁起重机 5t	台班	223.20	1.530	1.387	1.292
	电动滚胎机	台班	172.54	8.797	7.382	7.049
	电动空气压缩机 1m³/min	台班	50.29	2.584	2.185	1.938
	电动空气压缩机 6m³/min	台班	206.73	1.045	0.922	0.922
	电焊条恒温箱	台班	21.41	1.045	0.922	0.922
	电焊条烘干箱 80×80×100cm³	台班	49.05	1.045	0.922	0.922
	剪板机 20×2500mm	台班	333.30	0.247	0.209	0.200
	卷板机 20×2500mm	台班	276.83	0.266	0.266	0.257
	立式钻床 35mm	台班	10.59	0.219	0.200	0.200
	门式起重机 20t	台班	644.10	0.608	0.561	0.504
	刨边机 9000mm	台班	518.80	0.114	0.114	0.114
	汽车式起重机 16t	台班	958.70	—	0.010	0.010
	汽车式起重机 8t	台班	763.67	0.741	0.551	0.504
	氩弧焊机 500A	台班	92.58	0.019	0.019	0.019
	载重汽车 10t	台班	547.99	0.029	0.019	0.019
	载重汽车 5t	台班	430.70	0.713	0.532	0.485
	直流弧焊机 32kV·A	台班	87.75	10.460	9.253	9.187

工作内容：放样号料、切割、坡口、压头卷弧、找圆、组对、焊接、焊缝酸洗钝化、内部附件制作、组装、成品倒运堆放等。

计量单位：t

定额编号				A3-1-64	A3-1-65	A3-1-66
项目名称				VN(m^3以内)		
				15	20	30
基价（元）				7439.36	6933.76	5796.50
其中	人工费（元）			1771.84	1615.18	1306.06
	材料费（元）			1524.44	1470.79	1290.16
	机械费（元）			4143.08	3847.79	3200.28
名称		单位	单价(元)	消耗量		
人工	综合工日	工日	140.00	12.656	11.537	9.329
材料	不锈钢板	kg	22.00	—	1.000	—
	不锈钢电焊条	kg	38.46	27.660	26.690	24.630
	不锈钢氩弧焊丝 1Cr18Ni9Ti	kg	51.28	0.010	0.010	0.010
	道木	m^3	2137.00	0.020	0.020	0.020
	电焊条	kg	5.98	1.720	1.530	1.530
	方木	m^3	2029.00	0.070	0.060	0.050
	飞溅净	kg	5.15	5.820	5.640	4.000
	钢板 δ20	kg	3.18	24.400	24.190	16.340
	钢管 DN80	kg	4.38	3.380	3.280	3.210
	尼龙砂轮片 φ100×16×3	片	2.56	13.200	11.660	8.650
	尼龙砂轮片 φ150	片	3.32	5.470	4.410	3.340
	氢氟酸 45%	kg	4.87	0.330	0.320	0.220
	酸洗膏	kg	6.56	4.820	4.380	3.510
	碳精棒 φ8～12	根	1.27	22.860	22.050	20.460
	硝酸	kg	2.19	2.660	2.500	1.780
	氩气	m^3	19.59	0.030	0.030	0.030
	氧气	m^3	3.63	1.850	1.470	1.030
	乙炔气	kg	10.45	0.620	0.490	0.340
	其他材料费占材料费	%	—	0.586	0.582	0.571

续表

定额编号				A3-1-64	A3-1-65	A3-1-66
项目名称				VN(m^3以内)		
				15	20	30
名称		单位	单价(元)	消耗量		
机械	等离子切割机 400A	台班	219.59	1.805	1.378	1.178
	电动单梁起重机 5t	台班	223.20	1.245	1.197	0.988
	电动滚胎机	台班	172.54	6.926	6.812	6.688
	电动空气压缩机 $1m^3/min$	台班	50.29	1.805	1.378	1.178
	电动空气压缩机 $6m^3/min$	台班	206.73	0.903	0.884	0.703
	电焊条恒温箱	台班	21.41	0.903	0.884	0.703
	电焊条烘干箱 80×80×100cm^3	台班	49.05	0.903	0.884	0.703
	剪板机 20×2500mm	台班	333.30	0.200	0.181	0.067
	卷板机 20×2500mm	台班	276.83	0.247	0.238	0.209
	立式钻床 35mm	台班	10.59	0.200	0.200	0.190
	门式起重机 20t	台班	644.10	0.523	0.504	0.380
	刨边机 9000mm	台班	518.80	0.152	0.152	0.114
	汽车式起重机 10t	台班	833.49	0.437	0.352	0.095
	汽车式起重机 16t	台班	958.70	0.010	0.010	—
	汽车式起重机 20t	台班	1030.31	—	—	0.105
	汽车式起重机 8t	台班	763.67	0.019	0.019	0.019
	氩弧焊机 500A	台班	92.58	0.019	0.019	0.019
	载重汽车 10t	台班	547.99	0.019	0.019	0.124
	载重汽车 5t	台班	430.70	0.437	0.352	0.095
	直流弧焊机 32kV·A	台班	87.75	9.016	8.835	7.002

(8)不锈钢平底锥顶容器制作

工作内容：放样号料、切割、坡口、压头卷弧、找圆、伞形盖制作、组对(角钢圈与筒体组对)、焊接、焊缝酸洗钝化、内部附件制作组装、底板真空试漏、成品倒运堆放等。 计量单位：t

定额编号				A3-1-67	A3-1-68	A3-1-69	A3-1-70
项目名称				VN(m³以内)			
				10	15	20	30
基价（元）				**8432.95**	**8072.55**	**7817.19**	**7171.11**
其中	人工费（元）			2583.28	2431.52	2365.30	2203.74
	材料费（元）			1823.98	1725.16	1696.53	1604.67
	机械费（元）			4025.69	3915.87	3755.36	3362.70
名称		单位	单价(元)	消耗量			
人工	综合工日	工日	140.00	18.452	17.368	16.895	15.741
材料	不锈钢电焊条	kg	38.46	32.530	30.470	30.330	29.270
	不锈钢氩弧焊丝 1Cr18Ni9Ti	kg	51.28	0.010	0.010	0.010	0.010
	道木	m³	2137.00	0.030	0.030	0.030	0.030
	电焊条	kg	5.98	2.610	2.520	2.150	2.010
	方木	m³	2029.00	0.060	0.060	0.060	0.060
	飞溅净	kg	5.15	8.230	7.750	7.510	6.150
	钢板 δ20	kg	3.18	37.580	36.240	32.150	28.060
	钢管 DN80	kg	4.38	5.240	5.000	4.810	3.230
	钢轨	kg	3.44	3.410	3.350	3.300	2.040
	尼龙砂轮片 φ100×16×3	片	2.56	15.690	14.810	14.360	12.530
	尼龙砂轮片 φ150	片	3.32	3.560	3.410	3.350	3.160
	氢氟酸 45%	kg	4.87	0.460	0.430	0.420	0.340
	酸洗膏	kg	6.56	7.210	6.790	6.580	5.380
	碳精棒 φ8～12	根	1.27	28.890	27.240	26.220	25.650
	硝酸	kg	2.19	3.660	3.440	3.340	2.730
	氩气	m³	19.59	0.030	0.030	0.030	0.030
	氧气	m³	3.63	2.380	2.060	1.880	1.490
	乙炔气	kg	10.45	0.800	0.690	0.630	0.500
	其他材料费占材料费	%	—	0.580	0.583	0.580	0.577

续表

定额编号				A3-1-67	A3-1-68	A3-1-69	A3-1-70
项目名称				VN(m³以内)			
				10	15	20	30
名称		单位	单价(元)	消耗量			
机械	等离子切割机 400A	台班	219.59	2.309	2.233	2.138	1.948
	电动单梁起重机 5t	台班	223.20	1.682	1.568	1.558	1.311
	电动滚胎机	台班	172.54	2.033	2.024	2.024	1.948
	电动空气压缩机 1m³/min	台班	50.29	2.309	2.233	2.138	1.948
	电动空气压缩机 6m³/min	台班	206.73	1.169	1.131	1.112	1.093
	电焊条恒温箱	台班	21.41	1.169	1.131	1.112	1.093
	电焊条烘干箱 80×80×100cm³	台班	49.05	1.169	1.131	1.112	1.093
	剪板机 20×2500mm	台班	333.30	0.200	0.171	0.162	0.152
	卷板机 20×2500mm	台班	276.83	0.295	0.285	0.276	0.190
	立式钻床 35mm	台班	10.59	0.209	0.209	0.200	0.190
	门式起重机 20t	台班	644.10	0.665	0.646	0.637	0.618
	刨边机 9000mm	台班	518.80	0.209	0.171	0.105	0.095
	汽车式起重机 10t	台班	833.49	—	0.494	0.447	0.285
	汽车式起重机 8t	台班	763.67	0.532	0.029	0.019	0.019
	氩弧焊机 500A	台班	92.58	0.019	0.019	0.019	0.019
	载重汽车 10t	台班	547.99	0.029	0.029	0.019	0.029
	载重汽车 5t	台班	430.70	0.494	0.494	0.447	0.276
	真空泵 204m³/h	台班	57.07	0.095	0.095	0.095	0.095
	直流弧焊机 32kV·A	台班	87.75	11.657	11.258	11.153	10.925

工作内容：放样号料、切割、坡口、压头卷弧、找圆、伞形盖制作、组对(角钢圈与筒体组对)、焊接、焊缝酸洗钝化、内部附件制作组装、底板真空试漏、成品倒运堆放等。 计量单位：t

定额编号				A3-1-71	A3-1-72	A3-1-73	A3-1-74
项目名称				VN(m³以内)			
				40	50	60	80
基价(元)				6894.85	6557.49	6183.74	6020.82
其中	人工费(元)			2121.70	1991.22	1925.70	1862.28
	材料费(元)			1566.70	1549.91	1535.24	1537.42
	机械费(元)			3206.45	3016.36	2722.80	2621.12
名称		单位	单价(元)	消耗量			
人工	综合工日	工日	140.00	15.155	14.223	13.755	13.302
材料	不锈钢板	kg	22.00	—	—	—	1.000
	不锈钢电焊条	kg	38.46	28.680	28.650	28.630	28.460
	不锈钢氩弧焊丝 1Cr18Ni9Ti	kg	51.28	0.010	0.010	0.010	0.010
	道木	m³	2137.00	0.030	0.030	0.030	0.030
	电焊条	kg	5.98	1.930	1.930	1.820	1.820
	方木	m³	2029.00	0.060	0.060	0.060	0.060
	飞溅净	kg	5.15	5.890	5.790	5.760	5.630
	钢板 δ20	kg	3.18	25.950	22.080	18.790	15.980
	钢管 DN80	kg	4.38	3.230	3.230	3.230	3.230
	钢轨	kg	3.44	1.780	1.720	1.470	1.250
	尼龙砂轮片 φ100×16×3	片	2.56	12.100	12.020	11.910	11.800
	尼龙砂轮片 φ150	片	3.32	2.830	2.700	2.560	2.380
	氢氟酸 45%	kg	4.87	0.330	0.320	0.320	0.320
	酸洗膏	kg	6.56	5.160	5.070	5.040	4.930
	碳精棒 φ8～12	根	1.27	25.650	25.650	25.650	25.650
	硝酸	kg	2.19	2.610	2.570	2.560	2.500
	氩气	m³	19.59	0.030	0.030	0.030	0.030
	氧气	m³	3.63	1.260	1.100	1.000	0.850
	乙炔气	kg	10.45	0.420	0.370	0.340	0.280

续表

定额编号				A3-1-71	A3-1-72	A3-1-73	A3-1-74
项目名称				VN(m^3以内)			
				40	50	60	80
名称		单位	单价(元)	消耗量			
材料	其他材料费占材料费	%	—	0.576	0.573	0.570	0.568
机械	等离子切割机 400A	台班	219.59	1.767	1.520	1.273	1.264
	电动单梁起重机 5t	台班	223.20	1.302	1.245	1.226	1.207
	电动滚胎机	台班	172.54	1.919	1.900	1.862	1.824
	电动空气压缩机 $1m^3/min$	台班	50.29	1.767	1.520	1.273	1.264
	电动空气压缩机 $6m^3/min$	台班	206.73	1.045	0.998	0.969	0.950
	电焊条恒温箱	台班	21.41	1.045	0.998	0.979	0.950
	电焊条烘干箱 $80\times80\times100cm^3$	台班	49.05	1.045	0.998	0.979	0.950
	剪板机 20×2500mm	台班	333.30	0.133	0.114	0.105	0.086
	卷板机 20×2500mm	台班	276.83	0.181	0.171	0.124	0.114
	立式钻床 35mm	台班	10.59	0.190	0.190	0.181	0.181
	门式起重机 20t	台班	644.10	0.523	0.456	0.399	0.342
	刨边机 9000mm	台班	518.80	0.095	0.086	0.076	0.076
	汽车式起重机 20t	台班	1030.31	0.247	0.247	0.181	0.171
	汽车式起重机 8t	台班	763.67	0.019	0.019	—	—
	氩弧焊机 500A	台班	92.58	0.019	0.019	0.019	0.019
	载重汽车 10t	台班	547.99	0.266	0.266	0.181	0.171
	真空泵 $204m^3/h$	台班	57.07	0.095	0.095	0.095	0.095
	直流弧焊机 32kV·A	台班	87.75	10.412	9.985	9.738	9.500

(9)不锈钢锥底平顶容器制作

工作内容：放样号料、切割、坡口、压头卷弧、找圆、锥底封头制作、组对、焊接、焊缝酸洗钝化、内部附件制作、组装、成品倒运堆放等。

计量单位：t

定额编号				A3-1-75	A3-1-76	A3-1-77
项目名称				VN(m³以内)		
				1	2	4
基价（元）				19646.44	14966.03	12630.21
其中	人工费（元）			4106.76	3848.04	3560.34
	材料费（元）			3106.93	2507.21	2202.55
	机械费（元）			12432.75	8610.78	6867.32
	名称	单位	单价(元)	消耗量		
人工	综合工日	工日	140.00	29.334	27.486	25.431
材料	不锈钢电焊条	kg	38.46	46.100	44.030	41.230
	不锈钢氩弧焊丝 1Cr18Ni9Ti	kg	51.28	0.010	0.010	0.010
	道木	m³	2137.00	0.130	0.050	0.030
	电焊条	kg	5.98	2.250	1.830	1.480
	方木	m³	2029.00	0.170	0.100	0.060
	飞溅净	kg	5.15	17.680	11.880	10.160
	钢板 δ20	kg	3.18	40.130	38.410	33.630
	尼龙砂轮片 φ100×16×3	片	2.56	33.500	23.380	19.040
	尼龙砂轮片 φ150	片	3.32	14.310	6.560	6.140
	氢氟酸 45%	kg	4.87	0.990	0.670	0.570
	酸洗膏	kg	6.56	15.490	10.410	8.900
	碳精棒 φ8～12	根	1.27	88.770	67.470	60.360
	硝酸	kg	2.19	7.850	5.280	4.510
	氩气	m³	19.59	0.030	0.030	0.030
	氧气	m³	3.63	12.680	6.170	4.590
	乙炔气	kg	10.45	4.230	2.060	1.530
	其他材料费占材料费	%	—	0.586	0.575	0.562
机械	等离子切割机 400A	台班	219.59	8.094	4.104	3.382

续表

定额编号				A3-1-75	A3-1-76	A3-1-77
项目名称				VN(m³以内)		
				1	2	4
名称		单位	单价(元)	消耗量		
机械	电动单梁起重机 5t	台班	223.20	3.382	2.109	1.739
	电动单筒慢速卷扬机 30kN	台班	210.22	0.466	0.257	0.200
	电动滚胎机	台班	172.54	2.375	2.337	2.271
	电动空气压缩机 $1m^3/min$	台班	50.29	6.194	4.104	3.382
	电动空气压缩机 $6m^3/min$	台班	206.73	2.755	2.081	1.568
	电焊条恒温箱	台班	21.41	2.090	1.852	1.568
	电焊条烘干箱 80×80×100cm³	台班	49.05	2.090	1.852	1.568
	剪板机 20×2500mm	台班	333.30	0.399	0.314	0.228
	卷板机 20×2500mm	台班	276.83	0.599	0.456	0.409
	立式钻床 35mm	台班	10.59	0.181	0.143	0.105
	门式起重机 20t	台班	644.10	1.264	0.969	0.874
	刨边机 9000mm	台班	518.80	0.276	0.276	0.228
	汽车式起重机 8t	台班	763.67	2.461	1.539	0.950
	氩弧焊机 500A	台班	92.58	0.010	0.010	0.010
	油压机 1200t	台班	3341.08	0.808	0.504	0.399
	载重汽车 10t	台班	547.99	0.019	0.019	0.019
	载重汽车 5t	台班	430.70	1.967	1.330	0.931
	直流弧焊机 32kV·A	台班	87.75	19.019	17.908	15.447

工作内容：放样号料、切割、坡口、压头卷弧、找圆、锥底封头制作、组对、焊接、焊缝酸洗钝化、内部附件制作、组装、成品倒运堆放等。 计量单位：t

定额编号				A3-1-78	A3-1-79	A3-1-80
项目名称				VN(m³以内)		
				6	8	10
基价（元）				11319.34	10451.90	9595.49
其中	人工费（元）			3317.44	3113.18	2826.04
	材料费（元）			2017.18	1854.45	1765.66
	机械费（元）			5984.72	5484.27	5003.79
名称		单位	单价(元)	消耗量		
人工	综合工日	工日	140.00	23.696	22.237	20.186
材料	不锈钢电焊条	kg	38.46	38.340	36.330	34.020
	不锈钢氩弧焊丝 1Cr18Ni9Ti	kg	51.28	0.010	0.010	0.010
	道木	m³	2137.00	0.030	0.020	0.020
	电焊条	kg	5.98	1.140	0.930	0.700
	方木	m³	2029.00	0.050	0.050	0.050
	飞溅净	kg	5.15	8.650	5.660	5.580
	钢板 δ20	kg	3.18	29.950	28.440	28.250
	钢管 DN80	kg	4.38	—	—	5.040
	尼龙砂轮片 φ100×16×3	片	2.56	18.030	15.630	14.130
	尼龙砂轮片 φ150	片	3.32	5.710	5.630	5.540
	氢氟酸 45%	kg	4.87	0.480	0.320	0.310
	酸洗膏	kg	6.56	7.580	4.960	4.890
	碳精棒 φ8～12	根	1.27	53.220	45.420	41.460
	硝酸	kg	2.19	3.840	2.510	2.480
	氩气	m³	19.59	0.030	0.030	0.030
	氧气	m³	3.63	3.520	2.880	2.170
	乙炔气	kg	10.45	1.170	0.960	0.720
	其他材料费占材料费	%	—	0.557	0.558	0.312

续表

定额编号				A3-1-78	A3-1-79	A3-1-80
项目名称				VN(m^3以内)		
				6	8	10
名称		单位	单价(元)	消耗量		
机械	等离子切割机 400A	台班	219.59	2.850	2.755	2.660
	电动单梁起重机 5t	台班	223.20	1.530	1.501	1.425
	电动单筒慢速卷扬机 30kN	台班	210.22	0.190	0.171	0.162
	电动滚胎机	台班	172.54	2.204	1.919	1.872
	电动空气压缩机 $1m^3/min$	台班	50.29	2.850	2.755	2.660
	电动空气压缩机 $6m^3/min$	台班	206.73	1.549	1.349	1.226
	电焊条恒温箱	台班	21.41	1.549	1.349	1.226
	电焊条烘干箱 80×80×100cm^3	台班	49.05	1.549	1.349	1.226
	剪板机 20×2500mm	台班	333.30	0.219	0.200	0.181
	卷板机 20×2500mm	台班	276.83	0.285	0.266	0.257
	立式钻床 35mm	台班	10.59	0.095	0.095	0.095
	门式起重机 20t	台班	644.10	0.608	0.589	0.561
	刨边机 9000mm	台班	518.80	0.171	0.152	0.152
	汽车式起重机 8t	台班	763.67	0.694	0.618	0.475
	氩弧焊机 500A	台班	92.58	0.010	0.010	0.010
	油压机 1200t	台班	3341.08	0.371	0.342	0.314
	载重汽车 10t	台班	547.99	0.019	0.019	0.019
	载重汽车 5t	台班	430.70	0.675	0.599	0.456
	直流弧焊机 32kV·A	台班	87.75	15.039	13.462	12.293

工作内容：放样号料、切割、坡口、压头卷弧、找圆、锥底封头制作、组对、焊接、焊缝酸洗钝化、内部附件制作、组装、成品倒运堆放等。
计量单位：t

定额编号				A3-1-81	A3-1-82	A3-1-83
项目名称				VN(m³以内)		
				15	20	30
基价（元）				8774.28	8211.83	7210.89
其中	人工费（元）			2672.88	2548.84	2224.46
	材料费（元）			1739.28	1689.47	1565.35
	机械费（元）			4362.12	3973.52	3421.08
名称		单位	单价(元)	消耗量		
人工	综合工日	工日	140.00	19.092	18.206	15.889
材料	不锈钢电焊条	kg	38.46	33.670	33.300	31.730
	不锈钢氩弧焊丝 1Cr18Ni9Ti	kg	51.28	0.010	0.010	0.010
	道木	m³	2137.00	0.020	0.020	0.010
	电焊条	kg	5.98	0.570	0.440	0.340
	方木	m³	2029.00	0.050	0.050	0.050
	飞溅净	kg	5.15	5.570	4.660	3.750
	钢板 δ20	kg	3.18	28.170	26.210	20.560
	钢管 DN80	kg	4.38	4.540	4.090	2.780
	尼龙砂轮片 φ100×16×3	片	2.56	13.380	10.970	10.940
	尼龙砂轮片 φ150	片	3.32	5.330	4.190	4.010
	氢氟酸 45%	kg	4.87	0.310	0.260	0.210
	酸洗膏	kg	6.56	4.880	4.080	3.280
	碳精棒 φ8～12	根	1.27	38.940	36.300	33.660
	硝酸	kg	2.19	2.470	2.070	1.670
	氩气	m³	19.59	0.030	0.030	0.030
	氧气	m³	3.63	1.650	1.350	0.990
	乙炔气	kg	10.45	0.550	0.450	0.330
	其他材料费占材料费	%	—	0.312	0.315	0.313
机械	等离子切割机 400A	台班	219.59	2.214	1.872	1.758

续表

定额编号				A3-1-81	A3-1-82	A3-1-83
项目名称				VN(m^3以内)		
				15	20	30
名称		单位	单价(元)	消耗量		
机械	电动单梁起重机 5t	台班	223.20	1.340	1.131	1.007
	电动单筒慢速卷扬机 30kN	台班	210.22	0.124	0.105	0.095
	电动滚胎机	台班	172.54	1.739	1.615	1.596
	电动空气压缩机 1m^3/min	台班	50.29	2.214	1.872	1.758
	电动空气压缩机 6m^3/min	台班	206.73	1.159	1.102	0.998
	电焊条恒温箱	台班	21.41	1.159	1.102	1.007
	电焊条烘干箱 80×80×100cm^3	台班	49.05	1.159	1.102	1.007
	剪板机 20×2500mm	台班	333.30	0.181	0.171	0.133
	卷板机 20×2500mm	台班	276.83	0.247	0.247	0.162
	立式钻床 35mm	台班	10.59	0.095	0.086	0.086
	门式起重机 20t	台班	644.10	0.513	0.504	0.409
	刨边机 9000mm	台班	518.80	0.152	0.152	0.133
	汽车式起重机 10t	台班	833.49	0.019	0.019	0.019
	汽车式起重机 8t	台班	763.67	0.371	0.323	0.181
	氩弧焊机 500A	台班	92.58	0.010	0.010	0.010
	油压机 1200t	台班	3341.08	0.238	0.209	0.181
	载重汽车 10t	台班	547.99	0.019	0.019	0.019
	载重汽车 5t	台班	430.70	0.371	0.323	0.181
	直流弧焊机 32kV・A	台班	87.75	11.552	11.039	10.013

(10)不锈钢锥底平顶容器制作

工作内容：放样号料、切割、坡口、压头卷弧、找圆、锥底封头制作、组对、焊接、焊缝酸洗钝化、内部附件制作、组装、成品倒运堆放等。

计量单位：t

定额编号				A3-1-84	A3-1-85	A3-1-86
项目名称				VN(m³以内)		
				1	2	5
基价（元）				22516.43	17562.77	14339.87
其中	人工费（元）			4925.62	4278.54	3887.24
	材料费（元）			2410.28	2126.66	1919.15
	机械费（元）			15180.53	11157.57	8533.48
名称		单位	单价(元)	消耗量		
人工	综合工日	工日	140.00	35.183	30.561	27.766
材料	不锈钢电焊条	kg	38.46	44.910	40.530	37.920
	不锈钢氩弧焊丝 1Cr18Ni9Ti	kg	51.28	0.010	0.010	0.010
	道木	m³	2137.00	0.040	0.030	0.020
	电焊条	kg	5.98	1.090	1.000	0.910
	方木	m³	2029.00	0.040	0.040	0.040
	飞溅净	kg	5.15	11.210	8.590	5.900
	钢板 δ20	kg	3.18	40.800	34.220	25.650
	尼龙砂轮片 φ100×16×3	片	2.56	22.270	18.560	16.740
	尼龙砂轮片 φ150	片	3.32	13.490	10.920	9.310
	氢氟酸 45%	kg	4.87	0.630	0.480	0.330
	石墨粉	kg	10.68	0.470	0.470	0.600
	酸洗膏	kg	6.56	9.820	7.530	5.170
	碳精棒 φ8～12	根	1.27	70.500	60.900	54.510
	硝酸	kg	2.19	4.970	3.820	2.620
	氩气	m³	19.59	0.030	0.030	0.030
	氧气	m³	3.63	4.690	3.450	2.420
	乙炔气	kg	10.45	1.560	1.150	0.810
	其他材料费占材料费	%	—	0.553	0.553	0.547

续表

定额编号				A3-1-84	A3-1-85	A3-1-86
项目名称				VN(m³以内)		
				1	2	5
	名称	单位	单价(元)	消耗量		
机械	等离子切割机 400A	台班	219.59	6.584	5.054	4.465
	电动单梁起重机 5t	台班	223.20	4.038	3.183	2.651
	电动单筒慢速卷扬机 30kN	台班	210.22	0.428	0.285	0.285
	电动滚胎机	台班	172.54	3.268	3.031	2.537
	电动空气压缩机 1m³/min	台班	50.29	7.534	5.054	4.465
	电动空气压缩机 6m³/min	台班	206.73	2.147	1.777	1.283
	电焊条恒温箱	台班	21.41	2.337	1.777	1.283
	电焊条烘干箱 80×80×100cm³	台班	49.05	2.337	1.777	1.283
	剪板机 20×2500mm	台班	333.30	0.247	0.228	0.219
	卷板机 20×2500mm	台班	276.83	0.361	0.295	0.228
	立式钻床 35mm	台班	10.59	0.247	0.238	0.219
	门式起重机 20t	台班	644.10	1.245	0.874	0.570
	刨边机 9000mm	台班	518.80	0.190	0.162	0.124
	汽车式起重机 8t	台班	763.67	1.986	1.112	0.608
	氩弧焊机 500A	台班	92.58	0.019	0.019	0.019
	油压机 1200t	台班	3341.08	1.824	1.340	1.036
	载重汽车 10t	台班	547.99	0.029	0.019	0.019
	载重汽车 5t	台班	430.70	1.957	1.093	0.589
	直流弧焊机 32kV·A	台班	87.75	18.639	15.856	12.787

工作内容：放样号料、切割、坡口、压头卷弧、找圆、锥底封头制作、组对、焊接、焊缝酸洗钝化、内部附件制作、组装、成品倒运堆放等。

计量单位：t

定额编号				A3-1-87	A3-1-88	A3-1-89
项目名称				VN(m^3以内)		
				10	15	20
基价（元）				12417.02	11341.82	9261.52
其中	人工费（元）			3457.44	3231.06	2810.22
	材料费（元）			1794.58	1681.88	1586.92
	机械费（元）			7165.00	6428.88	4864.38
	名称	单位	单价(元)	消耗量		
人工	综合工日	工日	140.00	24.696	23.079	20.073
材料	不锈钢电焊条	kg	38.46	35.740	33.770	32.420
	不锈钢氩弧焊丝 1Cr18Ni9Ti	kg	51.28	0.010	0.010	0.010
	道木	m^3	2137.00	0.020	0.010	0.010
	电焊条	kg	5.98	0.830	0.760	0.690
	方木	m^3	2029.00	0.040	0.040	0.040
	飞溅净	kg	5.15	5.810	5.730	4.000
	钢板 δ20	kg	3.18	24.040	22.530	19.260
	钢管 DN80	kg	4.38	—	3.110	3.370
	尼龙砂轮片 φ100×16×3	片	2.56	13.670	10.860	9.980
	尼龙砂轮片 φ150	片	3.32	8.870	8.440	6.490
	氢氟酸 45%	kg	4.87	0.270	0.250	0.230
	石墨粉	kg	10.68	0.600	0.720	0.720
	酸洗膏	kg	6.56	4.190	3.760	3.510
	碳精棒 φ8～12	根	1.27	44.070	33.630	30.180
	硝酸	kg	2.19	2.120	3.000	1.780
	氩气	m^3	19.59	0.030	0.030	0.030
	氧气	m^3	3.63	1.910	1.700	0.810
	乙炔气	kg	10.45	0.640	0.570	0.270
	其他材料费占材料费	%	—	0.549	0.558	0.555

续表

定额编号				A3-1-87	A3-1-88	A3-1-89
项目名称				VN(m³以内)		
				10	15	20
	名称	单位	单价(元)	消耗量		
机械	等离子切割机 400A	台班	219.59	3.563	3.458	2.708
	电动单梁起重机 5t	台班	223.20	2.005	1.834	1.653
	电动单筒慢速卷扬机 30kN	台班	210.22	0.200	0.171	0.171
	电动滚胎机	台班	172.54	2.328	2.119	1.967
	电动空气压缩机 1m³/min	台班	50.29	3.563	3.458	2.708
	电动空气压缩机 6m³/min	台班	206.73	1.245	1.026	0.988
	电焊条恒温箱	台班	21.41	1.245	1.026	0.988
	电焊条烘干箱 80×80×100cm³	台班	49.05	1.245	1.026	0.988
	剪板机 20×2500mm	台班	333.30	0.181	0.143	0.105
	卷板机 20×2500mm	台班	276.83	0.200	0.181	0.152
	立式钻床 35mm	台班	10.59	0.209	0.190	0.190
	门式起重机 20t	台班	644.10	0.561	0.485	0.409
	刨边机 9000mm	台班	518.80	0.124	0.124	0.105
	汽车式起重机 10t	台班	833.49	—	0.200	0.190
	汽车式起重机 8t	台班	763.67	0.418	0.190	0.019
	氩弧焊机 500A	台班	92.58	0.019	0.019	0.019
	油压机 1200t	台班	3341.08	0.846	0.760	0.475
	载重汽车 10t	台班	547.99	0.019	0.019	0.019
	载重汽车 5t	台班	430.70	0.399	0.380	0.190
	直流弧焊机 32kV·A	台班	87.75	12.464	10.222	9.852

工作内容：放样号料、切割、坡口、压头卷弧、找圆、锥底封头制作、组对、焊接、焊缝酸洗钝化、内部附件制作、组装、成品倒运堆放等。

计量单位：t

定额编号				A3-1-90	A3-1-91	A3-1-92
项目名称				VN(m³以内)		
				30	50	100
基价（元）				8181.22	6986.51	5817.68
其中	人工费（元）			2611.56	2433.62	2179.52
	材料费（元）			1392.42	1331.59	1183.94
	机械费（元）			4177.24	3221.30	2454.22
名称		单位	单价(元)	消耗量		
人工	综合工日	工日	140.00	18.654	17.383	15.568
材料	不锈钢电焊条	kg	38.46	28.030	16.240	13.200
	不锈钢埋弧焊丝	kg	50.13	—	5.190	5.040
	不锈钢氩弧焊丝 1Cr18Ni9Ti	kg	51.28	0.010	0.010	0.010
	道木	m³	2137.00	0.010	0.010	0.010
	电焊条	kg	5.98	0.630	0.560	0.480
	方木	m³	2029.00	0.040	0.040	0.040
	飞溅净	kg	5.15	3.800	3.060	2.310
	钢板 δ20	kg	3.18	15.550	12.810	11.680
	钢管 DN80	kg	4.38	3.550	3.920	4.670
	埋弧焊剂	kg	21.72	—	7.780	7.570
	尼龙砂轮片 φ100×16×3	片	2.56	9.600	9.210	8.930
	尼龙砂轮片 φ150	片	3.32	4.860	4.540	3.000
	氢氟酸 45%	kg	4.87	0.210	0.170	0.130
	石墨粉	kg	10.68	0.720	—	—
	酸洗膏	kg	6.56	3.330	2.680	2.020
	碳精棒 φ8～12	根	1.27	26.910	20.820	20.160
	硝酸	kg	2.19	1.690	1.360	1.020
	氩气	m³	19.59	0.030	0.030	0.030
	氧气	m³	3.63	0.780	0.480	0.290
	乙炔气	kg	10.45	0.260	0.160	0.100
	其他材料费占材料费	%	—	0.558	0.552	0.557
机械	等离子切割机 400A	台班	219.59	2.508	2.309	1.615

续表

定额编号				A3-1-90	A3-1-91	A3-1-92
项目名称				VN(m³以内)		
				30	50	100
名称		单位	单价(元)	消耗量		
机械	电动单梁起重机 5t	台班	223.20	1.492	1.397	1.302
	电动单筒慢速卷扬机 30kN	台班	210.22	0.076	0.057	0.019
	电动滚胎机	台班	172.54	1.929	1.862	1.786
	电动空气压缩机 1m³/min	台班	50.29	2.508	2.309	1.615
	电动空气压缩机 6m³/min	台班	206.73	0.903	0.523	0.418
	电焊条恒温箱	台班	21.41	0.903	0.523	0.418
	电焊条烘干箱 80×80×100cm³	台班	49.05	0.903	0.523	0.418
	剪板机 20×2500mm	台班	333.30	0.095	0.095	0.095
	卷板机 20×2500mm	台班	276.83	0.114	0.114	0.114
	立式钻床 35mm	台班	10.59	0.171	0.171	0.162
	门式起重机 20t	台班	644.10	0.333	0.323	0.314
	刨边机 9000mm	台班	518.80	0.086	0.086	0.086
	汽车式起重机 10t	台班	833.49	0.076	—	—
	汽车式起重机 20t	台班	1030.31	0.076	0.038	—
	汽车式起重机 25t	台班	1084.16	—	0.048	0.048
	汽车式起重机 8t	台班	763.67	0.019	0.019	0.019
	氩弧焊机 500A	台班	92.58	0.019	0.019	0.019
	油压机 1200t	台班	3341.08	0.361	0.238	0.133
	载重汽车 10t	台班	547.99	0.095	0.057	0.019
	载重汽车 15t	台班	779.76	—	0.048	0.048
	载重汽车 5t	台班	430.70	0.076	—	—
	直流弧焊机 32kV·A	台班	87.75	9.063	5.244	4.199
	自动埋弧焊机 1500A	台班	247.74	—	0.238	0.238

(11)不锈钢双椭圆封头容器制作

工作内容：放样号料、切割、坡口、压头卷弧、找圆、封头制作、组对、焊接、焊缝酸洗钝化、内部附件制作组装、底板真空试漏、成品倒运堆放等。

计量单位：t

定额编号				A3-1-93	A3-1-94	A3-1-95	A3-1-96
项目名称				VN(m³以内)			
				0.5	1	2	5
基价（元）				30872.04	24778.05	18786.01	14545.38
其中	人工费（元）			5264.56	4615.94	3939.74	3496.78
	材料费（元）			3017.95	2556.29	2180.65	1873.62
	机械费（元）			22589.53	17605.82	12665.62	9174.98
名称		单位	单价(元)	消耗量			
人工	综合工日	工日	140.00	37.604	32.971	28.141	24.977
材料	不锈钢电焊条	kg	38.46	48.390	42.070	38.570	34.100
	不锈钢氩弧焊丝 1Cr18Ni9Ti	kg	51.28	0.020	0.020	0.020	0.020
	道木	m³	2137.00	0.100	0.070	0.040	0.040
	电焊条	kg	5.98	7.420	6.130	4.890	3.770
	方木	m³	2029.00	0.180	0.140	0.100	0.080
	飞溅净	kg	5.15	11.070	9.620	7.330	5.640
	钢板 δ20	kg	3.18	34.750	32.680	27.400	21.560
	尼龙砂轮片 φ100×16×3	片	2.56	25.220	21.940	18.640	12.810
	尼龙砂轮片 φ150	片	3.32	12.250	11.570	10.380	9.200
	氢氟酸 45%	kg	4.87	0.620	0.540	0.410	0.320
	石墨粉	kg	10.68	1.490	1.110	0.830	0.820
	酸洗膏	kg	6.56	9.700	8.430	6.420	4.950
	碳精棒 φ8～12	根	1.27	68.210	58.100	49.070	38.310
	硝酸	kg	2.19	4.910	4.270	3.260	2.510
	氩气	m³	19.59	0.060	0.060	0.060	0.060
	氧气	m³	3.63	8.590	7.020	4.990	2.970
	乙炔气	kg	10.45	2.860	2.340	1.660	0.990
	其他材料费占材料费	%	—	0.587	0.585	0.575	0.568

续表

定额编号				A3-1-93	A3-1-94	A3-1-95	A3-1-96
项目名称				VN(m^3以内)			
				0.5	1	2	5
名称		单位	单价(元)	消耗量			
机械	等离子切割机 400A	台班	219.59	6.033	5.548	4.209	3.800
	电动单梁起重机 5t	台班	223.20	6.280	4.684	3.458	2.869
	电动滚胎机	台班	172.54	3.810	3.525	3.097	2.964
	电动空气压缩机 $1m^3/min$	台班	50.29	6.033	5.548	4.209	3.800
	电动空气压缩机 $6m^3/min$	台班	206.73	2.907	2.537	1.986	1.368
	电焊条恒温箱	台班	21.41	2.432	1.967	1.606	1.197
	电焊条烘干箱 $80×80×100cm^3$	台班	49.05	2.432	1.967	1.606	1.197
	剪板机 20×2500mm	台班	333.30	0.352	0.285	0.209	0.162
	卷板机 20×2500mm	台班	276.83	0.494	0.380	0.361	0.257
	立式钻床 35mm	台班	10.59	0.608	0.561	0.542	0.504
	门式起重机 20t	台班	644.10	1.463	1.226	1.045	0.988
	刨边机 9000mm	台班	518.80	0.276	0.247	0.247	0.238
	汽车式起重机 8t	台班	763.67	2.983	2.109	1.254	0.694
	氩弧焊机 500A	台班	92.58	0.029	0.029	0.029	0.029
	油压机 1200t	台班	3341.08	3.316	2.518	1.739	1.159
	载重汽车 10t	台班	547.99	0.038	0.038	0.029	0.029
	载重汽车 5t	台班	430.70	2.945	2.071	1.226	0.665
	直流弧焊机 32kV·A	台班	87.75	24.330	19.703	16.055	11.771

工作内容：放样号料、切割、坡口、压头卷弧、找圆、封头制作、组对、焊接、焊缝酸洗钝化、内部附件制作组装、底板真空试漏、成品倒运堆放等。

计量单位：t

定额编号				A3-1-97	A3-1-98	A3-1-99	A3-1-100
项目名称				VN(m³以内)			
				10	20	40	60
基价（元）				13166.62	9807.29	8794.09	7108.33
其中	人工费（元）			3112.48	2737.84	2586.64	2188.62
	材料费（元）			1734.85	1592.99	1513.31	1406.85
	机械费（元）			8319.29	5476.46	4694.14	3512.86
名称		单位	单价(元)	消耗量			
人工	综合工日	工日	140.00	22.232	19.556	18.476	15.633
材料	不锈钢电焊条	kg	38.46	32.990	31.120	30.020	12.600
	不锈钢埋弧焊丝	kg	50.13	—	—	—	7.280
	不锈钢氩弧焊丝 1Cr18Ni9Ti	kg	51.28	0.020	0.020	0.020	0.010
	道木	m³	2137.00	0.030	0.020	0.010	0.010
	电焊条	kg	5.98	2.720	1.760	1.390	0.850
	方木	m³	2029.00	0.070	0.060	0.060	0.050
	飞溅净	kg	5.15	5.150	4.450	3.800	3.460
	钢板 δ20	kg	3.18	16.080	14.510	14.080	13.760
	钢管 DN80	kg	4.38	—	3.100	3.100	3.350
	埋弧焊剂	kg	21.72	—	—	—	10.920
	尼龙砂轮片 φ100×16×3	片	2.56	11.780	11.620	11.530	11.240
	尼龙砂轮片 φ150	片	3.32	7.440	4.770	4.540	4.300
	氢氟酸 45%	kg	4.87	0.290	0.250	0.210	0.190
	石墨粉	kg	10.68	0.780	0.710	0.560	0.360
	酸洗膏	kg	6.56	4.510	3.900	3.330	2.800
	碳精棒 φ8～12	根	1.27	30.300	28.170	28.200	26.700
	硝酸	kg	2.19	2.290	1.980	1.690	1.530
	氩气	m³	19.59	0.060	0.060	0.060	0.030
	氧气	m³	3.63	2.300	1.030	0.800	0.510
	乙炔气	kg	10.45	0.770	0.340	0.270	0.170
	其他材料费占材料费	%	—	0.563	0.562	0.566	0.557
机械	等离子切割机 400A	台班	219.59	3.021	2.014	1.891	1.777

续表

定额编号				A3-1-97	A3-1-98	A3-1-99	A3-1-100
项目名称				VN(m^3以内)			
				10	20	40	60
名称		单位	单价(元)	消耗量			
机械	电动单梁起重机 5t	台班	223.20	2.233	1.843	1.834	1.824
	电动滚胎机	台班	172.54	2.822	2.641	2.546	2.461
	电动空气压缩机 $1m^3/min$	台班	50.29	3.021	2.014	1.891	1.777
	电动空气压缩机 $6m^3/min$	台班	206.73	1.026	0.988	0.950	0.466
	电焊条恒温箱	台班	21.41	1.026	0.988	0.950	0.466
	电焊条烘干箱 $80\times80\times100cm^3$	台班	49.05	1.026	0.988	0.950	0.466
	剪板机 20×2500mm	台班	333.30	0.143	0.133	0.133	0.133
	卷板机 20×2500mm	台班	276.83	0.247	0.228	0.190	0.181
	立式钻床 35mm	台班	10.59	0.456	0.418	0.409	0.399
	门式起重机 20t	台班	644.10	0.893	0.808	0.646	0.542
	刨边机 9000mm	台班	518.80	0.238	0.219	0.190	0.162
	汽车式起重机 10t	台班	833.49	0.276	0.247	0.086	—
	汽车式起重机 20t	台班	1030.31	—	—	0.076	0.048
	汽车式起重机 25t	台班	1084.16	—	—	—	0.048
	汽车式起重机 8t	台班	763.67	0.428	0.019	0.019	0.019
	氩弧焊机 500A	台班	92.58	0.029	0.029	0.029	0.029
	油压机 1200t	台班	3341.08	1.083	0.551	0.409	0.257
	载重汽车 10t	台班	547.99	0.276	0.019	0.105	0.067
	载重汽车 15t	台班	779.76	—	—	—	0.048
	载重汽车 5t	台班	430.70	0.428	0.247	0.076	—
	直流弧焊机 32kV·A	台班	87.75	10.270	9.861	9.481	4.608
	自动埋弧焊机 1500A	台班	247.74	—	—	—	0.342

工作内容：放样号料、切割、坡口、压头卷弧、找圆、封头制作、组对、焊接、焊缝酸洗钝化、内部附件制作组装、底板真空试漏、成品倒运堆放等。

计量单位：t

定额编号				A3-1-101	A3-1-102	A3-1-103	A3-1-104
项目名称				VN(m^3以内)			
				80	100	150	200
基价（元）				6798.51	6546.44	6541.21	6166.65
其中	人工费（元）			2161.74	2136.82	2201.78	2138.22
	材料费（元）			1371.07	1323.06	1348.98	1262.54
	机械费（元）			3265.70	3086.56	2990.45	2765.89
	名称	单位	单价(元)	消耗量			
人工	综合工日	工日	140.00	15.441	15.263	15.727	15.273
材料	不锈钢电焊条	kg	38.46	11.960	11.460	13.040	11.930
	不锈钢埋弧焊丝	kg	50.13	7.240	7.200	7.000	6.690
	不锈钢氩弧焊丝 1Cr18Ni9Ti	kg	51.28	0.010	0.010	0.010	0.010
	道木	m^3	2137.00	0.010	0.010	0.010	0.010
	电焊条	kg	5.98	0.720	0.640	0.390	0.290
	方木	m^3	2029.00	0.050	0.040	0.040	0.040
	飞溅净	kg	5.15	3.100	3.030	2.230	1.810
	钢板 δ20	kg	3.18	13.430	12.070	11.870	9.770
	钢管 DN80	kg	4.38	3.350	3.350	4.140	4.140
	钢丝绳 φ15	m	8.97	—	0.190	0.120	—
	钢丝绳 φ17.5	m	11.54	—	—	0.130	0.170
	埋弧焊剂	kg	21.72	10.860	10.790	10.500	10.030
	尼龙砂轮片 φ100×16×3	片	2.56	11.230	11.230	10.840	10.840
	尼龙砂轮片 φ150	片	3.32	4.300	4.290	4.280	4.260
	氢氟酸 45%	kg	4.87	0.170	0.170	0.130	0.100
	石墨粉	kg	10.68	0.350	0.320	—	—
	酸洗膏	kg	6.56	2.720	2.650	1.960	1.590
	碳精棒 φ8～12	根	1.27	24.900	24.900	20.400	17.400
	硝酸	kg	2.19	1.380	1.340	0.990	0.800
	氩气	m^3	19.59	0.030	0.030	0.030	0.030
	氧气	m^3	3.63	0.430	0.390	0.240	0.160
	乙炔气	kg	10.45	0.140	0.130	0.080	0.050

续表

定额编号				A3-1-101	A3-1-102	A3-1-103	A3-1-104
项目名称				VN(m^3以内)			
				80	100	150	200
名称		单位	单价(元)	消耗量			
材料	其他材料费占材料费	%	—	0.557	0.550	0.548	0.548
机械	等离子切割机 400A	台班	219.59	1.663	1.558	2.223	2.575
	电动单梁起重机 5t	台班	223.20	1.815	1.786	1.644	1.520
	电动滚胎机	台班	172.54	2.423	2.375	2.347	2.309
	电动空气压缩机 $1m^3/min$	台班	50.29	1.663	1.558	2.223	2.575
	电动空气压缩机 $6m^3/min$	台班	206.73	0.428	0.409	0.437	0.380
	电焊条恒温箱	台班	21.41	0.428	0.409	0.437	0.380
	电焊条烘干箱 80×80×100cm^3	台班	49.05	0.428	0.409	0.437	0.380
	剪板机 20×2500mm	台班	333.30	0.133	0.124	0.124	—
	卷板机 20×2500mm	台班	276.83	0.162	0.162	0.152	0.133
	立式钻床 35mm	台班	10.59	0.399	0.399	0.371	0.361
	门式起重机 20t	台班	644.10	0.437	0.390	0.352	0.323
	刨边机 9000mm	台班	518.80	0.133	0.133	0.114	0.143
	平板拖车组 20t	台班	1081.33	—	0.038	0.029	0.029
	汽车式起重机 20t	台班	1030.31	0.048	0.048	0.048	—
	汽车式起重机 25t	台班	1084.16	0.038	0.038	0.038	0.076
	汽车式起重机 8t	台班	763.67	0.019	0.019	0.019	0.019
	氩弧焊机 500A	台班	92.58	0.029	0.029	0.029	0.029
	油压机 1200t	台班	3341.08	0.238	0.209	0.152	0.105
	载重汽车 10t	台班	547.99	0.019	0.029	0.019	0.019
	载重汽车 15t	台班	779.76	0.076	0.038	—	—
	直流弧焊机 32kV·A	台班	87.75	4.285	4.085	4.408	3.819
	自动埋弧焊机 1500A	台班	247.74	0.333	0.333	0.323	0.314

2. 分段设备制作

(1)碳钢锥底椭圆封头容器制作

工作内容：放样号料、切割、坡口、压头卷弧、找圆、封头制作、组对、焊接、内部附件制作组装、成品倒运堆放等。

计量单位：t

定额编号				A3-1-105	A3-1-106	A3-1-107
项目名称				VN(m³以内)		
				50	100	150
基价（元）				4245.90	4121.87	4203.14
其中	人工费（元）			1784.30	1690.36	1664.88
	材料费（元）			593.91	586.43	626.87
	机械费（元）			1867.69	1845.08	1911.39
	名称	单位	单价(元)	消耗量		
人工	综合工日	工日	140.00	12.745	12.074	11.892
材料	道木	m³	2137.00	0.030	0.020	0.020
	电焊条	kg	5.98	9.780	9.990	10.130
	碟形钢丝砂轮片 φ100	片	19.74	0.530	0.500	0.480
	方木	m³	2029.00	0.020	0.020	0.020
	钢板 δ20	kg	3.18	10.320	9.810	8.970
	钢管 DN80	kg	4.38	—	2.630	2.630
	钢丝绳 φ15	m	8.97	—	—	0.080
	埋弧焊剂	kg	21.72	10.090	10.840	11.060
	尼龙砂轮片 φ100×16×3	片	2.56	5.180	5.140	5.110
	尼龙砂轮片 φ150	片	3.32	2.670	2.620	2.580
	石墨粉	kg	10.68	0.120	0.110	0.110
	碳钢埋弧焊丝	kg	7.69	6.720	7.230	7.370
	碳精棒 φ8～12	根	1.27	18.600	17.700	16.800
	氧气	m³	3.63	8.030	5.880	11.040
	乙炔气	kg	10.45	2.680	1.960	3.680
	其他材料费占材料费	%	—	2.139	2.161	2.143
机械	半自动切割机 100mm	台班	83.55	0.019	0.019	0.285
	电动单梁起重机 5t	台班	223.20	1.444	1.444	1.444
	电动单筒慢速卷扬机 30kN	台班	210.22	0.067	0.067	0.067

续表

定额编号				A3-1-105	A3-1-106	A3-1-107
项目名称				VN(m^3以内)		
				50	100	150
名称		单位	单价(元)	消耗量		
机械	电动滚胎机	台班	172.54	1.796	1.777	1.748
	电动空气压缩机 6m³/min	台班	206.73	0.266	0.276	0.276
	电焊条恒温箱	台班	21.41	0.266	0.276	0.276
	电焊条烘干箱 80×80×100cm³	台班	49.05	0.266	0.276	0.276
	剪板机 20×2500mm	台班	333.30	0.133	0.133	0.010
	卷板机 20×2500mm	台班	276.83	0.143	0.124	0.114
	立式钻床 25mm	台班	6.58	0.342	0.333	0.333
	门式起重机 20t	台班	644.10	0.219	0.219	0.209
	刨边机 9000mm	台班	518.80	0.095	0.105	0.209
	平板拖车组 20t	台班	1081.33	—	—	0.114
	汽车式起重机 20t	台班	1030.31	0.124	0.067	0.038
	汽车式起重机 25t	台班	1084.16	—	0.019	0.048
	汽车式起重机 8t	台班	763.67	0.105	0.105	0.105
	箱式加热炉 75kW	台班	123.86	0.133	0.133	0.133
	油压机 800t	台班	1731.15	0.133	0.133	0.133
	载重汽车 10t	台班	547.99	0.219	0.086	0.019
	载重汽车 15t	台班	779.76	—	0.105	0.048
	直流弧焊机 32kV·A	台班	87.75	2.689	2.717	2.736
	自动埋弧焊机 1500A	台班	247.74	0.238	0.257	0.257

工作内容：放样号料、切割、坡口、压头卷弧、找圆、封头制作、组对、焊接、内部附件制作组装、成品倒运堆放等。

计量单位：t

定额编号				A3-1-108	A3-1-109	A3-1-110
项目名称				VN(m^3以内)		
				200	250	300
基价（元）				**4224.01**	**4154.48**	**3886.10**
其中	人工费（元）			1642.06	1580.04	1521.38
	材料费（元）			669.25	682.46	699.23
	机械费（元）			1912.70	1891.98	1665.49
名称		单位	单价(元)	消耗量		
人工	综合工日	工日	140.00	11.729	11.286	10.867
材料	道木	m^3	2137.00	0.020	0.020	0.020
	电焊条	kg	5.98	10.650	11.180	12.110
	碟形钢丝砂轮片 ф100	片	19.74	0.420	0.360	0.320
	方木	m^3	2029.00	0.020	0.020	0.020
	钢板 δ20	kg	3.18	8.420	7.210	6.460
	钢管 DN80	kg	4.38	3.330	3.330	3.330
	钢丝绳 ф15	m	8.97	0.190	—	—
	钢丝绳 ф17.5	m	11.54	0.070	0.200	0.080
	钢丝绳 ф19.5	m	12.00	—	—	0.090
	埋弧焊剂	kg	21.72	12.400	13.030	13.640
	尼龙砂轮片 ф100×16×3	片	2.56	4.850	4.760	4.670
	尼龙砂轮片 ф150	片	3.32	2.530	2.520	2.510
	碳钢埋弧焊丝	kg	7.69	8.260	8.690	9.090
	碳精棒 ф8～12	根	1.27	14.100	12.600	11.100
	氧气	m^3	3.63	11.880	11.910	11.940
	乙炔气	kg	10.45	3.960	3.970	3.980
	其他材料费占材料费	%	—	2.137	2.131	2.127
机械	半自动切割机 100mm	台班	83.55	0.228	0.219	0.200
	电动单梁起重机 5t	台班	223.20	1.444	1.435	1.425

续表

定额编号				A3-1-108	A3-1-109	A3-1-110
项目名称				VN(m^3以内)		
				200	250	300
	名称	单位	单价(元)	消	耗	量
机械	电动单筒慢速卷扬机 30kN	台班	210.22	0.057	0.057	0.038
	电动滚胎机	台班	172.54	1.720	1.701	1.672
	电动空气压缩机 $6m^3/min$	台班	206.73	0.276	0.276	0.276
	电焊条恒温箱	台班	21.41	0.276	0.276	0.276
	电焊条烘干箱 $80\times80\times100cm^3$	台班	49.05	0.276	0.276	0.276
	剪板机 20×2500mm	台班	333.30	0.010	0.010	0.010
	卷板机 40×3500mm	台班	514.10	0.105	0.095	0.095
	立式钻床 25mm	台班	6.58	0.333	0.333	0.333
	门式起重机 20t	台班	644.10	0.181	0.181	0.171
	刨边机 9000mm	台班	518.80	0.209	0.219	0.219
	平板拖车组 20t	台班	1081.33	0.038	—	—
	平板拖车组 30t	台班	1243.07	0.133	0.171	0.019
	汽车式起重机 25t	台班	1084.16	0.076	0.067	0.038
	汽车式起重机 40t	台班	1526.12	—	—	0.029
	汽车式起重机 8t	台班	763.67	0.105	0.105	0.105
	箱式加热炉 75kW	台班	123.86	0.114	0.105	0.086
	油压机 800t	台班	1731.15	0.114	0.105	0.086
	载重汽车 10t	台班	547.99	0.019	0.019	0.019
	直流弧焊机 32kV·A	台班	87.75	2.736	2.746	2.765
	自动埋弧焊机 1500A	台班	247.74	0.285	0.304	0.314

(2)碳钢双椭圆封头容器制作

工作内容：放样号料、切割、坡口、压头卷弧、找圆、封头制作、组对、焊接、内部附件制作、组装、成品倒运堆放等。

计量单位：t

定额编号				A3-1-111	A3-1-112	A3-1-113
项目名称				VN(m³以内)		
				80	100	150
基价（元）				3970.51	3832.43	3681.59
其中	人工费（元）			1288.14	1273.72	1241.94
	材料费（元）			691.03	659.73	620.53
	机械费（元）			1991.34	1898.98	1819.12
名称		单位	单价(元)	消耗量		
人工	综合工日	工日	140.00	9.201	9.098	8.871
材料	道木	m³	2137.00	0.030	0.030	0.020
	电焊条	kg	5.98	10.340	9.950	8.960
	碟形钢丝砂轮片 φ100	片	19.74	0.600	0.470	0.440
	方木	m³	2029.00	0.030	0.030	0.030
	钢板 δ20	kg	3.18	10.900	9.800	8.030
	钢管 DN80	kg	4.38	2.730	2.610	2.210
	钢丝绳 φ15	m	8.97	—	—	0.050
	埋弧焊剂	kg	21.72	12.390	12.010	11.070
	尼龙砂轮片 φ100×16×3	片	2.56	6.230	5.940	5.200
	尼龙砂轮片 φ150	片	3.32	2.440	2.340	2.290
	石墨粉	kg	10.68	0.300	0.260	0.210
	碳钢埋弧焊丝	kg	7.69	8.260	8.010	7.380
	碳精棒 φ8～12	根	1.27	21.600	18.900	16.200
	氧气	m³	3.63	6.150	5.220	9.120
	乙炔气	kg	10.45	2.050	1.740	3.040
	其他材料费占材料费	%	—	2.172	2.174	2.172
机械	半自动切割机 100mm	台班	83.55	0.038	0.038	0.314
	电动单梁起重机 5t	台班	223.20	1.805	1.701	1.444
	电动单筒慢速卷扬机 30kN	台班	210.22	0.048	0.048	0.038

续表

定额编号				A3-1-111	A3-1-112	A3-1-113
项目名称				VN(m^3以内)		
				80	100	150
名称		单位	单价(元)	消耗量		
机械	电动滚胎机	台班	172.54	2.214	2.109	1.843
	电动空气压缩机 6m^3/min	台班	206.73	0.285	0.276	0.247
	电焊条恒温箱	台班	21.41	0.285	0.276	0.247
	电焊条烘干箱 80×80×100cm^3	台班	49.05	0.285	0.276	0.247
	剪板机 20×2500mm	台班	333.30	0.152	0.076	0.010
	卷板机 20×2500mm	台班	276.83	0.152	0.133	0.114
	立式钻床 25mm	台班	6.58	0.504	0.390	0.380
	门式起重机 20t	台班	644.10	0.219	0.219	0.209
	刨边机 9000mm	台班	518.80	0.114	0.143	0.209
	平板拖车组 20t	台班	1081.33	—	—	0.095
	汽车式起重机 20t	台班	1030.31	0.105	0.067	0.057
	汽车式起重机 25t	台班	1084.16	—	0.019	0.029
	汽车式起重机 8t	台班	763.67	0.133	0.114	0.114
	箱式加热炉 75kW	台班	123.86	0.086	0.086	0.086
	油压机 800t	台班	1731.15	0.086	0.086	0.086
	载重汽车 10t	台班	547.99	0.238	0.086	0.019
	载重汽车 15t	台班	779.76	—	0.114	0.086
	直流弧焊机 32kV·A	台班	87.75	2.822	2.793	2.451
	自动埋弧焊机 1500A	台班	247.74	0.285	0.276	0.257

工作内容：放样号料、切割、坡口、压头卷弧、找圆、封头制作、组对、焊接、内部附件制作、组装、成品倒运堆放等。

计量单位：t

定额编号				A3-1-114	A3-1-115	A3-1-116
项目名称				VN(m³以内)		
				200	250	300
基价（元）				3665.14	3579.12	3296.36
其中	人工费（元）			1258.46	1180.62	1095.78
	材料费（元）			659.33	660.61	667.46
	机械费（元）			1747.35	1737.89	1533.12
名称		单位	单价(元)	消耗量		
人工	综合工日	工日	140.00	8.989	8.433	7.827
材料	道木	m³	2137.00	0.020	0.020	0.020
	电焊条	kg	5.98	10.420	10.120	9.820
	碟形钢丝砂轮片 φ100	片	19.74	0.410	0.350	0.320
	方木	m³	2029.00	0.020	0.020	0.020
	钢板 δ20	kg	3.18	7.970	6.600	6.360
	钢管 DN80	kg	4.38	3.820	3.160	3.090
	钢丝绳 φ15	m	8.97	0.120	—	—
	钢丝绳 φ17.5	m	11.54	0.060	0.190	0.080
	钢丝绳 φ19.5	m	12.00	—	—	0.090
	埋弧焊剂	kg	21.72	12.370	13.070	13.710
	尼龙砂轮片 φ100×16×3	片	2.56	4.920	4.470	4.290
	尼龙砂轮片 φ150	片	3.32	2.190	2.080	1.900
	碳钢埋弧焊丝	kg	7.69	8.250	8.710	9.140
	碳精棒 φ8～12	根	1.27	14.400	12.600	11.100
	氧气	m³	3.63	10.920	10.380	9.830
	乙炔气	kg	10.45	3.640	3.460	3.280
	其他材料费占材料费	%	—	2.140	2.132	2.131
机械	半自动切割机 100mm	台班	83.55	0.209	0.209	0.181
	电动单梁起重机 5t	台班	223.20	1.311	1.292	1.150
	电动单筒慢速卷扬机 30kN	台班	210.22	0.038	0.029	0.029

续表

定额编号				A3-1-114	A3-1-115	A3-1-116
项目名称				VN(m³以内)		
				200	250	300
名称		单位	单价(元)	消	耗	量
机械	电动滚胎机	台班	172.54	1.720	1.691	1.520
	电动空气压缩机 6m³/min	台班	206.73	0.257	0.247	0.247
	电焊条恒温箱	台班	21.41	0.257	0.247	0.247
	电焊条烘干箱 80×80×100cm³	台班	49.05	0.257	0.247	0.247
	剪板机 20×2500mm	台班	333.30	0.010	0.010	0.010
	卷板机 40×3500mm	台班	514.10	0.095	0.095	0.095
	立式钻床 25mm	台班	6.58	0.333	0.333	0.285
	门式起重机 20t	台班	644.10	0.200	0.190	0.181
	刨边机 9000mm	台班	518.80	0.209	0.219	0.219
	平板拖车组 20t	台班	1081.33	0.095	—	—
	平板拖车组 30t	台班	1243.07	0.010	0.162	0.067
	汽车式起重机 20t	台班	1030.31	0.048	—	—
	汽车式起重机 25t	台班	1084.16	0.038	0.086	0.038
	汽车式起重机 40t	台班	1526.12	—	—	0.038
	汽车式起重机 8t	台班	763.67	0.095	0.095	0.086
	箱式加热炉 75kW	台班	123.86	0.067	0.057	0.048
	油压机 800t	台班	1731.15	0.067	0.057	0.048
	载重汽车 10t	台班	547.99	0.019	0.019	0.019
	载重汽车 15t	台班	779.76	0.076	—	—
	直流弧焊机 32kV·A	台班	87.75	2.584	2.470	2.423
	自动埋弧焊机 1500A	台班	247.74	0.285	0.304	0.323

(3)低合金钢双椭圆封头容器制作

工作内容：放样号料、切割、坡口、压头卷弧、找圆、封头制作、组对、焊接、内部附件制作组装、成品倒运堆放等。

计量单位：t

定额编号				A3-1-117	A3-1-118	A3-1-119
项目名称				VN(m^3以内)		
				80	100	150
基价（元）				4079.24	3902.09	3873.19
其中	人工费（元）			1607.62	1529.64	1466.92
	材料费（元）			765.43	734.80	708.81
	机械费（元）			1706.19	1637.65	1697.46
名称		单位	单价(元)	消耗量		
人工	综合工日	工日	140.00	11.483	10.926	10.478
材料	道木	m^3	2137.00	0.020	0.020	0.020
	碟形钢丝砂轮片 φ100	片	19.74	0.430	0.390	0.350
	方木	m^3	2029.00	0.030	0.030	0.030
	钢板 δ20	kg	3.18	7.780	6.720	6.410
	钢管 DN80	kg	4.38	1.950	1.950	1.950
	钢丝绳 φ15	m	8.97	—	—	0.240
	合金钢焊条	kg	11.11	8.200	8.360	8.630
	合金钢埋弧焊丝	kg	9.50	9.500	8.970	8.470
	埋弧焊剂	kg	21.72	14.260	13.460	12.710
	尼龙砂轮片 φ100×16×3	片	2.56	6.780	6.510	6.480
	尼龙砂轮片 φ150	片	3.32	3.350	3.350	2.680
	石墨粉	kg	10.68	0.230	0.170	0.160
	碳精棒 φ8～12	根	1.27	15.300	14.400	12.300
	氧气	m^3	3.63	8.840	8.460	8.170
	乙炔气	kg	10.45	2.950	2.820	2.720
	其他材料费占材料费	%	—	2.092	2.093	2.002
机械	半自动切割机 100mm	台班	83.55	0.285	0.285	0.276
	电动单梁起重机 5t	台班	223.20	1.444	1.425	1.397
	电动单筒慢速卷扬机 30kN	台班	210.22	0.029	0.029	0.029

续表

定额编号				A3-1-117	A3-1-118	A3-1-119
项目名称				VN(m³以内)		
				80	100	150
名称		单位	单价(元)	消耗量		
机械	电动滚胎机	台班	172.54	1.929	1.834	1.824
	电动空气压缩机 6m³/min	台班	206.73	0.219	0.219	0.219
	电焊条恒温箱	台班	21.41	0.219	0.219	0.219
	电焊条烘干箱 80×80×100cm³	台班	49.05	0.219	0.219	0.219
	剪板机 20×2500mm	台班	333.30	0.010	0.010	0.010
	卷板机 20×2500mm	台班	276.83	0.124	0.114	—
	卷板机 40×3500mm	台班	514.10	—	—	0.105
	立式钻床 25mm	台班	6.58	0.333	0.333	0.333
	门式起重机 20t	台班	644.10	0.181	0.181	0.171
	刨边机 9000mm	台班	518.80	0.228	0.228	0.238
	平板拖车组 20t	台班	1081.33	—	—	0.143
	汽车式起重机 20t	台班	1030.31	0.038	—	—
	汽车式起重机 25t	台班	1084.16	0.038	0.057	0.057
	汽车式起重机 8t	台班	763.67	0.095	0.095	0.095
	箱式加热炉 75kW	台班	123.86	0.067	0.057	0.057
	油压机 800t	台班	1731.15	0.067	0.057	0.057
	载重汽车 10t	台班	547.99	0.057	0.048	0.019
	载重汽车 15t	台班	779.76	0.114	0.114	—
	直流弧焊机 32kV·A	台班	87.75	2.214	2.204	2.204
	自动埋弧焊机 1500A	台班	247.74	0.380	0.371	0.361

工作内容：放样号料、切割、坡口、压头卷弧、找圆、封头制作、组对、焊接、内部附件制作组装、成品倒运堆放等。

计量单位：t

定额编号				A3-1-120	A3-1-121	A3-1-122
项目名称				VN(m³以内)		
				200	250	300
基价（元）				4232.39	4261.87	4079.74
其中	人工费（元）			1649.06	1600.06	1573.88
	材料费（元）			836.84	810.13	826.60
	机械费（元）			1746.49	1851.68	1679.26
名称		单位	单价(元)	消耗量		
人工	综合工日	工日	140.00	11.779	11.429	11.242
材料	道木	m³	2137.00	0.020	0.020	0.020
	碟形钢丝砂轮片 φ100	片	19.74	0.340	0.280	0.260
	方木	m³	2029.00	0.030	0.030	0.030
	钢板 δ20	kg	3.18	6.090	5.780	5.180
	钢管 DN80	kg	4.38	2.830	2.830	2.830
	钢丝绳 φ17.5	m	11.54	0.190	0.080	—
	钢丝绳 φ19.5	m	12.00	—	0.090	0.070
	钢丝绳 φ21.5	m	18.72	—	—	0.080
	合金钢焊条	kg	11.11	11.280	8.870	8.920
	合金钢埋弧焊丝	kg	9.50	10.320	10.510	10.990
	埋弧焊剂	kg	21.72	15.490	15.760	16.490
	尼龙砂轮片 φ100×16×3	片	2.56	6.450	6.010	5.830
	尼龙砂轮片 φ150	片	3.32	2.010	1.950	1.900
	碳精棒 φ8～12	根	1.27	12.000	10.200	9.300
	氧气	m³	3.63	10.870	10.710	10.560
	乙炔气	kg	10.45	3.620	3.570	3.520
	其他材料费占材料费	%	—	2.080	2.082	2.078
机械	半自动切割机 100mm	台班	83.55	0.257	0.238	0.219
	电动单梁起重机 5t	台班	223.20	1.368	1.368	1.368
	电动单筒慢速卷扬机 30kN	台班	210.22	0.029	0.019	0.019

续表

定额编号				A3-1-120	A3-1-121	A3-1-122
项目名称				VN(m³以内)		
				200	250	300
名称		单位	单价(元)	消耗量		
机械	电动滚胎机	台班	172.54	1.796	1.758	1.748
	电动空气压缩机 6m³/min	台班	206.73	0.266	0.228	0.228
	电焊条恒温箱	台班	21.41	0.266	0.228	0.228
	电焊条烘干箱 80×80×100cm³	台班	49.05	0.266	0.228	0.228
	剪板机 20×2500mm	台班	333.30	0.010	0.010	0.010
	卷板机 40×3500mm	台班	514.10	0.095	0.086	0.076
	立式钻床 25mm	台班	6.58	0.333	0.333	0.323
	门式起重机 20t	台班	644.10	0.171	0.171	0.162
	刨边机 9000mm	台班	518.80	0.247	0.485	0.504
	平板拖车组 30t	台班	1243.07	0.133	0.019	—
	平板拖车组 40t	台班	1446.84	—	0.124	0.019
	汽车式起重机 25t	台班	1084.16	0.057	0.029	—
	汽车式起重机 40t	台班	1526.12	—	0.029	0.019
	汽车式起重机 50t	台班	2464.07	—	—	0.029
	汽车式起重机 8t	台班	763.67	0.095	0.095	0.095
	箱式加热炉 75kW	台班	123.86	0.057	0.048	0.038
	油压机 800t	台班	1731.15	0.057	0.048	0.038
	载重汽车 10t	台班	547.99	0.019	0.019	0.019
	直流弧焊机 32kV·A	台班	87.75	2.670	2.328	2.290
	自动埋弧焊机 1500A	台班	247.74	0.352	0.361	0.380

(4)不锈钢锥底椭圆封头容器制作

工作内容：放样号料、切割、坡口、压头卷弧、找圆、锥底封头制作、组对、焊接、焊缝酸洗钝化、内部附件制作组装、成品倒运堆放等。

计量单位：t

定额编号				A3-1-123	A3-1-124	A3-1-125
项目名称				VN(m³以内)		
				50	100	150
基价（元）				6468.50	6385.68	6330.00
其中	人工费（元）			2007.04	1901.48	1873.34
	材料费（元）			1229.34	1318.44	1338.52
	机械费（元）			3232.12	3165.76	3118.14
名称		单位	单价(元)	消耗量		
人工	综合工日	工日	140.00	14.336	13.582	13.381
材料	不锈钢电焊条	kg	38.46	10.070	10.470	10.820
	不锈钢埋弧焊丝	kg	50.13	7.400	7.950	8.110
	不锈钢氩弧焊丝 1Cr18Ni9Ti	kg	51.28	0.010	0.010	0.010
	道木	m³	2137.00	0.010	0.010	0.010
	电焊条	kg	5.98	0.690	0.480	0.320
	方木	m³	2029.00	0.040	0.040	0.040
	飞溅净	kg	5.15	2.770	2.600	2.430
	钢板 δ20	kg	3.18	10.100	9.990	9.890
	钢管 DN80	kg	4.38	—	3.190	3.190
	钢丝绳 φ15	m	8.97	—	—	0.090
	埋弧焊剂	kg	21.72	10.090	11.920	12.160
	尼龙砂轮片 φ100×16×3	片	2.56	10.190	9.760	9.320
	尼龙砂轮片 φ150	片	3.32	3.760	3.640	3.510
	氢氟酸 45%	kg	4.87	0.160	0.150	0.140
	石墨粉	kg	10.68	0.120	0.110	0.110
	酸洗膏	kg	6.56	2.420	2.270	2.130
	碳精棒 φ8～12	根	1.27	22.800	21.300	19.800
	硝酸	kg	2.19	1.230	1.150	1.080
	氩气	m³	19.59	0.030	0.030	0.030
	氧气	m³	3.63	0.410	0.290	0.190
	乙炔气	kg	10.45	0.140	0.100	0.060
	其他材料费占材料费	%	—	0.547	0.546	0.545

续表

定额编号				A3-1-123	A3-1-124	A3-1-125
项目名称				VN(m^3以内)		
				50	100	150
名称		单位	单价(元)	消耗量		
机械	等离子切割机 400A	台班	219.59	1.359	1.416	1.416
	电动单梁起重机 5t	台班	223.20	1.720	1.691	1.672
	电动单筒慢速卷扬机 30kN	台班	210.22	0.048	0.048	0.038
	电动滚胎机	台班	172.54	3.601	3.544	3.496
	电动空气压缩机 1m^3/min	台班	50.29	0.361	0.361	0.361
	电动空气压缩机 6m^3/min	台班	206.73	1.359	1.416	1.416
	电焊条恒温箱	台班	21.41	0.361	0.361	0.361
	电焊条烘干箱 80×80×100cm^3	台班	49.05	0.361	0.361	0.361
	剪板机 20×2500mm	台班	333.30	0.133	0.133	0.124
	卷板机 20×2500mm	台班	276.83	0.181	0.162	0.143
	立式钻床 35mm	台班	10.59	0.361	0.352	0.352
	门式起重机 20t	台班	644.10	0.314	0.314	0.304
	刨边机 9000mm	台班	518.80	0.133	0.133	0.133
	平板拖车组 20t	台班	1081.33	—	—	0.067
	汽车式起重机 20t	台班	1030.31	0.152	0.095	0.076
	汽车式起重机 25t	台班	1084.16	—	0.029	0.029
	汽车式起重机 8t	台班	763.67	0.019	0.019	0.019
	氩弧焊机 500A	台班	92.58	0.029	0.029	0.029
	油压机 1200t	台班	3341.08	0.171	0.162	0.152
	载重汽车 10t	台班	547.99	0.162	0.095	0.019
	载重汽车 15t	台班	779.76	—	0.029	0.029
	直流弧焊机 32kV·A	台班	87.75	3.563	3.591	3.610
	自动埋弧焊机 1500A	台班	247.74	0.314	0.314	0.323

工作内容：放样号料、切割、坡口、压头卷弧、找圆、锥底封头制作、组对、焊接、焊缝酸洗钝化、内部附件制作组装、成品倒运堆放等。

计量单位：t

定额编号				A3-1-126	A3-1-127	A3-1-128
项目名称				VN(m^3以内)		
				200	250	300
基价（元）				6452.46	6189.09	6170.41
其中	人工费（元）			1854.72	1777.44	1711.92
	材料费（元）			1437.64	1485.99	1561.56
	机械费（元）			3160.10	2925.66	2896.93
名称		单位	单价（元）	消耗量		
人工	综合工日	工日	140.00	13.248	12.696	12.228
材料	不锈钢电焊条	kg	38.46	11.450	12.030	13.300
	不锈钢埋弧焊丝	kg	50.13	9.090	9.550	10.000
	不锈钢氩弧焊丝 1Cr18Ni9Ti	kg	51.28	0.010	0.010	0.010
	道木	m^3	2137.00	0.010	0.010	0.010
	电焊条	kg	5.98	0.270	0.270	0.270
	方木	m^3	2029.00	0.040	0.040	0.040
	飞溅净	kg	5.15	2.070	1.750	1.540
	钢板 δ20	kg	3.18	9.780	8.200	7.260
	钢管 DN80	kg	4.38	3.800	3.800	3.800
	钢丝绳 φ15	m	8.97	0.150	—	—
	钢丝绳 φ17.5	m	11.54	—	0.230	0.170
	埋弧焊剂	kg	21.72	13.630	14.330	15.000
	尼龙砂轮片 φ100×16×3	片	2.56	9.320	8.900	8.060
	尼龙砂轮片 φ150	片	3.32	3.500	3.480	3.460
	氢氟酸 45%	kg	4.87	0.120	0.100	0.090
	酸洗膏	kg	6.56	1.820	1.530	1.350
	碳精棒 φ8～12	根	1.27	17.100	14.400	12.600
	硝酸	kg	2.19	0.920	0.780	0.680
	氩气	m^3	19.59	0.030	0.030	0.030
	氧气	m^3	3.63	0.150	0.130	0.120
	乙炔气	kg	10.45	0.050	0.040	0.040
	其他材料费占材料费	%	—	0.542	0.538	0.535
机械	等离子切割机 400A	台班	219.59	1.568	1.720	1.948

续表

定额编号				A3-1-126	A3-1-127	A3-1-128
项目名称				VN(m^3以内)		
				200	250	300
名称		单位	单价(元)	消耗量		
机械	电动单梁起重机 5t	台班	223.20	1.644	1.558	1.530
	电动单筒慢速卷扬机 30kN	台班	210.22	0.038	0.038	0.038
	电动滚胎机	台班	172.54	3.439	3.392	3.344
	电动空气压缩机 $1m^3/min$	台班	50.29	0.371	1.672	1.948
	电动空气压缩机 $6m^3/min$	台班	206.73	1.568	0.380	0.380
	电焊条恒温箱	台班	21.41	0.371	0.380	0.380
	电焊条烘干箱 $80\times80\times100cm^3$	台班	49.05	0.371	0.380	0.380
	卷板机 20×2500mm	台班	276.83	0.133	0.067	0.057
	卷板机 40×3500mm	台班	514.10	—	0.057	0.057
	立式钻床 35mm	台班	10.59	0.352	0.352	0.342
	门式起重机 20t	台班	644.10	0.266	0.257	0.257
	刨边机 9000mm	台班	518.80	0.266	0.266	0.276
	平板拖车组 20t	台班	1081.33	0.057	—	—
	平板拖车组 30t	台班	1243.07	—	0.095	0.067
	汽车式起重机 20t	台班	1030.31	0.067	—	—
	汽车式起重机 25t	台班	1084.16	0.029	0.105	0.076
	汽车式起重机 8t	台班	763.67	0.019	0.019	0.019
	氩弧焊机 500A	台班	92.58	0.029	0.029	0.029
	油压机 1200t	台班	3341.08	0.152	0.114	0.105
	载重汽车 10t	台班	547.99	0.019	0.019	0.019
	载重汽车 15t	台班	779.76	0.029	—	—
	直流弧焊机 32kV·A	台班	87.75	3.715	3.762	3.810
	自动埋弧焊机 1500A	台班	247.74	0.333	0.371	0.418

(5)不锈钢双椭圆封头容器制作

工作内容：放样号料、切割、坡口、压头卷弧、找圆、封头制作、组对、焊接、焊缝酸洗钝化、内部附件制作组装、成品倒运堆放等。

计量单位：t

定额编号				A3-1-129	A3-1-130	A3-1-131
项目名称				VN(m³以内)		
				80	100	150
基价（元）				5886.66	5586.59	5308.47
其中	人工费（元）			1739.50	1719.48	1677.34
	材料费（元）			1349.99	1252.90	1183.56
	机械费（元）			2797.17	2614.21	2447.57
	名称	单位	单价(元)	消耗量		
人工	综合工日	工日	140.00	12.425	12.282	11.981
材料	不锈钢电焊条	kg	38.46	10.830	10.470	9.500
	不锈钢埋弧焊丝	kg	50.13	7.930	7.100	6.890
	不锈钢氩弧焊丝 1Cr18Ni9Ti	kg	51.28	0.010	0.010	0.010
	道木	m³	2137.00	0.010	0.010	0.010
	电焊条	kg	5.98	0.550	0.480	0.360
	方木	m³	2029.00	0.040	0.040	0.040
	飞溅净	kg	5.15	2.860	2.460	2.040
	钢板 δ20	kg	3.18	12.740	11.910	9.320
	钢管 DN80	kg	4.38	3.010	3.010	4.430
	钢丝绳 φ15	m	8.97	—	—	0.060
	埋弧焊剂	kg	21.72	11.900	10.650	10.330
	尼龙砂轮片 φ100×16×3	片	2.56	11.310	10.170	9.680
	尼龙砂轮片 φ150	片	3.32	2.830	2.870	2.970
	氢氟酸 45%	kg	4.87	0.160	0.140	0.110
	石墨粉	kg	10.68	0.190	0.190	0.190
	酸洗膏	kg	6.56	2.510	2.160	1.790
	碳精棒 φ8～12	根	1.27	25.200	22.800	18.600
	硝酸	kg	2.19	1.270	1.090	0.910
	氩气	m³	19.59	0.030	0.030	0.030
	氧气	m³	3.63	0.330	0.290	0.210
	乙炔气	kg	10.45	0.110	0.100	0.070

续表

定额编号				A3-1-129	A3-1-130	A3-1-131
项目名称				VN(m^3以内)		
				80	100	150
名称		单位	单价(元)	消耗量		
材料	其他材料费占材料费	%	—	0.549	0.551	0.552
机械	等离子切割机 400A	台班	219.59	1.169	1.150	1.121
	电动单梁起重机 5t	台班	223.20	1.644	1.587	1.549
	电动滚胎机	台班	172.54	3.116	3.002	2.613
	电动空气压缩机 $1m^3/min$	台班	50.29	0.323	0.295	0.285
	电动空气压缩机 $6m^3/min$	台班	206.73	1.169	0.836	1.121
	电焊条恒温箱	台班	21.41	0.323	0.295	0.285
	电焊条烘干箱 $80\times80\times100cm^3$	台班	49.05	0.323	0.295	0.285
	剪板机 20×2500mm	台班	333.30	0.133	0.124	0.124
	卷板机 20×2500mm	台班	276.83	0.181	0.162	0.152
	立式钻床 35mm	台班	10.59	0.399	0.352	0.352
	门式起重机 20t	台班	644.10	0.342	0.342	0.333
	刨边机 9000mm	台班	518.80	0.143	0.143	0.133
	汽车式起重机 20t	台班	1030.31	0.114	0.076	0.038
	汽车式起重机 25t	台班	1084.16	—	0.029	0.019
	汽车式起重机 8t	台班	763.67	0.019	0.019	0.019
	氩弧焊机 500A	台班	92.58	0.029	0.029	0.029
	油压机 1200t	台班	3341.08	0.114	0.105	0.095
	载重汽车 10t	台班	547.99	0.133	0.095	0.057
	载重汽车 15t	台班	779.76	—	0.029	0.019
	直流弧焊机 32kV·A	台班	87.75	3.211	2.983	2.822
	自动埋弧焊机 1500A	台班	247.74	0.371	0.333	0.323

工作内容：放样号料、切割、坡口、压头卷弧、找圆、封头制作、组对、焊接、焊缝酸洗钝化、内部附件制作组装、成品倒运堆放等。

计量单位：t

定额编号				A3-1-132	A3-1-133	A3-1-134
项目名称				VN(m^3以内)		
				200	250	300
基价（元）				**6025.37**	**5608.61**	**5107.54**
其中	人工费（元）			1698.76	1593.90	1479.24
	材料费（元）			1228.30	1320.69	1386.99
	机械费（元）			3098.31	2694.02	2241.31
名称		**单位**	**单价(元)**	**消耗量**		
人工	综合工日	工日	140.00	12.134	11.385	10.566
材料	不锈钢电焊条	kg	38.46	11.220	10.920	10.600
	不锈钢埋弧焊丝	kg	50.13	6.770	8.020	9.130
	不锈钢氩弧焊丝 1Cr18Ni9Ti	kg	51.28	0.010	0.010	0.010
	道木	m^3	2137.00	0.010	0.010	0.010
	电焊条	kg	5.98	0.240	0.210	0.210
	方木	m^3	2029.00	0.040	0.040	0.040
	飞溅净	kg	5.15	1.710	1.510	1.500
	钢板 δ20	kg	3.18	8.560	7.810	4.190
	钢管 DN80	kg	4.38	4.430	6.460	6.460
	钢丝绳 φ15	m	8.97	0.200	0.050	—
	钢丝绳 φ17.5	m	11.54	—	0.170	0.190
	埋弧焊剂	kg	21.72	10.160	12.030	13.700
	尼龙砂轮片 φ100×16×3	片	2.56	9.180	8.750	8.220
	尼龙砂轮片 φ150	片	3.32	3.090	3.120	3.360
	氢氟酸 45%	kg	4.87	0.100	0.080	0.080
	酸洗膏	kg	6.56	1.500	1.320	1.310
	碳精棒 φ8～12	根	1.27	16.500	14.100	13.200
	硝酸	kg	2.19	0.760	0.670	0.660
	氩气	m^3	19.59	0.030	0.030	0.030
	氧气	m^3	3.63	0.140	0.110	0.110
	乙炔气	kg	10.45	0.050	0.040	0.040
	其他材料费占材料费	%	—	0.548	0.546	0.539

续表

定额编号				A3-1-132	A3-1-133	A3-1-134
项目名称				VN(m³以内)		
				200	250	300
名称		单位	单价(元)	消耗量		
机械	等离子切割机 400A	台班	219.59	2.195	2.071	1.710
	电动单梁起重机 5t	台班	223.20	1.520	1.492	1.454
	电动滚胎机	台班	172.54	2.613	2.537	1.881
	电动空气压缩机 1m³/min	台班	50.29	0.380	1.976	1.710
	电动空气压缩机 6m³/min	台班	206.73	2.195	0.333	0.285
	电焊条恒温箱	台班	21.41	0.380	0.333	0.285
	电焊条烘干箱 80×80×100cm³	台班	49.05	0.380	0.333	0.285
	剪板机 20×2500mm	台班	333.30	0.124	—	—
	卷板机 40×3500mm	台班	514.10	—	0.114	0.105
	立式钻床 35mm	台班	10.59	0.352	0.342	0.342
	门式起重机 20t	台班	644.10	0.314	0.257	0.095
	刨边机 9000mm	台班	518.80	0.257	0.266	0.285
	平板拖车组 20t	台班	1081.33	0.105	0.010	—
	平板拖车组 30t	台班	1243.07	—	0.105	0.076
	汽车式起重机 20t	台班	1030.31	0.029	0.019	—
	汽车式起重机 25t	台班	1084.16	0.067	0.076	0.086
	汽车式起重机 8t	台班	763.67	0.019	0.019	0.010
	氩弧焊机 500A	台班	92.58	0.029	0.029	0.029
	油压机 1200t	台班	3341.08	0.086	0.076	0.067
	载重汽车 10t	台班	547.99	0.019	0.019	0.019
	载重汽车 15t	台班	779.76	0.010	—	—
	直流弧焊机 32kV·A	台班	87.75	3.753	3.354	2.812
	自动埋弧焊机 1500A	台班	247.74	0.314	0.371	0.428

3. 分片设备制作

(1)碳钢锥底椭圆封头容器制作

工作内容：放样号料、切割、坡口、压头卷弧、找圆、封头制作、内部附件制作、成品倒运堆放等。

计量单位：t

定额编号				A3-1-135	A3-1-136	A3-1-137
项目名称				VN(m^3以内)		
				50	100	150
基价（元）				**2765.45**	**2412.19**	**2264.05**
其中	人工费（元）			882.42	761.74	729.96
	材料费（元）			232.18	208.18	200.85
	机械费（元）			1650.85	1442.27	1333.24
名称		**单位**	**单价(元)**	**消耗量**		
人工	综合工日	工日	140.00	6.303	5.441	5.214
材料	道木	m^3	2137.00	0.010	0.010	0.010
	电焊条	kg	5.98	1.650	1.330	1.320
	方木	m^3	2029.00	0.020	0.020	0.020
	钢板 δ20	kg	3.18	3.380	2.740	2.280
	钢丝绳 φ17.5	m	11.54	0.140	0.130	0.090
	尼龙砂轮片 φ100×16×3	片	2.56	0.340	0.340	0.340
	尼龙砂轮片 φ150	片	3.32	4.120	3.670	3.210
	氧气	m^3	3.63	18.070	15.540	15.020
	乙炔气	kg	10.45	6.020	5.180	5.010
	其他材料费占材料费	%	—	2.176	2.194	2.196
机械	半自动切割机 100mm	台班	83.55	0.200	0.200	0.200
	电动单梁起重机 5t	台班	223.20	0.741	0.694	0.684
	电动单筒慢速卷扬机 30kN	台班	210.22	0.133	0.105	0.095
	电焊条恒温箱	台班	21.41	0.095	0.086	0.076
	电焊条烘干箱 80×80×100cm^3	台班	49.05	0.095	0.086	0.076
	剪板机 20×2500mm	台班	333.30	0.010	0.010	0.010
	卷板机 20×2500mm	台班	276.83	0.057	0.057	0.057
	立式钻床 25mm	台班	6.58	0.342	0.342	0.342
	刨边机 9000mm	台班	518.80	0.228	0.228	0.228
	平板拖车组 30t	台班	1243.07	—	—	0.038
	平板拖车组 60t	台班	1611.30	0.095	0.086	0.076
	汽车式起重机 25t	台班	1084.16	0.038	0.038	0.038
	汽车式起重机 8t	台班	763.67	0.048	0.048	0.048
	箱式加热炉 75kW	台班	123.86	0.266	0.219	0.190
	油压机 1200t	台班	3341.08	0.266	0.219	0.190
	载重汽车 10t	台班	547.99	0.048	0.048	0.048
	载重汽车 15t	台班	779.76	0.038	0.038	—
	直流弧焊机 32kV·A	台班	87.75	0.979	0.817	0.760

工作内容：放样号料、切割、坡口、压头卷弧、找圆、封头制作、内部附件制作、成品倒运堆放等。

计量单位：t

定额编号				A3-1-138	A3-1-139	A3-1-140
项目名称				VN(m³以内)		
				200	250	300
基价（元）				1994.40	1913.67	1727.09
其中	人工费（元）			643.02	601.02	567.14
	材料费（元）			182.31	175.47	166.81
	机械费（元）			1169.07	1137.18	993.14
名称		单位	单价(元)	消耗量		
人工	综合工日	工日	140.00	4.593	4.293	4.051
材料	道木	m³	2137.00	0.010	0.010	0.010
	电焊条	kg	5.98	1.230	1.150	1.100
	方木	m³	2029.00	0.020	0.020	0.020
	钢板 δ20	kg	3.18	1.840	1.450	1.130
	钢丝绳 φ17.5	m	11.54	0.070	—	—
	钢丝绳 φ21.5	m	18.72	—	0.070	—
	钢丝绳 φ24	m	22.56	—	—	0.070
	尼龙砂轮片 φ100×16×3	片	2.56	0.340	0.340	0.340
	尼龙砂轮片 φ150	片	3.32	2.630	2.380	2.070
	氧气	m³	3.63	13.040	12.390	11.490
	乙炔气	kg	10.45	4.350	4.130	3.830
	其他材料费占材料费	%	—	2.216	2.220	2.230
机械	半自动切割机 100mm	台班	83.55	0.200	0.200	0.200
	电动单梁起重机 5t	台班	223.20	0.665	0.646	0.599
	电动单筒慢速卷扬机 30kN	台班	210.22	0.076	0.067	0.057
	电焊条恒温箱	台班	21.41	0.067	0.057	0.057
	电焊条烘干箱 80×80×100cm³	台班	49.05	0.067	0.057	0.057
	剪板机 20×2500mm	台班	333.30	0.010	0.010	0.010
	卷板机 20×2500mm	台班	276.83	0.057	0.057	0.057
	立式钻床 25mm	台班	6.58	0.342	0.342	0.342
	刨边机 9000mm	台班	518.80	0.228	0.228	0.228
	平板拖车组 30t	台班	1243.07	0.038	—	—
	平板拖车组 50t	台班	1524.76	—	0.029	—
	平板拖车组 60t	台班	1611.30	0.067	0.057	0.057
	汽车式起重机 25t	台班	1084.16	0.038	—	—
	汽车式起重机 50t	台班	2464.07	—	0.029	—
	汽车式起重机 75t	台班	3151.07	—	—	0.029
	汽车式起重机 8t	台班	763.67	0.048	0.048	0.048
	箱式加热炉 75kW	台班	123.86	0.152	0.143	0.114
	油压机 1200t	台班	3341.08	0.152	0.143	0.114
	载重汽车 10t	台班	547.99	0.048	0.048	0.048
	直流弧焊机 32kV·A	台班	87.75	0.656	0.599	0.523

(2)碳钢双椭圆封头容器制作

工作内容：放样号料、切割、坡口、压头卷弧、找圆、封头制作、内部附件制作、成品倒运堆放等。

计量单位：t

定额编号				A3-1-141	A3-1-142	A3-1-143
项目名称				VN(m³以内)		
				80	100	150
基价（元）				2239.82	2159.33	1840.92
其中	人工费（元）			722.40	716.80	609.98
	材料费（元）			226.24	224.79	204.59
	机械费（元）			1291.18	1217.74	1026.35
名称		单位	单价(元)	消耗量		
人工	综合工日	工日	140.00	5.160	5.120	4.357
材料	道木	m³	2137.00	0.010	0.010	0.010
	电焊条	kg	5.98	1.590	1.500	1.420
	方木	m³	2029.00	0.020	0.020	0.020
	钢板 δ20	kg	3.18	3.380	3.330	2.390
	钢丝绳 φ15	m	8.97	0.140	0.140	—
	钢丝绳 φ17.5	m	11.54	—	—	0.100
	尼龙砂轮片 φ100×16×3	片	2.56	0.340	0.340	0.340
	尼龙砂轮片 φ150	片	3.32	3.540	3.480	3.030
	氧气	m³	3.63	17.660	17.540	15.470
	乙炔气	kg	10.45	5.890	5.850	5.160
	其他材料费占材料费	%	—	2.028	2.183	2.193
机械	半自动切割机 100mm	台班	83.55	0.209	0.209	0.209
	电动单梁起重机 5t	台班	223.20	0.637	0.608	0.580
	电动单筒慢速卷扬机 30kN	台班	210.22	0.086	0.086	0.057
	电焊条恒温箱	台班	21.41	0.076	0.067	0.057
	电焊条烘干箱 80×80×100cm³	台班	49.05	0.076	0.067	0.057
	剪板机 20×2500mm	台班	333.30	0.010	0.010	0.010
	卷板机 20×2500mm	台班	276.83	0.057	0.057	0.057
	立式钻床 25mm	台班	6.58	0.342	0.342	0.342
	刨边机 9000mm	台班	518.80	0.228	0.228	0.228
	平板拖车组 30t	台班	1243.07	—	—	0.038
	平板拖车组 60t	台班	1611.30	0.076	0.067	0.057
	汽车式起重机 20t	台班	1030.31	0.067	0.057	—
	汽车式起重机 25t	台班	1084.16	—	—	0.038
	汽车式起重机 8t	台班	763.67	0.048	0.048	0.048
	箱式加热炉 75kW	台班	123.86	0.171	0.162	0.124
	油压机 1200t	台班	3341.08	0.171	0.162	0.124
	载重汽车 10t	台班	547.99	0.048	0.048	0.048
	载重汽车 20t	台班	867.84	0.067	0.057	—
	直流弧焊机 32kV·A	台班	87.75	0.722	0.703	0.580

工作内容：放样号料、切割、坡口、压头卷弧、找圆、封头制作、内部附件制作、成品倒运堆放等。

计量单位：t

定额编号				A3-1-144	A3-1-145	A3-1-146
项目名称				VN(m³以内)		
				200	250	300
基价（元）				1652.20	1503.83	1372.50
其中	人工费（元）			550.62	487.06	452.62
	材料费（元）			180.55	171.89	161.00
	机械费（元）			921.03	844.88	758.88
名称		单位	单价(元)	消耗量		
人工	综合工日	工日	140.00	3.933	3.479	3.233
材料	道木	m³	2137.00	0.010	0.010	0.010
	电焊条	kg	5.98	1.240	1.160	1.100
	方木	m³	2029.00	0.020	0.020	0.020
	钢板 δ20	kg	3.18	2.030	1.470	1.240
	钢丝绳 φ19.5	m	12.00	0.090	—	—
	钢丝绳 φ21.5	m	18.72	—	0.070	—
	钢丝绳 φ24	m	22.56	—	—	0.070
	尼龙砂轮片 φ100×16×3	片	2.56	0.340	0.340	0.340
	尼龙砂轮片 φ150	片	3.32	2.200	1.930	1.660
	氧气	m³	3.63	12.870	12.090	10.830
	乙炔气	kg	10.45	4.290	4.030	3.610
	其他材料费占材料费	%	—	2.223	2.227	2.244
机械	半自动切割机 100mm	台班	83.55	0.209	0.209	0.209
	电动单梁起重机 5t	台班	223.20	0.551	0.532	0.494
	电动单筒慢速卷扬机 30kN	台班	210.22	0.048	0.038	0.029
	电焊条恒温箱	台班	21.41	0.048	0.048	0.038
	电焊条烘干箱 80×80×100cm³	台班	49.05	0.048	0.048	0.038
	剪板机 20×2500mm	台班	333.30	0.010	0.010	0.010
	卷板机 20×2500mm	台班	276.83	0.057	0.057	0.057
	立式钻床 25mm	台班	6.58	0.342	0.342	0.342
	刨边机 9000mm	台班	518.80	0.228	0.228	0.228
	平板拖车组 40t	台班	1446.84	0.038	—	—
	平板拖车组 50t	台班	1524.76	—	0.029	—
	平板拖车组 60t	台班	1611.30	0.048	0.048	0.038
	汽车式起重机 40t	台班	1526.12	0.038	—	—
	汽车式起重机 50t	台班	2464.07	—	0.029	—
	汽车式起重机 75t	台班	3151.07	—	—	0.029
	汽车式起重机 8t	台班	763.67	0.048	0.048	0.048
	箱式加热炉 75kW	台班	123.86	0.095	0.076	0.067
	油压机 1200t	台班	3341.08	0.095	0.076	0.067
	载重汽车 10t	台班	547.99	0.048	0.048	0.048
	直流弧焊机 32kV·A	台班	87.75	0.513	0.437	0.399

(3)低合金双椭圆封头容器制作

工作内容：放样号料、切割、坡口、压头卷弧、找圆、封头制作、内部附件制作、成品倒运堆放等。

计量单位：t

定额编号				A3-1-147	A3-1-148	A3-1-149
项目名称				VN(m³以内)		
				80	100	150
基价（元）				2712.92	2470.77	2187.15
其中	人工费（元）			925.96	847.28	761.04
	材料费（元）			254.31	239.13	226.50
	机械费（元）			1532.65	1384.36	1199.61
名称		单位	单价(元)	消耗量		
人工	综合工日	工日	140.00	6.614	6.052	5.436
材料	道木	m³	2137.00	0.010	0.010	0.010
	方木	m³	2029.00	0.020	0.020	0.020
	钢板 δ20	kg	3.18	3.660	3.270	2.420
	钢丝绳 φ17.5	m	11.54	0.170	0.140	—
	钢丝绳 φ19.5	m	12.00	—	—	0.110
	合金钢焊条	kg	11.11	1.810	1.700	1.570
	尼龙砂轮片 φ100×16×3	片	2.56	3.850	3.470	3.110
	尼龙砂轮片 φ150	片	3.32	0.410	0.410	0.410
	氧气	m³	3.63	19.970	18.410	17.430
	乙炔气	kg	10.45	6.660	6.140	5.810
	其他材料费占材料费	%	—	2.147	2.156	2.156
机械	半自动切割机 100mm	台班	83.55	0.238	0.238	0.238
	电动单梁起重机 5t	台班	223.20	0.703	0.675	0.656
	电动单筒慢速卷扬机 30kN	台班	210.22	0.095	0.086	0.057
	电焊条恒温箱	台班	21.41	0.086	0.076	0.067
	电焊条烘干箱 80×80×100cm³	台班	49.05	0.086	0.076	0.067
	剪板机 20×2500mm	台班	333.30	0.010	0.010	0.010
	卷板机 40×3500mm	台班	514.10	0.076	0.076	0.076
	立式钻床 25mm	台班	6.58	0.399	0.399	0.399
	刨边机 9000mm	台班	518.80	0.285	0.285	0.285
	平板拖车组 30t	台班	1243.07	0.076	0.067	—
	平板拖车组 40t	台班	1446.84	—	—	0.048
	平板拖车组 80t	台班	1814.63	0.086	0.076	0.067
	汽车式起重机 25t	台班	1084.16	0.076	0.067	—
	汽车式起重机 40t	台班	1526.12	—	—	0.048
	汽车式起重机 8t	台班	763.67	0.057	0.057	0.057
	箱式加热炉 75kW	台班	123.86	0.190	0.162	0.124
	油压机 1200t	台班	3341.08	0.190	0.162	0.124
	载重汽车 10t	台班	547.99	0.057	0.057	0.057
	直流弧焊机 32kV·A	台班	87.75	0.808	0.770	0.627

工作内容：放样号料、切割、坡口、压头卷弧、找圆、封头制作、内部附件制作、成品倒运堆放等。

计量单位：t

定额编号				A3-1-150	A3-1-151	A3-1-152
项目名称				VN(m³以内)		
				200	250	300
基价（元）				1942.55	1771.72	1592.12
其中	人工费（元）			666.54	607.18	564.48
	材料费（元）			203.56	198.26	183.39
	机械费（元）			1072.45	966.28	844.25
名称		单位	单价(元)	消耗量		
人工	综合工日	工日	140.00	4.761	4.337	4.032
材料	道木	m³	2137.00	0.010	0.010	0.010
	方木	m³	2029.00	0.020	0.020	0.020
	钢板 δ20	kg	3.18	1.870	1.420	1.120
	钢丝绳 φ21.5	m	18.72	0.100	—	—
	钢丝绳 φ24	m	22.56	—	0.100	—
	钢丝绳 φ26	m	26.38	—	—	0.100
	合金钢焊条	kg	11.11	1.420	1.360	1.270
	尼龙砂轮片 φ100×16×3	片	2.56	2.460	2.340	1.900
	尼龙砂轮片 φ150	片	3.32	0.410	0.410	0.410
	氧气	m³	3.63	14.900	14.460	12.800
	乙炔气	kg	10.45	4.970	4.820	4.260
	其他材料费占材料费	%	—	2.174	2.173	2.189
机械	半自动切割机 100mm	台班	83.55	0.238	0.238	0.238
	电动单梁起重机 5t	台班	223.20	0.627	0.618	0.599
	电动单筒慢速卷扬机 30kN	台班	210.22	0.048	0.038	0.029
	电焊条恒温箱	台班	21.41	0.057	0.048	0.048
	电焊条烘干箱 80×80×100cm³	台班	49.05	0.057	0.048	0.048
	剪板机 20×2500mm	台班	333.30	0.010	0.010	0.010
	卷板机 40×3500mm	台班	514.10	0.076	0.076	0.076
	立式钻床 25mm	台班	6.58	0.399	0.399	0.399
	刨边机 9000mm	台班	518.80	0.285	0.285	0.285
	平板拖车组 50t	台班	1524.76	0.038	—	—
	平板拖车组 60t	台班	1611.30	—	0.029	—
	平板拖车组 80t	台班	1814.63	0.057	0.048	0.048
	汽车式起重机 50t	台班	2464.07	0.038	—	—
	汽车式起重机 75t	台班	3151.07	—	0.029	0.029
	汽车式起重机 8t	台班	763.67	0.057	0.057	0.057
	箱式加热炉 75kW	台班	123.86	0.095	0.076	0.057
	油压机 1200t	台班	3341.08	0.095	0.076	0.057
	载重汽车 10t	台班	547.99	0.057	0.057	0.057
	直流弧焊机 32kV·A	台班	87.75	0.532	0.466	0.428

(4)不锈钢锥底椭圆封头容器制作

工作内容：放样号料、切割、坡口、压头卷弧、找圆、锥底封头制作、内部附件制作、成品倒运堆放等。

计量单位：t

定额编号				A3-1-153	A3-1-154	A3-1-155
项目名称				VN(m^3以内)		
				50	100	150
基价（元）				4244.95	3825.65	3234.90
其中	人工费（元）			1190.84	1028.86	985.88
	材料费（元）			197.37	187.08	178.58
	机械费（元）			2856.74	2609.71	2070.44
	名称	单位	单价(元)	消耗量		
人工	综合工日	工日	140.00	8.506	7.349	7.042
材料	不锈钢电焊条	kg	38.46	0.750	0.640	0.630
	不锈钢氩弧焊丝 1Cr18Ni9Ti	kg	51.28	0.010	0.010	0.010
	道木	m^3	2137.00	0.030	0.030	0.030
	电焊条	kg	5.98	1.060	0.830	0.810
	方木	m^3	2029.00	0.030	0.030	0.030
	钢板 δ20	kg	3.18	3.940	3.380	2.280
	钢丝绳 φ17.5	m	11.54	—	—	0.090
	尼龙砂轮片 φ100×16×3	片	2.56	0.490	0.490	0.490
	尼龙砂轮片 φ150	片	3.32	5.850	5.120	3.620
	氩气	m^3	19.59	0.030	0.030	0.030
	氧气	m^3	3.63	0.220	0.160	0.080
	乙炔气	kg	10.45	0.070	0.050	0.030
	其他材料费占材料费	%	—	0.699	0.709	0.710
机械	等离子切割机 400A	台班	219.59	3.382	3.069	2.147
	电动单梁起重机 5t	台班	223.20	1.036	1.007	0.817
	电动单筒慢速卷扬机 30kN	台班	210.22	0.095	0.095	0.086

续表

定额编号				A3-1-153	A3-1-154	A3-1-155
项目名称				VN(m^3以内)		
				50	100	150
名称		单位	单价(元)	消耗量		
机械	电动空气压缩机 1m^3/min	台班	50.29	3.382	3.069	2.147
	电焊条恒温箱	台班	21.41	0.133	0.114	0.095
	电焊条烘干箱 80×80×100cm^3	台班	49.05	0.133	0.114	0.095
	卷板机 20×2500mm	台班	276.83	0.057	0.057	—
	卷板机 40×3500mm	台班	514.10	—	—	0.057
	立式钻床 25mm	台班	6.58	0.352	0.352	0.352
	刨边机 9000mm	台班	518.80	0.181	0.209	0.219
	平板拖车组 30t	台班	1243.07	—	—	0.038
	平板拖车组 50t	台班	1524.76	0.133	0.114	0.095
	汽车式起重机 25t	台班	1084.16	0.048	0.048	0.038
	汽车式起重机 8t	台班	763.67	0.019	0.019	0.019
	氩弧焊机 500A	台班	92.58	0.029	0.029	0.029
	油压机 1200t	台班	3341.08	0.342	0.304	0.238
	载重汽车 10t	台班	547.99	0.019	0.019	0.019
	载重汽车 15t	台班	779.76	0.038	0.038	—
	直流弧焊机 32kV·A	台班	87.75	1.330	1.178	0.941

工作内容：放样号料、切割、坡口、压头卷弧、找圆、锥底封头制作、内部附件制作、成品倒运堆放等。

计量单位：t

定额编号				A3-1-156	A3-1-157	A3-1-158
项目名称				VN(m³以内)		
				200	250	300
基价（元）				2914.99	2784.46	2533.24
其中	人工费（元）			847.28	810.74	696.08
	材料费（元）			173.68	169.29	164.80
	机械费（元）			1894.03	1804.43	1672.36
名称		单位	单价(元)	消耗量		
人工	综合工日	工日	140.00	6.052	5.791	4.972
材料	不锈钢电焊条	kg	38.46	0.570	0.480	0.430
	不锈钢氩弧焊丝 1Cr18Ni9Ti	kg	51.28	0.010	0.010	0.010
	道木	m³	2137.00	0.030	0.030	0.030
	电焊条	kg	5.98	0.790	0.790	0.780
	方木	m³	2029.00	0.030	0.030	0.030
	钢板 δ20	kg	3.18	1.900	1.620	1.280
	钢丝绳 φ17.5	m	11.54	0.070	—	—
	钢丝绳 φ21.5	m	18.72	—	0.080	0.060
	尼龙砂轮片 φ100×16×3	片	2.56	0.490	0.490	0.490
	尼龙砂轮片 φ150	片	3.32	3.360	3.160	2.860
	氩气	m³	19.59	0.030	0.030	0.030
	氧气	m³	3.63	0.070	0.060	0.050
	乙炔气	kg	10.45	0.020	0.020	0.020
	其他材料费占材料费	%	—	0.713	0.717	0.721
机械	等离子切割机 400A	台班	219.59	2.100	2.100	1.872
	电动单梁起重机 5t	台班	223.20	0.817	0.798	0.798
	电动单筒慢速卷扬机 30kN	台班	210.22	0.076	0.067	0.057
	电动空气压缩机 1m³/min	台班	50.29	2.100	2.100	1.872
	电焊条恒温箱	台班	21.41	0.086	0.076	0.076
	电焊条烘干箱 80×80×100cm³	台班	49.05	0.086	0.076	0.076
	卷板机 40×3500mm	台班	514.10	0.057	0.067	0.057
	立式钻床 25mm	台班	6.58	0.352	0.352	0.352
	刨边机 9000mm	台班	518.80	0.238	0.285	0.295
	平板拖车组 30t	台班	1243.07	0.029	—	—
	平板拖车组 50t	台班	1524.76	0.086	0.076	0.076
	汽车式起重机 25t	台班	1084.16	0.029	—	—
	汽车式起重机 50t	台班	2464.07	—	0.029	0.029
	汽车式起重机 8t	台班	763.67	0.019	0.019	0.019
	氩弧焊机 500A	台班	92.58	0.029	0.029	0.029
	油压机 1200t	台班	3341.08	0.200	0.171	0.152
	载重汽车 10t	台班	547.99	0.019	0.019	0.019
	直流弧焊机 32kV·A	台班	87.75	0.836	0.789	0.732

(5)不锈钢双椭圆封头容器制作

工作内容：放样号料、切割、坡口、压头卷弧、找圆、封头制作、内部附件制作、成品倒运堆放等。

计量单位：t

定额编号				A3-1-159	A3-1-160	A3-1-161
项目名称				VN(m³以内)		
				80	100	150
基价（元）				3643.96	3526.60	2777.74
其中	人工费（元）			1033.62	996.38	810.74
	材料费（元）			176.07	173.93	141.37
	机械费（元）			2434.27	2356.29	1825.63
名称		单位	单价(元)	消耗量		
人工	综合工日	工日	140.00	7.383	7.117	5.791
材料	不锈钢电焊条	kg	38.46	0.800	0.780	0.710
	不锈钢氩弧焊丝 1Cr18Ni9Ti	kg	51.28	0.010	0.010	0.010
	道木	m³	2137.00	0.010	0.010	0.010
	电焊条	kg	5.98	0.960	0.860	0.850
	方木	m³	2029.00	0.040	0.040	0.030
	钢板 δ20	kg	3.18	3.940	3.870	2.710
	钢丝绳 φ15	m	8.97	0.170	0.160	—
	钢丝绳 φ17.5	m	11.54	—	—	0.110
	尼龙砂轮片 φ100×16×3	片	2.56	0.500	0.500	0.490
	尼龙砂轮片 φ150	片	3.32	5.400	5.320	3.830
	氩气	m³	19.59	0.030	0.030	0.030
	氧气	m³	3.63	0.170	0.150	0.100
	乙炔气	kg	10.45	0.060	0.050	0.030
	其他材料费占材料费	%	—	0.814	0.818	0.786
机械	等离子切割机 400A	台班	219.59	3.373	3.344	2.594
	电动单梁起重机 5t	台班	223.20	0.884	0.846	0.751

续表

定额编号				A3-1-159	A3-1-160	A3-1-161
项目名称				VN(m^3以内)		
				80	100	150
名称		单位	单价(元)	消耗量		
机械	电动空气压缩机 1m^3/min	台班	50.29	3.373	3.344	2.594
	电焊条恒温箱	台班	21.41	0.105	0.095	0.076
	电焊条烘干箱 80×80×100cm^3	台班	49.05	0.105	0.095	0.076
	卷板机 20×2500mm	台班	276.83	0.057	0.067	—
	卷板机 40×3500mm	台班	514.10	—	—	0.067
	立式钻床 25mm	台班	6.58	0.352	0.352	0.352
	刨边机 9000mm	台班	518.80	0.200	0.209	0.219
	平板拖车组 20t	台班	1081.33	0.067	0.067	—
	平板拖车组 30t	台班	1243.07	—	—	0.048
	平板拖车组 50t	台班	1524.76	0.105	0.095	0.076
	汽车式起重机 20t	台班	1030.31	0.076	0.067	—
	汽车式起重机 25t	台班	1084.16	—	—	0.048
	汽车式起重机 8t	台班	763.67	0.019	0.019	0.019
	氩弧焊机 500A	台班	92.58	0.029	0.029	0.029
	油压机 1200t	台班	3341.08	0.228	0.219	0.143
	载重汽车 10t	台班	547.99	0.029	0.019	0.019
	直流弧焊机 32kV·A	台班	87.75	1.045	0.950	0.789

工作内容：放样号料、切割、坡口、压头卷弧、找圆、封头制作、内部附件制作、成品倒运堆放等。

计量单位：t

定额编号				A3-1-162	A3-1-163	A3-1-164
项目名称				VN(m^3以内)		
				200	250	300
基价（元）				2597.11	2254.17	2054.43
其中	人工费（元）			769.44	658.28	616.84
	材料费（元）			131.42	125.32	121.31
	机械费（元）			1696.25	1470.57	1316.28
名称		单位	单价(元)	消耗量		
人工	综合工日	工日	140.00	5.496	4.702	4.406
材料	不锈钢电焊条	kg	38.46	0.550	0.490	0.430
	不锈钢氩弧焊丝 1Cr18Ni9Ti	kg	51.28	0.010	0.010	0.010
	道木	m^3	2137.00	0.010	0.010	0.010
	电焊条	kg	5.98	0.820	0.790	0.790
	方木	m^3	2029.00	0.030	0.030	0.030
	钢板 δ20	kg	3.18	2.270	1.650	1.390
	钢丝绳 φ17.5	m	11.54	0.090	—	—
	钢丝绳 φ19.5	m	12.00	—	0.070	—
	钢丝绳 φ21.5	m	18.72	—	—	0.070
	尼龙砂轮片 φ100×16×3	片	2.56	0.490	0.490	0.490
	尼龙砂轮片 φ150	片	3.32	3.270	2.900	2.500
	氩气	m^3	19.59	0.030	0.030	0.030
	氧气	m^3	3.63	0.080	0.060	0.060
	乙炔气	kg	10.45	0.030	0.020	0.020
	其他材料费占材料费	%	—	0.807	0.815	0.827
机械	等离子切割机 400A	台班	219.59	2.556	2.071	1.900
	电动单梁起重机 5t	台班	223.20	0.713	0.665	0.656

续表

定额编号				A3-1-162	A3-1-163	A3-1-164
项目名称				VN(m^3以内)		
				200	250	300
名称		单位	单价(元)	消耗量		
机械	电动空气压缩机 1m^3/min	台班	50.29	2.556	2.071	1.900
	电焊条恒温箱	台班	21.41	0.076	0.067	0.057
	电焊条烘干箱 80×80×100cm^3	台班	49.05	0.076	0.067	0.057
	卷板机 40×3500mm	台班	514.10	0.067	0.067	0.067
	立式钻床 25mm	台班	6.58	0.352	0.352	0.342
	刨边机 9000mm	台班	518.80	0.247	0.257	0.257
	平板拖车组 30t	台班	1243.07	0.038	—	—
	平板拖车组 40t	台班	1446.84	—	0.029	—
	平板拖车组 50t	台班	1524.76	0.076	0.067	0.057
	汽车式起重机 25t	台班	1084.16	0.038	—	—
	汽车式起重机 40t	台班	1526.12	—	0.029	—
	汽车式起重机 50t	台班	2464.07	—	—	0.029
	汽车式起重机 8t	台班	763.67	0.019	0.019	0.010
	氩弧焊机 500A	台班	92.58	0.029	0.029	0.029
	油压机 1200t	台班	3341.08	0.114	0.095	0.076
	载重汽车 10t	台班	547.99	0.019	0.019	0.019
	直流弧焊机 32kV·A	台班	87.75	0.732	0.627	0.570

二、塔器制作

1.整体设备制作

(1)低合金钢(碳钢)填料塔

工作内容：放样号料、切割、坡口、压头卷弧、椭圆封头、锥体、裙座制作、组对、焊接、分配盘、栅板、喷淋管、吊柱制作、塔体固定件的制作组装、成品倒运堆放等。 计量单位：t

定额编号				A3-1-165	A3-1-166	A3-1-167	A3-1-168
项目名称				重量(t以内)			
				2	5	10	15
基价(元)				**9542.27**	**8301.48**	**6414.66**	**4942.81**
其中	人工费(元)			3774.82	3625.86	2677.78	2094.68
	材料费(元)			1775.14	1688.65	1614.94	1253.27
	机械费(元)			3992.31	2986.97	2121.94	1594.86
名称		单位	单价(元)	消耗量			
人工	综合工日	工日	140.00	26.963	25.899	19.127	14.962
材料	道木	m³	2137.00	0.010	0.010	0.010	0.010
	电焊条	kg	5.98	20.940	20.140	19.090	11.780
	碟形钢丝砂轮片 Φ100	片	19.74	1.450	1.400	1.020	0.770
	方木	m³	2029.00	0.450	0.450	0.430	0.250
	钢板 δ20	kg	3.18	26.080	19.610	16.140	11.440
	钢丝绳 Φ15	m	8.97	0.720	0.360	0.200	0.170
	合金钢焊条	kg	11.11	23.700	21.580	12.250	3.900
	合金钢埋弧焊丝	kg	9.50	—	—	3.390	7.590
	焦炭	kg	1.42	14.200	14.200	14.200	14.200
	埋弧焊剂	kg	21.72	—	—	5.570	12.280
	木柴	kg	0.18	1.420	1.420	1.420	1.420
	尼龙砂轮片 Φ100×16×3	片	2.56	12.020	11.420	10.800	8.990
	尼龙砂轮片 Φ150	片	3.32	5.320	5.160	5.060	5.010
	尼龙砂轮片 Φ500×25×4	片	12.82	0.040	0.040	0.010	0.010
	石墨粉	kg	10.68	0.140	0.140	0.110	0.110
	碳钢埋弧焊丝	kg	7.69	—	—	0.320	0.560
	碳精棒 Φ8～12	根	1.27	30.900	28.320	23.460	19.550
	氧气	m³	3.63	25.110	21.420	14.640	13.810
	乙炔气	kg	10.45	8.370	7.140	4.880	4.600
	其他材料费占材料费	%	—	2.628	2.656	2.660	2.473
机械	半自动切割机 100mm	台班	83.55	0.200	0.200	0.200	0.219
	单速电动葫芦 3t	台班	32.95	0.029	0.019	0.010	0.010
	电动单梁起重机 5t	台班	223.20	1.834	1.615	1.273	0.893
	电动单筒慢速卷扬机 30kN	台班	210.22	0.228	0.133	0.076	0.067
	电动滚胎机	台班	172.54	0.846	0.846	0.846	0.751

续表

定额编号			A3-1-165	A3-1-166	A3-1-167	A3-1-168
项目名称			重量(t以内)			
			2	5	10	15
名称	单位	单价(元)	消耗量			
机械 电动空气压缩机 6m³/min	台班	206.73	1.273	0.950	0.646	0.409
电焊条恒温箱	台班	21.41	0.988	0.950	0.627	0.380
电焊条烘干箱 80×80×100cm³	台班	49.05	0.988	0.950	0.627	0.380
钢材电动煨弯机 500～1800mm	台班	79.55	0.057	0.038	0.029	0.019
剪板机 20×2500mm	台班	333.30	0.371	0.361	0.342	0.219
卷板机 20×2500mm	台班	276.83	0.276	0.171	0.171	0.143
门式起重机 20t	台班	644.10	0.437	0.276	0.257	0.219
刨边机 9000mm	台班	518.80	0.048	0.048	0.048	0.086
平板拖车组 15t	台班	981.46	0.200	0.095	0.057	—
平板拖车组 20t	台班	1081.33	—	—	—	0.038
普通车床 630×1400mm	台班	234.99	0.029	0.019	0.010	0.010
汽车式起重机 10t	台班	833.49	—	0.095	0.048	0.029
汽车式起重机 16t	台班	958.70	0.390	0.200	0.105	—
汽车式起重机 20t	台班	1030.31	—	—	—	0.076
汽车式起重机 8t	台班	763.67	0.190	0.029	0.019	0.010
砂轮切割机 500mm	台班	29.08	0.048	0.048	0.019	0.019
台式钻床 16mm	台班	4.07	0.095	0.095	0.095	0.067
箱式加热炉 75kW	台班	123.86	0.456	0.276	0.152	0.124
摇臂钻床 63mm	台班	41.15	0.057	0.057	0.029	0.019
油压机 800t	台班	1731.15	0.456	0.276	0.152	0.124
载重汽车 10t	台班	547.99	0.029	0.029	0.029	0.010
载重汽车 5t	台班	430.70	0.162	0.095	0.048	0.029
直流弧焊机 32kV·A	台班	87.75	9.852	9.453	6.299	3.781
中频煨弯机 160kW	台班	70.55	0.076	0.076	0.067	0.067
自动埋弧焊机 1500A	台班	247.74	—	—	0.143	0.333

工作内容：放样号料、切割、坡口、压头卷弧、椭圆封头、锥体、裙座制作、组对、焊接、分配盘、栅板、喷淋管、吊柱制作、塔体固定件的制作组装、成品倒运堆放等。　计量单位：t

定额编号				A3-1-169	A3-1-170	A3-1-171	A3-1-172
项目名称				重量(t以内)			
				20	30	40	50
基价(元)				4595.45	4285.98	4253.81	3886.92
其中	人工费(元)			1934.66	1855.28	1733.20	1669.78
	材料费(元)			1167.72	1099.48	1021.87	957.22
	机械费(元)			1493.07	1331.22	1498.74	1259.92
名称		单位	单价(元)	消耗量			
人工	综合工日	工日	140.00	13.819	13.252	12.380	11.927
材料	道木	m^3	2137.00	0.010	0.010	0.010	0.010
	电焊条	kg	5.98	11.210	10.820	9.220	7.630
	碟形钢丝砂轮片 φ100	片	19.74	0.620	0.610	0.530	0.510
	方木	m^3	2029.00	0.220	0.190	0.160	0.140
	钢板 δ20	kg	3.18	10.550	10.480	9.260	8.840
	钢管 DN80	kg	4.38	—	1.010	1.010	1.010
	钢丝绳 φ15	m	8.97	—	—	0.040	0.040
	钢丝绳 φ17.5	m	11.54	0.170	0.050	—	—
	钢丝绳 φ19.5	m	12.00	—	0.100	—	—
	钢丝绳 φ21.5	m	18.72	—	—	0.110	—
	钢丝绳 φ24	m	22.56	—	—	—	0.110
	合金钢焊条	kg	11.11	3.780	3.550	3.300	2.810
	合金钢埋弧焊丝	kg	9.50	7.600	7.670	7.750	7.820
	焦炭	kg	1.42	12.280	12.280	17.580	17.590
	埋弧焊剂	kg	21.72	12.380	12.520	12.670	12.800
	木柴	kg	0.18	1.230	1.230	1.750	1.750
	尼龙砂轮片 φ100×16×3	片	2.56	7.180	7.020	6.570	6.590
	尼龙砂轮片 φ150	片	3.32	4.910	4.810	4.670	4.570
	尼龙砂轮片 φ500×25×4	片	12.82	0.010	0.010	0.010	0.010
	石墨粉	kg	10.68	0.110	0.110	0.100	0.100
	碳钢埋弧焊丝	kg	7.69	0.650	0.670	0.690	0.710
	碳精棒 φ8～12	根	1.27	18.270	16.980	15.780	15.210
	氧气	m^3	3.63	12.990	12.170	11.340	10.110
	乙炔气	kg	10.45	4.330	4.060	3.780	3.370
	其他材料费占材料费	%	—	2.443	2.409	2.373	2.349
机械	半自动切割机 100mm	台班	83.55	0.219	0.219	0.266	0.266
	单速电动葫芦 3t	台班	32.95	0.010	0.010	0.010	0.010
	电动单梁起重机 5t	台班	223.20	0.798	0.779	0.779	0.751
	电动单筒慢速卷扬机 30kN	台班	210.22	0.057	0.057	0.048	0.038
	电动滚胎机	台班	172.54	0.751	0.751	0.751	0.694
	电动空气压缩机 $6m^3$/min	台班	206.73	0.399	0.371	0.342	0.295

续表

定 额 编 号			A3-1-169	A3-1-170	A3-1-171	A3-1-172
项 目 名 称			重量(t以内)			
			20	30	40	50
名 称	单位	单价(元)	消 耗 量			
机械 电焊条恒温箱	台班	21.41	0.371	0.333	0.314	0.257
电焊条烘干箱 80×80×100cm³	台班	49.05	0.371	0.333	0.314	0.257
钢材电动煨弯机 500～1800mm	台班	79.55	0.010	0.010	0.010	0.010
剪板机 20×2500mm	台班	333.30	0.219	0.219	0.133	0.133
卷板机 20×2500mm	台班	276.83	0.143	0.133	0.124	0.114
门式起重机 20t	台班	644.10	0.209	0.019	0.181	0.171
刨边机 9000mm	台班	518.80	0.086	0.086	0.095	0.095
平板拖车组 15t	台班	981.46	—	—	0.010	0.010
平板拖车组 30t	台班	1243.07	0.029	0.019	—	—
平板拖车组 40t	台班	1446.84	—	0.019	—	—
平板拖车组 50t	台班	1524.76	—	—	0.019	—
平板拖车组 60t	台班	1611.30	—	—	—	0.019
普通车床 630×1400mm	台班	234.99	0.010	0.010	0.010	0.010
汽车式起重机 10t	台班	833.49	0.019	—	—	—
汽车式起重机 16t	台班	958.70	—	—	0.019	0.019
汽车式起重机 25t	台班	1084.16	0.057	0.038	—	—
汽车式起重机 40t	台班	1526.12	—	0.048	—	—
汽车式起重机 50t	台班	2464.07	—	—	0.038	—
汽车式起重机 75t	台班	3151.07	—	—	—	0.029
汽车式起重机 8t	台班	763.67	0.019	0.019	0.190	0.019
砂轮切割机 500mm	台班	29.08	0.019	0.010	0.010	0.010
台式钻床 16mm	台班	4.07	0.067	0.057	0.048	0.048
箱式加热炉 75kW	台班	123.86	0.105	0.086	0.086	0.076
摇臂钻床 25mm	台班	8.58	0.010	0.010	0.010	0.010
摇臂钻床 63mm	台班	41.15	0.010	0.010	0.010	0.010
油压机 800t	台班	1731.15	0.105	0.086	0.086	0.076
载重汽车 10t	台班	547.99	0.019	0.019	0.019	0.019
载重汽车 5t	台班	430.70	0.019	—	—	—
直流弧焊机 32kV·A	台班	87.75	3.667	3.316	3.116	2.603
中频煨弯机 160kW	台班	70.55	0.057	0.038	0.029	0.019
自动埋弧焊机 1500A	台班	247.74	0.333	0.333	0.323	0.314

工作内容：放样号料、切割、坡口、压头卷弧、椭圆封头、锥体、裙座制作、组对、焊接、分配盘、栅板、喷淋管、吊柱制作、塔体固定件的制作组装、成品倒运堆放等。　　　　计量单位：t

定额编号				A3-1-173	A3-1-174	A3-1-175	A3-1-176
项目名称				重量(t以内)			
				60	80	100	150
基价（元）				3811.15	3528.15	3593.47	3419.21
其中	人工费（元）			1571.08	1490.30	1464.82	1426.88
	材料费（元）			980.84	797.34	791.76	757.97
	机械费（元）			1259.23	1240.51	1336.89	1234.36
名称		单位	单价(元)	消耗量			
人工	综合工日	工日	140.00	11.222	10.645	10.463	10.192
材料	道木	m^3	2137.00	0.010	0.010	0.010	0.010
	电焊条	kg	5.98	7.520	7.470	7.330	7.030
	碟形钢丝砂轮片 φ100	片	19.74	0.490	0.420	0.360	0.220
	方木	m^3	2029.00	0.140	0.060	0.060	0.050
	钢板 δ20	kg	3.18	8.460	7.950	7.440	6.130
	钢管 DN80	kg	4.38	1.010	1.460	1.460	1.460
	钢丝绳 φ15	m	8.97	0.040	—	—	—
	钢丝绳 φ17.5	m	11.54	—	0.030	0.030	—
	钢丝绳 φ21.5	m	18.72	—	—	—	0.020
	钢丝绳 φ26	m	26.38	0.110	—	—	—
	钢丝绳 φ28	m	28.12	—	0.090	—	—
	钢丝绳 φ30	m	29.01	—	—	0.100	—
	钢丝绳 φ32	m	29.81	—	—	—	0.050
	合金钢焊条	kg	11.11	2.810	2.800	2.760	2.480
	合金钢埋弧焊丝	kg	9.50	7.990	8.070	8.150	8.320
	焦炭	kg	1.42	17.530	20.890	20.890	20.890
	埋弧焊剂	kg	21.72	13.980	13.230	13.390	13.680
	木柴	kg	0.18	1.750	2.090	2.090	2.090
	尼龙砂轮片 φ100×16×3	片	2.56	6.460	6.320	6.170	5.980
	尼龙砂轮片 φ150	片	3.32	4.480	4.390	4.260	4.180
	尼龙砂轮片 φ500×25×4	片	12.82	0.010	0.010	0.010	0.010
	石墨粉	kg	10.68	0.090	0.090	0.030	0.030

续表

定额编号				A3-1-173	A3-1-174	A3-1-175	A3-1-176
项目名称				重量(t以内)			
				60	80	100	150
名称		单位	单价(元)	消耗量			
材料	碳钢埋弧焊丝	kg	7.69	0.730	0.750	0.780	0.800
	碳精棒 φ8～12	根	1.27	14.640	12.750	10.860	8.550
	氧气	m³	3.63	10.000	9.920	9.590	9.070
	乙炔气	kg	10.45	3.330	3.310	3.200	3.020
	其他材料费占材料费	%	—	2.337	2.197	2.197	2.173
机械	半自动切割机 100mm	台班	83.55	0.266	0.238	0.238	0.238
	单速电动葫芦 3t	台班	32.95	0.010	0.010	0.010	0.010
	电动单梁起重机 5t	台班	223.20	0.732	0.684	0.684	0.684
	电动单筒慢速卷扬机 30kN	台班	210.22	0.038	0.029	0.029	0.019
	电动滚胎机	台班	172.54	0.694	0.675	0.675	0.675
	电动空气压缩机 6m³/min	台班	206.73	0.295	0.304	0.295	0.276
	电焊条恒温箱	台班	21.41	0.266	0.257	0.257	0.257
	电焊条烘干箱 80×80×100cm³	台班	49.05	0.266	0.257	0.257	0.257
	钢材电动煨弯机 500～1800mm	台班	79.55	0.010	0.010	0.010	0.010
	剪板机 20×2500mm	台班	333.30	0.133	0.124	0.124	0.124
	卷板机 20×2500mm	台班	276.83	0.105	0.048	0.048	—
	卷板机 40×3500mm	台班	514.10	—	0.048	0.048	0.076
	门式起重机 20t	台班	644.10	0.171	0.152	0.152	0.152
	刨边机 9000mm	台班	518.80	0.095	0.105	0.105	0.105
	平板拖车组 100t	台班	2755.47	—	0.010	—	—
	平板拖车组 150t	台班	3970.77	—	—	0.010	—
	平板拖车组 200t	台班	4886.66	—	—	—	0.010
	平板拖车组 20t	台班	1081.33	0.010	—	—	—

续表

定额编号				A3-1-173	A3-1-174	A3-1-175	A3-1-176
项目名称				重量(t以内)			
				60	80	100	150
名称		单位	单价(元)	消耗量			
机械	平板拖车组 30t	台班	1243.07	—	0.010	0.010	—
	平板拖车组 50t	台班	1524.76	—	—	—	0.010
	平板拖车组 80t	台班	1814.63	0.019	—	—	—
	普通车床 630×1400mm	台班	234.99	0.010	0.010	0.010	0.010
	汽车式起重机 100t	台班	4651.90	—	0.029	—	—
	汽车式起重机 125t	台班	8069.55	—	—	0.029	—
	汽车式起重机 150t	台班	8354.46	—	—	—	0.019
	汽车式起重机 20t	台班	1030.31	0.019	—	—	—
	汽车式起重机 25t	台班	1084.16	—	0.019	0.010	—
	汽车式起重机 50t	台班	2464.07	—	—	—	0.010
	汽车式起重机 75t	台班	3151.07	0.029	—	—	—
	汽车式起重机 8t	台班	763.67	0.019	0.019	0.019	0.019
	砂轮切割机 500mm	台班	29.08	0.010	0.010	0.010	0.010
	台式钻床 16mm	台班	4.07	0.048	0.038	0.038	0.029
	箱式加热炉 75kW	台班	123.86	0.076	0.057	0.057	0.038
	摇臂钻床 25mm	台班	8.58	0.010	0.010	0.010	0.010
	摇臂钻床 63mm	台班	41.15	0.010	0.010	0.010	0.010
	油压机 800t	台班	1731.15	0.076	0.057	0.057	0.038
	载重汽车 10t	台班	547.99	0.019	0.019	0.019	0.019
	直流弧焊机 32kV·A	台班	87.75	2.622	2.603	2.594	2.527
	中频煨弯机 160kW	台班	70.55	0.019	0.010	0.010	0.010
	自动埋弧焊机 1500A	台班	247.74	0.304	0.295	0.285	0.257

(2)低合金钢(碳钢)筛板塔

工作内容：放样号料、切割、坡口、压头卷弧、椭圆封头、锥体、裙座、降液板、受液盘、支持板、塔盘制作、塔器各部附件制作组装、焊接、成品倒运堆放等。 计量单位：t

定额编号				A3-1-177	A3-1-178	A3-1-179	A3-1-180
项目名称				重量(t以内)			
				2	5	10	15
基价（元）				8016.23	7338.13	5477.27	4606.44
其中	人工费（元）			3718.12	3843.84	2839.20	2264.36
	材料费（元）			1017.26	937.46	851.25	749.36
	机械费（元）			3280.85	2556.83	1786.82	1592.72
	名称	单位	单价(元)	消耗量			
人工	综合工日	工日	140.00	26.558	27.456	20.280	16.174
材料	道木	m³	2137.00	0.010	0.010	0.010	0.010
	电焊条	kg	5.98	26.850	26.130	24.950	22.680
	碟形钢丝砂轮片 φ100	片	19.74	0.770	0.570	0.540	0.510
	方木	m³	2029.00	0.120	0.110	0.110	0.110
	钢板 δ20	kg	3.18	17.800	13.690	9.750	9.520
	钢丝绳 φ15	m	8.97	—	—	0.170	0.150
	合金钢焊条	kg	11.11	24.300	22.460	5.230	—
	合金钢埋弧焊丝	kg	9.50	—	—	3.360	3.360
	埋弧焊剂	kg	21.72	—	—	5.580	5.580
	尼龙砂轮片 φ100×16×3	片	2.56	13.320	12.650	12.020	11.420
	尼龙砂轮片 φ150	片	3.32	1.770	1.280	1.210	1.150
	尼龙砂轮片 φ500×25×4	片	12.82	0.040	0.020	0.080	0.010
	石墨粉	kg	10.68	0.110	0.100	0.100	0.090
	碳钢埋弧焊丝	kg	7.69	—	—	0.360	0.360
	碳精棒 φ8～12	根	1.27	19.020	17.670	16.440	15.300
	氧气	m³	3.63	22.710	21.240	17.340	14.160
	乙炔气	kg	10.45	7.570	7.080	5.780	4.720
	其他材料费占材料费	%	—	2.283	2.274	2.308	2.364
机械	半自动切割机 100mm	台班	83.55	0.371	0.247	0.238	0.228
	单速电动葫芦 3t	台班	32.95	0.038	0.019	0.010	0.010
	电动单梁起重机 5t	台班	223.20	1.805	1.739	1.587	1.463
	电动单筒慢速卷扬机 30kN	台班	210.22	0.219	0.133	0.057	0.038

续表

定 额 编 号				A3-1-177	A3-1-178	A3-1-179	A3-1-180
项 目 名 称				重量(t以内)			
				2	5	10	15
名 称		单位	单价(元)	消 耗 量			
机械	电动滚胎机	台班	172.54	1.159	1.074	0.998	0.922
	电动空气压缩机 6m³/min	台班	206.73	1.036	0.855	0.732	0.703
	电焊条恒温箱	台班	21.41	0.865	0.855	0.409	0.390
	电焊条烘干箱 80×80×100cm³	台班	49.05	0.865	0.855	0.409	0.390
	剪板机 20×2500mm	台班	333.30	0.162	0.143	0.133	0.114
	卷板机 20×2500mm	台班	276.83	0.190	0.162	0.143	0.114
	门式起重机 20t	台班	644.10	0.257	0.219	0.209	0.200
	刨边机 9000mm	台班	518.80	0.048	0.057	0.057	0.057
	平板拖车组 15t	台班	981.46	—	—	0.048	—
	平板拖车组 20t	台班	1081.33	—	—	—	0.029
	汽车式起重机 10t	台班	833.49	—	0.200	0.048	0.029
	汽车式起重机 16t	台班	958.70	—	—	0.095	—
	汽车式起重机 20t	台班	1030.31	—	—	—	0.067
	汽车式起重机 8t	台班	763.67	0.380	0.019	0.019	0.010
	砂轮切割机 500mm	台班	29.08	0.029	0.019	0.010	0.010
	箱式加热炉 75kW	台班	123.86	0.437	0.219	0.095	0.076
	摇臂钻床 63mm	台班	41.15	0.067	0.029	0.029	0.019
	油压机 800t	台班	1731.15	0.437	0.219	0.095	0.076
	载重汽车 10t	台班	547.99	0.010	0.019	0.019	0.019
	载重汽车 5t	台班	430.70	0.371	0.200	0.048	0.029
	直流弧焊机 32kV·A	台班	87.75	8.598	8.512	4.076	3.914
	中频煨弯机 160kW	台班	70.55	0.048	0.019	0.076	0.010
	自动埋弧焊机 1500A	台班	247.74	—	—	0.143	0.152

工作内容：放样号料、切割、坡口、压头卷弧、椭圆封头、锥体、裙座、降液板、受液盘、支持板、塔盘制作、塔器各部附件制作组装、焊接、成品倒运堆放等。 计量单位：t

定额编号				A3-1-181	A3-1-182	A3-1-183	A3-1-184
项目名称				重量(t以内)			
				20	30	40	50
基价（元）				4292.13	4049.81	4015.38	3827.87
其中	人工费（元）			2083.76	1973.30	1852.62	1707.72
	材料费（元）			795.19	771.80	877.81	843.19
	机械费（元）			1413.18	1304.71	1284.95	1276.96
名称		单位	单价(元)	消耗量			
人工	综合工日	工日	140.00	14.884	14.095	13.233	12.198
材料	道木	m³	2137.00	0.010	0.010	0.100	0.100
	电焊条	kg	5.98	20.920	19.160	18.840	18.530
	碟形钢丝砂轮片 φ100	片	19.74	0.490	0.460	0.440	0.420
	方木	m³	2029.00	0.110	0.110	0.070	0.060
	钢板 δ20	kg	3.18	8.260	7.440	6.690	6.020
	钢管 DN80	kg	4.38	—	—	1.320	1.270
	钢丝绳 φ17.5	m	11.54	0.120	—	—	—
	钢丝绳 φ19.5	m	12.00	—	0.090	—	0.050
	钢丝绳 φ21.5	m	18.72	—	—	0.080	—
	钢丝绳 φ24	m	22.56	—	—	—	0.100
	合金钢焊条	kg	11.11	1.800	1.540	1.540	1.450
	合金钢埋弧焊丝	kg	9.50	4.540	4.590	4.610	4.630
	埋弧焊剂	kg	21.72	7.520	7.600	7.630	7.690
	尼龙砂轮片 φ100×16×3	片	2.56	10.840	10.300	9.780	9.290
	尼龙砂轮片 φ150	片	3.32	1.100	1.040	0.990	0.940
	尼龙砂轮片 φ500×25×4	片	12.82	0.010	0.010	0.010	0.010
	石墨粉	kg	10.68	0.080	0.070	0.070	0.060
	碳钢埋弧焊丝	kg	7.69	0.350	0.470	0.480	0.490
	碳精棒 φ8～12	根	1.27	14.250	13.260	12.330	11.460
	氧气	m³	3.63	12.720	11.850	11.020	9.880
	乙炔气	kg	10.45	4.240	3.950	3.670	3.290
	其他材料费占材料费	%	—	2.328	2.335	2.170	2.148
机械	半自动切割机 100mm	台班	83.55	0.219	0.209	0.200	0.190
	单速电动葫芦 3t	台班	32.95	0.010	0.010	0.010	0.010
	电动单梁起重机 5t	台班	223.20	1.330	1.216	1.197	1.178
	电动单筒慢速卷扬机 30kN	台班	210.22	0.038	0.029	0.029	0.029

续表

定额编号				A3-1-181	A3-1-182	A3-1-183	A3-1-184
项目名称				重量(t以内)			
				20	30	40	50
名称		单位	单价(元)	消耗量			
机械	电动滚胎机	台班	172.54	0.865	0.808	0.741	0.694
	电动空气压缩机 6m³/min	台班	206.73	0.570	0.551	0.551	0.532
	电焊条恒温箱	台班	21.41	0.314	0.314	0.304	0.295
	电焊条烘干箱 80×80×100cm³	台班	49.05	0.314	0.314	0.304	0.295
	剪板机 20×2500mm	台班	333.30	0.105	0.095	0.086	0.086
	卷板机 20×2500mm	台班	276.83	0.105	0.105	0.095	0.095
	门式起重机 20t	台班	644.10	0.171	0.152	0.143	0.133
	刨边机 9000mm	台班	518.80	0.057	0.067	0.067	0.067
	平板拖车组 30t	台班	1243.07	0.029	—	—	—
	平板拖车组 40t	台班	1446.84	—	0.019	—	0.010
	平板拖车组 50t	台班	1524.76	—	—	0.019	—
	平板拖车组 60t	台班	1611.30	—	—	—	0.010
	汽车式起重机 10t	台班	833.49	—	0.010	0.010	—
	汽车式起重机 25t	台班	1084.16	0.048	—	—	—
	汽车式起重机 40t	台班	1526.12	—	0.038	—	0.019
	汽车式起重机 50t	台班	2464.07	—	—	0.029	—
	汽车式起重机 75t	台班	3151.07	—	—	—	0.029
	汽车式起重机 8t	台班	763.67	0.029	0.010	0.010	0.010
	砂轮切割机 500mm	台班	29.08	0.010	0.010	0.010	0.010
	箱式加热炉 75kW	台班	123.86	0.076	0.057	0.057	0.048
	摇臂钻床 63mm	台班	41.15	0.010	0.010	0.010	0.010
	油压机 800t	台班	1731.15	0.076	0.057	0.057	0.048
	载重汽车 10t	台班	547.99	0.019	0.010	0.010	0.010
	载重汽车 5t	台班	430.70	0.019	0.010	0.010	—
	直流弧焊机 32kV·A	台班	87.75	3.173	3.107	3.040	2.983
	中频煨弯机 160kW	台班	70.55	0.010	0.010	0.010	0.010
	自动埋弧焊机 1500A	台班	247.74	0.190	0.200	0.200	0.200

工作内容：放样号料、切割、坡口、压头卷弧、椭圆封头、锥体、裙座、降液板、受液盘、支持板、塔盘制作、塔器各部附件制作组装、焊接、成品倒运堆放等。

计量单位：t

定额编号				A3-1-185	A3-1-186	A3-1-187	A3-1-188
项目名称				重量(t以内)			
				60	80	100	150
基价（元）				3745.71	3572.56	4109.40	3540.89
其中	人工费（元）			1666.98	1580.74	1553.72	1513.82
	材料费（元）			829.58	793.69	832.55	775.94
	机械费（元）			1249.15	1198.13	1723.13	1251.13
名称		单位	单价(元)	消耗量			
人工	综合工日	工日	140.00	11.907	11.291	11.098	10.813
材料	道木	m^3	2137.00	0.100	0.100	0.100	0.100
	电焊条	kg	5.98	18.090	17.310	15.610	14.690
	碟形钢丝砂轮片 φ100	片	19.74	0.400	0.380	0.360	0.320
	方木	m^3	2029.00	0.060	0.050	0.050	0.020
	钢板 δ20	kg	3.18	5.420	4.880	4.390	4.330
	钢管 DN80	kg	4.38	1.230	1.190	1.110	1.130
	钢丝绳 φ24	m	22.56	—	—	0.060	—
	钢丝绳 φ26	m	26.38	0.100	—	—	—
	钢丝绳 φ28	m	28.12	—	0.080	—	—
	钢丝绳 φ32	m	29.81	—	—	0.080	0.050
	合金钢焊条	kg	11.11	1.450	1.450	1.650	1.650
	合金钢埋弧焊丝	kg	9.50	4.660	4.690	5.870	6.430
	埋弧焊剂	kg	21.72	7.730	7.780	9.740	10.700
	尼龙砂轮片 φ100×16×3	片	2.56	8.830	8.390	7.970	7.150
	尼龙砂轮片 φ150	片	3.32	0.890	0.850	0.800	0.760
	尼龙砂轮片 φ500×25×4	片	12.82	0.010	0.010	0.010	0.010
	石墨粉	kg	10.68	0.060	0.050	0.050	0.020
	碳钢埋弧焊丝	kg	7.69	0.500	0.500	0.630	0.690
	碳精棒 φ8～12	根	1.27	10.680	9.930	9.210	6.210
	氧气	m^3	3.63	8.900	8.010	7.210	6.410
	乙炔气	kg	10.45	2.970	2.670	2.400	2.140
	其他材料费占材料费	%	—	2.148	2.123	2.112	2.035
机械	半自动切割机 100mm	台班	83.55	0.181	0.181	0.152	0.171
	单速电动葫芦 3t	台班	32.95	0.010	0.010	0.010	0.010
	电动单梁起重机 5t	台班	223.20	1.178	1.169	1.093	0.998
	电动单筒慢速卷扬机 30kN	台班	210.22	0.029	0.019	0.019	0.019

续表

定额编号				A3-1-185	A3-1-186	A3-1-187	A3-1-188
项目名称				重量(t以内)			
				60	80	100	150
	名称	单位	单价(元)	消耗量			
机械	电动滚胎机	台班	172.54	0.646	0.599	0.561	0.513
	电动空气压缩机 6m³/min	台班	206.73	0.523	0.513	0.504	0.494
	电焊条恒温箱	台班	21.41	0.295	0.282	0.276	0.276
	电焊条烘干箱 80×80×100cm³	台班	49.05	0.295	0.285	0.276	0.276
	剪板机 20×2500mm	台班	333.30	0.076	0.076	0.076	0.067
	卷板机 20×2500mm	台班	276.83	0.095	0.086	0.076	—
	卷板机 40×3500mm	台班	514.10	—	—	—	0.067
	门式起重机 20t	台班	644.10	0.133	0.133	0.114	0.114
	刨边机 9000mm	台班	518.80	0.076	0.076	0.860	0.133
	平板拖车组 100t	台班	2755.47	—	0.010	—	—
	平板拖车组 200t	台班	4886.66	—	—	0.010	0.010
	平板拖车组 60t	台班	1611.30	—	—	0.010	—
	平板拖车组 80t	台班	1814.63	0.019	—	—	—
	汽车式起重机 100t	台班	4651.90	—	0.019	—	—
	汽车式起重机 10t	台班	833.49	0.010	0.010	—	0.010
	汽车式起重机 150t	台班	8354.46	—	—	0.019	0.019
	汽车式起重机 75t	台班	3151.07	0.029	—	0.019	—
	汽车式起重机 8t	台班	763.67	0.010	0.010	0.010	0.010
	砂轮切割机 500mm	台班	29.08	0.010	0.010	0.010	0.010
	箱式加热炉 75kW	台班	123.86	0.048	0.038	0.038	0.038
	摇臂钻床 63mm	台班	41.15	0.010	0.010	0.010	0.010
	油压机 800t	台班	1731.15	0.048	0.038	0.038	0.038
	载重汽车 10t	台班	547.99	0.010	0.010	0.010	0.010
	载重汽车 5t	台班	430.70	0.010	0.010	—	0.010
	直流弧焊机 32kV·A	台班	87.75	2.917	2.860	2.803	2.746
	中频煨弯机 160kW	台班	70.55	0.010	0.010	0.010	0.010
	自动埋弧焊机 1500A	台班	247.74	0.200	0.200	0.247	0.219

(3)低合金钢(碳钢)浮阀塔

工作内容：放样号料、切割、坡口、压头卷弧、椭圆封头、锥体、裙座、降液板、受液盘、支持板、塔盘制作、塔器各部附件制作组装、焊接、成品倒运堆放等。　　计量单位：t

	定　额　编　号			A3-1-189	A3-1-190	A3-1-191	A3-1-192
	项　目　名　称			重量(t以内)			
				2	5	10	15
	基　　价（元）			11010.75	9396.36	7901.89	7365.05
其中	人　工　费（元）			5078.92	4807.04	3580.92	3256.68
	材　料　费（元）			1204.29	1007.00	1055.97	997.58
	机　械　费（元）			4727.54	3582.32	3265.00	3110.79
	名　　称	单位	单价(元)	消　耗　量			
人工	综合工日	工日	140.00	36.278	34.336	25.578	23.262
材料	道木	m³	2137.00	0.010	0.010	0.010	0.010
	电焊条	kg	5.98	40.570	36.260	34.940	28.930
	碟形钢丝砂轮片 φ100	片	19.74	2.780	2.290	1.800	1.660
	方木	m³	2029.00	0.170	0.170	0.160	0.160
	钢板 δ20	kg	3.18	19.950	18.380	17.820	17.280
	钢丝绳 φ15	m	8.97	—	—	0.150	0.150
	合金钢焊条	kg	11.11	15.050	10.370	5.230	5.230
	合金钢埋弧焊丝	kg	9.50	—	—	3.360	3.360
	埋弧焊剂	kg	21.72	—	—	5.580	5.580
	尼龙砂轮片 φ100×16×3	片	2.56	13.780	11.530	10.670	9.360
	尼龙砂轮片 φ150	片	3.32	5.960	5.840	5.780	5.660
	尼龙砂轮片 φ500×25×4	片	12.82	0.050	0.020	0.010	0.010
	石墨粉	kg	10.68	0.110	0.100	0.100	0.090
	碳钢埋弧焊丝	kg	7.69	—	—	0.360	0.360
	碳精棒 φ8～12	根	1.27	19.020	17.670	16.440	15.300
	氧气	m³	3.63	28.270	15.380	14.230	12.620
	乙炔气	kg	10.45	9.430	5.030	4.650	4.110
	其他材料费占材料费	%	—	2.351	2.435	2.391	2.410
机械	半自动切割机 100mm	台班	83.55	0.314	0.352	0.390	0.437
	单速电动葫芦 3t	台班	32.95	0.038	0.019	0.010	0.010
	电动单梁起重机 5t	台班	223.20	2.575	2.480	2.271	2.090
	电动单筒慢速卷扬机 30kN	台班	210.22	0.219	0.105	0.048	0.038
	电动滚胎机	台班	172.54	1.188	1.093	1.017	0.941

续表

定额编号				A3-1-189	A3-1-190	A3-1-191	A3-1-192
项目名称				重量(t以内)			
				2	5	10	15
名称		单位	单价(元)	消耗量			
机械	电动空气压缩机 6m³/min	台班	206.73	1.292	0.950	0.960	0.865
	电焊条恒温箱	台班	21.41	1.292	0.950	0.960	0.865
	电焊条烘干箱 80×80×100cm³	台班	49.05	1.292	0.950	0.960	0.865
	钢材电动煨弯机 500～1800mm	台班	79.55	0.114	0.105	0.086	0.086
	剪板机 20×2500mm	台班	333.30	0.960	0.960	0.969	1.007
	卷板机 20×2500mm	台班	276.83	—	0.162	0.124	0.114
	门式起重机 20t	台班	644.10	0.257	0.219	0.209	0.200
	刨边机 9000mm	台班	518.80	0.048	0.057	0.057	0.057
	平板拖车组 15t	台班	981.46	—	—	0.038	—
	平板拖车组 20t	台班	1081.33	—	—	—	0.029
	汽车式起重机 10t	台班	833.49	—	0.171	0.038	0.029
	汽车式起重机 16t	台班	958.70	—	—	0.086	—
	汽车式起重机 20t	台班	1030.31	—	—	—	0.067
	汽车式起重机 8t	台班	763.67	0.380	0.019	0.019	0.019
	砂轮切割机 500mm	台班	29.08	0.029	0.019	0.010	0.010
	箱式加热炉 75kW	台班	123.86	0.732	0.466	0.342	0.314
	摇臂钻床 25mm	台班	8.58	0.114	0.095	0.086	0.086
	摇臂钻床 63mm	台班	41.15	0.979	0.950	0.912	0.884
	油压机 800t	台班	1731.15	0.732	0.466	0.342	0.314
	载重汽车 10t	台班	547.99	0.019	0.019	0.019	0.019
	载重汽车 5t	台班	430.70	0.371	0.171	0.038	0.029
	直流弧焊机 32kV·A	台班	87.75	12.911	9.500	9.586	9.598
	中频煨弯机 160kW	台班	70.55	0.048	0.019	0.010	0.010
	自动埋弧焊机 1500A	台班	247.74	—	—	0.152	0.162

工作内容：放样号料、切割、坡口、压头卷弧、椭圆封头、锥体、裙座、降液板、受液盘、支持板、塔盘制作、塔器各部附件制作组装、焊接、成品倒运堆放等。　　计量单位：t

定额编号				A3-1-193	A3-1-194	A3-1-195	A3-1-196
项目名称				重量(t以内)			
				20	30	40	50
基价（元）				6639.96	6301.94	6194.73	6102.78
其中	人工费（元）			2911.72	2831.64	2778.44	2725.38
	材料费（元）			914.98	896.99	887.13	852.10
	机械费（元）			2813.26	2573.31	2529.16	2525.30
名称		单位	单价(元)	消耗量			
人工	综合工日	工日	140.00	20.798	20.226	19.846	19.467
材料	道木	m³	2137.00	0.010	0.010	0.010	0.010
	电焊条	kg	5.98	26.940	25.090	23.360	21.760
	碟形钢丝砂轮片 φ100	片	19.74	1.610	1.560	1.450	1.340
	方木	m³	2029.00	0.130	0.130	0.130	0.120
	钢板 δ20	kg	3.18	16.760	16.250	15.760	15.340
	钢管 DN80	kg	4.38	—	—	1.320	1.270
	钢丝绳 φ17.5	m	11.54	0.120	—	—	—
	钢丝绳 φ19.5	m	12.00	—	0.090	—	0.050
	钢丝绳 φ21.5	m	18.72	—	—	0.080	—
	钢丝绳 φ24	m	22.56	—	—	—	0.100
	合金钢焊条	kg	11.11	1.800	1.540	1.540	1.450
	合金钢埋弧焊丝	kg	9.50	4.540	4.590	4.610	4.630
	埋弧焊剂	kg	21.72	7.520	7.600	7.630	7.690
	尼龙砂轮片 φ100×16×3	片	2.56	8.260	7.980	7.960	7.590
	尼龙砂轮片 φ150	片	3.32	5.430	5.210	4.950	4.750
	尼龙砂轮片 φ500×25×4	片	12.82	0.010	0.010	0.010	0.010
	石墨粉	kg	10.68	0.080	0.070	0.070	0.060
	碳钢埋弧焊丝	kg	7.69	0.470	0.480	0.480	0.490
	碳精棒 φ8～12	根	1.27	14.250	13.260	12.330	11.460
	氧气	m³	3.63	10.220	10.360	10.120	10.170
	乙炔气	kg	10.45	3.410	3.340	3.370	3.390
	其他材料费占材料费	%	—	2.373	2.378	2.384	2.369
机械	半自动切割机 100mm	台班	83.55	0.485	0.542	0.608	0.675
	单速电动葫芦 3t	台班	32.95	0.010	0.010	0.010	0.010
	电动单梁起重机 5t	台班	223.20	1.900	1.739	1.710	1.682
	电动单筒慢速卷扬机 30kN	台班	210.22	0.038	0.029	0.029	0.029
	电动滚胎机	台班	172.54	0.874	0.817	0.760	0.703

续表

定额编号				A3-1-193	A3-1-194	A3-1-195	A3-1-196
项目名称				重量(t以内)			
				20	30	40	50
名称		单位	单价(元)	消耗量			
机械	电动空气压缩机 6m³/min	台班	206.73	0.827	0.703	0.703	0.675
	电焊条恒温箱	台班	21.41	0.827	0.703	0.703	0.675
	电焊条烘干箱 80×80×100cm³	台班	49.05	0.827	0.703	0.703	0.675
	钢材电动煨弯机 500~1800mm	台班	79.55	0.086	0.086	0.086	0.076
	剪板机 20×2500mm	台班	333.30	0.798	0.779	0.779	0.779
	卷板机 20×2500mm	台班	276.83	0.105	0.105	0.095	0.095
	门式起重机 20t	台班	644.10	0.171	0.152	0.143	0.133
	刨边机 9000mm	台班	518.80	0.057	0.067	0.067	0.067
	平板拖车组 30t	台班	1243.07	0.029	—	—	—
	平板拖车组 40t	台班	1446.84	—	0.019	—	0.010
	平板拖车组 50t	台班	1524.76	—	—	0.019	—
	平板拖车组 60t	台班	1611.30	—	—	—	0.010
	汽车式起重机 10t	台班	833.49	—	0.010	0.010	—
	汽车式起重机 25t	台班	1084.16	0.048	—	—	—
	汽车式起重机 40t	台班	1526.12	—	0.038	—	0.019
	汽车式起重机 50t	台班	2464.07	—	—	0.029	—
	汽车式起重机 75t	台班	3151.07	—	—	—	0.029
	汽车式起重机 8t	台班	763.67	0.029	0.019	0.019	0.019
	砂轮切割机 500mm	台班	29.08	0.010	0.010	0.010	0.010
	箱式加热炉 75kW	台班	123.86	0.314	0.295	0.276	0.276
	摇臂钻床 25mm	台班	8.58	0.076	0.067	0.067	0.067
	摇臂钻床 63mm	台班	41.15	0.865	0.836	0.808	0.779
	油压机 800t	台班	1731.15	0.314	0.295	0.276	0.276
	载重汽车 10t	台班	547.99	0.019	0.019	0.019	0.019
	载重汽车 5t	台班	430.70	0.019	0.010	0.010	—
	直流弧焊机 32kV·A	台班	87.75	8.294	7.021	6.983	6.783
	中频煨弯机 160kW	台班	70.55	0.010	0.010	0.010	0.010
	自动埋弧焊机 1500A	台班	247.74	0.171	0.190	0.190	0.200

工作内容：放样号料、切割、坡口、压头卷弧、椭圆封头、锥体、裙座、降液板、受液盘、支持板、塔盘制作、塔器各部附件制作组装、焊接、成品倒运堆放等。　计量单位：t

定额编号				A3-1-197	A3-1-198	A3-1-199	A3-1-200
项目名称				重量(t以内)			
				60	80	100	150
基价（元）				5961.11	5691.52	6092.59	5032.25
其中	人工费（元）			2703.96	2581.88	2562.56	2086.56
	材料费（元）			838.46	824.49	815.30	815.07
	机械费（元）			2418.69	2285.15	2714.73	2130.62
	名称	单位	单价(元)	消耗量			
人工	综合工日	工日	140.00	19.314	18.442	18.304	14.904
材料	道木	m^3	2137.00	0.010	0.010	0.010	0.010
	电焊条	kg	5.98	20.270	18.870	16.940	15.810
	碟形钢丝砂轮片 φ100	片	19.74	1.260	1.170	0.580	0.410
	方木	m^3	2029.00	0.120	0.120	0.100	0.100
	钢板 δ20	kg	3.18	14.870	14.420	13.990	11.840
	钢管 DN80	kg	4.38	1.230	1.220	1.220	1.130
	钢丝绳 φ24	m	22.56	—	—	0.060	—
	钢丝绳 φ26	m	26.38	0.100	—	—	—
	钢丝绳 φ28	m	28.12	—	0.080	—	—
	钢丝绳 φ32	m	29.81	—	—	0.080	0.050
	合金钢焊条	kg	11.11	1.450	1.450	1.650	1.650
	合金钢埋弧焊丝	kg	9.50	4.660	4.690	5.870	6.450
	埋弧焊剂	kg	21.72	7.730	7.780	9.740	10.700
	尼龙砂轮片 φ100×16×3	片	2.56	7.490	6.690	6.400	5.280
	尼龙砂轮片 φ150	片	3.32	4.280	3.980	3.700	3.330
	尼龙砂轮片 φ500×25×4	片	12.82	0.010	0.010	0.010	0.010
	石墨粉	kg	10.68	0.060	0.050	0.050	0.020
	碳钢埋弧焊丝	kg	7.69	0.500	0.500	0.630	0.690
	碳精棒 φ8～12	根	1.27	10.680	9.930	9.210	6.210
	氧气	m^3	3.63	10.250	10.400	10.510	10.630
	乙炔气	kg	10.45	3.420	3.470	3.500	3.540
	其他材料费占材料费	%	—	2.372	2.376	2.317	2.306
机械	半自动切割机 100mm	台班	83.55	0.760	0.713	0.732	0.751
	单速电动葫芦 3t	台班	32.95	0.010	0.010	0.010	0.010
	电动单梁起重机 5t	台班	223.20	1.682	1.672	1.558	1.425
	电动单筒慢速卷扬机 30kN	台班	210.22	0.029	0.019	0.019	0.019
	电动滚胎机	台班	172.54	0.656	0.608	0.570	0.532

续表

定额编号				A3-1-197	A3-1-198	A3-1-199	A3-1-200
项目名称				重量(t以内)			
				60	80	100	150
名称		单位	单价(元)	消耗量			
机械	电动空气压缩机 6m³/min	台班	206.73	0.608	0.551	0.494	0.437
	电焊条恒温箱	台班	21.41	0.608	0.551	0.494	0.437
	电焊条烘干箱 80×80×100cm³	台班	49.05	0.608	0.551	0.494	0.437
	钢材电动煨弯机 500～1800mm	台班	79.55	0.076	0.057	0.057	0.048
	剪板机 20×2500mm	台班	333.30	0.770	0.732	0.684	0.618
	卷板机 20×2500mm	台班	276.83	0.095	0.086	0.076	—
	卷板机 40×3500mm	台班	514.10	—	—	—	0.067
	门式起重机 20t	台班	644.10	0.133	0.124	0.114	0.114
	刨边机 9000mm	台班	518.80	0.076	0.076	0.860	0.133
	平板拖车组 100t	台班	2755.47	—	0.010	—	—
	平板拖车组 200t	台班	4886.66	—	—	0.010	0.010
	平板拖车组 60t	台班	1611.30	—	—	0.010	—
	平板拖车组 80t	台班	1814.63	0.019	—	—	—
	汽车式起重机 100t	台班	4651.90	—	0.019	—	—
	汽车式起重机 10t	台班	833.49	0.010	0.010	—	0.010
	汽车式起重机 150t	台班	8354.46	—	—	0.019	0.019
	汽车式起重机 75t	台班	3151.07	0.029	—	0.019	—
	汽车式起重机 8t	台班	763.67	0.019	0.019	0.019	0.010
	砂轮切割机 500mm	台班	29.08	0.010	0.010	0.010	0.010
	箱式加热炉 75kW	台班	123.86	0.266	0.257	0.247	0.238
	摇臂钻床 25mm	台班	8.58	0.067	0.057	0.057	0.048
	摇臂钻床 63mm	台班	41.15	0.760	0.732	0.713	0.675
	油压机 800t	台班	1731.15	0.266	0.257	0.247	0.238
	载重汽车 10t	台班	547.99	0.019	0.019	0.019	0.019
	载重汽车 5t	台班	430.70	0.010	0.010	—	0.010
	直流弧焊机 32kV·A	台班	87.75	6.109	5.501	4.950	4.361
	中频煨弯机 160kW	台班	70.55	0.010	0.010	0.010	0.010
	自动埋弧焊机 1500A	台班	247.74	0.209	0.219	0.247	0.219

(4)不锈钢填料塔

工作内容：放样号料、切割、坡口、压头卷弧、椭圆封头、锥体、裙座制作、组对、焊接、焊缝酸洗钝化、分配盘、栅板、喷淋管、吊柱制作、塔体固定件的制作组装、成品倒运堆放等。

计量单位：t

定额编号				A3-1-201	A3-1-202	A3-1-203	A3-1-204
项目名称				重量(t以内)			
				2	5	10	15
基价（元）				14539.81	12272.09	9430.75	8009.70
其中	人工费（元）			5644.66	5016.76	4531.10	3986.64
	材料费（元）			2328.96	2225.99	1718.84	1450.73
	机械费（元）			6566.19	5029.34	3180.81	2572.33
	名称	单位	单价(元)	消耗量			
人工	综合工日	工日	140.00	40.319	35.834	32.365	28.476
材料	不锈钢电焊条	kg	38.46	31.700	28.280	25.040	6.620
	不锈钢埋弧焊丝	kg	50.13	—	—	—	7.390
	道木	m³	2137.00	0.020	0.020	0.010	0.010
	电焊条	kg	5.98	29.000	26.880	17.210	9.170
	碟形钢丝砂轮片 φ100	片	19.74	1.950	1.890	1.350	1.010
	方木	m³	2029.00	0.190	0.250	0.140	0.100
	飞溅净	kg	5.15	9.480	7.670	5.670	5.110
	钢板 δ20	kg	3.18	35.860	27.480	20.830	15.370
	钢丝绳 φ15	m	8.97	—	—	0.220	0.200
	埋弧焊剂	kg	21.72	—	—	0.480	11.930
	耐酸石棉橡胶板	kg	25.64	0.190	0.170	0.090	0.050
	尼龙砂轮片 φ100×16×3	片	2.56	23.220	21.440	15.370	14.330
	尼龙砂轮片 φ150	片	3.32	5.220	5.050	4.850	4.660
	尼龙砂轮片 φ500×25×4	片	12.82	0.130	0.090	0.050	0.040
	氢氟酸 45%	kg	4.87	0.620	0.580	0.320	0.230
	石墨粉	kg	10.68	0.140	0.130	0.120	0.120
	酸洗膏	kg	6.56	8.290	6.720	4.970	4.370
	碳钢埋弧焊丝	kg	7.69	—	—	0.320	0.570
	碳精棒 φ8～12	根	1.27	39.000	34.000	26.000	23.000
	硝酸	kg	2.19	4.690	4.590	4.500	4.410
	氧气	m³	3.63	12.680	9.860	8.870	7.540
	乙炔气	kg	10.45	4.230	3.290	2.960	2.510
	其他材料费占材料费	%	—	0.627	0.658	0.624	0.599
机械	半自动切割机 100mm	台班	83.55	0.418	0.390	0.247	0.247
	单速电动葫芦 3t	台班	32.95	0.038	0.019	0.010	0.010
	等离子切割机 400A	台班	219.59	3.962	3.525	2.052	2.024
	电动单梁起重机 5t	台班	223.20	4.133	2.584	1.397	1.387

续表

定额编号				A3-1-201	A3-1-202	A3-1-203	A3-1-204
项目名称				重量(t以内)			
				2	5	10	15
名称		单位	单价(元)	消耗量			
机械	电动单筒慢速卷扬机 30kN	台班	210.22	0.162	0.105	0.067	0.057
	电动滚胎机	台班	172.54	1.416	1.397	1.254	1.131
	电动空气压缩机 1m³/min	台班	50.29	3.962	3.525	2.043	1.910
	电动空气压缩机 6m³/min	台班	206.73	1.520	1.340	1.026	0.665
	电焊条恒温箱	台班	21.41	1.663	1.387	1.007	0.380
	电焊条烘干箱 80×80×100cm³	台班	49.05	1.663	1.387	1.007	0.380
	钢材电动煨弯机 500～1800mm	台班	79.55	0.105	0.095	0.057	0.029
	剪板机 20×2500mm	台班	333.30	0.570	0.485	0.323	0.276
	卷板机 20×2500mm	台班	276.83	0.323	0.209	0.200	0.171
	门式起重机 20t	台班	644.10	0.380	0.342	0.323	0.295
	刨边机 9000mm	台班	518.80	0.076	0.076	0.086	0.105
	平板拖车组 15t	台班	981.46	—	—	0.057	—
	平板拖车组 20t	台班	1081.33	—	—	—	0.048
	普通车床 630×1400mm	台班	234.99	0.019	0.010	0.010	0.010
	汽车式起重机 10t	台班	833.49	—	0.219	0.057	—
	汽车式起重机 16t	台班	958.70	—	—	0.124	—
	汽车式起重机 20t	台班	1030.31	—	—	—	0.086
	汽车式起重机 8t	台班	763.67	0.437	0.029	0.019	0.038
	砂轮切割机 500mm	台班	29.08	0.086	0.057	0.029	0.019
	台式钻床 16mm	台班	4.07	0.124	0.095	0.086	0.086
	摇臂钻床 25mm	台班	8.58	0.247	0.238	0.200	0.190
	摇臂钻床 63mm	台班	41.15	0.076	0.067	0.038	0.019
	油压机 800t	台班	1731.15	0.722	0.456	0.209	0.200
	载重汽车 10t	台班	547.99	0.038	0.038	0.019	0.010
	载重汽车 5t	台班	430.70	0.409	0.219	0.057	0.029
	直流弧焊机 32kV·A	台班	87.75	16.606	13.899	7.800	3.829
	中频煨弯机 160kW	台班	70.55	0.086	0.076	0.076	0.067
	自动埋弧焊机 1500A	台班	247.74	—	—	0.124	0.257

工作内容：放样号料、切割、坡口、压头卷弧、椭圆封头、锥体、裙座制作、组对、焊接、焊缝酸洗钝化、分配盘、栅板、喷淋管、吊柱制作、塔体固定件的制作组装、成品倒运堆放等。

计量单位：t

定额编号				A3-1-205	A3-1-206	A3-1-207	A3-1-208
项目名称				重量(t以内)			
				20	30	40	50
基价（元）				7714.75	7142.90	6537.99	5799.43
其中	人工费（元）			3774.12	3396.82	3057.32	2445.24
	材料费（元）			1436.99	1375.12	1331.54	1319.36
	机械费（元）			2503.64	2370.96	2149.13	2034.83
名称		单位	单价(元)	消耗量			
人工	综合工日	工日	140.00	26.958	24.263	21.838	17.466
材料	不锈钢电焊条	kg	38.46	6.490	6.360	6.240	6.050
	不锈钢埋弧焊丝	kg	50.13	7.540	7.620	7.690	7.850
	道木	m^3	2137.00	0.010	0.010	0.010	0.010
	电焊条	kg	5.98	9.110	8.190	7.700	5.490
	碟形钢丝砂轮片 φ100	片	19.74	0.850	0.800	0.690	0.650
	方木	m^3	2029.00	0.100	0.080	0.070	0.070
	飞溅净	kg	5.15	4.660	4.210	3.940	3.910
	钢板 δ20	kg	3.18	14.740	14.110	12.570	12.420
	钢管 DN80	kg	4.38	—	1.030	1.010	1.010
	钢丝绳 φ15	m	8.97	—	0.100	0.050	0.030
	钢丝绳 φ17.5	m	11.54	0.160	—	—	—
	钢丝绳 φ19.5	m	12.00	—	0.120	—	—
	钢丝绳 φ21.5	m	18.72	—	—	0.100	—
	钢丝绳 φ24	m	22.56	—	—	—	0.120
	埋弧焊剂	kg	21.72	12.290	12.430	12.580	12.840
	耐酸石棉橡胶板	kg	25.64	0.050	0.030	0.020	0.020
	尼龙砂轮片 φ100×16×3	片	2.56	13.290	11.680	11.450	10.910
	尼龙砂轮片 φ150	片	3.32	4.530	4.440	4.350	4.260
	尼龙砂轮片 φ500×25×4	片	12.82	0.030	0.020	0.020	0.010
	氢氟酸 45%	kg	4.87	0.240	0.240	0.190	0.180
	石墨粉	kg	10.68	0.120	0.100	0.090	0.080
	酸洗膏	kg	6.56	3.760	3.690	3.580	3.470

续表

定额编号				A3-1-205	A3-1-206	A3-1-207	A3-1-208
项目名称				重量(t以内)			
				20	30	40	50
	名称	单位	单价(元)	消耗量			
材料	碳钢埋弧焊丝	kg	7.69	0.650	0.670	0.690	0.710
	碳精棒 φ8～12	根	1.27	22.000	20.000	12.570	14.190
	硝酸	kg	2.19	4.320	4.230	4.150	4.070
	氧气	m³	3.63	6.380	5.160	4.890	4.350
	乙炔气	kg	10.45	2.130	1.720	1.630	1.450
	其他材料费占材料费	%	—	0.599	0.589	0.582	0.582
机械	半自动切割机 100mm	台班	83.55	0.238	0.219	0.209	0.200
	单速电动葫芦 3t	台班	32.95	0.010	0.010	0.010	0.010
	等离子切割机 400A	台班	219.59	1.986	1.910	1.625	1.596
	电动单梁起重机 5t	台班	223.20	1.368	1.340	1.321	1.264
	电动单筒慢速卷扬机 30kN	台班	210.22	0.048	0.038	0.029	0.029
	电动滚胎机	台班	172.54	1.055	0.950	0.903	0.855
	电动空气压缩机 1m³/min	台班	50.29	1.786	1.511	1.473	1.425
	电动空气压缩机 6m³/min	台班	206.73	0.352	0.570	0.323	0.314
	电焊条恒温箱	台班	21.41	0.380	0.361	0.342	0.333
	电焊条烘干箱 80×80×100cm³	台班	49.05	0.380	0.361	0.342	0.333
	钢材电动煨弯机 500～1800mm	台班	79.55	0.029	0.029	0.029	0.029
	剪板机 20×2500mm	台班	333.30	0.238	0.200	0.200	0.171
	卷板机 20×2500mm	台班	276.83	0.171	0.171	0.152	0.133
	门式起重机 20t	台班	644.10	0.295	0.266	0.238	0.219
	刨边机 9000mm	台班	518.80	0.114	0.114	0.124	0.124
	平板拖车组 15t	台班	981.46	—	—	0.010	0.010
	平板拖车组 20t	台班	1081.33	—	0.019	—	—

续表

定额编号				A3-1-205	A3-1-206	A3-1-207	A3-1-208
项目名称				重量(t以内)			
				20	30	40	50
名称		单位	单价(元)	消耗量			
机械	平板拖车组 30t	台班	1243.07	0.038	—	—	—
	平板拖车组 40t	台班	1446.84	—	0.029	—	—
	平板拖车组 50t	台班	1524.76	—	—	0.019	—
	平板拖车组 60t	台班	1611.30	—	—	—	0.019
	普通车床 630×1400mm	台班	234.99	0.010	0.010	0.010	0.010
	汽车式起重机 10t	台班	833.49	0.029	—	—	—
	汽车式起重机 16t	台班	958.70	—	—	0.029	0.019
	汽车式起重机 20t	台班	1030.31	—	0.038	—	—
	汽车式起重机 25t	台班	1084.16	0.076	—	—	—
	汽车式起重机 40t	台班	1526.12	—	0.048	—	—
	汽车式起重机 50t	台班	2464.07	—	—	0.038	—
	汽车式起重机 75t	台班	3151.07	—	—	—	0.029
	汽车式起重机 8t	台班	763.67	0.038	0.019	0.019	0.010
	砂轮切割机 500mm	台班	29.08	0.019	0.010	0.010	0.010
	台式钻床 16mm	台班	4.07	0.076	0.067	0.057	0.057
	摇臂钻床 25mm	台班	8.58	0.181	0.171	0.152	0.152
	摇臂钻床 63mm	台班	41.15	0.019	0.019	0.010	0.010
	油压机 800t	台班	1731.15	0.171	0.143	0.124	0.114
	载重汽车 10t	台班	547.99	0.048	0.029	0.029	0.019
	载重汽车 5t	台班	430.70	0.029	—	—	—
	直流弧焊机 32kV·A	台班	87.75	3.838	3.582	3.382	3.335
	中频煨弯机 160kW	台班	70.55	0.067	0.048	0.029	0.019
	自动埋弧焊机 1500A	台班	247.74	0.475	0.485	0.466	0.428

工作内容：放样号料、切割、坡口、压头卷弧、椭圆封头、锥体、裙座制作、组对、焊接、焊缝酸洗钝化、分配盘、栅板、喷淋管、吊柱制作、塔体固定件的制作组装、成品倒运堆放等。

计量单位：t

定额编号				A3-1-209	A3-1-210	A3-1-211	A3-1-212
项目名称				重量(t以内)			
				60	80	100	150
基价（元）				5568.20	5379.32	5335.69	5142.31
其中	人工费（元）			2188.62	2128.56	2070.60	2014.04
	材料费（元）			1319.02	1285.96	1273.31	1285.08
	机械费（元）			2060.56	1964.80	1991.78	1843.19
名称		单位	单价(元)	消耗量			
人工	综合工日	工日	140.00	15.633	15.204	14.790	14.386
材料	不锈钢电焊条	kg	38.46	5.870	5.690	5.570	5.440
	不锈钢埋弧焊丝	kg	50.13	8.010	8.170	8.340	8.690
	道木	m^3	2137.00	0.010	0.010	0.010	0.010
	电焊条	kg	5.98	5.310	5.150	4.900	4.700
	碟形钢丝砂轮片 φ100	片	19.74	0.570	0.480	0.460	0.340
	方木	m^3	2029.00	0.070	0.060	0.050	0.050
	飞溅净	kg	5.15	3.880	3.750	3.570	3.500
	钢板 δ20	kg	3.18	11.770	9.760	9.940	8.700
	钢管 DN80	kg	4.38	1.140	1.140	2.120	2.180
	钢丝绳 φ15	m	8.97	0.050	—	—	—
	钢丝绳 φ17.5	m	11.54	—	0.040	0.030	—
	钢丝绳 φ21.5	m	18.72	—	—	—	0.030
	钢丝绳 φ26	m	26.38	0.120	—	—	—
	钢丝绳 φ28	m	28.12	—	0.100	—	—
	钢丝绳 φ30	m	29.01	—	—	0.110	—
	钢丝绳 φ32	m	29.81	—	—	—	0.060
	埋弧焊剂	kg	21.72	13.160	13.390	13.670	14.230
	耐酸石棉橡胶板	kg	25.64	0.010	0.010	0.010	0.010
	尼龙砂轮片 φ100×16×3	片	2.56	10.920	10.810	10.700	10.270
	尼龙砂轮片 φ150	片	3.32	4.250	4.280	4.110	4.380
	尼龙砂轮片 φ500×25×4	片	12.82	0.010	0.010	0.010	0.010
	氢氟酸 45%	kg	4.87	0.220	0.220	0.220	0.220
	石墨粉	kg	10.68	0.080	0.080	0.070	0.070

续表

定额编号				A3-1-209	A3-1-210	A3-1-211	A3-1-212
项目名称				重量(t以内)			
				60	80	100	150
	名称	单位	单价(元)	消耗量			
材料	酸洗膏	kg	6.56	3.400	3.280	3.120	3.000
	碳钢埋弧焊丝	kg	7.69	0.730	0.750	0.780	0.800
	碳精棒 φ8～12	根	1.27	13.440	12.600	12.150	10.290
	硝酸	kg	2.19	3.980	3.910	3.830	3.770
	氧气	m³	3.63	3.910	3.010	2.720	2.600
	乙炔气	kg	10.45	1.300	1.000	0.910	0.870
	其他材料费占材料费	%	—	0.580	0.572	0.566	0.564
机械	半自动切割机 100mm	台班	83.55	0.200	0.200	0.190	0.190
	单速电动葫芦 3t	台班	32.95	0.010	0.010	0.010	0.010
	等离子切割机 400A	台班	219.59	1.644	1.482	1.416	1.321
	电动单梁起重机 5t	台班	223.20	1.235	1.216	1.169	1.140
	电动单筒慢速卷扬机 30kN	台班	210.22	0.029	0.029	0.029	0.019
	电动滚胎机	台班	172.54	0.817	0.789	0.751	0.703
	电动空气压缩机 1m³/min	台班	50.29	1.368	1.311	1.264	1.178
	电动空气压缩机 6m³/min	台班	206.73	0.314	0.304	0.285	0.276
	电焊条恒温箱	台班	21.41	0.295	0.266	0.257	0.247
	电焊条烘干箱 80×80×100cm³	台班	49.05	0.295	0.266	0.257	0.247
	钢材电动煨弯机 500～1800mm	台班	79.55	0.019	0.019	0.019	0.019
	剪板机 20×2500mm	台班	333.30	0.162	0.143	0.133	0.124
	卷板机 20×2500mm	台班	276.83	0.124	0.124	0.114	0.029
	卷板机 40×3500mm	台班	514.10	—	—	—	0.076
	门式起重机 20t	台班	644.10	0.228	0.228	0.219	0.209
	刨边机 9000mm	台班	518.80	0.133	0.133	0.143	0.143
	平板拖车组 100t	台班	2755.47	—	0.010	—	—

续表

定额编号				A3-1-209	A3-1-210	A3-1-211	A3-1-212
项目名称				重量(t以内)			
				60	80	100	150
名称		单位	单价(元)	消耗量			
机械	平板拖车组 150t	台班	3970.77	—	—	0.010	—
	平板拖车组 200t	台班	4886.66	—	—	—	0.010
	平板拖车组 20t	台班	1081.33	0.010	—	—	—
	平板拖车组 30t	台班	1243.07	—	0.010	0.010	—
	平板拖车组 50t	台班	1524.76	—	—	—	0.010
	平板拖车组 80t	台班	1814.63	0.019	—	—	—
	普通车床 630×1400mm	台班	234.99	0.010	0.010	0.010	0.010
	汽车式起重机 100t	台班	4651.90	—	0.029	—	—
	汽车式起重机 125t	台班	8069.55	—	—	0.029	—
	汽车式起重机 150t	台班	8354.46	—	—	—	0.019
	汽车式起重机 20t	台班	1030.31	0.019	—	—	—
	汽车式起重机 25t	台班	1084.16	—	0.019	0.019	—
	汽车式起重机 50t	台班	2464.07	—	—	—	0.010
	汽车式起重机 75t	台班	3151.07	0.038	—	—	—
	汽车式起重机 8t	台班	763.67	0.038	0.019	0.019	0.019
	砂轮切割机 500mm	台班	29.08	0.010	0.010	0.010	0.010
	台式钻床 16mm	台班	4.07	0.048	0.048	0.038	0.029
	摇臂钻床 25mm	台班	8.58	0.143	0.133	0.133	0.124
	摇臂钻床 63mm	台班	41.15	0.010	0.010	0.010	0.010
	油压机 800t	台班	1731.15	0.114	0.114	0.095	0.076
	载重汽车 10t	台班	547.99	0.038	0.029	0.029	0.029
	直流弧焊机 32kV·A	台班	87.75	2.917	2.613	2.613	2.489
	中频煨弯机 160kW	台班	70.55	0.019	0.019	0.010	0.010
	自动埋弧焊机 1500A	台班	247.74	0.428	0.418	0.399	0.371

(5)不锈钢筛板塔

工作内容：放样号料、切割、坡口、压头卷弧、椭圆封头、锥体、裙座、降液板、受液盘、支持板、塔盘制作、塔器各部附件制作组装、焊接、焊缝酸洗钝化、成品倒运堆放等。　　计量单位：t

定额编号				A3-1-213	A3-1-214	A3-1-215	A3-1-216
项目名称				重量(t以内)			
				2	5	10	15
基价（元）				15059.57	11571.53	10347.48	9743.20
其中	人工费（元）			6294.68	5684.00	5115.46	4603.48
	材料费（元）			2472.37	2163.49	2019.98	2189.80
	机械费（元）			6292.52	3724.04	3212.04	2949.92
名称		单位	单价(元)	消耗量			
人工	综合工日	工日	140.00	44.962	40.600	36.539	32.882
材料	不锈钢电焊条	kg	38.46	28.970	28.270	27.140	25.240
	不锈钢埋弧焊丝	kg	50.13	—	—	—	3.610
	道木	m³	2137.00	0.020	0.010	0.010	0.010
	电焊条	kg	5.98	25.040	16.150	8.220	7.480
	碟形钢丝砂轮片 φ100	片	19.74	3.050	1.570	1.430	1.380
	方木	m³	2029.00	0.300	0.270	0.260	0.250
	飞溅净	kg	5.15	6.860	5.730	4.590	4.220
	钢板 δ20	kg	3.18	35.380	25.390	24.370	24.190
	钢丝绳 φ15	m	8.97	—	—	0.180	0.160
	埋弧焊剂	kg	21.72	—	—	0.540	5.960
	尼龙砂轮片 φ100×16×3	片	2.56	17.490	14.060	13.680	13.130
	尼龙砂轮片 φ150	片	3.32	3.880	2.840	2.660	2.550
	尼龙砂轮片 φ500×25×4	片	12.82	—	0.020	0.010	0.010
	氢氟酸 45%	kg	4.87	10.110	9.710	8.350	7.180
	石墨粉	kg	10.68	0.120	0.080	0.080	0.060
	酸洗膏	kg	6.56	5.980	5.000	4.020	3.700
	碳钢埋弧焊丝	kg	7.69	—	—	0.360	0.360
	碳精棒 φ8～12	根	1.27	52.020	20.310	19.470	17.610
	硝酸	kg	2.19	5.630	3.350	3.010	2.680
	氧气	m³	3.63	14.990	13.370	10.690	8.550
	乙炔气	kg	10.45	5.000	4.460	3.560	2.850
	其他材料费占材料费	%	—	0.672	0.666	0.670	0.646
机械	半自动切割机 100mm	台班	83.55	0.200	0.162	0.171	0.095
	单速电动葫芦 3t	台班	32.95	—	0.019	0.010	0.010
	等离子切割机 400A	台班	219.59	3.924	2.993	2.556	2.456
	电动单梁起重机 5t	台班	223.20	2.489	2.366	2.318	2.043

续表

定额编号				A3-1-213	A3-1-214	A3-1-215	A3-1-216
项目名称				重量(t以内)			
				2	5	10	15
	名称	单位	单价(元)	消耗量			
机械	电动单筒慢速卷扬机 30kN	台班	210.22	0.086	0.057	0.048	0.029
	电动滚胎机	台班	172.54	1.995	1.045	1.036	1.017
	电动空气压缩机 $1m^3/min$	台班	50.29	3.924	2.556	2.546	2.546
	电动空气压缩机 $6m^3/min$	台班	206.73	1.340	1.102	0.884	0.874
	电焊条恒温箱	台班	21.41	1.378	1.102	0.732	0.732
	电焊条烘干箱 $80\times80\times100cm^3$	台班	49.05	1.378	1.102	0.732	0.732
	钢材电动煨弯机 500～1800mm	台班	79.55	0.171	0.133	0.133	0.114
	钢筋弯曲机 40mm	台班	25.58	—	0.409	0.276	0.219
	剪板机 20×2500mm	台班	333.30	1.577	1.178	1.131	0.846
	卷板机 20×2500mm	台班	276.83	0.266	0.162	0.152	0.133
	门式起重机 20t	台班	644.10	0.409	0.266	0.257	0.238
	刨边机 9000mm	台班	518.80	0.048	0.067	0.067	0.067
	平板拖车组 15t	台班	981.46	—	—	0.048	—
	平板拖车组 20t	台班	1081.33	—	—	—	0.038
	汽车式起重机 10t	台班	833.49	—	0.181	0.048	0.029
	汽车式起重机 16t	台班	958.70	—	—	0.095	—
	汽车式起重机 20t	台班	1030.31	—	—	—	0.067
	汽车式起重机 8t	台班	763.67	0.542	0.019	0.019	0.019
	砂轮切割机 500mm	台班	29.08	—	0.019	0.010	0.010
	摇臂钻床 25mm	台班	8.58	0.447	0.646	0.713	0.941
	摇臂钻床 63mm	台班	41.15	0.095	—	—	—
	油压机 800t	台班	1731.15	0.665	—	—	—
	载重汽车 10t	台班	547.99	0.029	0.029	0.038	0.029
	载重汽车 5t	台班	430.70	0.523	0.181	0.048	0.029
	直流弧焊机 32kV·A	台班	87.75	13.785	11.020	7.344	7.296
	中频煨弯机 160kW	台班	70.55	—	0.019	0.010	0.010
	自动埋弧焊机 1500A	台班	247.74	—	—	0.181	0.228

工作内容：放样号料、切割、坡口、压头卷弧、椭圆封头、锥体、裙座、降液板、受液盘、支持板、塔盘制作、塔器各部附件制作组装、焊接、焊缝酸洗钝化、成品倒运堆放等。　　　计量单位：t

定额编号				A3-1-217	A3-1-218	A3-1-219	A3-1-220
项目名称				重量(t以内)			
				20	30	40	50
基价（元）				8730.02	8145.78	7966.12	7324.60
其中	人工费（元）			3914.26	3522.40	3381.56	2874.34
	材料费（元）			2159.71	2082.33	2026.55	1960.66
	机械费（元）			2656.05	2541.05	2558.01	2489.60
名称		单位	单价(元)	消耗量			
人工	综合工日	工日	140.00	27.959	25.160	24.154	20.531
材料	不锈钢电焊条	kg	38.46	24.050	23.080	21.920	21.490
	不锈钢埋弧焊丝	kg	50.13	4.390	4.470	4.580	4.620
	道木	m³	2137.00	0.010	0.010	0.010	0.010
	电焊条	kg	5.98	6.690	6.060	6.030	5.920
	碟形钢丝砂轮片 φ100	片	19.74	1.320	1.270	1.220	1.170
	方木	m³	2029.00	0.240	0.230	0.230	0.220
	飞溅净	kg	5.15	3.740	3.440	3.130	3.120
	钢板 δ20	kg	3.18	23.100	22.760	21.850	19.980
	钢管 DN80	kg	4.38	—	—	1.320	1.270
	钢丝绳 φ17.5	m	11.54	0.130	—	—	—
	钢丝绳 φ19.5	m	12.00	—	0.100	—	0.060
	钢丝绳 φ21.5	m	18.72	—	—	0.080	—
	钢丝绳 φ24	m	22.56	—	—	—	0.110
	埋弧焊剂	kg	21.72	7.300	7.420	7.590	7.680
	尼龙砂轮片 φ100×16×3	片	2.56	12.600	12.100	11.620	11.150
	尼龙砂轮片 φ150	片	3.32	2.450	2.350	2.260	2.160
	尼龙砂轮片 φ500×25×4	片	12.82	0.010	0.010	0.010	0.010
	氢氟酸 45%	kg	4.87	6.180	5.310	4.560	3.920
	石墨粉	kg	10.68	0.060	0.060	0.050	0.050
	酸洗膏	kg	6.56	3.610	3.530	2.750	—
	碳钢埋弧焊丝	kg	7.69	0.470	0.480	0.480	0.490
	碳精棒 φ8～12	根	1.27	16.830	16.170	15.000	15.000
	硝酸	kg	2.19	2.370	1.790	1.390	1.390
	心形环	个	0.94	—	—	—	2.740
	氧气	m³	3.63	6.840	5.470	4.370	3.490
	乙炔气	kg	10.45	2.280	1.820	1.460	1.160
	其他材料费占材料费	%	—	0.640	0.638	0.642	0.638
机械	半自动切割机 100mm	台班	83.55	0.086	0.086	0.086	0.086
	单速电动葫芦 3t	台班	32.95	0.010	0.010	0.010	0.010
	等离子切割机 400A	台班	219.59	2.366	2.337	1.777	1.777
	电动单梁起重机 5t	台班	223.20	2.005	1.929	1.853	1.815

续表

定额编号				A3-1-217	A3-1-218	A3-1-219	A3-1-220
项目名称				重量(t以内)			
				20	30	40	50
	名称	单位	单价(元)	消耗量			
机械	电动单筒慢速卷扬机 30kN	台班	210.22	0.029	0.019	0.019	0.019
	电动滚胎机	台班	172.54	0.998	0.979	0.960	0.941
	电动空气压缩机 1m³/min	台班	50.29	2.366	2.337	1.777	1.767
	电动空气压缩机 6m³/min	台班	206.73	0.836	0.827	0.798	0.599
	电焊条恒温箱	台班	21.41	0.542	0.513	0.494	0.494
	电焊条烘干箱 80×80×100cm³	台班	49.05	0.542	0.513	0.494	0.494
	钢材电动煨弯机 500～1800mm	台班	79.55	0.114	0.095	0.086	0.086
	钢筋弯曲机 40mm	台班	25.58	0.200	0.171	—	—
	剪板机 20×2500mm	台班	333.30	0.770	0.675	0.589	0.494
	卷板机 20×2500mm	台班	276.83	0.133	0.124	0.114	0.114
	门式起重机 20t	台班	644.10	0.209	0.209	0.190	0.190
	刨边机 9000mm	台班	518.80	0.076	0.076	0.086	0.086
	平板拖车组 30t	台班	1243.07	0.029	—	—	—
	平板拖车组 40t	台班	1446.84	—	0.019	—	0.010
	平板拖车组 50t	台班	1524.76	—	—	0.019	—
	平板拖车组 60t	台班	1611.30	—	—	—	0.019
	汽车式起重机 10t	台班	833.49	—	0.010	0.010	—
	汽车式起重机 25t	台班	1084.16	0.057	—	—	—
	汽车式起重机 40t	台班	1526.12	—	0.038	—	0.029
	汽车式起重机 50t	台班	2464.07	—	—	0.029	—
	汽车式起重机 75t	台班	3151.07	—	—	—	0.029
	汽车式起重机 8t	台班	763.67	0.038	0.019	0.019	0.019
	砂轮切割机 500mm	台班	29.08	0.010	0.010	0.010	0.010
	摇臂钻床 25mm	台班	8.58	0.884	1.131	1.045	1.055
	摇臂钻床 63mm	台班	41.15	—	—	0.010	0.010
	油压机 800t	台班	1731.15	—	—	0.143	0.114
	载重汽车 10t	台班	547.99	0.029	0.029	0.019	0.019
	载重汽车 5t	台班	430.70	0.019	0.010	0.010	—
	直流弧焊机 32kV·A	台班	87.75	5.444	5.168	4.969	4.959
	中频煨弯机 160kW	台班	70.55	0.010	0.010	0.010	0.010
	自动埋弧焊机 1500A	台班	247.74	0.219	0.219	0.219	0.219

工作内容：放样号料、切割、坡口、压头卷弧、椭圆封头、锥体、裙座、降液板、受液盘、支持板、塔盘制作、塔器各部附件制作组装、焊接、焊缝酸洗钝化、成品倒运堆放等。　　计量单位：t

定额编号				A3-1-221	A3-1-222	A3-1-223	A3-1-224
项目名称				重量(t以内)			
				60	80	100	150
基价（元）				6975.45	6599.00	6526.39	5979.18
其中	人工费（元）			2750.30	2608.06	2563.26	2497.74
	材料费（元）			1915.05	1859.49	1771.97	1578.70
	机械费（元）			2310.10	2131.45	2191.16	1902.74
名称		单位	单价(元)	消耗量			
人工	综合工日	工日	140.00	19.645	18.629	18.309	17.841
材料	不锈钢电焊条	kg	38.46	21.050	20.210	19.400	17.460
	不锈钢埋弧焊丝	kg	50.13	4.800	4.900	5.030	5.070
	道木	m³	2137.00	0.010	0.010	0.010	0.010
	电焊条	kg	5.98	5.780	5.530	5.430	4.880
	碟形钢丝砂轮片 φ100	片	19.74	1.130	1.080	1.040	0.990
	方木	m³	2029.00	0.210	0.200	0.170	0.120
	飞溅净	kg	5.15	3.000	2.730	2.470	1.650
	钢板 δ20	kg	3.18	18.700	17.950	17.230	15.120
	钢管 DN80	kg	4.38	1.230	1.190	1.110	1.130
	钢丝绳 φ24	m	22.56	—	—	0.060	—
	钢丝绳 φ26	m	26.38	0.110	—	—	—
	钢丝绳 φ28	m	28.12	—	0.090	—	—
	钢丝绳 φ32	m	29.81	—	—	0.090	0.060
	埋弧焊剂	kg	21.72	7.690	8.100	8.480	8.870
	尼龙砂轮片 φ100×16×3	片	2.56	10.700	10.280	9.870	9.170
	尼龙砂轮片 φ150	片	3.32	2.070	1.990	1.910	1.830
	尼龙砂轮片 φ500×25×4	片	12.82	0.010	0.010	0.010	0.010
	氢氟酸 45%	kg	4.87	3.370	2.890	2.480	2.130
	石墨粉	kg	10.68	0.050	0.050	0.050	0.040
	碳钢埋弧焊丝	kg	7.69	0.500	0.500	0.630	0.690
	碳精棒 φ8～12	根	1.27	14.000	13.000	13.000	12.000
	硝酸	kg	2.19	1.330	1.210	1.100	0.990
	心形环	个	0.94	2.630	2.160	2.160	1.450
	氧气	m³	3.63	2.790	2.230	1.790	1.340
	乙炔气	kg	10.45	0.930	0.740	0.600	0.450
	其他材料费占材料费	%	—	0.635	0.632	0.618	0.596
机械	半自动切割机 100mm	台班	83.55	0.076	0.067	0.057	0.038
	单速电动葫芦 3t	台班	32.95	0.010	0.010	0.010	0.010
	等离子切割机 400A	台班	219.59	1.767	1.568	1.482	1.463
	电动单梁起重机 5t	台班	223.20	1.786	1.577	1.520	1.245

续表

定额编号				A3-1-221	A3-1-222	A3-1-223	A3-1-224
项目名称				重量(t以内)			
				60	80	100	150
名称		单位	单价(元)	消耗量			
机械	电动单筒慢速卷扬机 30kN	台班	210.22	0.019	0.019	0.019	0.019
	电动滚胎机	台班	172.54	0.931	0.931	0.931	0.922
	电动空气压缩机 1m³/min	台班	50.29	1.767	1.568	1.501	1.463
	电动空气压缩机 6m³/min	台班	206.73	0.570	0.456	0.437	0.399
	电焊条恒温箱	台班	21.41	0.390	0.304	0.238	0.181
	电焊条烘干箱 80×80×100cm³	台班	49.05	0.390	0.304	0.238	0.181
	钢材电动煨弯机 500～1800mm	台班	79.55	0.076	0.067	0.067	0.048
	剪板机 20×2500mm	台班	333.30	0.466	0.418	0.409	0.352
	卷板机 20×2500mm	台班	276.83	0.105	0.105	0.086	—
	卷板机 40×3500mm	台班	514.10	—	—	—	0.067
	门式起重机 20t	台班	644.10	0.181	0.181	0.162	0.152
	刨边机 9000mm	台班	518.80	0.086	0.095	0.095	0.133
	平板拖车组 100t	台班	2755.47	—	0.010	—	—
	平板拖车组 150t	台班	3970.77	—	—	0.010	0.010
	平板拖车组 60t	台班	1611.30	—	—	0.010	—
	平板拖车组 80t	台班	1814.63	0.019	—	—	—
	汽车式起重机 100t	台班	4651.90	—	0.029	—	—
	汽车式起重机 10t	台班	833.49	0.010	0.010	—	0.010
	汽车式起重机 150t	台班	8354.46	—	—	0.029	0.019
	汽车式起重机 75t	台班	3151.07	0.029	—	0.019	—
	汽车式起重机 8t	台班	763.67	0.019	0.019	0.019	0.010
	砂轮切割机 500mm	台班	29.08	0.010	0.010	0.010	0.010
	摇臂钻床 25mm	台班	8.58	1.074	1.083	1.093	0.960
	摇臂钻床 63mm	台班	41.15	0.010	0.010	0.010	0.010
	油压机 800t	台班	1731.15	0.114	0.114	0.114	0.105
	载重汽车 10t	台班	547.99	0.019	0.019	0.019	0.019
	载重汽车 5t	台班	430.70	0.010	0.010	—	0.010
	直流弧焊机 32kV·A	台班	87.75	3.857	3.002	2.337	1.815
	中频煨弯机 160kW	台班	70.55	0.010	0.010	0.010	0.010
	自动埋弧焊机 1500A	台班	247.74	0.228	0.238	0.238	0.266

(6)不锈钢浮阀塔

工作内容：放样号料、切割、坡口、压头卷弧、椭圆封头、锥体、裙座、降液板、受液盘、支持板、塔盘制作、塔器各部附件制作组装、焊接、焊缝酸洗钝化、成品倒运堆放等。　　计量单位：t

定额编号				A3-1-225	A3-1-226	A3-1-227	A3-1-228
项目名称				重量(t以内)			
				2	5	10	15
基价（元）				**18607.34**	**15088.76**	**13680.89**	**12764.13**
其中	人工费（元）			7761.46	6249.04	5340.30	4753.14
	材料费（元）			3092.38	2561.28	2311.23	2428.95
	机械费（元）			7753.50	6278.44	6029.36	5582.04
名称		单位	单价(元)	消耗量			
人工	综合工日	工日	140.00	55.439	44.636	38.145	33.951
材料	不锈钢电焊条	kg	38.46	40.250	33.140	27.960	27.490
	不锈钢埋弧焊丝	kg	50.13	—	—	—	3.610
	道木	m^3	2137.00	0.020	0.010	0.010	0.010
	电焊条	kg	5.98	25.040	17.680	17.170	5.370
	碟形钢丝砂轮片 φ100	片	19.74	3.780	2.400	2.300	2.210
	方木	m^3	2029.00	0.410	0.390	0.380	0.340
	飞溅净	kg	5.15	4.130	3.530	2.360	2.040
	钢板 δ20	kg	3.18	40.870	23.260	22.330	22.910
	钢丝绳 φ15	m	8.97	—	—	0.180	0.160
	埋弧焊剂	kg	21.72	—	—	0.540	5.960
	尼龙砂轮片 φ100×16×3	片	2.56	14.360	12.010	11.530	10.950
	尼龙砂轮片 φ150	片	3.32	6.430	6.050	5.930	5.810
	尼龙砂轮片 φ500×25×4	片	12.82	—	0.020	0.010	0.010
	氢氟酸 45%	kg	4.87	0.430	0.390	0.360	0.350
	石墨粉	kg	10.68	0.120	0.100	0.080	0.070
	酸洗膏	kg	6.56	6.880	6.610	6.480	6.350
	碳钢埋弧焊丝	kg	7.69	—	—	0.360	0.360
	碳精棒 φ8～12	根	1.27	52.000	35.000	20.000	18.000
	硝酸	kg	2.19	3.380	3.250	3.120	3.060
	氧气	m^3	3.63	13.120	8.730	7.460	6.940
	乙炔气	kg	10.45	4.370	2.910	2.490	2.310
	其他材料费占材料费	%	—	0.677	0.696	0.713	0.675
机械	半自动切割机 100mm	台班	83.55	0.532	0.162	0.105	0.095
	单速电动葫芦 3t	台班	32.95	—	0.019	0.010	0.010
	等离子切割机 400A	台班	219.59	3.325	2.451	2.366	2.290
	电动单梁起重机 5t	台班	223.20	7.106	6.774	6.631	5.833

续表

定额编号			A3-1-225	A3-1-226	A3-1-227	A3-1-228
项目名称			重量(t以内)			
			2	5	10	15
名称	单位	单价(元)	消耗量			
机械 电动单筒慢速卷扬机 30kN	台班	210.22	0.086	0.076	0.048	0.029
电动滚胎机	台班	172.54	2.204	1.758	1.321	1.188
电动空气压缩机 1m³/min	台班	50.29	3.325	2.366	2.252	2.138
电动空气压缩机 6m³/min	台班	206.73	1.340	1.178	1.102	1.064
电焊条恒温箱	台班	21.41	1.340	1.178	1.102	1.064
电焊条烘干箱 80×80×100cm³	台班	49.05	1.340	1.178	1.102	1.064
钢材电动煨弯机 500～1800mm	台班	79.55	0.162	0.114	0.105	0.105
剪板机 20×2500mm	台班	333.30	1.587	1.254	1.216	1.188
卷板机 20×2500mm	台班	276.83	0.266	0.314	0.295	0.266
门式起重机 20t	台班	644.10	0.409	0.266	0.257	0.257
刨边机 9000mm	台班	518.80	0.333	0.285	0.257	0.228
平板拖车组 15t	台班	981.46	—	—	0.048	—
平板拖车组 20t	台班	1081.33	—	—	—	0.038
汽车式起重机 10t	台班	833.49	—	0.181	0.048	0.029
汽车式起重机 16t	台班	958.70	—	—	0.100	—
汽车式起重机 20t	台班	1030.31	—	—	—	0.067
汽车式起重机 8t	台班	763.67	0.532	0.019	0.019	0.019
砂轮切割机 500mm	台班	29.08	—	0.019	0.010	0.010
摇臂钻床 25mm	台班	8.58	0.200	0.171	0.152	0.133
摇臂钻床 63mm	台班	41.15	3.648	3.392	3.259	3.126
油压机 800t	台班	1731.15	0.827	0.684	0.684	0.637
载重汽车 10t	台班	547.99	0.019	0.019	0.029	0.019
载重汽车 5t	台班	430.70	0.523	0.181	0.048	0.029
直流弧焊机 32kV·A	台班	87.75	13.433	11.799	11.058	10.621
中频煨弯机 160kW	台班	70.55	—	0.019	0.010	0.010
自动埋弧焊机 1500A	台班	247.74	—	—	0.181	0.228

工作内容：放样号料、切割、坡口、压头卷弧、椭圆封头、锥体、裙座、降液板、受液盘、支持板、塔盘制作、塔器各部附件制作组装、焊接、焊缝酸洗钝化、成品倒运堆放等。　　计量单位：t

定额编号				A3-1-229	A3-1-230	A3-1-231	A3-1-232
项目名称				重量(t以内)			
				20	30	40	50
基价（元）				11741.81	11283.13	10833.97	10309.75
其中	人工费（元）			4059.86	3891.44	3715.60	3555.44
	材料费（元）			2364.71	2322.48	2284.50	2239.17
	机械费（元）			5317.24	5069.21	4833.87	4515.14
名称		单位	单价(元)	消耗量			
人工	综合工日	工日	140.00	28.999	27.796	26.540	25.396
材料	不锈钢电焊条	kg	38.46	27.310	27.100	26.740	26.540
	不锈钢埋弧焊丝	kg	50.13	4.390	4.470	4.580	4.620
	道木	m³	2137.00	0.010	0.010	0.010	0.010
	电焊条	kg	5.98	5.110	3.430	3.270	2.660
	碟形钢丝砂轮片 φ100	片	19.74	2.190	2.100	2.060	1.680
	方木	m³	2029.00	0.290	0.280	0.270	0.260
	飞溅净	kg	5.15	1.960	1.880	1.750	1.680
	钢板 δ20	kg	3.18	18.760	18.450	17.530	16.600
	钢管 DN80	kg	4.38	—	1.540	1.480	1.420
	钢丝绳 φ17.5	m	11.54	0.130	—	—	—
	钢丝绳 φ19.5	m	12.00	—	0.100	—	0.060
	钢丝绳 φ21.5	m	18.72	—	—	0.090	—
	钢丝绳 φ24	m	22.56	—	—	—	0.110
	埋弧焊剂	kg	21.72	7.300	7.420	7.590	7.680
	尼龙砂轮片 φ100×16×3	片	2.56	10.180	9.170	8.520	7.930
	尼龙砂轮片 φ150	片	3.32	5.580	5.350	4.980	4.880
	尼龙砂轮片 φ500×25×4	片	12.82	0.010	0.010	0.010	0.010
	氢氟酸 45%	kg	4.87	0.330	0.310	0.290	0.280
	石墨粉	kg	10.68	0.070	0.070	0.070	0.060
	酸洗膏	kg	6.56	6.220	5.970	5.730	5.500
	碳钢埋弧焊丝	kg	7.69	0.470	0.480	0.480	0.490
	碳精棒 φ8～12	根	1.27	17.000	13.000	13.000	12.000
	硝酸	kg	2.19	3.030	3.000	2.970	2.850
	氧气	m³	3.63	6.460	6.000	5.580	5.190
	乙炔气	kg	10.45	2.150	2.000	1.860	1.730
	其他材料费占材料费	%	—	0.651	0.649	0.646	0.643
机械	半自动切割机 100mm	台班	83.55	0.095	0.086	0.086	0.086
	单速电动葫芦 3t	台班	32.95	0.010	0.010	0.010	0.010
	等离子切割机 400A	台班	219.59	2.233	2.204	2.185	2.062
	电动单梁起重机 5t	台班	223.20	5.738	5.501	5.282	5.187

续表

定额编号				A3-1-229	A3-1-230	A3-1-231	A3-1-232
项目名称				重量(t以内)			
				20	30	40	50
	名称	单位	单价(元)	消耗量			
机械	电动单筒慢速卷扬机 30kN	台班	210.22	0.029	0.019	0.019	0.019
	电动滚胎机	台班	172.54	1.102	1.026	0.988	0.979
	电动空气压缩机 $1m^3/min$	台班	50.29	2.052	1.967	1.929	1.853
	电动空气压缩机 $6m^3/min$	台班	206.73	0.969	0.912	0.874	0.703
	电焊条恒温箱	台班	21.41	0.969	0.912	0.874	0.703
	电焊条烘干箱 $80×80×100cm^3$	台班	49.05	0.969	0.912	0.874	0.703
	钢材电动煨弯机 500～1800mm	台班	79.55	0.105	0.095	0.095	0.095
	剪板机 20×2500mm	台班	333.30	1.150	1.064	0.988	0.960
	卷板机 20×2500mm	台班	276.83	0.209	0.171	0.133	0.114
	门式起重机 20t	台班	644.10	0.257	0.257	0.238	0.219
	刨边机 9000mm	台班	518.80	0.209	0.181	0.171	0.162
	平板拖车组 30t	台班	1243.07	0.029	—	—	—
	平板拖车组 40t	台班	1446.84	—	0.019	—	0.010
	平板拖车组 50t	台班	1524.76	—	—	0.019	—
	平板拖车组 60t	台班	1611.30	—	—	—	0.019
	汽车式起重机 10t	台班	833.49	—	0.010	0.010	—
	汽车式起重机 25t	台班	1084.16	0.057	—	—	—
	汽车式起重机 40t	台班	1526.12	—	0.038	—	0.029
	汽车式起重机 50t	台班	2464.07	—	—	0.029	—
	汽车式起重机 75t	台班	3151.07	—	—	—	0.029
	汽车式起重机 8t	台班	763.67	0.038	0.019	0.019	0.019
	砂轮切割机 500mm	台班	29.08	0.010	0.010	0.010	0.010
	摇臂钻床 25mm	台班	8.58	0.133	0.124	0.114	0.114
	摇臂钻床 63mm	台班	41.15	3.002	2.879	2.632	2.385
	油压机 800t	台班	1731.15	0.618	0.608	0.561	0.504
	载重汽车 10t	台班	547.99	0.019	0.019	0.019	0.019
	载重汽车 5t	台班	430.70	0.019	0.010	0.010	—
	直流弧焊机 32kV·A	台班	87.75	9.700	9.092	8.712	7.059
	中频煨弯机 160kW	台班	70.55	0.010	0.010	0.010	0.010
	自动埋弧焊机 1500A	台班	247.74	0.219	0.219	0.219	0.219

工作内容：放样号料、切割、坡口、压头卷弧、椭圆封头、锥体、裙座、降液板、受液盘、支持板、塔盘制作、塔器各部附件制作组装、焊接、焊缝酸洗钝化、成品倒运堆放等。　　计量单位：t

定额编号				A3-1-233	A3-1-234	A3-1-235	A3-1-236
项目名称				重量(t以内)			
				60	80	100	150
基价（元）				9981.93	9312.75	9027.14	7779.06
其中	人工费（元）			3515.54	3434.06	3333.96	2831.64
	材料费（元）			2153.67	2002.12	1863.54	1740.85
	机械费（元）			4312.72	3876.57	3829.64	3206.57
	名称	单位	单价(元)	消耗量			
人工	综合工日	工日	140.00	25.111	24.529	23.814	20.226
材料	不锈钢电焊条	kg	38.46	24.930	23.310	21.170	20.740
	不锈钢埋弧焊丝	kg	50.13	4.800	4.900	5.030	5.070
	道木	m³	2137.00	0.010	0.010	0.010	0.010
	电焊条	kg	5.98	2.320	2.280	2.230	2.140
	碟形钢丝砂轮片 φ100	片	19.74	1.560	1.280	1.200	0.900
	方木	m³	2029.00	0.250	0.210	0.180	0.140
	飞溅净	kg	5.15	1.610	1.550	1.440	1.300
	钢板 δ20	kg	3.18	16.080	15.570	15.240	12.610
	钢管 DN80	kg	4.38	1.360	1.310	1.310	1.290
	钢丝绳 φ24	m	22.56	—	—	0.060	—
	钢丝绳 φ26	m	26.38	0.110	—	—	—
	钢丝绳 φ28	m	28.12	—	0.090	—	—
	钢丝绳 φ32	m	29.81	—	—	0.090	0.060
	埋弧焊剂	kg	21.72	7.690	8.100	8.480	8.870
	尼龙砂轮片 φ100×16×3	片	2.56	7.610	7.310	6.940	6.730
	尼龙砂轮片 φ150	片	3.32	4.680	4.450	4.140	3.720
	尼龙砂轮片 φ500×25×4	片	12.82	0.010	0.010	0.010	0.010
	氢氟酸 45%	kg	4.87	0.270	0.220	0.210	0.200
	石墨粉	kg	10.68	0.060	0.060	0.030	0.020
	酸洗膏	kg	6.56	5.390	4.470	4.180	3.190
	碳钢埋弧焊丝	kg	7.69	0.500	0.500	0.630	0.690
	碳精棒 φ8～12	根	1.27	12.000	11.000	10.000	7.000
	硝酸	kg	2.19	2.730	2.270	2.120	1.620
	氧气	m³	3.63	4.830	4.490	4.170	3.680
	乙炔气	kg	10.45	1.610	1.500	1.390	1.230
	其他材料费占材料费	%	—	0.643	0.629	0.620	0.599
机械	半自动切割机 100mm	台班	83.55	0.076	0.057	0.048	0.038
	单速电动葫芦 3t	台班	32.95	0.010	0.010	0.010	0.010
	等离子切割机 400A	台班	219.59	2.043	1.995	1.796	1.691
	电动单梁起重机 5t	台班	223.20	5.092	4.494	4.342	3.563

续表

定额编号				A3-1-233	A3-1-234	A3-1-235	A3-1-236
项目名称				重量(t以内)			
				60	80	100	150
	名称	单位	单价(元)	消耗量			
机械	电动单筒慢速卷扬机 30kN	台班	210.22	0.019	0.019	0.010	0.019
	电动滚胎机	台班	172.54	0.979	0.969	0.960	0.903
	电动空气压缩机 $1m^3/min$	台班	50.29	1.777	1.710	1.691	1.625
	电动空气压缩机 $6m^3/min$	台班	206.73	0.684	0.504	0.532	0.437
	电焊条恒温箱	台班	21.41	0.684	0.532	0.504	0.437
	电焊条烘干箱 $80\times80\times100cm^3$	台班	49.05	0.684	0.532	0.504	0.437
	钢材电动煨弯机 500～1800mm	台班	79.55	0.086	0.067	0.057	0.048
	剪板机 20×2500mm	台班	333.30	0.941	0.798	0.656	0.513
	卷板机 20×2500mm	台班	276.83	0.105	0.105	0.086	0.010
	卷板机 40×3500mm	台班	514.10	—	—	—	0.067
	门式起重机 20t	台班	644.10	0.181	0.181	0.162	0.152
	刨边机 9000mm	台班	518.80	0.152	0.143	0.133	0.133
	平板拖车组 100t	台班	2755.47	—	0.010	—	—
	平板拖车组 200t	台班	4886.66	—	—	0.010	0.010
	平板拖车组 60t	台班	1611.30	—	—	0.010	—
	平板拖车组 80t	台班	1814.63	0.019	—	—	—
	汽车式起重机 100t	台班	4651.90	—	0.029	—	—
	汽车式起重机 10t	台班	833.49	0.010	0.010	—	0.010
	汽车式起重机 150t	台班	8354.46	—	—	0.029	0.019
	汽车式起重机 75t	台班	3151.07	0.029	—	0.019	—
	汽车式起重机 8t	台班	763.67	0.019	0.019	0.019	0.019
	砂轮切割机 500mm	台班	29.08	0.010	0.010	0.010	0.010
	摇臂钻床 25mm	台班	8.58	0.114	0.114	0.114	0.114
	摇臂钻床 63mm	台班	41.15	2.252	2.242	2.119	1.672
	油压机 800t	台班	1731.15	0.466	0.418	0.380	0.304
	载重汽车 10t	台班	547.99	0.019	0.019	0.019	0.019
	载重汽车 5t	台班	430.70	0.010	0.010	—	0.010
	直流弧焊机 32kV·A	台班	87.75	6.869	5.282	5.073	4.408
	中频煨弯机 160kW	台班	70.55	0.010	0.010	0.010	0.010
	自动埋弧焊机 1500A	台班	247.74	0.228	0.238	0.238	0.266

2. 分段塔器制作

(1)低合金钢(碳钢)填料塔

工作内容：放样号料、切割、坡口、压头卷弧、椭圆封头、锥体、裙座制作、组对、焊接、分配盘、栅板、喷淋管、吊柱制作、塔体固定件的制作组装、成品倒运堆放等。　　计量单位：t

定额编号				A3-1-237	A3-1-238	A3-1-239	A3-1-240
项目名称				重量(t以内)			
				30	50	80	100
基价（元）				4562.53	4355.85	3819.36	3824.13
其中	人工费（元）			1645.00	1602.02	1506.12	1457.26
	材料费（元）			1337.56	1231.51	1075.33	1048.13
	机械费（元）			1579.97	1522.32	1237.91	1318.74
名称		单位	单价(元)	消耗量			
人工	综合工日	工日	140.00	11.750	11.443	10.758	10.409
材料	不锈钢埋弧焊丝	kg	50.13	6.680	6.840	7.050	7.350
	道木	m³	2137.00	0.010	0.010	0.010	0.010
	电焊条	kg	5.98	10.820	7.630	7.470	7.330
	碟形钢丝砂轮片 φ100	片	19.74	0.610	0.510	0.420	0.360
	方木	m³	2029.00	0.190	0.150	0.070	0.070
	钢板 δ20	kg	3.18	11.990	11.800	8.960	8.890
	钢管 DN80	kg	4.38	1.010	1.010	1.460	1.460
	钢丝绳 φ15	m	8.97	—	0.030	—	—
	钢丝绳 φ17.5	m	11.54	0.090	—	0.030	0.030
	钢丝绳 φ19.5	m	12.00	0.100	—	—	—
	钢丝绳 φ24	m	22.56	—	0.110	—	—
	钢丝绳 φ28	m	28.12	—	—	0.090	—
	钢丝绳 φ30	m	29.01	—	—	—	0.100
	合金钢焊条	kg	11.11	3.550	2.810	2.800	2.760
	焦炭	kg	1.42	12.280	17.580	20.890	19.000
	埋弧焊剂	kg	21.72	11.020	11.330	11.700	10.190
	木柴	kg	0.18	1.230	1.750	2.090	2.090
	尼龙砂轮片 φ100×16×3	片	2.56	7.020	6.510	6.320	6.170
	尼龙砂轮片 φ150	片	3.32	4.620	6.160	6.100	6.090
	尼龙砂轮片 φ500×25×4	片	12.82	0.010	0.010	0.010	0.010
	石墨粉	kg	10.68	0.110	0.100	0.090	0.030

续表

定额编号				A3-1-237	A3-1-238	A3-1-239	A3-1-240
项目名称				重量(t以内)			
				30	50	80	100
名称		单位	单价(元)	消耗量			
材料	碳钢埋弧焊丝	kg	7.69	0.670	0.710	0.750	0.780
	碳精棒 φ8～12	根	1.27	16.560	12.780	11.160	10.650
	氧气	m^3	3.63	12.170	10.110	9.920	9.590
	乙炔气	kg	10.45	4.060	3.370	3.310	3.200
	其他材料费占材料费	%	—	2.327	2.327	2.327	2.327
机械	半自动切割机 100mm	台班	83.55	0.209	0.266	0.238	0.238
	单速电动葫芦 3t	台班	32.95	0.010	0.010	0.010	0.010
	电动单梁起重机 5t	台班	223.20	0.760	0.741	0.675	0.675
	电动单筒慢速卷扬机 30kN	台班	210.22	0.048	0.038	0.029	0.029
	电动滚胎机	台班	172.54	0.694	0.684	0.732	0.713
	电动空气压缩机 $6m^3/min$	台班	206.73	0.247	0.238	0.266	0.266
	电焊条恒温箱	台班	21.41	0.257	0.238	0.238	0.219
	电焊条烘干箱 $80×80×100cm^3$	台班	49.05	0.257	0.238	0.238	0.219
	钢材电动煨弯机 500～1800mm	台班	79.55	0.010	0.010	0.010	0.010
	剪板机 20×2500mm	台班	333.30	0.219	0.133	0.133	0.124
	卷板机 20×2500mm	台班	276.83	0.133	0.114	0.048	0.048
	卷板机 40×3500mm	台班	514.10	—	—	0.048	0.048
	门式起重机 20t	台班	644.10	0.190	0.162	0.162	0.143
	刨边机 9000mm	台班	518.80	0.086	0.095	0.105	0.105
	平板拖车组 100t	台班	2755.47	—	—	0.010	—
	平板拖车组 150t	台班	3970.77	—	—	—	0.010
	平板拖车组 15t	台班	981.46	—	0.010	—	—

续表

定额编号				A3-1-237	A3-1-238	A3-1-239	A3-1-240
项目名称				重量(t以内)			
				30	50	80	100
名称		单位	单价(元)	消耗量			
机械	平板拖车组 30t	台班	1243.07	0.019	—	0.010	0.010
	平板拖车组 40t	台班	1446.84	0.190	—	—	—
	平板拖车组 60t	台班	1611.30	—	0.190	—	—
	普通车床 630×1400mm	台班	234.99	0.010	0.010	0.010	0.010
	汽车式起重机 100t	台班	4651.90	—	—	0.024	—
	汽车式起重机 125t	台班	8069.55	—	—	—	0.029
	汽车式起重机 16t	台班	958.70	—	0.019	—	—
	汽车式起重机 25t	台班	1084.16	0.038	—	0.019	0.010
	汽车式起重机 40t	台班	1526.12	0.048	—	—	—
	汽车式起重机 75t	台班	3151.07	—	0.029	—	—
	汽车式起重机 8t	台班	763.67	0.019	0.019	0.019	0.019
	砂轮切割机 500mm	台班	29.08	0.010	0.010	0.010	0.010
	台式钻床 16mm	台班	4.07	0.057	0.038	0.038	0.038
	箱式加热炉 75kW	台班	123.86	0.100	0.100	0.076	0.067
	摇臂钻床 25mm	台班	8.58	0.228	0.228	0.219	0.133
	摇臂钻床 63mm	台班	41.15	0.010	0.010	0.010	0.010
	油压机 800t	台班	1731.15	0.100	0.100	0.076	0.067
	载重汽车 10t	台班	547.99	0.019	0.019	0.019	0.019
	直流弧焊机 32kV·A	台班	87.75	2.518	2.375	2.299	2.195
	中频煨弯机 160kW	台班	70.55	0.038	0.019	0.010	0.010
	自动埋弧焊机 1500A	台班	247.74	0.257	0.247	0.304	0.314

工作内容：放样号料、切割、坡口、压头卷弧、椭圆封头、锥体、裙座制作、组对、焊接、分配盘、栅板、喷淋管、吊柱制作、塔体固定件的制作组装、成品倒运堆放等。 计量单位：t

定额编号				A3-1-241	A3-1-242	A3-1-243	A3-1-244
项目名称				重量(t以内)			
				150	200	250	300
基价（元）				3697.50	3571.25	3401.56	3357.06
其中	人工费（元）			1422.68	1388.94	1332.94	1280.02
	材料费（元）			1074.12	1067.10	1022.67	1029.95
	机械费（元）			1200.70	1115.21	1045.95	1047.09
名称		单位	单价(元)	消耗量			
人工	综合工日	工日	140.00	10.162	9.921	9.521	9.143
材料	不锈钢埋弧焊丝	kg	50.13	7.650	7.890	7.970	8.130
	道木	m³	2137.00	0.010	0.010	0.010	0.010
	电焊条	kg	5.98	7.030	6.750	6.550	6.420
	碟形钢丝砂轮片 φ100	片	19.74	0.220	0.200	0.190	0.190
	方木	m³	2029.00	0.060	0.050	0.030	0.030
	钢板 δ20	kg	3.18	7.730	7.730	7.250	7.240
	钢管 DN80	kg	4.38	1.820	1.890	1.950	1.940
	钢丝绳 φ21.5	m	18.72	0.020	—	—	—
	钢丝绳 φ26	m	26.38	—	0.030	0.030	0.020
	钢丝绳 φ32	m	29.81	0.050	0.050	0.040	0.030
	合金钢焊条	kg	11.11	2.480	2.410	2.360	2.310
	焦炭	kg	1.42	20.890	20.890	19.270	18.860
	埋弧焊剂	kg	21.72	12.690	13.050	13.190	13.450
	木柴	kg	0.18	2.090	2.020	1.940	1.900
	尼龙砂轮片 φ100×16×3	片	2.56	5.980	5.740	5.510	5.290
	尼龙砂轮片 φ150	片	3.32	4.180	4.010	3.850	3.700
	尼龙砂轮片 φ500×25×4	片	12.82	0.010	0.010	0.010	0.010
	石墨粉	kg	10.68	0.030	0.030	0.030	0.030
	碳钢埋弧焊丝	kg	7.69	0.800	0.810	0.830	0.830
	碳精棒 φ8～12	根	1.27	8.430	8.070	7.740	7.410
	氧气	m³	3.63	9.070	8.710	8.360	8.020
	乙炔气	kg	10.45	3.020	2.900	2.790	2.670
	其他材料费占材料费	%	—	2.141	2.124	2.089	2.088
机械	半自动切割机 100mm	台班	83.55	0.238	0.228	0.228	0.219
	单速电动葫芦 3t	台班	32.95	0.010	0.010	0.010	0.010
	电动单梁起重机 5t	台班	223.20	0.675	0.656	0.646	0.637
	电动单筒慢速卷扬机 30kN	台班	210.22	0.019	0.019	0.019	0.019

续表

定额编号				A3-1-241	A3-1-242	A3-1-243	A3-1-244
项目名称				重量(t以内)			
				150	200	250	300
名称		单位	单价(元)	消耗量			
机械	电动滚胎机	台班	172.54	0.599	0.589	0.561	0.542
	电动空气压缩机 6m³/min	台班	206.73	0.247	0.238	0.228	0.209
	电焊条恒温箱	台班	21.41	0.219	0.209	0.200	0.257
	电焊条烘干箱 80×80×100cm³	台班	49.05	0.219	0.209	0.200	0.257
	钢材电动煨弯机 500～1800mm	台班	79.55	0.010	0.010	0.010	0.010
	剪板机 20×2500mm	台班	333.30	0.124	0.114	0.114	0.114
	卷板机 20×2500mm	台班	276.83	0.048	0.048	0.038	0.038
	卷板机 40×3500mm	台班	514.10	0.048	0.038	0.038	0.038
	门式起重机 20t	台班	644.10	0.143	0.143	0.133	0.133
	刨边机 9000mm	台班	518.80	0.105	0.105	0.095	0.095
	平板拖车组 200t	台班	4886.66	0.010	0.010	0.010	0.010
	平板拖车组 80t	台班	1814.63	—	0.010	0.010	0.010
	普通车床 630×1400mm	台班	234.99	0.010	0.010	0.010	0.010
	汽车式起重机 150t	台班	8354.46	0.019	0.010	0.010	0.010
	汽车式起重机 50t	台班	2464.07	0.010	—	—	—
	汽车式起重机 75t	台班	3151.07	—	0.010	0.010	0.010
	汽车式起重机 8t	台班	763.67	0.019	0.010	0.010	0.010
	砂轮切割机 500mm	台班	29.08	0.010	0.010	0.010	0.010
	台式钻床 16mm	台班	4.07	0.029	0.019	0.019	0.019
	箱式加热炉 75kW	台班	123.86	0.057	0.057	0.038	0.048
	摇臂钻床 25mm	台班	8.58	0.124	0.124	0.114	0.105
	摇臂钻床 63mm	台班	41.15	0.010	0.010	0.010	0.010
	油压机 800t	台班	1731.15	0.057	0.057	0.038	0.048
	载重汽车 10t	台班	547.99	0.019	0.010	0.010	0.010
	载重汽车 5t	台班	430.70	—	0.010	0.010	0.010
	直流弧焊机 32kV·A	台班	87.75	2.147	2.062	1.976	1.900
	中频煨弯机 160kW	台班	70.55	0.010	0.010	0.010	0.010
	自动埋弧焊机 1500A	台班	247.74	0.295	0.285	0.276	0.257

(2)低合金钢(碳钢)筛板塔

工作内容：放样号料、切割、坡口、压头卷弧、椭圆封头、锥体、裙座、降液板、受液盘、支持板、塔盘制作、塔器各部附件制作组装、焊接、成品倒运堆放等。 计量单位：t

定额编号				A3-1-245	A3-1-246	A3-1-247	A3-1-248
项目名称				重量(t以内)			
				30	50	80	100
基价(元)				4062.33	3856.60	3649.30	3816.30
其中	人工费(元)			1815.24	1633.94	1581.44	1545.60
	材料费(元)			991.95	963.09	883.81	961.92
	机械费(元)			1255.14	1259.57	1184.05	1308.78
名称		单位	单价(元)	消耗量			
人工	综合工日	工日	140.00	12.966	11.671	11.296	11.040
材料	不锈钢埋弧焊丝	kg	50.13	4.400	4.470	4.520	5.690
	道木	m³	2137.00	0.010	0.010	0.010	0.010
	电焊条	kg	5.98	19.160	18.530	19.310	15.610
	碟形钢丝砂轮片 φ100	片	19.74	0.460	0.420	0.370	0.360
	方木	m³	2029.00	0.120	0.110	0.080	0.080
	钢板 δ20	kg	3.18	16.020	17.410	15.690	15.930
	钢管 DN80	kg	4.38	—	1.270	1.190	1.140
	钢丝绳 φ19.5	m	12.00	0.090	0.050	—	—
	钢丝绳 φ24	m	22.56	—	0.100	—	0.060
	钢丝绳 φ28	m	28.12	—	—	0.080	—
	钢丝绳 φ32	m	29.81	—	—	—	0.080
	合金钢焊条	kg	11.11	1.540	1.540	1.580	1.650
	埋弧焊剂	kg	21.72	7.710	7.440	7.520	9.480
	尼龙砂轮片 φ100×16×3	片	2.56	10.300	9.290	8.390	7.970
	尼龙砂轮片 φ150	片	3.32	1.040	0.940	0.850	0.800
	尼龙砂轮片 φ500×25×4	片	12.82	0.010	0.010	0.010	0.010
	石墨粉	kg	10.68	0.060	0.060	0.050	0.050
	碳钢埋弧焊丝	kg	7.69	0.470	0.490	0.500	0.630
	碳精棒 φ8～12	根	1.27	12.900	11.040	8.610	9.000
	氧气	m³	3.63	10.310	9.250	7.500	6.750
	乙炔气	kg	10.45	3.440	3.080	2.500	2.250
	其他材料费占材料费	%	—	2.302	2.298	2.246	2.221
机械	半自动切割机 100mm	台班	83.55	0.209	0.190	0.171	0.162
	单速电动葫芦 3t	台班	32.95	0.010	0.010	0.010	0.010
	电动单梁起重机 5t	台班	223.20	1.216	1.178	1.178	1.093
	电动单筒慢速卷扬机 30kN	台班	210.22	0.029	0.029	0.019	0.019
	电动滚胎机	台班	172.54	0.513	0.504	0.494	0.475

续表

定额编号				A3-1-245	A3-1-246	A3-1-247	A3-1-248
项目名称				重量(t以内)			
				30	50	80	100
名称		单位	单价(元)	消耗量			
机械	电动空气压缩机 6m³/min	台班	206.73	0.551	0.532	0.513	0.504
	电焊条恒温箱	台班	21.41	0.304	0.295	0.276	0.276
	电焊条烘干箱 80×80×100cm³	台班	49.05	0.304	0.295	0.276	0.276
	钢材电动煨弯机 500～1800mm	台班	79.55	0.086	0.076	0.076	0.076
	剪板机 20×2500mm	台班	333.30	0.095	0.086	0.076	0.076
	卷板机 20×2500mm	台班	276.83	0.105	0.095	0.086	0.076
	门式起重机 20t	台班	644.10	0.143	0.133	0.133	0.114
	刨边机 9000mm	台班	518.80	0.067	0.067	0.076	0.086
	平板拖车组 100t	台班	2755.47	—	—	0.010	—
	平板拖车组 200t	台班	4886.66	—	—	—	0.010
	平板拖车组 40t	台班	1446.84	0.019	0.010	—	—
	平板拖车组 60t	台班	1611.30	—	0.010	—	0.010
	汽车式起重机 100t	台班	4651.90	—	—	0.019	—
	汽车式起重机 10t	台班	833.49	0.010	—	0.010	—
	汽车式起重机 150t	台班	8354.46	—	—	—	0.019
	汽车式起重机 40t	台班	1526.12	0.038	0.019	—	—
	汽车式起重机 75t	台班	3151.07	—	0.029	—	0.019
	汽车式起重机 8t	台班	763.67	0.019	0.019	0.010	0.010
	砂轮切割机 500mm	台班	29.08	0.010	0.010	0.010	0.010
	箱式加热炉 75kW	台班	123.86	0.057	0.048	0.038	0.038
	摇臂钻床 63mm	台班	41.15	0.010	0.010	0.010	0.010
	油压机 800t	台班	1731.15	0.057	0.048	0.038	0.038
	载重汽车 10t	台班	547.99	0.019	0.019	0.019	0.019
	载重汽车 5t	台班	430.70	0.010	—	0.010	—
	直流弧焊机 32kV·A	台班	87.75	3.012	2.955	2.774	2.717
	中频煨弯机 160kW	台班	70.55	0.010	0.010	0.010	0.010
	自动埋弧焊机 1500A	台班	247.74	0.190	0.200	0.200	0.238

工作内容：放样号料、切割、坡口、压头卷弧、椭圆封头、锥体、裙座、降液板、受液盘、支持板、塔盘制作、塔器各部附件制作组装、焊接、成品倒运堆放等。

计量单位：t

定额编号				A3-1-249	A3-1-250	A3-1-251	A3-1-252
项目名称				重量(t以内)			
				150	200	250	300
基价（元）				3675.78	3586.01	3518.50	3476.12
其中	人工费（元）			1450.26	1391.74	1364.02	1336.44
	材料费（元）			975.65	981.62	990.04	1000.59
	机械费（元）			1249.87	1212.65	1164.44	1139.09
名称		单位	单价(元)	消耗量			
人工	综合工日	工日	140.00	10.359	9.941	9.743	9.546
材料	不锈钢埋弧焊丝	kg	50.13	6.650	6.920	7.210	7.510
	道木	m³	2137.00	0.010	0.010	0.010	0.010
	电焊条	kg	5.98	14.690	14.390	13.820	13.130
	碟形钢丝砂轮片 φ100	片	19.74	0.320	0.290	0.250	0.230
	方木	m³	2029.00	0.060	0.060	0.060	0.060
	钢板 δ20	kg	3.18	13.530	11.490	9.760	8.280
	钢管 DN80	kg	4.38	1.130	1.110	1.080	1.060
	钢丝绳 φ26	m	26.38	—	0.030	0.030	0.020
	钢丝绳 φ32	m	29.81	0.060	0.050	0.040	0.030
	合金钢焊条	kg	11.11	1.650	1.640	1.630	1.630
	埋弧焊剂	kg	21.72	11.000	11.460	11.930	12.430
	尼龙砂轮片 φ100×16×3	片	2.56	7.150	6.420	5.760	5.170
	尼龙砂轮片 φ150	片	3.32	0.760	0.680	0.610	0.550
	尼龙砂轮片 φ500×25×4	片	12.82	0.010	0.010	0.010	0.010
	石墨粉	kg	10.68	0.020	0.020	0.020	0.020
	碳钢埋弧焊丝	kg	7.69	0.690	0.710	0.740	0.780
	碳精棒 φ8～12	根	1.27	6.420	4.560	4.350	3.930
	氧气	m³	3.63	6.000	5.340	4.750	4.220
	乙炔气	kg	10.45	2.000	1.780	1.580	1.410
	其他材料费占材料费	%	—	2.166	2.159	2.152	2.145
机械	半自动切割机 100mm	台班	83.55	0.171	0.162	0.152	0.152
	单速电动葫芦 3t	台班	32.95	0.010	0.010	0.010	0.010
	电动单梁起重机 5t	台班	223.20	0.998	0.969	0.950	0.941
	电动单筒慢速卷扬机 30kN	台班	210.22	0.019	0.019	0.019	0.019

续表

定额编号				A3-1-249	A3-1-250	A3-1-251	A3-1-252
项目名称				重量(t以内)			
				150	200	250	300
名称		单位	单价(元)	消耗量			
机械	电动滚胎机	台班	172.54	0.456	0.437	0.409	0.380
	电动空气压缩机 6m³/min	台班	206.73	0.494	0.475	0.447	0.437
	电焊条恒温箱	台班	21.41	0.266	0.257	0.247	0.247
	电焊条烘干箱 80×80×100cm³	台班	49.05	0.266	0.257	0.247	0.247
	钢材电动煨弯机 500～1800mm	台班	79.55	0.057	0.057	0.057	0.057
	剪板机 20×2500mm	台班	333.30	0.067	0.067	0.067	0.067
	卷板机 20×2500mm	台班	276.83	0.067	—	—	—
	卷板机 40×3500mm	台班	514.10	—	0.067	0.067	0.057
	门式起重机 20t	台班	644.10	0.114	0.114	0.105	0.105
	刨边机 9000mm	台班	518.80	0.133	0.143	0.143	0.152
	平板拖车组 200t	台班	4886.66	0.010	0.010	0.010	0.010
	平板拖车组 80t	台班	1814.63	—	0.010	0.010	0.010
	汽车式起重机 10t	台班	833.49	0.010	—	—	—
	汽车式起重机 150t	台班	8354.46	0.019	0.010	0.010	0.010
	汽车式起重机 75t	台班	3151.07	—	0.010	0.010	0.010
	汽车式起重机 8t	台班	763.67	0.010	0.010	0.010	0.010
	砂轮切割机 500mm	台班	29.08	0.010	0.010	0.010	0.010
	箱式加热炉 75kW	台班	123.86	0.048	0.048	0.038	0.029
	摇臂钻床 63mm	台班	41.15	0.010	0.010	0.010	0.010
	油压机 800t	台班	1731.15	0.048	0.048	0.038	0.029
	载重汽车 10t	台班	547.99	0.019	0.010	0.010	0.010
	载重汽车 5t	台班	430.70	0.010	0.010	0.010	0.010
	直流弧焊机 32kV·A	台班	87.75	2.660	2.584	2.499	2.489
	中频煨弯机 160kW	台班	70.55	0.010	0.010	0.010	—
	自动埋弧焊机 1500A	台班	247.74	0.238	0.247	0.247	0.257

(3)低合金钢(碳钢)浮阀塔

工作内容：放样号料、切割、坡口、压头卷弧、椭圆封头、锥体、裙座、降液板、受液盘、支持板、塔盘制作、塔器各部附件制作组装、焊接、成品倒运堆放等。

计量单位：t

定额编号				A3-1-253	A3-1-254	A3-1-255	A3-1-256
项目名称				重量(t以内)			
				30	50	80	100
基价(元)				6121.24	6017.96	5595.98	5593.81
其中	人工费(元)			2633.68	2534.28	2401.84	2383.22
	材料费(元)			1063.58	1045.53	1017.01	1059.95
	机械费(元)			2423.98	2438.15	2177.13	2150.64
名称		单位	单价(元)	消耗量			
人工	综合工日	工日	140.00	18.812	18.102	17.156	17.023
材料	不锈钢埋弧焊丝	kg	50.13	4.400	4.470	4.520	5.690
	道木	m^3	2137.00	0.010	0.010	0.010	0.010
	电焊条	kg	5.98	25.090	21.760	18.870	16.940
	碟形钢丝砂轮片 φ100	片	19.74	1.150	1.450	1.160	0.580
	方木	m^3	2029.00	0.130	0.120	0.120	0.100
	钢板 δ20	kg	3.18	16.250	15.340	14.420	14.310
	钢管 DN80	kg	4.38	—	1.320	1.270	1.220
	钢丝绳 φ19.5	m	12.00	0.090	0.060	—	—
	钢丝绳 φ24	m	22.56	—	0.110	—	0.060
	钢丝绳 φ28	m	28.12	—	—	0.080	—
	钢丝绳 φ32	m	29.81	—	—	—	0.080
	合金钢焊条	kg	11.11	1.420	1.440	1.450	1.650
	埋弧焊剂	kg	21.72	7.310	7.440	7.520	9.480
	尼龙砂轮片 φ100×16×3	片	2.56	7.980	7.720	6.610	6.330
	尼龙砂轮片 φ150	片	3.32	5.660	7.820	8.350	8.380
	尼龙砂轮片 φ500×25×4	片	12.82	0.010	0.010	0.010	0.010
	石墨粉	kg	10.68	0.070	0.060	0.050	0.050
	碳钢埋弧焊丝	kg	7.69	0.480	0.490	0.500	0.630
	碳精棒 φ8～12	根	1.27	12.900	11.940	8.610	9.000
	氧气	m^3	3.63	10.360	10.360	10.380	10.510
	乙炔气	kg	10.45	3.450	3.450	3.460	3.500
	其他材料费占材料费	%	—	2.308	2.290	2.293	2.235
机械	半自动切割机 100mm	台班	83.55	0.542	0.675	0.713	0.732
	单速电动葫芦 3t	台班	32.95	0.010	0.010	0.010	0.010
	电动单梁起重机 5t	台班	223.20	1.739	1.682	1.672	1.558
	电动单筒慢速卷扬机 30kN	台班	210.22	0.029	0.029	0.019	0.019
	电动滚胎机	台班	172.54	0.817	0.703	0.608	0.570

续表

定额编号				A3-1-253	A3-1-254	A3-1-255	A3-1-256
项目名称				重量(t以内)			
				30	50	80	100
	名称	单位	单价(元)	消耗量			
机械	电动空气压缩机 6m³/min	台班	206.73	0.162	0.181	0.162	0.152
	电焊条恒温箱	台班	21.41	0.228	0.437	0.361	0.390
	电焊条烘干箱 80×80×100cm³	台班	49.05	0.228	0.437	0.361	0.390
	钢材电动煨弯机 500～1800mm	台班	79.55	0.105	0.076	0.057	0.057
	剪板机 20×2500mm	台班	333.30	0.798	0.779	0.732	0.684
	卷板机 20×2500mm	台班	276.83	0.105	0.105	0.086	0.076
	门式起重机 20t	台班	644.10	0.143	0.133	0.124	0.114
	刨边机 9000mm	台班	518.80	0.057	0.067	0.076	0.086
	平板拖车组 100t	台班	2755.47	—	—	0.010	—
	平板拖车组 200t	台班	4886.66	—	—	—	0.010
	平板拖车组 40t	台班	1446.84	0.019	0.010	—	—
	平板拖车组 60t	台班	1611.30	—	0.019	—	0.010
	汽车式起重机 100t	台班	4651.90	—	—	0.019	—
	汽车式起重机 10t	台班	833.49	0.010	—	0.010	—
	汽车式起重机 150t	台班	8354.46	—	—	—	0.019
	汽车式起重机 40t	台班	1526.12	0.038	0.029	—	—
	汽车式起重机 75t	台班	3151.07	—	0.029	—	0.019
	汽车式起重机 8t	台班	763.67	0.019	0.019	0.019	0.019
	砂轮切割机 500mm	台班	29.08	0.010	0.010	0.010	0.010
	箱式加热炉 75kW	台班	123.86	0.295	0.276	0.257	0.247
	摇臂钻床 25mm	台班	8.58	0.067	0.067	0.057	0.057
	摇臂钻床 63mm	台班	41.15	0.836	0.779	0.732	0.713
	油压机 800t	台班	1731.15	0.295	0.276	0.257	0.247
	载重汽车 10t	台班	547.99	0.019	0.019	0.019	0.019
	载重汽车 5t	台班	430.70	0.010	—	0.010	—
	直流弧焊机 32kV·A	台班	87.75	7.011	6.774	5.339	4.066
	中频煨弯机 160kW	台班	70.55	0.010	0.010	0.010	0.010
	自动埋弧焊机 1500A	台班	247.74	0.190	0.200	0.219	0.219

工作内容：放样号料、切割、坡口、压头卷弧、椭圆封头、锥体、裙座、降液板、受液盘、支持板、塔盘制作、塔器各部附件制作组装、焊接、成品倒运堆放等。

计量单位：t

定额编号				A3-1-257	A3-1-258	A3-1-259	A3-1-260
项目名称				重量(t以内)			
				150	200	250	300
基价（元）				5072.35	4758.45	4612.32	4486.59
其中	人工费（元）			1940.96	1649.76	1583.54	1519.98
	材料费（元）			1128.36	1121.47	1116.58	1113.12
	机械费（元）			2003.03	1987.22	1912.20	1853.49
名称		单位	单价(元)	消耗量			
人工	综合工日	工日	140.00	13.864	11.784	11.311	10.857
材料	不锈钢埋弧焊丝	kg	50.13	6.650	6.920	7.210	7.510
	道木	m³	2137.00	0.010	0.010	0.010	0.010
	电焊条	kg	5.98	15.810	15.500	15.340	15.190
	碟形钢丝砂轮片 φ100	片	19.74	0.430	0.420	0.400	0.380
	方木	m³	2029.00	0.100	0.090	0.080	0.070
	钢板 δ20	kg	3.18	12.650	12.140	11.660	11.190
	钢管 DN80	kg	4.38	1.130	1.090	1.040	1.000
	钢丝绳 φ26	m	26.38	—	0.030	0.030	0.020
	钢丝绳 φ32	m	29.81	0.060	0.050	0.040	0.030
	合金钢焊条	kg	11.11	1.790	1.720	1.650	1.580
	埋弧焊剂	kg	21.72	11.000	11.460	11.930	12.430
	尼龙砂轮片 φ100×16×3	片	2.56	5.230	5.030	4.820	4.630
	尼龙砂轮片 φ150	片	3.32	8.490	8.150	7.820	7.510
	尼龙砂轮片 φ500×25×4	片	12.82	0.010	0.010	0.010	0.010
	石墨粉	kg	10.68	0.020	0.020	0.020	0.020
	碳钢埋弧焊丝	kg	7.69	0.690	0.710	0.740	0.780
	碳精棒 φ8～12	根	1.27	6.420	6.150	5.910	5.670
	氧气	m³	3.63	11.540	11.010	10.570	10.150
	乙炔气	kg	10.45	3.850	3.670	3.520	3.380
	其他材料费占材料费	%	—	2.212	2.193	2.174	2.156
机械	半自动切割机 100mm	台班	83.55	0.751	0.779	0.808	0.846
	单速电动葫芦 3t	台班	32.95	0.010	0.010	0.010	0.010
	电动单梁起重机 5t	台班	223.20	1.425	1.321	1.273	1.216
	电动单筒慢速卷扬机 30kN	台班	210.22	0.019	0.019	0.019	0.019
	电动滚胎机	台班	172.54	0.542	0.523	0.504	0.485

续表

定额编号				A3-1-257	A3-1-258	A3-1-259	A3-1-260
项目名称				重量(t以内)			
				150	200	250	300
名称		单位	单价(元)	消耗量			
机械	电动空气压缩机 6m³/min	台班	206.73	0.181	0.361	0.371	0.352
	电焊条恒温箱	台班	21.41	0.342	0.399	0.390	0.390
	电焊条烘干箱 80×80×100cm³	台班	49.05	0.342	0.399	0.390	0.390
	钢材电动煨弯机 500～1800mm	台班	79.55	0.048	0.048	0.038	0.038
	剪板机 20×2500mm	台班	333.30	0.618	0.599	0.570	0.551
	剪板机 32×4000mm	台班	590.12	—	0.010	0.010	0.010
	卷板机 20×2500mm	台班	276.83	0.076	0.010	—	—
	卷板机 40×3500mm	台班	514.10	—	0.067	0.067	0.067
	门式起重机 20t	台班	644.10	0.114	0.105	0.105	0.095
	刨边机 9000mm	台班	518.80	0.143	0.152	0.162	0.162
	平板拖车组 200t	台班	4886.66	0.010	0.010	0.010	0.010
	平板拖车组 80t	台班	1814.63	—	0.010	0.010	0.010
	汽车式起重机 10t	台班	833.49	0.010	—	—	—
	汽车式起重机 150t	台班	8354.46	0.019	0.010	0.010	0.010
	汽车式起重机 75t	台班	3151.07	—	0.010	0.010	0.010
	汽车式起重机 8t	台班	763.67	0.019	0.048	0.010	0.010
	砂轮切割机 500mm	台班	29.08	0.010	0.010	0.010	0.010
	箱式加热炉 75kW	台班	123.86	0.238	0.228	0.219	0.209
	摇臂钻床 25mm	台班	8.58	0.048	0.048	0.048	0.048
	摇臂钻床 63mm	台班	41.15	0.675	0.646	0.599	0.570
	油压机 800t	台班	1731.15	0.238	0.228	0.219	0.209
	载重汽车 10t	台班	547.99	0.019	0.010	0.010	0.010
	载重汽车 5t	台班	430.70	0.010	0.010	0.010	0.010
	直流弧焊机 32kV·A	台班	87.75	3.582	3.430	3.297	3.164
	中频煨弯机 160kW	台班	70.55	0.010	0.010	0.010	0.010
	自动埋弧焊机 1500A	台班	247.74	0.219	0.228	0.238	0.247

(4)不锈钢填料塔

工作内容：放样号料、切割、坡口、压头卷弧、椭圆封头、锥体、裙座制作、组对、焊接、焊缝酸洗钝化、分配盘、栅板、喷淋管、吊柱制作、塔体固定件的制作组装、成品倒运堆放等。

计量单位：t

定额编号				A3-1-261	A3-1-262	A3-1-263	A3-1-264
项目名称				重量(t以内)			
				30	50	80	100
基价（元）				6359.31	5796.81	5462.07	5212.03
其中	人工费（元）			2732.24	2441.74	2173.36	2121.00
	材料费（元）			1370.54	1361.03	1286.97	1273.60
	机械费（元）			2256.53	1994.04	2001.74	1817.43
	名称	单位	单价(元)	消耗量			
人工	综合工日	工日	140.00	19.516	17.441	15.524	15.150
材料	不锈钢电焊条	kg	38.46	6.360	6.050	5.690	5.570
	不锈钢埋弧焊丝	kg	50.13	7.620	7.850	8.170	8.340
	道木	m^3	2137.00	0.010	0.010	0.010	0.010
	电焊条	kg	5.98	8.190	5.490	5.150	4.900
	碟形钢丝砂轮片 φ100	片	19.74	0.780	0.650	0.480	0.460
	方木	m^3	2029.00	0.080	0.090	0.060	0.050
	飞溅净	kg	5.15	4.150	3.900	3.720	3.540
	钢板 δ20	kg	3.18	13.820	12.410	9.960	9.800
	钢管 DN80	kg	4.38	1.030	1.010	1.140	2.120
	钢丝绳 φ15	m	8.97	0.200	0.040	—	—
	钢丝绳 φ17.5	m	11.54	—	—	0.040	0.030
	钢丝绳 φ19.5	m	12.00	—	0.070	—	—
	钢丝绳 φ26	m	26.38	—	—	0.100	0.100
	钢丝绳 φ28	m	28.12	—	—	—	0.090
	埋弧焊剂	kg	21.72	12.430	12.840	13.390	13.670
	尼龙砂轮片 φ100×16×3	片	2.56	11.520	11.320	10.760	10.590
	尼龙砂轮片 φ150	片	3.32	4.440	4.260	4.280	4.110
	尼龙砂轮片 φ500×25×4	片	12.82	0.020	0.010	0.010	0.010
	氢氟酸 45%	kg	4.87	0.230	0.230	0.210	0.200
	石墨粉	kg	10.68	0.100	0.080	0.080	0.070
	酸洗膏	kg	6.56	3.640	3.420	3.260	3.100

续表

定额编号				A3-1-261	A3-1-262	A3-1-263	A3-1-264
项目名称				重量(t以内)			
				30	50	80	100
名称		单位	单价(元)	消耗量			
材料	碳钢埋弧焊丝	kg	7.69	0.670	0.710	0.750	0.780
	碳精棒 φ8～12	根	1.27	19.350	15.840	13.590	11.890
	硝酸	kg	2.19	4.230	4.070	3.910	3.830
	氧气	m^3	3.63	5.160	4.350	3.010	2.720
	乙炔气	kg	10.45	1.720	1.450	1.000	0.910
	其他材料费占材料费	%	—	0.589	0.594	0.572	0.566
机械	半自动切割机 100mm	台班	83.55	0.219	0.219	0.200	0.190
	单速电动葫芦 3t	台班	32.95	0.010	0.010	0.010	0.010
	等离子切割机 400A	台班	219.59	1.910	1.596	1.853	1.416
	电动单梁起重机 5t	台班	223.20	1.102	1.264	1.216	1.169
	电动单筒慢速卷扬机 30kN	台班	210.22	0.038	0.029	0.029	0.029
	电动滚胎机	台班	172.54	0.922	0.855	0.789	0.751
	电动空气压缩机 1m^3/min	台班	50.29	1.501	1.425	1.311	1.254
	电动空气压缩机 6m^3/min	台班	206.73	0.570	0.314	0.304	0.285
	电焊条恒温箱	台班	21.41	0.361	0.333	0.266	0.257
	电焊条烘干箱 80×80×100cm^3	台班	49.05	0.361	0.333	0.266	0.257
	钢材电动煨弯机 500～1800mm	台班	79.55	0.029	0.029	0.019	0.019
	剪板机 20×2500mm	台班	333.30	0.200	0.171	0.143	0.133
	卷板机 20×2500mm	台班	276.83	0.162	0.143	0.076	0.057
	门式起重机 20t	台班	644.10	0.257	0.209	0.228	0.209
	刨边机 9000mm	台班	518.80	0.114	0.124	0.133	0.133
	平板拖车组 100t	台班	2755.47	—	—	—	0.010

续表

定额编号				A3-1-261	A3-1-262	A3-1-263	A3-1-264
项目名称				重量(t以内)			
				30	50	80	100
名称		单位	单价(元)	消耗量			
机械	平板拖车组 15t	台班	981.46	—	0.010	—	—
	平板拖车组 20t	台班	1081.33	0.038	—	—	—
	平板拖车组 30t	台班	1243.07	—	—	0.010	0.010
	平板拖车组 40t	台班	1446.84	—	0.019	—	—
	平板拖车组 80t	台班	1814.63	—	—	0.010	—
	普通车床 630×1400mm	台班	234.99	0.010	0.010	0.010	0.010
	汽车式起重机 100t	台班	4651.90	—	—	—	0.029
	汽车式起重机 16t	台班	958.70	—	0.019	—	—
	汽车式起重机 20t	台班	1030.31	0.086	—	—	—
	汽车式起重机 25t	台班	1084.16	—	—	0.019	0.019
	汽车式起重机 40t	台班	1526.12	—	0.029	0.029	—
	汽车式起重机 75t	台班	3151.07	—	—	0.029	—
	汽车式起重机 8t	台班	763.67	0.019	0.019	0.019	0.019
	砂轮切割机 500mm	台班	29.08	0.010	0.010	0.010	0.010
	台式钻床 16mm	台班	4.07	0.067	0.057	0.048	0.038
	摇臂钻床 25mm	台班	8.58	0.171	0.152	0.133	0.133
	摇臂钻床 63mm	台班	41.15	0.019	0.010	0.010	0.010
	油压机 800t	台班	1731.15	0.143	0.124	0.124	0.095
	载重汽车 10t	台班	547.99	0.029	0.029	0.029	0.029
	直流弧焊机 32kV·A	台班	87.75	3.582	3.335	2.613	2.613
	中频煨弯机 160kW	台班	70.55	0.048	0.029	0.019	0.010
	自动埋弧焊机 1500A	台班	247.74	0.475	0.352	0.257	0.257

工作内容：放样号料、切割、坡口、压头卷弧、椭圆封头、锥体、裙座制作、组对、焊接、焊缝酸洗钝化、分配盘、栅板、喷淋管、吊柱制作、塔体固定件的制作组装、成品倒运堆放等。

计量单位：t

定额编号				A3-1-265	A3-1-266	A3-1-267	A3-1-268
项目名称				重量(t以内)			
				150	200	250	300
基价（元）				**4779.45**	**4687.42**	**4525.01**	**4986.85**
其中	人工费（元）			1878.80	1822.24	1749.16	1679.44
	材料费（元）			1256.52	1247.54	1215.79	1190.59
	机械费（元）			1644.13	1617.64	1560.06	2116.82
名称		单位	单价(元)	消耗量			
人工	综合工日	工日	140.00	13.420	13.016	12.494	11.996
材料	不锈钢电焊条	kg	38.46	5.440	5.220	4.930	4.540
	不锈钢埋弧焊丝	kg	50.13	8.690	8.510	8.340	8.260
	道木	m³	2137.00	0.010	0.010	0.010	0.010
	电焊条	kg	5.98	4.700	4.100	3.930	3.450
	碟形钢丝砂轮片 φ100	片	19.74	0.340	0.330	0.310	0.300
	方木	m³	2029.00	0.040	0.050	0.050	0.050
	飞溅净	kg	5.15	3.310	3.180	3.050	2.930
	钢板 δ20	kg	3.18	8.340	8.000	7.680	7.380
	钢管 DN80	kg	4.38	2.120	2.030	1.900	1.870
	钢丝绳 φ21.5	m	18.72	0.020	—	—	—
	钢丝绳 φ26	m	26.38	—	0.040	0.030	0.030
	钢丝绳 φ30	m	29.01	0.050	—	—	—
	钢丝绳 φ32	m	29.81	—	0.050	0.040	0.040
	埋弧焊剂	kg	21.72	14.230	14.080	13.870	13.920
	尼龙砂轮片 φ100×16×3	片	2.56	9.570	9.180	8.820	8.460
	尼龙砂轮片 φ150	片	3.32	4.380	4.250	4.160	4.120
	尼龙砂轮片 φ500×25×4	片	12.82	0.010	0.010	0.010	0.010
	氢氟酸 45%	kg	4.87	0.210	0.210	0.200	0.190
	石墨粉	kg	10.68	0.070	0.060	0.060	0.060
	酸洗膏	kg	6.56	2.900	2.780	2.670	2.560
	碳钢埋弧焊丝	kg	7.69	0.800	0.870	0.910	1.020
	碳精棒 φ8～12	根	1.27	8.430	8.070	7.740	7.410
	硝酸	kg	2.19	3.770	3.620	3.470	3.330
	氧气	m³	3.63	2.600	2.500	2.400	2.300
	乙炔气	kg	10.45	0.870	0.830	0.800	0.770
	其他材料费占材料费	%	—	0.557	0.564	0.564	0.565
机械	半自动切割机 100mm	台班	83.55	0.190	0.181	0.171	0.171
	单速电动葫芦 3t	台班	32.95	0.010	0.010	0.010	0.010
	等离子切割机 400A	台班	219.59	1.321	1.264	1.216	1.169
	电动单梁起重机 5t	台班	223.20	1.140	1.102	1.074	1.055
	电动单筒慢速卷扬机 30kN	台班	210.22	0.019	0.019	0.019	0.019

续表

定额编号				A3-1-265	A3-1-266	A3-1-267	A3-1-268
项目名称				重量(t以内)			
				150	200	250	300
名称		单位	单价(元)	消耗量			
机械	电动滚胎机	台班	172.54	0.703	0.675	0.646	0.618
	电动空气压缩机 1m³/min	台班	50.29	1.159	1.112	1.064	1.036
	电动空气压缩机 6m³/min	台班	206.73	0.285	0.276	0.266	0.247
	电焊条恒温箱	台班	21.41	0.247	0.238	0.228	0.219
	电焊条烘干箱 80×80×100cm³	台班	49.05	0.247	0.238	0.228	0.219
	钢材电动煨弯机 500～1800mm	台班	79.55	0.019	0.019	0.019	0.019
	剪板机 20×2500mm	台班	333.30	0.124	0.114	0.114	0.105
	卷板机 20×2500mm	台班	276.83	0.057	0.010	—	—
	卷板机 40×3500mm	台班	514.10	—	0.057	0.057	0.057
	门式起重机 20t	台班	644.10	0.171	0.171	0.162	0.238
	刨边机 9000mm	台班	518.80	0.133	0.124	0.124	1.178
	平板拖车组 150t	台班	3970.77	0.010	—	—	—
	平板拖车组 200t	台班	4886.66	—	0.010	0.010	0.010
	平板拖车组 50t	台班	1524.76	0.010	—	—	—
	平板拖车组 80t	台班	1814.63	—	0.010	0.010	0.010
	普通车床 630×1400mm	台班	234.99	0.010	0.010	0.010	0.010
	汽车式起重机 125t	台班	8069.55	0.010	—	—	—
	汽车式起重机 150t	台班	8354.46	—	0.010	0.010	0.010
	汽车式起重机 50t	台班	2464.07	0.010	—	—	—
	汽车式起重机 75t	台班	3151.07	—	0.010	0.010	0.010
	汽车式起重机 8t	台班	763.67	0.019	0.010	0.010	0.010
	砂轮切割机 500mm	台班	29.08	0.010	0.010	0.010	0.010
	台式钻床 16mm	台班	4.07	0.029	0.019	0.019	0.019
	摇臂钻床 25mm	台班	8.58	0.124	0.114	0.114	0.105
	摇臂钻床 63mm	台班	41.15	0.010	0.010	0.010	0.010
	油压机 800t	台班	1731.15	0.067	0.063	0.057	0.057
	载重汽车 10t	台班	547.99	0.019	0.010	0.010	0.010
	载重汽车 5t	台班	430.70	—	0.010	0.010	0.010
	直流弧焊机 32kV·A	台班	87.75	2.489	2.394	2.299	2.204
	中频煨弯机 160kW	台班	70.55	0.010	0.010	0.010	0.010
	自动埋弧焊机 1500A	台班	247.74	0.247	0.238	0.228	0.219

(5)不锈钢筛板塔

工作内容：放样号料、切割、坡口、压头卷弧、椭圆封头、锥体、裙座、降液板、受液盘、支持板、塔盘制作、塔器各部附件制作组装、焊接、焊缝酸洗钝化、成品倒运堆放等。　　计量单位：t

定额编号				A3-1-269	A3-1-270	A3-1-271	A3-1-272
项目名称				重量(t以内)			
				30	50	80	100
基价（元）				8206.14	6986.71	6668.38	5978.60
其中	人工费（元）			2623.18	2443.28	2173.36	2136.82
	材料费（元）			2042.25	1959.54	1844.04	1771.87
	机械费（元）			3540.71	2583.89	2650.98	2069.91
名称		单位	单价(元)	消耗量			
人工	综合工日	工日	140.00	18.737	17.452	15.524	15.263
材料	不锈钢板	kg	22.00	—	1.000	1.000	1.000
	不锈钢电焊条	kg	38.46	23.080	21.490	20.210	19.400
	不锈钢埋弧焊丝	kg	50.13	4.300	4.470	4.650	4.870
	道木	m³	2137.00	0.010	0.010	0.010	0.010
	电焊条	kg	5.98	6.060	5.920	5.530	5.430
	碟形钢丝砂轮片 φ100	片	19.74	1.270	1.170	1.080	1.040
	方木	m³	2029.00	0.230	0.220	0.200	0.170
	飞溅净	kg	5.15	3.430	3.110	2.720	2.470
	钢板 δ20	kg	3.18	23.000	19.070	15.490	15.940
	钢管 DN80	kg	4.38	—	1.320	1.230	1.190
	钢丝绳 φ19.5	m	12.00	—	0.110	—	—
	钢丝绳 φ24	m	22.56	—	—	—	0.120
	埋弧焊剂	kg	21.72	7.160	7.450	7.720	8.240
	尼龙砂轮片 φ100×16×3	片	2.56	12.100	11.150	10.280	9.870
	尼龙砂轮片 φ150	片	3.32	2.350	2.160	1.990	1.910
	尼龙砂轮片 φ500×25×4	片	12.82	0.010	0.010	0.010	0.010
	氢氟酸 45%	kg	4.87	0.220	0.180	0.140	0.140
	石墨粉	kg	10.68	0.060	0.050	0.050	0.050
	酸洗膏	kg	6.56	3.470	2.800	2.130	2.110
	碳钢埋弧焊丝	kg	7.69	0.480	0.490	0.500	0.630
	碳精棒 φ8～12	根	1.27	16.170	12.180	9.360	9.720
	硝酸	kg	2.19	1.760	1.370	1.080	1.070
	氧气	m³	3.63	5.470	3.490	2.230	1.790
	乙炔气	kg	10.45	1.820	1.160	0.740	0.600
	其他材料费占材料费	%	—	0.642	0.641	0.633	0.620
机械	半自动切割机 100mm	台班	83.55	0.086	0.086	0.670	0.057
	单速电动葫芦 3t	台班	32.95	0.010	0.010	0.010	0.010
	等离子切割机 400A	台班	219.59	2.508	1.682	1.473	1.435

续表

定额编号				A3-1-269	A3-1-270	A3-1-271	A3-1-272
项目名称				重量(t以内)			
				30	50	80	100
名称		单位	单价(元)	消耗量			
机械	电动单梁起重机 5t	台班	223.20	1.929	1.815	1.577	1.520
	电动单筒慢速卷扬机 30kN	台班	210.22	0.019	0.019	0.019	0.019
	电动滚胎机	台班	172.54	0.979	0.912	0.931	0.931
	电动空气压缩机 1m³/min	台班	50.29	0.827	0.599	0.456	0.437
	电动空气压缩机 6m³/min	台班	206.73	2.337	1.767	1.568	1.501
	电焊条恒温箱	台班	21.41	0.646	0.523	0.304	0.219
	电焊条烘干箱 80×80×100cm³	台班	49.05	0.646	0.523	0.304	0.219
	钢材电动煨弯机 500～1800mm	台班	79.55	0.095	0.095	0.067	0.067
	剪板机 20×2500mm	台班	333.30	0.675	0.494	0.418	0.409
	卷板机 20×2500mm	台班	276.83	0.124	0.105	0.095	0.086
	门式起重机 20t	台班	644.10	0.200	0.171	0.171	0.152
	刨边机 9000mm	台班	518.80	0.760	0.086	0.095	0.095
	平板拖车组 40t	台班	1446.84	0.019	0.029	—	—
	平板拖车组 60t	台班	1611.30	—	—	—	0.019
	平板拖车组 80t	台班	1814.63	—	—	0.143	—
	汽车式起重机 10t	台班	833.49	0.010	—	0.010	—
	汽车式起重机 150t	台班	8354.46	—	—	0.029	—
	汽车式起重机 40t	台班	1526.12	0.019	0.048	—	—
	汽车式起重机 75t	台班	3151.07	—	—	—	0.029
	汽车式起重机 8t	台班	763.67	0.019	0.019	0.010	0.019
	砂轮切割机 500mm	台班	29.08	0.010	0.010	0.010	0.010
	摇臂钻床 25mm	台班	8.58	1.112	1.102	1.083	1.093
	摇臂钻床 63mm	台班	41.15	0.010	0.010	0.010	0.010
	油压机 800t	台班	1731.15	0.171	0.114	0.114	0.105
	载重汽车 10t	台班	547.99	0.029	0.019	0.019	0.019
	载重汽车 5t	台班	430.70	0.010	—	0.010	—
	直流弧焊机 32kV·A	台班	87.75	6.413	5.178	3.002	2.185
	中频煨弯机 160kW	台班	70.55	0.010	0.010	0.010	0.010
	自动埋弧焊机 1500A	台班	247.74	0.200	0.200	0.209	0.219

工作内容：放样号料、切割、坡口、压头卷弧、椭圆封头、锥体、裙座、降液板、受液盘、支持板、塔盘制作、塔器各部附件制作组装、焊接、焊缝酸洗钝化、成品倒运堆放等。　　　计量单位：t

定额编号				A3-1-273	A3-1-274	A3-1-275	A3-1-276
项目名称				重量(t以内)			
				150	200	250	300
基价（元）				5476.61	5543.46	5389.09	5224.92
其中	人工费（元）			2072.70	2010.54	1949.92	1891.26
	材料费（元）			1545.34	1489.00	1456.75	1394.24
	机械费（元）			1858.57	2043.92	1982.42	1939.42
名称		单位	单价(元)	消耗量			
人工	综合工日	工日	140.00	14.805	14.361	13.928	13.509
材料	不锈钢电焊条	kg	38.46	17.460	15.720	14.620	13.160
	不锈钢埋弧焊丝	kg	50.13	4.890	5.100	5.310	5.530
	道木	m³	2137.00	0.010	0.010	0.010	0.010
	电焊条	kg	5.98	5.340	5.230	5.080	5.030
	碟形钢丝砂轮片 φ100	片	19.74	0.990	0.780	0.690	0.660
	方木	m³	2029.00	0.120	0.120	0.120	0.110
	飞溅净	kg	5.15	1.630	1.460	1.310	1.320
	钢板 δ20	kg	3.18	13.200	12.680	12.170	11.680
	钢管 DN80	kg	4.38	1.110	1.110	1.070	1.020
	钢丝绳 φ26	m	26.38	—	0.040	0.030	0.030
	钢丝绳 φ32	m	29.81	—	0.050	0.040	0.040
	埋弧焊剂	kg	21.72	8.370	8.720	9.080	9.460
	尼龙砂轮片 φ100×16×3	片	2.56	9.170	8.800	8.450	8.110
	尼龙砂轮片 φ150	片	3.32	1.830	1.760	1.690	1.620
	尼龙砂轮片 φ500×25×4	片	12.82	0.010	0.010	0.010	0.010
	氢氟酸 45%	kg	4.87	0.100	0.080	0.070	0.070
	石墨粉	kg	10.68	0.040	0.040	0.040	0.030
	酸洗膏	kg	6.56	1.570	1.500	1.440	1.390
	碳钢埋弧焊丝	kg	7.69	0.690	0.720	0.740	0.780
	碳精棒 φ8～12	根	1.27	6.840	6.600	6.600	6.450
	硝酸	kg	2.19	0.790	0.650	0.550	0.520
	氧气	m³	3.63	1.340	1.300	1.200	1.090
	乙炔气	kg	10.45	0.450	0.430	0.400	0.360
	其他材料费占材料费	%	—	0.596	0.599	0.600	0.596
机械	半自动切割机 100mm	台班	83.55	0.038	0.038	0.038	0.029
	单速电动葫芦 3t	台班	32.95	0.010	0.010	0.010	0.010
	等离子切割机 400A	台班	219.59	1.435	1.378	1.321	1.292

续表

定额编号				A3-1-273	A3-1-274	A3-1-275	A3-1-276
项目名称				重量(t以内)			
				150	200	250	300
名称		单位	单价(元)	消耗量			
机械	电动单梁起重机 5t	台班	223.20	1.245	1.226	1.207	1.188
	电动单筒慢速卷扬机 30kN	台班	210.22	0.019	0.019	0.010	0.010
	电动滚胎机	台班	172.54	0.922	0.903	0.865	0.827
	电动空气压缩机 1m³/min	台班	50.29	1.463	1.235	1.178	1.131
	电动空气压缩机 6m³/min	台班	206.73	0.399	0.390	0.380	0.371
	电焊条恒温箱	台班	21.41	0.200	0.190	0.190	0.190
	电焊条烘干箱 80×80×100cm³	台班	49.05	0.200	0.190	0.190	0.190
	钢材电动煨弯机 500～1800mm	台班	79.55	0.057	0.057	0.048	0.048
	剪板机 20×2500mm	台班	333.30	0.352	0.342	0.323	0.314
	卷板机 20×2500mm	台班	276.83	0.067	0.010	—	—
	卷板机 40×3500mm	台班	514.10	—	0.067	0.067	0.067
	门式起重机 20t	台班	644.10	0.152	0.152	0.143	0.133
	刨边机 9000mm	台班	518.80	0.133	0.133	0.143	0.152
	平板拖车组 200t	台班	4886.66	0.010	0.010	0.010	0.010
	平板拖车组 80t	台班	1814.63	—	0.124	0.114	0.105
	汽车式起重机 10t	台班	833.49	0.010	—	—	—
	汽车式起重机 150t	台班	8354.46	0.010	0.010	0.010	0.010
	汽车式起重机 75t	台班	3151.07	—	0.010	0.010	0.010
	汽车式起重机 8t	台班	763.67	0.010	0.010	0.010	0.010
	砂轮切割机 500mm	台班	29.08	0.010	0.010	0.010	0.010
	摇臂钻床 25mm	台班	8.58	1.064	1.017	0.979	0.941
	摇臂钻床 63mm	台班	41.15	0.010	0.010	0.010	0.010
	油压机 800t	台班	1731.15	0.124	0.105	0.105	0.105
	载重汽车 10t	台班	547.99	0.019	0.010	0.010	0.010
	载重汽车 5t	台班	430.70	0.010	0.010	0.010	0.010
	直流弧焊机 32kV·A	台班	87.75	1.986	1.919	1.891	1.872
	中频煨弯机 160kW	台班	70.55	0.010	0.010	0.010	0.010
	自动埋弧焊机 1500A	台班	247.74	0.238	0.238	0.238	0.247

(6)不锈钢浮阀塔

工作内容：放样号料、切割、坡口、压头卷弧、椭圆封头、锥体、裙座、降液板、受液盘、支持板、塔盘制作、塔器各部附件制作组装、焊接、焊缝酸洗钝化、成品倒运堆放等。　　计量单位：t

定额编号				A3-1-277	A3-1-278	A3-1-279	A3-1-280
项目名称				重量(t以内)			
				30	50	80	100
基价(元)				10790.61	9597.85	8820.18	8256.35
其中	人工费(元)			4079.88	3443.02	3331.30	3314.64
	材料费(元)			2314.55	2227.73	1978.76	1849.24
	机械费(元)			4396.18	3927.10	3510.12	3092.47
名称		单位	单价(元)	消耗量			
人工	综合工日	工日	140.00	29.142	24.593	23.795	23.676
材料	不锈钢电焊条	kg	38.46	27.310	26.540	23.310	21.170
	不锈钢埋弧焊丝	kg	50.13	4.300	4.470	4.650	4.870
	道木	m³	2137.00	0.010	0.010	0.010	0.010
	电焊条	kg	5.98	3.400	2.610	2.280	2.230
	碟形钢丝砂轮片 φ100	片	19.74	2.080	1.790	1.270	1.200
	方木	m³	2029.00	0.280	0.260	0.210	0.180
	飞溅净	kg	5.15	1.880	1.680	1.550	1.440
	钢板 δ20	kg	3.18	18.450	16.600	15.410	15.120
	钢管 DN80	kg	4.38	1.440	1.450	1.500	1.310
	钢丝绳 φ19.5	m	12.00	—	0.140	—	—
	钢丝绳 φ24	m	22.56	—	—	—	0.120
	埋弧焊剂	kg	21.72	7.160	7.450	7.720	8.240
	尼龙砂轮片 φ100×16×3	片	2.56	9.170	7.930	7.310	6.940
	尼龙砂轮片 φ150	片	3.32	5.350	4.880	4.450	4.140
	尼龙砂轮片 φ500×25×4	片	12.82	0.010	0.010	0.010	0.080
	氢氟酸 45%	kg	4.87	0.310	0.280	0.270	0.270
	石墨粉	kg	10.68	0.070	0.060	0.060	0.030
	酸洗膏	kg	6.56	5.970	5.500	4.440	4.160
	碳钢埋弧焊丝	kg	7.69	0.480	0.490	0.500	0.630
	碳精棒 φ8～12	根	1.27	13.320	12.510	10.950	9.720
	硝酸	kg	2.19	3.000	2.850	2.250	2.110
	氧气	m³	3.63	6.000	5.190	4.490	4.180
	乙炔气	kg	10.45	2.000	1.730	1.500	1.390
	其他材料费占材料费	%	—	0.650	0.644	0.631	0.621
机械	半自动切割机 100mm	台班	83.55	0.086	0.086	0.076	0.057
	单速电动葫芦 3t	台班	32.95	0.010	0.010	0.010	0.010
	等离子切割机 400A	台班	219.59	2.147	2.508	2.527	1.682
	电动单梁起重机 5t	台班	223.20	2.755	2.641	2.242	2.166

续表

定额编号				A3-1-277	A3-1-278	A3-1-279	A3-1-280
项目名称				重量(t以内)			
				30	50	80	100
名称		单位	单价(元)	消耗量			
机械	电动单筒慢速卷扬机 30kN	台班	210.22	0.019	0.019	0.019	0.010
	电动滚胎机	台班	172.54	1.026	0.979	0.969	0.960
	电动空气压缩机 1m³/min	台班	50.29	1.967	1.853	1.710	1.682
	电动空气压缩机 6m³/min	台班	206.73	0.912	0.703	0.532	0.504
	电焊条恒温箱	台班	21.41	0.912	0.627	0.504	0.523
	电焊条烘干箱 80×80×100cm³	台班	49.05	0.912	0.627	0.504	0.523
	钢材电动煨弯机 500～1800mm	台班	79.55	0.095	0.086	0.067	0.057
	剪板机 20×2500mm	台班	333.30	1.064	0.960	0.798	0.656
	卷板机 20×2500mm	台班	276.83	0.171	0.133	0.095	0.086
	门式起重机 20t	台班	644.10	0.238	0.228	0.171	0.152
	刨边机 9000mm	台班	518.80	0.181	0.162	0.143	0.133
	平板拖车组 40t	台班	1446.84	0.019	0.029	—	—
	平板拖车组 60t	台班	1611.30	—	—	—	0.019
	平板拖车组 80t	台班	1814.63	—	—	0.010	—
	汽车式起重机 10t	台班	833.49	0.010	—	0.010	—
	汽车式起重机 150t	台班	8354.46	—	—	0.029	—
	汽车式起重机 40t	台班	1526.12	0.019	0.057	—	—
	汽车式起重机 75t	台班	3151.07	—	—	—	0.029
	汽车式起重机 8t	台班	763.67	0.019	0.019	0.019	0.019
	砂轮切割机 500mm	台班	29.08	0.010	0.010	0.010	0.010
	摇臂钻床 25mm	台班	8.58	0.124	0.114	0.114	0.114
	摇臂钻床 63mm	台班	41.15	2.879	2.385	2.242	2.119
	油压机 800t	台班	1731.15	0.608	0.504	0.390	0.390
	载重汽车 10t	台班	547.99	0.019	0.029	0.019	0.019
	载重汽车 5t	台班	430.70	0.010	—	0.010	—
	直流弧焊机 32kV·A	台班	87.75	9.073	6.242	5.064	5.263
	中频煨弯机 160kW	台班	70.55	0.010	0.010	0.010	0.010
	自动埋弧焊机 1500A	台班	247.74	0.200	0.200	0.209	0.219

工作内容：放样号料、切割、坡口、压头卷弧、椭圆封头、锥体、裙座、降液板、受液盘、支持板、塔盘制作、塔器各部附件制作组装、焊接、焊缝酸洗钝化、成品倒运堆放等。　　计量单位：t

定额编号				A3-1-281	A3-1-282	A3-1-283	A3-1-284
项目名称				重量(t以内)			
				150	200	250	300
基价（元）				7234.75	7508.26	7727.20	7390.02
其中	人工费（元）			2718.52	2528.12	2350.74	2187.22
	材料费（元）			1727.06	1695.40	1656.05	1633.22
	机械费（元）			2789.17	3284.74	3720.41	3569.58
	名称	单位	单价(元)	消耗量			
人工	综合工日	工日	140.00	19.418	18.058	16.791	15.623
材料	不锈钢电焊条	kg	38.46	20.740	19.640	18.850	18.100
	不锈钢埋弧焊丝	kg	50.13	4.890	5.100	5.310	5.530
	道木	m^3	2137.00	0.010	0.010	0.010	0.010
	电焊条	kg	5.98	2.140	1.930	1.850	1.780
	碟形钢丝砂轮片 φ100	片	19.74	0.960	0.920	0.890	0.850
	方木	m^3	2029.00	0.140	0.140	0.130	0.130
	飞溅净	kg	5.15	1.300	1.240	1.190	1.150
	钢板 δ20	kg	3.18	13.470	12.940	12.420	11.920
	钢管 DN80	kg	4.38	1.290	1.230	1.180	1.140
	钢丝绳 φ26	m	26.38	—	0.040	0.030	0.030
	钢丝绳 φ32	m	29.81	—	0.050	0.040	0.040
	埋弧焊剂	kg	21.72	8.370	8.720	9.080	9.460
	尼龙砂轮片 φ100×16×3	片	2.56	6.730	6.530	6.400	6.270
	尼龙砂轮片 φ150	片	3.32	3.720	3.570	3.500	3.470
	尼龙砂轮片 φ500×25×4	片	12.82	0.010	0.010	0.010	0.010
	氢氟酸 45%	kg	4.87	0.220	0.210	0.200	0.190
	石墨粉	kg	10.68	0.020	0.020	0.020	0.020
	酸洗膏	kg	6.56	3.420	3.290	3.150	3.030
	碳钢埋弧焊丝	kg	7.69	0.690	0.720	0.740	0.780
	碳精棒 φ8～12	根	1.27	6.840	6.540	6.300	6.030
	硝酸	kg	2.19	1.740	1.670	1.600	1.540
	氧气	m^3	3.63	4.010	3.550	3.390	2.190
	乙炔气	kg	10.45	1.340	1.180	1.130	0.730
	其他材料费占材料费	%	—	0.601	0.602	0.597	0.598
机械	半自动切割机 100mm	台班	83.55	0.038	0.038	0.038	0.029
	单速电动葫芦 3t	台班	32.95	0.010	0.010	0.010	0.010
	等离子切割机 400A	台班	219.59	1.796	1.701	1.634	1.568

续表

定 额 编 号				A3-1-281	A3-1-282	A3-1-283	A3-1-284
项 目 名 称				重量(t以内)			
				150	200	250	300
名 称		单位	单价(元)	消 耗 量			
机械	电动单梁起重机 5t	台班	223.20	1.786	1.710	1.644	1.577
	电动单筒慢速卷扬机 30kN	台班	210.22	0.019	0.019	0.019	0.019
	电动滚胎机	台班	172.54	0.950	0.912	0.874	0.836
	电动空气压缩机 $1m^3/min$	台班	50.29	1.625	1.558	1.492	1.435
	电动空气压缩机 $6m^3/min$	台班	206.73	0.437	0.418	0.399	0.390
	电焊条恒温箱	台班	21.41	0.437	0.418	0.399	0.371
	电焊条烘干箱 $80×80×100cm^3$	台班	49.05	0.437	0.418	0.399	0.371
	钢材电动煨弯机 500~1800mm	台班	79.55	0.057	0.048	0.048	0.048
	剪板机 20×2500mm	台班	333.30	0.561	0.532	0.513	0.494
	卷板机 20×2500mm	台班	276.83	0.076	—	—	—
	卷板机 40×3500mm	台班	514.10	—	0.076	0.076	0.067
	门式起重机 20t	台班	644.10	0.143	0.133	0.133	0.124
	刨边机 9000mm	台班	518.80	0.133	0.133	1.235	1.178
	平板拖车组 200t	台班	4886.66	0.010	0.010	0.010	0.010
	平板拖车组 80t	台班	1814.63	—	0.314	0.295	0.285
	汽车式起重机 10t	台班	833.49	0.010	—	—	—
	汽车式起重机 150t	台班	8354.46	0.010	0.010	0.010	0.010
	汽车式起重机 75t	台班	3151.07	—	0.010	0.010	0.010
	汽车式起重机 8t	台班	763.67	0.019	0.010	0.010	0.010
	砂轮切割机 500mm	台班	29.08	0.010	0.010	0.010	0.010
	摇臂钻床 25mm	台班	8.58	0.114	0.105	0.105	0.095
	摇臂钻床 63mm	台班	41.15	1.815	1.739	1.672	1.606
	油压机 800t	台班	1731.15	0.323	0.314	0.295	0.285
	载重汽车 10t	台班	547.99	0.019	0.010	0.010	0.010
	载重汽车 5t	台班	430.70	0.010	0.010	0.010	0.010
	直流弧焊机 32kV·A	台班	87.75	4.370	4.199	4.028	3.743
	中频煨弯机 160kW	台班	70.55	0.010	0.010	0.010	0.010
	自动埋弧焊机 1500A	台班	247.74	0.238	0.238	0.238	0.247

3. 分片塔器制作

(1)低合金钢(碳钢)填料塔

工作内容：放样号料、切割、坡口、压头卷弧、封头、锥体、裙座制作、分配盘、栅板、喷淋管、吊柱制作、固定件的制作、成品倒运堆放等。　　计量单位：t

定额编号				A3-1-285	A3-1-286	A3-1-287	A3-1-288
项目名称				重量(t以内)			
				100	150	200	250
基价（元）				3015.19	2780.66	2512.75	2283.46
其中	人工费（元）			1311.66	1280.02	1236.48	1084.58
	材料费（元）			433.00	358.07	310.61	280.71
	机械费（元）			1270.53	1142.57	965.66	918.17
	名称	单位	单价(元)	消耗量			
人工	综合工日	工日	140.00	9.369	9.143	8.832	7.747
材料	道木	m^3	2137.00	0.010	0.010	0.010	0.010
	电焊条	kg	5.98	1.980	1.560	1.300	1.270
	碟形钢丝砂轮片 φ100	片	19.74	0.020	0.010	0.010	0.010
	方木	m^3	2029.00	0.080	0.060	0.050	0.040
	钢板 δ20	kg	3.18	2.510	1.680	1.330	1.010
	钢丝绳 φ28	m	28.12	0.080	0.070	0.070	0.070
	焦炭	kg	1.42	45.440	37.950	33.670	29.040
	木柴	kg	0.18	4.550	3.800	3.370	2.910
	尼龙砂轮片 φ100×16×3	片	2.56	0.120	0.080	0.060	0.050
	尼龙砂轮片 φ150	片	3.32	7.740	7.730	7.490	7.410
	尼龙砂轮片 φ500×25×4	片	12.82	0.010	0.010	0.010	0.010
	氧气	m^3	3.63	17.520	15.310	13.010	12.940
	乙炔气	kg	10.45	5.840	5.100	4.340	4.310
	其他材料费占材料费	%	—	2.543	2.485	2.467	2.400
机械	半自动切割机 100mm	台班	83.55	0.304	0.295	0.276	0.266
	单速电动葫芦 3t	台班	32.95	0.010	0.010	0.010	—
	电动单梁起重机 5t	台班	223.20	1.397	1.178	1.055	1.036
	电动单筒慢速卷扬机 30kN	台班	210.22	0.057	0.038	0.029	0.029
	电焊条恒温箱	台班	21.41	0.105	0.086	0.670	0.067
	电焊条烘干箱 80×80×100cm^3	台班	49.05	0.105	0.086	0.067	0.067
	钢材电动煨弯机 500～1800mm	台班	79.55	0.029	0.019	0.019	0.010
	剪板机 20×2500mm	台班	333.30	0.551	0.447	0.399	0.333

续表

定额编号				A3-1-285	A3-1-286	A3-1-287	A3-1-288
项目名称				重量(t以内)			
				100	150	200	250
名称		单位	单价(元)	消耗量			
机械	剪板机 32×4000mm	台班	590.12	0.076	0.057	0.057	0.048
	卷板机 40×3500mm	台班	514.10	0.057	0.038	0.038	0.038
	刨边机 9000mm	台班	518.80	0.285	0.276	0.266	0.266
	平板拖车组 100t	台班	2755.47	0.010	—	—	—
	平板拖车组 150t	台班	3970.77	—	0.010	—	—
	平板拖车组 200t	台班	4886.66	—	—	0.010	0.010
	普通车床 630×1400mm	台班	234.99	0.010	0.010	0.010	0.010
	汽车式起重机 100t	台班	4651.90	0.019	—	—	—
	汽车式起重机 10t	台班	833.49	—	0.010	—	—
	汽车式起重机 125t	台班	8069.55	—	0.019	—	—
	汽车式起重机 150t	台班	8354.46	—	—	0.010	0.010
	汽车式起重机 8t	台班	763.67	0.019	0.010	0.010	0.010
	砂轮切割机 500mm	台班	29.08	0.010	0.010	0.010	0.010
	台式钻床 16mm	台班	4.07	0.114	0.076	0.067	0.057
	箱式加热炉 75kW	台班	123.86	0.143	0.105	0.076	0.076
	摇臂钻床 25mm	台班	8.58	0.418	0.323	0.295	0.257
	摇臂钻床 63mm	台班	41.15	0.010	0.010	0.010	0.010
	油压机 800t	台班	1731.15	0.143	0.105	0.076	0.076
	载重汽车 10t	台班	547.99	0.010	0.010	0.010	0.010
	载重汽车 5t	台班	430.70	0.010	0.010	0.010	0.010
	直流弧焊机 32kV·A	台班	87.75	1.045	0.836	0.684	0.675
	中频煨弯机 160kW	台班	70.55	0.019	0.010	0.010	0.010

工作内容：放样号料、切割、坡口、压头卷弧、封头、锥体、裙座制作、分配盘、栅板、喷淋管、吊柱制作、固定件的制作、成品倒运堆放等。 计量单位：t

定额编号				A3-1-289	A3-1-290	A3-1-291
项目名称				重量(t以内)		
				300	400	500
基价（元）				2191.60	2068.83	1853.23
其中	人工费（元）			1023.96	1013.60	939.68
	材料费（元）			279.42	244.83	208.17
	机械费（元）			888.22	810.40	705.38
名称		单位	单价(元)	消耗量		
人工	综合工日	工日	140.00	7.314	7.240	6.712
材料	道木	m³	2137.00	0.010	0.010	0.010
	电焊条	kg	5.98	1.240	0.980	0.800
	碟形钢丝砂轮片 φ100	片	19.74	0.010	0.010	0.010
	方木	m³	2029.00	0.040	0.030	0.020
	钢板 δ20	kg	3.18	1.150	0.590	0.470
	钢丝绳 φ28	m	28.12	0.070	0.070	0.060
	焦炭	kg	1.42	28.460	27.890	27.790
	木柴	kg	0.18	2.850	2.790	2.780
	尼龙砂轮片 φ100×16×3	片	2.56	0.040	0.030	0.020
	尼龙砂轮片 φ150	片	3.32	7.340	7.100	6.760
	尼龙砂轮片 φ500×25×4	片	12.82	0.010	0.010	0.010
	氧气	m³	3.63	12.870	11.690	9.950
	乙炔气	kg	10.45	4.290	3.900	3.320
	其他材料费占材料费	%	—	2.410	2.348	2.292
机械	半自动切割机 100mm	台班	83.55	0.257	0.247	0.238
	电动单梁起重机 5t	台班	223.20	1.017	0.855	0.684
	电动单筒慢速卷扬机 30kN	台班	210.22	0.029	0.019	0.019
	电焊条恒温箱	台班	21.41	0.067	0.057	0.048
	电焊条烘干箱 80×80×100cm³	台班	49.05	0.067	0.057	0.048

续表

定额编号				A3-1-289	A3-1-290	A3-1-291
项目名称				重量(t以内)		
				300	400	500
名称		单位	单价(元)	消耗量		
机械	钢材电动煨弯机 500～1800mm	台班	79.55	0.010	0.010	0.010
	剪板机 20×2500mm	台班	333.30	0.333	0.333	0.266
	剪板机 32×4000mm	台班	590.12	0.048	0.029	0.029
	卷板机 40×3500mm	台班	514.10	0.038	0.038	0.029
	刨边机 9000mm	台班	518.80	0.266	0.257	0.247
	平板拖车组 100t	台班	2755.47	0.010	0.010	0.010
	普通车床 630×1400mm	台班	234.99	0.010	0.010	0.010
	汽车式起重机 100t	台班	4651.90	0.019	0.019	0.019
	汽车式起重机 10t	台班	833.49	0.010	0.010	0.010
	汽车式起重机 8t	台班	763.67	0.010	0.010	0.010
	砂轮切割机 500mm	台班	29.08	0.010	0.010	0.010
	台式钻床 16mm	台班	4.07	0.048	0.038	0.029
	箱式加热炉 75kW	台班	123.86	0.067	0.057	0.048
	摇臂钻床 25mm	台班	8.58	0.247	0.171	0.038
	摇臂钻床 63mm	台班	41.15	0.010	0.010	0.010
	油压机 800t	台班	1731.15	0.067	0.057	0.048
	载重汽车 10t	台班	547.99	0.010	0.010	0.010
	载重汽车 5t	台班	430.70	0.010	0.010	0.010
	直流弧焊机 32kV·A	台班	87.75	0.675	0.642	0.466
	中频煨弯机 160kW	台班	70.55	0.010	0.010	0.010

(2)低合金钢(碳钢)筛板塔

工作内容：放样号料、切割、坡口、压头卷弧、封头、锥体、裙座、降液板、受液盘、支持板、塔盘制作、塔器各部附件制作组装、成品倒运堆放等。 计量单位：t

定额编号				A3-1-292	A3-1-293	A3-1-294	A3-1-295
项目名称				重量(t以内)			
				100	150	200	250
基价（元）				3817.69	3474.76	3089.30	2981.13
其中	人工费（元）			1313.76	1305.36	1287.44	1228.22
	材料费（元）			567.27	470.85	444.48	417.37
	机械费（元）			1936.66	1698.55	1357.38	1335.54
名称		单位	单价(元)	消耗量			
人工	综合工日	工日	140.00	9.384	9.324	9.196	8.773
材料	道木	m³	2137.00	0.010	0.010	0.010	0.010
	电焊条	kg	5.98	2.230	1.800	1.340	0.880
	碟形钢丝砂轮片 φ100	片	19.74	0.650	0.540	0.520	0.500
	方木	m³	2029.00	0.160	0.130	0.130	0.120
	钢板 δ20	kg	3.18	3.750	2.940	0.690	0.600
	钢丝绳 φ28	m	28.12	0.080	0.070	0.070	0.070
	尼龙砂轮片 φ100×16×3	片	2.56	0.470	0.380	0.140	0.130
	尼龙砂轮片 φ150	片	3.32	8.750	8.490	8.320	8.110
	尼龙砂轮片 φ500×25×4	片	12.82	0.010	0.010	0.010	0.010
	氧气	m³	3.63	19.070	15.670	13.650	13.390
	乙炔气	kg	10.45	6.360	5.220	4.550	4.460
	其他材料费占材料费	%	—	2.689	2.671	2.703	2.685
机械	半自动切割机 100mm	台班	83.55	0.409	0.371	0.352	0.333
	单速电动葫芦 3t	台班	32.95	0.010	0.010	0.010	—
	电动单梁起重机 5t	台班	223.20	1.834	1.511	1.482	1.463
	电动单筒慢速卷扬机 30kN	台班	210.22	0.057	0.038	0.029	0.029
	电焊条恒温箱	台班	21.41	0.067	0.057	0.029	0.029
	电焊条烘干箱 80×80×100cm³	台班	49.05	0.067	0.057	0.029	0.029
	钢材电动煨弯机 500～1800mm	台班	79.55	0.086	0.086	0.086	0.067
	剪板机 20×2500mm	台班	333.30	0.551	0.418	0.418	0.409

续表

定额编号				A3-1-292	A3-1-293	A3-1-294	A3-1-295
项目名称				重量(t以内)			
				100	150	200	250
名称		单位	单价(元)	消耗量			
机械	剪板机 32×4000mm	台班	590.12	0.276	0.266	0.247	0.238
	卷板机 40×3500mm	台班	514.10	0.057	0.038	0.038	0.038
	刨边机 9000mm	台班	518.80	0.124	0.124	0.114	0.105
	平板拖车组 100t	台班	2755.47	0.010	—	—	—
	平板拖车组 150t	台班	3970.77	—	0.010	—	—
	平板拖车组 200t	台班	4886.66	0.067	0.057	0.029	0.029
	汽车式起重机 100t	台班	4651.90	0.019	—	—	—
	汽车式起重机 10t	台班	833.49	—	0.010	—	—
	汽车式起重机 125t	台班	8069.55	—	0.019	—	—
	汽车式起重机 150t	台班	8354.46	—	—	0.010	0.010
	汽车式起重机 8t	台班	763.67	0.010	0.010	0.010	0.010
	砂轮切割机 500mm	台班	29.08	0.010	0.010	0.010	0.010
	箱式加热炉 75kW	台班	123.86	0.266	0.200	0.181	0.181
	摇臂钻床 25mm	台班	8.58	1.663	1.501	1.444	1.387
	摇臂钻床 63mm	台班	41.15	0.010	0.010	0.010	0.010
	油压机 800t	台班	1731.15	0.266	0.200	0.181	0.181
	载重汽车 10t	台班	547.99	0.010	0.010	0.010	0.010
	载重汽车 5t	台班	430.70	0.010	0.010	0.010	0.010
	直流弧焊机 32kV·A	台班	87.75	0.675	0.551	0.295	0.295
	中频煨弯机 160kW	台班	70.55	0.010	0.010	0.010	—

工作内容：放样号料、切割、坡口、压头卷弧、封头、锥体、裙座、降液板、受液盘、支持板、塔盘制作、塔器各部附件制作组装、成品倒运堆放等。　　计量单位：t

定额编号				A3-1-296	A3-1-297	A3-1-298
项目名称				重量(t以内)		
				300	400	500
基价（元）				2959.44	2716.96	2582.56
其中	人工费（元）			1202.60	1114.96	1070.72
	材料费（元）			413.50	382.15	353.84
	机械费（元）			1343.34	1219.85	1158.00
	名称	单位	单价(元)	消耗量		
人工	综合工日	工日	140.00	8.590	7.964	7.648
材料	道木	m^3	2137.00	0.010	0.010	0.010
	电焊条	kg	5.98	0.810	0.630	0.460
	碟形钢丝砂轮片 φ100	片	19.74	0.480	0.460	0.450
	方木	m^3	2029.00	0.120	0.110	0.100
	钢板 δ20	kg	3.18	0.550	0.420	0.430
	钢丝绳 φ28	m	28.12	0.070	0.070	0.060
	尼龙砂轮片 φ100×16×3	片	2.56	0.120	0.090	0.080
	尼龙砂轮片 φ150	片	3.32	7.790	7.620	6.920
	尼龙砂轮片 φ500×25×4	片	12.82	0.010	0.010	0.010
	氧气	m^3	3.63	13.140	12.060	11.580
	乙炔气	kg	10.45	4.380	4.020	3.860
	其他材料费占材料费	%	—	2.694	2.686	2.669
机械	半自动切割机 100mm	台班	83.55	0.314	0.295	0.257
	电动单梁起重机 5t	台班	223.20	1.444	1.321	1.264
	电动单筒慢速卷扬机 30kN	台班	210.22	0.029	0.019	0.019
	电焊条恒温箱	台班	21.41	0.029	0.019	0.019
	电焊条烘干箱 80×80×100cm³	台班	49.05	0.029	0.019	0.019

续表

定 额 编 号				A3-1-296	A3-1-297	A3-1-298
项 目 名 称				重量(t以内)		
				300	400	500
名 称		单位	单价(元)	消 耗 量		
机械	钢材电动煨弯机 500～1800mm	台班	79.55	0.067	0.048	0.048
	剪板机 20×2500mm	台班	333.30	0.409	0.399	0.380
	剪板机 32×4000mm	台班	590.12	0.238	0.219	0.219
	卷板机 40×3500mm	台班	514.10	0.038	0.029	0.029
	刨边机 9000mm	台班	518.80	0.095	0.095	0.095
	平板拖车组 100t	台班	2755.47	0.010	0.010	0.010
	平板拖车组 200t	台班	4886.66	0.029	0.019	0.019
	汽车式起重机 100t	台班	4651.90	0.019	0.019	0.019
	汽车式起重机 10t	台班	833.49	0.010	0.010	0.010
	汽车式起重机 8t	台班	763.67	0.010	0.010	0.010
	砂轮切割机 500mm	台班	29.08	0.010	0.010	0.010
	箱式加热炉 75kW	台班	123.86	0.171	0.162	0.143
	摇臂钻床 25mm	台班	8.58	1.292	1.245	1.216
	摇臂钻床 63mm	台班	41.15	0.010	0.010	0.010
	油压机 800t	台班	1731.15	0.171	0.162	0.143
	载重汽车 10t	台班	547.99	0.010	0.010	0.010
	载重汽车 5t	台班	430.70	0.010	0.010	0.010
	直流弧焊机 32kV·A	台班	87.75	0.266	0.209	0.162

(3)低合金钢(碳钢)浮阀塔

工作内容：放样号料、切割、坡口、压头卷弧、封头、锥体、裙座、降液板、受液盘、支持板、塔盘制作、塔器各部附件制作组装、成品倒运堆放等。　　计量单位：t

定额编号				A3-1-299	A3-1-300	A3-1-301	A3-1-302
项目名称				重量(t以内)			
				100	150	200	250
基价（元）				4994.82	4294.93	3746.73	3666.26
其中	人工费（元）			2144.52	1850.52	1484.84	1424.78
	材料费（元）			606.53	463.46	457.90	455.91
	机械费（元）			2243.77	1980.95	1803.99	1785.57
	名称	单位	单价(元)	消耗量			
人工	综合工日	工日	140.00	15.318	13.218	10.606	10.177
材料	道木	m³	2137.00	0.010	0.010	0.010	0.010
	电焊条	kg	5.98	7.730	5.860	5.760	5.730
	碟形钢丝砂轮片 φ100	片	19.74	0.760	0.060	0.580	0.580
	方木	m³	2029.00	0.150	0.110	0.110	0.110
	钢板 δ20	kg	3.18	9.150	6.810	6.490	6.380
	钢丝绳 φ28	m	28.12	0.080	0.070	0.070	0.070
	尼龙砂轮片 φ100×16×3	片	2.56	2.890	2.540	2.190	2.180
	尼龙砂轮片 φ150	片	3.32	10.810	10.040	9.910	9.640
	尼龙砂轮片 φ500×25×4	片	12.82	0.010	0.010	0.010	0.010
	氧气	m³	3.63	18.170	14.930	13.300	13.220
	乙炔气	kg	10.45	6.060	4.980	4.430	4.410
	其他材料费占材料费	%	—	2.629	2.852	2.606	2.609
机械	半自动切割机 100mm	台班	83.55	0.741	0.618	0.608	0.589
	单速电动葫芦 3t	台班	32.95	0.010	0.010	0.010	—
	电动单梁起重机 5t	台班	223.20	3.211	2.480	2.470	2.451
	电动单筒慢速卷扬机 30kN	台班	210.22	0.057	0.038	0.029	0.029
	电焊条恒温箱	台班	21.41	0.304	0.228	0.228	0.228
	电焊条烘干箱 80×80×100cm³	台班	49.05	0.304	0.228	0.228	0.228
	钢材电动煨弯机 500～1800mm	台班	79.55	0.057	0.048	0.048	0.048
	剪板机 20×2500mm	台班	333.30	0.580	0.513	0.437	0.437

续表

定额编号				A3-1-299	A3-1-300	A3-1-301	A3-1-302
项目名称				重量(t以内)			
				100	150	200	250
名称		单位	单价(元)	消耗量			
机械	剪板机 32×4000mm	台班	590.12	0.276	0.266	0.247	0.238
	卷板机 40×3500mm	台班	514.10	0.057	0.038	0.038	0.038
	刨边机 9000mm	台班	518.80	0.124	0.124	0.114	0.105
	平板拖车组 100t	台班	2755.47	0.010	—	—	—
	平板拖车组 150t	台班	3970.77	—	0.010	—	—
	平板拖车组 200t	台班	4886.66	—	—	0.010	0.010
	汽车式起重机 100t	台班	4651.90	0.019	—	—	—
	汽车式起重机 10t	台班	833.49	—	0.010	—	—
	汽车式起重机 125t	台班	8069.55	—	0.019	—	—
	汽车式起重机 150t	台班	8354.46	—	—	0.010	0.010
	汽车式起重机 8t	台班	763.67	0.010	0.010	0.010	0.010
	砂轮切割机 500mm	台班	29.08	0.010	0.010	0.010	0.010
	箱式加热炉 75kW	台班	123.86	0.285	0.257	0.228	0.228
	摇臂钻床 25mm	台班	8.58	0.086	0.076	0.067	0.067
	摇臂钻床 63mm	台班	41.15	1.131	0.855	0.836	0.817
	油压机 800t	台班	1731.15	0.285	0.257	0.228	0.228
	载重汽车 10t	台班	547.99	0.010	0.010	0.010	0.010
	载重汽车 5t	台班	430.70	0.010	0.010	0.010	0.010
	直流弧焊机 32kV·A	台班	87.75	3.040	2.318	2.242	2.233
	中频煨弯机 160kW	台班	70.55	0.010	0.010	0.010	—

工作内容：放样号料、切割、坡口、压头卷弧、封头、锥体、裙座、降液板、受液盘、支持板、塔盘制作、塔器各部附件制作组装、成品倒运堆放等。

计量单位：t

定额编号				A3-1-303	A3-1-304	A3-1-305
项目名称				重量(t以内)		
				300	450	500
基价（元）				3492.99	3147.64	2661.69
其中	人工费（元）			1368.22	1231.58	1108.10
	材料费（元）			449.70	392.11	372.46
	机械费（元）			1675.07	1523.95	1181.13
名称		单位	单价(元)	消耗量		
人工	综合工日	工日	140.00	9.773	8.797	7.915
材料	道木	m³	2137.00	0.010	0.010	0.010
	电焊条	kg	5.98	5.310	4.780	2.680
	碟形钢丝砂轮片 Φ100	片	19.74	0.540	0.480	0.460
	方木	m³	2029.00	0.110	0.090	0.090
	钢板 δ20	kg	3.18	5.920	5.270	4.900
	钢丝绳 Φ28	m	28.12	0.070	0.070	0.060
	尼龙砂轮片 Φ100×16×3	片	2.56	2.020	1.830	1.750
	尼龙砂轮片 Φ150	片	3.32	9.540	9.120	8.760
	尼龙砂轮片 Φ500×25×4	片	12.82	0.010	0.010	0.010
	氧气	m³	3.63	13.150	12.150	11.660
	乙炔气	kg	10.45	4.380	4.050	3.890
	其他材料费占材料费	%	—	2.614	2.571	2.599
机械	半自动切割机 100mm	台班	83.55	0.580	0.532	0.475
	电动单梁起重机 5t	台班	223.20	2.299	2.100	1.435
	电动单筒慢速卷扬机 30kN	台班	210.22	0.029	0.019	0.019
	电焊条恒温箱	台班	21.41	0.209	0.181	0.019
	电焊条烘干箱 80×80×100cm³	台班	49.05	0.209	0.181	0.019

续表

定额编号				A3-1-303	A3-1-304	A3-1-305
项目名称				重量(t以内)		
				300	450	500
名称		单位	单价(元)	消耗量		
机械	钢材电动煨弯机 500～1800mm	台班	79.55	0.038	0.038	0.038
	剪板机 20×2500mm	台班	333.30	0.409	0.371	0.352
	剪板机 32×4000mm	台班	590.12	0.238	0.219	0.219
	卷板机 40×3500mm	台班	514.10	0.038	0.038	0.029
	刨边机 9000mm	台班	518.80	0.095	0.095	0.095
	平板拖车组 100t	台班	2755.47	0.010	0.010	0.010
	汽车式起重机 100t	台班	4651.90	0.019	0.019	0.019
	汽车式起重机 10t	台班	833.49	0.010	0.010	0.010
	汽车式起重机 8t	台班	763.67	0.010	0.010	0.010
	砂轮切割机 500mm	台班	29.08	0.010	0.010	0.010
	箱式加热炉 75kW	台班	123.86	0.209	0.181	0.171
	摇臂钻床 25mm	台班	8.58	0.067	0.057	0.057
	摇臂钻床 63mm	台班	41.15	0.798	0.713	0.684
	油压机 800t	台班	1731.15	0.209	0.181	0.171
	载重汽车 10t	台班	547.99	0.010	0.010	0.010
	载重汽车 5t	台班	430.70	0.010	0.010	0.010
	直流弧焊机 32kV·A	台班	87.75	2.062	1.843	0.162

(4)不锈钢填料塔

工作内容：放样号料、切割、坡口、压头卷弧、封头、锥体、分配盘、栅板、喷淋管、吊柱制作、固定件的制作、成品倒运堆放等。

计量单位：t

定额编号				A3-1-306	A3-1-307	A3-1-308	A3-1-309
项目名称				重量(t以内)			
				100	150	200	250
基价（元）				4037.22	3572.77	3090.14	3048.46
其中	人工费（元）			1825.60	1698.06	1578.64	1499.96
	材料费（元）			394.03	316.50	264.73	252.56
	机械费（元）			1817.59	1558.21	1246.77	1295.94
名称		单位	单价(元)	消耗量			
人工	综合工日	工日	140.00	13.040	12.129	11.276	10.714
材料	不锈钢电焊条	kg	38.46	0.630	0.500	0.370	0.330
	道木	m³	2137.00	0.010	0.010	0.010	0.010
	电焊条	kg	5.98	1.680	1.440	1.240	1.170
	碟形钢丝砂轮片 φ100	片	19.74	0.020	0.010	0.010	0.010
	方木	m³	2029.00	0.120	0.090	0.070	0.070
	飞溅净	kg	5.15	0.160	0.130	0.100	0.050
	钢板 δ20	kg	3.18	2.940	1.850	1.770	1.240
	钢丝绳 φ28	m	28.12	0.090	0.080	0.080	0.070
	耐酸石棉橡胶板	kg	25.64	0.030	0.020	0.010	0.010
	尼龙砂轮片 φ100×16×3	片	2.56	0.290	0.240	0.200	0.090
	尼龙砂轮片 φ150	片	3.32	11.250	10.770	9.770	9.680
	尼龙砂轮片 φ500×25×4	片	12.82	0.010	0.010	0.010	0.010
	氢氟酸 45%	kg	4.87	0.010	0.010	0.010	0.010
	酸洗膏	kg	6.56	0.120	0.100	0.070	0.030
	硝酸	kg	2.19	0.060	0.050	0.040	0.020
	氧气	m³	3.63	5.390	4.940	4.920	3.930
	乙炔气	kg	10.45	1.800	1.650	1.640	1.310
	其他材料费占材料费	%	—	0.889	0.853	0.824	0.840
机械	半自动切割机 100mm	台班	83.55	0.086	0.086	0.038	0.038
	单速电动葫芦 3t	台班	32.95	0.010	0.010	0.010	0.010
	等离子切割机 400A	台班	219.59	2.299	1.900	1.805	1.720
	电动单梁起重机 5t	台班	223.20	1.625	1.368	1.216	1.207
	电动单筒慢速卷扬机 30kN	台班	210.22	0.057	0.038	0.038	0.019
	电动空气压缩机 1m³/min	台班	50.29	2.309	1.900	1.805	1.720
	电焊条恒温箱	台班	21.41	0.143	0.114	0.095	0.095

续表

定额编号				A3-1-306	A3-1-307	A3-1-308	A3-1-309
项目名称				重量(t以内)			
				100	150	200	250
名称		单位	单价(元)	消耗量			
机械	电焊条烘干箱 80×80×100cm³	台班	49.05	0.143	0.114	0.095	0.095
	钢材电动煨弯机 500~1800mm	台班	79.55	0.019	0.019	0.019	0.010
	剪板机 20×2500mm	台班	333.30	0.095	0.076	0.067	0.067
	剪板机 32×4000mm	台班	590.12	0.095	0.076	0.057	0.048
	卷板机 40×3500mm	台班	514.10	0.057	0.038	0.038	0.038
	刨边机 9000mm	台班	518.80	0.152	0.143	0.143	0.133
	平板拖车组 100t	台班	2755.47	0.010	—	—	—
	平板拖车组 150t	台班	3970.77	—	0.010	—	—
	平板拖车组 200t	台班	4886.66	—	—	—	0.010
	普通车床 630×1400mm	台班	234.99	0.010	0.010	0.010	0.010
	汽车式起重机 100t	台班	4651.90	0.019	—	—	—
	汽车式起重机 10t	台班	833.49	—	0.010	—	—
	汽车式起重机 125t	台班	8069.55	—	0.019	—	—
	汽车式起重机 150t	台班	8354.46	—	—	—	0.010
	汽车式起重机 16t	台班	958.70	—	—	0.010	—
	汽车式起重机 8t	台班	763.67	0.019	0.019	0.010	0.010
	砂轮切割机 500mm	台班	29.08	0.010	0.010	0.010	0.010
	台式钻床 16mm	台班	4.07	0.133	0.086	0.067	0.057
	摇臂钻床 25mm	台班	8.58	0.675	0.542	0.437	0.371
	摇臂钻床 63mm	台班	41.15	0.019	0.019	0.010	0.010
	油压机 800t	台班	1731.15	0.190	0.124	0.114	0.095
	载重汽车 10t	台班	547.99	0.010	0.010	0.010	0.010
	载重汽车 5t	台班	430.70	0.010	0.010	0.010	0.010
	直流弧焊机 32kV·A	台班	87.75	1.444	1.159	0.988	0.988
	中频煨弯机 160kW	台班	70.55	0.019	0.010	0.010	0.010

工作内容：放样号料、切割、坡口、压头卷弧、封头、锥体、分配盘、栅板、喷淋管、吊柱制作、固定件的制作、成品倒运堆放等。

计量单位：t

定额编号				A3-1-310	A3-1-311	A3-1-312
项目名称				重量(t以内)		
				300	400	500
基价（元）				2934.57	2708.25	2501.18
其中	人工费（元）			1463.42	1404.76	1290.94
	材料费（元）			223.27	211.76	206.27
	机械费（元）			1247.88	1091.73	1003.97
名称		单位	单价(元)	消耗量		
人工	综合工日	工日	140.00	10.453	10.034	9.221
材料	不锈钢电焊条	kg	38.46	0.330	0.260	0.220
	道木	m³	2137.00	0.010	0.010	0.010
	电焊条	kg	5.98	1.100	0.920	0.810
	碟形钢丝砂轮片 φ100	片	19.74	0.010	0.010	0.010
	方木	m³	2029.00	0.060	0.060	0.060
	飞溅净	kg	5.15	0.050	0.030	0.030
	钢板 δ20	kg	3.18	1.240	0.920	0.800
	钢丝绳 φ28	m	28.12	0.070	0.070	0.070
	耐酸石棉橡胶板	kg	25.64	0.010	0.010	0.010
	尼龙砂轮片 φ100×16×3	片	2.56	0.080	0.060	0.050
	尼龙砂轮片 φ150	片	3.32	9.300	8.920	8.570
	尼龙砂轮片 φ500×25×4	片	12.82	0.010	0.010	0.010
	氢氟酸 45%	kg	4.87	0.010	0.010	0.010
	酸洗膏	kg	6.56	0.030	0.020	0.010
	硝酸	kg	2.19	0.010	0.010	0.010
	氧气	m³	3.63	2.950	2.210	1.990
	乙炔气	kg	10.45	0.980	0.740	0.660
	其他材料费占材料费	%	—	0.831	0.852	0.863
机械	半自动切割机 100mm	台班	83.55	0.048	0.038	0.029
	等离子切割机 400A	台班	219.59	1.653	1.463	1.321
	电动单梁起重机 5t	台班	223.20	1.197	1.026	0.979
	电动单筒慢速卷扬机 30kN	台班	210.22	0.019	0.019	0.010

续表

定额编号				A3-1-310	A3-1-311	A3-1-312
项目名称				重量(t以内)		
				300	400	500
名称		单位	单价(元)	消耗量		
机械	电动空气压缩机 1m³/min	台班	50.29	1.653	1.463	1.321
	电焊条恒温箱	台班	21.41	0.095	0.086	0.067
	电焊条烘干箱 80×80×100cm³	台班	49.05	0.095	0.086	0.067
	钢材电动煨弯机 500～1800mm	台班	79.55	0.010	0.010	0.010
	剪板机 20×2500mm	台班	333.30	0.057	0.038	0.029
	剪板机 32×4000mm	台班	590.12	0.048	0.038	0.029
	卷板机 40×3500mm	台班	514.10	0.038	0.038	0.038
	刨边机 9000mm	台班	518.80	0.133	0.124	0.124
	平板拖车组 100t	台班	2755.47	0.010	0.010	0.010
	普通车床 630×1400mm	台班	234.99	0.010	0.010	0.010
	汽车式起重机 100t	台班	4651.90	0.019	0.019	0.019
	汽车式起重机 10t	台班	833.49	0.010	0.010	0.010
	汽车式起重机 8t	台班	763.67	0.010	0.010	0.010
	砂轮切割机 500mm	台班	29.08	0.010	0.010	0.010
	台式钻床 16mm	台班	4.07	0.057	0.048	0.038
	摇臂钻床 25mm	台班	8.58	0.323	0.276	0.266
	摇臂钻床 63mm	台班	41.15	0.010	0.010	0.010
	油压机 800t	台班	1731.15	0.086	0.067	0.057
	载重汽车 10t	台班	547.99	0.010	0.010	0.010
	载重汽车 5t	台班	430.70	0.010	0.010	0.010
	直流弧焊机 32kV·A	台班	87.75	0.979	0.808	0.703
	中频煨弯机 160kW	台班	70.55	0.010	0.010	0.010

(5)不锈钢筛板塔

工作内容：放样号料、切割、坡口、压头卷弧、封头、锥体、降液板、受液盘、支持板、塔盘制作、塔器各部附件制作、成品倒运堆放等。

计量单位：t

定额编号				A3-1-313	A3-1-314	A3-1-315	A3-1-316
项目名称				重量(t以内)			
				100	150	200	250
基价（元）				5261.86	4727.35	4219.08	4199.10
其中	人工费（元）			1920.80	1860.18	1714.58	1693.86
	材料费（元）			959.26	794.59	763.26	717.00
	机械费（元）			2381.80	2072.58	1741.24	1788.24
名称		单位	单价(元)	消耗量			
人工	综合工日	工日	140.00	13.720	13.287	12.247	12.099
材料	不锈钢电焊条	kg	38.46	1.770	1.430	1.350	0.690
	道木	m³	2137.00	0.010	0.010	0.010	0.010
	电焊条	kg	5.98	0.650	0.560	0.460	0.330
	碟形钢丝砂轮片 φ100	片	19.74	0.090	0.080	0.080	0.070
	方木	m³	2029.00	0.340	0.280	0.270	0.270
	飞溅净	kg	5.15	5.620	4.110	3.960	3.800
	钢板 δ20	kg	3.18	3.940	3.040	2.730	0.650
	钢丝绳 φ28	m	28.12	0.090	0.080	0.080	0.070
	尼龙砂轮片 φ100×16×3	片	2.56	0.980	0.800	0.800	0.300
	尼龙砂轮片 φ150	片	3.32	12.910	12.060	11.030	10.470
	尼龙砂轮片 φ500×25×4	片	12.82	0.010	0.010	0.010	0.010
	氢氟酸 45%	kg	4.87	0.310	0.230	0.220	0.210
	酸洗膏	kg	6.56	4.890	3.570	3.430	3.290
	硝酸	kg	2.19	2.350	1.810	1.740	1.670
	氧气	m³	3.63	5.160	4.730	4.630	3.540
	乙炔气	kg	10.45	1.720	1.580	1.540	1.180
	其他材料费占材料费	%	—	0.984	0.978	0.980	1.015
机械	半自动切割机 100mm	台班	83.55	0.086	0.076	0.048	0.038
	单速电动葫芦 3t	台班	32.95	0.010	0.010	0.010	0.010
	等离子切割机 400A	台班	219.59	2.328	2.005	1.929	1.853
	电动单梁起重机 5t	台班	223.20	2.157	1.691	1.596	1.577
	电动单筒慢速卷扬机 30kN	台班	210.22	0.057	0.038	0.038	0.019
	电动空气压缩机 1m³/min	台班	50.29	2.328	2.005	1.929	1.853
	电动空气压缩机 6m³/min	台班	206.73	0.086	0.067	0.057	0.038

续表

定额编号				A3-1-313	A3-1-314	A3-1-315	A3-1-316
项目名称				重量(t以内)			
				100	150	200	250
名称		单位	单价(元)	消耗量			
机械	电焊条恒温箱	台班	21.41	0.086	0.067	0.057	0.038
	电焊条烘干箱 80×80×100cm³	台班	49.05	0.086	0.067	0.057	0.038
	钢材电动煨弯机 500～1800mm	台班	79.55	0.095	0.076	0.067	0.067
	剪板机 20×2500mm	台班	333.30	0.428	0.333	0.323	0.295
	剪板机 32×4000mm	台班	590.12	0.323	0.304	0.314	0.295
	卷板机 40×3500mm	台班	514.10	0.057	0.038	0.038	0.038
	刨边机 9000mm	台班	518.80	0.152	0.143	0.143	0.133
	平板拖车组 100t	台班	2755.47	0.010	—	—	—
	平板拖车组 150t	台班	3970.77	—	0.010	—	—
	平板拖车组 200t	台班	4886.66	—	—	—	0.010
	汽车式起重机 100t	台班	4651.90	0.019	—	—	—
	汽车式起重机 10t	台班	833.49	—	0.010	—	—
	汽车式起重机 125t	台班	8069.55	—	0.019	—	—
	汽车式起重机 150t	台班	8354.46	—	—	—	0.010
	汽车式起重机 16t	台班	958.70	—	—	0.010	—
	汽车式起重机 8t	台班	763.67	0.010	0.010	0.010	0.010
	砂轮切割机 500mm	台班	29.08	0.010	0.010	0.010	0.010
	摇臂钻床 25mm	台班	8.58	2.698	2.043	1.957	1.929
	摇臂钻床 63mm	台班	41.15	0.048	0.038	0.038	0.038
	油压机 800t	台班	1731.15	0.314	0.228	0.200	0.200
	载重汽车 10t	台班	547.99	0.010	0.076	0.010	0.010
	载重汽车 5t	台班	430.70	0.010	0.010	0.010	0.010
	直流弧焊机 32kV·A	台班	87.75	0.874	0.694	0.589	0.418
	中频煨弯机 160kW	台班	70.55	0.010	0.010	0.010	0.010

工作内容：放样号料、切割、坡口、压头卷弧、封头、锥体、降液板、受液盘、支持板、塔盘制作、塔器各部附件制作、成品倒运堆放等。

计量单位：t

定额编号				A3-1-317	A3-1-318	A3-1-319
项目名称				重量(t以内)		
				300	400	500
基价（元）				4091.16	3962.76	3480.18
其中	人工费（元）			1673.14	1780.94	1456.56
	材料费（元）			707.11	631.12	563.17
	机械费（元）			1710.91	1550.70	1460.45
名称		单位	单价(元)	消耗量		
人工	综合工日	工日	140.00	11.951	12.721	10.404
材料	不锈钢电焊条	kg	38.46	0.660	0.570	0.520
	道木	m^3	2137.00	0.010	0.010	0.010
	电焊条	kg	5.98	0.280	0.250	0.190
	碟形钢丝砂轮片 Φ100	片	19.74	0.070	0.070	0.070
	方木	m^3	2029.00	0.270	0.240	0.210
	飞溅净	kg	5.15	3.650	3.500	3.360
	钢板 δ20	kg	3.18	0.590	0.460	0.360
	钢丝绳 Φ28	m	28.12	0.070	0.070	0.070
	尼龙砂轮片 Φ100×16×3	片	2.56	0.280	0.250	0.180
	尼龙砂轮片 Φ150	片	3.32	10.050	9.050	9.620
	尼龙砂轮片 Φ500×25×4	片	12.82	0.010	0.010	0.010
	氢氟酸 45%	kg	4.87	0.200	0.190	0.190
	酸洗膏	kg	6.56	3.160	3.030	2.910
	硝酸	kg	2.19	1.600	1.540	1.480
	氧气	m^3	3.63	2.840	2.130	1.600
	乙炔气	kg	10.45	0.950	0.710	0.530
	其他材料费占材料费	%	—	1.025	1.024	1.013
机械	半自动切割机 100mm	台班	83.55	0.038	0.038	0.029
	等离子切割机 400A	台班	219.59	1.758	1.539	1.359
	电动单梁起重机 5t	台班	223.20	1.558	1.435	1.378

续表

定额编号				A3-1-317	A3-1-318	A3-1-319
项目名称				重量(t以内)		
				300	400	500
名称		单位	单价(元)	消	耗	量
机械	电动单筒慢速卷扬机 30kN	台班	210.22	0.019	0.019	0.010
	电动空气压缩机 1m³/min	台班	50.29	1.758	1.539	1.359
	电动空气压缩机 6m³/min	台班	206.73	0.038	0.029	0.029
	电焊条恒温箱	台班	21.41	0.038	0.029	0.029
	电焊条烘干箱 80×80×100cm³	台班	49.05	0.038	0.029	0.029
	钢材电动煨弯机 500～1800mm	台班	79.55	0.067	0.057	0.048
	剪板机 20×2500mm	台班	333.30	0.276	0.247	0.238
	剪板机 32×4000mm	台班	590.12	0.276	0.247	0.247
	卷板机 40×3500mm	台班	514.10	0.038	0.038	0.038
	刨边机 9000mm	台班	518.80	0.133	0.124	0.124
	平板拖车组 100t	台班	2755.47	0.010	0.010	0.010
	汽车式起重机 100t	台班	4651.90	0.019	0.019	0.019
	汽车式起重机 10t	台班	833.49	0.010	0.010	0.010
	汽车式起重机 8t	台班	763.67	0.010	0.010	0.010
	砂轮切割机 500mm	台班	29.08	0.010	0.010	0.010
	摇臂钻床 25mm	台班	8.58	1.919	1.843	1.701
	摇臂钻床 63mm	台班	41.15	0.038	0.029	0.029
	油压机 800t	台班	1731.15	0.190	0.171	0.162
	载重汽车 10t	台班	547.99	0.010	0.010	0.010
	载重汽车 5t	台班	430.70	0.010	0.010	0.010
	直流弧焊机 32kV·A	台班	87.75	0.380	0.323	0.257

(6)不锈钢浮阀塔

工作内容：放样号料、切割、坡口、压头卷弧、封头、锥体、降液板、受液盘、支持板、塔盘制作、塔器各部附件制作、成品倒运堆放等。

计量单位：t

定额编号				A3-1-320	A3-1-321	A3-1-322	A3-1-323
项目名称				重量(t以内)			
				100	150	200	250
基价(元)				7511.86	6020.88	5537.75	5385.53
其中	人工费(元)			3093.86	2534.28	2351.44	2186.52
	材料费(元)			1164.90	916.96	872.24	833.26
	机械费(元)			3253.10	2569.64	2314.07	2365.75
名称		单位	单价(元)	消耗量			
人工	综合工日	工日	140.00	22.099	18.102	16.796	15.618
材料	不锈钢电焊条	kg	38.46	6.970	5.980	4.990	4.910
	道木	m³	2137.00	0.010	0.010	0.010	0.010
	电焊条	kg	5.98	0.650	0.560	0.460	0.330
	碟形钢丝砂轮片 φ100	片	19.74	0.850	0.620	0.620	0.630
	方木	m³	2029.00	0.310	0.230	0.230	0.220
	飞溅净	kg	5.15	5.730	4.210	4.180	4.050
	钢板 δ20	kg	3.18	10.200	7.340	6.940	6.940
	钢丝绳 φ28	m	28.12	0.090	0.080	0.080	0.070
	尼龙砂轮片 φ100×16×3	片	2.56	6.130	4.500	4.460	4.530
	尼龙砂轮片 φ150	片	3.32	15.550	13.860	13.410	12.960
	尼龙砂轮片 φ500×25×4	片	12.82	0.010	0.010	0.010	0.010
	氢氟酸 45%	kg	4.87	0.320	0.240	0.230	0.230
	酸洗膏	kg	6.56	5.020	3.690	3.660	3.550
	硝酸	kg	2.19	2.550	1.870	1.860	1.800
	氧气	m³	3.63	6.190	5.830	5.470	3.830
	乙炔气	kg	10.45	2.060	1.940	1.820	1.280
	其他材料费占材料费	%	—	0.850	0.825	0.844	0.846
机械	半自动切割机 100mm	台班	83.55	0.086	0.076	0.048	0.038
	单速电动葫芦 3t	台班	32.95	0.010	0.010	0.010	0.010
	等离子切割机 400A	台班	219.59	2.432	2.062	1.986	1.900
	电动单梁起重机 5t	台班	223.20	3.990	2.993	2.917	2.850
	电动单筒慢速卷扬机 30kN	台班	210.22	0.057	0.038	0.038	0.019
	电动空气压缩机 1m³/min	台班	50.29	2.432	2.062	1.986	1.900

续表

定额编号				A3-1-320	A3-1-321	A3-1-322	A3-1-323
项目名称				重量(t以内)			
				100	150	200	250
名称		单位	单价(元)	消耗量			
机械	电动空气压缩机 6m³/min	台班	206.73	0.409	0.304	0.304	0.295
	电焊条恒温箱	台班	21.41	0.409	0.304	0.304	0.295
	电焊条烘干箱 80×80×100cm³	台班	49.05	0.409	0.304	0.304	0.295
	钢材电动煨弯机 500～1800mm	台班	79.55	0.057	0.048	0.038	0.038
	剪板机 20×2500mm	台班	333.30	0.542	0.399	0.390	0.390
	卷板机 40×3500mm	台班	514.10	0.057	0.038	0.038	0.038
	刨边机 9000mm	台班	518.80	0.152	0.143	0.143	0.133
	平板拖车组 100t	台班	2755.47	0.010	—	—	—
	平板拖车组 150t	台班	3970.77	—	0.010	—	—
	平板拖车组 200t	台班	4886.66	—	—	—	0.010
	汽车式起重机 100t	台班	4651.90	0.019	—	—	—
	汽车式起重机 10t	台班	833.49	—	0.010	—	—
	汽车式起重机 125t	台班	8069.55	—	0.019	—	—
	汽车式起重机 150t	台班	8354.46	—	—	—	0.010
	汽车式起重机 16t	台班	958.70	—	—	0.010	—
	汽车式起重机 8t	台班	763.67	0.010	0.010	0.010	0.010
	砂轮切割机 500mm	台班	29.08	0.010	0.010	0.010	0.010
	摇臂钻床 25mm	台班	8.58	0.152	0.114	0.105	0.114
	摇臂钻床 63mm	台班	41.15	2.271	1.663	1.634	1.596
	油压机 800t	台班	1731.15	0.399	0.266	0.257	0.247
	载重汽车 10t	台班	547.99	0.010	0.010	0.010	0.010
	载重汽车 5t	台班	430.70	0.010	0.010	0.010	0.010
	直流弧焊机 32kV·A	台班	87.75	4.104	3.031	2.993	2.974
	中频煨弯机 160kW	台班	70.55	0.010	0.010	0.010	0.010

工作内容：放样号料、切割、坡口、压头卷弧、封头、锥体、降液板、受液盘、支持板、塔盘制作、塔器各部附件制作、成品倒运堆放等。　　计量单位：t

定额编号				A3-1-324	A3-1-325	A3-1-326
项目名称				重量(t以内)		
				300	400	500
基价（元）				5117.16	4690.04	4183.62
其中	人工费（元）			2034.06	1891.26	1778.00
	材料费（元）			816.08	721.48	636.34
	机械费（元）			2267.02	2077.30	1769.28
名称		单位	单价(元)	消耗量		
人工	综合工日	工日	140.00	14.529	13.509	12.700
材料	不锈钢电焊条	kg	38.46	4.830	4.350	2.790
	道木	m^3	2137.00	0.010	0.010	0.010
	电焊条	kg	5.98	0.280	0.250	0.190
	碟形钢丝砂轮片 φ100	片	19.74	0.580	0.530	0.500
	方木	m^3	2029.00	0.220	0.190	0.190
	飞溅净	kg	5.15	3.920	3.560	3.420
	钢板 δ20	kg	3.18	6.400	5.720	1.440
	钢丝绳 φ28	m	28.12	0.070	0.070	0.070
	尼龙砂轮片 φ100×16×3	片	2.56	4.190	3.790	1.790
	尼龙砂轮片 φ150	片	3.32	12.450	11.950	11.470
	尼龙砂轮片 φ500×25×4	片	12.82	0.010	0.010	0.010
	氢氟酸 45%	kg	4.87	0.220	0.200	0.190
	酸洗膏	kg	6.56	3.430	3.120	2.990
	硝酸	kg	2.19	1.740	1.580	1.520
	氧气	m^3	3.63	2.870	2.300	2.070
	乙炔气	kg	10.45	0.960	0.770	0.690
	其他材料费占材料费	%	—	0.854	0.846	0.889
机械	半自动切割机 100mm	台班	83.55	0.038	0.038	0.029
	等离子切割机 400A	台班	219.59	1.805	1.587	1.530
	电动单梁起重机 5t	台班	223.20	2.784	2.546	2.290

续表

定额编号				A3-1-324	A3-1-325	A3-1-326
项目名称				重量(t以内)		
				300	400	500
名称		单位	单价(元)	消耗量		
机械	电动单筒慢速卷扬机 30kN	台班	210.22	0.019	0.019	0.010
	电动空气压缩机 1m³/min	台班	50.29	1.805	1.587	1.530
	电动空气压缩机 6m³/min	台班	206.73	0.276	0.247	0.105
	电焊条恒温箱	台班	21.41	0.276	0.247	0.105
	电焊条烘干箱 80×80×100cm³	台班	49.05	0.276	0.247	0.105
	钢材电动煨弯机 500～1800mm	台班	79.55	0.038	0.038	0.029
	剪板机 20×2500mm	台班	333.30	0.371	0.333	0.323
	卷板机 40×3500mm	台班	514.10	0.038	0.038	0.038
	刨边机 9000mm	台班	518.80	0.133	0.181	0.124
	平板拖车组 100t	台班	2755.47	0.010	0.010	0.010
	汽车式起重机 100t	台班	4651.90	0.019	0.019	0.019
	汽车式起重机 10t	台班	833.49	0.010	0.010	0.010
	汽车式起重机 8t	台班	763.67	0.010	0.010	0.010
	砂轮切割机 500mm	台班	29.08	0.010	0.010	0.010
	摇臂钻床 25mm	台班	8.58	0.105	0.095	0.095
	摇臂钻床 63mm	台班	41.15	1.549	1.387	1.340
	油压机 800t	台班	1731.15	0.238	0.209	0.190
	载重汽车 10t	台班	547.99	0.010	0.010	0.010
	载重汽车 5t	台班	430.70	0.010	0.010	0.010
	直流弧焊机 32kV·A	台班	87.75	2.746	2.461	1.036

三、换热器制作

1.固定管板式换热器

(1)低合金钢(碳钢)固定管板式焊接

工作内容：放样号料、切割、坡口、压头卷弧、找圆、封头制作、组对、焊接、管板、折流板、支撑板、防冲板、拉杆、定距管、换热管束的制作、装配、成品倒运堆放等。　计量单位：t

定额编号				A3-1-327	A3-1-328	A3-1-329	A3-1-330
项目名称				重量(t以内)			
				1	2	4	6
基价(元)				12706.96	9229.83	7728.91	6949.71
其中	人工费(元)			4538.66	3205.58	2789.50	2745.40
	材料费(元)			1058.90	807.45	674.23	633.60
	机械费(元)			7109.40	5216.80	4265.18	3570.71
名称		单位	单价(元)	消耗量			
人工	综合工日	工日	140.00	32.419	22.897	19.925	19.610
材料	白铅油	kg	6.45	1.020	0.570	0.240	—
	道木	m³	2137.00	0.030	0.010	0.010	0.010
	碟形钢丝砂轮片 φ100	片	19.74	0.870	0.730	0.440	0.300
	方木	m³	2029.00	0.020	0.020	0.020	0.020
	钢板 δ20	kg	3.18	9.620	7.190	6.280	4.550
	合金钢焊条	kg	11.11	26.120	23.210	15.690	7.810
	合金钢埋弧焊丝	kg	9.50	—	—	—	1.930
	黑铅粉	kg	5.13	—	—	—	0.020
	埋弧焊剂	kg	21.72	—	—	—	2.890
	尼龙砂轮片 φ100×16×3	片	2.56	7.030	6.420	5.220	5.140
	尼龙砂轮片 φ150	片	3.32	2.720	2.470	2.270	2.100
	尼龙砂轮片 φ500×25×4	片	12.82	6.590	3.890	3.780	3.710
	清油	kg	9.70	0.200	0.110	0.090	0.070
	砂布	张	1.03	26.220	21.850	18.210	17.760
	石墨粉	kg	10.68	0.080	0.070	0.070	0.060
	碳钢氩弧焊丝	kg	7.69	3.480	3.380	3.280	3.190
	碳精棒 φ8～12	根	1.27	16.260	14.310	10.440	7.950
	钍钨极棒	g	0.36	19.460	18.890	18.340	17.810
	氩气	m³	19.59	9.730	9.450	9.170	8.910
	氧气	m³	3.63	28.640	13.610	11.360	9.650
	乙炔气	kg	10.45	9.550	4.540	3.790	3.220
	其他材料费占材料费	%	—	1.883	1.883	1.883	1.883
机械	电动单梁起重机 5t	台班	223.20	2.499	1.568	0.979	0.808
	电动单筒慢速卷扬机 30kN	台班	210.22	0.095	0.086	0.076	0.048

续表

定额编号			A3-1-327	A3-1-328	A3-1-329	A3-1-330
项目名称			重量(t以内)			
			1	2	4	6
名称	单位	单价(元)	消耗量			
机械 电动滚胎机	台班	172.54	1.577	1.520	1.416	1.311
电动空气压缩机 6m³/min	台班	206.73	0.694	0.599	0.428	0.238
电焊条恒温箱	台班	21.41	0.694	0.599	0.428	0.276
电焊条烘干箱 80×80×100cm³	台班	49.05	0.694	0.599	0.428	0.238
管子切断机 150mm	台班	33.32	2.366	1.397	1.349	1.330
剪板机 20×2500mm	台班	333.30	1.093	0.722	0.418	0.276
卷板机 20×2500mm	台班	276.83	0.200	0.171	0.124	0.076
门式起重机 20t	台班	644.10	0.428	0.238	0.181	0.133
刨边机 9000mm	台班	518.80	0.086	0.067	0.038	0.038
普通车床 1000×5000mm	台班	400.59	3.430	1.653	1.159	1.121
汽车式起重机 10t	台班	833.49	—	—	0.124	—
汽车式起重机 20t	台班	1030.31	—	—	—	0.076
汽车式起重机 8t	台班	763.67	0.732	0.371	0.133	0.086
试压泵 80MPa	台班	26.66	0.922	0.960	1.036	1.169
箱式加热炉 75kW	台班	123.86	0.190	0.181	0.152	0.086
氩弧焊机 500A	台班	92.58	4.845	4.703	4.570	4.437
摇臂钻床 63mm	台班	41.15	8.579	8.294	8.018	7.762
油压机 800t	台班	1731.15	0.190	0.181	0.152	0.086
载重汽车 10t	台班	547.99	0.010	0.010	0.010	0.076
载重汽车 5t	台班	430.70	0.713	0.333	0.209	0.048
长材运输车 9t	台班	644.88	0.019	0.029	0.038	0.038
直流弧焊机 32kV·A	台班	87.75	6.888	5.995	4.275	2.394
自动埋弧焊机 1500A	台班	247.74	—	—	—	0.076
坐标镗车 800×1200mm	台班	457.22	2.641	2.451	2.375	2.176

工作内容：放样号料、切割、坡口、压头卷弧、找圆、封头制作、组对、焊接、管板、折流板、支撑板、防冲板、拉杆、定距管、换热管束的制作、装配、成品倒运堆放等。 计量单位：t

定额编号				A3-1-331	A3-1-332	A3-1-333	A3-1-334
项目名称				重量(t以内)			
				8	10	15	20
基价（元）				6507.52	5902.19	5562.73	5297.03
其中	人工费（元）			2632.28	2604.70	2454.90	2290.68
	材料费（元）			598.76	567.72	538.73	518.37
	机械费（元）			3276.48	2729.77	2569.10	2487.98
名称		单位	单价(元)	消耗量			
人工	综合工日	工日	140.00	18.802	18.605	17.535	16.362
材料	道木	m^3	2137.00	0.010	0.010	0.010	0.010
	碟形钢丝砂轮片 φ100	片	19.74	0.280	0.230	0.220	0.180
	方木	m^3	2029.00	0.020	0.020	0.020	0.020
	钢板 δ20	kg	3.18	3.590	3.520	3.040	2.920
	钢丝绳 φ15	m	8.97	—	—	0.130	0.140
	合金钢焊条	kg	11.11	7.660	7.140	6.990	6.590
	合金钢埋弧焊丝	kg	9.50	1.600	1.370	1.200	1.170
	黑铅粉	kg	5.13	0.020	0.020	0.010	0.010
	埋弧焊剂	kg	21.72	2.400	2.050	1.800	1.750
	尼龙砂轮片 φ100×16×3	片	2.56	4.920	4.680	4.490	4.360
	尼龙砂轮片 φ150	片	3.32	1.980	1.870	1.780	1.710
	尼龙砂轮片 φ500×25×4	片	12.82	3.370	3.240	2.980	2.870
	清油	kg	9.70	0.060	0.050	0.050	0.040
	砂布	张	1.03	17.420	17.110	16.800	16.510
	石墨粉	kg	10.68	0.060	0.050	0.050	0.040
	碳钢氩弧焊丝	kg	7.69	3.090	3.000	2.910	2.820
	碳精棒 φ8～12	根	1.27	6.720	5.820	5.130	4.170
	钍钨极棒	g	0.36	17.290	16.790	16.280	15.800
	氩气	m^3	19.59	8.650	8.390	8.140	7.900
	氧气	m^3	3.63	9.380	8.900	7.830	7.290
	乙炔气	kg	10.45	3.130	2.970	2.610	2.430
	其他材料费占材料费	%	—	1.883	1.883	1.805	1.805
机械	半自动切割机 100mm	台班	83.55	—	—	0.010	0.010
	电动单梁起重机 5t	台班	223.20	0.741	0.627	0.057	0.475
	电动单筒慢速卷扬机 30kN	台班	210.22	0.038	0.029	0.029	0.019
	电动滚胎机	台班	172.54	1.283	1.273	1.264	1.254

续表

定额编号				A3-1-331	A3-1-332	A3-1-333	A3-1-334
项目名称				重量(t以内)			
				8	10	15	20
名称		单位	单价(元)	消耗量			
机械	电动空气压缩机 $6m^3/min$	台班	206.73	0.238	0.219	0.219	0.200
	电焊条恒温箱	台班	21.41	0.238	0.219	0.219	0.200
	电焊条烘干箱 $80\times80\times100cm^3$	台班	49.05	0.238	0.219	0.219	0.200
	管子切断机 150mm	台班	33.32	—	—	1.064	1.026
	剪板机 20×2500mm	台班	333.30	0.219	0.181	0.143	0.076
	卷板机 20×2500mm	台班	276.83	0.057	0.048	0.048	0.048
	立式钻床 25mm	台班	6.58	—	1.188	0.960	0.798
	门式起重机 20t	台班	644.10	0.114	0.105	0.095	0.076
	刨边机 9000mm	台班	518.80	0.029	0.029	0.019	0.019
	平板拖车组 15t	台班	981.46	—	—	0.038	—
	平板拖车组 20t	台班	1081.33	—	—	—	0.029
	普通车床 1000×5000mm	台班	400.59	1.007	—	—	—
	汽车式起重机 16t	台班	958.70	—	—	0.067	—
	汽车式起重机 20t	台班	1030.31	0.057	0.048	—	0.057
	汽车式起重机 8t	台班	763.67	0.076	0.076	0.067	0.067
	试压泵 80MPa	台班	26.66	1.169	1.197	1.235	1.254
	箱式加热炉 75kW	台班	123.86	0.067	0.057	0.048	0.038
	氩弧焊机 500A	台班	92.58	4.304	4.180	4.057	3.933
	摇臂钻床 63mm	台班	41.15	7.505	7.496	7.300	6.175
	油压机 800t	台班	1731.15	0.067	0.057	0.048	0.038
	载重汽车 10t	台班	547.99	0.057	0.048	0.010	0.010
	载重汽车 5t	台班	430.70	0.038	0.029	0.029	0.019
	长材运输车 9t	台班	644.88	0.038	0.038	0.038	0.038
	直流弧焊机 32kV·A	台班	87.75	2.356	2.185	2.147	2.024
	自动埋弧焊机 1500A	台班	247.74	0.067	0.057	0.048	0.048
	坐标镗车 800×1200mm	台班	457.22	2.100	2.033	1.976	1.919

工作内容：放样号料、切割、坡口、压头卷弧、找圆、封头制作、组对、焊接、管板、折流板、支撑板、防冲板、拉杆、定距管、换热管束的制作、装配、成品倒运堆放等。 计量单位：t

定额编号				A3-1-335	A3-1-336	A3-1-337
项目名称				重量(t以内)		
				30	40	50
基价（元）				4907.53	4715.38	4598.04
其中	人工费（元）			2107.28	1984.36	1904.28
	材料费（元）			487.61	481.13	486.13
	机械费（元）			2312.64	2249.89	2207.63
名称		单位	单价(元)	消耗量		
人工	综合工日	工日	140.00	15.052	14.174	13.602
材料	道木	m^3	2137.00	0.010	0.010	0.010
	碟形钢丝砂轮片 φ100	片	19.74	0.140	0.120	0.110
	方木	m^3	2029.00	0.020	0.020	0.020
	钢板 δ20	kg	3.18	1.870	1.750	1.640
	钢管 DN80	kg	4.38	—	—	0.320
	钢丝绳 φ17.5	m	11.54	0.090	—	—
	钢丝绳 φ19.5	m	12.00	—	0.080	—
	钢丝绳 φ21.5	m	18.72	—	—	0.070
	合金钢焊条	kg	11.11	6.470	6.280	5.980
	合金钢埋弧焊丝	kg	9.50	0.990	1.120	1.470
	黑铅粉	kg	5.13	0.010	0.010	0.010
	埋弧焊剂	kg	21.72	1.490	1.670	2.200
	尼龙砂轮片 φ100×16×3	片	2.56	4.220	4.180	4.130
	尼龙砂轮片 φ150	片	3.32	1.660	1.610	1.550
	尼龙砂轮片 φ500×25×4	片	12.82	2.860	2.690	2.580
	清油	kg	9.70	0.030	0.030	0.020
	砂布	张	1.03	16.460	16.440	16.000
	石墨粉	kg	10.68	0.040	0.040	0.040
	碳钢氩弧焊丝	kg	7.69	2.740	2.660	2.580
	碳精棒 φ8～12	根	1.27	3.300	2.850	2.850
	钍钨极棒	g	0.36	15.320	14.860	14.560
	氩气	m^3	19.59	7.660	7.510	7.360
	氧气	m^3	3.63	5.920	5.660	5.410
	乙炔气	kg	10.45	1.970	1.890	1.800
	其他材料费占材料费	%	—	1.805	1.805	1.805
机械	半自动切割机 100mm	台班	83.55	0.067	0.057	0.067
	电动单梁起重机 5t	台班	223.20	0.399	0.352	0.333
	电动单筒慢速卷扬机 30kN	台班	210.22	0.019	0.019	0.019
	电动滚胎机	台班	172.54	1.235	1.235	1.235

续表

定额编号				A3-1-335	A3-1-336	A3-1-337
项目名称				重量(t以内)		
				30	40	50
名称		单位	单价(元)	消耗量		
机械	电动空气压缩机 6m³/min	台班	206.73	0.200	0.200	0.181
	电焊条恒温箱	台班	21.41	0.200	0.200	0.181
	电焊条烘干箱 80×80×100cm³	台班	49.05	0.200	0.200	0.181
	管子切断机 150mm	台班	33.32	1.017	0.960	0.922
	剪板机 20×2500mm	台班	333.30	0.029	0.019	0.010
	卷板机 20×2500mm	台班	276.83	0.038	0.019	0.010
	卷板机 40×3500mm	台班	514.10	—	0.010	0.019
	立式钻床 25mm	台班	6.58	0.551	0.409	0.352
	门式起重机 20t	台班	644.10	0.057	0.057	0.057
	刨边机 9000mm	台班	518.80	0.019	0.019	0.029
	平板拖车组 30t	台班	1243.07	0.019	—	—
	平板拖车组 40t	台班	1446.84	—	0.019	—
	平板拖车组 50t	台班	1524.76	—	—	0.010
	汽车式起重机 10t	台班	833.49	0.019	0.019	—
	汽车式起重机 20t	台班	1030.31	—	—	0.019
	汽车式起重机 25t	台班	1084.16	0.038	—	—
	汽车式起重机 40t	台班	1526.12	—	0.029	—
	汽车式起重机 50t	台班	2464.07	—	—	0.029
	汽车式起重机 8t	台班	763.67	0.038	0.038	0.038
	试压泵 80MPa	台班	26.66	1.330	1.330	1.292
	箱式加热炉 75kW	台班	123.86	0.038	0.038	0.038
	氩弧焊机 500A	台班	92.58	3.819	3.705	3.591
	摇臂钻床 63mm	台班	41.15	4.769	3.781	3.525
	油压机 800t	台班	1731.15	0.038	0.038	0.038
	载重汽车 10t	台班	547.99	0.010	0.010	0.010
	载重汽车 5t	台班	430.70	0.010	0.010	—
	长材运输车 9t	台班	644.88	0.048	0.048	0.048
	直流弧焊机 32kV·A	台班	87.75	1.986	1.948	1.842
	自动埋弧焊机 1500A	台班	247.74	0.038	0.048	0.057
	坐标镗车 800×1200mm	台班	457.22	1.862	1.862	1.815

(2)低合金钢(碳钢)固定管板式胀接

工作内容：放样号料、切割、坡口、压头卷弧、找圆、封头制作、组对、焊接、管板、折流板、支撑板、防冲板、拉杆、定距管、换热管束的制作、装配、成品倒运堆放等。　　计量单位：t

定额编号				A3-1-338	A3-1-339	A3-1-340	A3-1-341
项目名称				重量(t以内)			
				1	2	4	6
基价(元)				13490.86	9294.43	7901.83	7186.55
其中	人工费(元)			4910.64	3426.36	3067.54	3060.68
	材料费(元)			1124.34	899.01	813.38	821.01
	机械费(元)			7455.88	4969.06	4020.91	3304.86
名称		单位	单价(元)	消耗量			
人工	综合工日	工日	140.00	35.076	24.474	21.911	21.862
材料	白灰	kg	0.11	95.240	84.500	106.220	120.420
	白铅油	kg	6.45	1.020	0.570	0.240	—
	道木	m³	2137.00	0.030	0.010	0.010	0.010
	碟形钢丝砂轮片 φ100	片	19.74	0.870	0.730	0.440	0.300
	镀锌铁钉	个	0.04	—	—	—	1.000
	方木	m³	2029.00	0.020	0.020	0.020	0.020
	钢板 δ20	kg	3.18	9.620	7.190	6.280	4.550
	合金钢焊条	kg	11.11	26.060	23.210	15.680	7.780
	合金钢埋弧焊丝	kg	9.50	—	—	—	1.930
	黑铅粉	kg	5.13	—	—	—	0.020
	黄干油	kg	5.15	0.600	0.530	0.670	0.760
	焦炭	kg	1.42	144.850	163.270	182.090	206.440
	埋弧焊剂	kg	21.72	—	—	—	2.890
	木柴	kg	0.18	14.490	16.330	18.210	20.640
	尼龙砂轮片 φ100×16×3	片	2.56	5.460	4.630	2.960	2.580
	尼龙砂轮片 φ150	片	3.32	1.920	1.480	1.230	1.120
	尼龙砂轮片 φ500×25×4	片	12.82	6.590	3.890	3.780	3.710
	汽油	kg	6.77	1.360	1.210	1.520	1.720
	青铅	kg	5.90	6.860	6.080	7.650	8.670
	清油	kg	9.70	0.200	0.110	0.090	0.070
	砂布	张	1.03	47.510	43.990	40.730	38.060
	石墨粉	kg	10.68	0.080	0.070	0.070	0.060
	碳精棒 φ8～12	根	1.27	16.260	14.310	10.440	7.950
	氧气	m³	3.63	28.640	13.610	11.360	9.650
	乙炔气	kg	10.45	9.550	4.540	3.790	3.220
	其他材料费占材料费	%	—	2.112	2.112	2.112	2.112

续表

定额编号				A3-1-338	A3-1-339	A3-1-340	A3-1-341
项目名称				重量(t以内)			
				1	2	4	6
名称		单位	单价(元)	消耗量			
机械	吹风机 4m³/min	台班	20.27	0.884	0.998	1.112	1.254
	电动单梁起重机 5t	台班	223.20	2.499	1.568	0.979	0.808
	电动单筒慢速卷扬机 30kN	台班	210.22	0.095	0.086	0.076	0.048
	电动滚胎机	台班	172.54	1.634	1.577	1.473	1.359
	电动空气压缩机 6m³/min	台班	206.73	0.637	0.542	0.399	0.162
	电焊条恒温箱	台班	21.41	0.637	0.542	0.361	0.162
	电焊条烘干箱 80×80×100cm³	台班	49.05	0.637	0.542	0.361	0.162
	管子切断机 150mm	台班	33.32	2.366	1.397	1.349	1.330
	剪板机 20×2500mm	台班	333.30	1.093	0.722	0.418	0.276
	卷板机 20×2500mm	台班	276.83	2.014	0.171	0.124	0.076
	门式起重机 20t	台班	644.10	0.428	0.238	0.181	0.133
	刨边机 9000mm	台班	518.80	0.086	0.067	0.038	0.038
	普通车床 1000×5000mm	台班	400.59	3.430	1.653	1.159	1.121
	汽车式起重机 10t	台班	833.49	—	—	0.124	—
	汽车式起重机 20t	台班	1030.31	—	—	—	0.076
	汽车式起重机 8t	台班	763.67	0.732	0.371	0.133	0.086
	试压泵 80MPa	台班	26.66	0.922	0.960	1.036	1.169
	箱式加热炉 75kW	台班	123.86	0.190	0.181	0.152	0.086
	氩弧焊机 500A	台班	92.58	0.893	—	—	—
	摇臂钻床 63mm	台班	41.15	8.579	8.294	8.018	7.762
	油压机 800t	台班	1731.15	0.190	0.181	0.152	0.086
	载重汽车 10t	台班	547.99	0.010	0.010	0.010	0.076
	载重汽车 5t	台班	430.70	0.713	0.333	0.209	0.048
	长材运输车 9t	台班	644.88	0.019	0.029	0.038	0.038
	直流弧焊机 32kV·A	台班	87.75	6.375	5.444	3.591	1.634
	自动埋弧焊机 1500A	台班	247.74	—	—	—	0.076
	坐标镗车 800×1200mm	台班	457.22	3.173	2.936	2.850	2.613

工作内容：放样号料、切割、坡口、压头卷弧、找圆、封头制作、组对、焊接、管板、折流板、支撑板、防冲板、拉杆、定距管、换热管束的制作、装配、成品倒运堆放等。 计量单位：t

定额编号				A3-1-342	A3-1-343	A3-1-344	A3-1-345
项目名称				重量(t以内)			
				8	10	15	20
基价（元）				6794.15	6556.29	6220.25	5789.50
其中	人工费（元）			2946.86	2937.90	2776.48	2627.52
	材料费（元）			792.96	786.60	750.05	751.85
	机械费（元）			3054.33	2831.79	2693.72	2410.13
名称		单位	单价(元)	消耗量			
人工	综合工日	工日	140.00	21.049	20.985	19.832	18.768
材料	白灰	kg	0.11	120.300	127.510	123.010	128.710
	道木	m³	2137.00	0.010	0.010	0.010	0.010
	碟形钢丝砂轮片 φ100	片	19.74	0.280	0.230	0.220	0.180
	方木	m³	2029.00	0.020	0.020	0.020	0.020
	钢板 δ20	kg	3.18	3.520	3.590	3.040	2.920
	钢丝绳 φ15	m	8.97	—	—	0.130	0.140
	合金钢焊条	kg	11.11	7.650	7.130	6.990	6.510
	合金钢埋弧焊丝	kg	9.50	1.600	1.400	1.200	1.170
	黑铅粉	kg	5.13	0.020	0.020	0.010	0.010
	黄干油	kg	5.15	0.760	0.800	0.770	0.810
	焦炭	kg	1.42	208.220	218.590	210.880	220.650
	埋弧焊剂	kg	21.72	2.400	2.050	1.800	1.750
	木柴	kg	0.18	20.820	21.860	21.090	22.070
	尼龙砂轮片 φ100×16×3	片	2.56	2.370	1.970	1.880	1.450
	尼龙砂轮片 φ150	片	3.32	1.020	0.930	0.890	0.860
	尼龙砂轮片 φ500×25×4	片	12.82	3.370	3.240	2.980	2.870
	汽油	kg	6.77	1.720	1.820	1.760	1.840
	青铅	kg	5.90	8.660	9.180	8.860	9.270
	清油	kg	9.70	0.060	0.050	0.050	0.040
	砂布	张	1.03	35.910	33.880	32.890	32.480
	石墨粉	kg	10.68	0.060	0.050	0.050	0.040
	碳精棒 φ8～12	根	1.27	6.720	5.820	5.130	4.170
	氧气	m³	3.63	9.380	8.900	7.830	7.290
	乙炔气	kg	10.45	3.130	2.970	2.610	2.430
	其他材料费占材料费	%	—	2.112	2.112	2.278	2.278
机械	半自动切割机 100mm	台班	83.55	—	—	0.010	0.010
	吹风机 4m³/min	台班	20.27	1.254	1.330	1.283	1.340

续表

定额编号				A3-1-342	A3-1-343	A3-1-344	A3-1-345
项目名称				重量(t以内)			
				8	10	15	20
名称		单位	单价(元)	消耗量			
机械	电动单梁起重机 5t	台班	223.20	0.741	0.627	0.570	0.475
	电动单筒慢速卷扬机 30kN	台班	210.22	0.038	0.029	0.029	0.019
	电动滚胎机	台班	172.54	1.330	1.321	1.311	1.292
	电动空气压缩机 $6m^3/min$	台班	206.73	0.162	0.133	0.133	0.114
	电焊条恒温箱	台班	21.41	0.162	0.133	0.133	0.114
	电焊条烘干箱 $80×80×100cm^3$	台班	49.05	0.162	0.133	0.133	0.114
	管子切断机 150mm	台班	33.32	1.207	1.159	1.064	1.026
	剪板机 20×2500mm	台班	333.30	0.219	0.181	0.143	0.076
	卷板机 20×2500mm	台班	276.83	0.057	0.048	0.048	0.048
	立式钻床 25mm	台班	6.58	—	1.188	0.960	0.798
	门式起重机 20t	台班	644.10	0.114	0.105	0.095	0.076
	刨边机 9000mm	台班	518.80	0.029	0.029	0.019	0.019
	平板拖车组 15t	台班	981.46	—	—	0.038	—
	平板拖车组 20t	台班	1081.33	—	—	—	0.029
	普通车床 1000×5000mm	台班	400.59	1.007	0.808	0.656	0.456
	汽车式起重机 16t	台班	958.70	—	—	0.067	—
	汽车式起重机 20t	台班	1030.31	0.057	0.048	—	0.057
	汽车式起重机 8t	台班	763.67	0.076	0.076	0.067	0.067
	试压泵 80MPa	台班	26.66	1.169	1.197	1.235	1.254
	箱式加热炉 75kW	台班	123.86	0.067	0.057	0.048	0.038
	摇臂钻床 63mm	台班	41.15	7.505	7.496	7.306	6.175
	油压机 800t	台班	1731.15	0.067	0.057	0.048	0.038
	载重汽车 10t	台班	547.99	0.057	0.048	0.010	0.010
	载重汽车 5t	台班	430.70	0.038	0.029	0.029	0.019
	长材运输车 9t	台班	644.88	0.038	0.038	0.038	0.038
	直流弧焊机 32kV·A	台班	87.75	1.587	1.368	1.349	1.112
	自动埋弧焊机 1500A	台班	247.74	0.067	0.057	0.048	0.048
	坐标镗车 800×1200mm	台班	457.22	2.518	2.442	2.375	2.299

工作内容：放样号料、切割、坡口、压头卷弧、找圆、封头制作、组对、焊接、管板、折流板、支撑板、防冲板、拉杆、定距管、换热管束的制作、装配、成品倒运堆放等。　　计量单位：t

定额编号				A3-1-346	A3-1-347	A3-1-348
项目名称				重量(t以内)		
				30	40	50
基价（元）				5399.46	5102.59	4977.91
其中	人工费（元）			2465.96	2342.48	2252.88
	材料费（元）			754.67	750.34	747.30
	机械费（元）			2178.83	2009.77	1977.73
名称		单位	单价(元)	消耗量		
人工	综合工日	工日	140.00	17.614	16.732	16.092
材料	白灰	kg	0.11	137.170	137.020	133.350
	道木	m^3	2137.00	0.010	0.010	0.010
	碟形钢丝砂轮片 φ100	片	19.74	0.140	0.120	0.110
	方木	m^3	2029.00	0.020	0.020	0.020
	钢板 δ20	kg	3.18	1.870	1.750	1.640
	钢管 DN80	kg	4.38	—	—	0.320
	钢丝绳 φ17.5	m	11.54	0.090	—	—
	钢丝绳 φ19.5	m	12.00	—	0.080	—
	钢丝绳 φ21.5	m	18.72	—	—	0.070
	合金钢焊条	kg	11.11	6.460	6.270	5.980
	合金钢埋弧焊丝	kg	9.50	0.990	1.120	1.470
	黑铅粉	kg	5.13	0.010	0.010	0.010
	黄干油	kg	5.15	0.860	0.860	0.840
	焦炭	kg	1.42	235.150	234.880	228.600
	埋弧焊剂	kg	21.72	1.490	1.670	2.200
	木柴	kg	0.18	23.520	23.490	22.860
	尼龙砂轮片 φ100×16×3	片	2.56	1.450	1.300	1.300
	尼龙砂轮片 φ150	片	3.32	0.830	0.810	0.780
	尼龙砂轮片 φ500×25×4	片	12.82	2.860	2.690	2.580
	汽油	kg	6.77	1.960	1.960	1.910
	青铅	kg	5.90	9.880	9.870	9.600
	清油	kg	9.70	0.030	0.030	0.020
	砂布	张	1.03	32.260	31.320	30.480
	石墨粉	kg	10.68	0.040	0.040	0.040
	碳精棒 φ8～12	根	1.27	3.300	2.850	2.850
	氧气	m^3	3.63	5.920	5.660	5.410
	乙炔气	kg	10.45	1.970	1.890	1.800
	其他材料费占材料费	%	—	2.278	2.278	2.278
机械	半自动切割机 100mm	台班	83.55	0.067	0.057	0.067
	吹风机 $4m^3/min$	台班	20.27	1.435	1.425	1.463
	电动单梁起重机 5t	台班	223.20	0.399	0.352	0.333

续表

定额编号				A3-1-346	A3-1-347	A3-1-348
项目名称				重量(t以内)		
				30	40	50
名称		单位	单价(元)	消耗量		
机械	电动单筒慢速卷扬机 30kN	台班	210.22	0.019	0.019	0.019
	电动滚胎机	台班	172.54	1.283	1.283	1.283
	电动空气压缩机 6m³/min	台班	206.73	0.114	0.105	0.095
	电焊条恒温箱	台班	21.41	0.114	0.105	0.095
	电焊条烘干箱 80×80×100cm³	台班	49.05	0.114	0.105	0.095
	管子切断机 150mm	台班	33.32	1.017	0.960	0.922
	剪板机 20×2500mm	台班	333.30	0.029	0.019	0.010
	卷板机 20×2500mm	台班	276.83	0.038	0.019	0.010
	卷板机 40×3500mm	台班	514.10	—	0.010	0.019
	立式钻床 25mm	台班	6.58	0.551	0.409	0.352
	门式起重机 20t	台班	644.10	0.057	0.057	0.057
	刨边机 9000mm	台班	518.80	0.019	0.019	0.029
	平板拖车组 30t	台班	1243.07	0.019	—	—
	平板拖车组 40t	台班	1446.84	—	0.019	—
	平板拖车组 50t	台班	1524.76	—	—	0.010
	普通车床 1000×5000mm	台班	400.59	0.285	—	—
	汽车式起重机 10t	台班	833.49	0.019	0.019	—
	汽车式起重机 20t	台班	1030.31	—	—	0.019
	汽车式起重机 25t	台班	1084.16	0.038	—	—
	汽车式起重机 40t	台班	1526.12	—	0.029	—
	汽车式起重机 50t	台班	2464.07	—	—	0.029
	汽车式起重机 8t	台班	763.67	0.038	0.038	0.038
	试压泵 80MPa	台班	26.66	1.330	1.330	1.292
	箱式加热炉 75kW	台班	123.86	0.038	0.038	0.038
	摇臂钻床 63mm	台班	41.15	4.769	3.781	3.525
	油压机 800t	台班	1731.15	0.038	0.038	0.038
	载重汽车 10t	台班	547.99	0.010	0.010	0.010
	载重汽车 5t	台班	430.70	0.010	0.010	—
	长材运输车 9t	台班	644.88	0.048	0.048	0.048
	直流弧焊机 32kV·A	台班	87.75	1.102	1.064	0.969
	自动埋弧焊机 1500A	台班	247.74	0.038	0.048	0.057
	坐标镗车 800×1200mm	台班	457.22	2.233	2.233	2.176

(3)低合金钢(碳钢)固定管板式焊接加胀接

工作内容：放样号料、切割、坡口、压头卷弧、找圆、封头制作、组对、焊接、管板、折流板、支撑板、防冲板、拉杆、定距管、换热管束的制作、装配、成品倒运堆放等。　　计量单位：t

定额编号				A3-1-349	A3-1-350	A3-1-351	A3-1-352
项目名称				重量(t以内)			
				1	2	4	6
基价(元)				13100.32	9442.68	7966.88	7215.62
其中	人工费(元)			4842.32	3326.40	2942.10	2917.88
	材料费(元)			1064.89	812.45	681.09	641.81
	机械费(元)			7193.11	5303.83	4343.69	3655.93
名称		单位	单价(元)	消耗量			
人工	综合工日	工日	140.00	34.588	23.760	21.015	20.842
材料	白铅油	kg	6.45	1.020	0.570	0.240	—
	道木	m³	2137.00	0.030	0.010	0.010	0.010
	碟形钢丝砂轮片 φ100	片	19.74	0.870	0.730	0.440	0.300
	方木	m³	2029.00	0.020	0.020	0.020	0.020
	钢板 δ20	kg	3.18	9.620	7.190	6.280	4.550
	合金钢焊条	kg	11.11	26.060	23.210	15.680	7.780
	合金钢埋弧焊丝	kg	9.50	—	—	—	1.930
	黑铅粉	kg	5.13	—	—	—	0.020
	埋弧焊剂	kg	21.72	—	—	—	2.890
	尼龙砂轮片 φ100×16×3	片	2.56	7.030	6.420	5.220	5.140
	尼龙砂轮片 φ150	片	3.32	1.920	1.480	1.230	1.120
	尼龙砂轮片 φ500×25×4	片	12.82	6.590	3.890	3.780	3.710
	汽油	kg	6.77	1.360	1.210	1.520	1.720
	清油	kg	9.70	0.200	0.110	0.090	0.070
	砂布	张	1.03	26.220	21.850	18.210	17.760
	石墨粉	kg	10.68	0.080	0.070	0.070	0.060
	碳钢氩弧焊丝	kg	7.69	3.480	3.380	3.280	3.190
	碳精棒 φ8～12	根	1.27	16.260	14.310	10.440	7.950
	钍钨极棒	g	0.36	19.460	18.890	18.340	17.810
	氩气	m³	19.59	9.730	9.450	9.170	8.910
	氧气	m³	3.63	28.640	13.610	11.360	9.650
	乙炔气	kg	10.45	9.550	4.540	3.790	3.220
	其他材料费占材料费	%	—	1.883	1.883	1.883	1.883
机械	电动单梁起重机 5t	台班	223.20	2.499	1.568	0.979	0.808
	电动单筒慢速卷扬机 30kN	台班	210.22	0.095	0.095	0.076	0.048

续表

定额编号				A3-1-349	A3-1-350	A3-1-351	A3-1-352
项目名称				重量(t以内)			
				1	2	4	6
名称		单位	单价(元)	消耗量			
机械	电动管子胀接机 D2-B	台班	83.68	1.492	1.549	1.663	1.881
	电动滚胎机	台班	172.54	1.691	1.634	1.520	1.406
	电动空气压缩机 6m³/min	台班	206.73	0.637	0.542	0.361	0.162
	电焊条恒温箱	台班	21.41	0.637	0.542	0.361	0.162
	电焊条烘干箱 80×80×100cm³	台班	49.05	0.637	0.542	0.361	0.162
	管子切断机 150mm	台班	33.32	2.366	1.397	1.349	1.330
	剪板机 20×2500mm	台班	333.30	1.093	0.722	0.418	0.276
	卷板机 20×2500mm	台班	276.83	0.200	0.171	0.124	0.076
	门式起重机 20t	台班	644.10	0.428	0.238	0.181	0.133
	刨边机 9000mm	台班	518.80	0.086	0.067	0.038	0.038
	普通车床 1000×5000mm	台班	400.59	3.430	1.653	1.159	1.121
	汽车式起重机 10t	台班	833.49	—	—	0.124	—
	汽车式起重机 20t	台班	1030.31	—	—	—	0.076
	汽车式起重机 8t	台班	763.67	0.732	0.371	0.133	0.086
	试压泵 80MPa	台班	26.66	0.922	0.960	1.036	1.169
	箱式加热炉 75kW	台班	123.86	0.190	0.181	0.152	0.086
	氩弧焊机 500A	台班	92.58	4.845	4.703	4.570	4.437
	摇臂钻床 63mm	台班	41.15	8.579	8.294	8.018	7.762
	油压机 800t	台班	1731.15	0.190	0.181	0.152	0.086
	载重汽车 10t	台班	547.99	0.010	0.010	0.010	0.076
	载重汽车 5t	台班	430.70	0.713	0.333	0.209	0.048
	长材运输车 9t	台班	644.88	0.019	0.029	0.038	0.038
	直流弧焊机 32kV·A	台班	87.75	6.375	5.444	3.591	1.634
	自动埋弧焊机 1500A	台班	247.74	—	—	—	0.076
	坐标镗车 800×1200mm	台班	457.22	2.641	2.451	2.375	2.176

工作内容：放样号料、切割、坡口、压头卷弧、找圆、封头制作、组对、焊接、管板、折流板、支撑板、防冲板、拉杆、定距管、换热管束的制作、装配、成品倒运堆放等。　　计量单位：t

定额编号				A3-1-353	A3-1-354	A3-1-355	A3-1-356
项目名称				重量(t以内)			
				8	10	15	20
基价（元）				6813.04	6206.06	5738.93	5330.74
其中	人工费（元）			2804.06	2786.84	2630.88	2474.92
	材料费（元）			607.04	577.21	547.46	527.66
	机械费（元）			3401.94	2842.01	2560.59	2328.16
名称		单位	单价(元)	消耗量			
人工	综合工日	工日	140.00	20.029	19.906	18.792	17.678
材料	道木	m³	2137.00	0.010	0.010	0.010	0.010
	碟形钢丝砂轮片 ϕ100	片	19.74	0.280	0.230	0.220	0.180
	方木	m³	2029.00	0.020	0.020	0.020	0.020
	钢板 δ20	kg	3.18	3.520	3.590	2.920	3.040
	钢丝绳 ϕ15	m	8.97	—	—	0.130	0.140
	合金钢焊条	kg	11.11	7.650	7.130	6.990	6.510
	合金钢埋弧焊丝	kg	9.50	1.600	1.370	1.200	1.170
	黑铅粉	kg	5.13	0.020	0.020	0.010	0.010
	埋弧焊剂	kg	21.72	2.400	2.050	1.800	1.750
	尼龙砂轮片 ϕ100×16×3	片	2.56	4.920	4.680	4.490	4.360
	尼龙砂轮片 ϕ150	片	3.32	1.020	0.930	0.890	0.860
	尼龙砂轮片 ϕ500×25×4	片	12.82	3.370	3.240	2.980	2.870
	汽油	kg	6.77	1.720	1.820	1.760	1.840
	清油	kg	9.70	0.060	0.050	0.050	0.040
	砂布	张	1.03	17.420	17.110	16.800	16.510
	石墨粉	kg	10.68	0.060	0.050	0.050	0.040
	碳钢氩弧焊丝	kg	7.69	3.090	3.000	2.910	2.820
	碳精棒 ϕ8～12	根	1.27	6.720	5.820	5.130	4.170
	钍钨极棒	g	0.36	17.290	16.790	16.280	15.800
	氩气	m³	19.59	8.650	8.390	8.140	7.900
	氧气	m³	3.63	9.380	8.900	7.830	7.290
	乙炔气	kg	10.45	3.130	2.970	2.610	2.430
	其他材料费占材料费	%	—	1.883	1.883	1.805	1.805
机械	半自动切割机 100mm	台班	83.55	—	—	0.010	0.010
	电动单梁起重机 5t	台班	223.20	0.741	0.627	0.570	0.475
	电动单筒慢速卷扬机 30kN	台班	210.22	0.038	0.029	0.029	0.019

续表

定额编号				A3-1-353	A3-1-354	A3-1-355	A3-1-356
项目名称				重量(t以内)			
				8	10	15	20
名称		单位	单价(元)	消耗量			
机械	电动管子胀接机 D2-B	台班	83.68	1.881	1.919	—	—
	电动滚胎机	台班	172.54	1.378	1.368	1.349	1.340
	电动空气压缩机 $6m^3/min$	台班	206.73	0.162	0.133	0.133	0.114
	电焊条恒温箱	台班	21.41	0.162	0.133	0.133	0.114
	电焊条烘干箱 $80\times80\times100cm^3$	台班	49.05	0.162	0.133	0.133	0.114
	管子切断机 150mm	台班	33.32	1.207	1.159	—	—
	剪板机 20×2500mm	台班	333.30	0.219	0.181	0.143	0.076
	卷板机 20×2500mm	台班	276.83	0.057	0.048	0.048	0.048
	门式起重机 20t	台班	644.10	0.114	0.105	0.095	0.076
	刨边机 9000mm	台班	518.80	0.029	0.029	0.019	0.019
	平板拖车组 15t	台班	981.46	—	—	0.038	—
	普通车床 1000×5000mm	台班	400.59	1.007	—	—	—
	汽车式起重机 16t	台班	958.70	—	—	0.067	—
	汽车式起重机 20t	台班	1030.31	0.057	0.048	—	0.057
	汽车式起重机 8t	台班	763.67	0.076	0.076	0.064	0.067
	试压泵 80MPa	台班	26.66	1.169	1.197	1.235	1.254
	箱式加热炉 75kW	台班	123.86	0.067	0.057	0.048	0.038
	氩弧焊机 500A	台班	92.58	4.304	4.180	4.057	3.933
	摇臂钻床 63mm	台班	41.15	7.505	7.496	7.306	6.175
	油压机 800t	台班	1731.15	0.067	0.057	0.048	0.038
	载重汽车 10t	台班	547.99	0.057	0.048	0.010	0.010
	载重汽车 5t	台班	430.70	0.038	0.029	0.029	0.019
	长材运输车 9t	台班	644.88	0.038	0.038	0.038	0.038
	直流弧焊机 32kV·A	台班	87.75	1.587	1.368	1.349	1.112
	自动埋弧焊机 1500A	台班	247.74	0.067	0.057	0.048	0.048
	坐标镗车 800×1200mm	台班	457.22	2.100	2.033	1.976	1.919

工作内容：放样号料、切割、坡口、压头卷弧、找圆、封头制作、组对、焊接、管板、折流板、支撑板、防冲板、拉杆、定距管、换热管束的制作、装配、成品倒运堆放等。 计量单位：t

定额编号				A3-1-357	A3-1-358	A3-1-359
项目名称				重量(t以内)		
				30	40	50
基价（元）				5207.19	4794.60	4660.08
其中	人工费（元）			2303.84	2180.36	2095.38
	材料费（元）			498.20	491.47	497.05
	机械费（元）			2405.15	2122.77	2067.65
名称		单位	单价(元)	消耗量		
人工	综合工日	工日	140.00	16.456	15.574	14.967
材料	道木	m³	2137.00	0.010	0.010	0.010
	碟形钢丝砂轮片 φ100	片	19.74	0.140	0.120	0.110
	方木	m³	2029.00	0.020	0.020	0.020
	钢板 δ20	kg	3.18	1.870	1.640	1.750
	钢管 DN80	kg	4.38	—	—	0.320
	钢丝绳 φ17.5	m	11.54	0.090	—	—
	钢丝绳 φ19.5	m	12.00	—	0.080	—
	钢丝绳 φ21.5	m	18.72	—	—	0.070
	合金钢焊条	kg	11.11	6.460	6.270	5.980
	合金钢埋弧焊丝	kg	9.50	0.990	1.120	1.470
	黑铅粉	kg	5.13	0.010	0.010	0.010
	埋弧焊剂	kg	21.72	1.490	1.670	2.200
	尼龙砂轮片 φ100×16×3	片	2.56	4.220	4.180	4.130
	尼龙砂轮片 φ150	片	3.32	0.830	0.810	0.780
	尼龙砂轮片 φ500×25×4	片	12.82	2.860	2.690	2.580
	汽油	kg	6.77	1.960	1.960	1.910
	清油	kg	9.70	0.030	0.030	0.020
	砂布	张	1.03	16.460	16.440	16.000
	石墨粉	kg	10.68	0.040	0.040	0.040
	碳钢氩弧焊丝	kg	7.69	2.740	2.660	2.580
	碳精棒 φ8～12	根	1.27	3.300	2.850	2.850
	钍钨极棒	g	0.36	15.320	14.860	14.560
	氩气	m³	19.59	7.660	7.510	7.360
	氧气	m³	3.63	5.920	5.660	5.410
	乙炔气	kg	10.45	1.970	1.890	1.800
	其他材料费占材料费	%	—	1.805	1.805	1.805
机械	半自动切割机 100mm	台班	83.55	0.067	0.057	0.057
	电动单梁起重机 5t	台班	223.20	0.399	0.352	0.333
	电动单筒慢速卷扬机 30kN	台班	210.22	0.019	0.019	0.019

续表

定额编号				A3-1-357	A3-1-358	A3-1-359
项目名称				重量(t以内)		
				30	40	50
	名称	单位	单价(元)	消耗量		
机械	电动滚胎机	台班	172.54	1.330	1.330	1.330
	电动空气压缩机 6m³/min	台班	206.73	0.114	0.105	0.095
	电焊条恒温箱	台班	21.41	0.114	0.105	0.095
	电焊条烘干箱 80×80×100cm³	台班	49.05	0.114	0.105	0.095
	剪板机 20×2500mm	台班	333.30	0.029	0.019	0.010
	卷板机 20×2500mm	台班	276.83	0.038	0.019	0.010
	立式钻床 25mm	台班	6.58	—	0.409	0.352
	门式起重机 20t	台班	644.10	0.057	0.057	0.057
	刨边机 9000mm	台班	518.80	0.019	0.019	0.019
	平板拖车组 30t	台班	1243.07	0.190	—	—
	平板拖车组 40t	台班	1446.84	—	0.019	—
	平板拖车组 50t	台班	1524.76	—	—	0.010
	汽车式起重机 10t	台班	833.49	0.019	0.019	—
	汽车式起重机 20t	台班	1030.31	—	—	0.019
	汽车式起重机 25t	台班	1084.16	0.038	—	—
	汽车式起重机 40t	台班	1526.12	—	0.029	—
	汽车式起重机 50t	台班	2464.07	—	—	0.029
	汽车式起重机 8t	台班	763.67	0.038	0.038	0.038
	试压泵 80MPa	台班	26.66	1.330	1.330	1.292
	箱式加热炉 75kW	台班	123.86	0.038	0.038	0.038
	氩弧焊机 500A	台班	92.58	3.819	3.705	3.591
	摇臂钻床 63mm	台班	41.15	4.769	3.781	3.525
	油压机 800t	台班	1731.15	0.038	0.038	0.038
	载重汽车 10t	台班	547.99	0.010	0.010	0.010
	载重汽车 5t	台班	430.70	0.010	0.010	—
	长材运输车 9t	台班	644.88	0.048	0.048	0.048
	直流弧焊机 32kV·A	台班	87.75	1.102	1.064	0.969
	自动埋弧焊机 1500A	台班	247.74	0.048	0.038	0.019
	坐标镗车 800×1200mm	台班	457.22	1.862	1.862	1.815

(4)低合金钢(碳钢)壳体不锈钢固定管板式焊接

工作内容：放样号料、切割、坡口、压头卷弧、找圆、封头制作、组对、焊接、焊缝酸洗钝化、管板、折流板、支撑板、防冲板、拉杆、定距管、换热管束的制作、装配、成品倒运堆放等。

计量单位：t

定额编号				A3-1-360	A3-1-361	A3-1-362	A3-1-363
项目名称				重量(t以内)			
				1	2	4	6
基价（元）				16916.54	12743.60	11507.49	10031.24
其中	人工费（元）			5417.72	3995.74	3937.78	3634.82
	材料费（元）			2117.49	1681.86	1471.63	1343.69
	机械费（元）			9381.33	7066.00	6098.08	5052.73
名称		单位	单价(元)	消耗量			
人工	综合工日	工日	140.00	38.698	28.541	28.127	25.963
材料	不锈钢电焊条	kg	38.46	16.540	10.730	8.160	7.910
	不锈钢埋弧焊丝	kg	50.13	—	—	—	0.070
	不锈钢氩弧焊丝 1Cr18Ni9Ti	kg	51.28	4.470	4.140	3.870	3.650
	道木	m³	2137.00	0.030	0.010	0.010	0.010
	电焊条	kg	5.98	2.520	1.880	1.500	1.280
	碟形钢丝砂轮片 φ100	片	19.74	0.900	0.780	0.540	0.350
	方木	m³	2029.00	0.180	0.180	0.180	0.180
	飞溅净	kg	5.15	2.920	1.850	1.260	1.070
	钢板 δ20	kg	3.18	7.930	7.750	7.610	5.190
	合金钢焊条	kg	11.11	12.360	10.840	7.790	—
	合金钢埋弧焊丝	kg	9.50	—	—	—	2.110
	尼龙砂轮片 φ100×16×3	片	2.56	9.290	9.480	9.390	8.890
	尼龙砂轮片 φ150	片	3.32	0.620	0.570	0.530	0.500
	尼龙砂轮片 φ500×25×4	片	12.82	7.170	6.410	4.880	4.550
	氢氟酸 45%	kg	4.87	0.150	0.100	0.060	0.050
	砂布	张	1.03	25.160	23.080	21.370	19.970
	石墨粉	kg	10.68	0.070	0.070	0.060	0.060
	酸洗膏	kg	6.56	2.390	1.500	0.980	0.830
	碳精棒 φ8～12	根	1.27	21.240	15.420	12.630	9.060
	钍钨极棒	g	0.36	26.250	24.080	22.300	20.840
	硝酸	kg	2.19	1.210	0.760	0.500	0.420
	氩气	m³	19.59	12.520	11.600	10.840	10.220
	氧气	m³	3.63	17.220	7.480	6.970	6.670
	乙炔气	kg	10.45	5.740	2.490	2.320	2.220
	其他材料费占材料费	%	—	2.158	2.158	2.158	2.158

续表

定额编号			A3-1-360	A3-1-361	A3-1-362	A3-1-363
项目名称			重量(t以内)			
			1	2	4	6
名称	单位	单价(元)	消耗量			
机械 等离子切割机 400A	台班	219.59	1.435	0.665	0.665	0.446
电动单梁起重机 5t	台班	223.20	3.373	2.195	1.539	1.188
电动滚胎机	台班	172.54	2.955	2.689	2.442	2.204
电动空气压缩机 1m³/min	台班	50.29	1.435	0.665	0.665	0.466
电动空气压缩机 6m³/min	台班	206.73	0.874	0.779	0.618	0.333
电焊条恒温箱	台班	21.41	0.874	0.779	0.618	0.333
电焊条烘干箱 80×80×100cm³	台班	49.05	0.874	0.779	0.618	0.333
管子切断机 150mm	台班	33.32	2.888	2.641	2.138	2.052
剪板机 20×2500mm	台班	333.30	1.159	0.789	0.513	0.314
卷板机 20×2500mm	台班	276.83	0.200	0.181	0.152	0.086
门式起重机 20t	台班	644.10	0.314	0.276	0.238	0.162
刨边机 9000mm	台班	518.80	0.086	0.076	0.048	0.038
普通车床 1000×5000mm	台班	400.59	4.323	2.128	1.691	1.501
汽车式起重机 10t	台班	833.49	—	—	0.143	—
汽车式起重机 20t	台班	1030.31	—	—	—	0.086
汽车式起重机 8t	台班	763.67	0.779	0.399	0.152	0.105
试压泵 80MPa	台班	26.66	1.273	1.150	1.625	1.739
氩弧焊机 500A	台班	92.58	7.315	6.774	6.327	5.976
摇臂钻床 63mm	台班	41.15	12.436	11.514	10.764	10.146
油压机 800t	台班	1731.15	0.295	0.266	0.228	0.143
载重汽车 10t	台班	547.99	0.010	0.010	0.010	0.086
载重汽车 5t	台班	430.70	0.751	0.361	0.247	0.057
长材运输车 9t	台班	644.88	0.019	0.029	0.038	0.048
直流弧焊机 32kV·A	台班	87.75	8.721	7.743	6.156	3.344
自动埋弧焊机 1500A	台班	247.74	—	—	—	0.086
坐标镗车 800×1200mm	台班	457.22	3.363	3.259	3.202	3.107

工作内容：放样号料、切割、坡口、压头卷弧、找圆、封头制作、组对、焊接、焊缝酸洗钝化、管板、折流板、支撑板、防冲板、拉杆、定距管、换热管束的制作、装配、成品倒运堆放等。

计量单位：t

定额编号				A3-1-364	A3-1-365	A3-1-366	A3-1-367
项目名称				重量(t以内)			
				8	10	15	20
基价（元）				**9501.77**	**8721.83**	**7974.45**	**7610.64**
其中	人工费（元）			3471.30	3469.90	3274.04	3141.46
	材料费（元）			1344.74	1294.45	913.05	876.62
	机械费（元）			4685.73	3957.48	3787.36	3592.56
名称		单位	单价(元)	消耗量			
人工	综合工日	工日	140.00	24.795	24.785	23.386	22.439
材料	不锈钢电焊条	kg	38.46	7.470	7.110	6.840	6.570
	不锈钢埋弧焊丝	kg	50.13	0.060	0.060	0.050	0.050
	不锈钢氩弧焊丝 1Cr18Ni9Ti	kg	51.28	3.480	3.340	3.220	3.120
	道木	m^3	2137.00	0.010	0.010	0.010	0.010
	电焊条	kg	5.98	1.050	0.940	0.910	0.890
	碟形钢丝砂轮片 φ100	片	19.74	0.320	0.260	0.250	0.200
	方木	m^3	2029.00	0.180	0.180	0.020	0.020
	飞溅净	kg	5.15	0.880	0.740	0.710	0.640
	钢板 δ20	kg	3.18	4.580	3.980	3.660	3.340
	合金钢埋弧焊丝	kg	9.50	1.740	1.490	1.290	1.250
	埋弧焊剂	kg	21.72	2.690	2.310	2.020	1.960
	尼龙砂轮片 φ100×16×3	片	2.56	8.520	8.380	8.180	8.120
	尼龙砂轮片 φ150	片	3.32	0.480	0.470	0.460	0.440
	尼龙砂轮片 φ500×25×4	片	12.82	4.120	4.000	3.700	3.660
	氢氟酸 45%	kg	4.87	0.040	0.030	0.040	0.030
	砂布	张	1.03	18.840	19.100	18.390	17.980
	石墨粉	kg	10.68	0.060	0.060	0.050	0.050
	酸洗膏	kg	6.56	0.670	0.640	0.540	0.460
	碳精棒 φ8～12	根	1.27	7.590	6.630	5.820	4.740
	钍钨极棒	g	0.36	19.660	18.720	18.020	17.660
	硝酸	kg	2.19	0.340	0.280	0.260	0.230
	氩气	m^3	19.59	9.740	9.360	9.020	8.740
	氧气	m^3	3.63	6.350	6.070	5.120	4.100
	乙炔气	kg	10.45	2.120	2.020	1.710	1.370
	其他材料费占材料费	%	—	2.158	2.158	1.998	1.998
机械	等离子切割机 400A	台班	219.59	0.390	0.380	0.371	0.352
	电动单梁起重机 5t	台班	223.20	1.093	0.941	0.865	0.760

续表

定额编号			A3-1-364	A3-1-365	A3-1-366	A3-1-367
项目名称			重量(t以内)			
			8	10	15	20
名称	单位	单价(元)	消耗量			
机械 电动滚胎机	台班	172.54	2.024	2.014	1.891	1.834
电动空气压缩机 1m³/min	台班	50.29	0.390	0.380	0.371	0.399
电动空气压缩机 6m³/min	台班	206.73	0.323	0.304	0.304	0.304
电焊条恒温箱	台班	21.41	0.323	0.304	0.304	0.304
电焊条烘干箱 80×80×100cm³	台班	49.05	0.323	0.304	0.304	0.304
管子切断机 150mm	台班	33.32	1.891	1.881	1.748	1.720
剪板机 20×2500mm	台班	333.30	0.247	0.200	0.162	0.086
卷板机 20×2500mm	台班	276.83	0.067	0.057	0.057	0.048
立式钻床 25mm	台班	6.58	—	1.568	1.283	1.112
门式起重机 20t	台班	644.10	0.143	0.133	0.133	0.124
刨边机 9000mm	台班	518.80	0.029	0.029	0.029	0.029
平板拖车组 15t	台班	981.46	—	—	0.038	—
平板拖车组 20t	台班	1081.33	—	—	—	0.038
普通车床 1000×5000mm	台班	400.59	1.359	—	—	—
汽车式起重机 16t	台班	958.70	—	—	0.076	—
汽车式起重机 20t	台班	1030.31	0.067	0.057	—	0.067
汽车式起重机 8t	台班	763.67	0.086	0.086	0.086	0.076
试压泵 80MPa	台班	26.66	1.720	1.834	1.758	1.853
氩弧焊机 500A	台班	92.58	5.691	5.472	5.263	5.159
摇臂钻床 63mm	台班	41.15	9.671	9.291	8.740	7.629
油压机 800t	台班	1731.15	0.114	0.105	0.086	0.076
载重汽车 10t	台班	547.99	0.067	0.057	0.010	0.010
载重汽车 5t	台班	430.70	0.038	0.038	0.029	0.019
长材运输车 9t	台班	644.88	0.048	0.048	0.048	0.048
直流弧焊机 32kV·A	台班	87.75	3.268	3.040	3.031	3.012
自动埋弧焊机 1500A	台班	247.74	0.076	0.067	0.057	0.057
坐标镗车 800×1200mm	台班	457.22	3.040	2.955	2.841	2.755

工作内容：放样号料、切割、坡口、压头卷弧、找圆、封头制作、组对、焊接、焊缝酸洗钝化、管板、折流板、支撑板、防冲板、拉杆、定距管、换热管束的制作、装配、成品倒运堆放等。

计量单位：t

定额编号				A3-1-368	A3-1-369	A3-1-370
项目名称				重量(t以内)		
				30	40	50
基价（元）				7533.00	6784.67	6492.78
其中	人工费（元）			2961.98	2815.82	2695.70
	材料费（元）			835.10	810.86	809.46
	机械费（元）			3735.92	3157.99	2987.62
名称		单位	单价(元)	消耗量		
人工	综合工日	工日	140.00	21.157	20.113	19.255
材料	不锈钢电焊条	kg	38.46	6.380	6.200	5.960
	不锈钢埋弧焊丝	kg	50.13	0.040	0.050	0.110
	不锈钢氩弧焊丝 1Cr18Ni9Ti	kg	51.28	2.990	2.870	2.820
	道木	m³	2137.00	0.010	0.010	0.010
	电焊条	kg	5.98	0.860	0.770	0.710
	碟形钢丝砂轮片 Φ100	片	19.74	0.160	0.140	0.130
	方木	m³	2029.00	0.020	0.020	0.020
	飞溅净	kg	5.15	0.530	0.480	0.420
	钢板 δ20	kg	3.18	2.140	2.010	1.890
	钢管 DN80	kg	4.38	—	—	0.360
	钢丝绳 Φ17.5	m	11.54	0.100	—	—
	钢丝绳 Φ19.5	m	12.00	—	0.090	—
	钢丝绳 Φ21.5	m	18.72	—	—	0.080
	合金钢埋弧焊丝	kg	9.50	1.090	1.220	1.550
	埋弧焊剂	kg	21.72	1.690	1.900	2.490
	尼龙砂轮片 Φ100×16×3	片	2.56	7.950	7.710	7.410
	尼龙砂轮片 Φ150	片	3.32	0.420	0.410	0.390
	尼龙砂轮片 Φ500×25×4	片	12.82	3.640	3.450	3.300
	氢氟酸 45%	kg	4.87	0.020	0.020	0.020
	砂布	张	1.03	17.260	16.390	15.570
	石墨粉	kg	10.68	0.050	0.050	0.040
	酸洗膏	kg	6.56	0.370	0.330	0.290
	碳精棒 Φ8～12	根	1.27	3.780	3.270	3.240
	钍钨极棒	g	0.36	17.130	16.440	15.620
	硝酸	kg	2.19	0.190	0.170	0.150
	氩气	m³	19.59	8.370	8.040	7.810
	氧气	m³	3.63	3.580	3.060	3.000
	乙炔气	kg	10.45	1.190	1.020	1.000
	其他材料费占材料费	%	—	1.998	1.998	1.998
机械	半自动切割机 100mm	台班	83.55	0.048	0.038	0.048
	等离子切割机 400A	台班	219.59	0.342	0.333	0.304

续表

定额编号				A3-1-368	A3-1-369	A3-1-370
项目名称				重量(t以内)		
				30	40	50
	名称	单位	单价(元)	消耗量		
机械	电动单梁起重机 5t	台班	223.20	0.656	0.589	0.551
	电动滚胎机	台班	172.54	1.758	1.672	1.568
	电动空气压缩机 1m³/min	台班	50.29	0.380	0.333	0.323
	电动空气压缩机 6m³/min	台班	206.73	0.295	0.285	0.266
	电焊条恒温箱	台班	21.41	0.295	0.285	0.266
	电焊条烘干箱 80×80×100cm³	台班	49.05	0.295	0.285	0.266
	管子切断机 150mm	台班	33.32	1.682	1.643	1.568
	剪板机 20×2500mm	台班	333.30	0.029	0.019	0.010
	卷板机 20×2500mm	台班	276.83	0.038	0.038	0.010
	卷板机 40×3500mm	台班	514.10	—	0.019	0.019
	立式钻床 25mm	台班	6.58	0.941	0.646	0.551
	门式起重机 20t	台班	644.10	0.124	0.114	0.114
	刨边机 9000mm	台班	518.80	0.019	0.019	0.029
	平板拖车组 30t	台班	1243.07	0.019	—	—
	平板拖车组 40t	台班	1446.84	—	0.019	—
	平板拖车组 50t	台班	1524.76	—	—	0.019
	汽车式起重机 10t	台班	833.49	0.029	0.029	—
	汽车式起重机 20t	台班	1030.31	—	—	0.019
	汽车式起重机 25t	台班	1084.16	0.428	—	—
	汽车式起重机 40t	台班	1526.12	—	0.038	—
	汽车式起重机 50t	台班	2464.07	—	—	0.029
	汽车式起重机 8t	台班	763.67	0.048	0.048	0.048
	试压泵 80MPa	台班	26.66	1.995	1.986	1.929
	氩弧焊机 500A	台班	92.58	4.950	4.665	4.465
	摇臂钻床 63mm	台班	41.15	6.137	5.121	4.788
	油压机 800t	台班	1731.15	0.057	0.057	0.048
	载重汽车 10t	台班	547.99	0.010	0.010	0.010
	载重汽车 5t	台班	430.70	0.019	0.010	—
	长材运输车 9t	台班	644.88	0.048	0.048	0.048
	直流弧焊机 32kV·A	台班	87.75	2.898	2.879	2.698
	自动埋弧焊机 1500A	台班	247.74	0.048	0.048	0.067
	坐标镗车 800×1200mm	台班	457.22	2.651	2.518	2.366

(5)不锈钢换热器固定管板式焊接

工作内容：放样号料、切割、坡口、压头卷弧、找圆、封头制作、组对、焊接、焊缝酸洗钝化、管板、折流板、支撑板、防冲板、拉杆、定距管、换热管束的制作、装配、成品倒运堆放等。

计量单位：t

定额编号				A3-1-371	A3-1-372	A3-1-373	A3-1-374
项目名称				重量(t以内)			
				1	2	4	6
基价（元）				22166.64	16778.17	14607.46	12476.34
其中	人工费（元）			6710.06	5118.82	4889.08	4529.70
	材料费（元）			2012.94	1758.69	1425.28	1201.36
	机械费（元）			13443.64	9900.66	8293.10	6745.28
名称		单位	单价(元)	消耗量			
人工	综合工日	工日	140.00	47.929	36.563	34.922	32.355
材料	不锈钢电焊条	kg	38.46	27.250	24.040	17.620	13.720
	不锈钢氩弧焊丝 1Cr18Ni9Ti	kg	51.28	4.650	4.310	4.030	3.800
	道木	m³	2137.00	0.030	0.010	0.010	0.010
	电焊条	kg	5.98	2.000	1.060	0.760	0.700
	碟形钢丝砂轮片 φ100	片	19.74	0.930	0.860	0.580	0.360
	方木	m³	2029.00	0.020	0.020	0.020	0.020
	飞溅净	kg	5.15	4.240	3.860	2.650	1.690
	钢板 δ20	kg	3.18	8.930	8.510	8.190	5.460
	尼龙砂轮片 φ100×16×3	片	2.56	12.460	11.330	10.760	9.240
	尼龙砂轮片 φ150	片	3.32	0.640	0.610	0.590	0.530
	尼龙砂轮片 φ500×25×4	片	12.82	7.650	6.450	5.250	4.790
	氢氟酸 45%	kg	4.87	0.230	0.210	0.140	0.090
	砂布	张	1.03	26.600	24.630	23.020	21.720
	石墨粉	kg	10.68	0.080	0.070	0.070	0.060
	酸洗膏	kg	6.56	3.570	3.250	2.190	1.380
	碳精棒 φ8～12	根	1.27	18.660	16.950	13.620	8.490
	钍钨极棒	g	0.36	26.070	24.140	22.560	21.280
	硝酸	kg	2.19	1.810	1.650	1.110	0.700
	氩气	m³	19.59	13.040	12.070	11.280	10.640
	氧气	m³	3.63	2.990	1.580	1.130	0.900
	乙炔气	kg	10.45	1.000	0.530	0.380	0.300
	其他材料费占材料费	%	—	2.158	2.158	2.158	2.158
机械	等离子切割机 400A	台班	219.59	4.380	2.204	2.081	1.682

续表

定额编号				A3-1-371	A3-1-372	A3-1-373	A3-1-374
项目名称				重量(t以内)			
				1	2	4	6
	名称	单位	单价(元)	消耗量			
机械	电动单梁起重机 5t	台班	223.20	6.422	4.285	2.869	2.185
	电动滚胎机	台班	172.54	6.755	6.137	5.235	3.753
	电动空气压缩机 $1m^3$/min	台班	50.29	4.380	2.204	2.081	1.682
	电动空气压缩机 $6m^3$/min	台班	206.73	0.998	0.912	0.703	0.494
	电焊条恒温箱	台班	21.41	0.998	0.912	0.703	0.494
	电焊条烘干箱 80×80×100cm^3	台班	49.05	0.998	0.912	0.703	0.494
	管子切断机 150mm	台班	33.32	3.078	2.689	2.309	2.157
	剪板机 20×2500mm	台班	333.30	2.546	1.577	1.007	0.646
	卷板机 20×2500mm	台班	276.83	0.200	0.190	0.162	0.095
	门式起重机 20t	台班	644.10	0.314	0.295	0.276	0.181
	刨边机 9000mm	台班	518.80	0.114	0.095	0.067	0.048
	普通车床 1000×5000mm	台班	400.59	5.786	2.945	2.271	2.014
	汽车式起重机 10t	台班	833.49	—	—	0.171	—
	汽车式起重机 20t	台班	1030.31	—	—	—	0.086
	汽车式起重机 8t	台班	763.67	0.827	0.437	0.162	0.105
	试压泵 80MPa	台班	26.66	1.359	1.558	1.758	1.834
	氩弧焊机 500A	台班	92.58	7.619	7.049	6.593	6.213
	摇臂钻床 63mm	台班	41.15	18.611	17.233	16.103	15.191
	油压机 800t	台班	1731.15	0.314	0.276	0.247	0.152
	载重汽车 10t	台班	547.99	0.010	0.010	0.010	0.086
	载重汽车 5t	台班	430.70	0.798	0.390	0.276	0.057
	长材运输车 9t	台班	644.88	0.019	0.038	0.048	0.048
	直流弧焊机 32kV·A	台班	87.75	9.975	9.073	7.011	4.969
	坐标镗车 800×1200mm	台班	457.22	4.114	3.810	3.563	3.363

工作内容：放样号料、切割、坡口、压头卷弧、找圆、封头制作、组对、焊接、焊缝酸洗钝化、管板、折流板、支撑板、防冲板、拉杆、定距管、换热管束的制作、装配、成品倒运堆放等。

计量单位：t

定额编号				A3-1-375	A3-1-376	A3-1-377	A3-1-378
项目名称				重量(t以内)			
				8	10	15	20
基价（元）				11461.76	10282.79	9381.40	8563.46
其中	人工费（元）			4281.34	4237.80	3929.38	3603.74
	材料费（元）			1086.90	996.16	944.78	896.43
	机械费（元）			6093.52	5048.83	4507.24	4063.29
名称		单位	单价(元)	消耗量			
人工	综合工日	工日	140.00	30.581	30.270	28.067	25.741
材料	不锈钢电焊条	kg	38.46	11.770	10.100	9.860	5.990
	不锈钢埋弧焊丝	kg	50.13	—	—	—	1.110
	不锈钢氩弧焊丝 1Cr18Ni9Ti	kg	51.28	3.620	3.480	3.330	3.480
	道木	m³	2137.00	0.010	0.010	0.010	0.010
	电焊条	kg	5.98	0.630	0.560	0.550	0.530
	碟形钢丝砂轮片 φ100	片	19.74	0.330	0.270	0.260	0.210
	方木	m³	2029.00	0.020	0.020	0.020	0.020
	飞溅净	kg	5.15	1.540	1.270	1.220	1.020
	钢板 δ20	kg	3.18	4.160	4.140	3.340	2.850
	钢丝绳 φ15	m	8.97	—	—	0.150	0.160
	埋弧焊剂	kg	21.72	—	—	—	1.670
	尼龙砂轮片 φ100×16×3	片	2.56	8.830	8.640	8.420	8.640
	尼龙砂轮片 φ150	片	3.32	0.510	0.490	0.400	0.380
	尼龙砂轮片 φ500×25×4	片	12.82	4.300	4.170	3.830	3.710
	氢氟酸 45%	kg	4.87	0.080	0.060	0.060	0.050
	砂布	张	1.03	20.680	19.890	19.060	18.490
	石墨粉	kg	10.68	0.060	0.060	0.050	0.050
	酸洗膏	kg	6.56	1.250	1.010	0.960	0.800
	碳精棒 φ8～12	根	1.27	7.080	6.090	5.370	4.890
	钍钨极棒	g	0.36	20.270	19.490	18.680	19.520
	硝酸	kg	2.19	0.630	0.510	0.490	0.400
	氩气	m³	19.59	10.140	9.750	9.320	9.740
	氧气	m³	3.63	0.840	0.810	0.780	0.740
	乙炔气	kg	10.45	0.280	0.270	0.260	0.250
	其他材料费占材料费	%	—	2.158	2.158	0.500	0.497
机械	等离子切割机 400A	台班	219.59	1.387	1.349	1.131	0.950
	电动单梁起重机 5t	台班	223.20	1.929	1.739	1.463	1.169

续表

定额编号				A3-1-375	A3-1-376	A3-1-377	A3-1-378
项目名称				重量(t以内)			
				8	10	15	20
	名称	单位	单价(元)	消耗量			
机械	电动滚胎机	台班	172.54	3.297	3.088	2.812	2.090
	电动空气压缩机 $1m^3/min$	台班	50.29	1.387	1.349	1.131	0.950
	电动空气压缩机 $6m^3/min$	台班	206.73	0.466	0.418	0.399	0.314
	电焊条恒温箱	台班	21.41	0.466	0.418	0.399	0.314
	电焊条烘干箱 $80\times80\times100cm^3$	台班	49.05	0.466	0.418	0.399	0.314
	管子切断机 150mm	台班	33.32	1.976	1.957	—	—
	剪板机 20×2500mm	台班	333.30	0.532	0.418	—	—
	卷板机 20×2500mm	台班	276.83	0.076	0.067	—	—
	立式钻床 25mm	台班	6.58	—	2.090	1.691	1.397
	门式起重机 20t	台班	644.10	0.162	0.143	0.124	0.133
	刨边机 9000mm	台班	518.80	0.038	0.029	0.029	0.029
	平板拖车组 15t	台班	981.46	—	—	0.038	—
	平板拖车组 20t	台班	1081.33	—	—	—	0.038
	普通车床 1000×5000mm	台班	400.59	1.786	—	—	—
	汽车式起重机 16t	台班	958.70	—	—	0.086	—
	汽车式起重机 20t	台班	1030.31	0.067	0.057	—	0.067
	汽车式起重机 8t	台班	763.67	0.095	0.086	0.086	0.076
	试压泵 80MPa	台班	26.66	1.796	1.815	1.824	1.910
	氩弧焊机 500A	台班	92.58	5.919	5.691	5.453	5.710
	摇臂钻床 63mm	台班	41.15	14.469	13.908	13.015	10.963
	油压机 800t	台班	1731.15	0.114	0.105	0.086	0.076
	载重汽车 10t	台班	547.99	0.067	0.057	0.010	0.010
	载重汽车 5t	台班	430.70	0.048	0.038	0.038	0.029
	长材运输车 9t	台班	644.88	0.048	0.048	0.048	0.048
	直流弧焊机 32kV·A	台班	87.75	4.608	4.152	4.000	3.154
	自动埋弧焊机 1500A	台班	247.74	—	—	—	0.048
	坐标镗车 800×1200mm	台班	457.22	3.202	3.078	2.945	2.888

工作内容：放样号料、切割、坡口、压头卷弧、找圆、封头制作、组对、焊接、焊缝酸洗钝化、管板、折流板、支撑板、防冲板、拉杆、定距管、换热管束的制作、装配、成品倒运堆放等。

计量单位：t

定额编号				A3-1-379	A3-1-380	A3-1-381
项目名称				重量(t以内)		
				30	40	50
基价（元）				7901.83	7466.86	7156.49
其中	人工费（元）			3283.56	3060.12	2903.46
	材料费（元）			893.40	885.65	896.89
	机械费（元）			3724.87	3521.09	3356.14
名称		单位	单价(元)	消耗量		
人工	综合工日	工日	140.00	23.454	21.858	20.739
材料	不锈钢电焊条	kg	38.46	5.870	5.750	5.580
	不锈钢埋弧焊丝	kg	50.13	0.930	0.990	1.390
	不锈钢氩弧焊丝 1Cr18Ni9Ti	kg	51.28	3.730	3.710	3.590
	道木	m³	2137.00	0.010	0.010	0.010
	电焊条	kg	5.98	0.500	0.460	0.460
	碟形钢丝砂轮片 φ100	片	19.74	0.160	0.130	0.130
	方木	m³	2029.00	0.020	0.020	0.020
	飞溅净	kg	5.15	0.800	0.710	0.660
	钢板 δ20	kg	3.18	2.200	1.930	2.040
	钢管 DN80	kg	4.38	—	—	0.370
	钢丝绳 φ17.5	m	11.54	0.100	—	—
	钢丝绳 φ19.5	m	12.00	—	0.090	—
	钢丝绳 φ21.5	m	18.72	—	—	0.080
	埋弧焊剂	kg	21.72	1.400	1.480	2.090
	尼龙砂轮片 φ100×16×3	片	2.56	8.600	8.520	8.410
	尼龙砂轮片 φ150	片	3.32	0.360	0.340	0.320
	尼龙砂轮片 φ500×25×4	片	12.82	3.620	3.520	3.370
	氢氟酸 45%	kg	4.87	0.040	0.030	0.030
	砂布	张	1.03	17.750	16.860	15.850
	石墨粉	kg	10.68	0.040	0.040	0.040
	酸洗膏	kg	6.56	0.600	0.520	0.490
	碳精棒 φ8～12	根	1.27	3.870	3.360	3.300
	钍钨极棒	g	0.36	20.880	20.790	20.100
	硝酸	kg	2.19	0.300	0.270	0.250
	氩气	m³	19.59	10.440	10.390	10.050
	氧气	m³	3.63	0.640	0.660	0.520
	乙炔气	kg	10.45	0.210	0.220	0.170
	其他材料费占材料费	%	—	0.493	0.493	0.495

续表

定额编号				A3-1-379	A3-1-380	A3-1-381
项目名称				重量(t以内)		
				30	40	50
名称		单位	单价(元)	消耗量		
机械	等离子切割机 400A	台班	219.59	0.779	0.694	0.599
	电动单梁起重机 5t	台班	223.20	0.950	0.741	0.684
	电动滚胎机	台班	172.54	2.052	1.986	1.910
	电动空气压缩机 $1m^3/min$	台班	50.29	0.779	0.589	0.599
	电动空气压缩机 $6m^3/min$	台班	206.73	0.295	0.285	0.276
	电焊条恒温箱	台班	21.41	0.295	0.285	0.276
	电焊条烘干箱 $80\times80\times100cm^3$	台班	49.05	0.295	0.285	0.276
	立式钻床 25mm	台班	6.58	1.017	0.770	0.646
	门式起重机 20t	台班	644.10	0.086	0.086	0.086
	刨边机 9000mm	台班	518.80	0.029	0.029	0.029
	平板拖车组 30t	台班	1243.07	0.019	—	—
	平板拖车组 40t	台班	1446.84	—	0.019	—
	平板拖车组 50t	台班	1524.76	—	—	0.019
	汽车式起重机 10t	台班	833.49	0.029	0.029	—
	汽车式起重机 20t	台班	1030.31	—	—	0.019
	汽车式起重机 25t	台班	1084.16	0.048	—	—
	汽车式起重机 40t	台班	1526.12	—	0.038	—
	汽车式起重机 50t	台班	2464.07	—	—	0.029
	汽车式起重机 8t	台班	763.67	0.048	0.048	0.048
	试压泵 80MPa	台班	26.66	2.043	2.033	1.967
	氩弧焊机 500A	台班	92.58	6.099	6.071	5.871
	摇臂钻床 63mm	台班	41.15	8.053	6.698	6.204
	油压机 800t	台班	1731.15	0.057	0.057	0.048
	载重汽车 10t	台班	547.99	0.010	0.010	0.019
	载重汽车 5t	台班	430.70	0.019	0.010	—
	长材运输车 9t	台班	644.88	0.057	0.057	0.048
	直流弧焊机 32kV·A	台班	87.75	2.964	2.869	2.774
	自动埋弧焊机 1500A	台班	247.74	0.048	0.048	0.067
	坐标镗车 $800\times1200mm$	台班	457.22	2.803	2.689	2.556

2. 浮头式换热器

(1)低合金钢(碳钢)浮头式焊接

工作内容：放样号料、切割、坡口、压头卷弧、找圆、封头制作、组对、焊接、管板、折流板、支撑板、防冲板、拉杆、定距管、换热管束的制作、装配、成品倒运堆放等。　　计量单位：t

定额编号				A3-1-382	A3-1-383	A3-1-384	A3-1-385
项目名称				重量(t以内)			
				1	2	4	6
基价（元）				16838.46	12154.42	10092.33	8201.03
其中	人工费（元）			5393.50	4492.46	3827.32	3205.58
	材料费（元）			1677.89	1247.76	1016.87	877.49
	机械费（元）			9767.07	6414.20	5248.14	4117.96
名称		单位	单价(元)	消耗量			
人工	综合工日	工日	140.00	38.525	32.089	27.338	22.897
材料	白铅油	kg	6.45	17.500	8.030	3.700	—
	柴油	kg	5.92	36.660	18.830	16.900	15.950
	道木	m³	2137.00	0.030	0.020	0.010	0.010
	碟形钢丝砂轮片 Φ100	片	19.74	1.020	0.880	0.660	0.420
	方木	m³	2029.00	0.020	0.020	0.020	0.020
	钢板 δ20	kg	3.18	19.320	10.730	9.860	6.650
	合金钢焊条	kg	11.11	41.960	36.530	26.990	16.050
	合金钢埋弧焊丝	kg	9.50	—	—	—	2.200
	埋弧焊剂	kg	21.72	—	—	—	3.300
	尼龙砂轮片 Φ100×16×3	片	2.56	11.180	9.840	7.980	6.840
	尼龙砂轮片 Φ150	片	3.32	2.250	2.060	1.910	1.780
	尼龙砂轮片 Φ500×25×4	片	12.82	7.610	4.930	4.160	3.760
	清油	kg	9.70	3.500	1.590	1.120	1.290
	砂布	张	1.03	19.390	17.790	16.470	15.390
	石墨粉	kg	10.68	0.170	0.140	0.130	0.120
	碳钢氩弧焊丝	kg	7.69	3.250	3.160	3.080	2.950
	碳精棒 Φ8～12	根	1.27	36.900	30.750	22.890	16.110
	钍钨极棒	g	0.36	20.480	18.790	17.400	16.570
	型钢	kg	3.70	2.360	1.570	1.440	1.330
	氩气	m³	19.59	9.100	8.950	8.610	8.240
	氧气	m³	3.63	29.200	19.470	17.620	12.330
	乙炔气	kg	10.45	9.730	6.490	5.870	4.110
	其他材料费占材料费	%	—	1.960	1.928	1.917	1.899
机械	电动单梁起重机 5t	台班	223.20	4.085	2.375	1.568	1.093
	电动单筒慢速卷扬机 30kN	台班	210.22	0.200	0.114	0.095	0.067

续表

定额编号				A3-1-382	A3-1-383	A3-1-384	A3-1-385
项目名称				重量(t以内)			
				1	2	4	6
名称		单位	单价(元)	消耗量			
机械	电动滚胎机	台班	172.54	1.805	1.653	1.539	1.511
	电动空气压缩机 6m³/min	台班	206.73	1.302	0.950	0.694	0.428
	电焊条恒温箱	台班	21.41	1.302	0.950	0.694	0.428
	电焊条烘干箱 80×80×100cm³	台班	49.05	1.302	0.950	0.694	0.428
	管子切断机 150mm	台班	33.32	2.736	1.767	1.492	1.359
	加热窑 4m×4m×4m	台班	91.64	0.038	0.019	0.010	0.010
	剪板机 20×2500mm	台班	333.30	1.492	1.007	0.665	0.342
	卷板机 20×2500mm	台班	276.83	0.276	0.247	0.190	0.114
	门式起重机 20t	台班	644.10	1.169	0.504	0.371	0.247
	刨边机 9000mm	台班	518.80	0.105	0.086	0.057	0.048
	普通车床 1000×5000mm	台班	400.59	4.484	2.337	1.881	1.397
	汽车式起重机 10t	台班	833.49	0.029	0.010	0.010	0.010
	汽车式起重机 20t	台班	1030.31	—	—	—	0.086
	汽车式起重机 8t	台班	763.67	0.912	0.399	0.304	0.095
	试压泵 80MPa	台班	26.66	0.817	0.893	0.979	1.055
	箱式加热炉 75kW	台班	123.86	0.390	0.228	0.200	0.133
	氩弧焊机 500A	台班	92.58	4.541	4.266	4.047	3.971
	摇臂钻床 63mm	台班	41.15	9.348	8.655	8.161	7.771
	油压机 800t	台班	1731.15	0.390	0.228	0.200	0.133
	载重汽车 10t	台班	547.99	0.010	0.010	0.010	0.086
	载重汽车 5t	台班	430.70	0.912	0.371	0.266	0.057
	长材运输车 9t	台班	644.88	0.019	0.029	0.038	0.038
	直流弧焊机 32kV·A	台班	87.75	12.996	9.462	6.973	4.275
	自动埋弧焊机 1500A	台班	247.74	—	—	—	0.086
	坐标镗车 800×1200mm	台班	457.22	2.290	2.223	2.119	2.014

工作内容：放样号料、切割、坡口、压头卷弧、找圆、封头制作、组对、焊接、管板、折流板、支撑板、防冲板、拉杆、定距管、换热管束的制作、装配、成品倒运堆放等。　　计量单位：t

定额编号				A3-1-386	A3-1-387	A3-1-388	A3-1-389
项目名称				重量(t以内)			
				8	10	15	20
基价（元）				7662.86	6781.44	6419.49	6134.63
其中	人工费（元）			3068.24	2973.04	2834.44	2726.08
	材料费（元）			805.05	761.69	720.76	680.76
	机械费（元）			3789.57	3046.71	2864.29	2727.79
名称		单位	单价(元)	消耗量			
人工	综合工日	工日	140.00	21.916	21.236	20.246	19.472
材料	柴油	kg	5.92	15.190	14.600	14.180	13.250
	道木	m³	2137.00	0.010	0.010	0.010	0.010
	碟形钢丝砂轮片 φ100	片	19.74	0.380	0.300	0.290	0.240
	方木	m³	2029.00	0.020	0.020	0.020	0.020
	钢板 δ20	kg	3.18	5.250	4.930	4.110	3.940
	钢丝绳 φ15	m	8.97	—	—	—	1.530
	合金钢焊条	kg	11.11	14.040	13.620	12.470	11.480
	合金钢埋弧焊丝	kg	9.50	1.770	1.490	1.290	1.250
	黑铅粉	kg	5.13	—	—	0.240	0.190
	埋弧焊剂	kg	21.72	2.660	2.240	1.940	1.870
	尼龙砂轮片 φ100×16×3	片	2.56	6.270	5.750	5.620	5.280
	尼龙砂轮片 φ150	片	3.32	1.680	1.600	1.540	1.500
	尼龙砂轮片 φ500×25×4	片	12.82	3.470	3.320	3.080	2.680
	清油	kg	9.70	1.060	0.870	0.830	0.680
	砂布	张	1.03	14.520	13.830	13.250	12.590
	石墨粉	kg	10.68	0.110	0.080	0.070	0.070
	碳钢氩弧焊丝	kg	7.69	2.850	2.710	2.600	2.470
	碳精棒 φ8～12	根	1.27	13.000	11.640	10.230	8.460
	钍钨极棒	g	0.36	15.930	15.170	14.540	13.810
	型钢	kg	3.70	1.250	1.180	1.120	0.980
	氩气	m³	19.59	7.970	7.590	7.270	6.910
	氧气	m³	3.63	12.100	11.690	11.570	9.680
	乙炔气	kg	10.45	4.030	3.900	3.860	3.230
	其他材料费占材料费	%	—	1.889	1.889	1.887	1.887
机械	半自动切割机 100mm	台班	83.55	—	—	0.029	0.038
	电动单梁起重机 5t	台班	223.20	1.045	0.893	0.865	0.703
	电动单筒慢速卷扬机 30kN	台班	210.22	0.067	0.038	0.038	0.038
	电动滚胎机	台班	172.54	1.349	1.302	1.283	1.264

续表

定额编号				A3-1-386	A3-1-387	A3-1-388	A3-1-389
项目名称				重量(t以内)			
				8	10	15	20
名称		单位	单价(元)	消耗量			
机械	电动空气压缩机 6m³/min	台班	206.73	0.399	0.361	0.352	0.323
	电焊条恒温箱	台班	21.41	0.399	0.361	0.352	0.323
	电焊条烘干箱 80×80×100cm³	台班	49.05	0.399	0.361	0.352	0.323
	管子切断机 150mm	台班	33.32	1.235	1.188	1.102	0.960
	加热窑 4m×4m×4m	台班	91.64	0.010	0.010	0.010	0.010
	剪板机 20×2500mm	台班	333.30	0.266	0.209	0.162	0.143
	卷板机 20×2500mm	台班	276.83	0.086	0.076	0.067	0.067
	立式钻床 25mm	台班	6.58	—	1.606	1.368	0.950
	门式起重机 20t	台班	644.10	0.200	0.200	0.181	0.171
	刨边机 9000mm	台班	518.80	0.038	0.038	0.029	0.029
	平板拖车组 20t	台班	1081.33	—	—	—	0.032
	普通车床 1000×5000mm	台班	400.59	1.235	—	—	—
	汽车式起重机 10t	台班	833.49	0.010	0.010	0.038	0.029
	汽车式起重机 20t	台班	1030.31	0.067	—	—	0.065
	汽车式起重机 25t	台班	1084.16	—	0.048	0.038	—
	汽车式起重机 8t	台班	763.67	0.086	0.086	0.038	0.048
	试压泵 80MPa	台班	26.66	1.074	1.121	1.140	1.159
	箱式加热炉 75kW	台班	123.86	0.124	0.076	0.067	0.067
	氩弧焊机 500A	台班	92.58	3.857	3.781	3.620	3.477
	摇臂钻床 63mm	台班	41.15	7.619	7.401	6.926	6.204
	油压机 800t	台班	1731.15	0.124	0.076	0.067	0.067
	载重汽车 10t	台班	547.99	0.067	0.010	0.010	0.010
	载重汽车 15t	台班	779.76	—	0.048	0.038	—
	载重汽车 5t	台班	430.70	0.057	0.048	0.038	0.029
	长材运输车 9t	台班	644.88	0.038	0.038	0.038	0.038
	直流弧焊机 32kV·A	台班	87.75	3.952	3.639	3.506	3.259
	自动埋弧焊机 1500A	台班	247.74	0.076	0.057	0.057	0.048
	坐标镗车 800×1200mm	台班	457.22	1.919	1.862	1.786	1.720

工作内容：放样号料、切割、坡口、压头卷弧、找圆、封头制作、组对、焊接、管板、折流板、支撑板、防冲板、拉杆、定距管、换热管束的制作、装配、成品倒运堆放等。　　计量单位：t

定额编号				A3-1-390	A3-1-391	A3-1-392
项目名称				重量(t以内)		
				30	40	50
基价（元）				5633.59	5389.64	5185.34
其中	人工费（元）			2563.26	2394.98	2275.56
	材料费（元）			622.52	610.32	603.56
	机械费（元）			2447.81	2384.34	2306.22
名称		单位	单价(元)	消耗量		
人工	综合工日	工日	140.00	18.309	17.107	16.254
材料	柴油	kg	5.92	13.080	12.430	11.810
	道木	m³	2137.00	0.010	0.010	0.010
	碟形钢丝砂轮片 φ100	片	19.74	0.180	0.150	0.150
	方木	m³	2029.00	0.020	0.020	0.020
	钢板 δ20	kg	3.18	2.560	2.450	2.240
	钢管 DN80	kg	4.38	—	0.080	0.420
	钢丝绳 φ17.5	m	11.54	0.090	—	—
	钢丝绳 φ19.5	m	12.00	—	0.080	—
	钢丝绳 φ21.5	m	18.72	—	—	0.080
	合金钢焊条	kg	11.11	10.500	10.180	9.670
	合金钢埋弧焊丝	kg	9.50	1.030	1.340	1.820
	黑铅粉	kg	5.13	0.120	0.100	0.090
	埋弧焊剂	kg	21.72	1.550	2.010	2.720
	尼龙砂轮片 φ100×16×3	片	2.56	4.880	4.670	4.430
	尼龙砂轮片 φ150	片	3.32	1.470	1.450	1.380
	尼龙砂轮片 φ500×25×4	片	12.82	2.670	2.490	2.380
	清油	kg	9.70	0.490	0.410	0.380
	砂布	张	1.03	12.080	11.480	10.790
	石墨粉	kg	10.68	0.070	0.060	0.060
	碳钢氩弧焊丝	kg	7.69	2.350	2.250	2.100
	碳精棒 φ8～12	根	1.27	6.150	5.250	5.340
	钍钨极棒	g	0.36	13.120	12.330	11.590
	型钢	kg	3.70	0.970	0.950	0.890
	氩气	m³	19.59	6.560	6.230	5.800
	氧气	m³	3.63	9.260	8.760	8.000
	乙炔气	kg	10.45	3.090	2.920	2.670
	其他材料费占材料费	%	—	1.887	1.887	1.887
机械	半自动切割机 100mm	台班	83.55	0.076	0.076	0.086
	电动单梁起重机 5t	台班	223.20	0.532	0.475	0.466
	电动单筒慢速卷扬机 30kN	台班	210.22	0.029	0.029	0.029
	电动滚胎机	台班	172.54	1.216	1.169	1.112

续表

定额编号				A3-1-390	A3-1-391	A3-1-392
项目名称				重量(t以内)		
				30	40	50
名称		单位	单价(元)	消耗量		
机械	电动空气压缩机 6m³/min	台班	206.73	0.304	0.295	0.276
	电焊条恒温箱	台班	21.41	0.304	0.295	0.276
	电焊条烘干箱 80×80×100cm³	台班	49.05	0.304	0.295	0.276
	管子切断机 150mm	台班	33.32	0.950	0.912	0.893
	加热窑 4m×4m×4m	台班	91.64	0.010	0.010	0.010
	剪板机 20×2500mm	台班	333.30	0.038	0.038	0.029
	卷板机 20×2500mm	台班	276.83	0.048	0.019	0.010
	卷板机 40×3500mm	台班	514.10	—	0.029	0.038
	立式钻床 25mm	台班	6.58	0.770	0.675	0.637
	门式起重机 20t	台班	644.10	0.105	0.095	0.095
	刨边机 9000mm	台班	518.80	0.029	0.038	0.038
	平板拖车组 30t	台班	1243.07	0.019	—	—
	平板拖车组 40t	台班	1446.84	—	0.019	—
	平板拖车组 50t	台班	1524.76	—	—	0.019
	汽车式起重机 10t	台班	833.49	0.010	0.010	0.010
	汽车式起重机 20t	台班	1030.31	0.019	0.019	0.010
	汽车式起重机 25t	台班	1084.16	0.038	—	—
	汽车式起重机 40t	台班	1526.12	—	0.029	—
	汽车式起重机 50t	台班	2464.07	—	—	0.029
	汽车式起重机 8t	台班	763.67	0.038	0.038	0.038
	试压泵 80MPa	台班	26.66	1.197	1.216	1.159
	箱式加热炉 75kW	台班	123.86	0.048	0.048	0.048
	氩弧焊机 500A	台班	92.58	3.306	3.135	2.945
	摇臂钻床 63mm	台班	41.15	6.099	5.909	5.710
	油压机 800t	台班	1731.15	0.048	0.048	0.048
	载重汽车 10t	台班	547.99	0.019	0.019	0.010
	载重汽车 5t	台班	430.70	0.010	0.010	0.010
	长材运输车 9t	台班	644.88	0.038	0.038	0.038
	直流弧焊机 32kV·A	台班	87.75	3.002	2.936	2.765
	自动埋弧焊机 1500A	台班	247.74	0.038	0.057	0.067
	坐标镗车 800×1200mm	台班	457.22	1.672	1.615	1.539

(2)低合金钢(碳钢)浮头式胀接

工作内容：放样号料、切割、坡口、压头卷弧、找圆、封头制作、组对、焊接、管板、折流板、支撑板、防冲板、拉杆、定距管、换热管束的制作、装配、成品倒运堆放等。 计量单位：t

定额编号				A3-1-393	A3-1-394	A3-1-395	A3-1-396
项目名称				重量(t以内)			
				1	2	4	6
基价（元）				18459.59	13604.11	11596.36	9709.33
其中	人工费（元）			5906.88	4922.96	4356.52	3783.78
	材料费（元）			1952.88	1490.42	1248.76	1097.11
	机械费（元）			10599.83	7190.73	5991.08	4828.44
	名称	单位	单价(元)	消耗量			
人工	综合工日	工日	140.00	42.192	35.164	31.118	27.027
材料	白灰	kg	0.11	83.760	82.070	100.930	110.350
	白铅油	kg	6.45	17.520	8.030	3.700	—
	柴油	kg	5.92	36.660	18.830	16.900	15.950
	道木	m³	2137.00	0.030	0.020	0.010	0.010
	碟形钢丝砂轮片 φ100	片	19.74	1.020	0.880	0.660	0.420
	方木	m³	2029.00	0.020	0.020	0.020	0.020
	钢板 δ20	kg	3.18	19.330	10.730	9.860	6.650
	合金钢焊条	kg	11.11	41.870	36.530	26.980	16.040
	合金钢埋弧焊丝	kg	9.50	—	—	—	2.200
	黑铅粉	kg	5.13	—	—	—	0.440
	黄干油	kg	5.15	0.980	0.900	0.840	0.790
	焦炭	kg	1.42	276.940	254.070	235.510	219.860
	埋弧焊剂	kg	21.72	—	—	—	3.300
	木柴	kg	0.18	27.690	25.410	23.530	21.990
	尼龙砂轮片 φ100×16×3	片	2.56	9.410	8.090	5.840	4.500
	尼龙砂轮片 φ150	片	3.32	2.250	2.060	1.910	1.780
	尼龙砂轮片 φ500×25×4	片	12.82	7.620	4.930	4.160	3.780
	汽油	kg	6.77	2.640	2.450	2.290	2.160
	青铅	kg	5.90	6.030	5.910	7.270	7.950
	清油	kg	9.70	3.500	1.590	1.290	1.120
	砂布	张	1.03	35.230	32.620	30.490	28.760
	石墨粉	kg	10.68	0.170	0.140	0.130	0.120
	碳精棒 φ8～12	根	1.27	36.900	30.750	22.890	16.110
	型钢	kg	3.70	2.360	1.570	1.440	1.330
	氧气	m³	3.63	29.200	19.470	17.620	12.330
	乙炔气	kg	10.45	9.730	6.490	5.870	4.110
	其他材料费占材料费	%	—	2.137	2.152	2.181	2.200

续表

定额编号				A3-1-393	A3-1-394	A3-1-395	A3-1-396
项目名称				重量(t以内)			
				1	2	4	6
名称		单位	单价(元)	消耗量			
机械	吹风机 $4m^3/min$	台班	20.27	0.874	0.855	1.055	1.131
	电动单梁起重机 5t	台班	223.20	4.085	2.375	1.568	1.093
	电动单筒慢速卷扬机 30kN	台班	210.22	0.200	0.114	0.095	0.067
	电动滚胎机	台班	172.54	1.872	1.720	1.587	1.568
	电动空气压缩机 $6m^3/min$	台班	206.73	1.245	0.893	0.627	0.352
	电焊条恒温箱	台班	21.41	1.245	0.893	0.627	0.352
	电焊条烘干箱 $80×80×100cm^3$	台班	49.05	1.245	0.893	0.627	0.352
	管子切断机 150mm	台班	33.32	2.736	1.767	1.492	1.359
	加热窑 4m×4m×4m	台班	91.64	0.038	0.019	0.010	0.010
	剪板机 20×2500mm	台班	333.30	1.492	1.007	0.665	0.342
	卷板机 20×2500mm	台班	276.83	0.276	0.247	0.190	0.114
	门式起重机 20t	台班	644.10	1.169	0.504	0.371	0.247
	刨边机 9000mm	台班	518.80	0.105	0.086	0.057	0.048
	普通车床 1000×5000mm	台班	400.59	4.494	2.337	1.881	1.397
	汽车式起重机 10t	台班	833.49	0.029	0.010	0.010	0.010
	汽车式起重机 20t	台班	1030.31	—	—	—	0.086
	汽车式起重机 8t	台班	763.67	0.912	0.399	0.304	0.095
	试压泵 80MPa	台班	26.66	0.817	0.893	0.979	1.055
	箱式加热炉 75kW	台班	123.86	0.390	0.228	0.200	0.133
	摇臂钻床 63mm	台班	41.15	9.348	8.655	8.161	7.771
	油压机 800t	台班	1731.15	0.390	0.228	0.200	0.133
	载重汽车 10t	台班	547.99	0.010	0.010	0.010	0.086
	载重汽车 5t	台班	430.70	0.912	0.371	0.266	0.057
	长材运输车 9t	台班	644.88	0.019	0.029	0.038	0.038
	直流弧焊机 32kV·A	台班	87.75	12.426	8.902	6.270	3.506
	自动埋弧焊机 1500A	台班	247.74	—	—	—	0.086
	坐标镗车 800×1200mm	台班	457.22	5.102	4.864	4.674	4.494

工作内容：放样号料、切割、坡口、压头卷弧、找圆、封头制作、组对、焊接、管板、折流板、支撑板、防冲板、拉杆、定距管、换热管束的制作、装配、成品倒运堆放等。　　计量单位：t

定额编号				A3-1-397	A3-1-398	A3-1-399	A3-1-400
项目名称				重量(t以内)			
				8	10	15	20
基价（元）				9175.87	8275.70	7845.15	7558.93
其中	人工费（元）			3638.18	3576.86	3413.34	3329.76
	材料费（元）			1012.23	963.10	913.29	874.08
	机械费（元）			4525.46	3735.74	3518.52	3355.09
名称		单位	单价(元)	消耗量			
人工	综合工日	工日	140.00	25.987	25.549	24.381	23.784
材料	白灰	kg	0.11	108.830	115.230	110.400	115.270
	柴油	kg	5.92	15.190	14.600	14.180	13.250
	道木	m^3	2137.00	0.010	0.010	0.010	0.010
	碟形钢丝砂轮片 φ100	片	19.74	0.380	0.300	0.290	0.240
	方木	m^3	2029.00	0.020	0.020	0.020	0.020
	钢板 δ20	kg	3.18	5.250	4.930	4.110	3.940
	钢丝绳 φ15	m	8.97	—	—	—	1.530
	合金钢焊条	kg	11.11	14.040	13.510	12.450	11.370
	合金钢埋弧焊丝	kg	9.50	1.770	1.490	1.290	1.250
	黑铅粉	kg	5.13	0.370	0.290	0.240	0.190
	黄干油	kg	5.15	0.750	0.720	0.690	0.670
	焦炭	kg	1.42	207.420	197.550	189.260	183.580
	埋弧焊剂	kg	21.72	2.660	2.240	1.940	1.870
	木柴	kg	0.18	20.740	19.750	18.930	18.360
	尼龙砂轮片 φ100×16×3	片	2.56	3.960	3.300	3.270	2.830
	尼龙砂轮片 φ150	片	3.32	1.680	1.600	1.540	1.500
	尼龙砂轮片 φ500×25×4	片	12.82	3.470	3.320	3.080	2.680
	汽油	kg	6.77	2.050	1.980	1.890	1.840
	青铅	kg	5.90	7.840	8.300	7.950	8.300
	清油	kg	9.70	1.060	0.870	0.830	0.680
	砂布	张	1.03	27.390	26.340	25.240	24.480
	石墨粉	kg	10.68	0.110	0.080	0.080	0.070
	碳精棒 φ8～12	根	1.27	13.440	11.640	10.230	8.460
	型钢	kg	3.70	1.250	1.180	1.120	0.980
	氧气	m^3	3.63	12.100	11.690	11.570	9.680
	乙炔气	kg	10.45	4.030	3.900	3.860	3.230
	其他材料费占材料费	%	—	2.206	2.208	2.211	2.218
机械	半自动切割机 100mm	台班	83.55	—	—	0.029	0.038
	吹风机 $4m^3/min$	台班	20.27	1.150	1.197	1.150	1.207

续表

定 额 编 号				A3-1-397	A3-1-398	A3-1-399	A3-1-400
项 目 名 称				重量(t以内)			
				8	10	15	20
	名 称	单位	单价(元)	消 耗 量			
机械	电动单梁起重机 5t	台班	223.20	1.045	0.893	0.865	0.703
	电动单筒慢速卷扬机 30kN	台班	210.22	0.067	0.038	0.038	0.038
	电动滚胎机	台班	172.54	1.406	1.349	1.330	1.311
	电动空气压缩机 6m³/min	台班	206.73	0.323	0.276	0.257	0.247
	电焊条恒温箱	台班	21.41	0.323	0.276	0.257	0.247
	电焊条烘干箱 80×80×100cm³	台班	49.05	0.323	0.276	0.257	0.247
	管子切断机 150mm	台班	33.32	1.235	1.188	1.102	0.960
	加热窑 4m×4m×4m	台班	91.64	0.010	0.010	0.010	0.010
	剪板机 20×2500mm	台班	333.30	0.266	0.209	0.162	0.143
	卷板机 20×2500mm	台班	276.83	0.086	0.076	0.067	0.067
	立式钻床 25mm	台班	6.58	—	1.606	1.368	0.950
	门式起重机 20t	台班	644.10	0.200	0.200	0.181	0.171
	刨边机 9000mm	台班	518.80	0.038	0.038	0.029	0.029
	平板拖车组 20t	台班	1081.33	—	—	—	0.032
	普通车床 1000×5000mm	台班	400.59	1.235	—	—	—
	汽车式起重机 10t	台班	833.49	0.010	0.010	0.038	0.029
	汽车式起重机 20t	台班	1030.31	0.067	—	—	0.065
	汽车式起重机 25t	台班	1084.16	—	0.048	0.038	—
	汽车式起重机 8t	台班	763.67	0.086	0.086	0.038	0.048
	试压泵 80MPa	台班	26.66	1.074	1.121	1.140	1.159
	箱式加热炉 75kW	台班	123.86	0.124	0.076	0.067	0.067
	摇臂钻床 63mm	台班	41.15	7.619	7.401	6.926	6.204
	油压机 800t	台班	1731.15	0.124	0.076	0.067	0.067
	载重汽车 10t	台班	547.99	0.067	0.010	0.010	0.010
	载重汽车 15t	台班	779.76	—	0.048	0.038	—
	载重汽车 5t	台班	430.70	0.057	0.048	0.038	0.029
	长材运输车 9t	台班	644.88	0.038	0.038	0.038	0.038
	直流弧焊机 32kV·A	台班	87.75	3.202	2.708	2.546	2.461
	自动埋弧焊机 1500A	台班	247.74	0.076	0.057	0.057	0.048
	坐标镗车 800×1200mm	台班	457.22	4.427	4.294	4.123	3.924

工作内容：放样号料、切割、坡口、压头卷弧、找圆、封头制作、组对、焊接、管板、折流板、支撑板、防冲板、拉杆、定距管、换热管束的制作、装配、成品倒运堆放等。　　计量单位：t

定额编号				A3-1-401	A3-1-402	A3-1-403
项目名称				重量(t以内)		
				30	40	50
基价（元）				6883.61	6674.91	6374.40
其中	人工费（元）			3070.48	3019.38	2868.18
	材料费（元）			815.64	794.64	785.58
	机械费（元）			2997.49	2860.89	2720.64
名称		单位	单价(元)	消耗量		
人工	综合工日	工日	140.00	21.932	21.567	20.487
材料	白灰	kg	0.11	123.110	119.140	125.070
	柴油	kg	5.92	13.080	12.430	11.810
	道木	m^3	2137.00	0.010	0.010	0.010
	碟形钢丝砂轮片 φ100	片	19.74	0.180	0.150	0.150
	方木	m^3	2029.00	0.020	0.020	0.020
	钢板 δ20	kg	3.18	2.560	2.450	2.240
	钢管 DN80	kg	4.38	—	0.080	0.420
	钢丝绳 φ17.5	m	11.54	0.090	—	—
	钢丝绳 φ19.5	m	12.00	—	0.080	—
	钢丝绳 φ21.5	m	18.72	—	—	0.080
	合金钢焊条	kg	11.11	10.380	10.070	9.580
	合金钢埋弧焊丝	kg	9.50	1.030	1.340	1.820
	黑铅粉	kg	5.13	0.120	0.100	0.090
	黄干油	kg	5.15	0.640	0.600	0.570
	焦炭	kg	1.42	176.240	167.430	157.390
	埋弧焊剂	kg	21.72	1.550	2.010	2.720
	木柴	kg	0.18	17.620	16.740	15.740
	尼龙砂轮片 φ100×16×3	片	2.56	2.270	2.130	2.030
	尼龙砂轮片 φ150	片	3.32	1.470	1.450	1.380
	尼龙砂轮片 φ500×25×4	片	12.82	2.670	2.490	2.380
	汽油	kg	6.77	1.760	1.680	1.570

续表

定额编号				A3-1-401	A3-1-402	A3-1-403
项目名称				重量(t以内)		
				30	40	50
名称		单位	单价(元)	消耗量		
材料	青铅	kg	5.90	8.860	8.580	9.010
	清油	kg	9.70	0.490	0.410	0.380
	砂布	张	1.03	23.500	22.090	20.980
	石墨粉	kg	10.68	0.070	0.060	0.060
	碳精棒 φ8～12	根	1.27	6.150	5.250	5.340
	型钢	kg	3.70	0.970	0.950	0.890
	氧气	m³	3.63	9.260	8.760	8.000
	乙炔气	kg	10.45	3.090	2.920	2.670
	其他材料费占材料费	%	—	2.224	2.219	2.209
机械	半自动切割机 100mm	台班	83.55	0.076	0.076	0.086
	吹风机 4m³/min	台班	20.27	1.283	1.245	1.302
	电动单梁起重机 5t	台班	223.20	0.532	0.475	0.466
	电动单筒慢速卷扬机 30kN	台班	210.22	0.029	0.029	0.029
	电动滚胎机	台班	172.54	1.264	1.216	1.216
	电动空气压缩机 6m³/min	台班	206.73	0.219	0.209	0.190
	电焊条恒温箱	台班	21.41	0.219	0.209	0.190
	电焊条烘干箱 80×80×100cm³	台班	49.05	0.219	0.209	0.190
	管子切断机 150mm	台班	33.32	0.950	0.912	0.893
	加热窑 4m×4m×4m	台班	91.64	0.010	0.010	0.010
	剪板机 20×2500mm	台班	333.30	0.038	0.038	0.029
	卷板机 20×2500mm	台班	276.83	0.048	0.019	0.010
	卷板机 40×3500mm	台班	514.10	—	0.029	0.038

续表

定额编号				A3-1-401	A3-1-402	A3-1-403
项目名称				重量(t以内)		
				30	40	50
名称		单位	单价(元)	消耗量		
机械	立式钻床 25mm	台班	6.58	0.770	0.675	0.637
	门式起重机 20t	台班	644.10	0.105	0.095	0.095
	刨边机 9000mm	台班	518.80	0.029	0.038	0.038
	平板拖车组 30t	台班	1243.07	0.019	—	—
	平板拖车组 40t	台班	1446.84	—	0.019	—
	平板拖车组 50t	台班	1524.76	—	—	0.019
	汽车式起重机 10t	台班	833.49	0.010	0.010	0.010
	汽车式起重机 20t	台班	1030.31	0.019	0.019	0.010
	汽车式起重机 25t	台班	1084.16	0.038	—	—
	汽车式起重机 40t	台班	1526.12	—	0.029	—
	汽车式起重机 50t	台班	2464.07	—	—	0.029
	汽车式起重机 8t	台班	763.67	0.038	0.038	0.038
	试压泵 80MPa	台班	26.66	1.197	1.216	1.216
	箱式加热炉 75kW	台班	123.86	0.048	0.048	0.048
	摇臂钻床 63mm	台班	41.15	6.099	5.909	5.710
	油压机 800t	台班	1731.15	0.048	0.048	0.048
	载重汽车 10t	台班	547.99	0.019	0.019	0.010
	载重汽车 5t	台班	430.70	0.010	0.010	0.010
	长材运输车 9t	台班	644.88	0.038	0.038	0.038
	直流弧焊机 32kV·A	台班	87.75	2.138	2.109	1.929
	自动埋弧焊机 1500A	台班	247.74	0.038	0.057	0.067
	坐标镗车 800×1200mm	台班	457.22	3.686	3.430	3.154

(3)低合金钢(碳钢)浮头式焊接加胀接

工作内容：放样号料、切割、坡口、压头卷弧、找圆、封头制作、组对、焊接、管板、折流板、支撑板、防冲板、拉杆、定距管、换热管束的制作、装配、成品倒运堆放等。　　计量单位：t

定额编号				A3-1-404	A3-1-405	A3-1-406	A3-1-407
项目名称				重量(t以内)			
				1	2	4	6
基价(元)				16451.54	12410.37	10185.00	8597.63
其中	人工费(元)			5552.96	4664.80	3989.86	3387.02
	材料费(元)			1594.37	1263.93	1037.87	895.63
	机械费(元)			9304.21	6481.64	5157.27	4314.98
名称		单位	单价(元)	消耗量			
人工	综合工日	工日	140.00	39.664	33.320	28.499	24.193
材料	白铅油	kg	6.45	17.520	8.030	3.700	—
	柴油	kg	5.92	22.590	18.830	17.560	16.410
	道木	m³	2137.00	0.030	0.020	0.010	0.010
	碟形钢丝砂轮片 φ100	片	19.74	1.020	0.880	0.660	0.420
	方木	m³	2029.00	0.020	0.020	0.020	0.020
	钢板 δ20	kg	3.18	19.330	10.730	9.860	6.650
	合金钢焊条	kg	11.11	41.870	36.530	26.980	16.040
	合金钢埋弧焊丝	kg	9.50	—	—	—	2.200
	黑铅粉	kg	5.13	—	—	—	0.440
	埋弧焊剂	kg	21.72	—	—	—	3.300
	尼龙砂轮片 φ100×16×3	片	2.56	11.190	9.840	7.980	6.840
	尼龙砂轮片 φ150	片	3.32	2.250	2.060	1.910	1.780
	尼龙砂轮片 φ500×25×4	片	12.82	7.620	4.930	4.160	3.780
	汽油	kg	6.77	2.600	2.490	2.310	2.160
	清油	kg	9.70	2.080	1.590	1.290	1.120
	砂布	张	1.03	18.500	17.130	16.010	15.100
	石墨粉	kg	10.68	0.170	0.140	0.130	0.120
	碳钢氩弧焊丝	kg	7.69	3.260	3.160	3.080	2.950
	碳精棒 φ8～12	根	1.27	36.900	30.750	22.890	16.110
	钍钨极棒	g	0.36	18.210	17.920	17.400	16.570
	型钢	kg	3.70	2.360	1.570	1.440	1.330
	氩气	m³	19.59	9.100	8.950	8.610	8.240
	氧气	m³	3.63	29.200	19.470	17.620	12.330
	乙炔气	kg	10.45	9.730	6.490	5.870	4.110
	其他材料费占材料费	%	—	1.953	1.928	1.917	1.899
机械	电动单梁起重机 5t	台班	223.20	4.085	2.375	1.568	1.093

续表

定 额 编 号				A3-1-404	A3-1-405	A3-1-406	A3-1-407
项 目 名 称				重量(t以内)			
				1	2	4	6
名 称		单位	单价(元)	消 耗 量			
机械	电动单筒慢速卷扬机 30kN	台班	210.22	0.200	0.095	0.114	0.067
	电动管子胀接机 D2-B	台班	83.68	1.577	1.539	1.900	2.043
	电动滚胎机	台班	172.54	2.043	1.701	1.615	1.530
	电动空气压缩机 6m³/min	台班	206.73	1.482	1.235	0.846	0.646
	电焊条恒温箱	台班	21.41	1.482	1.235	0.846	0.646
	电焊条烘干箱 80×80×100cm³	台班	49.05	1.482	1.235	0.846	0.646
	管子切断机 150mm	台班	33.32	2.736	1.767	1.492	1.359
	加热窑 4m×4m×4m	台班	91.64	0.019	0.010	0.010	0.010
	剪板机 20×2500mm	台班	333.30	1.492	1.007	0.665	0.342
	卷板机 20×2500mm	台班	276.83	0.276	0.247	0.190	0.114
	门式起重机 20t	台班	644.10	0.608	0.504	0.371	0.247
	刨边机 9000mm	台班	518.80	0.105	0.086	0.057	0.048
	普通车床 1000×5000mm	台班	400.59	4.494	2.337	1.881	1.397
	汽车式起重机 10t	台班	833.49	0.029	0.100	0.010	0.010
	汽车式起重机 20t	台班	1030.31	—	—	—	0.086
	汽车式起重机 8t	台班	763.67	0.912	0.399	0.304	0.095
	试压泵 80MPa	台班	26.66	0.817	0.798	0.979	1.074
	箱式加热炉 75kW	台班	123.86	0.390	0.228	0.200	0.133
	氩弧焊机 500A	台班	92.58	4.541	4.380	4.247	4.047
	摇臂钻床 63mm	台班	41.15	1.511	1.387	1.321	1.254
	油压机 800t	台班	1731.15	0.390	0.228	0.200	0.133
	载重汽车 10t	台班	547.99	0.010	0.010	0.010	0.086
	载重汽车 5t	台班	430.70	0.912	0.371	0.266	0.057
	长材运输车 9t	台班	644.88	0.019	0.029	0.038	0.038
	直流弧焊机 32kV·A	台班	87.75	14.782	12.312	8.427	6.413
	自动埋弧焊机 1500A	台班	247.74	—	—	—	0.860
	坐标镗车 800×1200mm	台班	457.22	1.938	1.834	1.739	1.672

工作内容：放样号料、切割、坡口、压头卷弧、找圆、封头制作、组对、焊接、管板、折流板、支撑板、防冲板、拉杆、定距管、换热管束的制作、装配、成品倒运堆放等。 计量单位：t

定额编号				A3-1-408	A3-1-409	A3-1-410	A3-1-411
项目名称				重量(t以内)			
				8	10	15	20
基价(元)				7839.11	6943.20	6687.20	6416.61
其中	人工费(元)			3218.04	3162.88	3015.88	2915.22
	材料费(元)			823.30	776.52	733.67	693.04
	机械费(元)			3797.77	3003.80	2937.65	2808.35
名称		单位	单价(元)	消耗量			
人工	综合工日	工日	140.00	22.986	22.592	21.542	20.823
材料	柴油	kg	5.92	15.480	14.750	14.180	13.250
	道木	m³	2137.00	0.010	0.010	0.010	0.010
	碟形钢丝砂轮片 φ100	片	19.74	0.380	0.300	0.290	0.240
	方木	m³	2029.00	0.020	0.020	0.020	0.020
	钢板 δ20	kg	3.18	5.250	4.930	4.110	3.940
	钢丝绳 φ15	m	8.97	—	—	—	1.530
	合金钢焊条	kg	11.11	14.040	13.510	12.450	11.370
	合金钢埋弧焊丝	kg	9.50	1.770	1.490	1.290	1.250
	黑铅粉	kg	5.13	0.370	0.290	0.240	0.190
	埋弧焊剂	kg	21.72	2.660	2.240	1.940	1.870
	尼龙砂轮片 φ100×16×3	片	2.56	6.270	5.750	5.620	5.280
	尼龙砂轮片 φ150	片	3.32	1.680	1.600	1.540	1.500
	尼龙砂轮片 φ500×25×4	片	12.82	3.470	3.320	3.080	2.680
	汽油	kg	6.77	2.050	1.980	1.890	1.940
	清油	kg	9.70	1.060	0.870	0.830	0.680
	砂布	张	1.03	14.380	13.830	13.250	12.720
	石墨粉	kg	10.68	0.110	0.080	0.080	0.070
	碳钢氩弧焊丝	kg	7.69	2.850	2.710	2.600	2.470
	碳精棒 φ8～12	根	1.27	13.440	11.640	10.230	8.460
	钍钨极棒	g	0.36	15.930	15.170	14.540	13.810
	型钢	kg	3.70	1.250	1.180	1.120	0.980
	氩气	m³	19.59	7.970	7.590	7.270	6.910
	氧气	m³	3.63	12.100	11.690	11.570	9.680
	乙炔气	kg	10.45	4.030	3.900	3.860	3.230
	其他材料费占材料费	%	—	1.889	1.889	1.887	1.888
机械	半自动切割机 100mm	台班	83.55	—	—	0.029	0.038
	电动单梁起重机 5t	台班	223.20	1.045	0.893	0.865	0.703
	电动单筒慢速卷扬机 30kN	台班	210.22	0.067	0.038	0.038	0.038
	电动管子胀接机 D2-B	台班	83.68	2.071	2.166	2.071	2.166

续表

定额编号			A3-1-408	A3-1-409	A3-1-410	A3-1-411
项目名称			重量(t以内)			
			8	10	15	20
名称	单位	单价(元)	消耗量			
机械 电动滚胎机	台班	172.54	1.454	1.397	1.378	1.359
电动空气压缩机 6m³/min	台班	206.73	0.589	0.494	0.466	0.456
电焊条恒温箱	台班	21.41	0.589	0.494	0.466	0.456
电焊条烘干箱 80×80×100cm³	台班	49.05	0.589	0.494	0.466	0.456
管子切断机 150mm	台班	33.32	1.188	1.140	1.102	0.096
加热窑 4m×4m×4m	台班	91.64	0.010	0.010	0.010	0.010
剪板机 20×2500mm	台班	333.30	0.266	0.209	0.162	0.143
卷板机 20×2500mm	台班	276.83	0.086	0.076	0.067	0.067
立式钻床 25mm	台班	6.58	—	1.606	1.368	0.950
门式起重机 20t	台班	644.10	0.200	0.200	0.181	0.171
刨边机 9000mm	台班	518.80	0.038	0.038	0.029	0.029
平板拖车组 20t	台班	1081.33	—	—	—	0.032
普通车床 1000×5000mm	台班	400.59	1.235	—	—	—
汽车式起重机 10t	台班	833.49	0.010	0.010	0.038	0.029
汽车式起重机 20t	台班	1030.31	0.067	—	—	0.065
汽车式起重机 25t	台班	1084.16	—	0.048	0.038	—
汽车式起重机 8t	台班	763.67	0.086	0.086	0.038	0.048
试压泵 80MPa	台班	26.66	1.055	1.121	1.074	1.121
箱式加热炉 75kW	台班	123.86	0.124	0.076	0.067	0.067
氩弧焊机 500A	台班	92.58	3.895	3.781	3.620	3.439
摇臂钻床 63mm	台班	41.15	1.197	1.150	1.102	1.064
油压机 800t	台班	1731.15	0.124	0.076	0.067	0.067
载重汽车 10t	台班	547.99	0.067	0.010	0.010	0.010
载重汽车 15t	台班	779.76	—	0.048	0.038	—
载重汽车 5t	台班	430.70	0.057	0.048	0.038	0.029
长材运输车 9t	台班	644.88	0.038	0.038	0.038	0.038
直流弧焊机 32kV·A	台班	87.75	5.843	4.959	4.608	4.560
自动埋弧焊机 1500A	台班	247.74	0.076	0.057	0.570	0.480
坐标镗车 800×1200mm	台班	457.22	1.615	1.568	1.501	1.435

工作内容：放样号料、切割、坡口、压头卷弧、找圆、封头制作、组对、焊接、管板、折流板、支撑板、防冲板、拉杆、定距管、换热管束的制作、装配、成品倒运堆放等。 计量单位：t

定额编号				A3-1-412	A3-1-413	A3-1-414
项目名称				重量(t以内)		
				30	40	50
基价（元）				5705.03	5561.42	5419.70
其中	人工费（元）			2627.52	2590.84	2487.38
	材料费（元）			633.13	620.98	613.60
	机械费（元）			2444.38	2349.60	2318.72
名称		单位	单价(元)	消耗量		
人工	综合工日	工日	140.00	18.768	18.506	17.767
材料	柴油	kg	5.92	13.080	12.430	11.680
	道木	m³	2137.00	0.010	0.010	0.010
	碟形钢丝砂轮片 φ100	片	19.74	0.180	0.150	0.150
	方木	m³	2029.00	0.020	0.020	0.020
	钢板 δ20	kg	3.18	2.560	2.450	2.240
	钢管 DN80	kg	4.38	—	0.080	0.420
	钢丝绳 φ17.5	m	11.54	0.090	—	—
	钢丝绳 φ19.5	m	12.00	—	0.080	—
	钢丝绳 φ21.5	m	18.72	—	—	0.080
	合金钢焊条	kg	11.11	10.380	10.070	9.580
	合金钢埋弧焊丝	kg	9.50	1.030	1.340	1.820
	黑铅粉	kg	5.13	0.120	0.100	0.090
	埋弧焊剂	kg	21.72	1.550	2.010	2.720
	尼龙砂轮片 φ100×16×3	片	2.56	4.880	4.670	4.430
	尼龙砂轮片 φ150	片	3.32	1.470	1.450	1.450
	尼龙砂轮片 φ500×25×4	片	12.82	2.670	2.490	2.380
	汽油	kg	6.77	1.740	1.640	1.530
	清油	kg	9.70	0.490	0.410	0.380
	砂布	张	1.03	12.080	11.360	10.560
	石墨粉	kg	10.68	0.070	0.060	0.060
	碳钢氩弧焊丝	kg	7.69	2.350	2.250	2.100
	碳精棒 φ8～12	根	1.27	6.150	5.250	5.340
	钍钨极棒	g	0.36	13.120	12.330	11.590
	型钢	kg	3.70	0.970	1.140	1.210
	氩气	m³	19.59	6.560	6.230	5.800
	氧气	m³	3.63	9.260	8.760	8.000
	乙炔气	kg	10.45	3.090	2.920	2.670
	其他材料费占材料费	%	—	1.881	1.888	1.901
机械	半自动切割机 100mm	台班	83.55	0.076	0.076	0.086
	电动单梁起重机 5t	台班	223.20	0.532	0.475	0.466
	电动单筒慢速卷扬机 30kN	台班	210.22	0.029	0.029	0.029
	电动管子胀接机 D2-B	台班	83.68	2.309	2.233	2.347

续表

定额编号			A3-1-412	A3-1-413	A3-1-414
项目名称			重量(t以内)		
			30	40	50
名称	单位	单价(元)	消耗量		
机械 电动滚胎机	台班	172.54	1.349	1.349	1.340
电动空气压缩机 6m³/min	台班	206.73	0.409	0.390	0.380
电焊条恒温箱	台班	21.41	0.409	0.390	0.380
电焊条烘干箱 80×80×100cm³	台班	49.05	0.409	0.390	0.380
管子切断机 150mm	台班	33.32	0.912	0.912	0.893
加热窑 4m×4m×4m	台班	91.64	0.010	0.010	0.010
剪板机 20×2500mm	台班	333.30	0.038	0.038	0.029
卷板机 20×2500mm	台班	276.83	0.048	0.019	0.010
卷板机 40×3500mm	台班	514.10	—	0.029	0.038
立式钻床 25mm	台班	6.58	0.770	0.675	0.637
门式起重机 20t	台班	644.10	0.105	0.095	0.095
刨边机 9000mm	台班	518.80	0.029	0.038	0.038
平板拖车组 30t	台班	1243.07	0.019	—	—
平板拖车组 40t	台班	1446.84	—	0.019	—
平板拖车组 50t	台班	1524.76	—	—	0.019
汽车式起重机 10t	台班	833.49	0.010	0.010	0.010
汽车式起重机 20t	台班	1030.31	0.019	0.010	0.010
汽车式起重机 25t	台班	1084.16	0.038	—	—
汽车式起重机 40t	台班	1526.12	—	0.029	—
汽车式起重机 50t	台班	2464.07	—	—	0.029
汽车式起重机 8t	台班	763.67	0.048	0.048	0.048
试压泵 80MPa	台班	26.66	1.197	1.159	1.216
箱式加热炉 75kW	台班	123.86	0.048	0.048	0.048
氩弧焊机 500A	台班	92.58	3.306	3.135	2.945
摇臂钻床 63mm	台班	41.15	1.007	0.950	0.893
油压机 800t	台班	1731.15	0.048	0.048	0.048
载重汽车 10t	台班	547.99	0.019	0.019	0.010
载重汽车 5t	台班	430.70	0.010	0.010	0.010
长材运输车 9t	台班	644.88	0.038	0.038	0.038
直流弧焊机 32kV·A	台班	87.75	4.114	3.848	3.829
自动埋弧焊机 1500A	台班	247.74	0.038	0.057	0.067
坐标镗车 800×1200mm	台班	457.22	1.359	1.283	1.197

(4)低合金钢(碳钢)壳体不锈钢浮头式焊接

工作内容：放样号料、切割、坡口、压头卷弧、找圆、封头制作、组对、焊接、焊缝酸洗钝化、管板、折流板、支撑板、防冲板、拉杆、定距管、换热管束的制作、装配、成品倒运堆放等。

计量单位：t

定额编号				A3-1-415	A3-1-416	A3-1-417	A3-1-418
项目名称				重量(t以内)			
				1	2	4	6
基价（元）				21149.93	15666.85	13934.65	11074.15
其中	人工费（元）			6615.56	5512.92	4800.88	4093.60
	材料费（元）			2396.73	1699.97	1484.11	1329.06
	机械费（元）			12137.64	8453.96	7649.66	5651.49
名称		单位	单价(元)	消耗量			
人工	综合工日	工日	140.00	47.254	39.378	34.292	29.240
材料	白铅油	kg	6.45	7.170	3.500	1.710	—
	不锈钢电焊条	kg	38.46	14.430	9.610	8.040	7.510
	不锈钢埋弧焊丝	kg	50.13	—	—	—	0.080
	不锈钢氩弧焊丝 1Cr18Ni9Ti	kg	51.28	4.050	3.720	3.480	3.280
	柴油	kg	5.92	38.460	20.530	19.760	18.140
	道木	m^3	2137.00	0.030	0.020	0.020	0.010
	碟形钢丝砂轮片 ф100	片	19.74	1.070	0.960	0.730	0.470
	方木	m^3	2029.00	0.020	0.020	0.020	0.020
	飞溅净	kg	5.15	2.510	1.370	0.930	0.760
	钢板 δ20	kg	3.18	20.280	11.690	10.980	7.480
	合金钢焊条	kg	11.11	38.550	28.800	22.920	12.390
	合金钢埋弧焊丝	kg	9.50	—	—	—	2.370
	黑铅粉	kg	5.13	—	—	—	0.250
	埋弧焊剂	kg	21.72	—	—	—	3.680
	尼龙砂轮片 ф100×16×3	片	2.56	15.490	12.850	10.960	10.610
	尼龙砂轮片 ф150	片	3.32	1.210	1.120	1.070	1.030
	尼龙砂轮片 ф500×25×4	片	12.82	8.190	5.580	4.890	4.530
	氢氟酸 45%	kg	4.87	0.130	0.070	0.050	0.040
	清油	kg	9.70	1.430	0.680	0.780	0.740
	砂布	张	1.03	25.600	22.080	20.450	19.110
	石墨粉	kg	10.68	0.090	0.080	0.080	0.080
	酸洗膏	kg	6.56	2.070	1.100	0.730	0.570
	碳精棒 ф8～12	根	1.27	40.200	33.510	24.060	18.120
	钍钨极棒	g	0.36	22.510	20.840	19.480	18.380
	硝酸	kg	2.19	1.050	0.560	0.370	0.290
	型钢	kg	3.70	3.040	1.620	1.580	1.420
	氩气	m^3	19.59	11.340	10.420	9.740	9.190
	氧气	m^3	3.63	25.610	12.400	11.690	8.180
	乙炔气	kg	10.45	8.540	4.130	3.900	2.730

续表

定额编号			A3-1-415	A3-1-416	A3-1-417	A3-1-418
项目名称			重量(t以内)			
			1	2	4	6
名称	单位	单价(元)	消耗量			
材料 其他材料费占材料费	%	—	2.021	2.013	2.015	2.014
机械 等离子切割机 400A	台班	219.59	1.967	0.912	0.798	0.694
电动单梁起重机 5t	台班	223.20	5.206	3.154	2.100	1.473
电动单筒慢速卷扬机 30kN	台班	210.22	0.143	0.114	0.076	0.038
电动滚胎机	台班	172.54	3.392	3.145	2.755	2.546
电动空气压缩机 $1m^3/min$	台班	50.29	1.967	0.912	0.798	0.694
电动空气压缩机 $6m^3/min$	台班	206.73	1.273	1.055	0.770	0.523
电焊条恒温箱	台班	21.41	1.273	1.055	0.770	0.523
电焊条烘干箱 $80\times80\times100cm^3$	台班	49.05	1.273	1.055	0.770	0.523
管子切断机 150mm	台班	33.32	3.211	2.271	2.100	2.005
加热窑 4m×4m×4m	台班	91.64	0.029	0.010	0.010	0.010
剪板机 20×2500mm	台班	333.30	1.568	1.112	0.751	0.380
卷板机 20×2500mm	台班	276.83	0.295	0.266	0.219	0.124
门式起重机 20t	台班	644.10	1.340	0.599	1.456	0.304
刨边机 9000mm	台班	518.80	0.105	0.095	0.067	0.057
普通车床 1000×5000mm	台班	400.59	5.814	2.955	2.423	1.815
汽车式起重机 10t	台班	833.49	0.010	0.010	0.010	0.010
汽车式起重机 20t	台班	1030.31	—	—	—	0.095
汽车式起重机 8t	台班	763.67	0.969	0.428	0.333	0.105
试压泵 80MPa	台班	26.66	1.112	1.131	1.425	1.568
箱式加热炉 75kW	台班	123.86	0.304	0.276	0.238	0.171
氩弧焊机 500A	台班	92.58	6.574	6.090	5.691	5.368
摇臂钻床 63mm	台班	41.15	12.265	11.258	10.422	9.833
油压机 800t	台班	1731.15	0.304	0.276	0.238	0.171
载重汽车 10t	台班	547.99	0.010	0.010	0.010	0.095
载重汽车 5t	台班	430.70	0.950	0.399	0.295	0.067
长材运输车 9t	台班	644.88	0.019	0.029	0.038	0.038
直流弧焊机 32kV·A	台班	87.75	12.692	10.574	7.676	5.254
自动埋弧焊机 1500A	台班	247.74	—	—	—	0.095
坐标镗车 800×1200mm	台班	457.22	3.325	3.230	3.078	2.898

工作内容：放样号料、切割、坡口、压头卷弧、找圆、封头制作、组对、焊接、焊缝酸洗钝化、管板、折流板、支撑板、防冲板、拉杆、定距管、换热管束的制作、装配、成品倒运堆放等。

计量单位：t

定额编号				A3-1-419	A3-1-420	A3-1-421	A3-1-422
项目名称				重量(t以内)			
				8	10	15	20
基价（元）				10292.19	9273.72	8828.79	8222.34
其中	人工费（元）			3878.98	3846.64	3679.62	3369.10
	材料费（元）			1225.79	1148.06	1079.65	1026.84
	机械费（元）			5187.42	4279.02	4069.52	3826.40
名称		单位	单价(元)	消耗量			
人工	综合工日	工日	140.00	27.707	27.476	26.283	24.065
材料	不锈钢电焊条	kg	38.46	7.020	6.630	6.250	5.950
	不锈钢埋弧焊丝	kg	50.13	0.070	0.060	0.060	0.060
	不锈钢氩弧焊丝 1Cr18Ni9Ti	kg	51.28	3.120	3.000	2.850	2.730
	柴油	kg	5.92	17.280	16.460	15.820	14.930
	道木	m^3	2137.00	0.010	0.010	0.010	0.010
	碟形钢丝砂轮片 φ100	片	19.74	0.430	0.340	0.330	0.270
	方木	m^3	2029.00	0.020	0.020	0.020	0.020
	飞溅净	kg	5.15	0.710	0.620	0.550	0.540
	钢板 δ20	kg	3.18	5.890	5.570	4.590	4.440
	钢丝绳 φ15	m	8.97	—	—	—	0.170
	合金钢焊条	kg	11.11	10.670	9.400	9.160	8.980
	合金钢埋弧焊丝	kg	9.50	1.910	1.610	1.360	1.320
	黑铅粉	kg	5.13	0.210	0.170	0.140	0.110
	埋弧焊剂	kg	21.72	2.960	2.500	2.140	2.080
	尼龙砂轮片 φ100×16×3	片	2.56	9.940	9.440	8.990	8.830
	尼龙砂轮片 φ150	片	3.32	0.990	0.940	0.840	0.800
	尼龙砂轮片 φ500×25×4	片	12.82	4.210	4.000	3.720	3.320
	氢氟酸 45%	kg	4.87	0.030	0.030	0.030	0.020
	清油	kg	9.70	0.600	0.500	0.470	0.400
	砂布	张	1.03	18.030	17.170	16.270	15.780
	石墨粉	kg	10.68	0.060	0.060	0.060	0.060

续表

定额编号				A3-1-419	A3-1-420	A3-1-421	A3-1-422
项目名称				重量(t以内)			
				8	10	15	20
名称		单位	单价(元)	消耗量			
材料	酸洗膏	kg	6.56	0.530	0.450	0.390	0.380
	碳精棒 φ8～12	根	1.27	15.090	13.110	11.430	9.540
	钍钨极棒	g	0.36	17.500	16.830	15.940	15.140
	硝酸	kg	2.19	0.270	0.230	0.200	0.190
	型钢	kg	3.70	1.370	1.300	1.250	1.110
	氩气	m³	19.59	8.740	8.410	7.970	7.570
	氧气	m³	3.63	8.050	7.600	6.710	5.760
	乙炔气	kg	10.45	2.680	2.530	2.240	1.920
	其他材料费占材料费	%	—	2.013	2.014	2.014	2.018
机械	半自动切割机 100mm	台班	83.55	—	—	0.019	0.029
	等离子切割机 400A	台班	219.59	0.646	0.608	0.580	0.466
	电动单梁起重机 5t	台班	223.20	1.435	1.311	1.226	0.969
	电动单筒慢速卷扬机 30kN	台班	210.22	0.038	0.029	0.290	0.290
	电动滚胎机	台班	172.54	2.318	2.261	2.223	2.176
	电动空气压缩机 1m³/min	台班	50.29	0.646	0.608	0.580	0.466
	电动空气压缩机 6m³/min	台班	206.73	0.494	0.447	0.437	0.418
	电焊条恒温箱	台班	21.41	0.494	0.447	0.437	0.418
	电焊条烘干箱 80×80×100cm³	台班	49.05	0.494	0.447	0.437	0.418
	管子切断机 150mm	台班	33.32	1.910	1.815	1.710	1.634
	加热窑 4m×4m×4m	台班	91.64	0.010	0.010	0.010	0.010
	剪板机 20×2500mm	台班	333.30	0.295	0.228	0.181	0.105
	卷板机 20×2500mm	台班	276.83	0.095	0.086	0.076	0.076

续表

定额编号				A3-1-419	A3-1-420	A3-1-421	A3-1-422
项目名称				重量(t以内)			
				8	10	15	20
名称		单位	单价(元)	消耗量			
机械	立式钻床 25mm	台班	6.58	—	2.185	1.881	1.311
	门式起重机 20t	台班	644.10	0.247	0.247	0.219	0.219
	刨边机 9000mm	台班	518.80	0.048	0.038	0.038	0.038
	平板拖车组 20t	台班	1081.33	—	—	—	0.038
	普通车床 1000×5000mm	台班	400.59	1.643	—	—	—
	汽车式起重机 10t	台班	833.49	0.010	0.010	0.048	0.038
	汽车式起重机 20t	台班	1030.31	0.076	—	—	0.076
	汽车式起重机 25t	台班	1084.16	—	0.057	0.048	—
	汽车式起重机 8t	台班	763.67	0.095	0.095	0.048	0.048
	试压泵 80MPa	台班	26.66	1.549	1.644	1.558	1.644
	箱式加热炉 75kW	台班	123.86	0.133	0.114	0.095	0.095
	氩弧焊机 500A	台班	92.58	5.111	4.912	4.655	4.513
	摇臂钻床 63mm	台班	41.15	9.367	9.006	8.351	7.087
	油压机 800t	台班	1731.15	0.133	0.114	0.095	0.095
	载重汽车 10t	台班	547.99	0.076	0.010	0.010	0.010
	载重汽车 15t	台班	779.76	—	0.057	0.048	—
	载重汽车 5t	台班	430.70	0.067	0.048	0.048	0.038
	长材运输车 9t	台班	644.88	0.038	0.048	0.038	0.048
	直流弧焊机 32kV·A	台班	87.75	4.931	4.446	4.389	4.218
	自动埋弧焊机 1500A	台班	247.74	0.076	0.067	0.057	0.057
	坐标镗车 800×1200mm	台班	457.22	2.765	2.660	2.518	2.394

工作内容：放样号料、切割、坡口、压头卷弧、找圆、封头制作、组对、焊接、焊缝酸洗钝化、管板、折流板、支撑板、防冲板、拉杆、定距管、换热管束的制作、装配、成品倒运堆放等。

计量单位：t

定额编号				A3-1-423	A3-1-424	A3-1-425
项目名称				重量(t以内)		
				30	40	50
基价（元）				9306.09	8615.49	8711.66
其中	人工费（元）			3298.12	3218.74	3057.32
	材料费（元）			963.17	939.00	928.12
	机械费（元）			5044.80	4457.75	4726.22
名称		单位	单价(元)	消耗量		
人工	综合工日	工日	140.00	23.558	22.991	21.838
材料	不锈钢电焊条	kg	38.46	5.670	5.450	5.240
	不锈钢埋弧焊丝	kg	50.13	0.040	0.050	0.120
	不锈钢氩弧焊丝 1Cr18Ni9Ti	kg	51.28	2.570	2.470	2.320
	柴油	kg	5.92	14.880	14.140	13.290
	道木	m³	2137.00	0.010	0.010	0.010
	碟形钢丝砂轮片 φ100	片	19.74	0.200	0.170	0.170
	方木	m³	2029.00	0.020	0.020	0.020
	飞溅净	kg	5.15	0.450	0.400	0.390
	钢板 δ20	kg	3.18	2.910	2.800	2.540
	钢管 DN80	kg	4.38	—	0.090	0.480
	钢丝绳 φ17.5	m	11.54	0.110	—	—
	钢丝绳 φ19.5	m	12.00	—	0.090	—
	钢丝绳 φ21.5	m	18.72	—	—	0.090
	合金钢焊条	kg	11.11	8.530	8.110	7.620
	合金钢埋弧焊丝	kg	9.50	1.120	1.450	1.930
	黑铅粉	kg	5.13	0.070	0.060	0.050
	埋弧焊剂	kg	21.72	1.740	2.270	3.070
	尼龙砂轮片 φ100×16×3	片	2.56	8.560	8.180	7.950
	尼龙砂轮片 φ150	片	3.32	0.750	0.700	0.660
	尼龙砂轮片 φ500×25×4	片	12.82	3.360	3.240	3.140
	氢氟酸 45%	kg	4.87	0.020	0.020	0.020
	清油	kg	9.70	0.280	0.240	0.220
	砂布	张	1.03	15.150	14.390	13.530

续表

定额编号				A3-1-423	A3-1-424	A3-1-425
项目名称				重量(t以内)		
				30	40	50
名称		单位	单价(元)	消耗量		
材料	石墨粉	kg	10.68	0.050	0.050	0.050
	酸洗膏	kg	6.56	0.300	0.270	0.250
	碳精棒 φ8～12	根	1.27	6.990	5.970	6.090
	钍钨极棒	g	0.36	14.240	13.380	12.450
	硝酸	kg	2.19	0.150	0.140	0.130
	型钢	kg	3.70	1.100	1.300	1.390
	氩气	m^3	19.59	7.120	6.690	6.360
	氧气	m^3	3.63	5.000	4.750	4.510
	乙炔气	kg	10.45	1.670	1.580	1.500
	其他材料费占材料费	%	—	2.016	2.021	2.022
机械	半自动切割机 100mm	台班	83.55	0.067	0.067	0.076
	等离子切割机 400A	台班	219.59	0.428	0.390	0.361
	电动单梁起重机 5t	台班	223.20	0.827	0.732	0.713
	电动单筒慢速卷扬机 30kN	台班	210.22	0.190	0.190	0.190
	电动滚胎机	台班	172.54	2.128	2.119	2.014
	电动空气压缩机 $1m^3/min$	台班	50.29	0.428	0.390	0.361
	电动空气压缩机 $6m^3/min$	台班	206.73	0.390	0.371	0.361
	电焊条恒温箱	台班	21.41	0.390	0.371	0.361
	电焊条烘干箱 80×80×100cm^3	台班	49.05	0.390	0.371	0.361
	管子切断机 150mm	台班	33.32	1.596	1.587	1.539
	加热窑 4m×4m×4m	台班	91.64	0.010	0.010	0.010
	剪板机 20×2500mm	台班	333.30	0.048	0.038	0.038
	卷板机 20×2500mm	台班	276.83	0.057	0.029	0.010
	卷板机 40×3500mm	台班	514.10	—	0.019	0.048

续表

定额编号				A3-1-423	A3-1-424	A3-1-425
项目名称				重量(t以内)		
				30	40	50
名称		单位	单价(元)	消耗量		
机械	立式钻床 25mm	台班	6.58	1.121	0.979	0.884
	门式起重机 20t	台班	644.10	0.181	0.133	0.124
	刨边机 9000mm	台班	518.80	0.029	0.029	0.029
	平板拖车组 30t	台班	1243.07	0.190	—	—
	平板拖车组 40t	台班	1446.84	—	0.190	—
	平板拖车组 50t	台班	1524.76	—	—	0.190
	汽车式起重机 10t	台班	833.49	0.010	0.010	0.010
	汽车式起重机 20t	台班	1030.31	0.190	0.010	0.010
	汽车式起重机 25t	台班	1084.16	0.480	—	—
	汽车式起重机 40t	台班	1526.12	—	0.380	—
	汽车式起重机 50t	台班	2464.07	—	—	0.380
	汽车式起重机 8t	台班	763.67	0.480	0.048	0.048
	试压泵 80MPa	台班	26.66	1.777	1.710	1.805
	箱式加热炉 75kW	台班	123.86	0.067	0.067	0.067
	氩弧焊机 500A	台班	92.58	4.294	4.076	3.905
	摇臂钻床 63mm	台班	41.15	6.878	6.603	6.270
	油压机 800t	台班	1731.15	0.067	0.067	0.067
	载重汽车 10t	台班	547.99	0.190	0.190	0.190
	载重汽车 5t	台班	430.70	0.010	0.010	0.010
	长材运输车 9t	台班	644.88	0.480	0.480	0.480
	直流弧焊机 32kV·A	台班	87.75	3.905	3.734	3.639
	自动埋弧焊机 1500A	台班	247.74	0.048	0.057	0.067
	坐标镗车 800×1200mm	台班	457.22	2.290	2.176	2.090

(5)不锈钢换热器浮头式焊接

工作内容：放样号料、切割、坡口、压头卷弧、找圆、封头制作、组对、焊接、焊缝酸洗钝化、管板、折流板、支撑板、防冲板、拉杆、定距管、换热管束的制作、装配、成品倒运堆放等。

计量单位：t

定额编号				A3-1-426	A3-1-427	A3-1-428	A3-1-429
项目名称				重量(t以内)			
				1	2	4	6
基价（元）				28494.02	21249.88	16719.04	13388.13
其中	人工费（元）			8720.60	7267.54	5962.74	5123.72
	材料费（元）			2981.85	2269.50	1741.91	1495.59
	机械费（元）			16791.57	11712.84	9014.39	6768.82
名称		单位	单价(元)	消耗量			
人工	综合工日	工日	140.00	62.290	51.911	42.591	36.598
材料	不锈钢电焊条	kg	38.46	47.450	33.710	22.610	18.980
	不锈钢氩弧焊丝 1Cr18Ni9Ti	kg	51.28	4.010	3.720	3.540	3.370
	柴油	kg	5.92	27.300	22.750	21.740	19.630
	道木	m^3	2137.00	0.040	0.020	0.020	0.010
	电焊条	kg	5.98	1.410	1.170	0.850	0.750
	碟形钢丝砂轮片 φ100	片	19.74	1.170	1.060	0.760	0.500
	方木	m^3	2029.00	0.020	0.020	0.020	0.020
	飞溅净	kg	5.15	5.650	4.710	3.350	2.290
	钢板 δ20	kg	3.18	15.550	12.960	11.460	7.940
	尼龙砂轮片 φ100×16×3	片	2.56	19.120	15.930	12.690	10.940
	尼龙砂轮片 φ150	片	3.32	1.630	1.360	1.210	1.170
	尼龙砂轮片 φ500×25×4	片	12.82	8.970	6.180	5.100	4.820
	氢氟酸 45%	kg	4.87	0.280	0.260	0.180	0.120
	砂布	张	1.03	24.290	22.290	21.030	20.030
	石墨粉	kg	10.68	0.120	0.110	0.110	0.100
	酸洗膏	kg	6.56	4.300	4.020	2.840	1.910
	碳精棒 φ8～12	根	1.27	44.580	37.140	25.080	15.780
	钍钨极棒	g	0.36	24.720	22.680	21.000	19.630
	硝酸	kg	2.19	2.180	2.040	1.440	0.970
	型钢	kg	3.70	2.160	1.800	1.670	1.550
	氩气	m^3	19.59	11.230	10.420	9.910	9.440
	氧气	m^3	3.63	2.100	1.750	1.270	1.020
	乙炔气	kg	10.45	0.700	0.580	0.420	0.340
	其他材料费占材料费	%	—	0.509	0.512	0.513	0.511
机械	等离子切割机 400A	台班	219.59	5.377	3.582	3.145	2.166

续表

定额编号				A3-1-426	A3-1-427	A3-1-428	A3-1-429
项目名称				重量(t以内)			
				1	2	4	6
名称		单位	单价(元)	消耗量			
机械	电动单梁起重机 5t	台班	223.20	9.443	6.299	4.085	2.717
	电动滚胎机	台班	172.54	14.041	11.695	8.351	6.422
	电动空气压缩机 $1m^3/min$	台班	50.29	1.482	1.235	0.846	0.646
	电动空气压缩机 $6m^3/min$	台班	206.73	5.377	3.582	3.145	2.166
	电焊条恒温箱	台班	21.41	1.482	1.235	0.846	0.646
	电焊条烘干箱 $80\times80\times100cm^3$	台班	49.05	1.482	1.235	0.846	0.646
	弓锯床 250mm	台班	24.28	3.715	3.382	3.126	2.983
	管子切断机 150mm	台班	33.32	3.525	2.518	2.185	2.128
	加热窑 4m×4m×4m	台班	91.64	0.019	0.019	0.010	0.010
	剪板机 20×2500mm	台班	333.30	3.620	2.261	1.454	0.760
	卷板机 20×2500mm	台班	276.83	0.285	0.285	0.238	0.133
	门式起重机 20t	台班	644.10	0.931	0.618	0.532	0.352
	刨边机 9000mm	台班	518.80	0.209	0.124	0.086	0.067
	普通车床 1000×5000mm	台班	400.59	6.926	4.180	3.211	2.442
	汽车式起重机 10t	台班	833.49	0.019	0.010	0.010	0.010
	汽车式起重机 20t	台班	1030.31	—	—	—	0.105
	汽车式起重机 8t	台班	763.67	1.093	0.475	0.352	0.114
	试压泵 80MPa	台班	26.66	1.216	1.254	1.482	1.663
	氩弧焊机 500A	台班	92.58	7.287	6.622	6.137	5.729
	摇臂钻床 63mm	台班	41.15	16.654	15.286	14.146	13.481
	油压机 800t	台班	1731.15	0.456	0.304	0.276	0.209
	载重汽车 10t	台班	547.99	0.038	0.010	0.010	0.105
	载重汽车 5t	台班	430.70	1.045	0.447	0.304	0.076
	长材运输车 9t	台班	644.88	0.019	0.038	0.038	0.048
	直流弧焊机 32kV·A	台班	87.75	14.782	12.312	8.427	6.413

工作内容：放样号料、切割、坡口、压头卷弧、找圆、封头制作、组对、焊接、焊缝酸洗钝化、管板、折流板、支撑板、防冲板、拉杆、定距管、换热管束的制作、装配、成品倒运堆放等。

计量单位：t

定额编号				A3-1-430	A3-1-431	A3-1-432	A3-1-433
项目名称				重量(t以内)			
				8	10	15	20
基价（元）				11868.87	10270.31	10815.37	10300.04
其中	人工费（元）			4830.56	4616.64	4424.70	4210.92
	材料费（元）			1334.34	1248.91	1169.22	1207.35
	机械费（元）			5703.97	4404.76	5221.45	4881.77
名称		单位	单价(元)	消耗量			
人工	综合工日	工日	140.00	34.504	32.976	31.605	30.078
材料	不锈钢电焊条	kg	38.46	16.030	14.660	13.580	12.290
	不锈钢埋弧焊丝	kg	50.13	—	—	—	1.180
	不锈钢氩弧焊丝 1Cr18Ni9Ti	kg	51.28	3.240	3.150	2.960	2.870
	柴油	kg	5.92	18.340	17.310	16.480	15.490
	道木	m^3	2137.00	0.010	0.010	0.010	0.010
	电焊条	kg	5.98	0.720	0.650	0.620	0.580
	碟形钢丝砂轮片 φ100	片	19.74	0.450	0.360	0.340	0.280
	方木	m^3	2029.00	0.020	0.020	0.020	0.020
	飞溅净	kg	5.15	2.060	1.660	1.570	1.330
	钢板 δ20	kg	3.18	6.210	5.830	4.780	4.210
	钢丝绳 φ15	m	8.97	—	—	—	1.790
	埋弧焊剂	kg	21.72	—	—	—	1.780
	尼龙砂轮片 φ100×16×3	片	2.56	10.200	8.970	9.040	9.800
	尼龙砂轮片 φ150	片	3.32	1.100	1.050	0.910	0.890
	尼龙砂轮片 φ500×25×4	片	12.82	4.220	4.410	3.870	3.440
	氢氟酸 45%	kg	4.87	0.110	0.090	0.080	0.070
	砂布	张	1.03	18.890	17.990	16.940	16.430
	石墨粉	kg	10.68	0.100	0.070	0.060	0.060
	酸洗膏	kg	6.56	1.700	1.350	1.280	1.070
	碳精棒 φ8～12	根	1.27	13.020	8.850	9.750	9.900
	钍钨极棒	g	0.36	18.520	17.630	16.610	17.440
	硝酸	kg	2.19	0.860	0.690	0.650	0.540
	型钢	kg	3.70	1.450	1.370	1.300	1.150
	氩气	m^3	19.59	9.070	8.810	8.300	8.040
	氧气	m^3	3.63	0.930	0.900	0.860	0.810
	乙炔气	kg	10.45	0.310	0.300	0.290	0.270
	其他材料费占材料费	%	—	0.511	0.510	0.510	0.510
机械	等离子切割机 400A	台班	219.59	1.796	1.777	1.606	1.321
	电动单梁起重机 5t	台班	223.20	2.470	2.195	2.090	1.644

续表

定 额 编 号				A3-1-430	A3-1-431	A3-1-432	A3-1-433
项 目 名 称				重量(t以内)			
				8	10	15	20
名 称		单位	单价(元)	消 耗 量			
机械	电动滚胎机	台班	172.54	5.482	4.551	4.313	4.304
	电动空气压缩机 1m³/min	台班	50.29	1.796	1.777	1.606	1.321
	电动空气压缩机 6m³/min	台班	206.73	0.589	0.494	0.466	0.456
	电焊条恒温箱	台班	21.41	0.589	0.523	0.466	0.456
	电焊条烘干箱 80×80×100cm³	台班	49.05	0.589	0.523	0.466	0.456
	弓锯床 250mm	台班	24.28	2.869	2.784	—	—
	管子切断机 150mm	台班	33.32	1.995	1.910	1.786	1.682
	加热窑 4m×4m×4m	台班	91.64	0.010	0.010	0.010	0.010
	剪板机 20×2500mm	台班	333.30	0.618	0.475	0.390	0.352
	卷板机 20×2500mm	台班	276.83	0.105	0.095	0.076	0.076
	立式钻床 25mm	台班	6.58	—	2.812	2.318	1.634
	门式起重机 20t	台班	644.10	0.285	0.285	0.257	0.257
	刨边机 9000mm	台班	518.80	0.057	0.048	0.038	0.038
	平板拖车组 20t	台班	1081.33	—	—	—	0.038
	普通车床 1000×5000mm	台班	400.59	1.881	—	—	—
	汽车式起重机 10t	台班	833.49	0.010	0.010	0.048	0.038
	汽车式起重机 20t	台班	1030.31	0.076	—	—	0.076
	汽车式起重机 25t	台班	1084.16	—	0.057	0.048	—
	汽车式起重机 8t	台班	763.67	0.105	0.095	0.048	0.048
	试压泵 80MPa	台班	26.66	1.634	1.729	1.625	1.710
	氩弧焊机 500A	台班	92.58	5.406	5.149	4.855	4.703
	摇臂钻床 63mm	台班	41.15	12.958	12.578	12.208	10.118
	油压机 800t	台班	1731.15	0.209	0.143	0.124	0.105
	载重汽车 10t	台班	547.99	0.076	0.010	0.010	0.010
	载重汽车 15t	台班	779.76	—	0.057	0.048	—
	载重汽车 5t	台班	430.70	0.067	0.048	0.048	0.038
	长材运输车 9t	台班	644.88	0.048	0.048	0.048	0.048
	直流弧焊机 32kV·A	台班	87.75	5.843	4.959	4.608	4.560
	自动埋弧焊机 1500A	台班	247.74	—	—	—	0.057
	坐标镗车 800×1200mm	台班	457.22	—	—	2.622	2.546

工作内容：放样号料、切割、坡口、压头卷弧、找圆、封头制作、组对、焊接、焊缝酸洗钝化、管板、折流板、支撑板、防冲板、拉杆、定距管、换热管束的制作、装配、成品倒运堆放等。

计量单位：t

定额编号				A3-1-434	A3-1-435	A3-1-436
项目名称				重量(t以内)		
				30	40	50
基价（元）				9302.33	8770.80	8682.40
其中	人工费（元）			3809.40	3609.90	3393.32
	材料费（元）			1052.68	1034.25	1030.18
	机械费（元）			4440.25	4126.65	4258.90
名称		单位	单价(元)	消耗量		
人工	综合工日	工日	140.00	27.210	25.785	24.238
材料	不锈钢电焊条	kg	38.46	9.980	9.680	9.100
	不锈钢埋弧焊丝	kg	50.13	0.970	1.270	1.740
	不锈钢氩弧焊丝 1Cr18Ni9Ti	kg	51.28	2.730	2.570	2.390
	柴油	kg	5.92	15.300	14.530	13.520
	道木	m³	2137.00	0.010	0.010	0.010
	电焊条	kg	5.98	0.570	0.560	0.530
	碟形钢丝砂轮片 φ100	片	19.74	0.210	0.180	0.170
	方木	m³	2029.00	0.020	0.020	0.020
	飞溅净	kg	5.15	1.000	0.860	0.850
	钢板 δ20	kg	3.18	3.000	2.600	2.870
	钢管 DN80	kg	4.38	—	0.100	0.490
	钢丝绳 φ15	m	8.97	0.110	—	—
	钢丝绳 φ19.5	m	12.00	—	0.090	—
	钢丝绳 φ21.5	m	18.72	—	—	0.090
	埋弧焊剂	kg	21.72	1.450	1.900	2.610
	尼龙砂轮片 φ100×16×3	片	2.56	9.050	8.830	9.390
	尼龙砂轮片 φ150	片	3.32	0.850	0.800	0.760
	尼龙砂轮片 φ500×25×4	片	12.82	3.450	3.210	3.310
	氢氟酸 45%	kg	4.87	0.050	0.040	0.040
	砂布	张	1.03	15.610	14.520	13.940
	石墨粉	kg	10.68	0.050	0.040	0.040

续表

定 额 编 号				A3-1-434	A3-1-435	A3-1-436
项 目 名 称				重量(t以内)		
				30	40	50
名 称		单位	单价(元)	消 耗 量		
材料	酸洗膏	kg	6.56	0.780	0.660	0.660
	碳精棒 φ8～12	根	1.27	7.200	6.120	6.210
	钍钨极棒	g	0.36	18.630	17.900	18.900
	硝酸	kg	2.19	0.400	0.340	0.330
	型钢	kg	3.70	1.130	1.090	1.030
	氩气	m^3	19.59	7.640	7.190	6.690
	氧气	m^3	3.63	0.680	0.670	0.570
	乙炔气	kg	10.45	0.230	0.220	0.190
	其他材料费占材料费	%	—	0.510	0.510	0.510
机械	等离子切割机 400A	台班	219.59	1.169	1.064	0.979
	电动单梁起重机 5t	台班	223.20	1.349	1.083	1.036
	电动滚胎机	台班	172.54	3.971	3.724	3.667
	电动空气压缩机 $1m^3/min$	台班	50.29	1.169	1.064	0.979
	电动空气压缩机 $6m^3/min$	台班	206.73	0.409	0.390	0.380
	电焊条恒温箱	台班	21.41	0.409	0.390	0.380
	电焊条烘干箱 $80×80×100cm^3$	台班	49.05	0.409	0.390	0.380
	管子切断机 150mm	台班	33.32	1.644	1.634	1.577
	加热窑 4m×4m×4m	台班	91.64	0.010	0.010	0.010
	剪板机 20×2500mm	台班	333.30	0.095	0.076	0.067
	卷板机 20×2500mm	台班	276.83	0.057	0.057	0.019
	卷板机 40×3500mm	台班	514.10	—	0.010	0.380
	立式钻床 25mm	台班	6.58	1.397	1.245	1.131

续表

定额编号				A3-1-434	A3-1-435	A3-1-436
项目名称				重量(t以内)		
				30	40	50
名称		单位	单价(元)	消耗量		
机械	门式起重机 20t	台班	644.10	0.209	0.152	0.152
	刨边机 9000mm	台班	518.80	0.038	0.048	0.057
	平板拖车组 30t	台班	1243.07	0.029	—	—
	平板拖车组 40t	台班	1446.84	—	0.019	—
	平板拖车组 50t	台班	1524.76	—	—	0.019
	汽车式起重机 10t	台班	833.49	0.010	0.010	0.010
	汽车式起重机 20t	台班	1030.31	0.019	0.019	0.019
	汽车式起重机 25t	台班	1084.16	0.048	—	—
	汽车式起重机 40t	台班	1526.12	—	0.038	—
	汽车式起重机 50t	台班	2464.07	—	—	0.038
	汽车式起重机 8t	台班	763.67	0.048	0.048	0.048
	试压泵 80MPa	台班	26.66	1.824	1.748	1.853
	氩弧焊机 500A	台班	92.58	4.513	4.294	4.038
	摇臂钻床 63mm	台班	41.15	9.719	9.234	8.674
	油压机 800t	台班	1731.15	0.095	0.076	0.076
	载重汽车 10t	台班	547.99	0.019	0.019	0.019
	载重汽车 5t	台班	430.70	0.010	0.010	0.010
	长材运输车 9t	台班	644.88	0.048	0.048	0.048
	直流弧焊机 20kV·A	台班	71.43	4.114	3.848	3.829
	自动埋弧焊机 1500A	台班	247.74	0.480	0.570	0.760
	坐标镗车 800×1200mm	台班	457.22	2.442	2.290	2.204

3. U型管换热器

(1)低合金钢(碳钢)U型管式焊接

工作内容：放样号料、切割、坡口、压头卷弧、找圆、封头制作、组对、焊接、管板、折流板、支撑板、防冲板、拉杆、定距管、换热管束的制作、装配、成品倒运堆放等。 计量单位：t

定额编号				A3-1-437	A3-1-438	A3-1-439	A3-1-440
项目名称				重量(t以内)			
				2	4	6	8
基价（元）				10355.99	8118.65	7467.93	6208.03
其中	人工费（元）			4125.24	3590.72	3533.32	3387.72
	材料费（元）			830.07	695.71	697.56	619.07
	机械费（元）			5400.68	3832.22	3237.05	2201.24
名称		单位	单价(元)	消耗量			
人工	综合工日	工日	140.00	29.466	25.648	25.238	24.198
材料	柴油	kg	5.92	15.250	14.430	14.100	11.910
	道木	m³	2137.00	0.020	0.010	0.010	0.010
	碟形钢丝砂轮片 φ100	片	19.74	0.670	0.610	0.570	0.290
	方木	m³	2029.00	0.020	0.020	0.020	0.020
	钢板 δ20	kg	3.18	5.700	4.910	4.620	3.780
	合金钢焊条	kg	11.11	19.600	17.820	10.010	8.300
	合金钢埋弧焊丝	kg	9.50	—	—	2.710	2.560
	黑铅粉	kg	5.13	0.050	0.040	0.030	0.020
	埋弧焊剂	kg	21.72	—	—	4.070	3.840
	尼龙砂轮片 φ100×16×3	片	2.56	6.510	5.920	5.480	3.710
	尼龙砂轮片 φ150	片	3.32	0.710	0.600	0.560	0.520
	尼龙砂轮片 φ500×25×4	片	12.82	4.060	4.040	3.830	3.110
	清油	kg	9.70	0.120	0.090	0.080	0.070
	砂布	张	1.03	8.980	8.160	7.700	7.330
	石墨粉	kg	10.68	0.080	0.070	0.070	0.060
	碳钢氩弧焊丝	kg	7.69	1.720	1.580	1.460	1.370
	碳精棒 φ8～12	根	1.27	14.550	13.230	11.500	9.150
	钍钨极棒	g	0.36	9.270	8.580	8.020	7.570
	型钢	kg	3.70	1.200	1.140	1.110	1.050
	氩气	m³	19.59	4.810	4.410	4.090	3.820
	氧气	m³	3.63	21.870	12.540	11.650	10.910
	乙炔气	kg	10.45	7.290	4.180	3.880	3.640
	中(粗)砂	t	87.00	0.225	0.210	0.195	0.180
	其他材料费占材料费	%	—	1.955	1.965	1.972	1.970
机械	半自动切割机 100mm	台班	83.55	—	—	—	0.019
	电动单梁起重机 5t	台班	223.20	1.720	1.197	1.055	0.808
	电动单筒慢速卷扬机 30kN	台班	210.22	0.124	0.057	0.048	0.038

续表

定额编号				A3-1-437	A3-1-438	A3-1-439	A3-1-440
项目名称				重量(t以内)			
				2	4	6	8
	名称	单位	单价(元)	消耗量			
机械	电动滚胎机	台班	172.54	4.285	3.895	3.173	1.454
	电动空气压缩机 6m³/min	台班	206.73	0.494	0.447	0.266	0.219
	电动弯管机 108mm	台班	76.93	0.542	0.466	0.428	0.409
	电焊条恒温箱	台班	21.41	0.494	0.447	0.226	0.219
	电焊条烘干箱 80×80×100cm³	台班	49.05	0.494	0.447	0.266	0.219
	管子切断机 150mm	台班	33.32	1.463	1.368	1.150	1.112
	加热窑 4m×4m×4m	台班	91.64	0.010	0.010	0.010	0.010
	剪板机 20×2500mm	台班	333.30	0.893	0.456	0.314	0.219
	卷板机 20×2500mm	台班	276.83	0.162	0.124	0.095	0.076
	立式钻床 25mm	台班	6.58	—	—	—	1.093
	门式起重机 20t	台班	644.10	0.333	0.190	0.152	0.143
	刨边机 9000mm	台班	518.80	0.057	0.048	0.048	0.048
	普通车床 1000×5000mm	台班	400.59	2.233	1.216	1.159	—
	汽车式起重机 10t	台班	833.49	0.010	0.010	0.010	0.010
	汽车式起重机 20t	台班	1030.31	—	—	0.086	0.067
	汽车式起重机 8t	台班	763.67	0.475	0.228	0.095	0.076
	试压泵 80MPa	台班	26.66	0.618	0.618	0.627	0.646
	箱式加热炉 75kW	台班	123.86	0.247	0.124	0.095	0.076
	氩弧焊机 500A	台班	92.58	2.423	2.195	2.033	1.900
	摇臂钻床 63mm	台班	41.15	6.270	6.004	5.729	5.691
	油压机 800t	台班	1731.15	0.247	0.124	0.095	0.076
	载重汽车 10t	台班	547.99	0.010	0.010	0.086	0.067
	载重汽车 5t	台班	430.70	0.456	0.190	0.057	0.048
	长材运输车 9t	台班	644.88	0.019	0.029	0.038	0.038
	直流弧焊机 32kV·A	台班	87.75	4.959	4.503	2.660	2.138
	自动埋弧焊机 1500A	台班	247.74	—	—	0.105	0.105
	坐标镗车 800×1200mm	台班	457.22	1.235	1.036	0.960	0.903

工作内容：放样号料、切割、坡口、压头卷弧、找圆、封头制作、组对、焊接、管板、折流板、支撑板、防冲板、拉杆、定距管、换热管束的制作、装配、成品倒运堆放等。　　计量单位：t

定额编号				A3-1-441	A3-1-442	A3-1-443
项目名称				重量(t以内)		
				10	15	20
基价（元）				5955.58	5518.42	5242.11
其中	人工费（元）			3351.88	3159.38	2948.26
	材料费（元）			586.98	553.50	519.75
	机械费（元）			2016.72	1805.54	1774.10
名称		单位	单价(元)	消耗量		
人工	综合工日	工日	140.00	23.942	22.567	21.059
材料	柴油	kg	5.92	11.350	11.010	10.460
	道木	m³	2137.00	0.010	0.010	0.010
	碟形钢丝砂轮片 φ100	片	19.74	0.260	0.200	0.180
	方木	m³	2029.00	0.020	0.020	0.020
	钢板 δ20	kg	3.18	3.500	3.350	2.970
	钢丝绳 φ15	m	8.97	—	—	0.140
	合金钢焊条	kg	11.11	7.900	7.600	7.020
	合金钢埋弧焊丝	kg	9.50	2.230	2.090	1.890
	黑铅粉	kg	5.13	0.020	0.020	0.020
	埋弧焊剂	kg	21.72	3.350	3.140	2.830
	尼龙砂轮片 φ100×16×3	片	2.56	3.430	3.230	3.070
	尼龙砂轮片 φ150	片	3.32	0.490	0.340	0.290
	尼龙砂轮片 φ500×25×4	片	12.82	3.200	2.630	2.520
	清油	kg	9.70	0.060	0.050	0.050
	砂布	张	1.03	7.050	6.840	6.500
	石墨粉	kg	10.68	0.060	0.060	0.050
	碳钢氩弧焊丝	kg	7.69	1.290	1.260	1.210
	碳精棒 φ8～12	根	1.27	8.070	6.210	5.640
	钍钨极棒	g	0.36	7.210	6.990	6.850
	型钢	kg	3.70	0.980	0.940	0.900
	氩气	m³	19.59	3.600	3.490	3.360
	氧气	m³	3.63	10.850	9.970	9.010
	乙炔气	kg	10.45	3.620	3.320	3.000
	中(粗)砂	t	87.00	0.165	0.165	0.150
	其他材料费占材料费	%	—	1.973	1.974	1.975
机械	半自动切割机 100mm	台班	83.55	0.019	0.086	0.076
	电动单梁起重机 5t	台班	223.20	0.741	0.542	0.485
	电动单筒慢速卷扬机 30kN	台班	210.22	0.029	0.029	0.019
	电动滚胎机	台班	172.54	1.311	1.254	1.140

续表

定额编号				A3-1-441	A3-1-442	A3-1-443
项目名称				重量(t以内)		
				10	15	20
名称		单位	单价(元)	消耗量		
机械	电动空气压缩机 $6m^3/min$	台班	206.73	0.200	0.190	0.181
	电动弯管机 108mm	台班	76.93	0.390	0.380	0.380
	电焊条恒温箱	台班	21.41	0.200	0.190	0.181
	电焊条烘干箱 $80\times80\times100cm^3$	台班	49.05	0.200	0.190	0.181
	管子切断机 150mm	台班	33.32	1.112	0.941	0.903
	加热窑 4m×4m×4m	台班	91.64	0.010	0.010	0.010
	剪板机 20×2500mm	台班	333.30	0.181	0.057	0.048
	卷板机 20×2500mm	台班	276.83	0.067	0.057	0.048
	卷板机 40×3500mm	台班	514.10	—	0.010	0.010
	立式钻床 25mm	台班	6.58	0.931	0.646	0.551
	门式起重机 20t	台班	644.10	0.133	0.133	0.124
	刨边机 9000mm	台班	518.80	0.038	0.038	0.038
	平板拖车组 20t	台班	1081.33	—	—	0.029
	汽车式起重机 10t	台班	833.49	0.010	0.010	0.010
	汽车式起重机 20t	台班	1030.31	0.057	—	0.057
	汽车式起重机 25t	台班	1084.16	—	0.029	—
	汽车式起重机 8t	台班	763.67	0.067	0.067	0.067
	试压泵 80MPa	台班	26.66	0.684	0.684	0.675
	箱式加热炉 75kW	台班	123.86	0.067	0.048	0.038
	氩弧焊机 500A	台班	92.58	1.796	1.739	1.653
	摇臂钻床 63mm	台班	41.15	5.406	5.130	4.826
	油压机 800t	台班	1731.15	0.067	0.048	0.038
	载重汽车 10t	台班	547.99	0.057	0.010	0.100
	载重汽车 15t	台班	779.76	—	0.029	—
	载重汽车 5t	台班	430.70	0.038	0.029	0.029
	长材运输车 9t	台班	644.88	0.038	0.038	0.038
	直流弧焊机 32kV·A	台班	87.75	1.957	1.881	1.758
	自动埋弧焊机 1500A	台班	247.74	0.095	0.086	0.076
	坐标镗车 800×1200mm	台班	457.22	0.846	0.808	0.779

(2)低合金钢(碳钢)壳体不锈钢U型管式焊接

工作内容：放样号料、切割、坡口、压头卷弧、找圆、封头制作、组对、焊接、焊缝酸洗钝化、管板、折流板、支撑板、防冲板、拉杆、定距管、换热管束的制作、装配、成品倒运堆放等。

计量单位：t

定额编号				A3-1-444	A3-1-445	A3-1-446	A3-1-447
项目名称				重量(t以内)			
				2	4	6	8
基价(元)				12084.49	10320.56	9207.52	7632.40
其中	人工费(元)			4395.86	4331.74	3998.40	3818.36
	材料费(元)			1117.80	988.18	952.58	845.28
	机械费(元)			6570.83	5000.64	4256.54	2968.76
	名称	单位	单价(元)	消耗量			
人工	综合工日	工日	140.00	31.399	30.941	28.560	27.274
材料	不锈钢电焊条	kg	38.46	5.620	5.440	5.130	3.780
	不锈钢埋弧焊丝	kg	50.13	—	—	0.070	0.070
	不锈钢氩弧焊丝 1Cr18Ni9Ti	kg	51.28	1.820	1.690	1.580	1.490
	柴油	kg	5.92	17.440	16.150	15.770	13.310
	道木	m³	2137.00	0.020	0.010	0.010	0.010
	碟形钢丝砂轮片 φ100	片	19.74	0.730	0.660	0.630	0.330
	方木	m³	2029.00	0.030	0.030	0.030	0.030
	飞溅净	kg	5.15	0.930	0.830	0.490	0.440
	钢板 δ20	kg	3.18	7.020	6.380	5.160	4.530
	合金钢焊条	kg	11.11	16.420	14.930	4.790	4.730
	合金钢埋弧焊丝	kg	9.50	—	—	2.940	2.770
	黑铅粉	kg	5.13	0.030	0.020	0.020	0.010
	埋弧焊剂	kg	21.72	—	—	4.520	4.270
	尼龙砂轮片 φ100×16×3	片	2.56	8.940	8.440	8.040	6.790
	尼龙砂轮片 φ150	片	3.32	0.730	0.600	0.470	0.450
	尼龙砂轮片 φ500×25×4	片	12.82	4.550	4.380	3.870	3.770
	氢氟酸 45%	kg	4.87	0.050	0.040	0.020	0.020
	清油	kg	9.70	0.080	0.070	0.050	0.040
	砂布	张	1.03	11.290	10.450	9.770	9.220
	石墨粉	kg	10.68	0.080	0.070	0.070	0.060
	酸洗膏	kg	6.56	0.700	0.680	0.380	0.340
	碳精棒 φ8～12	根	1.27	16.260	14.790	12.930	10.200
	钍钨极棒	g	0.36	10.500	9.550	8.840	8.340
	硝酸	kg	2.19	0.350	0.340	0.190	0.170
	型钢	kg	3.70	1.400	1.280	1.250	1.050
	氩气	m³	19.59	5.110	4.730	4.420	4.170
	氧气	m³	3.63	14.310	7.630	7.020	6.750
	乙炔气	kg	10.45	4.770	2.550	2.340	2.250
	中(粗)砂	t	87.00	0.240	0.225	0.210	0.195
	其他材料费占材料费	%	—	2.052	2.066	2.066	2.072

续表

定额编号				A3-1-444	A3-1-445	A3-1-446	A3-1-447
项目名称				重量(t以内)			
				2	4	6	8
名称		单位	单价(元)	消耗量			
机械	等离子切割机 400A	台班	219.59	0.865	0.523	0.494	0.466
	电动单梁起重机 5t	台班	223.20	2.138	1.682	1.492	1.150
	电动单筒慢速卷扬机 30kN	台班	210.22	0.067	0.029	0.029	0.019
	电动滚胎机	台班	172.54	4.608	4.361	3.553	1.625
	电动空气压缩机 1m³/min	台班	50.29	0.865	0.656	0.523	0.475
	电动空气压缩机 6m³/min	台班	206.73	0.580	0.523	0.342	0.266
	电动弯管机 108mm	台班	76.93	0.266	0.570	0.551	0.561
	电焊条恒温箱	台班	21.41	0.580	0.523	0.342	0.266
	电焊条烘干箱 80×80×100cm³	台班	49.05	0.580	0.523	0.342	0.266
	管子切断机 150mm	台班	33.32	2.375	2.157	1.995	1.843
	加热窑 4m×4m×4m	台班	91.64	0.010	0.010	0.010	0.010
	剪板机 20×2500mm	台班	333.30	0.931	0.513	0.352	0.247
	卷板机 20×2500mm	台班	276.83	0.152	0.143	0.105	0.095
	立式钻床 25mm	台班	6.58	—	—	—	1.169
	门式起重机 20t	台班	644.10	0.380	0.228	0.181	0.162
	刨边机 9000mm	台班	518.80	0.067	0.057	0.057	0.048
	普通车床 1000×5000mm	台班	400.59	2.565	1.568	1.463	—
	汽车式起重机 10t	台班	833.49	0.010	0.010	0.010	0.010
	汽车式起重机 20t	台班	1030.31	—	—	0.095	0.067
	汽车式起重机 8t	台班	763.67	0.494	0.257	0.105	0.086
	试压泵 80MPa	台班	26.66	0.437	0.941	0.903	0.912
	箱式加热炉 75kW	台班	123.86	0.314	0.162	0.133	0.105
	氩弧焊机 500A	台班	92.58	3.069	2.841	2.603	2.432
	摇臂钻床 63mm	台班	41.15	7.562	7.268	6.926	6.660
	油压机 800t	台班	1731.15	0.314	0.162	0.133	0.105
	载重汽车 10t	台班	547.99	0.010	0.010	0.010	0.067
	载重汽车 5t	台班	430.70	0.475	0.219	0.067	0.048
	长材运输车 9t	台班	644.88	0.019	0.038	0.038	0.038
	直流弧焊机 32kV·A	台班	87.75	5.786	5.254	3.382	2.641
	自动埋弧焊机 1500A	台班	247.74	—	—	0.124	0.114
	坐标镗车 800×1200mm	台班	457.22	1.805	1.672	1.568	1.473

工作内容：放样号料、切割、坡口、压头卷弧、找圆、封头制作、组对、焊接、焊缝酸洗钝化、管板、折流板、支撑板、防冲板、拉杆、定距管、换热管束的制作、装配、成品倒运堆放等。

计量单位：t

定额编号				A3-1-448	A3-1-449	A3-1-450
项目名称				重量(t以内)		
				10	15	20
基价（元）				7552.64	7462.44	7102.74
其中	人工费（元）			3816.82	3669.96	3455.34
	材料费（元）			791.66	770.46	732.38
	机械费（元）			2944.16	3022.02	2915.02
名称		单位	单价(元)	消耗量		
人工	综合工日	工日	140.00	27.263	26.214	24.681
材料	不锈钢电焊条	kg	38.46	3.570	3.400	3.110
	不锈钢埋弧焊丝	kg	50.13	0.060	0.100	0.090
	不锈钢氩弧焊丝 1Cr18Ni9Ti	kg	51.28	1.420	1.380	1.290
	柴油	kg	5.92	12.730	14.990	15.920
	道木	m³	2137.00	0.010	0.010	0.010
	碟形钢丝砂轮片 Φ100	片	19.74	0.330	0.230	0.200
	方木	m³	2029.00	0.030	0.030	0.030
	飞溅净	kg	5.15	0.410	0.330	0.310
	钢板	kg	3.17	—	—	1.000
	钢板 δ20	kg	3.18	4.230	3.960	3.330
	钢丝绳 Φ15	m	8.97	—	—	0.160
	合金钢焊条	kg	11.11	4.180	4.100	3.810
	合金钢埋弧焊丝	kg	9.50	2.430	2.250	2.010
	黑铅粉	kg	5.13	0.010	0.010	0.010
	埋弧焊剂	kg	21.72	3.740	3.520	3.150
	尼龙砂轮片 Φ100×16×3	片	2.56	5.550	5.130	4.920
	尼龙砂轮片 Φ150	片	3.32	0.440	0.420	0.360
	尼龙砂轮片 Φ500×25×4	片	12.82	3.750	3.280	3.130
	氢氟酸 45%	kg	4.87	0.020	0.020	0.020
	清油	kg	9.70	0.030	0.030	0.020
	砂布	张	1.03	8.780	8.700	8.550
	石墨粉	kg	10.68	0.060	0.060	0.050

续表

定额编号				A3-1-448	A3-1-449	A3-1-450
项目名称				重量(t以内)		
				10	15	20
名称		单位	单价(元)	消耗量		
材料	酸洗膏	kg	6.56	0.320	0.240	0.220
	碳精棒 φ8～12	根	1.27	9.060	7.020	6.330
	钍钨极棒	g	0.36	7.940	7.700	7.320
	硝酸	kg	2.19	0.160	0.120	0.110
	型钢	kg	3.70	1.010	0.980	0.930
	氩气	m^3	19.59	3.970	3.850	3.610
	氧气	m^3	3.63	6.200	5.650	5.000
	乙炔气	kg	10.45	2.070	1.880	1.670
	中(粗)砂	t	87.00	0.180	0.180	0.165
	其他材料费占材料费	%	—	2.077	2.082	2.086
机械	半自动切割机 100mm	台班	83.55	—	0.086	0.076
	等离子切割机 400A	台班	219.59	0.437	0.333	0.285
	电动单梁起重机 5t	台班	223.20	1.121	0.855	0.770
	电动单筒慢速卷扬机 30kN	台班	210.22	0.019	0.010	0.010
	电动滚胎机	台班	172.54	1.473	1.416	1.283
	电动空气压缩机 $1m^3/min$	台班	50.29	0.437	0.333	0.285
	电动空气压缩机 $6m^3/min$	台班	206.73	0.257	0.238	0.219
	电动弯管机 108mm	台班	76.93	0.608	0.618	0.599
	电焊条恒温箱	台班	21.41	0.257	0.238	0.219
	电焊条烘干箱 $80\times80\times100cm^3$	台班	49.05	0.257	0.238	0.219
	管子切断机 150mm	台班	33.32	1.758	1.587	1.520
	加热窑 4m×4m×4m	台班	91.64	0.010	0.010	0.010

续表

定额编号				A3-1-448	A3-1-449	A3-1-450
项目名称				重量(t以内)		
				10	15	20
名称		单位	单价(元)	消耗量		
机械	剪板机 20×2500mm	台班	333.30	0.238	0.067	0.057
	卷板机 20×2500mm	台班	276.83	0.076	0.067	0.067
	立式钻床 25mm	台班	6.58	1.017	0.865	0.722
	门式起重机 20t	台班	644.10	0.162	0.162	0.152
	刨边机 9000mm	台班	518.80	0.038	0.048	0.038
	平板拖车组 20t	台班	1081.33	—	—	0.038
	汽车式起重机 10t	台班	833.49	0.010	0.010	0.010
	汽车式起重机 20t	台班	1030.31	0.057	—	0.067
	汽车式起重机 25t	台班	1084.16	—	0.038	—
	汽车式起重机 8t	台班	763.67	0.076	0.760	0.760
	试压泵 80MPa	台班	26.66	1.007	1.007	0.988
	箱式加热炉 75kW	台班	123.86	0.086	0.076	0.067
	氩弧焊机 500A	台班	92.58	2.318	2.252	2.138
	摇臂钻床 63mm	台班	41.15	6.460	5.168	5.007
	油压机 800t	台班	1731.15	0.086	0.076	0.067
	载重汽车 10t	台班	547.99	0.057	—	0.010
	载重汽车 15t	台班	779.76	—	0.038	—
	载重汽车 5t	台班	430.70	0.380	0.038	0.029
	长材运输车 9t	台班	644.88	0.048	0.048	0.048
	直流弧焊机 32kV·A	台班	87.75	2.537	2.375	2.223
	自动埋弧焊机 1500A	台班	247.74	0.105	0.095	0.086
	坐标镗车 800×1200mm	台班	457.22	1.406	1.349	1.311

(3)不锈钢U型管式焊接

工作内容：放样号料、切割、坡口、压头卷弧、找圆、封头制作、组对、焊接、焊缝酸洗钝化、管板、折流板、支撑板、防冲板、拉杆、定距管、换热管束的制作、装配、成品倒运堆放等。

计量单位：t

	定额编号			A3-1-451	A3-1-452	A3-1-453	A3-1-454
	项目名称			重量(t以内)			
				2	4	6	8
	基价（元）			16500.32	13544.92	12027.12	9487.98
其中	人工费（元）			5599.86	5377.68	4982.32	4709.74
	材料费（元）			1475.65	1677.46	1275.68	997.34
	机械费（元）			9424.81	6489.78	5769.12	3780.90
	名称	单位	单价(元)	消耗量			
人工	综合工日	工日	140.00	39.999	38.412	35.588	33.641
材料	不锈钢电焊条	kg	38.46	20.760	19.590	18.650	7.510
	不锈钢埋弧焊丝	kg	50.13	—	—	—	2.460
	不锈钢氩弧焊丝 1Cr18Ni9Ti	kg	51.28	1.920	1.770	1.660	1.560
	柴油	kg	5.92	17.550	17.430	16.830	14.050
	道木	m³	2137.00	0.020	0.160	0.010	0.010
	电焊条	kg	5.98	1.410	0.770	0.720	0.680
	碟形钢丝砂轮片 φ100	片	19.74	0.800	0.730	0.670	0.350
	方木	m³	2029.00	0.030	0.030	0.030	0.030
	飞溅净	kg	5.15	3.000	2.730	1.910	1.550
	钢板 δ20	kg	3.18	7.580	6.890	5.510	4.460
	埋弧焊剂	kg	21.72	—	—	—	3.700
	尼龙砂轮片 φ100×16×3	片	2.56	10.070	9.150	8.470	6.520
	尼龙砂轮片 φ150	片	3.32	0.930	0.660	0.610	0.570
	尼龙砂轮片 φ500×25×4	片	12.82	4.820	4.180	4.070	3.960
	氢氟酸 45%	kg	4.87	0.160	0.150	0.100	0.080
	砂布	张	1.03	12.090	10.990	10.180	9.600
	石墨粉	kg	10.68	0.080	0.080	0.070	0.070
	酸洗膏	kg	6.56	2.560	2.330	1.620	1.310
	碳精棒 φ8～12	根	1.27	17.580	15.960	12.270	10.770
	钍钨极棒	g	0.36	11.250	10.230	9.470	8.850
	硝酸	kg	2.19	1.300	1.180	0.820	0.660
	型钢	kg	3.70	1.390	1.380	1.330	1.110
	氩气	m³	19.59	5.380	4.960	4.640	4.380
	氧气	m³	3.63	2.100	0.950	0.760	0.770
	乙炔气	kg	10.45	0.700	0.320	0.250	0.260
	中(粗)砂	t	87.00	0.270	0.240	0.225	0.210
	其他材料费占材料费	%	—	0.528	0.505	0.530	0.534
机械	等离子切割机 400A	台班	219.59	3.629	1.957	1.748	1.596

续表

定额编号				A3-1-451	A3-1-452	A3-1-453	A3-1-454
项目名称				重量(t以内)			
				2	4	6	8
名称		单位	单价(元)	消耗量			
机械	电动单梁起重机 5t	台班	223.20	4.845	3.116	2.632	1.995
	电动滚胎机	台班	172.54	5.073	4.703	3.791	1.720
	电动空气压缩机 1m³/min	台班	50.29	3.629	1.957	1.748	1.596
	电动空气压缩机 6m³/min	台班	206.73	0.684	0.618	0.561	0.285
	电动弯管机 108mm	台班	76.93	0.295	0.618	0.589	0.589
	电焊条恒温箱	台班	21.41	0.684	0.618	0.561	0.285
	电焊条烘干箱 80×80×100cm³	台班	49.05	0.684	0.618	0.561	0.285
	管子切断机 150mm	台班	33.32	2.480	2.261	2.128	1.986
	加热窑 4m×4m×4m	台班	91.64	0.010	0.010	0.010	0.010
	剪板机 20×2500mm	台班	333.30	2.157	1.007	0.703	0.504
	卷板机 20×2500mm	台班	276.83	0.171	0.162	0.114	0.105
	立式钻床 25mm	台班	6.58	—	—	—	1.976
	门式起重机 20t	台班	644.10	0.447	0.276	0.219	0.190
	刨边机 9000mm	台班	518.80	0.086	0.076	0.067	0.057
	平板拖车组 10t	台班	887.11	—	—	—	0.010
	普通车床 1000×5000mm	台班	400.59	3.791	2.147	2.005	—
	汽车式起重机 10t	台班	833.49	0.010	0.010	0.010	0.010
	汽车式起重机 20t	台班	1030.31	—	—	0.105	0.067
	汽车式起重机 8t	台班	763.67	0.542	0.266	0.114	0.095
	试压泵 80MPa	台班	26.66	0.475	0.722	0.960	0.969
	氩弧焊机 500A	台班	92.58	3.287	2.983	3.686	2.565
	摇臂钻床 63mm	台班	41.15	11.543	10.488	10.374	10.175
	油压机 800t	台班	1731.15	0.418	0.209	0.152	0.124
	载重汽车 10t	台班	547.99	0.010	0.010	0.105	0.067
	载重汽车 5t	台班	430.70	0.532	0.219	0.076	0.048
	长材运输车 9t	台班	644.88	0.019	0.048	0.048	0.048
	直流弧焊机 32kV·A	台班	87.75	6.840	6.213	5.558	2.879
	自动埋弧焊机 1500A	台班	247.74	—	—	—	0.114
	坐标镗车 800×1200mm	台班	457.22	1.729	1.587	1.463	1.378

工作内容：放样号料、切割、坡口、压头卷弧、找圆、封头制作、组对、焊接、焊缝酸洗钝化、管板、折流板、支撑板、防冲板、拉杆、定距管、换热管束的制作、装配、成品倒运堆放等。

计量单位：t

定额编号				A3-1-455	A3-1-456	A3-1-457
项目名称				重量(t以内)		
				10	15	20
基价（元）				9369.75	8381.02	7813.58
其中	人工费（元）			4661.44	4322.64	3963.96
	材料费（元）			915.63	880.41	842.93
	机械费（元）			3792.68	3177.97	3006.69
	名称	单位	单价(元)	消耗量		
人工	综合工日	工日	140.00	33.296	30.876	28.314
材料	不锈钢电焊条	kg	38.46	6.750	6.700	6.660
	不锈钢埋弧焊丝	kg	50.13	2.150	1.980	1.770
	不锈钢氩弧焊丝 1Cr18Ni9Ti	kg	51.28	1.490	1.460	1.390
	柴油	kg	5.92	13.390	12.980	12.330
	道木	m^3	2137.00	0.010	0.010	0.010
	电焊条	kg	5.98	0.600	0.580	0.550
	碟形钢丝砂轮片 φ100	片	19.74	0.300	0.240	0.210
	方木	m^3	2029.00	0.030	0.030	0.030
	飞溅净	kg	5.15	1.360	1.060	0.970
	钢板 δ20	kg	3.18	3.950	3.540	2.970
	钢丝绳 φ15	m	8.97	—	—	0.170
	埋弧焊剂	kg	21.72	3.220	2.980	2.660
	尼龙砂轮片 φ100×16×3	片	2.56	6.120	5.570	5.310
	尼龙砂轮片 φ150	片	3.32	0.530	0.470	0.400
	尼龙砂轮片 φ500×25×4	片	12.82	3.620	3.420	3.250
	氢氟酸 45%	kg	4.87	0.070	0.060	0.050
	砂布	张	1.03	9.150	9.020	8.890
	石墨粉	kg	10.68	0.060	0.060	0.060
	酸洗膏	kg	6.56	1.150	0.890	0.800
	碳精棒 φ8～12	根	1.27	9.510	7.290	6.570
	钍钨极棒	g	0.36	8.350	8.100	7.690
	硝酸	kg	2.19	0.580	0.450	0.410
	型钢	kg	3.70	1.060	1.160	1.230
	氩气	m^3	19.59	4.180	4.090	3.880
	氧气	m^3	3.63	0.770	0.690	0.620
	乙炔气	kg	10.45	0.260	0.230	0.210
	中(粗)砂	t	87.00	0.195	0.195	0.195
	其他材料费占材料费	%	—	0.537	0.537	0.538
机械	等离子切割机 400A	台班	219.59	1.454	1.140	0.969

续表

定额编号				A3-1-455	A3-1-456	A3-1-457
项目名称				重量(t以内)		
				10	15	20
名称		单位	单价(元)	消耗量		
机械	电动单梁起重机 5t	台班	223.20	1.938	1.283	1.121
	电动滚胎机	台班	172.54	1.539	1.473	1.330
	电动空气压缩机 $1m^3/min$	台班	50.29	1.454	1.140	0.969
	电动空气压缩机 $6m^3/min$	台班	206.73	0.266	0.257	0.238
	电动弯管机 108mm	台班	76.93	0.637	0.637	0.618
	电焊条恒温箱	台班	21.41	0.266	0.257	0.238
	电焊条烘干箱 $80\times80\times100cm^3$	台班	49.05	0.266	0.257	0.238
	管子切断机 150mm	台班	33.32	1.843	1.653	1.577
	加热窑 4m×4m×4m	台班	91.64	0.010	0.010	0.010
	剪板机 20×2500mm	台班	333.30	0.428	0.124	0.105
	卷板机 20×2500mm	台班	276.83	0.076	0.076	0.067
	立式钻床 25mm	台班	6.58	1.862	1.112	0.931
	门式起重机 20t	台班	644.10	0.190	0.190	0.181
	刨边机 9000mm	台班	518.80	0.570	0.480	0.480
	平板拖车组 20t	台班	1081.33	—	—	0.038
	汽车式起重机 10t	台班	833.49	0.010	0.010	0.010
	汽车式起重机 20t	台班	1030.31	0.057	—	0.076
	汽车式起重机 25t	台班	1084.16	—	0.038	—
	汽车式起重机 8t	台班	763.67	0.086	0.086	0.076
	试压泵 80MPa	台班	26.66	1.055	1.055	1.026
	氩弧焊机 500A	台班	92.58	2.442	2.366	2.223
	摇臂钻床 63mm	台班	41.15	9.662	6.593	6.641
	油压机 800t	台班	1731.15	0.114	0.095	0.086
	载重汽车 10t	台班	547.99	0.057	0.010	0.010
	载重汽车 15t	台班	779.76	—	0.038	—
	载重汽车 5t	台班	430.70	0.038	0.038	0.029
	长材运输车 9t	台班	644.88	0.048	0.048	0.048
	直流弧焊机 32kV·A	台班	87.75	2.651	2.527	2.347
	自动埋弧焊机 1500A	台班	247.74	0.105	0.095	0.086
	坐标镗车 800×1200mm	台班	457.22	1.321	1.283	1.216

(4)螺旋盘管制作

工作内容：下料、切割、对管、焊接、灌砂、倒砂、成品倒运堆放等。　　计量单位：t

定额编号				A3-1-458	A3-1-459	A3-1-460	A3-1-461
项目名称				直径(mm以内)			
				φ25×2.5	φ32×2.5	φ38×3	φ48×3
基价（元）				**24666.13**	**13816.08**	**9968.86**	**8741.60**
其中	人工费（元）			15654.10	8376.20	6146.98	5256.30
	材料费（元）			1437.55	1263.76	1047.34	1131.17
	机械费（元）			7574.48	4176.12	2774.54	2354.13
名称		单位	单价(元)	消耗量			
人工	综合工日	工日	140.00	111.815	59.830	43.907	37.545
材料	电焊条	kg	5.98	0.090	0.090	0.060	0.060
	方木	m^3	2029.00	0.050	0.020	0.010	0.010
	焦炭	kg	1.42	275.230	385.290	377.050	440.050
	尼龙砂轮片 φ100×16×3	片	2.56	0.870	0.840	0.700	0.680
	尼龙砂轮片 φ500×25×4	片	12.82	5.960	3.680	2.380	2.170
	砂布	张	1.03	38.530	28.200	20.900	19.260
	石棉绳	kg	3.50	27.520	38.530	37.710	44.010
	碳钢氩弧焊丝	kg	7.69	0.960	0.930	0.780	0.770
	钍钨极棒	g	0.36	5.280	5.180	4.340	4.290
	氩气	m^3	19.59	2.660	2.590	2.170	2.140
	氧气	m^3	3.63	86.420	47.290	27.150	22.730
	乙炔气	kg	10.45	28.810	15.760	9.050	7.580
	中(粗)砂	t	87.00	0.420	0.585	0.570	0.660
	其他材料费占材料费	%	—	1.225	1.225	1.225	1.225
机械	电动单梁起重机 5t	台班	223.20	18.611	9.871	6.071	5.339
	电动弯管机 108mm	台班	76.93	34.599	18.373	12.588	9.491
	电焊条恒温箱	台班	21.41	0.219	0.105	0.048	0.038
	电焊条烘干箱 80×80×100cm³	台班	49.05	0.219	0.105	0.048	0.038
	管子切断机 150mm	台班	33.32	2.090	1.435	0.893	0.817
	汽车式起重机 10t	台班	833.49	0.209	0.209	0.209	0.209
	试压泵 80MPa	台班	26.66	4.361	1.663	0.779	0.608
	氩弧焊机 500A	台班	92.58	1.311	1.302	1.083	1.064
	载重汽车 5t	台班	430.70	0.190	0.190	0.190	0.190
	直流弧焊机 32kV·A	台班	87.75	2.052	0.950	0.466	0.361

工作内容：下料、切割、对管、焊接、灌砂、倒砂、成品倒运堆放等。　　计量单位：t

定额编号				A3-1-462	A3-1-463	A3-1-464	A3-1-465
项目名称				直径(mm以内)			
				φ57×3.5	φ63×3.5	φ76×3.5	φ89×4
基价（元）				6651.68	7457.41	5653.73	4962.45
其中	人工费（元）			3807.30	3968.72	2846.20	2341.78
	材料费（元）			1079.10	1661.27	1387.70	1403.17
	机械费（元）			1765.28	1827.42	1419.83	1217.50
名称		单位	单价(元)	消耗量			
人工	综合工日	工日	140.00	27.195	28.348	20.330	16.727
材料	电焊条	kg	5.98	0.060	0.070	0.050	0.050
	方木	m³	2029.00	0.010	0.010	0.010	0.010
	焦炭	kg	1.42	520.690	880.620	729.430	752.090
	木柴	kg	0.18	52.070	88.060	72.940	75.210
	尼龙砂轮片 φ100×16×3	片	2.56	0.600	0.650	0.650	0.590
	尼龙砂轮片 φ500×25×4	片	12.82	2.260	2.480	2.710	2.030
	砂布	张	1.03	18.210	15.880	17.370	14.990
	碳钢氩弧焊丝	kg	7.69	0.770	0.830	0.820	0.960
	钍钨极棒	g	0.36	4.280	4.610	4.580	5.360
	氩气	m³	19.59	2.140	2.310	2.290	2.680
	氧气	m³	3.63	16.390	16.210	11.470	8.960
	乙炔气	kg	10.45	5.460	5.400	3.820	2.990
	中(粗)砂	t	87.00	0.780	1.320	1.095	1.125
	其他材料费占材料费	%	—	2.531	2.531	2.531	2.531
机械	电动单梁起重机 5t	台班	223.20	3.762	3.952	2.812	2.299
	电动弯管机 108mm	台班	76.93	7.154	7.372	5.482	4.380
	电焊条恒温箱	台班	21.41	0.019	0.019	0.019	0.010
	电焊条烘干箱 80×80×100cm³	台班	49.05	0.019	0.019	0.019	0.010
	管子切断机 150mm	台班	33.32	0.608	0.570	0.618	0.466
	汽车式起重机 10t	台班	833.49	0.190	0.190	0.190	0.190
	试压泵 80MPa	台班	26.66	0.333	0.295	0.162	0.124
	氩弧焊机 500A	台班	92.58	0.922	0.988	0.988	1.055
	载重汽车 5t	台班	430.70	0.190	0.190	0.190	0.190
	直流弧焊机 32kV·A	台班	87.75	0.219	0.209	0.143	0.114

四、静置设备附件制作

1.鞍座、支座制作

工作内容：放样号料、切割、调直、卷孤、钻孔、剖割、拼接辊圆、找圆、组对、焊接等。 计量单位：t

定额编号				A3-1-466	A3-1-467	A3-1-468	A3-1-469
项目名称				鞍式支座			
				每件重量(kg以内)			
				50	100	300	500
基价（元）				8901.93	6538.58	4743.42	4066.67
其中	人工费（元）			4179.70	3393.04	2802.10	2457.84
	材料费（元）			573.07	509.46	438.29	400.16
	机械费（元）			4149.16	2636.08	1503.03	1208.67
名称		单位	单价(元)	消耗量			
人工	综合工日	工日	140.00	29.855	24.236	20.015	17.556
材料	低碳钢焊条	kg	6.84	50.260	46.580	43.160	39.990
	尼龙砂轮片 φ100	片	2.05	17.580	13.880	10.040	7.560
	尼龙砂轮片 φ150	片	3.32	5.000	2.500	1.370	1.120
	碳精棒 φ8～12	根	1.27	9.000	4.500	1.320	1.080
	氧气	m³	3.63	20.880	18.774	14.550	13.269
	乙炔气	kg	10.45	6.960	6.258	4.850	4.423
	其他材料费占材料费	%	—	3.000	3.000	3.000	3.000
机械	电动空气压缩机 6m³/min	台班	206.73	0.141	0.117	0.065	0.053
	电焊条恒温箱	台班	21.41	2.116	1.575	1.075	0.875
	电焊条烘干箱 80×80×100cm³	台班	49.05	2.116	1.575	1.075	0.875
	剪板机 20×2500mm	台班	333.30	0.931	0.466	0.197	0.144
	卷板机 20×2500mm	台班	276.83	0.163	0.093	0.074	0.056
	立式钻床 25mm	台班	6.58	1.862	0.931	0.271	0.199
	汽车式起重机 16t	台班	958.70	0.024	0.021	0.016	0.014
	桥式起重机 15t	台班	293.90	5.819	3.062	1.213	0.956
	载重汽车 10t	台班	547.99	0.024	0.022	0.019	0.017
	直流弧焊机 32kV·A	台班	87.75	21.161	15.745	10.754	8.747

工作内容：放样号料、切割、调直、卷孤、钻孔、剖割、拼接辊圆、找圆、组对、焊接等。 计量单位：t

定额编号				A3-1-470	A3-1-471	A3-1-472
项目名称				鞍式支座		
				每件重量(kg以内)		
				600	800	800以上
基价（元）				3235.44	2882.30	2665.11
其中	人工费（元）			2014.60	1789.34	1621.62
	材料费（元）			335.85	298.99	284.78
	机械费（元）			884.99	793.97	758.71
名称		单位	单价(元)	消耗量		
人工	综合工日	工日	140.00	14.390	12.781	11.583
材料	低碳钢焊条	kg	6.84	33.720	29.590	28.430
	尼龙砂轮片 φ100	片	2.05	5.180	4.880	4.670
	尼龙砂轮片 φ150	片	3.32	0.780	0.700	0.630
	碳精棒 φ8～12	根	1.27	0.600	0.480	0.420
	氧气	m³	3.63	11.451	10.536	9.816
	乙炔气	kg	10.45	3.817	3.512	3.272
	其他材料费占材料费	%	—	3.000	3.000	3.000
机械	电动空气压缩机 6m³/min	台班	206.73	0.029	0.024	0.021
	电焊条恒温箱	台班	21.41	0.653	0.603	0.584
	电焊条烘干箱 80×80×100cm³	台班	49.05	0.653	0.603	0.586
	剪板机 20×2500mm	台班	333.30	0.098	0.077	0.075
	卷板机 20×2500mm	台班	276.83	0.049	0.039	0.035
	立式钻床 25mm	台班	6.58	0.123	0.098	0.087
	汽车式起重机 16t	台班	958.70	0.012	0.011	0.010
	桥式起重机 15t	台班	293.90	0.659	0.553	0.503
	载重汽车 10t	台班	547.99	0.014	0.013	0.012
	直流弧焊机 32kV·A	台班	87.75	6.531	6.031	5.856

工作内容：放样号料、切割、调直、卷孤、钻孔、剖割、拼接辊圆、找圆、组对、焊接等。计量单位：t

定额编号				A3-1-473	A3-1-474
项目名称				支座	
				每件重量(kg以内)	
				20	80
基价（元）				8015.45	7216.30
其中	人工费（元）			4151.84	3863.44
	材料费（元）			905.94	578.65
	机械费（元）			2957.67	2774.21
名称		单位	单价(元)	消耗量	
人工	综合工日	工日	140.00	29.656	27.596
材料	低碳钢焊条	kg	6.84	107.000	69.860
	尼龙砂轮片 Φ100	片	2.05	27.390	11.670
	尼龙砂轮片 Φ150	片	3.32	2.220	4.080
	氧气	m^3	3.63	11.840	6.560
	乙炔气	kg	10.45	3.940	2.170
	其他材料费占材料费	%	—	3.000	3.000
机械	电焊条恒温箱	台班	21.41	2.126	1.566
	电焊条烘干箱 80×80×100cm³	台班	49.05	2.126	1.566
	剪板机 20×2500mm	台班	333.30	0.310	0.228
	卷板机 20×2500mm	台班	276.83	0.052	0.038
	立式钻床 25mm	台班	6.58	0.621	0.457
	汽车式起重机 16t	台班	958.70	0.052	0.019
	桥式起重机 15t	台班	293.90	2.431	3.952
	载重汽车 10t	台班	547.99	0.103	0.038
	直流弧焊机 32kV·A	台班	87.75	21.257	15.656

2.设备接管制作安装

工作内容：放样号料、切割、调直、弯曲、套栓、加强圈制作、组对、焊接、设备开孔、紧固螺栓等。

计量单位：个

定额编号				A3-1-475	A3-1-476	A3-1-477	A3-1-478
项目名称				碳钢、低合金			
				设计压力PN≤1.6MPa			
				DN25	DN50	DN80	DN100
基价（元）				63.07	77.57	95.07	252.26
其中	人工费（元）			33.74	41.58	50.96	134.12
	材料费（元）			3.46	5.19	7.80	36.15
	机械费（元）			25.87	30.80	36.31	81.99
名称		单位	单价(元)	消耗量			
人工	综合工日	工日	140.00	0.241	0.297	0.364	0.958
材料	低碳钢焊条	kg	6.84	0.070	0.130	0.240	2.060
	尼龙砂轮片 φ100	片	2.05	0.620	0.640	0.670	0.240
	尼龙砂轮片 φ150	片	3.32	0.060	0.110	0.170	0.910
	热轧厚钢板 δ8.0～20	kg	3.20	—	—	—	1.150
	氧气	m^3	3.63	0.198	0.348	0.561	1.942
	乙炔气	kg	10.45	0.066	0.116	0.187	0.647
	其他材料费占材料费	%	—	3.000	3.000	3.000	3.000
机械	电动滚胎机	台班	172.54	0.102	0.117	0.135	0.225
	电焊条恒温箱	台班	21.41	0.006	0.008	0.011	0.039
	电焊条烘干箱 80×80×100cm^3	台班	49.05	0.006	0.008	0.011	0.039
	卷板机 20×2500mm	台班	276.83	—	—	—	0.009
	桥式起重机 15t	台班	293.90	0.010	0.010	0.010	0.012
	直流弧焊机 32kV·A	台班	87.75	0.056	0.081	0.106	0.392

工作内容：放样号料、切割、调直、弯曲、套栓、加强圈制作、组对、焊接、设备开孔、紧固螺栓等。

计量单位：个

定额编号				A3-1-479	A3-1-480	A3-1-481	A3-1-482
项目名称				碳钢、低合金			
				设计压力PN≤1.6MPa			
				DN125	DN150	DN200	DN250
基价（元）				267.09	301.36	391.98	482.41
其中	人工费（元）			142.80	158.62	202.30	248.08
	材料费（元）			41.20	47.55	66.17	84.35
	机械费（元）			83.09	95.19	123.51	149.98
名称		单位	单价(元)	消耗量			
人工	综合工日	工日	140.00	1.020	1.133	1.445	1.772
材料	低碳钢焊条	kg	6.84	2.260	2.450	3.520	4.720
	尼龙砂轮片 φ100	片	2.05	0.240	0.300	0.410	0.550
	尼龙砂轮片 φ150	片	3.32	1.070	1.280	1.750	2.120
	热轧厚钢板 δ8.0～20	kg	3.20	1.350	1.620	2.190	2.630
	氧气	m^3	3.63	2.274	2.721	3.726	4.643
	乙炔气	kg	10.45	0.758	0.907	1.242	1.548
	其他材料费占材料费	%	—	3.000	3.000	3.000	3.000
机械	电动滚胎机	台班	172.54	0.228	0.261	0.310	0.367
	电焊条恒温箱	台班	21.41	0.039	0.046	0.066	0.082
	电焊条烘干箱 80×80×100cm³	台班	49.05	0.039	0.046	0.066	0.082
	卷板机 20×2500mm	台班	276.83	0.009	0.009	0.009	0.009
	桥式起重机 15t	台班	293.90	0.014	0.015	0.019	0.021
	直流弧焊机 32kV·A	台班	87.75	0.392	0.456	0.653	0.823

工作内容：放样号料、切割、调直、弯曲、套栓、加强圈制作、组对、焊接、设备开孔、紧固螺栓等。

计量单位：个

定额编号				A3-1-483	A3-1-484	A3-1-485	A3-1-486
项目名称				碳钢、低合金			
				设计压力PN≤1.6MPa			
				DN300	DN350	DN400	DN450
基价（元）				548.63	609.87	694.74	791.07
其中	人工费（元）			280.42	309.82	343.56	391.58
	材料费（元）			99.35	117.84	132.01	148.55
	机械费（元）			168.86	182.21	219.17	250.94
名称		单位	单价(元)	消耗量			
人工	综合工日	工日	140.00	2.003	2.213	2.454	2.797
材料	低碳钢焊条	kg	6.84	5.560	6.830	7.600	8.550
	尼龙砂轮片 φ100	片	2.05	0.650	0.830	0.930	1.050
	尼龙砂轮片 φ150	片	3.32	2.490	2.860	3.210	3.600
	热轧厚钢板 δ8.0～20	kg	3.20	3.060	3.490	3.910	4.380
	氧气	m³	3.63	5.487	6.372	7.185	8.100
	乙炔气	kg	10.45	1.829	2.124	2.395	2.700
	其他材料费占材料费	%	—	3.000	3.000	3.000	3.000
机械	电动滚胎机	台班	172.54	0.400	0.431	0.483	0.548
	电焊条恒温箱	台班	21.41	0.096	0.103	0.116	0.130
	电焊条烘干箱 80×80×100cm³	台班	49.05	0.096	0.103	0.116	0.130
	卷板机 20×2500mm	台班	276.83	0.009	0.010	0.010	0.010
	桥式起重机 15t	台班	293.90	0.024	0.025	0.081	0.101
	直流弧焊机 32kV·A	台班	87.75	0.952	1.031	1.152	1.308

工作内容：放样号料、切割、调直、弯曲、套栓、加强圈制作、组对、焊接、设备开孔、紧固螺栓等。

计量单位：个

定额编号				A3-1-487	A3-1-488	A3-1-489	A3-1-490
项目名称				碳钢、低合金			
				设计压力PN≤1.6MPa		设计压力PN≤4.0MPa	
				DN500	DN600	DN25	DN50
基价（元）				885.60	1135.33	81.08	100.51
其中	人工费（元）			437.50	594.58	43.82	53.06
	材料费（元）			163.91	198.95	3.50	6.40
	机械费（元）			284.19	341.80	33.76	41.05
名称		单位	单价(元)	消耗量			
人工	综合工日	工日	140.00	3.125	4.247	0.313	0.379
材料	低碳钢焊条	kg	6.84	9.430	11.720	0.100	0.240
	尼龙砂轮片 φ100	片	2.05	1.160	1.460	0.020	0.040
	尼龙砂轮片 φ150	片	3.32	3.980	4.700	0.130	0.240
	热轧厚钢板 δ8.0～20	kg	3.20	4.840	5.690	—	—
	氧气	m³	3.63	8.934	10.710	0.316	0.519
	乙炔气	kg	10.45	2.978	3.570	0.105	0.173
	其他材料费占材料费	%	—	3.000	3.000	3.000	3.000
机械	电动滚胎机	台班	172.54	0.626	0.758	0.132	0.152
	电焊条恒温箱	台班	21.41	0.147	0.177	0.010	0.013
	电焊条烘干箱 80×80×100cm³	台班	49.05	0.147	0.177	0.010	0.013
	卷板机 20×2500mm	台班	276.83	0.010	0.011	—	—
	桥式起重机 15t	台班	293.90	0.115	0.140	0.009	0.010
	直流弧焊机 32kV·A	台班	87.75	1.473	1.759	0.087	0.125

工作内容：放样号料、切割、调直、弯曲、套栓、加强圈制作、组对、焊接、设备开孔、紧固螺栓等。

计量单位：个

定额编号				A3-1-491	A3-1-492	A3-1-493	A3-1-494
项目名称				碳钢、低合金			
				设计压力PN≤4.0MPa			
				DN80	DN100	DN125	DN150
基价（元）				136.90	323.68	377.46	430.26
其中	人工费（元）			72.52	164.92	185.08	204.40
	材料费（元）			12.31	54.11	65.75	78.45
	机械费（元）			52.07	104.65	126.63	147.41
名称		单位	单价(元)	消耗量			
人工	综合工日	工日	140.00	0.518	1.178	1.322	1.460
材料	低碳钢焊条	kg	6.84	0.670	3.930	4.930	5.870
	尼龙砂轮片 φ100	片	2.05	0.080	0.240	0.290	0.350
	尼龙砂轮片 φ150	片	3.32	0.370	1.110	1.310	1.570
	热轧厚钢板 δ8.0～20	kg	3.20	—	1.150	1.350	1.620
	氧气	m³	3.63	0.840	2.502	2.931	3.501
	乙炔气	kg	10.45	0.280	0.834	0.977	1.167
	其他材料费占材料费	%	—	3.000	3.000	3.000	3.000
机械	电动滚胎机	台班	172.54	0.176	0.236	0.297	0.339
	电焊条恒温箱	台班	21.41	0.021	0.060	0.071	0.082
	电焊条烘干箱 80×80×100cm³	台班	49.05	0.021	0.060	0.071	0.082
	卷板机 30×2000mm	台班	352.40	—	0.010	0.010	0.010
	桥式起重机 15t	台班	293.90	0.010	0.015	0.017	0.018
	直流弧焊机 32kV·A	台班	87.75	0.197	0.590	0.705	0.847

工作内容：放样号料、切割、调直、弯曲、套栓、加强圈制作、组对、焊接、设备开孔、紧固螺栓等。

计量单位：个

定额编号				A3-1-495	A3-1-496	A3-1-497	A3-1-498
项目名称				碳钢、低合金			
				设计压力PN≤4.0MPa			
				DN200	DN250	DN300	DN350
基价（元）				541.27	650.00	738.24	817.43
其中	人工费（元）			253.96	300.58	337.82	372.96
	材料费（元）			104.96	131.03	154.47	174.82
	机械费（元）			182.35	218.39	245.95	269.65
名称		单位	单价(元)	消耗量			
人工	综合工日	工日	140.00	1.814	2.147	2.413	2.664
材料	低碳钢焊条	kg	6.84	7.900	9.720	11.460	12.720
	尼龙砂轮片 φ100	片	2.05	0.470	0.590	0.720	0.790
	尼龙砂轮片 φ150	片	3.32	2.120	2.580	3.030	3.480
	热轧厚钢板 δ8.0～20	kg	3.20	1.796	2.630	3.060	3.490
	氧气	m³	3.63	4.796	5.980	7.065	8.207
	乙炔气	kg	10.45	1.599	1.993	2.355	2.736
	其他材料费占材料费	%	—	3.000	3.000	3.000	3.000
机械	电动滚胎机	台班	172.54	0.403	0.476	0.519	0.561
	电焊条恒温箱	台班	21.41	0.107	0.130	0.153	0.167
	电焊条烘干箱 80×80×100cm³	台班	49.05	0.107	0.130	0.153	0.167
	卷板机 40×3500mm	台班	514.10	0.009	0.009	0.009	0.010
	桥式起重机 15t	台班	293.90	0.023	0.025	0.028	0.032
	直流弧焊机 32kV·A	台班	87.75	1.070	1.312	1.513	1.670

工作内容：放样号料、切割、调直、弯曲、套栓、加强圈制作、组对、焊接、设备开孔、紧固螺栓等。

计量单位：个

定额编号				A3-1-499	A3-1-500	A3-1-501	A3-1-502
项目名称				碳钢、低合金			
				设计压力PN≤4.0MPa			
				DN400	DN450	DN500	DN600
基价（元）				932.29	1063.56	1190.60	1432.54
其中	人工费（元）			415.94	473.34	529.20	632.52
	材料费（元）			196.84	222.21	244.98	296.03
	机械费（元）			319.51	368.01	416.42	503.99
名称		单位	单价(元)	消耗量			
人工	综合工日	工日	140.00	2.971	3.381	3.780	4.518
材料	低碳钢焊条	kg	6.84	14.320	16.150	17.850	21.810
	尼龙砂轮片 φ100	片	2.05	0.910	1.030	1.140	1.450
	尼龙砂轮片 φ150	片	3.32	3.900	4.400	4.840	5.720
	热轧厚钢板 δ8.0～20	kg	3.20	3.910	4.480	4.840	5.690
	氧气	m³	3.63	9.255	10.433	11.508	13.785
	乙炔气	kg	10.45	3.085	3.478	3.836	4.595
	其他材料费占材料费	%	—	3.000	3.000	3.000	3.000
机械	电动滚胎机	台班	172.54	0.628	0.711	0.814	0.985
	电焊条恒温箱	台班	21.41	0.189	0.214	0.240	0.292
	电焊条烘干箱 80×80×100cm³	台班	49.05	0.189	0.214	0.240	0.292
	卷板机 40×3500mm	台班	514.10	0.010	0.010	0.010	0.011
	桥式起重机 15t	台班	293.90	0.106	0.127	0.145	0.177
	直流弧焊机 32kV·A	台班	87.75	1.841	2.140	2.408	2.915

工作内容：放样号料、切割、调直、弯曲、套栓、加强圈制作、组对、焊接、设备开孔、紧固螺栓等。

计量单位：个

定额编号				A3-1-503	A3-1-504	A3-1-505	A3-1-506
项目名称				不锈钢			
				设计压力PN≤1.6MPa			
				DN25	DN50	DN80	DN100
基价（元）				110.27	141.07	182.29	428.15
其中	人工费（元）			62.44	75.32	94.64	194.46
	材料费（元）			3.65	6.72	11.89	77.80
	机械费（元）			44.18	59.03	75.76	155.89
	名称	单位	单价(元)	消耗量			
人工	综合工日	工日	140.00	0.446	0.538	0.676	1.389
材料	不锈钢焊条	kg	38.46	0.070	0.130	0.240	1.780
	飞溅净	kg	5.15	0.050	0.090	0.140	0.310
	氢氟酸 45%	kg	4.87	0.010	0.010	0.010	0.020
	砂轮片 ф100	片	1.71	0.040	0.060	0.100	0.620
	砂轮片 ф150	片	2.82	0.080	0.140	0.220	1.190
	酸洗膏	kg	6.56	0.040	0.080	0.120	0.270
	硝酸	kg	2.19	0.020	0.040	0.060	0.140
	其他材料费占材料费	%	—	1.500	1.500	1.500	1.500
机械	等离子切割机 400A	台班	219.59	0.040	0.066	0.090	0.160
	电动滚胎机	台班	172.54	0.153	0.174	0.202	0.326
	电动空气压缩机 1m³/min	台班	50.29	0.040	0.066	0.090	0.160
	电动空气压缩机 6m³/min	台班	206.73	—	—	0.010	0.010
	电焊条恒温箱	台班	21.41	0.007	0.012	0.016	0.049
	电焊条烘干箱 80×80×100cm³	台班	49.05	0.007	0.012	0.016	0.049
	卷板机 20×2500mm	台班	276.83	—	—	—	0.010
	桥式起重机 15t	台班	293.90	—	—	—	0.017
	直流弧焊机 32kV·A	台班	87.75	0.074	0.118	0.153	0.492

工作内容：放样号料、切割、调直、弯曲、套栓、加强圈制作、组对、焊接、设备开孔、紧固螺栓等。

计量单位：个

定额编号				A3-1-507	A3-1-508	A3-1-509	A3-1-510
项目名称				不锈钢			
				设计压力PN≤1.6MPa			
				DN125	DN150	DN200	DN250
基价（元）				500.38	553.84	727.07	899.74
其中	人工费（元）			207.90	232.40	296.94	356.44
	材料费（元）			84.54	91.91	132.93	180.20
	机械费（元）			207.94	229.53	297.20	363.10
名称		单位	单价(元)	消耗量			
人工	综合工日	工日	140.00	1.485	1.660	2.121	2.546
材料	不锈钢焊条	kg	38.46	1.930	2.070	3.020	4.140
	飞溅净	kg	5.15	0.370	0.440	0.600	0.750
	氢氟酸 45%	kg	4.87	0.020	0.030	0.030	0.040
	砂轮片 Φ100	片	1.71	0.390	0.480	0.650	0.870
	砂轮片 Φ150	片	2.82	1.400	1.670	2.270	2.760
	酸洗膏	kg	6.56	0.320	0.390	0.530	0.650
	硝酸	kg	2.19	0.160	0.200	0.270	0.330
	其他材料费占材料费	%	—	1.500	1.500	1.500	1.500
机械	等离子切割机 400A	台班	219.59	0.325	0.375	0.494	0.610
	电动滚胎机	台班	172.54	0.349	0.374	0.442	0.521
	电动空气压缩机 1m³/min	台班	50.29	0.325	0.375	0.475	0.610
	电动空气压缩机 6m³/min	台班	206.73	0.010	0.010	0.010	0.006
	电焊条恒温箱	台班	21.41	0.053	0.056	0.080	0.102
	电焊条烘干箱 80×80×100cm³	台班	49.05	0.053	0.056	0.080	0.102
	卷板机 20×2500mm	台班	276.83	0.010	0.010	0.010	0.010
	桥式起重机 15t	台班	293.90	0.018	0.020	0.026	0.028
	直流弧焊机 32kV·A	台班	87.75	0.526	0.560	0.803	1.016

工作内容：放样号料、切割、调直、弯曲、套栓、加强圈制作、组对、焊接、设备开孔、紧固螺栓等。

计量单位：个

定额编号				A3-1-511	A3-1-512	A3-1-513	A3-1-514
项目名称				不锈钢			
				设计压力PN≤1.6MPa			
				DN300	DN350	DN400	DN450
基价（元）				1026.99	1162.12	1316.49	1502.00
其中	人工费（元）			403.06	445.48	493.36	563.64
	材料费（元）			212.75	263.49	293.79	330.57
	机械费（元）			411.18	453.15	529.34	607.79
名称		单位	单价(元)	消耗量			
人工	综合工日	工日	140.00	2.879	3.182	3.524	4.026
材料	不锈钢焊条	kg	38.46	4.890	6.100	6.800	7.650
	飞溅净	kg	5.15	0.880	1.010	1.130	1.270
	氢氟酸 45%	kg	4.87	0.050	0.060	0.060	0.070
	砂轮片 φ100	片	1.71	1.020	1.290	1.440	1.630
	砂轮片 φ150	片	2.82	3.230	3.710	4.170	4.690
	酸洗膏	kg	6.56	0.770	0.890	0.990	1.120
	硝酸	kg	2.19	0.390	0.450	0.500	0.560
	其他材料费占材料费	%	—	1.500	1.500	1.500	1.500
机械	等离子切割机 400A	台班	219.59	0.700	0.793	0.889	1.016
	电动滚胎机	台班	172.54	0.564	0.607	0.680	0.770
	电动空气压缩机 1m³/min	台班	50.29	0.700	0.793	0.889	1.016
	电动空气压缩机 6m³/min	台班	206.73	0.008	0.008	0.010	0.010
	电焊条恒温箱	台班	21.41	0.118	0.127	0.140	0.162
	电焊条烘干箱 80×80×100cm³	台班	49.05	0.118	0.127	0.140	0.162
	卷板机 20×2500mm	台班	276.83	0.010	0.006	0.006	0.008
	桥式起重机 15t	台班	293.90	0.031	0.037	0.121	0.148
	直流弧焊机 32kV·A	台班	87.75	1.175	1.268	1.401	1.613

工作内容：放样号料、切割、调直、弯曲、套栓、加强圈制作、组对、焊接、设备开孔、紧固螺栓等。

计量单位：个

定额编号				A3-1-515	A3-1-516	A3-1-517	A3-1-518
项目名称				不锈钢			
				设计压力PN≤1.6MPa		设计压力PN≤4.0MPa	
				DN500	DN600	DN25	DN50
基价（元）				1680.45	2103.53	130.35	165.78
其中	人工费（元）			630.42	823.34	71.68	86.94
	材料费（元）			360.77	448.83	4.69	9.61
	机械费（元）			689.26	831.36	53.98	69.23
名称		单位	单价(元)	消耗量			
人工	综合工日	工日	140.00	4.503	5.881	0.512	0.621
材料	不锈钢焊条	kg	38.46	8.340	10.430	0.090	0.190
	飞溅净	kg	5.15	1.400	1.660	0.050	0.090
	氢氟酸 45%	kg	4.87	0.080	0.090	0.010	0.010
	砂轮片 φ100	片	1.71	1.800	2.170	0.040	0.080
	砂轮片 φ150	片	2.82	5.170	6.110	0.170	0.320
	酸洗膏	kg	6.56	1.230	1.450	0.040	0.080
	硝酸	kg	2.19	0.620	0.740	0.020	0.040
	其他材料费占材料费	%	—	1.500	1.500	1.500	1.500
机械	等离子切割机 400A	台班	219.59	1.146	1.382	0.052	0.076
	电动滚胎机	台班	172.54	0.885	1.071	0.172	0.197
	电动空气压缩机 1m³/min	台班	50.29	1.145	1.382	0.052	0.076
	电动空气压缩机 6m³/min	台班	206.73	0.011	0.013	—	—
	电焊条恒温箱	台班	21.41	0.182	0.215	0.010	0.016
	电焊条烘干箱 80×80×100cm³	台班	49.05	0.182	0.216	0.010	0.016
	卷板机 20×2500mm	台班	276.83	0.008	0.015	—	—
	桥式起重机 15t	台班	293.90	0.170	0.211	—	—
	直流弧焊机 32kV·A	台班	87.75	1.824	2.160	0.109	0.155

工作内容：放样号料、切割、调直、弯曲、套栓、加强圈制作、组对、焊接、设备开孔、紧固螺栓等。

计量单位：个

定额编号				A3-1-519	A3-1-520	A3-1-521	A3-1-522
项目名称				不锈钢			
				设计压力PN≤4.0MPa			
				DN80	DN100	DN125	DN150
基价（元）				215.69	484.56	555.62	627.87
其中	人工费（元）			106.12	209.44	231.00	253.12
	材料费（元）			18.73	67.11	81.86	97.59
	机械费（元）			90.84	208.01	242.76	277.16
名称		单位	单价(元)	消耗量			
人工	综合工日	工日	140.00	0.758	1.496	1.650	1.808
材料	不锈钢焊条	kg	38.46	0.370	1.510	1.850	2.210
	飞溅净	kg	5.15	0.220	0.270	0.330	0.380
	氢氟酸 45%	kg	4.87	0.010	0.020	0.020	0.020
	砂轮片 φ100	片	1.71	0.130	0.340	0.410	0.490
	砂轮片 φ150	片	2.82	0.480	1.490	1.700	2.030
	酸洗膏	kg	6.56	0.190	0.230	0.290	0.330
	硝酸	kg	2.19	0.100	0.120	0.140	0.170
	其他材料费占材料费	%	—	1.500	1.500	1.500	1.500
机械	等离子切割机 400A	台班	219.59	0.105	0.350	0.399	0.461
	电动滚胎机	台班	172.54	0.229	0.308	0.386	0.440
	电动空气压缩机 1m³/min	台班	50.29	0.105	0.350	0.399	0.461
	电动空气压缩机 6m³/min	台班	206.73	0.010	0.010	0.010	0.010
	电焊条恒温箱	台班	21.41	0.023	0.049	0.058	0.066
	电焊条烘干箱 80×80×100cm³	台班	49.05	0.023	0.049	0.058	0.066
	卷板机 40×3500mm	台班	514.10	—	0.010	0.010	0.010
	桥式起重机 15t	台班	293.90	—	0.020	0.022	0.024
	直流弧焊机 32kV·A	台班	87.75	0.220	0.500	0.578	0.660

工作内容：放样号料、切割、调直、弯曲、套栓、加强圈制作、组对、焊接、设备开孔、紧固螺栓等。

计量单位：个

定额编号				A3-1-523	A3-1-524	A3-1-525	A3-1-526
项目名称				不锈钢			
				设计压力PN≤4.0MPa			
				DN200	DN250	DN300	DN350
基价（元）				790.56	945.90	1086.51	1217.04
其中	人工费（元）			310.52	365.12	411.74	458.36
	材料费（元）			130.99	159.47	194.80	223.43
	机械费（元）			349.05	421.31	479.97	535.25
名称		单位	单价(元)	消耗量			
人工	综合工日	工日	140.00	2.218	2.608	2.941	3.274
材料	不锈钢焊条	kg	38.46	2.960	3.600	4.420	5.070
	飞溅净	kg	5.15	0.520	0.640	0.750	0.860
	氢氟酸 45%	kg	4.87	0.030	0.040	0.040	0.050
	砂轮片 φ100	片	1.71	0.670	0.820	1.000	1.150
	砂轮片 φ150	片	2.82	2.760	3.360	3.940	4.520
	酸洗膏	kg	6.56	0.450	0.560	0.660	0.750
	硝酸	kg	2.19	0.230	0.280	0.330	0.380
	其他材料费占材料费	%	—	1.500	1.500	1.500	1.500
机械	等离子切割机 400A	台班	219.59	0.608	0.751	0.863	0.979
	电动滚胎机	台班	172.54	0.524	0.620	0.675	0.729
	电动空气压缩机 $1m^3/min$	台班	50.29	0.608	0.751	0.847	0.979
	电动空气压缩机 $6m^3/min$	台班	206.73	0.010	0.006	0.006	0.006
	电焊条恒温箱	台班	21.41	0.083	0.102	0.121	0.136
	电焊条烘干箱 $80\times80\times100cm^3$	台班	49.05	0.083	0.102	0.121	0.136
	卷板机 40×3500mm	台班	514.10	0.010	0.010	0.010	0.007
	桥式起重机 15t	台班	293.90	0.028	0.031	0.036	0.043
	直流弧焊机 32kV·A	台班	87.75	0.835	1.014	1.207	1.347

工作内容：放样号料、切割、调直、弯曲、套栓、加强圈制作、组对、焊接、设备开孔、紧固螺栓等。

计量单位：个

定额编号				A3-1-527	A3-1-528	A3-1-529	A3-1-530
项目名称				不锈钢			
				设计压力PN≤4.0MPa			
				DN400	DN450	DN500	DN600
基价（元）				1404.48	1594.45	1790.69	2163.94
其中	人工费（元）			516.32	583.80	652.54	770.28
	材料费（元）			257.10	290.74	322.59	413.37
	机械费（元）			631.06	719.91	815.56	980.29
名称		单位	单价（元）	消耗量			
人工	综合工日	工日	140.00	3.688	4.170	4.661	5.502
材料	不锈钢焊条	kg	38.46	5.850	6.620	7.350	9.520
	飞溅净	kg	5.15	0.970	1.090	1.200	1.420
	氢氟酸 45%	kg	4.87	0.050	0.060	0.070	0.080
	砂轮片 φ100	片	1.71	1.320	1.490	1.640	1.710
	砂轮片 φ150	片	2.82	5.070	5.710	6.300	7.440
	酸洗膏	kg	6.56	0.850	0.950	1.050	1.240
	硝酸	kg	2.19	0.430	0.480	0.530	0.630
	其他材料费占材料费	%	—	1.500	1.500	1.500	1.500
机械	等离子切割机 400A	台班	219.59	1.099	1.254	1.410	1.701
	电动滚胎机	台班	172.54	0.818	0.924	1.059	1.280
	电动空气压缩机 1m³/min	台班	50.29	1.099	1.254	1.410	1.701
	电动空气压缩机 6m³/min	台班	206.73	0.008	0.008	0.010	0.011
	电焊条恒温箱	台班	21.41	0.155	0.177	0.199	0.234
	电焊条烘干箱 80×80×100cm³	台班	49.05	0.155	0.177	0.199	0.234
	卷板机 40×3500mm	台班	514.10	0.008	0.008	0.008	0.015
	桥式起重机 15t	台班	293.90	0.140	0.168	0.192	0.233
	直流弧焊机 32kV·A	台班	87.75	1.544	1.760	2.002	2.341

3. 设备人孔制作安装

(1) 平吊人孔

工作内容：放样号料、切割、坡口、压头滚圆、找圆、加强圈制作、组对、焊接、设备开孔、紧固螺栓等。

计量单位：个

定额编号				A3-1-531	A3-1-532	A3-1-533
项目名称				碳钢、合金钢		
				设计压力PN≤0.6MPa		
				DN450	DN500	DN600
基价（元）				710.93	766.27	899.56
其中	人工费（元）			365.12	388.08	451.78
	材料费（元）			124.06	134.87	163.44
	机械费（元）			221.75	243.32	284.34
名称		单位	单价(元)	消耗量		
人工	综合工日	工日	140.00	2.608	2.772	3.227
材料	低碳钢焊条	kg	6.84	7.060	7.760	9.650
	碟形钢丝砂轮片 φ100	片	19.74	0.240	0.270	0.310
	尼龙砂轮片 φ100	片	2.05	1.160	1.270	1.580
	尼龙砂轮片 φ150	片	3.32	1.860	2.020	2.410
	热轧厚钢板 δ8.0～20	kg	3.20	4.950	5.050	5.840
	石棉橡胶板	kg	9.40	0.350	0.410	0.580
	氧气	m^3	3.63	5.585	6.074	7.193
	乙炔气	kg	10.45	1.862	2.025	2.398
	其他材料费占材料费	%	—	3.000	3.000	3.000
机械	电动滚胎机	台班	172.54	0.415	0.448	0.525
	电焊条恒温箱	台班	21.41	0.128	0.142	0.168
	电焊条烘干箱 80×80×100cm³	台班	49.05	0.128	0.142	0.168
	剪板机 20×2500mm	台班	333.30	0.006	0.007	0.007
	卷板机 20×2500mm	台班	276.83	0.005	0.006	0.006
	桥式起重机 15t	台班	293.90	0.085	0.093	0.105
	直流弧焊机 32kV·A	台班	87.75	1.285	1.421	1.676

工作内容：放样号料、切割、坡口、压头滚圆、找圆、加强圈制作、组对、焊接、设备开孔、紧固螺栓等。

计量单位：个

定额编号				A3-1-534	A3-1-535	A3-1-536
项目名称				碳钢、合金钢	碳钢、低合金	
				设计压力PN≤1.6MPa		
				DN450	DN500	DN600
基价（元）				968.68	1074.12	1258.73
其中	人工费（元）			474.18	512.82	598.92
	材料费（元）			197.06	216.82	258.63
	机械费（元）			297.44	344.48	401.18
名称		单位	单价（元）	消耗量		
人工	综合工日	工日	140.00	3.387	3.663	4.278
材料	低碳钢焊条	kg	6.84	13.130	14.490	17.550
	碟形钢丝砂轮片 φ100	片	19.74	0.240	0.270	0.310
	尼龙砂轮片 φ100	片	2.05	1.330	1.470	1.800
	尼龙砂轮片 φ150	片	3.32	3.610	3.980	4.700
	热轧厚钢板 δ8.0～20	kg	3.20	4.680	5.140	5.450
	石棉橡胶板	kg	9.40	0.410	0.500	0.720
	氧气	m³	3.63	8.890	9.656	11.449
	乙炔气	kg	10.45	2.963	3.219	3.816
	其他材料费占材料费	%	—	3.000	3.000	3.000
机械	电动滚胎机	台班	172.54	0.548	0.680	0.758
	电焊条恒温箱	台班	21.41	0.177	0.199	0.235
	电焊条烘干箱 80×80×100cm³	台班	49.05	0.177	0.199	0.235
	剪板机 20×2500mm	台班	333.30	0.007	0.007	0.008
	卷板机 20×2500mm	台班	276.83	0.007	0.007	0.009
	桥式起重机 15t	台班	293.90	0.104	0.118	0.143
	直流弧焊机 32kV·A	台班	87.75	1.773	1.985	2.355

工作内容：放样号料、切割、坡口、压头滚圆、找圆、加强圈制作、组对、焊接、设备开孔、紧固螺栓等。

计量单位：个

定额编号				A3-1-537	A3-1-538	A3-1-539
项目名称				碳钢、低合金		
				设计压力PN≤4.0MPa		
				DN450	DN500	DN600
基价（元）				1503.53	1648.67	1945.86
其中	人工费（元）			666.26	719.32	844.20
	材料费（元）			375.48	413.90	489.72
	机械费（元）			461.79	515.45	611.94
名称		单位	单价(元)	消耗量		
人工	综合工日	工日	140.00	4.759	5.138	6.030
材料	低碳钢焊条	kg	6.84	1.980	2.280	2.700
	碟形钢丝砂轮片 Φ100	片	19.74	0.240	0.270	0.310
	合金钢焊条	kg	11.11	17.730	19.590	23.030
	合金钢氩弧焊丝	kg	7.69	0.140	0.160	0.190
	尼龙砂轮片 Φ100	片	2.05	2.010	2.210	2.580
	尼龙砂轮片 Φ150	片	3.32	4.510	4.970	5.870
	热轧厚钢板 δ8.0～20	kg	3.20	4.770	5.230	6.160
	石棉橡胶板	kg	9.40	0.492	0.600	0.864
	铈钨棒	g	0.38	0.790	0.870	1.050
	氩气	m³	19.59	0.390	0.440	0.520
	氧气	m³	3.63	14.238	15.420	18.324
	乙炔气	kg	10.45	4.746	5.140	6.108
	其他材料费占材料费	%	—	3.000	3.000	3.000
机械	电动滚胎机	台班	172.54	0.711	0.814	0.985
	电焊条恒温箱	台班	21.41	0.279	0.313	0.369
	电焊条烘干箱 80×80×100cm³	台班	49.05	0.279	0.313	0.369
	剪板机 20×2500mm	台班	333.30	0.010	0.010	0.010
	卷板机 40×3500mm	台班	514.10	0.010	0.010	0.011
	桥式起重机 15t	台班	293.90	0.160	0.170	0.196
	氩弧焊机 500A	台班	92.58	0.201	0.223	0.268
	直流弧焊机 32kV·A	台班	87.75	2.796	3.121	3.699

工作内容：放样号料、切割、坡口、压头滚圆、找圆、加强圈制作、组对、焊接、设备开孔、紧固螺栓等。

计量单位：个

定额编号				A3-1-540	A3-1-541	A3-1-542
项目名称				不锈钢		
				设计压力PN≤0.6MPa		
				DN450	DN500	DN600
基价（元）				1376.97	1513.80	1784.03
其中	人工费（元）			585.90	644.00	741.58
	材料费（元）			266.25	291.93	364.43
	机械费（元）			524.82	577.87	678.02
名称		单位	单价(元)	消耗量		
人工	综合工日	工日	140.00	4.185	4.600	5.297
材料	不锈钢焊条	kg	38.46	5.810	6.390	8.060
	飞溅净	kg	5.15	1.050	1.160	1.350
	尼龙砂轮片 φ100	片	2.05	1.790	1.970	2.430
	尼龙砂轮片 φ150	片	3.32	3.590	3.830	4.530
	氢氟酸 45%	kg	4.87	0.060	0.070	0.080
	石棉橡胶板	kg	9.40	0.350	0.410	0.580
	酸洗膏	kg	6.56	0.920	1.010	1.180
	硝酸	kg	2.19	0.470	0.510	0.600
	氧气	m^3	3.63	1.010	1.010	1.010
	乙炔气	kg	10.45	0.340	0.337	0.337
	其他材料费占材料费	%	—	1.500	1.500	1.500
机械	等离子切割机 400A	台班	219.59	0.513	0.568	0.667
	电动滚胎机	台班	172.54	0.767	0.834	0.985
	电动空气压缩机 6m³/min	台班	206.73	0.522	0.578	0.678
	电焊条恒温箱	台班	21.41	0.143	0.159	0.187
	电焊条烘干箱 80×80×100cm³	台班	49.05	0.143	0.159	0.187
	剪板机 20×2500mm	台班	333.30	0.006	0.007	0.007
	卷板机 20×2500mm	台班	276.83	0.005	0.006	0.006
	桥式起重机 15t	台班	293.90	0.111	0.121	0.137
	直流弧焊机 32kV·A	台班	87.75	1.434	1.584	1.869

工作内容：放样号料、切割、坡口、压头滚圆、找圆、加强圈制作、组对、焊接、设备开孔、紧固螺栓等。

计量单位：个

定额编号				A3-1-543	A3-1-544	A3-1-545
项目名称				不锈钢		
				设计压力PN≤1.6MPa		
				DN450	DN500	DN600
基价（元）				2216.86	2403.53	2826.86
其中	人工费（元）			811.16	877.10	1024.10
	材料费（元）			559.88	614.99	744.53
	机械费（元）			845.82	911.44	1058.23
名称		单位	单价(元)	消耗量		
人工	综合工日	工日	140.00	5.794	6.265	7.315
材料	不锈钢焊条	kg	38.46	13.120	14.430	17.510
	飞溅净	kg	5.15	1.050	1.160	1.350
	尼龙砂轮片 Φ100	片	2.05	2.300	2.530	3.090
	尼龙砂轮片 Φ150	片	3.32	5.570	5.960	7.050
	氢氟酸 45%	kg	4.87	0.060	0.070	0.080
	石棉橡胶板	kg	9.40	0.410	0.500	0.720
	酸洗膏	kg	6.56	0.920	1.010	1.180
	硝酸	kg	2.19	0.470	0.510	0.600
	氧气	m^3	3.63	1.010	1.010	1.010
	乙炔气	kg	10.45	0.337	0.337	0.337
	其他材料费占材料费	%	—	1.500	1.500	1.500
机械	等离子切割机 400A	台班	219.59	1.048	1.071	1.255
	电动滚胎机	台班	172.54	0.738	0.907	1.001
	电动空气压缩机 $6m^3/min$	台班	206.73	1.055	1.081	1.265
	电焊条恒温箱	台班	21.41	0.240	0.266	0.312
	电焊条烘干箱 $80×80×100cm^3$	台班	49.05	0.240	0.266	0.312
	剪板机 20×2500mm	台班	333.30	0.007	0.007	0.008
	卷板机 20×2500mm	台班	276.83	0.007	0.007	0.009
	桥式起重机 15t	台班	293.90	0.133	0.141	0.164
	直流弧焊机 32kV·A	台班	87.75	2.393	2.642	3.112

工作内容：放样号料、切割、坡口、压头滚圆、找圆、加强圈制作、组对、焊接、设备开孔、紧固螺栓等。

计量单位：个

定额编号				A3-1-546	A3-1-547	A3-1-548
项目名称				不锈钢		
				设计压力PN≤4.0MPa		
				DN450	DN500	DN600
基价（元）				2713.58	3055.69	3955.71
其中	人工费（元）			837.06	988.26	1191.26
	材料费（元）			712.51	784.08	1208.02
	机械费（元）			1164.01	1283.35	1556.43
名称		单位	单价(元)	消耗量		
人工	综合工日	工日	140.00	5.979	7.059	8.509
材料	不锈钢焊条	kg	38.46	16.850	18.510	29.030
	不锈钢氩弧焊丝 1Cr18Ni9Ti	kg	51.28	0.140	0.160	0.190
	飞溅净	kg	5.15	1.050	1.160	1.350
	尼龙砂轮片 φ100	片	2.05	2.420	2.660	3.600
	尼龙砂轮片 φ150	片	3.32	4.960	5.570	6.460
	氢氟酸 45%	kg	4.87	0.060	0.070	0.080
	石棉橡胶板	kg	9.40	0.492	0.600	0.864
	铈钨棒	g	0.38	0.780	0.870	1.040
	酸洗膏	kg	6.56	0.920	1.010	1.180
	硝酸	kg	2.19	0.470	0.510	0.600
	氩气	m³	19.59	0.390	0.430	0.520
	其他材料费占材料费	%	—	1.500	1.500	1.500
机械	等离子切割机 400A	台班	219.59	1.527	1.652	1.965
	电动滚胎机	台班	172.54	0.909	1.066	1.260
	电动空气压缩机 6m³/min	台班	206.73	1.528	1.653	1.966
	电焊条恒温箱	台班	21.41	0.295	0.330	0.431
	电焊条烘干箱 80×80×100cm³	台班	49.05	0.295	0.330	0.431
	剪板机 20×2500mm	台班	333.30	0.010	0.010	0.010
	卷板机 40×3500mm	台班	514.10	0.010	0.010	0.011
	桥式起重机 15t	台班	293.90	0.160	0.170	0.196
	氩弧焊机 500A	台班	92.58	0.224	0.249	0.283
	直流弧焊机 32kV·A	台班	87.75	2.951	3.307	4.307

(2)垂吊人孔

工作内容：放样号料、切割、坡口、压头滚圆、找圆、加强圈制作、组对、焊接、设备开孔、紧固螺栓等。

计量单位：个

定额编号				A3-1-549	A3-1-550	A3-1-551
项目名称				碳钢、低合金		
				设计压力PN≤0.6MPa		
				DN450	DN500	DN600
基价（元）				703.87	766.36	899.65
其中	人工费（元）			357.98	388.08	451.78
	材料费（元）			124.06	134.87	163.44
	机械费（元）			221.83	243.41	284.43
	名称	单位	单价(元)	消耗量		
人工	综合工日	工日	140.00	2.557	2.772	3.227
材料	低碳钢焊条	kg	6.84	7.060	7.760	9.650
	碟形钢丝砂轮片 Φ100	片	19.74	0.240	0.270	0.310
	尼龙砂轮片 Φ100	片	2.05	1.160	1.270	1.580
	尼龙砂轮片 Φ150	片	3.32	1.860	2.020	2.410
	热轧厚钢板 δ8.0～20	kg	3.20	4.950	5.050	5.840
	石棉橡胶板	kg	9.40	0.350	0.410	0.580
	氧气	m^3	3.63	5.585	6.074	7.193
	乙炔气	kg	10.45	1.862	2.025	2.398
	其他材料费占材料费	%	—	3.000	3.000	3.000
机械	电动滚胎机	台班	172.54	0.415	0.448	0.525
	电焊条恒温箱	台班	21.41	0.128	0.142	0.168
	电焊条烘干箱 80×80×100cm^3	台班	49.05	0.128	0.142	0.168
	剪板机 20×2500mm	台班	333.30	0.006	0.007	0.007
	卷板机 20×2500mm	台班	276.83	0.005	0.006	0.006
	桥式起重机 15t	台班	293.90	0.085	0.093	0.105
	直流弧焊机 32kV·A	台班	87.75	1.286	1.422	1.677

工作内容：放样号料、切割、坡口、压头滚圆、找圆、加强圈制作、组对、焊接、设备开孔、紧固螺栓等。

计量单位：个

定额编号				A3-1-552	A3-1-553	A3-1-554
项目名称				碳钢、低合金		
				设计压力PN≤1.6MPa		
				DN450	DN500	DN600
基价（元）				969.33	1074.12	1260.83
其中	人工费（元）			474.74	512.82	599.48
	材料费（元）			197.06	216.82	260.08
	机械费（元）			297.53	344.48	401.27
名称		单位	单价(元)	消耗量		
人工	综合工日	工日	140.00	3.391	3.663	4.282
材料	低碳钢焊条	kg	6.84	13.130	14.490	17.550
	碟形钢丝砂轮片 φ100	片	19.74	0.240	0.270	0.310
	尼龙砂轮片 φ100	片	2.05	1.330	1.470	1.800
	尼龙砂轮片 φ150	片	3.32	3.610	3.980	4.700
	热轧厚钢板 δ8.0～20	kg	3.20	4.680	5.140	5.890
	石棉橡胶板	kg	9.40	0.410	0.500	0.720
	氧气	m³	3.63	8.890	9.656	11.449
	乙炔气	kg	10.45	2.963	3.219	3.816
	其他材料费占材料费	%	—	3.000	3.000	3.000
机械	电动滚胎机	台班	172.54	0.548	0.680	0.758
	电焊条恒温箱	台班	21.41	0.177	0.199	0.235
	电焊条烘干箱 80×80×100cm³	台班	49.05	0.177	0.199	0.235
	剪板机 20×2500mm	台班	333.30	0.007	0.007	0.008
	卷板机 20×2500mm	台班	276.83	0.007	0.007	0.009
	桥式起重机 15t	台班	293.90	0.104	0.118	0.143
	直流弧焊机 32kV·A	台班	87.75	1.774	1.985	2.356

工作内容：放样号料、切割、坡口、压头滚圆、找圆、加强圈制作、组对、焊接、设备开孔、紧固螺栓等。

计量单位：个

定额编号				A3-1-555	A3-1-556	A3-1-557
项目名称				碳钢、低合金		
				设计压力PN≤4.0MPa		
				DN450	DN500	DN600
基价（元）				1511.73	1657.34	2049.38
其中	人工费（元）			670.60	723.66	897.26
	材料费（元）			376.95	415.47	509.11
	机械费（元）			464.18	518.21	643.01
名称		单位	单价(元)	消耗量		
人工	综合工日	工日	140.00	4.790	5.169	6.409
材料	低碳钢焊条	kg	6.84	2.000	2.300	2.970
	碟形钢丝砂轮片 φ100	片	19.74	0.240	0.270	0.310
	合金钢焊条	kg	11.11	17.730	19.590	23.030
	合金钢氩弧焊丝	kg	7.69	0.140	0.160	0.190
	尼龙砂轮片 φ100	片	2.05	2.010	2.210	2.580
	尼龙砂轮片 φ150	片	3.32	4.550	5.020	6.460
	热轧厚钢板 δ8.0～20	kg	3.20	4.820	5.280	6.780
	石棉橡胶板	kg	9.40	0.492	0.600	0.864
	铈钨棒	g	0.38	0.790	0.870	1.050
	氩气	m^3	19.59	0.390	0.440	0.520
	氧气	m^3	3.63	14.379	15.569	20.156
	乙炔气	kg	10.45	4.793	5.190	6.719
	其他材料费占材料费	%	—	3.000	3.000	3.000
机械	电动滚胎机	台班	172.54	0.718	0.823	1.084
	电焊条恒温箱	台班	21.41	0.280	0.313	0.380
	电焊条烘干箱 80×80×100cm^3	台班	49.05	0.280	0.313	0.380
	剪板机 20×2500mm	台班	333.30	0.010	0.010	0.010
	卷板机 40×3500mm	台班	514.10	0.010	0.010	0.012
	桥式起重机 15t	台班	293.90	0.162	0.172	0.215
	氩弧焊机 500A	台班	92.58	0.201	0.223	0.268
	直流弧焊机 32kV·A	台班	87.75	2.802	3.128	3.780

工作内容：放样号料、切割、坡口、压头滚圆、找圆、加强圈制作、组对、焊接、设备开孔、紧固螺栓等。

计量单位：个

定额编号				A3-1-558	A3-1-559	A3-1-560
项目名称				不锈钢		
				设计压力PN≤0.6MPa		
				DN450	DN500	DN600
基价（元）				1380.90	1523.51	1788.56
其中	人工费（元）			588.00	651.98	744.38
	材料费（元）			266.22	291.93	364.43
	机械费（元）			526.68	579.60	679.75
名称		单位	单价(元)	消耗量		
人工	综合工日	工日	140.00	4.200	4.657	5.317
材料	不锈钢焊条	kg	38.46	5.810	6.390	8.060
	飞溅净	kg	5.15	1.050	1.160	1.350
	尼龙砂轮片 φ100	片	2.05	1.790	1.970	2.430
	尼龙砂轮片 φ150	片	3.32	3.590	3.830	4.530
	氢氟酸 45%	kg	4.87	0.060	0.070	0.080
	石棉橡胶板	kg	9.40	0.350	0.410	0.580
	酸洗膏	kg	6.56	0.920	1.010	1.180
	硝酸	kg	2.19	0.470	0.510	0.600
	氧气	m^3	3.63	1.010	1.010	1.010
	乙炔气	kg	10.45	0.337	0.337	0.337
	其他材料费占材料费	%	—	1.500	1.500	1.500
机械	等离子切割机 400A	台班	219.59	0.514	0.568	0.667
	电动滚胎机	台班	172.54	0.776	0.844	0.995
	电动空气压缩机 $6m^3/min$	台班	206.73	0.522	0.578	0.678
	电焊条恒温箱	台班	21.41	0.143	0.159	0.187
	电焊条烘干箱 80×80×100cm^3	台班	49.05	0.143	0.159	0.187
	剪板机 20×2500mm	台班	333.30	0.006	0.007	0.007
	卷板机 20×2500mm	台班	276.83	0.005	0.006	0.006
	桥式起重机 15t	台班	293.90	0.111	0.121	0.137
	直流弧焊机 32kV·A	台班	87.75	1.435	1.584	1.869

工作内容：放样号料、切割、坡口、压头滚圆、找圆、加强圈制作、组对、焊接、设备开孔、紧固螺栓等。

计量单位：个

定额编号				A3-1-561	A3-1-562	A3-1-563
项目名称				不锈钢		
				设计压力PN≤1.6MPa		
				DN450	DN500	DN600
基价（元）				2217.49	2415.80	2827.79
其中	人工费（元）			811.86	883.68	1024.94
	材料费（元）			559.88	615.58	744.53
	机械费（元）			845.75	916.54	1058.32
名称		单位	单价(元)	消耗量		
人工	综合工日	工日	140.00	5.799	6.312	7.321
材料	不锈钢焊条	kg	38.46	13.120	14.440	17.510
	飞溅净	kg	5.15	1.050	1.160	1.350
	尼龙砂轮片 φ100	片	2.05	2.300	2.530	3.090
	尼龙砂轮片 φ150	片	3.32	5.570	6.020	7.050
	氢氟酸 45%	kg	4.87	0.060	0.070	0.080
	石棉橡胶板	kg	9.40	0.410	0.500	0.720
	酸洗膏	kg	6.56	0.920	1.010	1.180
	硝酸	kg	2.19	0.470	0.510	0.600
	氧气	m^3	3.63	1.010	1.010	1.010
	乙炔气	kg	10.45	0.337	0.337	0.337
	其他材料费占材料费	%	—	1.500	1.500	1.500
机械	等离子切割机 400A	台班	219.59	1.048	1.081	1.255
	电动滚胎机	台班	172.54	0.738	0.907	1.001
	电动空气压缩机 $6m^3/min$	台班	206.73	1.055	1.091	1.265
	电焊条恒温箱	台班	21.41	0.239	0.265	0.312
	电焊条烘干箱 $80×80×100cm^3$	台班	49.05	0.239	0.265	0.312
	剪板机 20×2500mm	台班	333.30	0.007	0.007	0.008
	卷板机 20×2500mm	台班	276.83	0.007	0.007	0.009
	桥式起重机 15t	台班	293.90	0.133	0.142	0.164
	直流弧焊机 32kV·A	台班	87.75	2.393	2.649	3.113

工作内容：放样号料、切割、坡口、压头滚圆、找圆、加强圈制作、组对、焊接、设备开孔、紧固螺栓等。

计量单位：个

定额编号				A3-1-564	A3-1-565	A3-1-566
项目名称				不锈钢		
				设计压力PN≤4.0MPa		
				DN450	DN500	DN600
基价（元）				2734.61	3081.94	3760.17
其中	人工费（元）			844.76	998.34	1207.08
	材料费（元）			713.85	784.70	937.09
	机械费（元）			1176.00	1298.90	1616.00
名称		单位	单价(元)	消耗量		
人工	综合工日	工日	140.00	6.034	7.131	8.622
材料	不锈钢焊条	kg	38.46	16.880	18.530	22.060
	不锈钢氩弧焊丝 1Cr18Ni9Ti	kg	51.28	0.140	0.160	0.190
	飞溅净	kg	5.15	1.050	1.160	1.350
	尼龙砂轮片 φ100	片	2.05	2.420	2.660	3.120
	尼龙砂轮片 φ150	片	3.32	5.010	5.520	7.100
	氢氟酸 45%	kg	4.87	0.060	0.070	0.080
	石棉橡胶板	kg	9.40	0.492	0.600	0.864
	铈钨棒	g	0.38	0.780	0.870	1.040
	酸洗膏	kg	6.56	0.920	1.010	1.180
	硝酸	kg	2.19	0.470	0.510	0.600
	氩气	m³	19.59	0.390	0.430	0.520
	其他材料费占材料费	%	—	1.500	1.500	1.500
机械	等离子切割机 400A	台班	219.59	1.544	1.675	2.164
	电动滚胎机	台班	172.54	0.918	1.077	1.387
	电动空气压缩机 6m³/min	台班	206.73	1.553	1.686	2.174
	电焊条恒温箱	台班	21.41	0.296	0.332	0.373
	电焊条烘干箱 80×80×100cm³	台班	49.05	0.296	0.332	0.373
	剪板机 20×2500mm	台班	333.30	0.010	0.010	0.010
	卷板机 40×3500mm	台班	514.10	0.010	0.010	0.010
	桥式起重机 15t	台班	293.90	0.162	0.172	0.215
	氩弧焊机 500A	台班	92.58	0.224	0.249	0.283
	直流弧焊机 32kV·A	台班	87.75	2.961	3.319	3.737

4. 设备手孔制作安装

工作内容：放样号料、切割、坡口、压头滚圆、找圆、加强圈制作、组对、焊接、设备开孔、紧固螺栓等。

计量单位：个

定额编号				A3-1-567	A3-1-568
项目名称				碳钢、低合金	
				设计压力PN≤0.6MPa	
				DN150	DN250
基价（元）				244.10	410.48
其中	人工费（元）			135.66	201.60
	材料费（元）			38.88	67.99
	机械费（元）			69.56	140.89
名称		单位	单价(元)	消耗量	
人工	综合工日	工日	140.00	0.969	1.440
材料	低碳钢焊条	kg	6.84	1.810	3.720
	碟形钢丝砂轮片 φ100	片	19.74	0.080	0.130
	尼龙砂轮片 φ100	片	2.05	0.310	0.570
	尼龙砂轮片 φ150	片	3.32	1.130	1.990
	热轧厚钢板 δ8.0～20	kg	3.20	1.620	2.170
	石棉橡胶板	kg	9.40	0.060	0.116
	氧气	m^3	3.63	1.920	3.120
	乙炔气	kg	10.45	0.640	1.040
	其他材料费占材料费	%	—	3.000	3.000
机械	电动滚胎机	台班	172.54	0.141	0.286
	电焊条恒温箱	台班	21.41	0.055	0.074
	电焊条烘干箱 80×80×100cm³	台班	49.05	0.036	0.074
	桥式起重机 15t	台班	293.90	0.037	0.074
	直流弧焊机 32kV·A	台班	87.75	0.358	0.736

工作内容：放样号料、切割、坡口、压头滚圆、找圆、加强圈制作、组对、焊接、设备开孔、紧固螺栓等。

计量单位：个

定额编号				A3-1-569	A3-1-570
项目名称				碳钢、低合金	
				设计压力PN≤1.6MPa	
				DN150	DN250
基价（元）				329.44	548.20
其中	人工费（元）			170.10	251.86
	材料费（元）			58.48	101.69
	机械费（元）			100.86	194.65
名称		单位	单价(元)	消耗量	
人工	综合工日	工日	140.00	1.215	1.799
材料	低碳钢焊条	kg	6.84	3.990	7.310
	碟形钢丝砂轮片 φ100	片	19.74	0.080	0.130
	尼龙砂轮片 φ100	片	2.05	0.370	0.660
	尼龙砂轮片 φ150	片	3.32	1.280	2.120
	热轧厚钢板 δ8.0～20	kg	3.20	1.620	2.630
	石棉橡胶板	kg	9.40	0.084	0.172
	氧气	m^3	3.63	2.379	3.900
	乙炔气	kg	10.45	0.793	1.300
	其他材料费占材料费	%	—	3.000	3.000
机械	电动滚胎机	台班	172.54	0.201	0.393
	电焊条恒温箱	台班	21.41	0.074	0.105
	电焊条烘干箱 80×80×100cm³	台班	49.05	0.055	0.105
	桥式起重机 15t	台班	293.90	0.047	0.092
	直流弧焊机 32kV·A	台班	87.75	0.548	1.053

工作内容：放样号料、切割、坡口、压头滚圆、找圆、加强圈制作、组对、焊接、设备开孔、紧固螺栓等。

计量单位：个

定额编号				A3-1-571	A3-1-572
项目名称				碳钢、低合金	
				设计压力PN≤4.0MPa	
				DN150	DN250
基价（元）				527.04	801.95
其中	人工费（元）			254.66	353.50
	材料费（元）			122.16	192.59
	机械费（元）			150.22	255.86
名称		单位	单价(元)	消耗量	
人工	综合工日	工日	140.00	1.819	2.525
材料	低碳钢焊条	kg	6.84	0.640	1.050
	碟形钢丝砂轮片 φ100	片	19.74	0.080	0.130
	合金钢焊条	kg	11.11	5.620	9.320
	合金钢氩弧焊丝	kg	7.69	0.060	0.080
	尼龙砂轮片 φ100	片	2.05	0.600	0.990
	尼龙砂轮片 φ150	片	3.32	1.630	2.350
	热轧厚钢板 δ8.0～20	kg	3.20	1.620	2.630
	石棉橡胶板	kg	9.40	0.101	0.206
	铈钨棒	g	0.38	0.360	0.450
	氩气	m^3	19.59	0.170	0.220
	氧气	m^3	3.63	4.710	6.800
	乙炔气	kg	10.45	1.570	2.270
	其他材料费占材料费	%	—	3.000	3.000
机械	电动滚胎机	台班	172.54	0.262	0.512
	电焊条恒温箱	台班	21.41	0.096	0.159
	电焊条烘干箱 80×80×100cm³	台班	49.05	0.096	0.159
	桥式起重机 15t	台班	293.90	0.019	0.023
	氩弧焊机 500A	台班	92.58	0.092	0.115
	直流弧焊机 32kV·A	台班	87.75	0.959	1.583

工作内容：放样号料、切割、坡口、压头滚圆、找圆、加强圈制作、组对、焊接、设备开孔、紧固螺栓等。

计量单位：个

定额编号				A3-1-573	A3-1-574
项目名称				不锈钢	
				设计压力PN≤0.6MPa	
				DN150	DN250
基价（元）				526.10	864.63
其中	人工费（元）			225.26	300.58
	材料费（元）			61.26	129.24
	机械费（元）			239.58	434.81
名称		单位	单价(元)	消耗量	
人工	综合工日	工日	140.00	1.609	2.147
材料	不锈钢焊条	kg	38.46	1.350	2.950
	飞溅净	kg	5.15	0.340	0.560
	氢氟酸 45%	kg	4.87	0.020	0.030
	砂轮片 φ100	片	1.71	0.480	0.880
	砂轮片 φ150	片	2.82	1.030	1.590
	石棉橡胶板	kg	9.40	0.060	0.116
	酸洗膏	kg	6.56	0.300	0.490
	硝酸	kg	2.19	0.150	0.250
	其他材料费占材料费	%	—	1.500	1.500
机械	等离子切割机 400A	台班	219.59	0.380	0.658
	电动滚胎机	台班	172.54	0.181	0.321
	电动空气压缩机 $6m^3/min$	台班	206.73	0.382	0.662
	电焊条恒温箱	台班	21.41	0.039	0.083
	电焊条烘干箱 $80\times80\times100cm^3$	台班	49.05	0.039	0.083
	桥式起重机 15t	台班	293.90	0.032	0.066
	直流弧焊机 32kV·A	台班	87.75	0.385	0.830

工作内容：放样号料、切割、坡口、压头滚圆、找圆、加强圈制作、组对、焊接、设备开孔、紧固螺栓等。

计量单位：个

定额编号				A3-1-575	A3-1-576
项目名称				不锈钢	
				设计压力PN≤1.6MPa	
				DN150	DN250
基价（元）				769.51	1302.38
其中	人工费（元）			272.44	407.40
	材料费（元）			137.95	252.19
	机械费（元）			359.12	642.79
	名称	单位	单价(元)	消耗量	
人工	综合工日	工日	140.00	1.946	2.910
材料	不锈钢焊条	kg	38.46	3.260	6.050
	飞溅净	kg	5.15	0.340	0.560
	氢氟酸 45%	kg	4.87	0.020	0.030
	砂轮片 φ100	片	1.71	0.620	1.110
	砂轮片 φ150	片	2.82	1.610	1.940
	石棉橡胶板	kg	9.40	0.084	0.172
	酸洗膏	kg	6.56	0.300	0.490
	硝酸	kg	2.19	0.150	0.250
	其他材料费占材料费	%	—	1.500	1.500
机械	等离子切割机 400A	台班	219.59	0.545	0.936
	电动滚胎机	台班	172.54	0.262	0.505
	电动空气压缩机 6m³/min	台班	206.73	0.547	0.940
	电焊条恒温箱	台班	21.41	0.072	0.137
	电焊条烘干箱 80×80×100cm³	台班	49.05	0.072	0.137
	桥式起重机 15t	台班	293.90	0.046	0.087
	直流弧焊机 32kV·A	台班	87.75	0.713	1.374

工作内容：放样号料、切割、坡口、压头滚圆、找圆、加强圈制作、组对、焊接、设备开孔、紧固螺栓等。

计量单位：个

定额编号				A3-1-577	A3-1-578
项目名称				不锈钢	
				设计压力PN≤4.0MPa	
				DN150	DN250
基价（元）				896.89	1468.82
其中	人工费（元）			339.92	491.26
	材料费（元）			218.94	366.30
	机械费（元）			338.03	611.26
名称		单位	单价(元)	消耗量	
人工	综合工日	工日	140.00	2.428	3.509
材料	不锈钢焊条	kg	38.46	5.180	8.680
	不锈钢氩弧焊丝 1Cr18Ni9Ti	kg	51.28	0.050	0.080
	飞溅净	kg	5.15	0.340	0.560
	氢氟酸 45%	kg	4.87	0.020	0.030
	砂轮片 φ100	片	1.71	0.660	1.180
	砂轮片 φ150	片	2.82	1.790	2.740
	石棉橡胶板	kg	9.40	0.101	0.206
	铈钨棒	g	0.38	0.260	0.440
	酸洗膏	kg	6.56	0.300	0.490
	硝酸	kg	2.19	0.150	0.250
	氩气	m^3	19.59	0.130	0.220
	其他材料费占材料费	%	—	1.500	1.500
机械	等离子切割机 400A	台班	219.59	0.397	0.745
	电动滚胎机	台班	172.54	0.335	0.603
	电动空气压缩机 $6m^3$/min	台班	206.73	0.399	0.749
	电焊条恒温箱	台班	21.41	0.094	0.158
	电焊条烘干箱 80×80×100cm^3	台班	49.05	0.094	0.158
	桥式起重机 15t	台班	293.90	0.050	0.093
	氩弧焊机 500A	台班	92.58	0.074	0.127
	直流弧焊机 32kV·A	台班	87.75	0.939	1.579

5. 设备法兰制作

工作内容：放样号料、切割、坡口、打磨、拼板、焊接、车削、划线、钻孔等。　　　计量单位：个

定额编号				A3-1-579	A3-1-580	A3-1-581	A3-1-582
项目名称				设计压力PN≤0.6MPa			
				DN1000	DN1200	DN1400	DN1600
基价（元）				**1169.14**	**1536.45**	**1894.35**	**2119.81**
其中	人工费（元）			416.78	545.86	651.98	728.56
	材料费（元）			71.15	91.66	112.29	119.83
	机械费（元）			681.21	898.93	1130.08	1271.42
名称		单位	单价（元）	消耗量			
人工	综合工日	工日	140.00	2.977	3.899	4.657	5.204
材料	低碳钢焊条	kg	6.84	8.270	9.960	12.370	13.170
	尼龙砂轮片 φ100	片	2.05	0.920	1.110	1.380	1.470
	尼龙砂轮片 φ150	片	3.32	3.200	5.600	6.500	7.000
	其他材料费占材料费	%	—	3.000	3.000	3.000	3.000
机械	等离子切割机 400A	台班	219.59	2.060	2.793	3.529	4.015
	电动空气压缩机 1m³/min	台班	50.29	2.060	2.793	3.529	4.015
	电焊条恒温箱	台班	21.41	0.085	0.104	0.128	0.136
	电焊条烘干箱 80×80×100cm³	台班	49.05	0.085	0.104	0.128	0.136
	立式钻床 25mm	台班	6.58	0.968	1.127	1.285	1.452
	桥式起重机 15t	台班	293.90	0.093	0.093	0.117	0.117
	摇臂钻床 63mm	台班	41.15	0.254	0.300	0.330	0.360
	直流弧焊机 32kV·A	台班	87.75	0.856	1.034	1.279	1.362

工作内容：放样号料、切割、坡口、打磨、拼板、焊接、车削、划线、钻孔等。　　计量单位：个

定额编号				A3-1-583	A3-1-584	A3-1-585	A3-1-586
项目名称				设计压力PN≤1.0MPa			
				DN300	DN350	DN400	DN500
基价（元）				264.04	291.37	346.87	507.03
其中	人工费（元）			94.64	107.66	121.94	164.92
	材料费（元）			36.95	47.21	68.00	95.52
	机械费（元）			132.45	136.50	156.93	246.59
名称		单位	单价(元)	消耗量			
人工	综合工日	工日	140.00	0.676	0.769	0.871	1.178
材料	低碳钢焊条	kg	6.84	1.500	1.930	2.460	3.500
	尼龙砂轮片 Φ100	片	2.05	—	—	0.270	0.400
	尼龙砂轮片 Φ150	片	3.32	0.470	0.510	1.153	1.300
	氧气	m³	3.63	3.381	4.350	6.300	8.949
	乙炔气	kg	10.45	1.127	1.450	2.100	2.983
	其他材料费占材料费	%	—	3.000	3.000	3.000	3.000
机械	电焊条恒温箱	台班	21.41	0.016	0.020	0.025	0.036
	电焊条烘干箱 80×80×100cm³	台班	49.05	0.016	0.020	0.025	0.036
	普通车床 1000×5000mm	台班	400.59	0.252	0.252	0.289	0.466
	桥式起重机 15t	台班	293.90	0.047	0.047	0.047	0.066
	摇臂钻床 63mm	台班	41.15	0.074	0.074	0.093	0.149
	直流弧焊机 32kV·A	台班	87.75	0.154	0.197	0.248	0.363

工作内容：放样号料、切割、坡口、打磨、拼板、焊接、车削、划线、钻孔等。　　计量单位：个

定额编号				A3-1-587	A3-1-588	A3-1-589	A3-1-590
项目名称				设计压力PN≤1.0MPa			
				DN600	DN700	DN800	DN900
基价（元）				635.53	941.41	1088.65	1010.37
其中	人工费（元）			215.18	251.02	292.60	362.18
	材料费（元）			130.38	46.22	55.01	63.60
	机械费（元）			289.97	644.17	741.04	584.59
名称		单位	单价(元)	消耗量			
人工	综合工日	工日	140.00	1.537	1.793	2.090	2.587
材料	低碳钢焊条	kg	6.84	4.540	5.550	6.570	7.420
	尼龙砂轮片 φ100	片	2.05	0.450	0.620	0.730	0.830
	尼龙砂轮片 φ150	片	3.32	1.500	1.700	2.100	2.800
	氧气	m^3	3.63	12.600	—	—	—
	乙炔气	kg	10.45	4.200	—	—	—
	其他材料费占材料费	%	—	3.000	3.000	3.000	3.000
机械	等离子切割机 400A	台班	219.59	—	1.103	1.271	1.741
	电动空气压缩机 $1m^3/min$	台班	50.29	—	1.103	1.271	1.741
	电焊条恒温箱	台班	21.41	0.042	0.058	0.068	0.076
	电焊条烘干箱 80×80×100cm^3	台班	49.05	0.042	0.058	0.068	0.076
	立式钻床 25mm	台班	6.58	—	—	—	0.857
	普通车床 1000×5000mm	台班	400.59	0.559	0.662	0.763	—
	桥式起重机 15t	台班	293.90	0.066	0.066	0.066	0.093
	摇臂钻床 63mm	台班	41.15	0.168	0.181	0.207	0.221
	直流弧焊机 32kV·A	台班	87.75	0.419	0.574	0.680	0.767

工作内容：放样号料、切割、坡口、打磨、拼板、焊接、车削、划线、钻孔等。　　计量单位：个

定额编号				A3-1-591	A3-1-592	A3-1-593	A3-1-594
项目名称				设计压力PN≤1.6MPa			
				DN300	DN350	DN400	DN500
基价（元）				272.52	297.65	398.78	580.38
其中	人工费（元）			109.06	124.04	140.56	190.12
	材料费（元）			30.38	40.40	78.26	109.92
	机械费（元）			133.08	133.21	179.96	280.34
名称		单位	单价(元)	消耗量			
人工	综合工日	工日	140.00	0.779	0.886	1.004	1.358
材料	低碳钢焊条	kg	6.84	—	—	2.830	4.040
	尼龙砂轮片 φ100	片	2.05	—	—	0.310	0.460
	尼龙砂轮片 φ150	片	3.32	0.540	0.590	1.320	1.490
	氧气	m^3	3.63	3.890	5.430	7.250	10.290
	乙炔气	kg	10.45	1.300	1.680	2.420	3.430
	其他材料费占材料费	%	—	3.000	3.000	3.000	3.000
机械	电焊条恒温箱	台班	21.41	—	—	0.028	0.042
	电焊条烘干箱 80×80×100cm^3	台班	49.05	—	—	0.028	0.042
	普通车床 1000×5000mm	台班	400.59	0.289	0.289	0.332	0.535
	桥式起重机 15t	台班	293.90	0.047	0.047	0.053	0.066
	摇臂钻床 63mm	台班	41.15	0.085	0.088	0.107	0.172
	直流弧焊机 32kV·A	台班	87.75	—	—	0.285	0.417

工作内容：放样号料、切割、坡口、打磨、拼板、焊接、车削、划线、钻孔等。　　　　计量单位：个

定额编号				A3-1-595	A3-1-596	A3-1-597
项目名称				设计压力PN≤1.6MPa		
				DN600	DN700	DN800
基价（元）				727.98	1079.72	1248.46
其中	人工费（元）			247.38	289.10	337.12
	材料费（元）			149.92	53.15	62.90
	机械费（元）			330.68	737.47	848.44
名称		单位	单价(元)	消耗量		
人工	综合工日	工日	140.00	1.767	2.065	2.408
材料	低碳钢焊条	kg	6.84	5.220	6.380	7.560
	尼龙砂轮片 φ100	片	2.05	0.520	0.710	0.840
	尼龙砂轮片 φ150	片	3.32	1.720	1.960	2.300
	氧气	m^3	3.63	14.490	—	—
	乙炔气	kg	10.45	4.830	—	—
	其他材料费占材料费	%	—	3.000	3.000	3.000
机械	等离子切割机 400A	台班	219.59	—	1.268	1.462
	电动空气压缩机 $1m^3/min$	台班	50.29	—	1.268	1.462
	电焊条恒温箱	台班	21.41	0.048	0.067	0.078
	电焊条烘干箱 $80×80×100cm^3$	台班	49.05	0.048	0.067	0.078
	普通车床 1000×5000mm	台班	400.59	0.643	0.760	0.878
	桥式起重机 15t	台班	293.90	0.066	0.066	0.066
	摇臂钻床 63mm	台班	41.15	0.193	0.209	0.210
	直流弧焊机 32kV·A	台班	87.75	0.483	0.662	0.782

工作内容：放样号料、切割、坡口、打磨、拼板、焊接、车削、划线、钻孔等。 计量单位：个

定额编号				A3-1-598	A3-1-599	A3-1-600	A3-1-601
项目名称				设计压力PN≤2.5MPa			
				DN300	DN350	DN400	DN500
基价（元）				282.38	443.66	659.77	1027.03
其中	人工费（元）			130.62	145.60	170.10	256.06
	材料费（元）			67.90	86.75	146.93	101.71
	机械费（元）			83.86	211.31	342.74	669.26
名称		单位	单价（元）	消耗量			
人工	综合工日	工日	140.00	0.933	1.040	1.215	1.829
材料	低碳钢焊条	kg	6.84	4.710	5.510	11.060	13.120
	尼龙砂轮片 φ100	片	2.05	0.530	0.610	1.230	1.460
	尼龙砂轮片 φ150	片	3.32	1.000	1.200	1.500	1.810
	氧气	m³	3.63	4.120	5.850	8.360	—
	乙炔气	kg	10.45	1.373	1.920	2.790	—
	其他材料费占材料费	%	—	3.000	3.000	3.000	3.000
机械	等离子切割机 400A	台班	219.59	—	—	—	0.870
	电动空气压缩机 1m³/min	台班	50.29	—	—	—	0.870
	电焊条恒温箱	台班	21.41	0.049	0.057	0.115	0.136
	电焊条烘干箱 80×80×100cm³	台班	49.05	0.049	0.057	0.115	0.136
	卷板机 20×2500mm	台班	276.83	—	—	—	0.023
	普通车床 1000×5000mm	台班	400.59	0.027	0.326	0.513	0.633
	桥式起重机 15t	台班	293.90	0.074	0.074	0.074	0.117
	摇臂钻床 63mm	台班	41.15	0.122	0.122	0.168	0.279
	直流弧焊机 32kV·A	台班	87.75	0.488	0.569	1.145	1.357

工作内容：放样号料、切割、坡口、打磨、拼板、焊接、车削、划线、钻孔等。　　计量单位：个

定额编号				A3-1-602	A3-1-603	A3-1-604
项目名称				设计压力PN≤2.5MPa		
				DN600	DN700	DN800
基价（元）				1265.67	1516.18	1802.36
其中	人工费（元）			312.62	376.46	456.12
	材料费（元）			128.55	151.68	175.54
	机械费（元）			824.50	988.04	1170.70
名称		单位	单价(元)	消耗量		
人工	综合工日	工日	140.00	2.233	2.689	3.258
材料	低碳钢焊条	kg	6.84	16.620	19.660	22.710
	尼龙砂轮片 φ100	片	2.05	1.850	2.190	2.520
	尼龙砂轮片 φ150	片	3.32	2.210	2.500	2.990
	其他材料费占材料费	%	—	3.000	3.000	3.000
机械	等离子切割机 400A	台班	219.59	1.162	1.482	1.869
	电动空气压缩机 1m³/min	台班	50.29	1.162	1.482	1.869
	电焊条恒温箱	台班	21.41	0.172	0.204	0.234
	电焊条烘干箱 80×80×100cm³	台班	49.05	0.172	0.204	0.234
	卷板机 20×2500mm	台班	276.83	0.023	0.024	0.024
	普通车床 1000×5000mm	台班	400.59	0.736	0.851	0.968
	桥式起重机 15t	台班	293.90	0.117	0.117	0.117
	摇臂钻床 63mm	台班	41.15	0.298	0.323	0.368
	直流弧焊机 32kV·A	台班	87.75	1.720	2.034	2.346

6. 地脚螺栓制作

工作内容：放样号料、切割、煨制、车丝、焊接、除锈、涂油、保护等。　　　计量单位：10个

定额编号				A3-1-605	A3-1-606	A3-1-607	A3-1-608
项目名称				直径(mm以内)			
				20	24	30	36
基价(元)				436.71	555.68	772.55	1032.66
其中	人工费(元)			196.56	212.24	253.12	289.80
	材料费(元)			95.51	174.37	311.43	504.10
	机械费(元)			144.64	169.07	208.00	238.76
名称		单位	单价(元)	消耗量			
人工	综合工日	工日	140.00	1.404	1.516	1.808	2.070
材料	钠基酯	kg	6.21	0.040	0.050	0.070	0.080
	圆钢(综合)	kg	3.40	27.200	49.700	88.800	143.800
	其他材料费占材料费	%	—	3.000	3.000	3.000	3.000
机械	弓锯床 250mm	台班	24.28	0.215	0.215	0.317	0.317
	立式钻床 35mm	台班	10.59	0.168	0.177	0.205	0.242
	普通车床 400×2000mm	台班	223.47	0.261	0.308	0.364	0.438
	普通车床 630×2000mm	台班	247.10	0.205	0.261	0.308	0.364
	桥式起重机 5t	台班	255.85	0.112	0.112	0.159	0.159

工作内容：放样号料、切割、煨制、车丝、焊接、除锈、涂油、保护等。　　计量单位：10个

定额编号				A3-1-609	A3-1-610	A3-1-611	A3-1-612
项目名称				直径(mm以内)			
				42	48	56	64
基价（元）				1647.05	2172.56	2979.19	4207.59
其中	人工费（元）			388.64	442.54	516.32	557.90
	材料费（元）			863.92	1302.92	1968.50	3020.23
	机械费（元）			394.49	427.10	494.37	629.46
名称		单位	单价(元)	消耗量			
人工	综合工日	工日	140.00	2.776	3.161	3.688	3.985
材料	低碳钢焊条	kg	6.84	0.070	0.080	0.090	0.160
	钠基酯	kg	6.21	0.090	0.100	0.120	0.140
	热轧厚钢板 δ20	kg	3.20	30.800	62.800	62.800	—
	热轧厚钢板 δ25	kg	3.20	—	—	—	113.000
	圆钢(综合)	kg	3.40	217.400	312.600	502.600	755.500
	其他材料费占材料费	%	—	3.000	3.000	3.000	3.000
机械	电焊条恒温箱	台班	21.41	0.012	0.012	0.012	0.012
	电焊条烘干箱 80×80×100cm³	台班	49.05	0.012	0.012	0.012	0.012
	弓锯床 250mm	台班	24.28	0.364	0.419	0.559	0.559
	剪板机 32×4000mm	台班	590.12	0.122	0.122	0.122	0.122
	立式钻床 35mm	台班	10.59	0.308	0.372	0.466	0.550
	普通车床 400×2000mm	台班	223.47	0.521	0.596	0.699	0.801
	普通车床 630×2000mm	台班	247.10	0.410	0.466	0.531	0.606
	桥式起重机 5t	台班	255.85	0.317	0.317	0.410	0.773
	直流弧焊机 32kV·A	台班	87.75	0.122	0.122	0.122	0.122

工作内容：放样号料、切割、煨制、车丝、焊接、除锈、涂油、保护等。　　　计量单位：10个

定额编号				A3-1-613	A3-1-614	A3-1-615
项目名称				直径(mm以内)		
				72	80	90
基价（元）				5992.70	8147.64	10518.85
其中	人工费（元）			978.88	1121.68	1192.66
	材料费（元）			4221.85	6041.29	8259.17
	机械费（元）			791.97	984.67	1067.02
名称		单位	单价(元)	消耗量		
人工	综合工日	工日	140.00	6.992	8.012	8.519
材料	低碳钢焊条	kg	6.84	0.180	2.250	2.560
	钠基酯	kg	6.21	0.160	0.180	0.200
	热轧厚钢板 δ30	kg	3.20	431.800	—	—
	热轧厚钢板 δ40	kg	3.20	—	653.800	855.100
	圆钢(综合)	kg	3.40	798.500	1104.900	1548.100
	其他材料费占材料费	%	—	3.000	3.000	3.000
机械	电焊条恒温箱	台班	21.41	0.031	0.031	0.031
	电焊条烘干箱 80×80×100cm³	台班	49.05	0.031	0.031	0.031
	弓锯床 250mm	台班	24.28	0.689	0.689	0.755
	剪板机 32×4000mm	台班	590.12	0.140	—	—
	剪板机 40×3100mm	台班	627.30	—	0.186	0.186
	立式钻床 35mm	台班	10.59	0.633	0.717	0.829
	普通车床 1000×5000mm	台班	400.59	—	0.745	0.829
	普通车床 400×2000mm	台班	223.47	0.904	1.005	1.136
	普通车床 630×2000mm	台班	247.10	0.670	—	—
	桥式起重机 5t	台班	255.85	1.127	1.136	1.201
	直流弧焊机 32kV·A	台班	87.75	0.317	0.317	0.317

第二章 静置设备安装

说　明

一、本章内容包括碳钢、合金钢、不锈钢等静置设备安装工程，容器、反应器、热交换器、塔器、电解槽、除雾器、除尘器、污水处理等设备安装。

二、本章包括以下工作内容：

1.金属容器类：容器分片组装安装、容器分段组装安装、容器类设备整体安装。容器类设备整体安装包括各种形状的空体、内带夹套立式、卧式、内有冷却、加热及其他装置的容器，带搅拌装置的容器以及独立搅拌装置设备。

2.金属塔器（立式容器）类：塔器的整体安装、分段组装、分片组装，塔器固定件及其他附件安装，各种形式塔盘安装以及设备填充材料等。

3.热交换器类：各种结构热交换器（包括换热器、冷凝器、蒸发器、加热器和冷却器等）的安装及抽芯检查。

4.空气冷却器类：空气冷却器管束（翅片）、构架及风机安装。

5.反应器类：各种结构中低压（内有填料、复杂装置）反应器的整体安装。

6.电解槽、电除雾器、电除尘器及污水处理设备安装。

7.设备的水压试验、气密试验，设备的清洗、钝化与脱脂。

8.设备吊耳制作与安装，设备胎具制作安装与拆除，临时支撑架制作、安装及拆除。

三、本章不包括以下工作内容：

1.设备的除锈、刷油、防腐、衬里、保温、保冷及砌筑工程。

2.设备本体法兰外的管道安装。

3.安装在设备外表面的平台、梯子、栏杆的制作安装。

4.电除雾器玻璃钢接缝处的处理。

5.管式除雾器壳体的衬铅、木栅栏的制作。

6.空气冷却器百叶窗的安装。

7.电解槽隔膜的吸附处理。

8.电机抽芯检查，减速器的解体检查。

9.无损检测、预热、后热及整体热处理。

10.现场组装平台的铺设与拆除。

11.设备在基础上安装时不包含二次灌浆。

四、有关说明：

1.塔类设备的分段组对

（1）不适用于散装供货螺栓组对的设备组装。

（2）定额中不包括组装成整体后就位吊装，该部分工作内容应另行计算。

（3）分段容器组装的有关调整系数按下列系数调整：

①分段容器按两段一道口取定。每增加一道口，人工、机械乘以系数 1.5，材料乘以系数1.9。

②分段塔器按三段两道口取定。若分两段一道口时，定额乘以系数0.75，三段以上每增加一段，定额乘以系数1.35。

③不同材质的分段分片设备组装消耗量按下列系数调整：

材　质	合金钢	低温钢	复合板	
			碳钢	不锈钢
人工	1.15	1.2	1.15	1.2
材料	1.02	1.12	1.02	1.1
机械	1.12	1.2	1.12	1.2

注：合金钢、低温钢设备以碳钢设备消耗量为基数。

复合板设备只计算复合板部分。

2.整体设备安装

（1）立式容器与卧式容器应分别执行相应项目。

（2）热交换器安装不包括抽芯检查，如需抽芯检查时，应执行热交换器抽芯检查相应项目。

（3）热交换器抽芯检查所有垫片，定额中是按耐油石棉橡胶垫取定，如采用金属缠绕式垫片，可按实调整。

（4）塔盘安装是综合测算取定的，不论采用立式或卧式安装，除另有规定外，消耗量不得调整。

（5）设备填充材料主材按实另行计算。

（6）整体设备吊装的重量包括本体、附件、吊耳、绝热、内衬及随主体吊装的管线、平台、梯子和吊装加固件的全部重量，但不包括立式安装的塔盘和填充物的重量。

（7）本章按立式和卧式设备的重量综合取定，适用不同的吊装方法和吊装机具。如实际施工与定额取定不同时，不得调整。

（8）静置设备安装是根据基础标高、设备重量确定的。定额最大吊装机械150t，大雨150t吊装机械另计，设备吊装机械按单机吊装考虑。

（9）试压用水按正常情况考虑，不包括水质、水温有特殊要求的情况。

（10）本章包括压力试验的临时管线及盲板的安装与拆除。

（11）常压设备注水试漏：如在基础上试漏，按 1MPa 的定额乘以系数 0.6，在道木上试漏乘以系数 0.85。

（12）设备水压试验，是按设备吊装就位后进行取定的，如必须搭设道木堆进行水压试验时，则定额乘以系数 1.35。

（13）设备清洗、钝化、脱脂需用的手段措施消耗量，按不同项目以“次”摊销计算，定额内消耗量是指每次摊销的数量，是综合测算取定的。

（14）脱脂项目包括了通风设备的安装与拆除。

（15）设备清洗选定水冲洗、气体冲洗与蒸汽吹洗三种方法，如施工中采用的方法与定额方法不同时，可按实计算。

（16）设备脱脂选定额四种方法，如施工中采用的方法与定额方法不同时，可按实计算。

（17）设备高空组对按批准的技术措施计算。

3.胎具与加固项目的说明

（1）主材用量已按摊销量进入定额。

（2）封头制作胎具以封头个数计算。即每制作一个封头，计算一次胎具。

（3）筒体卷弧胎具按设备筒体重量综合取定，以“t”为计量单位。

（4）设备组装（划分为分片与分段组装）胎具是指组装的手段措施，包括装时的加固措施。按设备重量范围划分子目，以“台”为单位计算。不论采用何种施工方法，定额不得调整。

（5）设备吊装加固按审定后的施工措施方案以“t”为单位计算。定额包括了加固件的制作、安装与拆除。

工程量计算规则

一、分片设备组装和分段设备组对项目内均不包括设备整体吊装就位工作内容，应按设备整体安装另行计算。

二、分片、分段设备安装，根据设备名称、材质、焊接形式、设备直径等条件，按设备金属重量以“t”为计量单位。

三、整体设备安装不分设备类型，按基础标高、设备重量范围分别以“台”为计量单位。

四、整体设备安装的基础标高是指以设计正负零为基准，至设备底座安装标高点的吊装高度范围。

五、整体设备安装的设备重量范围是指整体设备的本体、内件、附件、吊耳、绝缘、内衬以及随设备一次吊装的管线、梯子、平台、栏杆和吊装加固件等的全部重量，但不包括立式安装的塔盘和填充物的重量。

六、整体设备安装中已按不同安装高度划分项目，不再计取超高费。

七、塔内固定件安装，按设备直径以“层”为计量单位。

八、钉头及端板安装，以“100组”为计量单位；各种类型钉及侧拉环安装按照规格、类型以“100个”为计量单位；龟甲网安装按材质以“m²”为计量单位。

九、塔内衬合金板，区分不同的构造部位，按合金板的重量以“t”为计量单位。

十、塔盘安装，按塔盘形式和设备直径以“层”为计量单位。

十一、设备填充，按填充物的种类、材质、排列形式和规格，以“t”为计量单位。

十二、热交换器设备安装不分结构形式，按基础标高和设备重量以“台”为计量单位。热交换器设备安装项目内不包括抽芯检查，如需要抽芯检查时，可按设备重量执行热交换器地面抽芯检查项目。

十三、热交换器类设备地面抽芯检查，按设备重量以“台”为计量单位。

十四、空气冷却器管束（翅片）安装，按设备重量以“片”为计量单位；空冷器构架安装，按金属重量以“t”为计量单位；风机安装，按设备重量以“台”为计量单位；空气冷却器管束（翅片）安装不含百叶窗安装。

十五、反应器安装不分结构形式，分别按基础标高和设备重量以“台”为计量单位。

十六、电解槽安装，按设备构造形式及设备重量，分别以“台”为计量单位。设备重量按以下规定计算：

1.钢框架底座、玻璃钢盖电解槽安装，包括底座、阴极箱、阳极板、上盖、底部绝缘瓷瓶等全部构件重量。

2. 混凝土槽底、盖电解槽安装，包括壳体、阴极箱、阳极石墨、槽向导板（电解铜）等金属、非金属件的重量。

十七、电除雾器、电除尘器安装，按设备重量以“t”为计量单位。

十八、玻璃钢电除雾器的设备重量

1. 玻璃钢整体结构包括壳体、集酸极板、出入口罩、料斗、导料叶片、整流板、绝缘子室及内件的重量，不包括内部件衬铝板的重量。

2. 金属结构包括柱、支架、支撑、操作平台、梯子、栏杆以及连接各部的加强板、螺栓等金属总重量。

十九、电除雾器的设备重量包括设备壳体、沉淀板、上下分布板、电晕、电极内框架、顶盖、绝缘箱及其内部金属件的总重量，不包括壳体衬铅和内衬砖的重量。

二十、电除尘器的设备重量

1. 壳体包括外壳、支座、梯子、平台、栏杆、端板、中尾泛进出口喇叭、保温箱以及附件和外部蒸汽加热管的总重量。

2. 阴阳极及排灰装置包括内部各种结构支梁、吊架、阴极板、阳极板、螺旋输送装置等的总重量。

二十一、污水处理设备安装以“台”为计量单位。

二十二、容器、反应器、塔器、热交换器设备水压试验根据设备容积和压力以“m^3”为计量单位；设备水压试验项目内已包括水压试验临时水管线（含阀门、管件）的敷设与拆除。消耗量标准内已列入管材、阀门、管件的材料摊销量，不得再计算水压试验的措施工程量及材料摊销量。

二十三、容器、反应器、塔器、热交换器设备气密试验，根据设备容积和压力，以“台”为计量单位。

二十四、设备压力是指设计压力；设备容积是以设计图纸的标注为依据，如图纸无标注时，则按图纸尺寸以“m^3”计算，不扣除设备内部附件所占体积。

二十五、设备水冲洗、压缩空气吹扫、蒸汽吹扫，根据设备类型和容积，以“台”为计量单位。设备压缩空气吹扫和蒸汽吹扫措施用消耗材料摊销应不分数量，以“台”为计量单位。

二十六、设备酸洗钝化，根据设备材质和容积，以“台”为计量单位。设备酸洗钝化措施用消耗量摊销，按容积以“台”为计量单位，另行计算。

二十七、焊缝酸洗钝化，区分不同材质以“10m”为计量单位。

二十八、设备脱脂，根据设备类型、脱脂材料和设备直径，以“10 m^2”为计量单位。

二十九、钢制结构脱脂，根据脱脂材料，按钢结构净重量，以“t”为计量单位。

三十、设备压力试验与设备清洗、钝化、脱脂项目内所有临时设施的摊销次数及每次（或每台）的摊销量均为综合取定，不得调整。

三十一、吊耳的数量以审批后的施工方案为依据，按荷载能力以“个”为计量单位。

三十二、吊耳的构造形式与选用的材料，是根据其荷载要求综合取定的，若实际选用与定额取定不同时，不得调整。

三十三、封头压制胎具按胎具直径，以“每个封头”为计量单位。

三十四、筒体卷弧胎具按每台制作设备扣除外部附件的金属重量，以“t”为计量单位。

三十五、浮头式热交换器试压胎具，根据热交换器设备直径以“台”为计量单位。

三十六、设备分段组装胎具及设备分片组装胎具均按设备金属重量范围，以“台”为计量单位。

三十七、设备组对及吊装加固，根据审批后的施工方案，以“t”为计量单位。

三十八、胎具及加固件的消耗量标准，均已综合了重复利用的材料和回收率，不得调整。

一、容器组装

1.容器分片组装

(1)碳钢椭圆双封头容器

工作内容：施工准备,分片组对,点焊、焊接、清根、开孔件、组合件安装、配合检查验收。 计量单位：t

定额编号				A3-2-1	A3-2-2	A3-2-3
项目名称				设备直径(mm以内)		
				3500	4000	4500
基价（元）				2249.45	2187.38	2103.29
其中	人工费（元）			1266.02	1229.34	1167.74
	材料费（元）			276.37	269.61	258.42
	机械费（元）			707.06	688.43	677.13
名称		单位	单价(元)	消耗量		
人工	综合工日	工日	140.00	9.043	8.781	8.341
材料	道木	m³	2137.00	0.020	0.020	0.020
	低碳钢焊条	kg	6.84	22.760	22.100	21.000
	尼龙砂轮片 φ100	片	2.05	1.790	1.740	1.650
	尼龙砂轮片 φ150	片	3.32	4.160	4.040	3.840
	碳精棒 φ8～12	根	1.27	8.300	8.000	7.600
	氧气	m³	3.63	5.169	5.022	4.773
	乙炔气	kg	10.45	1.723	1.674	1.591
	其他材料费占材料费	%	—	5.000	5.000	5.000
机械	电动空气压缩机 6m³/min	台班	206.73	0.159	0.149	0.149
	电焊条恒温箱	台班	21.41	0.384	0.374	0.356
	电焊条烘干箱 80×80×100cm³	台班	49.05	0.384	0.374	0.356
	履带式起重机 15t	台班	757.48	0.317	0.308	0.289
	汽车式起重机 25t	台班	1084.16	0.047	0.047	—
	汽车式起重机 40t	台班	1526.12	—	—	0.047
	载重汽车 8t	台班	501.85	0.037	0.037	0.037
	直流弧焊机 32kV·A	台班	87.75	3.846	3.743	3.556

工作内容：施工准备,分片组对,点焊、焊接、清根、开孔件、组合件安装、配合检查验收。 计量单位：t

定额编号				A3-2-4	A3-2-5	A3-2-6
项目名称				设备直径(mm以内)		
				5000	6000	6000以上
基价（元）				1960.83	1715.56	1529.79
其中	人工费（元）			1082.06	946.40	835.66
	材料费（元）			242.61	218.01	197.63
	机械费（元）			636.16	551.15	496.50
名称		单位	单价(元)	消耗量		
人工	综合工日	工日	140.00	7.729	6.760	5.969
材料	道木	m^3	2137.00	0.020	0.020	0.020
	低碳钢焊条	kg	6.84	19.450	17.020	15.030
	尼龙砂轮片 φ100	片	2.05	1.530	1.340	1.180
	尼龙砂轮片 φ150	片	3.32	3.560	3.110	2.750
	碳精棒 φ8～12	根	1.27	7.000	6.200	5.400
	氧气	m^3	3.63	4.419	3.870	3.411
	乙炔气	kg	10.45	1.473	1.290	1.137
	其他材料费占材料费	%	—	5.000	5.000	5.000
机械	电动空气压缩机 $6m^3/min$	台班	206.73	0.140	0.130	0.122
	电焊条恒温箱	台班	21.41	0.329	0.288	0.254
	电焊条烘干箱 $80\times80\times100cm^3$	台班	49.05	0.329	0.288	0.254
	履带式起重机 15t	台班	757.48	0.270	0.233	0.205
	汽车式起重机 40t	台班	1526.12	0.047	0.037	0.037
	载重汽车 8t	台班	501.85	0.037	0.037	0.037
	直流弧焊机 32kV·A	台班	87.75	3.296	2.877	2.542

(2)碳钢平底椭圆顶容器

工作内容：施工准备,分片组对,点焊、焊接、清根、开孔件、组合件安装、配合检查验收。 计量单位：t

定额编号				A3-2-7	A3-2-8	A3-2-9
项目名称				设备直径(mm以内)		
				4800	5800	6800
基价（元）				2122.50	1935.31	1835.16
其中	人工费（元）			1013.04	962.50	922.88
	材料费（元）			257.21	251.98	231.99
	机械费（元）			852.25	720.83	680.29
名称		单位	单价(元)	消耗量		
人工	综合工日	工日	140.00	7.236	6.875	6.592
材料	道木	m^3	2137.00	0.010	0.010	0.010
	低碳钢焊条	kg	6.84	21.130	20.560	19.840
	尼龙砂轮片 φ150	片	3.32	3.348	3.264	3.144
	碳精棒 φ8～12	根	1.27	11.160	10.860	10.480
	氧气	m^3	3.63	7.560	7.500	5.640
	乙炔气	kg	10.45	2.520	2.500	1.880
	其他材料费占材料费	%	—	5.000	5.000	5.000
机械	电动空气压缩机 $10m^3/min$	台班	355.21	0.177	0.159	0.130
	电焊条恒温箱	台班	21.41	0.364	0.354	0.342
	电焊条烘干箱 $60×50×75cm^3$	台班	26.46	0.364	0.354	0.342
	汽车式起重机 16t	台班	958.70	0.443	0.332	0.309
	载重汽车 15t	台班	779.76	—	—	0.028
	载重汽车 8t	台班	501.85	0.056	0.037	—
	直流弧焊机 32kV·A	台班	87.75	3.637	3.539	3.415

工作内容：施工准备,分片组对,点焊、焊接、清根、开孔件、组合件安装、配合检查验收。 计量单位：t

定额编号				A3-2-10	A3-2-11
项目名称				碳钢板电弧焊	
				设备直径(mm以内)	
				8000	10000
基价（元）				1748.22	1653.74
其中	人工费（元）			881.86	823.34
	材料费（元）			221.08	208.85
	机械费（元）			645.28	621.55
名称		单位	单价(元)	消耗量	
人工	综合工日	工日	140.00	6.299	5.881
材料	道木	m^3	2137.00	0.010	0.010
	低碳钢焊条	kg	6.84	18.970	18.210
	尼龙砂轮片 φ150	片	3.32	3.012	2.892
	碳精棒 φ8～12	根	1.27	10.020	9.620
	氧气	m^3	3.63	5.160	4.380
	乙炔气	kg	10.45	1.720	1.460
	其他材料费占材料费	%	—	5.000	5.000
机械	电动空气压缩机 $10m^3/min$	台班	355.21	0.112	0.103
	电焊条恒温箱	台班	21.41	0.326	0.314
	电焊条烘干箱 $60\times50\times75cm^3$	台班	26.46	0.326	0.314
	平板拖车组 20t	台班	1081.33	—	0.019
	汽车式起重机 16t	台班	958.70	0.301	—
	汽车式起重机 25t	台班	1084.16	—	0.253
	载重汽车 15t	台班	779.76	0.019	—
	直流弧焊机 32kV·A	台班	87.75	3.265	3.135

(3)不锈钢椭圆双封头容器电弧焊

工作内容：施工准备,分片组对,点焊、焊接、清根、开孔件、组合件安装、配合检查验收。 计量单位：t

定额编号				A3-2-12	A3-2-13	A3-2-14
项目名称				设备直径(mm以内)		
				3500	4000	4500
基价（元）				**3458.86**	**3361.13**	**3215.84**
其中	人工费（元）			1675.66	1626.66	1545.18
	材料费（元）			973.70	946.81	901.74
	机械费（元）			809.50	787.66	768.92
名称		**单位**	**单价(元)**	**消耗量**		
人工	综合工日	工日	140.00	11.969	11.619	11.037
材料	不锈钢焊条	kg	38.46	22.460	21.810	20.720
	道木	m^3	2137.00	0.020	0.020	0.020
	砂轮片 φ100	片	1.71	2.140	2.080	1.980
	砂轮片 φ150	片	2.82	5.000	4.850	4.610
	硝酸	kg	2.19	1.380	1.340	1.270
	其他材料费占材料费	%	—	5.000	5.000	5.000
机械	等离子切割机 400A	台班	219.59	0.130	0.122	0.112
	电焊条恒温箱	台班	21.41	0.497	0.483	0.459
	电焊条烘干箱 80×80×100cm³	台班	49.05	0.497	0.483	0.459
	履带式起重机 15t	台班	757.48	0.317	0.308	0.289
	汽车式起重机 25t	台班	1084.16	0.047	0.047	—
	汽车式起重机 40t	台班	1526.12	—	—	0.047
	载重汽车 8t	台班	501.85	0.037	0.037	0.037
	直流弧焊机 32kV·A	台班	87.75	4.972	4.832	4.590

工作内容：施工准备,分片组对,点焊、焊接、清根、开孔件、组合件安装、配合检查验收。 计量单位：t

定额编号				A3-2-15	A3-2-16	A3-2-17
项目名称				设备直径(mm以内)		
				5000	6000	6000以上
基价（元）				2990.87	2616.85	2324.67
其中	人工费（元）			1431.64	1252.72	1106.14
	材料费（元）			838.47	739.19	658.15
	机械费（元）			720.76	624.94	560.38
名称		单位	单价(元)	消耗量		
人工	综合工日	工日	140.00	10.226	8.948	7.901
材料	不锈钢焊条	kg	38.46	19.190	16.790	14.830
	道木	m^3	2137.00	0.020	0.020	0.020
	砂轮片 Φ100	片	1.71	1.830	1.600	1.410
	砂轮片 Φ150	片	2.82	4.270	3.730	3.300
	硝酸	kg	2.19	1.180	1.030	0.910
	其他材料费占材料费	%	—	5.000	5.000	5.000
机械	等离子切割机 400A	台班	219.59	0.103	0.093	0.084
	电焊条恒温箱	台班	21.41	0.425	0.372	0.329
	电焊条烘干箱 80×80×100cm³	台班	49.05	0.425	0.372	0.329
	履带式起重机 15t	台班	757.48	0.270	0.233	0.205
	汽车式起重机 40t	台班	1526.12	0.047	0.037	0.037
	载重汽车 8t	台班	501.85	0.037	0.037	0.037
	直流弧焊机 32kV·A	台班	87.75	4.255	3.724	3.287

(4)不锈钢椭圆双封头容器氩电联焊

工作内容：施工准备,分片组对,点焊、焊接、清根、开孔件、组合件安装、配合检查验收。 计量单位：t

定额编号				A3-2-18	A3-2-19	A3-2-20
项目名称				设备直径(mm以内)		
				3500	4000	4500
基价（元）				3881.85	3782.75	3595.24
其中	人工费（元）			1763.72	1712.34	1606.08
	材料费（元）			1211.10	1186.99	1129.59
	机械费（元）			907.03	883.42	859.57
名称		单位	单价(元)	消耗量		
人工	综合工日	工日	140.00	12.598	12.231	11.472
材料	不锈钢焊条	kg	38.46	22.170	21.740	20.650
	不锈钢氩弧焊丝 1Cr18Ni9Ti	kg	51.28	2.190	2.140	2.030
	道木	m^3	2137.00	0.020	0.020	0.020
	砂轮片 Φ100	片	1.71	2.140	2.080	1.980
	砂轮片 Φ150	片	2.82	5.000	4.850	4.610
	铈钨棒	g	0.38	12.264	11.984	11.368
	硝酸	kg	2.19	1.380	1.340	1.270
	氩气	m^3	19.59	6.140	5.980	5.680
	其他材料费占材料费	%	—	5.000	5.000	5.000
机械	等离子切割机 400A	台班	219.59	0.130	0.122	0.112
	电焊条恒温箱	台班	21.41	0.495	0.481	0.458
	电焊条烘干箱 80×80×100cm^3	台班	49.05	0.495	0.481	0.458
	履带式起重机 15t	台班	757.48	0.317	0.308	0.289
	汽车式起重机 25t	台班	1084.16	0.047	0.047	—
	汽车式起重机 40t	台班	1526.12	—	—	0.047
	氩弧焊机 500A	台班	92.58	1.073	1.053	0.997
	载重汽车 8t	台班	501.85	0.037	0.037	0.037
	直流弧焊机 32kV·A	台班	87.75	4.953	4.814	4.572

工作内容：施工准备,分片组对,点焊、焊接、清根、开孔件、组合件安装、配合检查验收。 计量单位：t

定额编号				A3-2-21	A3-2-22	A3-2-23
项目名称				设备直径(mm以内)		
				5000	6000	6000以上
基价（元）				3362.77	2973.58	2640.83
其中	人工费（元）			1507.10	1351.14	1193.36
	材料费（元）			1051.28	924.32	821.73
	机械费（元）			804.39	698.12	625.74
名称		单位	单价(元)	消耗量		
人工	综合工日	工日	140.00	10.765	9.651	8.524
材料	不锈钢焊条	kg	38.46	19.170	16.740	14.780
	不锈钢氩弧焊丝 1Cr18Ni9Ti	kg	51.28	1.880	1.650	1.460
	道木	m³	2137.00	0.020	0.020	0.020
	砂轮片 φ100	片	1.71	1.830	1.600	1.410
	砂轮片 φ150	片	2.82	4.270	3.730	3.300
	铈钨棒	g	0.38	10.528	9.240	8.176
	硝酸	kg	2.19	1.180	1.030	0.910
	氩气	m³	19.59	5.260	4.600	4.070
	其他材料费占材料费	%	—	5.000	5.000	5.000
机械	等离子切割机 400A	台班	219.59	0.103	0.093	0.084
	电焊条恒温箱	台班	21.41	0.423	0.370	0.327
	电焊条烘干箱 80×80×100cm³	台班	49.05	0.423	0.370	0.327
	履带式起重机 15t	台班	757.48	0.270	0.233	0.205
	汽车式起重机 40t	台班	1526.12	0.047	0.037	0.037
	氩弧焊机 500A	台班	92.58	0.922	0.810	0.717
	载重汽车 8t	台班	501.85	0.037	0.037	0.037
	直流弧焊机 32kV·A	台班	87.75	4.237	3.705	3.277

(5)不锈钢平底椭圆顶容器电弧焊

工作内容：施工准备,分片组对,点焊、焊接、清根、开孔件、组合件安装、配合检查验收。 计量单位：t

定额编号				A3-2-24	A3-2-25	A3-2-26
项目名称				设备直径(mm以内)		
				4800	5800	6800
基价（元）				3599.84	3349.33	3183.31
其中	人工费（元）			1391.32	1320.90	1266.02
	材料费（元）			1224.49	1182.72	1120.31
	机械费（元）			984.03	845.71	796.98
名称		单位	单价(元)	消耗量		
人工	综合工日	工日	140.00	9.938	9.435	9.043
材料	不锈钢焊条	kg	38.46	27.460	26.500	25.450
	道木	m^3	2137.00	0.010	0.010	0.010
	砂轮片 φ150	片	2.82	3.630	3.530	3.400
	硝酸	kg	2.19	4.060	3.080	2.340
	氧气	m^3	3.63	9.780	9.720	7.320
	乙炔气	kg	10.45	3.260	3.240	2.440
	其他材料费占材料费	%	—	5.000	5.000	5.000
机械	等离子切割机 400A	台班	219.59	0.140	0.122	0.103
	电动空气压缩机 $10m^3/min$	台班	355.21	0.177	0.159	0.130
	电焊条恒温箱	台班	21.41	0.473	0.460	0.443
	电焊条烘干箱 60×50×75cm^3	台班	26.46	0.473	0.460	0.443
	汽车式起重机 16t	台班	958.70	0.443	0.332	0.309
	载重汽车 15t	台班	779.76	—	—	0.028
	载重汽车 8t	台班	501.85	0.056	0.037	—
	直流弧焊机 32kV·A	台班	87.75	4.729	4.599	4.432

工作内容：施工准备,分片组对,点焊、焊接、清根、开孔件、组合件安装、配合检查验收。 计量单位：t

定额编号				A3-2-27	A3-2-28
项目名称				设备直径(mm以内)	
				8000	10000
基价（元）				**2981.97**	**2850.44**
其中	人工费（元）			1209.46	1128.96
	材料费（元）			1021.05	1002.36
	机械费（元）			751.46	719.12
名称		单位	单价(元)	消耗量	
人工	综合工日	工日	140.00	8.639	8.064
材料	不锈钢焊条	kg	38.46	23.130	22.880
	道木	m^3	2137.00	0.010	0.010
	砂轮片 φ150	片	2.82	3.250	3.130
	硝酸	kg	2.19	2.060	1.790
	氧气	m^3	3.63	6.720	5.700
	乙炔气	kg	10.45	2.240	1.900
	其他材料费占材料费	%	—	5.000	5.000
机械	等离子切割机 400A	台班	219.59	0.074	0.047
	电动空气压缩机 $10m^3/min$	台班	355.21	0.112	0.103
	电焊条恒温箱	台班	21.41	0.423	0.408
	电焊条烘干箱 $60×50×75cm^3$	台班	26.46	0.423	0.408
	平板拖车组 20t	台班	1081.33	—	0.019
	汽车式起重机 16t	台班	958.70	0.301	—
	汽车式起重机 25t	台班	1084.16	—	0.253
	载重汽车 15t	台班	779.76	0.019	—
	直流弧焊机 32kV·A	台班	87.75	4.237	4.078

(6)不锈钢平底椭圆顶容器氩电联焊

工作内容：施工准备,分片组对,点焊、焊接、清根、开孔件、组合件安装、配合检查验收。 计量单位：t

定额编号				A3-2-29	A3-2-30	A3-2-31
项目名称				设备直径(mm以内)		
				4800	5800	6800
基价(元)				3830.51	3545.09	3391.43
其中	人工费(元)			1497.72	1408.20	1366.40
	材料费(元)			1332.62	1274.98	1212.82
	机械费(元)			1000.17	861.85	812.21
名称		单位	单价(元)	消耗量		
人工	综合工日	工日	140.00	10.698	10.059	9.760
材料	不锈钢焊条	kg	38.46	25.580	24.700	23.700
	不锈钢氩弧焊丝 1Cr18Ni9Ti	kg	51.28	2.000	1.820	1.600
	道木	m^3	2137.00	0.010	0.010	0.010
	砂轮片 φ150	片	2.82	3.630	3.530	3.400
	铈钨棒	g	0.38	11.200	10.192	8.960
	硝酸	kg	2.19	4.060	3.080	2.340
	氩气	m^3	19.59	5.260	5.040	4.900
	氧气	m^3	3.63	4.920	4.260	3.660
	乙炔气	kg	10.45	1.640	1.420	1.220
	其他材料费占材料费	%	—	5.000	5.000	5.000
机械	等离子切割机 400A	台班	219.59	0.140	0.122	0.103
	电动空气压缩机 $10m^3/min$	台班	355.21	0.177	0.159	0.130
	电焊条恒温箱	台班	21.41	0.416	0.405	0.390
	电焊条烘干箱 $60×50×75cm^3$	台班	26.46	0.416	0.405	0.390
	汽车式起重机 16t	台班	958.70	0.443	0.332	0.309
	氩弧焊机 500A	台班	92.58	0.745	0.726	0.699
	载重汽车 15t	台班	779.76	—	—	0.028
	载重汽车 8t	台班	501.85	0.056	0.037	—
	直流弧焊机 32kV·A	台班	87.75	4.158	4.047	3.897

工作内容：施工准备,分片组对,点焊、焊接、清根、开孔件、组合件安装、配合检查验收。 计量单位：t

定额编号				A3-2-32	A3-2-33
项目名称				设备直径(mm以内)	
				8000	10000
基价（元）				3183.53	3053.71
其中	人工费（元）			1307.04	1225.00
	材料费（元）			1110.10	1090.86
	机械费（元）			766.39	737.85
名称		单位	单价(元)	消耗量	
人工	综合工日	工日	140.00	9.336	8.750
材料	不锈钢焊条	kg	38.46	21.420	21.280
	不锈钢氩弧焊丝 1Cr18Ni9Ti	kg	51.28	1.510	1.350
	道木	m^3	2137.00	0.010	0.010
	砂轮片 φ150	片	2.82	3.250	3.130
	铈钨棒	g	0.38	8.456	7.560
	硝酸	kg	2.19	2.060	1.790
	氩气	m^3	19.59	4.790	4.700
	氧气	m^3	3.63	3.360	3.120
	乙炔气	kg	10.45	1.120	1.040
	其他材料费占材料费	%	—	5.000	5.000
机械	等离子切割机 400A	台班	219.59	0.074	0.047
	电动空气压缩机 $10m^3/min$	台班	355.21	0.112	0.103
	电焊条恒温箱	台班	21.41	0.372	0.364
	电焊条烘干箱 $60×50×75cm^3$	台班	26.46	0.372	0.364
	平板拖车组 20t	台班	1081.33	—	0.019
	汽车式起重机 16t	台班	958.70	0.301	—
	汽车式起重机 25t	台班	1084.16	—	0.253
	氩弧焊机 500A	台班	92.58	0.670	0.643
	载重汽车 15t	台班	779.76	0.019	—
	直流弧焊机 32kV·A	台班	87.75	3.728	3.637

2. 容器分段组装

(1) 碳钢容器分段组对电弧焊

工作内容：施工准备，分段组对，点焊、焊接、清根、组合件安装、配合检查验收。　　计量单位：t

定额编号				A3-2-34	A3-2-35	A3-2-36
项目名称				设备直径(mm以内)		
				1800	2400	2800
基价（元）				795.49	666.24	603.43
其中	人工费（元）			453.88	378.28	348.32
	材料费（元）			56.61	50.95	48.71
	机械费（元）			285.00	237.01	206.40
名称		单位	单价(元)	消耗量		
人工	综合工日	工日	140.00	3.242	2.702	2.488
材料	道木	m^3	2137.00	0.010	0.010	0.010
	低碳钢焊条	kg	6.84	1.820	1.520	1.410
	尼龙砂轮片 φ150	片	3.32	1.150	0.960	0.880
	碳精棒 φ8～12	根	1.27	1.390	1.160	1.070
	氧气	m^3	3.63	2.040	1.701	1.560
	乙炔气	kg	10.45	0.680	0.567	0.520
	其他材料费占材料费	%	—	5.000	5.000	5.000
机械	电焊条恒温箱	台班	21.41	0.051	0.043	0.040
	电焊条烘干箱 80×80×100cm³	台班	49.05	0.051	0.043	0.040
	履带式起重机 15t	台班	757.48	0.168	0.130	0.093
	平板拖车组 30t	台班	1243.07	0.037	0.028	0.028
	汽车式起重机 30t	台班	1127.57	0.056	0.056	0.056
	直流弧焊机 32kV·A	台班	87.75	0.513	0.428	0.401

工作内容：施工准备，分段组对，点焊、焊接、清根、组合件安装、配合检查验收。　　计量单位：t

定额编号				A3-2-37	A3-2-38
项目名称				设备直径(mm以内)	
				3200	3800
基价（元）				653.15	615.56
其中	人工费（元）			321.86	302.12
	材料费（元）			46.74	45.09
	机械费（元）			284.55	268.35
名称		单位	单价(元)	消耗量	
人工	综合工日	工日	140.00	2.299	2.158
材料	道木	m³	2137.00	0.010	0.010
	低碳钢焊条	kg	6.84	1.290	1.220
	尼龙砂轮片 φ150	片	3.32	0.820	0.760
	碳精棒 φ8～12	根	1.27	1.000	0.920
	氧气	m³	3.63	1.452	1.341
	乙炔气	kg	10.45	0.484	0.447
	其他材料费占材料费	%	—	5.000	5.000
机械	电焊条恒温箱	台班	21.41	0.036	0.034
	电焊条烘干箱 80×80×100cm³	台班	49.05	0.036	0.034
	履带式起重机 15t	台班	757.48	0.066	0.047
	平板拖车组 30t	台班	1243.07	0.019	0.019
	汽车式起重机 75t	台班	3151.07	0.056	0.056
	直流弧焊机 32kV·A	台班	87.75	0.364	0.345

(2)碳钢容器分段组对氩电联焊

工作内容：施工准备,分段组对,点焊、焊接、清根、组合件安装、配合检查验收。　　　　计量单位：t

定额编号				A3-2-39	A3-2-40	A3-2-41
项目名称				设备直径(mm以内)		
				1800	2400	2800
基价(元)				**898.34**	**810.46**	**764.06**
其中	人工费(元)			546.14	490.42	478.80
	材料费(元)			65.96	69.10	66.30
	机械费(元)			286.24	250.94	218.96
名称		单位	单价(元)	消耗量		
人工	综合工日	工日	140.00	3.901	3.503	3.420
材料	道木	m³	2137.00	0.014	0.014	0.014
	低碳钢焊条	kg	6.84	1.390	1.520	1.410
	尼龙砂轮片 φ150	片	3.32	1.258	1.376	1.276
	铈钨棒	g	0.38	1.635	1.786	1.658
	碳钢氩弧焊丝	kg	7.69	0.292	0.319	0.296
	硝酸	kg	2.19	0.140	0.120	0.080
	氩气	m³	19.59	0.819	0.895	0.830
	其他材料费占材料费	%	—	5.000	5.000	5.000
机械	电焊条恒温箱	台班	21.41	0.039	0.042	0.039
	电焊条烘干箱 80×80×100cm³	台班	49.05	0.039	0.042	0.039
	履带式起重机 15t	台班	757.48	0.168	0.130	0.093
	平板拖车组 30t	台班	1243.07	0.037	0.028	0.028
	汽车式起重机 30t	台班	1127.57	0.056	0.056	0.056
	氩弧焊机 500A	台班	92.58	0.141	0.155	0.143
	直流弧焊机 32kV·A	台班	87.75	0.388	0.424	0.394

工作内容：施工准备，分段组对，点焊、焊接、清根、组合件安装、配合检查验收。　　计量单位：t

定额编号				A3-2-42	A3-2-43
项目名称				设备直径(mm以内)	
				3200	3800
基价（元）				**845.80**	**837.96**
其中	人工费（元）			486.08	497.00
	材料费（元）			63.31	61.57
	机械费（元）			296.41	279.39
名称		单位	单价(元)	消耗量	
人工	综合工日	工日	140.00	3.472	3.550
材料	道木	m^3	2137.00	0.014	0.014
	低碳钢焊条	kg	6.84	1.290	1.220
	尼龙砂轮片 Φ150	片	3.32	1.167	1.104
	铈钨棒	g	0.38	1.518	1.434
	碳钢氩弧焊丝	kg	7.69	0.271	0.256
	硝酸	kg	2.19	0.060	0.050
	氩气	m^3	19.59	0.760	0.719
	其他材料费占材料费	%	—	5.000	5.000
机械	电焊条恒温箱	台班	21.41	0.036	0.034
	电焊条烘干箱 80×80×100cm^3	台班	49.05	0.036	0.034
	履带式起重机 15t	台班	757.48	0.066	0.047
	平板拖车组 30t	台班	1243.07	0.019	0.019
	汽车式起重机 75t	台班	3151.07	0.056	0.056
	氩弧焊机 500A	台班	92.58	0.131	0.123
	直流弧焊机 32kV·A	台班	87.75	0.361	0.341

(3)不锈钢容器分段组对不锈钢电弧焊

工作内容：施工准备,分段组对,点焊、焊接、清根、组合件安装、配合检查验收。　　计量单位：t

定额编号				A3-2-44	A3-2-45	A3-2-46
项目名称				设备直径(mm以内)		
				1800	2400	2800
基价(元)				1033.49	866.45	786.73
其中	人工费(元)			621.60	518.42	477.26
	材料费(元)			111.98	98.61	92.47
	机械费(元)			299.91	249.42	217.00
名称		单位	单价(元)	消耗量		
人工	综合工日	工日	140.00	4.440	3.703	3.409
材料	白布	m	6.14	1.500	1.500	1.380
	不锈钢焊条	kg	38.46	1.800	1.500	1.380
	道木	m³	2137.00	0.010	0.010	0.010
	砂轮片 φ150	片	2.82	1.610	1.320	1.220
	碳精棒 φ8～12	根	1.27	1.570	1.310	1.210
	硝酸	kg	2.19	0.140	0.120	0.080
	其他材料费占材料费	%	—	5.000	5.000	5.000
机械	电焊条恒温箱	台班	21.41	0.067	0.056	0.051
	电焊条烘干箱 80×80×100cm³	台班	49.05	0.067	0.056	0.051
	履带式起重机 15t	台班	757.48	0.168	0.130	0.093
	平板拖车组 30t	台班	1243.07	0.037	0.028	0.028
	汽车式起重机 30t	台班	1127.57	0.056	0.056	0.056
	直流弧焊机 32kV·A	台班	87.75	0.670	0.559	0.513

工作内容：施工准备,分段组对,点焊、焊接、清根、组合件安装、配合检查验收。　　计量单位：t

定额编号				A3-2-47	A3-2-48
项目名称				设备直径(mm以内)	
				3200	3800
基价(元)				**735.68**	**679.59**
其中	人工费(元)			440.58	409.78
	材料费(元)			89.22	82.73
	机械费(元)			205.88	187.08
名称		单位	单价(元)	消耗量	
人工	综合工日	工日	140.00	3.147	2.927
材料	白布	m	6.14	1.320	1.190
	不锈钢焊条	kg	38.46	1.320	1.190
	道木	m³	2137.00	0.010	0.010
	砂轮片 φ150	片	2.82	1.130	1.040
	碳精棒 φ8～12	根	1.27	1.110	1.030
	硝酸	kg	2.19	0.060	0.050
	其他材料费占材料费	%	—	5.000	5.000
机械	电焊条恒温箱	台班	21.41	0.049	0.045
	电焊条烘干箱 80×80×100cm³	台班	49.05	0.049	0.045
	履带式起重机 15t	台班	757.48	0.066	0.047
	平板拖车组 30t	台班	1243.07	0.019	0.019
	汽车式起重机 40t	台班	1526.12	0.056	0.056
	直流弧焊机 32kV·A	台班	87.75	0.494	0.447

(4)不锈钢容器分段组对不锈钢氩电联焊

工作内容：施工准备,分段组对,点焊、焊接、清根、组合件安装、配合检查验收。　　计量单位：t

定额编号				A3-2-49	A3-2-50	A3-2-51
项目名称				设备直径(mm以内)		
				1800	2400	2800
基价（元）				1134.74	949.71	869.19
其中	人工费（元）			679.56	566.72	527.10
	材料费（元）			140.54	120.66	113.07
	机械费（元）			314.64	262.33	229.02
名称		单位	单价(元)	消耗量		
人工	综合工日	工日	140.00	4.854	4.048	3.765
材料	不锈钢焊条	kg	38.46	1.760	1.460	1.340
	不锈钢氩弧焊丝 1Cr18Ni9Ti	kg	51.28	0.370	0.310	0.290
	道木	m^3	2137.00	0.010	0.010	0.010
	砂轮片 φ150	片	2.82	1.610	1.320	1.220
	铈钨棒	g	0.38	2.072	1.736	1.624
	硝酸	kg	2.19	0.140	0.120	0.080
	氩气	m^3	19.59	1.030	0.860	0.800
	其他材料费占材料费	%	—	5.000	5.000	5.000
机械	电焊条恒温箱	台班	21.41	0.066	0.054	0.050
	电焊条烘干箱 80×80×100cm³	台班	49.05	0.066	0.054	0.050
	履带式起重机 15t	台班	757.48	0.168	0.130	0.093
	平板拖车组 30t	台班	1243.07	0.037	0.028	0.028
	汽车式起重机 30t	台班	1127.57	0.056	0.056	0.056
	氩弧焊机 500A	台班	92.58	0.177	0.159	0.140
	直流弧焊机 32kV·A	台班	87.75	0.652	0.540	0.503

工作内容：施工准备,分段组对,点焊、焊接、清根、组合件安装、配合检查验收。　　计量单位：t

定额编号				A3-2-52	A3-2-53
项目名称				设备直径(mm以内)	
				3200	3800
基价（元）				**804.38**	**743.38**
其中	人工费（元）			481.74	447.86
	材料费（元）			107.21	99.88
	机械费（元）			215.43	195.64
名称		单位	单价(元)	消耗量	
人工	综合工日	工日	140.00	3.441	3.199
材料	不锈钢焊条	kg	38.46	1.280	1.140
	不锈钢氩弧焊丝 1Cr18Ni9Ti	kg	51.28	0.260	0.250
	道木	m^3	2137.00	0.010	0.010
	砂轮片 φ150	片	2.82	1.130	1.040
	铈钨棒	g	0.38	1.456	1.400
	硝酸	kg	2.19	0.060	0.050
	氩气	m^3	19.59	0.730	0.690
	其他材料费占材料费	%	—	5.000	5.000
机械	电焊条恒温箱	台班	21.41	0.048	0.043
	电焊条烘干箱 80×80×100cm³	台班	49.05	0.048	0.043
	履带式起重机 15t	台班	757.48	0.066	0.047
	平板拖车组 30t	台班	1243.07	0.019	0.019
	汽车式起重机 40t	台班	1526.12	0.056	0.056
	氩弧焊机 500A	台班	92.58	0.122	0.112
	直流弧焊机 32kV·A	台班	87.75	0.475	0.428

二、整体容器

1. 卧式容器

(1)基础标高10m以内

工作内容：施工准备,基础处理、垫铁设置、吊装就位、安装找正、垫铁点焊、配合检查验收。

计量单位：台

定额编号				A3-2-54	A3-2-55	A3-2-56	A3-2-57
项目名称				设备重量(t以内)			
				2	5	10	15
基价（元）				1320.26	2222.27	2984.71	4270.06
其中	人工费（元）			510.58	966.28	1299.62	1662.78
	材料费（元）			241.94	407.69	638.85	950.22
	机械费（元）			567.74	848.30	1046.24	1657.06
名称		单位	单价(元)	消耗量			
人工	综合工日	工日	140.00	3.647	6.902	9.283	11.877
材料	道木	m³	2137.00	0.060	0.110	0.150	0.210
	低碳钢焊条	kg	6.84	1.710	2.150	2.770	3.090
	镀锌铁丝 16号	kg	3.57	1.000	1.000	2.000	3.000
	二硫化钼	kg	87.61	0.080	0.100	0.200	0.230
	黄油	kg	16.58	0.180	0.250	0.300	0.400
	尼龙砂轮片 φ150	片	3.32	0.400	0.500	1.000	1.130
	平垫铁	kg	3.74	8.600	13.650	25.930	43.220
	斜垫铁	kg	3.50	13.020	21.000	39.900	66.500
	氧气	m³	3.63	0.330	0.471	1.570	2.390
	乙炔气	kg	10.45	0.110	0.157	0.523	0.797
	其他材料费占材料费	%	—	3.000	3.000	3.000	3.000
机械	电焊条恒温箱	台班	21.41	0.052	0.076	0.099	0.114
	电焊条烘干箱 80×80×100cm³	台班	49.05	0.052	0.076	0.099	0.114
	汽车式起重机 16t	台班	958.70	0.466	0.680	0.335	—
	汽车式起重机 25t	台班	1084.16	—	—	0.428	0.345
	汽车式起重机 40t	台班	1526.12	—	—	—	0.606
	载重汽车 10t	台班	547.99	—	—	0.335	—
	载重汽车 15t	台班	779.76	—	—	—	0.345
	载重汽车 5t	台班	430.70	0.186	0.317	—	—
	直流弧焊机 20kV·A	台班	71.43	0.521	0.763	0.987	1.136

工作内容：施工准备,基础处理、垫铁设置、吊装就位、安装找正、垫铁点焊、配合检查验收。

计量单位：台

定额编号				A3-2-58	A3-2-59	A3-2-60	A3-2-61
项目名称				设备重量(t以内)			
				20	30	40	50
基价（元）				5409.54	8095.24	10878.50	15122.00
其中	人工费（元）			2204.44	3194.52	4350.36	5200.86
	材料费（元）			1202.11	1476.53	2016.41	3065.03
	机械费（元）			2002.99	3424.19	4511.73	6856.11
名称		单位	单价(元)	消耗量			
人工	综合工日	工日	140.00	15.746	22.818	31.074	37.149
材料	道木	m^3	2137.00	0.240	0.290	0.420	0.680
	低碳钢焊条	kg	6.84	3.420	6.790	7.660	8.410
	镀锌铁丝 16号	kg	3.57	4.000	5.000	5.720	6.000
	二硫化钼	kg	87.61	0.300	0.350	0.400	0.440
	滚杠	kg	5.98	—	—	—	44.160
	黄油	kg	16.58	0.500	0.600	0.800	0.900
	木方	m^3	1675.21	0.080	0.080	0.090	0.090
	尼龙砂轮片 φ150	片	3.32	1.300	1.500	1.600	1.800
	平垫铁	kg	3.74	46.080	60.000	83.600	102.380
	斜垫铁	kg	3.50	71.050	90.500	125.400	157.500
	氧气	m^3	3.63	3.180	4.040	4.410	4.950
	乙炔气	kg	10.45	1.060	1.347	1.470	1.650
	其他材料费占材料费	%	—	3.000	3.000	3.000	3.000
机械	电动单筒慢速卷扬机 50kN	台班	215.57	—	—	—	2.607
	电动单筒慢速卷扬机 80kN	台班	257.35	—	—	—	1.024
	电焊条恒温箱	台班	21.41	0.126	0.290	0.326	0.354
	电焊条烘干箱 80×80×100cm^3	台班	49.05	0.126	0.290	0.326	0.354
	平板拖车组 20t	台班	1081.33	0.401	—	—	—
	平板拖车组 40t	台班	1446.84	—	0.447	0.484	—
	汽车式起重机 100t	台班	4651.90	—	—	—	0.968
	汽车式起重机 25t	台班	1084.16	0.372	0.447	—	—
	汽车式起重机 40t	台班	1526.12	0.699	—	0.484	0.819
	汽车式起重机 50t	台班	2464.07	—	0.838	—	—
	汽车式起重机 75t	台班	3151.07	—	—	0.894	—
	直流弧焊机 20kV·A	台班	71.43	1.266	2.905	3.259	3.538

工作内容：施工准备,基础处理、垫铁设置、吊装就位、安装找正、垫铁点焊、配合检查验收。

计量单位：台

定额编号				A3-2-62	A3-2-63	A3-2-64
项目名称				设备重量(t以内)		
				60	80	100
基价（元）				17636.45	17660.56	21672.30
其中	人工费（元）			6072.08	6603.52	8563.66
	材料费（元）			3868.12	4567.25	5302.33
	机械费（元）			7696.25	6489.79	7806.31
名称		单位	单价(元)	消耗量		
人工	综合工日	工日	140.00	43.372	47.168	61.169
材料	道木	m^3	2137.00	0.920	1.100	1.300
	低碳钢焊条	kg	6.84	9.280	10.110	13.600
	镀锌铁丝 16号	kg	3.57	7.000	8.000	10.000
	二硫化钼	kg	87.61	0.480	0.560	0.700
	滚杠	kg	5.98	63.160	82.100	100.040
	黄油	kg	16.58	1.000	1.120	1.400
	木方	m^3	1675.21	0.110	0.130	0.140
	尼龙砂轮片 φ150	片	3.32	1.980	2.320	2.900
	平垫铁	kg	3.74	113.750	127.400	138.450
	斜垫铁	kg	3.50	175.000	196.000	213.500
	氧气	m^3	3.63	5.040	5.520	6.900
	乙炔气	kg	10.45	1.680	1.840	2.300
	其他材料费占材料费	%	—	3.000	3.000	3.000
机械	叉式起重机 5t	台班	506.51	—	0.676	0.715
	电动单筒慢速卷扬机 100kN	台班	287.06	—	—	1.024
	电动单筒慢速卷扬机 50kN	台班	215.57	3.072	3.538	3.864
	电动单筒慢速卷扬机 80kN	台班	257.35	1.257	4.534	4.888
	电焊条恒温箱	台班	21.41	0.385	0.476	0.633
	电焊条烘干箱 80×80×100cm^3	台班	49.05	0.385	0.476	0.633
	履带式起重机 150t	台班	3979.80	—	0.902	1.078
	汽车式起重机 120t	台班	7706.90	0.801	—	—
	汽车式起重机 16t	台班	958.70	0.245	0.265	0.284
	直流弧焊机 20kV·A	台班	71.43	3.854	4.767	6.331

(2)10m<基础标高≤20m

工作内容：施工准备,基础处理、垫铁设置、吊装就位、安装找正、垫铁点焊、配合检查验收。

计量单位：台

定额编号				A3-2-65	A3-2-66	A3-2-67	A3-2-68
项目名称				设备重量(t以内)			
				2	5	10	15
基价(元)				1512.44	2460.27	3501.51	4598.63
其中	人工费(元)			568.54	1117.48	1470.84	1921.08
	材料费(元)			241.94	407.75	638.78	950.29
	机械费(元)			701.96	935.04	1391.89	1727.26
名称		单位	单价(元)	消耗量			
人工	综合工日	工日	140.00	4.061	7.982	10.506	13.722
材料	道木	m^3	2137.00	0.060	0.110	0.150	0.210
	低碳钢焊条	kg	6.84	1.710	2.150	2.770	3.090
	镀锌铁丝 16号	kg	3.57	1.000	1.000	2.000	3.000
	二硫化钼	kg	87.61	0.080	0.100	0.200	0.230
	黄油	kg	16.58	0.180	0.250	0.300	0.400
	尼龙砂轮片 φ150	片	3.32	0.400	0.500	1.000	1.130
	平垫铁	kg	3.74	8.600	13.650	25.930	43.220
	斜垫铁	kg	3.50	13.020	21.000	39.900	66.500
	氧气	m^3	3.63	0.330	0.480	1.560	2.400
	乙炔气	kg	10.45	0.110	0.160	0.520	0.800
	其他材料费占材料费	%	—	3.000	3.000	3.000	3.000
机械	电焊条恒温箱	台班	21.41	0.052	0.076	0.099	0.114
	电焊条烘干箱 80×80×100cm³	台班	49.05	0.052	0.076	0.099	0.114
	汽车式起重机 16t	台班	958.70	0.606	0.317	—	—
	汽车式起重机 25t	台班	1084.16	—	0.401	0.335	0.345
	汽车式起重机 40t	台班	1526.12	—	—	0.503	0.652
	载重汽车 10t	台班	547.99	—	—	0.335	—
	载重汽车 15t	台班	779.76	—	—	—	0.345
	载重汽车 5t	台班	430.70	0.186	0.317	—	—
	直流弧焊机 20kV·A	台班	71.43	0.521	0.763	0.987	1.136

工作内容：施工准备,基础处理、垫铁设置、吊装就位、安装找正、垫铁点焊、配合检查验收。

计量单位：台

定额编号				A3-2-69	A3-2-70	A3-2-71	A3-2-72
项目名称				设备重量(t以内)			
				20	30	40	50
基价（元）				7037.62	10300.07	16003.04	15287.91
其中	人工费（元）			2696.68	3857.42	4948.02	5863.20
	材料费（元）			1202.11	1476.60	2016.41	3065.03
	机械费（元）			3138.83	4966.05	9038.61	6359.68
名称		单位	单价(元)	消耗量			
人工	综合工日	工日	140.00	19.262	27.553	35.343	41.880
材料	道木	m³	2137.00	0.240	0.290	0.420	0.680
	低碳钢焊条	kg	6.84	3.420	6.790	7.660	8.410
	镀锌铁丝 16号	kg	3.57	4.000	5.000	5.720	6.000
	二硫化钼	kg	87.61	0.300	0.350	0.400	0.440
	滚杠	kg	5.98	—	—	—	44.160
	黄油	kg	16.58	0.500	0.600	0.800	0.900
	木方	m³	1675.21	0.080	0.080	0.090	0.090
	尼龙砂轮片 φ150	片	3.32	1.300	1.500	1.600	1.800
	平垫铁	kg	3.74	46.080	60.000	83.600	102.380
	斜垫铁	kg	3.50	71.050	90.500	125.400	157.500
	氧气	m³	3.63	3.180	4.050	4.410	4.950
	乙炔气	kg	10.45	1.060	1.350	1.470	1.650
	其他材料费占材料费	%	—	3.000	3.000	3.000	3.000
机械	电动单筒慢速卷扬机 50kN	台班	215.57	—	—	—	2.886
	电动单筒慢速卷扬机 80kN	台班	257.35	—	—	—	1.164
	电焊条恒温箱	台班	21.41	0.126	0.290	0.326	0.354
	电焊条烘干箱 80×80×100cm³	台班	49.05	0.126	0.290	0.326	0.354
	履带式起重机 150t	台班	3979.80	—	—	—	0.968
	平板拖车组 20t	台班	1081.33	0.401	—	—	—
	平板拖车组 40t	台班	1446.84	—	0.447	0.484	—
	汽车式起重机 100t	台班	4651.90	—	0.745	—	—
	汽车式起重机 120t	台班	7706.90	—	—	0.894	—
	汽车式起重机 25t	台班	1084.16	0.372	—	—	—
	汽车式起重机 40t	台班	1526.12	—	0.410	—	0.857
	汽车式起重机 50t	台班	2464.07	—	—	0.484	—
	汽车式起重机 75t	台班	3151.07	0.699	—	—	—
	直流弧焊机 20kV·A	台班	71.43	1.266	2.905	3.259	3.538

工作内容：施工准备,基础处理、垫铁设置、吊装就位、安装找正、垫铁点焊、配合检查验收。

计量单位：台

定额编号				A3-2-73	A3-2-74	A3-2-75
项目名称				设备重量(t以内)		
				60	80	100
基价（元）				15743.46	18798.93	18115.93
其中	人工费（元）			6301.82	6821.08	9021.04
	材料费（元）			3868.12	4567.25	5302.33
	机械费（元）			5573.52	7410.60	3792.56
名称		单位	单价(元)	消耗量		
人工	综合工日	工日	140.00	45.013	48.722	64.436
材料	道木	m^3	2137.00	0.920	1.100	1.300
	低碳钢焊条	kg	6.84	9.280	10.110	13.600
	镀锌铁丝 16号	kg	3.57	7.000	8.000	10.000
	二硫化钼	kg	87.61	0.480	0.560	0.700
	滚杠	kg	5.98	63.160	82.100	100.040
	黄油	kg	16.58	1.000	1.120	1.400
	木方	m^3	1675.21	0.110	0.130	0.140
	尼龙砂轮片 φ150	片	3.32	1.980	2.320	2.900
	平垫铁	kg	3.74	113.750	127.400	138.450
	斜垫铁	kg	3.50	175.000	196.000	213.500
	氧气	m^3	3.63	5.040	5.520	6.900
	乙炔气	kg	10.45	1.680	1.840	2.300
	其他材料费占材料费	%	—	3.000	3.000	3.000
机械	电动单筒慢速卷扬机 100kN	台班	287.06	—	—	1.024
	电动单筒慢速卷扬机 50kN	台班	215.57	3.399	4.870	5.493
	电动单筒慢速卷扬机 80kN	台班	257.35	1.397	5.605	6.005
	电焊条恒温箱	台班	21.41	0.385	0.476	0.633
	电焊条烘干箱 80×80×100cm³	台班	49.05	0.385	0.476	0.633
	履带式起重机 150t	台班	3979.80	0.991	1.078	—
	汽车式起重机 16t	台班	958.70	0.245	0.265	0.284
	直流弧焊机 20kV·A	台班	71.43	3.854	4.767	6.331

(3)基础标高20m以上

工作内容：施工准备,基础处理、垫铁设置、吊装就位、安装找正、垫铁点焊、配合检查验收。

计量单位：台

定额编号				A3-2-76	A3-2-77	A3-2-78
项目名称				设备重量(t以内)		
				2	5	10
基价（元）				**1725.16**	**2943.14**	**4358.29**
其中	人工费（元）			633.64	1250.20	1606.08
	材料费（元）			241.94	407.75	638.78
	机械费（元）			849.58	1285.19	2113.43
名称		单位	单价(元)	消耗量		
人工	综合工日	工日	140.00	4.526	8.930	11.472
材料	道木	m³	2137.00	0.060	0.110	0.150
	低碳钢焊条	kg	6.84	1.710	2.150	2.770
	镀锌铁丝 16号	kg	3.57	1.000	1.000	2.000
	二硫化钼	kg	87.61	0.080	0.100	0.200
	黄油	kg	16.58	0.180	0.250	0.300
	尼龙砂轮片 φ150	片	3.32	0.400	0.500	1.000
	平垫铁	kg	3.74	8.600	13.650	25.930
	斜垫铁	kg	3.50	13.020	21.000	39.900
	氧气	m³	3.63	0.330	0.480	1.560
	乙炔气	kg	10.45	0.110	0.160	0.520
	其他材料费占材料费	%	—	3.000	3.000	3.000
机械	电焊条恒温箱	台班	21.41	0.052	0.076	0.099
	电焊条烘干箱 80×80×100cm³	台班	49.05	0.052	0.076	0.099
	汽车式起重机 16t	台班	958.70	0.233	0.335	—
	汽车式起重机 25t	台班	1084.16	0.466	—	0.354
	汽车式起重机 40t	台班	1526.12	—	0.503	—
	汽车式起重机 50t	台班	2464.07	—	—	0.596
	载重汽车 10t	台班	547.99	—	—	0.335
	载重汽车 5t	台班	430.70	0.186	0.317	—
	直流弧焊机 20kV·A	台班	71.43	0.521	0.763	0.987

工作内容：施工准备,基础处理、垫铁设置、吊装就位、安装找正、垫铁点焊、配合检查验收。

计量单位：台

定额编号				A3-2-79	A3-2-80	A3-2-81
项目名称				设备重量(t以内)		
				15	20	30
基价（元）				6063.75	8659.52	10196.84
其中	人工费（元）			2121.00	3034.92	4340.00
	材料费（元）			950.29	1202.11	1474.98
	机械费（元）			2992.46	4422.49	4381.86
名称		单位	单价(元)	消耗量		
人工	综合工日	工日	140.00	15.150	21.678	31.000
材料	道木	m^3	2137.00	0.210	0.240	0.290
	低碳钢焊条	kg	6.84	3.090	3.420	6.790
	镀锌铁丝 16号	kg	3.57	3.000	4.000	5.000
	二硫化钼	kg	87.61	0.230	0.300	0.350
	黄油	kg	16.58	0.400	0.500	0.600
	木方	m^3	1675.21	—	0.080	0.080
	尼龙砂轮片 φ150	片	3.32	1.130	1.300	1.500
	平垫铁	kg	3.74	43.220	46.080	60.000
	斜垫铁	kg	3.50	66.500	71.050	90.050
	氧气	m^3	3.63	2.400	3.180	4.050
	乙炔气	kg	10.45	0.800	1.060	1.350
	其他材料费占材料费	%	—	3.000	3.000	3.000
机械	电焊条恒温箱	台班	21.41	0.114	0.126	0.290
	电焊条烘干箱 80×80×100cm³	台班	49.05	0.114	0.126	0.290
	履带式起重机 150t	台班	3979.80	—	—	0.782
	平板拖车组 20t	台班	1081.33	—	0.401	—
	平板拖车组 40t	台班	1446.84	—	—	0.447
	汽车式起重机 100t	台班	4651.90	—	0.745	—
	汽车式起重机 16t	台班	958.70	—	—	0.412
	汽车式起重机 25t	台班	1084.16	0.372	0.391	—
	汽车式起重机 75t	台班	3151.07	0.708	—	—
	载重汽车 15t	台班	779.76	0.345	—	—
	直流弧焊机 20kV·A	台班	71.43	1.136	1.266	2.905

工作内容：施工准备,基础处理、垫铁设置、吊装就位、安装找正、垫铁点焊、配合检查验收。

计量单位：台

定额编号				A3-2-82	A3-2-83	A3-2-84
项目名称				设备重量(t以内)		
				40	50	60
基价（元）				11977.21	14890.23	12201.49
其中	人工费（元）			4996.18	5568.36	5880.84
	材料费（元）			2016.41	3065.03	3868.12
	机械费（元）			4964.62	6256.84	2452.53
名称		单位	单价(元)	消耗量		
人工	综合工日	工日	140.00	35.687	39.774	42.006
材料	道木	m^3	2137.00	0.420	0.680	0.920
	低碳钢焊条	kg	6.84	7.660	8.410	9.280
	镀锌铁丝 16号	kg	3.57	5.720	6.000	7.000
	二硫化钼	kg	87.61	0.400	0.440	0.480
	滚杠	kg	5.98	—	44.160	63.160
	黄油	kg	16.58	0.800	0.900	1.000
	木方	m^3	1675.21	0.090	0.090	0.110
	尼龙砂轮片 φ150	片	3.32	1.600	1.800	1.980
	平垫铁	kg	3.74	83.600	102.380	113.750
	斜垫铁	kg	3.50	125.400	157.500	175.000
	氧气	m^3	3.63	4.410	4.950	5.040
	乙炔气	kg	10.45	1.470	1.650	1.680
	其他材料费占材料费	%	—	3.000	3.000	3.000
机械	电动单筒慢速卷扬机 50kN	台班	215.57	—	3.817	4.283
	电动单筒慢速卷扬机 80kN	台班	257.35	—	2.607	2.979
	电焊条恒温箱	台班	21.41	0.326	0.354	0.385
	电焊条烘干箱 80×80×100cm³	台班	49.05	0.326	0.354	0.385
	履带式起重机 150t	台班	3979.80	0.901	1.016	—
	平板拖车组 40t	台班	1446.84	0.484	—	—
	汽车式起重机 16t	台班	958.70	0.441	0.461	0.480
	直流弧焊机 20kV·A	台班	71.43	3.259	3.538	3.854

2. 塑料、玻璃钢容器

工作内容：施工准备，基础处理、垫铁设置、吊装就位、安装找正、垫铁点焊、配合检查验收。

计量单位：台

定额编号				A3-2-85	A3-2-86	A3-2-87	A3-2-88
项目名称				设备重量(t以内)			
				0.06	0.1	0.2	0.3
基价（元）				**316.41**	**369.30**	**501.98**	**571.61**
其中	人工费（元）			92.54	144.48	260.82	326.62
	材料费（元）			5.50	6.45	9.00	12.83
	机械费（元）			218.37	218.37	232.16	232.16
名称		单位	单价(元)	消耗量			
人工	综合工日	工日	140.00	0.661	1.032	1.863	2.333
材料	木方	m^3	1675.21	0.002	0.002	0.003	0.005
	橡胶板	kg	2.91	0.650	0.960	1.220	1.320
	其他材料费占材料费	%	—	5.000	5.000	5.000	5.000
机械	汽车式起重机 16t	台班	958.70	0.186	0.186	0.186	0.186
	载重汽车 5t	台班	430.70	0.093	0.093	0.125	0.125

工作内容：施工准备,基础处理、垫铁设置、吊装就位、安装找正、垫铁点焊、配合检查验收。

计量单位：台

定额编号				A3-2-89	A3-2-90	A3-2-91
项目名称				设备重量(t以内)		
				0.5	0.7	1
基价（元）				**826.44**	**1162.02**	**1517.52**
其中	人工费（元）			470.40	605.64	820.12
	材料费（元）			16.21	17.03	18.35
	机械费（元）			339.83	539.35	679.05
	名称	单位	单价(元)	消耗量		
人工	综合工日	工日	140.00	3.360	4.326	5.858
材料	木方	m^3	1675.21	0.006	0.006	0.006
	橡胶板	kg	2.91	1.850	2.120	2.550
	其他材料费占材料费	%	—	5.000	5.000	5.000
机械	汽车式起重机 16t	台班	958.70	0.279	0.466	0.587
	载重汽车 5t	台班	430.70	0.168	0.215	0.270

三、塔器组装

1.塔类设备分片组装

(1)碳钢塔类设备 碳钢电弧焊

工作内容：施工准备，分片组对，点焊、焊接、清根、开孔件、组合件安装、配合检查验收。 计量单位：t

定额编号				A3-2-92	A3-2-93	A3-2-94	A3-2-95
项目名称				设备直径(mm以内)			
				4000	4500	5000	6000
基价(元)				**3398.97**	**3306.43**	**3193.02**	**3107.83**
其中	人工费(元)			1720.60	1683.78	1656.06	1609.86
	材料费(元)			402.13	391.68	379.39	374.31
	机械费(元)			1276.24	1230.97	1157.57	1123.66
名称		单位	单价(元)	消耗量			
人工	综合工日	工日	140.00	12.290	12.027	11.829	11.499
材料	道木	m^3	2137.00	0.020	0.020	0.020	0.020
	低碳钢焊条	kg	6.84	36.570	35.500	34.050	33.730
	尼龙砂轮片 φ100	片	2.05	2.490	2.420	2.370	2.300
	尼龙砂轮片 φ150	片	3.32	5.780	5.610	5.500	5.330
	碳精棒 φ8～12	根	1.27	11.660	11.320	11.090	10.740
	氧气	m^3	3.63	7.170	6.960	6.820	6.610
	乙炔气	kg	10.45	2.390	2.320	2.270	2.200
	其他材料费占材料费	%	—	5.000	5.000	5.000	5.000
机械	电动空气压缩机 $6m^3/min$	台班	206.73	0.205	0.196	0.186	0.177
	电焊条恒温箱	台班	21.41	0.629	0.606	0.587	0.568
	电焊条烘干箱 $80\times80\times100cm^3$	台班	49.05	0.629	0.606	0.587	0.568
	履带式起重机 15t	台班	757.48	0.326	0.317	0.308	0.289
	汽车式起重机 40t	台班	1526.12	0.149	0.140	0.130	0.130
	汽车式起重机 75t	台班	3151.07	0.047	0.047	0.037	0.037
	载重汽车 15t	台班	779.76	0.019	0.019	0.019	0.019
	直流弧焊机 32kV·A	台班	87.75	6.294	6.052	5.865	5.679

工作内容：施工准备,分片组对,点焊、焊接、清根、开孔件、组合件安装、配合检查验收。 计量单位：t

定　额　编　号				A3-2-96	A3-2-97	A3-2-98
项　目　名　称				设备直径(mm以内)		
				8000	10000	10000以上
基　价（元）				2829.88	2579.95	2379.49
其中	人　工　费（元）			1425.90	1309.98	1196.30
	材　料　费（元）			339.63	315.41	291.20
	机　械　费（元）			1064.35	954.56	891.99
名　称		单位	单价(元)	消　耗　量		
人工	综合工日	工日	140.00	10.185	9.357	8.545
材料	道木	m³	2137.00	0.020	0.020	0.020
	低碳钢焊条	kg	6.84	30.170	27.690	25.210
	尼龙砂轮片 φ100	片	2.05	2.060	1.890	1.720
	尼龙砂轮片 φ150	片	3.32	4.770	4.380	3.980
	碳精棒 φ8～12	根	1.27	9.620	8.830	8.040
	氧气	m³	3.63	5.920	5.430	4.950
	乙炔气	kg	10.45	1.970	1.810	1.650
	其他材料费占材料费	%	—	5.000	5.000	5.000
机械	电动空气压缩机 6m³/min	台班	206.73	0.168	0.149	0.140
	电焊条恒温箱	台班	21.41	0.535	0.484	0.450
	电焊条烘干箱 80×80×100cm³	台班	49.05	0.535	0.484	0.450
	履带式起重机 15t	台班	757.48	0.270	0.252	0.233
	汽车式起重机 40t	台班	1526.12	0.122	0.112	0.103
	汽车式起重机 75t	台班	3151.07	0.037	0.028	0.028
	载重汽车 15t	台班	779.76	0.019	0.019	0.019
	直流弧焊机 32kV·A	台班	87.75	5.354	4.841	4.497

(2)碳钢塔类 碳钢氩电联焊

工作内容：施工准备,分片组对,点焊、焊接、清根、开孔件、组合件安装、配合检查验收。 计量单位：t

定额编号				A3-2-99	A3-2-100	A3-2-101	A3-2-102
项目名称				设备直径(mm以内)			
				4000	4500	5000	6000
基价（元）				**3747.90**	**3639.41**	**3512.49**	**3394.07**
其中	人工费（元）			1842.82	1789.34	1753.50	1678.04
	材料费（元）			591.91	576.91	556.00	546.71
	机械费（元）			1313.17	1273.16	1202.99	1169.32
名称		单位	单价(元)	消耗量			
人工	综合工日	工日	140.00	13.163	12.781	12.525	11.986
材料	道木	m^3	2137.00	0.020	0.020	0.020	0.020
	低碳钢焊条	kg	6.84	36.420	35.400	33.950	33.620
	尼龙砂轮片 Φ100	片	2.05	2.490	2.420	2.370	2.300
	尼龙砂轮片 Φ150	片	3.32	5.780	5.610	5.500	5.330
	铈钨棒	g	0.38	17.024	16.576	15.848	15.456
	碳钢氩弧焊丝	kg	7.69	3.040	2.960	2.830	2.760
	氩气	m^3	19.59	8.510	8.290	7.920	7.730
	氧气	m^3	3.63	7.173	6.960	6.819	6.612
	乙炔气	kg	10.45	2.391	2.320	2.273	2.204
	其他材料费占材料费	%	—	5.000	5.000	5.000	5.000
机械	电焊条恒温箱	台班	21.41	0.588	0.569	0.558	0.541
	电焊条烘干箱 80×80×100cm^3	台班	49.05	0.588	0.569	0.558	0.541
	履带式起重机 15t	台班	757.48	0.326	0.317	0.308	0.289
	汽车式起重机 40t	台班	1526.12	0.149	0.140	0.130	0.130
	汽车式起重机 75t	台班	3151.07	0.047	0.047	0.037	0.037
	氩弧焊机 500A	台班	92.58	1.285	1.257	1.201	1.164
	载重汽车 15t	台班	779.76	0.019	0.019	0.019	0.019
	直流弧焊机 32kV·A	台班	87.75	5.875	5.698	5.577	5.410

工作内容：施工准备,分片组对,点焊、焊接、清根、开孔件、组合件安装、配合检查验收。 计量单位：t

定额编号				A3-2-103	A3-2-104	A3-2-105
项目名称				设备直径(mm以内)		
				8000	10000	10000以上
基价（元）				3099.07	2824.81	2601.58
其中	人工费（元）			1518.16	1386.28	1270.36
	材料费（元）			497.18	459.53	422.44
	机械费（元）			1083.73	979.00	908.78
名称		单位	单价(元)	消耗量		
人工	综合工日	工日	140.00	10.844	9.902	9.074
材料	道木	m^3	2137.00	0.020	0.020	0.020
	低碳钢焊条	kg	6.84	30.080	27.550	25.130
	尼龙砂轮片 φ100	片	2.05	2.060	1.890	1.720
	尼龙砂轮片 φ150	片	3.32	4.770	4.380	3.980
	铈钨棒	g	0.38	14.112	12.936	11.760
	碳钢氩弧焊丝	kg	7.69	2.520	2.310	2.100
	氩气	m^3	19.59	7.050	6.470	5.880
	氧气	m^3	3.63	5.919	5.430	4.941
	乙炔气	kg	10.45	1.973	1.810	1.647
	其他材料费占材料费	%	—	5.000	5.000	5.000
机械	电焊条恒温箱	台班	21.41	0.486	0.445	0.412
	电焊条烘干箱 80×80×100cm^3	台班	49.05	0.486	0.445	0.412
	履带式起重机 15t	台班	757.48	0.270	0.252	0.233
	汽车式起重机 40t	台班	1526.12	0.122	0.112	0.103
	汽车式起重机 75t	台班	3151.07	0.037	0.028	0.028
	氩弧焊机 500A	台班	92.58	1.090	0.997	0.885
	载重汽车 15t	台班	779.76	0.019	0.019	0.019
	直流弧焊机 32kV·A	台班	87.75	4.860	4.450	4.115

(3)不锈钢塔类设备 不锈钢电弧焊

工作内容：施工准备,分片组对,点焊、焊接、清根、开孔件、组合件安装、配合检查验收。 计量单位：t

定额编号				A3-2-106	A3-2-107	A3-2-108	A3-2-109
项目名称				设备直径(mm以内)			
				4000	4500	5000	6000
基价（元）				**5364.73**	**5207.12**	**5070.97**	**4907.18**
其中	人工费（元）			2058.42	1997.66	1958.04	1897.14
	材料费（元）			1599.31	1552.57	1522.12	1476.63
	机械费（元）			1707.00	1656.89	1590.81	1533.41
名称		单位	单价(元)	消耗量			
人工	综合工日	工日	140.00	14.703	14.269	13.986	13.551
材料	不锈钢焊条	kg	38.46	37.260	36.170	35.450	34.360
	道木	m³	2137.00	0.020	0.020	0.020	0.020
	砂轮片 φ100	片	1.71	4.390	3.740	3.710	3.550
	砂轮片 φ150	片	2.82	7.520	7.200	6.870	6.590
	碳精棒 φ8～12	根	1.27	11.400	11.300	11.100	10.900
	硝酸	kg	2.19	1.920	1.710	1.680	1.640
	其他材料费占材料费	%	—	5.000	5.000	5.000	5.000
机械	等离子切割机 400A	台班	219.59	0.289	0.279	0.270	0.261
	电动空气压缩机 6m³/min	台班	206.73	0.205	0.196	0.186	0.177
	电焊条恒温箱	台班	21.41	0.920	0.893	0.875	0.849
	电焊条烘干箱 80×80×100cm³	台班	49.05	0.920	0.893	0.875	0.849
	履带式起重机 15t	台班	757.48	0.391	0.382	0.364	0.345
	汽车式起重机 40t	台班	1526.12	0.177	0.168	0.168	0.159
	汽车式起重机 75t	台班	3151.07	0.047	0.047	0.037	0.037
	载重汽车 15t	台班	779.76	0.019	0.019	0.019	0.019
	直流弧焊机 32kV·A	台班	87.75	9.198	8.929	8.751	8.482

工作内容：施工准备,分片组对,点焊、焊接、清根、开孔件、组合件安装、配合检查验收。 计量单位：t

定额编号				A3-2-110	A3-2-111	A3-2-112
项目名称				设备直径(mm以内)		
				8000	10000	10000以上
基价（元）				**4439.29**	**4061.61**	**3721.92**
其中	人工费（元）			1697.78	1558.48	1418.48
	材料费（元）			1327.72	1222.48	1117.59
	机械费（元）			1413.79	1280.65	1185.85
名称		单位	单价(元)	消耗量		
人工	综合工日	工日	140.00	12.127	11.132	10.132
材料	不锈钢焊条	kg	38.46	30.750	28.210	25.680
	道木	m^3	2137.00	0.020	0.020	0.020
	砂轮片 φ100	片	1.71	3.330	3.170	3.010
	砂轮片 φ150	片	2.82	6.220	5.960	5.620
	碳精棒 φ8～12	根	1.27	10.000	9.000	8.000
	硝酸	kg	2.19	1.450	1.330	1.290
	其他材料费占材料费	%	—	5.000	5.000	5.000
机械	等离子切割机 400A	台班	219.59	0.242	0.215	0.196
	电动空气压缩机 $6m^3/min$	台班	206.73	0.168	0.149	0.140
	电焊条恒温箱	台班	21.41	0.760	0.697	0.634
	电焊条烘干箱 $80\times80\times100cm^3$	台班	49.05	0.760	0.697	0.634
	履带式起重机 15t	台班	757.48	0.326	0.298	0.279
	汽车式起重机 40t	台班	1526.12	0.149	0.140	0.130
	汽车式起重机 75t	台班	3151.07	0.037	0.028	0.028
	载重汽车 15t	台班	779.76	0.019	0.019	0.019
	直流弧焊机 32kV·A	台班	87.75	7.597	6.964	6.341

(4)不锈钢塔类 不锈钢氩电联焊

工作内容：施工准备,分片组对,点焊、焊接、清根、开孔件、组合件安装、配合检查验收。 计量单位：t

定额编号				A3-2-113	A3-2-114	A3-2-115	A3-2-116
项目名称				设备直径(mm以内)			
				4000	4500	5000	6000
基价（元）				5786.80	5617.70	5473.80	5300.21
其中	人工费（元）			2257.08	2191.14	2147.18	2081.80
	材料费（元）			1936.36	1879.76	1842.72	1787.50
	机械费（元）			1593.36	1546.80	1483.90	1430.91
名称		单位	单价(元)	消耗量			
人工	综合工日	工日	140.00	16.122	15.651	15.337	14.870
材料	不锈钢焊条	kg	38.46	37.140	36.060	35.340	34.260
	不锈钢氩弧焊丝 1Cr18Ni9Ti	kg	51.28	3.140	3.050	2.990	2.900
	道木	m^3	2137.00	0.020	0.020	0.020	0.020
	砂轮片 φ100	片	1.71	4.390	3.740	3.710	3.550
	砂轮片 φ150	片	2.82	7.520	7.200	6.870	6.590
	铈钨棒	g	0.38	17.584	17.080	16.744	16.240
	硝酸	kg	2.19	1.920	1.710	1.680	1.640
	氩气	m^3	19.59	8.800	8.540	8.370	8.110
	其他材料费占材料费	%	—	5.000	5.000	5.000	5.000
机械	等离子切割机 400A	台班	219.59	0.289	0.279	0.270	0.261
	电焊条恒温箱	台班	21.41	0.695	0.674	0.662	0.641
	电焊条烘干箱 80×80×100cm^3	台班	49.05	0.695	0.674	0.662	0.641
	履带式起重机 15t	台班	757.48	0.391	0.382	0.364	0.345
	汽车式起重机 40t	台班	1526.12	0.177	0.168	0.168	0.159
	汽车式起重机 75t	台班	3151.07	0.047	0.047	0.037	0.037
	氩弧焊机 500A	台班	92.58	1.537	1.490	1.452	1.415
	载重汽车 15t	台班	779.76	0.019	0.019	0.019	0.019
	直流弧焊机 32kV·A	台班	87.75	6.945	6.740	6.610	6.405

工作内容：施工准备,分片组对,点焊、焊接、清根、开孔件、组合件安装、配合检查验收。 计量单位：t

定额编号				A3-2-117	A3-2-118	A3-2-119
项目名称				设备直径(mm以内)		
				8000	10000	10000以上
基价（元）				4830.29	4382.67	4013.18
其中	人工费（元）			1905.96	1708.84	1555.54
	材料费（元）			1605.49	1477.71	1350.03
	机械费（元）			1318.84	1196.12	1107.61
名称		单位	单价(元)	消耗量		
人工	综合工日	工日	140.00	13.614	12.206	11.111
材料	不锈钢焊条	kg	38.46	30.650	28.130	25.600
	不锈钢氩弧焊丝 1Cr18Ni9Ti	kg	51.28	2.600	2.380	2.170
	道木	m^3	2137.00	0.020	0.020	0.020
	砂轮片 φ100	片	1.71	3.330	3.170	3.010
	砂轮片 φ150	片	2.82	6.220	5.960	5.620
	铈钨棒	g	0.38	14.560	13.328	12.152
	硝酸	kg	2.19	1.450	1.330	1.290
	氩气	m^3	19.59	7.260	6.660	6.060
	其他材料费占材料费	%	—	5.000	5.000	5.000
机械	等离子切割机 400A	台班	219.59	0.242	0.215	0.196
	电焊条恒温箱	台班	21.41	0.572	0.526	0.478
	电焊条烘干箱 80×80×100cm^3	台班	49.05	0.572	0.526	0.478
	履带式起重机 15t	台班	757.48	0.326	0.298	0.279
	汽车式起重机 40t	台班	1526.12	0.149	0.140	0.130
	汽车式起重机 75t	台班	3151.07	0.037	0.028	0.028
	氩弧焊机 500A	台班	92.58	1.266	1.164	1.061
	载重汽车 15t	台班	779.76	0.019	0.019	0.019
	直流弧焊机 32kV·A	台班	87.75	5.726	5.261	4.785

2.塔类设备分段组装

(1)碳钢塔类设备 碳钢电弧焊

工作内容：施工准备,分段组对,点焊、焊接、清根、组合件安装、配合检查验收。 计量单位：t

定额编号				A3-2-120	A3-2-121	A3-2-122
项目名称				设备直径(mm以内)		
				1800	2400	2800
基价(元)				872.93	713.21	628.77
其中	人工费(元)			421.54	351.12	323.40
	材料费(元)			87.35	80.29	77.46
	机械费(元)			364.04	281.80	227.91
名称		单位	单价(元)	消耗量		
人工	综合工日	工日	140.00	3.011	2.508	2.310
材料	道木	m³	2137.00	0.020	0.020	0.020
	低碳钢焊条	kg	6.84	3.010	2.510	2.310
	尼龙砂轮片 φ150	片	3.32	1.600	1.330	1.220
	碳精棒 φ8～12	根	1.27	0.650	0.540	0.500
	氧气	m³	3.63	1.929	1.611	1.482
	乙炔气	kg	10.45	0.643	0.537	0.494
	其他材料费占材料费	%	—	5.000	5.000	5.000
机械	电焊条恒温箱	台班	21.41	0.080	0.067	0.062
	电焊条烘干箱 80×80×100cm³	台班	49.05	0.080	0.067	0.062
	履带式起重机 15t	台班	757.48	0.215	0.140	0.093
	平板拖车组 40t	台班	1446.84	0.037	0.028	0.019
	汽车式起重机 40t	台班	1526.12	0.047	0.047	0.047
	直流弧焊机 32kV·A	台班	87.75	0.801	0.670	0.614

工作内容：施工准备,分段组对,点焊、焊接、清根、组合件安装、配合检查验收。 计量单位：t

定额编号				A3-2-123	A3-2-124
项目名称				设备直径(mm以内)	
				3200	3800
基价（元）				629.81	589.20
其中	人工费（元）			298.48	277.20
	材料费（元）			74.99	72.83
	机械费（元）			256.34	239.17
名称		单位	单价(元)	消耗量	
人工	综合工日	工日	140.00	2.132	1.980
材料	道木	m^3	2137.00	0.020	0.020
	低碳钢焊条	kg	6.84	2.130	1.980
	尼龙砂轮片 φ150	片	3.32	1.130	1.050
	碳精棒 φ8～12	根	1.27	0.480	0.430
	氧气	m^3	3.63	1.371	1.272
	乙炔气	kg	10.45	0.457	0.424
	其他材料费占材料费	%	—	5.000	5.000
机械	电焊条恒温箱	台班	21.41	0.057	0.053
	电焊条烘干箱 80×80×100cm^3	台班	49.05	0.057	0.053
	履带式起重机 15t	台班	757.48	0.074	0.056
	平板拖车组 60t	台班	1611.30	0.019	0.019
	汽车式起重机 50t	台班	2464.07	0.047	0.047
	直流弧焊机 32kV·A	台班	87.75	0.568	0.531

(2)碳钢塔类设备 碳钢氩电联焊

工作内容：施工准备,分段组对,点焊、焊接、清根、组合件安装、配合检查验收。　　计量单位：t

定额编号				A3-2-125	A3-2-126	A3-2-127
项目名称				设备直径(mm以内)		
				1800	2400	2800
基价(元)				908.68	742.57	654.82
其中	人工费(元)			435.40	363.02	333.62
	材料费(元)			106.96	98.09	92.72
	机械费(元)			366.32	281.46	228.48
名称		单位	单价(元)	消耗量		
人工	综合工日	工日	140.00	3.110	2.593	2.383
材料	道木	m^3	2137.00	0.020	0.020	0.020
	低碳钢焊条	kg	6.84	2.380	1.980	1.820
	尼龙砂轮片 φ150	片	3.32	1.600	1.330	1.220
	铈钨棒	g	0.38	2.072	1.848	1.624
	碳钢氩弧焊丝	kg	7.69	0.370	0.330	0.290
	氩气	m^3	19.59	1.030	0.920	0.800
	氧气	m^3	3.63	1.929	1.611	1.482
	乙炔气	kg	10.45	0.643	0.537	0.494
	其他材料费占材料费	%	—	5.000	5.000	5.000
机械	电焊条恒温箱	台班	21.41	0.064	0.052	0.048
	电焊条烘干箱 80×80×100cm³	台班	49.05	0.064	0.052	0.048
	履带式起重机 15t	台班	757.48	0.215	0.140	0.093
	平板拖车组 40t	台班	1446.84	0.037	0.028	0.019
	汽车式起重机 40t	台班	1526.12	0.047	0.047	0.047
	氩弧焊机 500A	台班	92.58	0.196	0.149	0.140
	直流弧焊机 32kV·A	台班	87.75	0.633	0.521	0.484

工作内容：施工准备,分段组对,点焊、焊接、清根、组合件安装、配合检查验收。　　计量单位：t

定额编号				A3-2-128	A3-2-129
项目名称				设备直径(mm以内)	
				3200	3800
基价（元）				676.18	631.95
其中	人工费（元）			308.70	286.58
	材料费（元）			89.54	85.50
	机械费（元）			277.94	259.87
名称		单位	单价(元)	消耗量	
人工	综合工日	工日	140.00	2.205	2.047
材料	道木	m^3	2137.00	0.020	0.020
	低碳钢焊条	kg	6.84	1.680	1.560
	尼龙砂轮片 φ150	片	3.32	1.130	1.050
	铈钨棒	g	0.38	1.512	1.344
	碳钢氩弧焊丝	kg	7.69	0.270	0.240
	氩气	m^3	19.59	0.760	0.670
	氧气	m^3	3.63	1.371	1.272
	乙炔气	kg	10.45	0.457	0.424
	其他材料费占材料费	%	—	5.000	5.000
机械	电焊条恒温箱	台班	21.41	0.045	0.042
	电焊条烘干箱 80×80×100cm³	台班	49.05	0.045	0.042
	履带式起重机 15t	台班	757.48	0.074	0.056
	平板拖车组 60t	台班	1611.30	0.019	0.019
	汽车式起重机 60t	台班	2927.21	0.047	0.047
	氩弧焊机 500A	台班	92.58	0.122	0.103
	直流弧焊机 32kV·A	台班	87.75	0.447	0.419

(3)不锈钢塔类设备 不锈钢电弧焊

工作内容：施工准备,分段组对,点焊、焊接、清根、组合件安装、配合检查验收。 计量单位：t

定额编号				A3-2-130	A3-2-131	A3-2-132
项目名称				设备直径(mm以内)		
				1800	2400	2800
基价（元）				1117.02	940.18	846.11
其中	人工费（元）			492.52	412.02	383.46
	材料费（元）			189.47	177.45	166.67
	机械费（元）			435.03	350.71	295.98
名称		单位	单价(元)	消耗量		
人工	综合工日	工日	140.00	3.518	2.943	2.739
材料	不锈钢焊条	kg	38.46	3.420	3.150	2.900
	道木	m^3	2137.00	0.020	0.020	0.020
	砂轮片 φ150	片	2.82	1.600	1.330	1.220
	碳精棒 φ8～12	根	1.27	1.100	0.900	0.700
	硝酸	kg	2.19	0.120	0.100	0.060
	其他材料费占材料费	%	—	5.000	5.000	5.000
机械	电焊条恒温箱	台班	21.41	0.088	0.082	0.075
	电焊条烘干箱 80×80×100cm^3	台班	49.05	0.088	0.082	0.075
	履带式起重机 15t	台班	757.48	0.261	0.177	0.130
	平板拖车组 40t	台班	1446.84	0.047	0.037	0.028
	汽车式起重机 40t	台班	1526.12	0.056	0.056	0.056
	直流弧焊机 32kV·A	台班	87.75	0.885	0.819	0.755

工作内容：施工准备,分段组对,点焊、焊接、清根、组合件安装、配合检查验收。　　计量单位：t

定额编号				A3-2-133	A3-2-134
项目名称				设备直径(mm以内)	
				3200	3800
基价（元）				852.73	794.99
其中	人工费（元）			350.42	325.50
	材料费（元）			157.50	149.45
	机械费（元）			344.81	320.04
名称		单位	单价(元)	消耗量	
人工	综合工日	工日	140.00	2.503	2.325
材料	不锈钢焊条	kg	38.46	2.680	2.490
	道木	m³	2137.00	0.020	0.020
	砂轮片 φ150	片	2.82	1.130	1.050
	碳精棒 φ8～12	根	1.27	0.700	0.600
	硝酸	kg	2.19	0.050	0.050
	其他材料费占材料费	%	—	5.000	5.000
机械	电焊条恒温箱	台班	21.41	0.069	0.065
	电焊条烘干箱 80×80×100cm³	台班	49.05	0.069	0.065
	履带式起重机 15t	台班	757.48	0.093	0.066
	平板拖车组 60t	台班	1611.30	0.028	0.028
	汽车式起重机 60t	台班	2927.21	0.056	0.056
	直流弧焊机 32kV·A	台班	87.75	0.689	0.643

(4)不锈钢塔类设备 不锈钢氩电联焊

工作内容：施工准备,分段组对,点焊、焊接、清根、组合件安装、配合检查验收。 计量单位：t

定额编号				A3-2-135	A3-2-136	A3-2-137
项目名称				设备直径(mm以内)		
				1800	2400	2800
基价(元)				1220.05	1005.31	898.61
其中	人工费(元)			549.08	460.32	427.42
	材料费(元)			222.23	192.85	176.42
	机械费(元)			448.74	352.14	294.77
名称		单位	单价(元)	消耗量		
人工	综合工日	工日	140.00	3.922	3.288	3.053
材料	不锈钢焊条	kg	38.46	3.200	2.600	2.320
	不锈钢氩弧焊丝 1Cr18Ni9Ti	kg	51.28	0.380	0.340	0.300
	道木	m^3	2137.00	0.020	0.020	0.020
	砂轮片 Φ150	片	2.82	1.600	1.330	1.220
	铈钨棒	g	0.38	2.128	1.904	1.680
	硝酸	kg	2.19	0.120	0.100	0.060
	氩气	m^3	19.59	1.060	0.960	0.840
	其他材料费占材料费	%	—	5.000	5.000	5.000
机械	电焊条恒温箱	台班	21.41	0.083	0.067	0.060
	电焊条烘干箱 80×80×100cm³	台班	49.05	0.083	0.067	0.060
	履带式起重机 15t	台班	757.48	0.261	0.177	0.130
	平板拖车组 40t	台班	1446.84	0.047	0.037	0.028
	汽车式起重机 40t	台班	1526.12	0.056	0.056	0.056
	氩弧焊机 500A	台班	92.58	0.205	0.168	0.149
	直流弧焊机 32kV·A	台班	87.75	0.829	0.670	0.596

工作内容：施工准备,分段组对,点焊、焊接、清根、组合件安装、配合检查验收。　　　　计量单位：t

定额编号				A3-2-138	A3-2-139
项目名称				设备直径(mm以内)	
				3200	3800
基价（元）				905.45	842.03
其中	人工费（元）			390.74	363.02
	材料费（元）			169.33	159.28
	机械费（元）			345.38	319.73
名称		单位	单价(元)	消耗量	
人工	综合工日	工日	140.00	2.791	2.593
材料	不锈钢焊条	kg	38.46	2.210	2.050
	不锈钢氩弧焊丝 1Cr18Ni9Ti	kg	51.28	0.280	0.250
	道木	m^3	2137.00	0.020	0.020
	砂轮片 φ150	片	2.82	1.130	1.050
	铈钨棒	g	0.38	1.568	1.400
	硝酸	kg	2.19	0.050	0.040
	氩气	m^3	19.59	0.780	0.700
	其他材料费占材料费	%	—	5.000	5.000
机械	电焊条恒温箱	台班	21.41	0.057	0.053
	电焊条烘干箱 80×80×100cm^3	台班	49.05	0.057	0.053
	履带式起重机 15t	台班	757.48	0.093	0.066
	平板拖车组 60t	台班	1611.30	0.028	0.028
	汽车式起重机 60t	台班	2927.21	0.056	0.056
	氩弧焊机 500A	台班	92.58	0.130	0.112
	直流弧焊机 32kV·A	台班	87.75	0.568	0.531

3. 塔类固定件及锚固件安装

(1)碳钢塔类固定件

工作内容：施工准备,场内运输、定位划线、组对点焊、焊接、配合检查验收。　　计量单位：层

定额编号				A3-2-140	A3-2-141	A3-2-142
项目名称				设备直径(mm以内)		
				2000	2500	3000
基价(元)				**934.95**	**1057.44**	**1156.21**
其中	人工费(元)			403.20	487.48	543.90
	材料费(元)			32.61	35.57	42.60
	机械费(元)			499.14	534.39	569.71
名称		单位	单价(元)	消耗量		
人工	综合工日	工日	140.00	2.880	3.482	3.885
材料	低碳钢焊条	kg	6.84	1.650	1.730	1.960
	二硫化钼	kg	87.61	0.040	0.050	0.060
	尼龙砂轮片 φ150	片	3.32	0.400	0.500	0.600
	氧气	m³	3.63	2.100	2.250	2.800
	乙炔气	kg	10.45	0.700	0.750	0.933
	其他材料费占材料费	%	—	5.000	5.000	5.000
机械	电焊条恒温箱	台班	21.41	0.047	0.084	0.122
	电焊条烘干箱 80×80×100cm³	台班	49.05	0.047	0.084	0.122
	汽车式起重机 16t	台班	958.70	0.466	0.466	0.466
	载重汽车 5t	台班	430.70	0.019	0.019	0.019
	直流弧焊机 32kV·A	台班	87.75	0.466	0.838	1.210

工作内容：施工准备，场内运输、定位划线、组对点焊、焊接、配合检查验收。　　　　计量单位：层

定额编号				A3-2-143	A3-2-144	A3-2-145
项目名称				设备直径(mm以内)		
				3500	4000	5000
基价（元）				**1193.18**	**1354.74**	**1759.54**
其中	人工费（元）			564.48	692.86	969.92
	材料费（元）			37.44	44.16	52.41
	机械费（元）			591.26	617.72	737.21
名称		**单位**	**单价(元)**	**消耗量**		
人工	综合工日	工日	140.00	4.032	4.949	6.928
材料	低碳钢焊条	kg	6.84	1.000	1.190	1.430
	二硫化钼	kg	87.61	0.060	0.070	0.080
	尼龙砂轮片 φ150	片	3.32	0.650	0.700	0.760
	氧气	m^3	3.63	3.009	3.579	4.302
	乙炔气	kg	10.45	1.003	1.193	1.434
	其他材料费占材料费	%	—	5.000	5.000	5.000
机械	电焊条恒温箱	台班	21.41	0.140	0.168	0.196
	电焊条烘干箱 80×80×100cm³	台班	49.05	0.140	0.168	0.196
	汽车式起重机 16t	台班	958.70	0.466	0.466	0.559
	载重汽车 5t	台班	430.70	0.028	0.028	0.037
	直流弧焊机 32kV·A	台班	87.75	1.397	1.676	1.955

工作内容：施工准备,场内运输、定位划线、组对点焊、焊接、配合检查验收。 计量单位：层

定额编号				A3-2-146	A3-2-147	A3-2-148
项目名称				设备直径(mm以内)		
				6000	7000	8000
基价（元）				2183.92	2716.47	3392.73
其中	人工费（元）			1260.84	1639.12	2131.08
	材料费（元）			61.44	78.13	98.74
	机械费（元）			861.64	999.22	1162.91
名称		单位	单价(元)	消耗量		
人工	综合工日	工日	140.00	9.006	11.708	15.222
材料	低碳钢焊条	kg	6.84	1.700	2.220	2.870
	二硫化钼	kg	87.61	0.090	0.100	0.110
	尼龙砂轮片 φ150	片	3.32	0.820	0.950	1.080
	氧气	m^3	3.63	5.100	6.651	8.601
	乙炔气	kg	10.45	1.700	2.217	2.867
	其他材料费占材料费	%	—	5.000	5.000	5.000
机械	电焊条恒温箱	台班	21.41	0.230	0.279	0.354
	电焊条烘干箱 80×80×100cm³	台班	49.05	0.233	0.279	0.354
	汽车式起重机 16t	台班	958.70	0.652	0.745	0.838
	载重汽车 5t	台班	430.70	0.037	0.047	0.056
	直流弧焊机 32kV·A	台班	87.75	2.328	2.793	3.538

(2)不锈钢塔类固定件

工作内容：施工准备,场内运输、定位划线、组对点焊、焊接、配合检查验收。　　　　计量单位：层

定额编号					A3-2-149	A3-2-150	A3-2-151
项目名称					设备直径(mm以内)		
					1200	2000	2500
基价（元）					1150.08	1298.27	1481.09
其中	人工费（元）				392.28	490.42	588.70
	材料费（元）				96.23	108.78	147.38
	机械费（元）				661.57	699.07	745.01
名称			单位	单价(元)	消耗量		
人工	综合工日		工日	140.00	2.802	3.503	4.205
材料	不锈钢焊条		kg	38.46	2.130	2.340	3.210
	二硫化钼		kg	87.61	0.040	0.040	0.050
	砂轮片 φ150		片	2.82	0.470	0.520	0.650
	硝酸		kg	2.19	2.638	4.395	5.500
	其他材料费占材料费		%	—	4.000	4.000	4.000
机械	等离子切割机 400A		台班	219.59	0.447	0.447	0.447
	电动空气压缩机 $1m^3/min$		台班	50.29	0.447	0.447	0.447
	电焊条恒温箱		台班	21.41	0.091	0.130	0.178
	电焊条烘干箱 $80×80×100cm^3$		台班	49.05	0.091	0.130	0.178
	汽车式起重机 16t		台班	958.70	0.466	0.466	0.466
	载重汽车 5t		台班	430.70	0.019	0.019	0.019
	直流弧焊机 32kV·A		台班	87.75	0.907	1.303	1.788

工作内容：施工准备,场内运输、定位划线、组对点焊、焊接、配合检查验收。　　计量单位：层

定额编号				A3-2-152	A3-2-153	A3-2-154
项目名称				设备直径(mm以内)		
				3000	4000	5000
基价（元）				1715.96	1879.20	2203.65
其中	人工费（元）			714.84	745.64	1021.16
	材料费（元）			183.57	233.06	280.58
	机械费（元）			817.55	900.50	901.91
名称		单位	单价(元)	消耗量		
人工	综合工日	工日	140.00	5.106	5.326	7.294
材料	不锈钢焊条	kg	38.46	4.020	5.100	6.135
	二硫化钼	kg	87.61	0.060	0.070	0.080
	砂轮片 φ150	片	2.82	0.780	0.910	0.980
	硝酸	kg	2.19	6.594	8.792	10.990
	其他材料费占材料费	%	—	4.000	4.000	4.000
机械	等离子切割机 400A	台班	219.59	0.559	0.670	0.773
	电动空气压缩机 1m³/min	台班	50.29	0.559	0.670	0.773
	电焊条恒温箱	台班	21.41	0.223	0.279	0.252
	电焊条烘干箱 80×80×100cm³	台班	49.05	0.223	0.279	0.252
	汽车式起重机 16t	台班	958.70	0.466	0.466	0.466
	载重汽车 5t	台班	430.70	0.019	0.019	0.019
	直流弧焊机 32kV·A	台班	87.75	2.234	2.793	2.514

工作内容：施工准备,场内运输、定位划线、组对点焊、焊接、配合检查验收。　　　　　　计量单位：层

定额编号				A3-2-155	A3-2-156	A3-2-157
项目名称				设备直径(mm以内)		
				6000	7000	8000
基价（元）				2571.47	3479.20	4958.15
其中	人工费（元）			1276.24	2018.80	2877.28
	材料费（元）			333.33	439.38	549.76
	机械费（元）			961.90	1021.02	1531.11
名称		单位	单价(元)	消耗量		
人工	综合工日	工日	140.00	9.116	14.420	20.552
材料	不锈钢焊条	kg	38.46	7.300	9.630	12.050
	二硫化钼	kg	87.61	0.090	0.110	0.138
	砂轮片 φ150	片	2.82	1.060	1.410	1.755
	硝酸	kg	2.19	13.188	17.580	21.980
	其他材料费占材料费	%	—	4.000	4.000	4.000
机械	等离子切割机 400A	台班	219.59	0.773	0.773	1.159
	电动空气压缩机 1m³/min	台班	50.29	0.773	0.773	1.159
	电焊条恒温箱	台班	21.41	0.315	0.377	0.565
	电焊条烘干箱 80×80×100cm³	台班	49.05	0.315	0.377	0.565
	汽车式起重机 16t	台班	958.70	0.466	0.466	0.699
	载重汽车 5t	台班	430.70	0.019	0.019	0.028
	直流弧焊机 32kV·A	台班	87.75	3.147	3.771	5.656

(3)碳钢锚固件

工作内容：施工准备,场内运输、定位划线、组对点焊、焊接、配合检查验收。　　　计量单位：100组

定额编号				A3-2-158
项目名称				钉头及端板
基价（元）				115.35
其中	人工费（元）			49.84
	材料费（元）			18.38
	机械费（元）			47.13
名称		单位	单价(元)	消耗量
人工	综合工日	工日	140.00	0.356
材料	保温钉及端板	个	—	(105.000)
	低碳钢焊条	kg	6.84	2.584
	其他材料费占材料费	%	—	4.000
机械	电焊条恒温箱	台班	21.41	0.048
	电焊条烘干箱 80×80×100cm^3	台班	49.05	0.048
	直流弧焊机 32kV·A	台班	87.75	0.477
	轴流通风机 7.5kW	台班	40.15	0.047

工作内容：施工准备,场内运输、定位划线、组对点焊、焊接、配合检查验收。　　　　计量单位：100个

定额编号				A3-2-159	A3-2-160
项目名称				V型钉 φ6	V型钉 φ8
基价（元）				69.23	123.82
其中	人工费（元）			29.26	52.78
	材料费（元）			10.92	19.46
	机械费（元）			29.05	51.58
名称		单位	单价(元)	消耗量	
人工	综合工日	工日	140.00	0.209	0.377
材料	保温钉及端板	个	—	(105.000)	(105.000)
	低碳钢焊条	kg	6.84	1.535	2.736
	其他材料费占材料费	%	—	4.000	4.000
机械	电焊条恒温箱	台班	21.41	0.028	0.051
	电焊条烘干箱 80×80×100cm³	台班	49.05	0.028	0.051
	直流弧焊机 32kV·A	台班	87.75	0.283	0.513
	轴流通风机 7.5kW	台班	40.15	0.056	0.074

工作内容：施工准备，场内运输、定位划线、组对点焊、焊接、配合检查验收。 计量单位：100个

定额编号				A3-2-161	A3-2-162
项目名称				Ω型钉 φ6	Ω型钉 φ8
基价（元）				**161.68**	**320.48**
其中	人工费（元）			69.72	139.30
	材料费（元）			25.95	51.09
	机械费（元）			66.01	130.09
名称		单位	单价(元)	消耗量	
人工	综合工日	工日	140.00	0.498	0.995
材料	保温钉及端板	个	—	(105.000)	(105.000)
	低碳钢焊条	kg	6.84	3.648	7.182
	其他材料费占材料费	%	—	4.000	4.000
机械	电焊条恒温箱	台班	21.41	0.068	0.134
	电焊条烘干箱 80×80×100cm³	台班	49.05	0.068	0.134
	直流弧焊机 32kV·A	台班	87.75	0.672	1.341
	轴流通风机 7.5kW	台班	40.15	0.056	0.074

工作内容：施工准备,场内运输、定位划线、组对点焊、焊接、配合检查验收。　　　计量单位：1000个

定　额　编　号				A3-2-163
项　目　名　称				Y型钉头
基　　价（元）				456.11
其中	人　工　费（元）			231.00
	材　料　费（元）			12.73
	机　械　费（元）			212.38
名　　称		单位	单价(元)	消　耗　量
人工	综合工日	工日	140.00	1.650
材料	保温钉及端板	个	—	(1100.000)
	低碳钢焊条	kg	6.84	1.790
	其他材料费占材料费	%	—	4.000
机械	电焊条恒温箱	台班	21.41	0.215
	电焊条烘干箱 80×80×100cm³	台班	49.05	0.215
	直流弧焊机 32kV·A	台班	87.75	2.141
	轴流通风机 7.5kW	台班	40.15	0.233

(4)不锈钢锚固件

工作内容：施工准备,场内运输、定位划线、组对点焊、焊接、配合检查验收。　　计量单位：100组

定额编号				A3-2-164
项目名称				钉头及端板
基价（元）				207.40
其中	人工费（元）			51.38
	材料费（元）			105.52
	机械费（元）			50.50
名称		单位	单价(元)	消耗量
人工	综合工日	工日	140.00	0.367
材料	保温钉及端板	个	—	(105.000)
	不锈钢焊条	kg	38.46	2.613
	其他材料费占材料费	%	—	5.000
机械	电焊条恒温箱	台班	21.41	0.051
	电焊条烘干箱 80×80×100cm³	台班	49.05	0.051
	直流弧焊机 32kV·A	台班	87.75	0.513
	轴流通风机 7.5kW	台班	40.15	0.047

工作内容：施工准备,场内运输、定位划线、组对点焊、焊接、配合检查验收。　　　　计量单位：100个

定额编号				A3-2-165	A3-2-166
项目名称				V型钉φ6	V型钉φ8
基价（元）				122.88	220.96
其中	人工费（元）			30.10	54.18
	材料费（元）			63.81	113.48
	机械费（元）			28.97	53.30
名称		单位	单价(元)	消耗量	
人工	综合工日	工日	140.00	0.215	0.387
材料	保温钉及端板	个	—	(105.000)	(105.000)
	不锈钢焊条	kg	38.46	1.580	2.810
	其他材料费占材料费	%	—	5.000	5.000
机械	电焊条恒温箱	台班	21.41	0.028	0.053
	电焊条烘干箱 80×80×100cm³	台班	49.05	0.028	0.053
	直流弧焊机 32kV·A	台班	87.75	0.282	0.531
	轴流通风机 7.5kW	台班	40.15	0.056	0.074

工作内容：施工准备,场内运输、定位划线、组对点焊、焊接、配合检查验收。　　计量单位：100个

定额编号				A3-2-167	A3-2-168
项目名称				Ω型钉φ6	Ω型钉φ8
基价（元）				382.25	580.81
其中	人工费（元）			71.82	142.94
	材料费（元）			152.80	300.80
	机械费（元）			157.63	137.07
名称		单位	单价(元)	消耗量	
人工	综合工日	工日	140.00	0.513	1.021
材料	保温钉及端板	个	—	(105.000)	(105.000)
	不锈钢焊条	kg	38.46	3.760	7.402
	碳精棒 φ8～12	根	1.27	0.720	1.410
	其他材料费占材料费	%	—	5.000	5.000
机械	电焊条恒温箱	台班	21.41	0.164	0.141
	电焊条烘干箱 80×80×100cm³	台班	49.05	0.164	0.141
	直流弧焊机 32kV·A	台班	87.75	1.639	1.415
	轴流通风机 7.5kW	台班	40.15	0.056	0.074

工作内容：施工准备,场内运输、定位划线、组对点焊、焊接、配合检查验收。　　计量单位：1000个

定额编号				A3-2-169
项目名称				Y型钉头
基价（元）				**540.25**
其中	人工费（元）			237.58
	材料费（元）			75.28
	机械费（元）			227.39
名称		单位	单价(元)	消耗量
人工	综合工日	工日	140.00	1.697
材料	保温钉及端板	个	—	(1100.000)
	不锈钢焊条	kg	38.46	1.841
	碳精棒 φ8～12	根	1.27	0.700
	其他材料费占材料费	%	—	5.000
机械	电焊条恒温箱	台班	21.41	0.230
	电焊条烘干箱 80×80×100cm³	台班	49.05	0.230
	直流弧焊机 32kV·A	台班	87.75	2.300
	轴流通风机 7.5kW	台班	40.15	0.233

工作内容：施工准备,场内运输、定位划线、组对点焊、焊接、配合检查验收。　　计量单位：100个

定额编号				A3-2-170	A3-2-171
项目名称				不锈钢侧拉环	
				与器壁焊接	带拉杆与器壁焊接
基价（元）				649.75	218.29
其中	人工费（元）			107.80	61.60
	材料费（元）			305.55	106.19
	机械费（元）			236.40	50.50
名称		单位	单价(元)	消耗量	
人工	综合工日	工日	140.00	0.770	0.440
材料	保温钉及端板	个	—	(105.000)	(105.000)
	不锈钢焊条	kg	38.46	7.520	2.613
	碳精棒 Φ8～12	根	1.27	1.400	0.500
	其他材料费占材料费	%	—	5.000	5.000
机械	电焊条恒温箱	台班	21.41	0.246	0.051
	电焊条烘干箱 80×80×100cm³	台班	49.05	0.246	0.051
	直流弧焊机 32kV·A	台班	87.75	2.458	0.513
	轴流通风机 7.5kW	台班	40.15	0.084	0.047

4.龟甲网安装

工作内容：施工准备,场内运输、放样下料、剪裁切割、滚圆、组对安装、调整、焊接、配合检查验收。

计量单位：m²

定额编号				A3-2-172	A3-2-173
项目名称				龟甲网安装	
				碳钢	不锈钢
基价（元）				248.06	293.60
其中	人工费（元）			169.40	187.60
	材料费（元）			7.40	29.36
	机械费（元）			71.26	76.64
名称		单位	单价(元)	消耗量	
人工	综合工日	工日	140.00	1.210	1.340
材料	不锈钢龟甲板	m²	—	—	(1.085)
	碳钢龟甲网	m²	—	(1.085)	—
	不锈钢焊条	kg	38.46	—	0.550
	低碳钢焊条	kg	6.84	0.500	—
	碳精棒 φ8～12	根	1.27	—	2.000
	氧气	m³	3.63	0.510	0.600
	乙炔气	kg	10.45	0.170	0.200
	其他材料费占材料费	%	—	5.000	5.000
机械	电焊条恒温箱	台班	21.41	0.066	0.067
	电焊条烘干箱 80×80×100cm³	台班	49.05	0.066	0.067
	卷板机 20×2500mm	台班	276.83	0.019	0.019
	直流弧焊机 32kV·A	台班	87.75	0.652	0.670
	轴流通风机 7.5kW	台班	40.15	0.103	0.196

5.塔内衬合金板

工作内容：施工准备,场内运输、放样下料、剪裁切割、滚圆、组对安装、调整、焊接、配合检查验收。

计量单位：t

定额编号				A3-2-174	A3-2-175
项目名称				头盖	筒体
基价（元）				19687.88	12236.74
其中	人工费（元）			13033.44	8210.02
	材料费（元）			914.95	646.68
	机械费（元）			5739.49	3380.04
名称		单位	单价(元)	消耗量	
人工	综合工日	工日	140.00	93.096	58.643
材料	合金钢板	t	—	(1.120)	(1.080)
	氮气	m³	4.72	26.910	6.720
	合金钢焊条	kg	11.11	67.000	52.580
	其他材料费占材料费	%	—	5.000	5.000
机械	等离子切割机 400A	台班	219.59	8.352	2.085
	电动空气压缩机 6m³/min	台班	206.73	2.915	2.625
	电焊条恒温箱	台班	21.41	3.119	1.958
	电焊条烘干箱 80×80×100cm³	台班	49.05	3.119	1.958
	剪板机 20×2000mm	台班	316.68	0.093	0.466
	卷板机 20×2500mm	台班	276.83	0.130	0.633
	载重汽车 5t	台班	430.70	0.652	0.466
	直流弧焊机 32kV·A	台班	87.75	31.189	19.579

四、整体塔器安装

1.碳钢、不锈钢塔器(立式容器)

(1)基础标高10m以内

工作内容：施工准备,基础处理、垫铁设置、吊装就位、安装找正、垫铁点焊、配合检查验收。

计量单位：台

定额编号				A3-2-176	A3-2-177	A3-2-178	A3-2-179
项目名称				设备重量(t以内)			
				2	5	10	20
基价(元)				1726.81	3146.85	4580.03	8506.81
其中	人工费(元)			857.36	1779.82	2348.92	3199.42
	材料费(元)			390.25	689.74	967.98	1598.46
	机械费(元)			479.20	677.29	1263.13	3708.93
名称		单位	单价(元)	消耗量			
人工	综合工日	工日	140.00	6.124	12.713	16.778	22.853
材料	道木	m^3	2137.00	0.070	0.130	0.200	0.310
	低碳钢焊条	kg	6.84	1.210	1.830	2.660	4.280
	镀锌铁丝 16号	kg	3.57	6.000	12.000	16.000	18.000
	二硫化钼	kg	87.61	0.300	0.500	0.600	0.700
	木方	m^3	1675.21	0.050	0.080	0.120	0.150
	尼龙砂轮片 φ150	片	3.32	0.400	0.600	0.800	1.000
	平垫铁	kg	3.74	9.310	16.240	18.860	51.760
	斜垫铁	kg	3.50	13.900	24.360	27.670	76.520
	氧气	m^3	3.63	0.669	1.500	1.890	2.610
	乙炔气	kg	10.45	0.223	0.500	0.630	0.870
	其他材料费占材料费	%	—	3.000	3.000	3.000	3.000
机械	电焊条恒温箱	台班	21.41	0.047	0.068	0.101	0.161
	电焊条烘干箱 80×80×100cm^3	台班	49.05	0.047	0.068	0.101	0.161
	平板拖车组 40t	台班	1446.84	—	—	—	0.401
	汽车式起重机 16t	台班	958.70	0.093	0.186	0.279	0.372
	汽车式起重机 25t	台班	1084.16	0.279	0.317	0.233	0.419
	汽车式起重机 40t	台班	1526.12	—	—	0.335	0.513
	汽车式起重机 75t	台班	3151.07	—	—	—	0.447
	载重汽车 10t	台班	547.99	0.093	0.186	0.279	—
	直流弧焊机 20kV·A	台班	71.43	0.466	0.680	1.005	1.611

工作内容：施工准备,基础处理、垫铁设置、吊装就位、安装找正、垫铁点焊、配合检查验收。

计量单位：台

定额编号				A3-2-180	A3-2-181	A3-2-182	A3-2-183
项目名称				设备重量(t以内)			
				40	60	80	100
基价（元）				17369.92	17178.15	22039.20	28801.82
其中	人工费（元）			5630.52	7557.06	8430.80	8610.42
	材料费（元）			2271.22	3600.53	5495.45	7503.12
	机械费（元）			9468.18	6020.56	8112.95	12688.28
名称		单位	单价(元)	消耗量			
人工	综合工日	工日	140.00	40.218	53.979	60.220	61.503
材料	道木	m³	2137.00	0.470	0.830	1.030	1.490
	低碳钢焊条	kg	6.84	7.120	9.330	12.530	13.630
	镀锌铁丝 16号	kg	3.57	20.000	22.000	24.000	28.000
	二硫化钼	kg	87.61	0.800	0.900	1.200	2.600
	滚杠	kg	5.98	—	44.160	100.040	110.400
	木方	m³	1675.21	0.190	0.250	0.280	0.320
	尼龙砂轮片 φ150	片	3.32	1.600	1.800	2.400	2.600
	平垫铁	kg	3.74	71.520	86.280	194.880	269.170
	热轧薄钢板 δ3.5～4.0	kg	3.93	—	—	—	7.100
	斜垫铁	kg	3.50	108.610	126.540	285.860	394.780
	氧气	m³	3.63	5.520	6.510	7.470	8.190
	乙炔气	kg	10.45	1.840	2.170	2.490	2.730
	其他材料费占材料费	%	—	3.000	3.000	3.000	3.000
机械	电动单筒慢速卷扬机 50kN	台班	215.57	—	—	5.205	6.331
	电动单筒慢速卷扬机 80kN	台班	257.35	—	0.904	6.285	11.889
	电焊条恒温箱	台班	21.41	0.268	0.349	0.467	0.508
	电焊条烘干箱 80×80×100cm³	台班	49.05	0.268	0.349	0.467	0.508
	履带式起重机 150t	台班	3979.80	1.583	—	—	—
	平板拖车组 40t	台班	1446.84	0.484	—	—	—
	汽车式起重机 100t	台班	4651.90	—	—	—	1.519
	汽车式起重机 16t	台班	958.70	0.484	0.559	0.680	0.792
	汽车式起重机 25t	台班	1084.16	0.540	—	—	0.037
	汽车式起重机 40t	台班	1526.12	0.792	0.652	—	—
	汽车式起重机 75t	台班	3151.07	—	1.264	1.382	—
	直流弧焊机 20kV·A	台班	71.43	2.672	3.492	4.674	5.074

工作内容：施工准备,基础处理、垫铁设置、吊装就位、安装找正、垫铁点焊、配合检查验收。

计量单位：台

定额编号				A3-2-184	A3-2-185	A3-2-186
项目名称				设备重量(t以内)		
				150	200	300
基价（元）				26331.45	33953.77	37202.09
其中	人工费（元）			11202.38	14190.96	16375.24
	材料费（元）			9240.27	12701.39	14871.54
	机械费（元）			5888.80	7061.42	5955.31
名称		单位	单价(元)	消耗量		
人工	综合工日	工日	140.00	80.017	101.364	116.966
材料	道木	m³	2137.00	1.875	2.000	2.125
	低碳钢焊条	kg	6.84	15.550	17.100	20.500
	镀锌铁丝 16号	kg	3.57	33.000	44.000	46.000
	二硫化钼	kg	87.61	3.600	4.800	5.700
	工字钢(综合)	kg	2.99	—	178.640	214.170
	滚杠	kg	5.98	126.800	160.570	176.100
	木方	m³	1675.21	0.380	0.450	0.690
	尼龙砂轮片 φ150	片	3.32	3.000	4.000	5.400
	平垫铁	kg	3.74	329.620	549.360	672.400
	热轧薄钢板 δ3.5～4.0	kg	3.93	7.900	8.500	9.500
	斜垫铁	kg	3.50	483.440	805.730	986.200
	氧气	m³	3.63	9.000	27.180	31.260
	乙炔气	kg	10.45	3.000	9.060	10.420
	其他材料费占材料费	%	—	3.000	3.000	3.000
机械	电动单筒慢速卷扬机 100kN	台班	287.06	4.748	6.796	14.002
	电动单筒慢速卷扬机 50kN	台班	215.57	13.919	16.079	—
	电焊条恒温箱	台班	21.41	0.579	0.708	0.829
	电焊条烘干箱 80×80×100cm³	台班	49.05	0.579	0.708	0.829
	汽车式起重机 16t	台班	958.70	1.117	1.136	1.341
	直流弧焊机 20kV·A	台班	71.43	5.791	7.076	8.286

工作内容：施工准备,基础处理、垫铁设置、吊装就位、安装找正、垫铁点焊、配合检查验收。

计量单位：台

定额编号				A3-2-187	A3-2-188	A3-2-189
项目名称				设备重量(t以内)		
				400	500	600
基价（元）				46928.20	55568.88	73153.63
其中	人工费（元）			21427.42	23284.52	30011.10
	材料费（元）			18806.45	24315.95	33666.32
	机械费（元）			6694.33	7968.41	9476.21
名称		单位	单价(元)	消耗量		
人工	综合工日	工日	140.00	153.053	166.318	214.365
材料	道木	m³	2137.00	2.250	2.375	2.500
	低碳钢焊条	kg	6.84	24.350	28.200	33.600
	镀锌铁丝 16号	kg	3.57	48.000	75.000	92.000
	二硫化钼	kg	87.61	7.600	9.500	11.400
	工字钢(综合)	kg	2.99	262.360	321.480	394.080
	滚杠	kg	5.98	227.900	336.840	497.960
	木方	m³	1675.21	0.910	1.250	1.480
	尼龙砂轮片 φ150	片	3.32	6.200	7.500	8.300
	平垫铁	kg	3.74	949.300	1325.040	2101.680
	热轧薄钢板 δ3.5～4.0	kg	3.93	11.640	14.260	17.480
	斜垫铁	kg	3.50	1393.360	1942.780	3082.460
	氧气	m³	3.63	39.570	46.890	57.030
	乙炔气	kg	10.45	13.190	15.630	19.010
	其他材料费占材料费	%	—	3.000	3.000	3.000
机械	电动单筒慢速卷扬机 100kN	台班	287.06	15.417	17.130	18.564
	电焊条恒温箱	台班	21.41	1.071	1.192	1.303
	电焊条烘干箱 80×80×100cm³	台班	49.05	1.071	1.192	1.303
	汽车式起重机 16t	台班	958.70	1.490	2.207	3.259
	直流弧焊机 20kV·A	台班	71.43	10.707	11.917	13.034

(2)基础标高≤20m

工作内容：施工准备,基础处理、垫铁设置、吊装就位、安装找正、垫铁点焊、配合检查验收。

计量单位：台

定额编号				A3-2-190	A3-2-191	A3-2-192	A3-2-193
项目名称				设备重量(t以内)			
				2	5	10	20
基价（元）				**2429.44**	**4053.37**	**6550.74**	**11152.00**
其中	人工费（元）			948.08	1918.70	2618.84	3797.78
	材料费（元）			390.19	689.74	967.98	1425.31
	机械费（元）			1091.17	1444.93	2963.92	5928.91
名称		单位	单价(元)	消耗量			
人工	综合工日	工日	140.00	6.772	13.705	18.706	27.127
材料	道木	m^3	2137.00	0.070	0.130	0.200	0.310
	低碳钢焊条	kg	6.84	1.210	1.830	2.660	4.280
	镀锌铁丝 16号	kg	3.57	6.000	12.000	16.000	18.000
	二硫化钼	kg	87.61	0.300	0.500	0.600	0.700
	木方	m^3	1675.21	0.050	0.080	0.120	0.150
	尼龙砂轮片 φ150	片	3.32	0.400	0.600	0.800	1.000
	平垫铁	kg	3.74	9.310	16.240	18.860	33.100
	斜垫铁	kg	3.50	13.900	24.360	27.670	48.430
	氧气	m^3	3.63	0.660	1.500	1.890	2.610
	乙炔气	kg	10.45	0.220	0.500	0.630	0.870
	其他材料费占材料费	%	—	3.000	3.000	3.000	3.000
机械	电焊条恒温箱	台班	21.41	0.047	0.068	0.101	0.161
	电焊条烘干箱 80×80×100cm³	台班	49.05	0.047	0.068	0.101	0.161
	平板拖车组 40t	台班	1446.84	—	—	—	0.401
	汽车式起重机 100t	台班	4651.90	—	—	—	0.894
	汽车式起重机 16t	台班	958.70	0.093	0.186	0.279	0.372
	汽车式起重机 25t	台班	1084.16	0.279	0.317	0.326	0.652
	汽车式起重机 40t	台班	1526.12	0.401	0.503	—	—
	汽车式起重机 75t	台班	3151.07	—	—	0.670	—
	载重汽车 10t	台班	547.99	0.093	0.186	0.279	—
	直流弧焊机 20kV·A	台班	71.43	0.466	0.680	1.005	1.611

工作内容：施工准备,基础处理、垫铁设置、吊装就位、安装找正、垫铁点焊、配合检查验收。

计量单位：台

定额编号				A3-2-194	A3-2-195	A3-2-196
项目名称				设备重量(t以内)		
				40	60	80
基价（元）				17918.22	17230.73	21787.14
其中	人工费（元）			8092.00	8375.92	9364.18
	材料费（元）			2060.39	3600.53	5495.45
	机械费（元）			7765.83	5254.28	6927.51
名称		单位	单价(元)	消耗量		
人工	综合工日	工日	140.00	57.800	59.828	66.887
材料	道木	m^3	2137.00	0.470	0.830	1.030
	低碳钢焊条	kg	6.84	7.120	9.330	12.530
	镀锌铁丝 16号	kg	3.57	20.000	22.000	24.000
	二硫化钼	kg	87.61	0.800	0.900	1.200
	滚杠	kg	5.98	—	44.160	100.040
	木方	m^3	1675.21	0.190	0.250	0.280
	尼龙砂轮片 φ150	片	3.32	1.600	1.800	2.400
	平垫铁	kg	3.74	49.920	86.280	194.880
	斜垫铁	kg	3.50	73.210	126.540	285.860
	氧气	m^3	3.63	5.520	6.510	7.470
	乙炔气	kg	10.45	1.840	2.170	2.490
	其他材料费占材料费	%	—	3.000	3.000	3.000
机械	电动单筒慢速卷扬机 50kN	台班	215.57	—	5.139	7.578
	电动单筒慢速卷扬机 80kN	台班	257.35	—	4.274	5.679
	电焊条恒温箱	台班	21.41	0.268	0.349	0.467
	电焊条烘干箱 80×80×100cm³	台班	49.05	0.268	0.349	0.467
	履带式起重机 150t	台班	3979.80	1.332	—	—
	平板拖车组 40t	台班	1446.84	0.484	—	—
	汽车式起重机 100t	台班	4651.90	—	0.596	0.745
	汽车式起重机 16t	台班	958.70	0.466	—	—
	汽车式起重机 40t	台班	1526.12	0.726	—	—
	直流弧焊机 20kV·A	台班	71.43	2.672	3.492	4.674

(3)基础标高20m以上

工作内容：施工准备,基础处理、垫铁设置、吊装就位、安装找正、垫铁点焊、配合检查验收。

计量单位：台

定额编号				A3-2-197	A3-2-198	A3-2-199	A3-2-200
项目名称				设备重量(t以内)			
				2	5	10	20
基价(元)				2807.53	4811.20	7399.04	11198.98
其中	人工费(元)			1195.04	2530.08	3572.38	5224.10
	材料费(元)			407.36	717.25	1009.36	1476.10
	机械费(元)			1205.13	1563.87	2817.30	4498.78
	名称	单位	单价(元)	消耗量			
人工	综合工日	工日	140.00	8.536	18.072	25.517	37.315
材料	道木	m³	2137.00	0.070	0.130	0.200	0.310
	电焊条	kg	5.98	1.210	1.830	2.660	4.280
	镀锌铁丝 8号	kg	3.57	6.000	12.000	16.000	18.000
	二硫化钼	kg	87.61	0.300	0.500	0.600	0.700
	方木	m³	2029.00	0.050	0.080	0.120	0.150
	尼龙砂轮片 φ150	片	3.32	0.400	0.600	0.800	1.000
	平垫铁	kg	3.74	9.310	16.240	18.860	33.100
	斜垫铁	kg	3.50	13.900	24.360	27.670	48.430
	氧气	m³	3.63	0.670	1.500	1.900	2.600
	乙炔气	kg	10.45	0.220	0.500	0.630	0.870
	其他材料费占材料费	%	—	2.997	2.997	2.997	2.997
机械	电动单筒慢速卷扬机 50kN	台班	215.57	0.048	0.057	0.086	0.143
	电焊条烘干箱 80×80×100cm³	台班	49.05	0.048	0.076	0.105	0.171
	平板拖车组 40t	台班	1446.84	—	—	—	0.409
	汽车式起重机 25t	台班	1084.16	0.285	0.323	0.342	0.817
	汽车式起重机 40t	台班	1526.12	0.475	0.589	—	—
	汽车式起重机 75t	台班	3151.07	—	—	0.627	0.817
	汽车式起重机 8t	台班	763.67	0.095	0.190	0.285	0.380
	载重汽车 10t	台班	547.99	0.095	0.190	0.285	—
	直流弧焊机 20kV·A	台班	71.43	0.475	0.694	1.026	1.644

工作内容：施工准备,基础处理、垫铁设置、吊装就位、安装找正、垫铁点焊、配合检查验收。

计量单位：台

定额编号				A3-2-201	A3-2-202	A3-2-203
项目名称				设备重量(t以内)		
				40	60	80
基价（元）				17012.63	21905.11	25832.31
其中	人工费（元）			9163.28	12309.08	14836.64
	材料费（元）			2123.26	3683.26	5586.26
	机械费（元）			5726.09	5912.77	5409.41
	名称	单位	单价(元)	消耗量		
人工	综合工日	工日	140.00	65.452	87.922	105.976
材料	道木	m³	2137.00	0.470	0.830	1.030
	电焊条	kg	5.98	7.120	9.330	12.530
	镀锌铁丝 8号	kg	3.57	20.000	22.000	24.000
	二硫化钼	kg	87.61	0.800	0.900	1.200
	方木	m³	2029.00	0.190	0.250	0.280
	滚杠	kg	5.98	—	44.160	100.040
	尼龙砂轮片 φ150	片	3.32	1.600	1.800	2.400
	平垫铁	kg	3.74	49.920	86.280	194.880
	斜垫铁	kg	3.50	73.210	126.540	285.860
	氧气	m³	3.63	5.520	6.510	7.480
	乙炔气	kg	10.45	1.840	2.170	2.490
	其他材料费占材料费	%	—	2.997	2.997	2.997
机械	电动单筒慢速卷扬机 50kN	台班	215.57	7.752	8.341	9.282
	电动单筒慢速卷扬机 80kN	台班	257.35	4.845	5.795	—
	电焊条烘干箱 80×80×100cm³	台班	49.05	0.276	0.361	0.475
	平板拖车组 40t	台班	1446.84	0.494	—	—
	汽车式起重机 40t	台班	1526.12	0.988	—	—
	汽车式起重机 75t	台班	3151.07	—	0.608	0.798
	汽车式起重机 8t	台班	763.67	0.494	0.570	0.694
	直流弧焊机 20kV·A	台班	71.43	2.727	3.563	4.769

2. 塔盘安装

(1)筛板塔盘安装

工作内容：施工准备,塔盘部件清点、矫正、编号、吊装就位、组对装配、调整、连接螺栓紧固及点焊、配合检查验收。

计量单位：层

定额编号				A3-2-204	A3-2-205	A3-2-206	A3-2-207
项目名称				设备直径(mm以内)			
				1400	1800	2400	2800
基价（元）				377.94	458.11	561.05	652.14
其中	人工费（元）			268.10	308.98	382.76	444.22
	材料费（元）			49.73	55.18	70.76	80.60
	机械费（元）			60.11	93.95	107.53	127.32
名称		单位	单价(元)	消耗量			
人工	综合工日	工日	140.00	1.915	2.207	2.734	3.173
材料	低碳钢焊条	kg	6.84	1.000	1.160	1.440	1.660
	二硫化钼	kg	87.61	0.230	0.250	0.300	0.330
	机油	kg	19.66	0.260	0.300	0.360	0.410
	煤油	kg	3.73	0.260	0.300	0.450	0.510
	铅油(厚漆)	kg	6.45	0.160	0.190	0.200	0.210
	石棉绳	kg	3.50	1.960	2.000	3.500	4.250
	氧气	m^3	3.63	0.900	1.050	1.260	1.449
	乙炔气	kg	10.45	0.300	0.350	0.420	0.483
	其他材料费占材料费	%	—	5.000	5.000	5.000	5.000
机械	电动单筒慢速卷扬机 30kN	台班	210.22	0.028	0.093	0.103	0.149
	电焊条恒温箱	台班	21.41	0.047	0.054	0.067	0.077
	电焊条烘干箱 80×80×100cm^3	台班	49.05	0.047	0.054	0.067	0.077
	汽车式起重机 16t	台班	958.70	0.010	0.019	0.019	0.019
	载重汽车 5t	台班	430.70	0.010	0.019	0.019	0.019
	直流弧焊机 20kV·A	台班	71.43	0.466	0.540	0.662	0.773
	轴流通风机 7.5kW	台班	40.15	0.093	0.140	0.186	0.223

工作内容：施工准备，塔盘部件清点、矫正、编号、吊装就位、组对装配、调整、连接螺栓紧固及点焊、配合检查验收。

计量单位：层

定额编号				A3-2-208	A3-2-209	A3-2-210	A3-2-211
项目名称				设备直径(mm以内)			
				3200	3800	4500	5200
基价（元）				706.85	871.74	1127.95	1248.81
其中	人工费（元）			478.38	597.80	769.58	846.30
	材料费（元）			87.43	106.92	128.66	141.61
	机械费（元）			141.04	167.02	229.71	260.90
名称		单位	单价(元)	消耗量			
人工	综合工日	工日	140.00	3.417	4.270	5.497	6.045
材料	低碳钢焊条	kg	6.84	1.780	2.190	2.800	3.100
	二硫化钼	kg	87.61	0.370	0.440	0.520	0.580
	机油	kg	19.66	0.420	0.490	0.580	0.630
	煤油	kg	3.73	0.520	0.590	0.700	0.730
	铅油(厚漆)	kg	6.45	0.220	0.280	0.300	0.330
	石棉绳	kg	3.50	4.500	5.880	6.800	7.300
	氧气	m³	3.63	1.590	1.980	2.541	2.820
	乙炔气	kg	10.45	0.530	0.660	0.847	0.940
	其他材料费占材料费	%	—	5.000	5.000	5.000	5.000
机械	电动单筒慢速卷扬机 30kN	台班	210.22	0.186	0.205	0.242	0.261
	电焊条恒温箱	台班	21.41	0.083	0.093	0.128	0.144
	电焊条烘干箱 80×80×100cm³	台班	49.05	0.083	0.093	0.128	0.144
	汽车式起重机 16t	台班	958.70	0.019	0.028	0.047	0.056
	载重汽车 5t	台班	430.70	0.019	0.028	0.047	0.056
	直流弧焊机 20kV·A	台班	71.43	0.829	0.931	1.285	1.444
	轴流通风机 7.5kW	台班	40.15	0.261	0.298	0.317	0.372

工作内容：施工准备,塔盘部件清点、矫正、编号、吊装就位、组对装配、调整、连接螺栓紧固及点焊、配合检查验收。

计量单位：层

定额编号				A3-2-212	A3-2-213	A3-2-214
项目名称				设备直径(mm以内)		
				5800	6400	8000
基价（元）				1439.37	1646.81	1856.77
其中	人工费（元）			976.08	1121.82	1272.88
	材料费（元）			153.06	185.12	202.68
	机械费（元）			310.23	339.87	381.21
名称		单位	单价(元)	消耗量		
人工	综合工日	工日	140.00	6.972	8.013	9.092
材料	低碳钢焊条	kg	6.84	3.560	4.100	4.750
	二硫化钼	kg	87.61	0.610	0.850	0.900
	机油	kg	19.66	0.670	0.700	0.750
	煤油	kg	3.73	0.760	0.800	0.900
	铅油(厚漆)	kg	6.45	0.360	0.400	0.450
	石棉绳	kg	3.50	7.600	8.000	8.560
	氧气	m^3	3.63	3.240	3.720	4.320
	乙炔气	kg	10.45	1.080	1.240	1.440
	其他材料费占材料费	%	—	5.000	5.000	5.000
机械	电动单筒慢速卷扬机 30kN	台班	210.22	0.279	0.317	0.345
	电焊条恒温箱	台班	21.41	0.166	0.191	0.217
	电焊条烘干箱 $80\times80\times100cm^3$	台班	49.05	0.166	0.191	0.217
	汽车式起重机 16t	台班	958.70	0.074	0.074	0.084
	载重汽车 5t	台班	430.70	0.074	0.074	0.084
	直流弧焊机 20kV·A	台班	71.43	1.657	1.909	2.170
	轴流通风机 7.5kW	台班	40.15	0.466	0.513	0.540

工作内容：施工准备,塔盘部件清点、矫正、编号、吊装就位、组对装配、调整、连接螺栓紧固及点焊、配合检查验收。

计量单位：层

定额编号				A3-2-215	A3-2-216	A3-2-217
项目名称				设备直径(mm以内)		
				9200	10000	10000以上
基价（元）				2128.45	2424.57	2771.79
其中	人工费（元）			1483.02	1705.48	1961.26
	材料费（元）			219.20	239.96	262.37
	机械费（元）			426.23	479.13	548.16
名称		单位	单价(元)	消耗量		
人工	综合工日	工日	140.00	10.593	12.182	14.009
材料	低碳钢焊条	kg	6.84	5.400	5.870	6.800
	二硫化钼	kg	87.61	0.950	1.060	1.120
	机油	kg	19.66	0.780	0.830	0.870
	煤油	kg	3.73	1.000	1.150	1.300
	铅油(厚漆)	kg	6.45	0.470	0.520	0.560
	石棉绳	kg	3.50	9.000	9.450	10.120
	氧气	m³	3.63	4.920	5.409	6.222
	乙炔气	kg	10.45	1.640	1.803	2.074
	其他材料费占材料费	%	—	5.000	5.000	5.000
机械	电动单筒慢速卷扬机 30kN	台班	210.22	0.364	0.391	0.428
	电焊条恒温箱	台班	21.41	0.252	0.273	0.317
	电焊条烘干箱 80×80×100cm³	台班	49.05	0.252	0.273	0.317
	汽车式起重机 16t	台班	958.70	0.093	0.112	0.130
	载重汽车 5t	台班	430.70	0.093	0.112	0.130
	直流弧焊机 20kV·A	台班	71.43	2.514	2.737	3.165
	轴流通风机 7.5kW	台班	40.15	0.577	0.662	0.726

(2)浮阀塔盘安装

工作内容：施工准备,塔盘部件清点、矫正、编号、吊装就位、组对装配、调整、连接螺栓紧固及点焊、配合检查验收。

计量单位：层

定额编号				A3-2-218	A3-2-219	A3-2-220	A3-2-221
项目名称				设备直径(mm以内)			
				1400	1800	2400	2800
基价(元)				**471.35**	**562.09**	**689.72**	**790.86**
其中	人工费(元)			346.08	397.88	494.70	569.10
	材料费(元)			47.10	58.24	74.90	85.19
	机械费(元)			78.17	105.97	120.06	136.57
名称		单位	单价(元)	消耗量			
人工	综合工日	工日	140.00	2.472	2.842	3.534	4.065
材料	低碳钢焊条	kg	6.84	1.000	1.160	1.410	1.680
	二硫化钼	kg	87.61	0.200	0.240	0.300	0.330
	机油	kg	19.66	0.220	0.270	0.340	0.370
	煤油	kg	3.73	0.260	0.350	0.440	0.480
	铅油(厚漆)	kg	6.45	0.170	0.190	0.240	0.270
	石棉绳	kg	3.50	2.200	3.200	4.550	5.500
	氧气	m^3	3.63	0.900	1.050	1.350	1.500
	乙炔气	kg	10.45	0.300	0.350	0.450	0.500
	其他材料费占材料费	%	—	5.000	5.000	5.000	5.000
机械	电动单筒慢速卷扬机 30kN	台班	210.22	0.112	0.149	0.159	0.186
	电焊条恒温箱	台班	21.41	0.047	0.049	0.067	0.078
	电焊条烘干箱 80×80×100cm^3	台班	49.05	0.047	0.054	0.067	0.078
	汽车式起重机 16t	台班	958.70	0.010	0.019	0.019	0.019
	载重汽车 5t	台班	430.70	0.010	0.019	0.019	0.019
	直流弧焊机 20kV·A	台班	71.43	0.466	0.540	0.662	0.782
	轴流通风机 7.5kW	台班	40.15	0.103	0.149	0.205	0.242

工作内容：施工准备,塔盘部件清点、矫正、编号、吊装就位、组对装配、调整、连接螺栓紧固及点焊、配合检查验收。

计量单位：层

定额编号				A3-2-222	A3-2-223	A3-2-224	A3-2-225
项目名称				设备直径(mm以内)			
				3200	3800	4500	5200
基价（元）				891.47	1051.41	1300.89	1496.66
其中	人工费（元）			649.46	754.32	926.10	1066.94
	材料费（元）			91.75	110.65	130.48	149.17
	机械费（元）			150.26	186.44	244.31	280.55
名称		单位	单价(元)	消耗量			
人工	综合工日	工日	140.00	4.639	5.388	6.615	7.621
材料	低碳钢焊条	kg	6.84	1.800	2.240	2.650	3.180
	二硫化钼	kg	87.61	0.350	0.430	0.500	0.570
	机油	kg	19.66	0.400	0.470	0.540	0.630
	煤油	kg	3.73	0.500	0.580	0.640	0.730
	铅油(厚漆)	kg	6.45	0.300	0.360	0.420	0.530
	石棉绳	kg	3.50	6.000	6.900	8.400	8.900
	氧气	m^3	3.63	1.650	2.040	2.421	2.910
	乙炔气	kg	10.45	0.550	0.680	0.807	0.970
	其他材料费占材料费	%	—	5.000	5.000	5.000	5.000
机械	电动单筒慢速卷扬机 30kN	台班	210.22	0.223	0.252	0.308	0.335
	电焊条恒温箱	台班	21.41	0.084	0.104	0.128	0.148
	电焊条烘干箱 80×80×100cm³	台班	49.05	0.084	0.104	0.128	0.148
	汽车式起重机 16t	台班	958.70	0.019	0.028	0.047	0.056
	载重汽车 5t	台班	430.70	0.019	0.028	0.047	0.056
	直流弧焊机 20kV·A	台班	71.43	0.838	1.043	1.285	1.481
	轴流通风机 7.5kW	台班	40.15	0.279	0.317	0.335	0.401

工作内容：施工准备,塔盘部件清点、矫正、编号、吊装就位、组对装配、调整、连接螺栓紧固及点焊、配合检查验收。

计量单位：层

定额编号				A3-2-226	A3-2-227	A3-2-228
项目名称				设备直径(mm以内)		
				5800	6400	8000
基价（元）				1701.40	1955.83	2255.50
其中	人工费（元）			1219.82	1421.42	1636.46
	材料费（元）			162.29	179.94	202.24
	机械费（元）			319.29	354.47	416.80
	名称	单位	单价(元)	消耗量		
人工	综合工日	工日	140.00	8.713	10.153	11.689
材料	低碳钢焊条	kg	6.84	3.640	4.200	5.370
	二硫化钼	kg	87.61	0.610	0.650	0.700
	机油	kg	19.66	0.660	0.800	0.900
	煤油	kg	3.73	0.760	0.900	0.950
	铅油(厚漆)	kg	6.45	0.560	0.600	0.650
	石棉绳	kg	3.50	9.400	10.000	10.500
	氧气	m^3	3.63	3.360	3.900	4.551
	乙炔气	kg	10.45	1.120	1.300	1.517
	其他材料费占材料费	%	—	5.000	5.000	5.000
机械	电动单筒慢速卷扬机 30kN	台班	210.22	0.354	0.364	0.382
	电焊条恒温箱	台班	21.41	0.170	0.196	0.251
	电焊条烘干箱 80×80×100cm^3	台班	49.05	0.170	0.196	0.251
	汽车式起重机 16t	台班	958.70	0.066	0.074	0.084
	载重汽车 5t	台班	430.70	0.066	0.074	0.084
	直流弧焊机 20kV·A	台班	71.43	1.694	1.955	2.505
	轴流通风机 7.5kW	台班	40.15	0.503	0.540	0.577

工作内容：施工准备,塔盘部件清点、矫正、编号、吊装就位、组对装配、调整、连接螺栓紧固及点焊、配合检查验收。

计量单位：层

定额编号				A3-2-229	A3-2-230	A3-2-231
项目名称				设备直径(mm以内)		
				9200	10000	10000以上
基价(元)				2584.86	3049.83	3502.13
其中	人工费(元)			1882.16	2164.12	2438.38
	材料费(元)			225.56	249.64	277.72
	机械费(元)			477.14	636.07	786.03
名称		单位	单价(元)	消耗量		
人工	综合工日	工日	140.00	13.444	15.458	17.417
材料	低碳钢焊条	kg	6.84	6.540	7.190	8.010
	二硫化钼	kg	87.61	0.780	0.860	0.940
	机油	kg	19.66	0.920	1.000	1.200
	煤油	kg	3.73	1.000	1.200	1.400
	铅油(厚漆)	kg	6.45	0.700	0.950	1.100
	石棉绳	kg	3.50	11.000	12.100	13.360
	氧气	m³	3.63	5.190	5.709	6.282
	乙炔气	kg	10.45	1.730	1.903	2.094
	其他材料费占材料费	%	—	5.000	5.000	5.000
机械	电动单筒慢速卷扬机 30kN	台班	210.22	0.559	0.773	1.073
	电焊条恒温箱	台班	21.41	0.259	0.335	0.373
	电焊条烘干箱 80×80×100cm³	台班	49.05	0.259	0.335	0.373
	汽车式起重机 16t	台班	958.70	0.093	0.130	0.168
	载重汽车 5t	台班	430.70	0.093	0.130	0.168
	直流弧焊机 20kV·A	台班	71.43	2.588	3.352	3.734
	轴流通风机 7.5kW	台班	40.15	0.680	0.745	0.848

(3)泡罩塔盘安装

工作内容：施工准备,塔盘部件清点、矫正、编号、吊装就位、组对装配、调整、连接螺栓紧固及点焊、配合检查验收。

计量单位：层

定额编号				A3-2-232	A3-2-233	A3-2-234	A3-2-235
项目名称				设备直径(mm以内)			
				1400	1800	2400	2800
基价(元)				**691.47**	**805.07**	**1009.66**	**1177.17**
其中	人工费(元)			550.20	632.52	781.76	898.66
	材料费(元)			44.82	54.45	72.44	83.07
	机械费(元)			96.45	118.10	155.46	195.44
	名称	**单位**	**单价(元)**	**消耗量**			
人工	综合工日	工日	140.00	3.930	4.518	5.584	6.419
材料	低碳钢焊条	kg	6.84	1.400	1.620	1.970	2.230
	二硫化钼	kg	87.61	0.160	0.200	0.270	0.310
	机油	kg	19.66	0.220	0.300	0.360	0.410
	煤油	kg	3.73	0.700	0.900	0.970	1.020
	铅油(厚漆)	kg	6.45	0.130	0.150	0.180	0.210
	石棉绳	kg	3.50	0.750	0.850	0.970	1.020
	水	t	7.96	0.020	0.030	0.540	0.740
	氧气	m^3	3.63	1.200	1.380	1.731	1.971
	乙炔气	kg	10.45	0.400	0.460	0.577	0.657
	其他材料费占材料费	%	—	5.000	5.000	5.000	5.000
机械	电动单级离心清水泵 50mm	台班	27.04	0.010	0.010	0.010	0.010
	电动单筒慢速卷扬机 30kN	台班	210.22	0.130	0.186	0.233	0.252
	电焊条恒温箱	台班	21.41	0.066	0.075	0.092	0.104
	电焊条烘干箱 80×80×100cm³	台班	49.05	0.066	0.075	0.092	0.104
	汽车式起重机 16t	台班	958.70	0.010	0.010	0.019	0.037
	载重汽车 5t	台班	430.70	0.010	0.010	0.019	0.037
	直流弧焊机 20kV·A	台班	71.43	0.652	0.755	0.922	1.043
	轴流通风机 7.5kW	台班	40.15	0.093	0.140	0.186	0.223

工作内容：施工准备,塔盘部件清点、矫正、编号、吊装就位、组对装配、调整、连接螺栓紧固及点焊、配合检查验收。

计量单位：层

定额编号				A3-2-236	A3-2-237	A3-2-238	A3-2-239
项目名称				设备直径(mm以内)			
				3200	3800	4500	5200
基价（元）				1272.96	1562.29	1918.75	2252.41
其中	人工费（元）			960.96	1187.62	1446.48	1679.16
	材料费（元）			89.23	108.87	132.65	159.46
	机械费（元）			222.77	265.80	339.62	413.79
名称		单位	单价(元)	消耗量			
人工	综合工日	工日	140.00	6.864	8.483	10.332	11.994
材料	低碳钢焊条	kg	6.84	2.500	3.030	3.520	4.280
	二硫化钼	kg	87.61	0.320	0.380	0.450	0.530
	机油	kg	19.66	0.420	0.480	0.560	0.660
	煤油	kg	3.73	1.050	1.210	1.800	2.050
	铅油(厚漆)	kg	6.45	0.220	0.280	0.350	0.430
	石棉绳	kg	3.50	1.050	1.250	1.400	1.800
	水	t	7.96	0.960	1.360	1.910	2.540
	氧气	m^3	3.63	2.100	2.631	3.198	3.690
	乙炔气	kg	10.45	0.700	0.877	1.066	1.230
	其他材料费占材料费	%	—	5.000	5.000	5.000	5.000
机械	电动单级离心清水泵 50mm	台班	27.04	0.010	0.010	0.019	0.019
	电动单筒慢速卷扬机 30kN	台班	210.22	0.270	0.308	0.326	0.345
	电焊条恒温箱	台班	21.41	0.115	0.141	0.164	0.199
	电焊条烘干箱 80×80×100cm^3	台班	49.05	0.115	0.141	0.164	0.199
	汽车式起重机 16t	台班	958.70	0.047	0.056	0.093	0.122
	载重汽车 5t	台班	430.70	0.047	0.056	0.093	0.122
	直流弧焊机 20kV·A	台班	71.43	1.146	1.415	1.639	1.992
	轴流通风机 7.5kW	台班	40.15	0.261	0.298	0.317	0.372

工作内容：施工准备,塔盘部件清点、矫正、编号、吊装就位、组对装配、调整、连接螺栓紧固及点焊、配合检查验收。

计量单位：层

定额编号				A3-2-240	A3-2-241	A3-2-242
项目名称				设备直径(mm以内)		
				5800	6400	8000
基价（元）				2609.51	2924.83	3226.24
其中	人工费（元）			1930.32	2123.52	2230.06
	材料费（元）			183.19	202.50	240.22
	机械费（元）			496.00	598.81	755.96
名称		单位	单价(元)	消耗量		
人工	综合工日	工日	140.00	13.788	15.168	15.929
材料	低碳钢焊条	kg	6.84	4.960	5.410	6.020
	二硫化钼	kg	87.61	0.600	0.640	0.700
	机油	kg	19.66	0.720	0.800	0.920
	煤油	kg	3.73	2.100	2.220	2.400
	铅油(厚漆)	kg	6.45	0.460	0.500	0.560
	石棉绳	kg	3.50	2.200	2.500	3.200
	水	t	7.96	3.170	3.860	6.030
	氧气	m^3	3.63	4.230	4.650	5.121
	乙炔气	kg	10.45	1.410	1.550	1.707
	其他材料费占材料费	%	—	5.000	5.000	5.000
机械	电动单级离心清水泵 50mm	台班	27.04	0.028	0.037	0.066
	电动单筒慢速卷扬机 30kN	台班	210.22	0.354	0.447	0.521
	电焊条恒温箱	台班	21.41	0.229	0.252	0.280
	电焊条烘干箱 80×80×100cm^3	台班	49.05	0.229	0.252	0.280
	汽车式起重机 16t	台班	958.70	0.159	0.205	0.289
	载重汽车 5t	台班	430.70	0.159	0.205	0.289
	直流弧焊机 20kV·A	台班	71.43	2.290	2.514	2.803
	轴流通风机 7.5kW	台班	40.15	0.503	0.540	0.577

工作内容：施工准备，塔盘部件清点、矫正、编号、吊装就位、组对装配、调整、连接螺栓紧固及点焊、配合检查验收。

计量单位：层

定额编号				A3-2-243	A3-2-244	A3-2-245
项目名称				设备直径(mm以内)		
				9200	10000	10000以上
基价（元）				3749.36	4281.02	4898.61
其中	人工费（元）			2571.24	2827.86	3252.34
	材料费（元）			274.04	319.84	361.40
	机械费（元）			904.08	1133.32	1284.87
名称		单位	单价(元)	消耗量		
人工	综合工日	工日	140.00	18.366	20.199	23.231
材料	低碳钢焊条	kg	6.84	6.560	7.120	7.680
	二硫化钼	kg	87.61	0.750	0.930	1.020
	机油	kg	19.66	1.000	1.120	1.240
	煤油	kg	3.73	2.500	2.800	3.210
	铅油(厚漆)	kg	6.45	0.600	0.730	0.860
	石棉绳	kg	3.50	4.000	5.110	6.200
	水	t	7.96	7.970	9.420	11.130
	氧气	m³	3.63	5.640	6.240	7.044
	乙炔气	kg	10.45	1.880	2.080	2.348
	其他材料费占材料费	%	—	5.000	5.000	5.000
机械	电动单级离心清水泵 50mm	台班	27.04	0.084	0.093	0.103
	电动单筒慢速卷扬机 30kN	台班	210.22	0.680	0.801	0.848
	电焊条恒温箱	台班	21.41	0.306	0.331	0.358
	电焊条烘干箱 80×80×100cm³	台班	49.05	0.306	0.331	0.358
	汽车式起重机 16t	台班	958.70	0.354	0.484	0.568
	载重汽车 5t	台班	430.70	0.354	0.484	0.568
	直流弧焊机 20kV·A	台班	71.43	3.054	3.314	3.575
	轴流通风机 7.5kW	台班	40.15	0.680	0.745	0.848

(4)舌型塔盘安装

工作内容：施工准备,塔盘部件清点、矫正、编号、吊装就位、组对装配、调整、连接螺栓紧固及点焊、配合检查验收。

计量单位：层

定额编号				A3-2-246	A3-2-247	A3-2-248	A3-2-249
项目名称				设备直径(mm以内)			
				1400	1800	2400	2800
基价(元)				414.12	484.62	615.61	710.71
其中	人工费(元)			305.90	352.10	435.68	500.78
	材料费(元)			34.16	49.40	69.05	78.94
	机械费(元)			74.06	83.12	110.88	130.99
名称		单位	单价(元)	消耗量			
人工	综合工日	工日	140.00	2.185	2.515	3.112	3.577
材料	低碳钢焊条	kg	6.84	0.900	1.040	1.300	1.590
	二硫化钼	kg	87.61	0.120	0.200	0.300	0.320
	机油	kg	19.66	0.210	0.300	0.370	0.420
	煤油	kg	3.73	0.250	0.390	0.450	0.520
	铅油(厚漆)	kg	6.45	0.140	0.200	0.200	0.200
	石棉绳	kg	3.50	1.000	1.800	3.190	4.070
	氧气	m³	3.63	0.900	1.050	1.290	1.482
	乙炔气	kg	10.45	0.300	0.350	0.430	0.494
	其他材料费占材料费	%	—	5.000	5.000	5.000	5.000
机械	电动单筒慢速卷扬机 30kN	台班	210.22	0.112	0.122	0.140	0.177
	电焊条恒温箱	台班	21.41	0.042	0.048	0.061	0.074
	电焊条烘干箱 80×80×100cm³	台班	49.05	0.042	0.048	0.061	0.074
	汽车式起重机 16t	台班	958.70	0.010	0.010	0.019	0.019
	载重汽车 5t	台班	430.70	0.010	0.010	0.019	0.019
	直流弧焊机 20kV·A	台班	71.43	0.419	0.484	0.606	0.745
	轴流通风机 7.5kW	台班	40.15	0.093	0.140	0.186	0.223

工作内容：施工准备,塔盘部件清点、矫正、编号、吊装就位、组对装配、调整、连接螺栓紧固及点焊、配合检查验收。

计量单位：层

定额编号				A3-2-250	A3-2-251	A3-2-252	A3-2-253
项目名称				设备直径(mm以内)			
				3200	3800	4500	5200
基价（元）				778.63	932.89	1151.90	1330.77
其中	人工费（元）			550.90	661.64	806.68	935.90
	材料费（元）			86.44	99.91	118.58	132.47
	机械费（元）			141.29	171.34	226.64	262.40
名称		单位	单价(元)	消耗量			
人工	综合工日	工日	140.00	3.935	4.726	5.762	6.685
材料	低碳钢焊条	kg	6.84	1.820	2.000	2.460	2.820
	二硫化钼	kg	87.61	0.350	0.410	0.470	0.500
	机油	kg	19.66	0.450	0.520	0.570	0.660
	煤油	kg	3.73	0.540	0.600	0.660	0.740
	铅油(厚漆)	kg	6.45	0.200	0.200	0.200	0.300
	石棉绳	kg	3.50	4.500	5.080	6.500	7.300
	氧气	m^3	3.63	1.590	1.971	2.421	2.790
	乙炔气	kg	10.45	0.530	0.657	0.807	0.930
	其他材料费占材料费	%	—	5.000	5.000	5.000	5.000
机械	电动单筒慢速卷扬机 30kN	台班	210.22	0.215	0.252	0.279	0.317
	电焊条恒温箱	台班	21.41	0.075	0.093	0.115	0.131
	电焊条烘干箱 80×80×100cm^3	台班	49.05	0.075	0.093	0.115	0.131
	汽车式起重机 16t	台班	958.70	0.019	0.024	0.047	0.056
	载重汽车 5t	台班	430.70	0.019	0.024	0.047	0.056
	直流弧焊机 20kV·A	台班	71.43	0.755	0.931	1.146	1.313
	轴流通风机 7.5kW	台班	40.15	0.261	0.298	0.317	0.372

工作内容：施工准备,塔盘部件清点、矫正、编号、吊装就位、组对装配、调整、连接螺栓紧固及点焊、配合检查验收。

计量单位：层

定额编号				A3-2-254	A3-2-255	A3-2-256
项目名称				设备直径(mm以内)		
				5800	6400	8000
基价（元）				1516.85	1729.02	1928.00
其中	人工费（元）			1073.10	1238.02	1380.68
	材料费（元）			146.45	159.16	172.06
	机械费（元）			297.30	331.84	375.26
名称		单位	单价(元)	消耗量		
人工	综合工日	工日	140.00	7.665	8.843	9.862
材料	低碳钢焊条	kg	6.84	3.240	3.720	4.020
	二硫化钼	kg	87.61	0.570	0.600	0.650
	机油	kg	19.66	0.670	0.700	0.750
	煤油	kg	3.73	0.760	0.800	0.900
	铅油(厚漆)	kg	6.45	0.300	0.400	0.450
	石棉绳	kg	3.50	7.600	8.000	8.600
	氧气	m^3	3.63	3.210	3.690	3.981
	乙炔气	kg	10.45	1.070	1.230	1.327
	其他材料费占材料费	%	—	5.000	5.000	5.000
机械	电动单筒慢速卷扬机 30kN	台班	210.22	0.326	0.345	0.428
	电焊条恒温箱	台班	21.41	0.151	0.173	0.187
	电焊条烘干箱 80×80×100cm³	台班	49.05	0.151	0.173	0.187
	汽车式起重机 16t	台班	958.70	0.066	0.074	0.084
	载重汽车 5t	台班	430.70	0.066	0.074	0.084
	直流弧焊机 20kV·A	台班	71.43	1.508	1.732	1.872
	轴流通风机 7.5kW	台班	40.15	0.466	0.513	0.540

工作内容：施工准备,塔盘部件清点、矫正、编号、吊装就位、组对装配、调整、连接螺栓紧固及点焊、配合检查验收。

计量单位：层

定额编号				A3-2-257	A3-2-258	A3-2-259
项目名称				设备直径(mm以内)		
				9200	10000	10000以上
基价（元）				2283.61	2581.45	2981.10
其中	人工费（元）			1637.30	1800.96	2071.02
	材料费（元）			192.92	227.09	266.03
	机械费（元）			453.39	553.40	644.05
名称		单位	单价(元)	消耗量		
人工	综合工日	工日	140.00	11.695	12.864	14.793
材料	低碳钢焊条	kg	6.84	4.920	5.650	6.430
	二硫化钼	kg	87.61	0.700	0.820	1.000
	机油	kg	19.66	0.800	0.900	1.100
	煤油	kg	3.73	1.000	1.120	1.240
	铅油(厚漆)	kg	6.45	0.500	0.600	0.700
	石棉绳	kg	3.50	9.000	11.200	12.100
	氧气	m³	3.63	4.860	5.742	6.840
	乙炔气	kg	10.45	1.620	1.914	2.280
	其他材料费占材料费	%	—	5.000	5.000	5.000
机械	电动单筒慢速卷扬机 30kN	台班	210.22	0.577	0.782	0.950
	电焊条恒温箱	台班	21.41	0.229	0.264	0.299
	电焊条烘干箱 80×80×100cm³	台班	49.05	0.229	0.264	0.299
	汽车式起重机 16t	台班	958.70	0.093	0.112	0.130
	载重汽车 5t	台班	430.70	0.093	0.112	0.130
	直流弧焊机 20kV·A	台班	71.43	2.290	2.635	2.989
	轴流通风机 7.5kW	台班	40.15	0.577	0.662	0.726

(5)浮动喷射式塔盘安装

工作内容：施工准备,塔盘部件清点、矫正、编号、吊装就位、组对装配、调整、连接螺栓紧固及点焊、配合检查验收。

计量单位：层

定额编号				A3-2-260	A3-2-261	A3-2-262	A3-2-263
项目名称				设备直径(mm以内)			
				1400	1800	2800	3800
基价(元)				660.86	899.60	1090.28	1378.45
其中	人工费(元)			514.22	698.88	843.92	1057.70
	材料费(元)			51.03	73.17	100.07	129.35
	机械费(元)			95.61	127.55	146.29	191.40
名称		单位	单价(元)	消耗量			
人工	综合工日	工日	140.00	3.673	4.992	6.028	7.555
材料	低碳钢焊条	kg	6.84	1.600	2.080	2.500	3.120
	二硫化钼	kg	87.61	0.200	0.300	0.400	0.500
	机油	kg	19.66	0.200	0.300	0.400	0.500
	煤油	kg	3.73	0.200	0.300	0.500	0.600
	铅油(厚漆)	kg	6.45	0.200	0.200	0.200	0.200
	石棉绳	kg	3.50	1.000	2.000	4.000	6.000
	氧气	m^3	3.63	1.500	1.950	2.550	3.330
	乙炔气	kg	10.45	0.500	0.650	0.850	1.110
	其他材料费占材料费	%	—	5.000	5.000	5.000	5.000
机械	电动单筒慢速卷扬机 30kN	台班	210.22	0.093	0.093	0.093	0.186
	电焊条恒温箱	台班	21.41	0.074	0.097	0.117	0.145
	电焊条烘干箱 80×80×100cm^3	台班	49.05	0.074	0.097	0.117	0.145
	汽车式起重机 16t	台班	958.70	0.010	0.019	0.019	0.019
	载重汽车 5t	台班	430.70	0.010	0.019	0.019	0.019
	直流弧焊机 20kV·A	台班	71.43	0.745	0.968	1.164	1.452
	轴流通风机 7.5kW	台班	40.15	0.093	0.140	0.223	0.298

工作内容：施工准备,塔盘部件清点、矫正、编号、吊装就位、组对装配、调整、连接螺栓紧固及点焊、配合检查验收。

计量单位：层

定额编号				A3-2-264	A3-2-265	A3-2-266	A3-2-267
项目名称				设备直径(mm以内)			
				4800	6400	8600	10000
基价（元）				1865.32	2220.93	2725.47	3342.63
其中	人工费（元）			1440.46	1728.58	2122.82	2617.02
	材料费（元）			159.98	179.31	210.81	249.84
	机械费（元）			264.88	313.04	391.84	475.77
名称		单位	单价(元)	消耗量			
人工	综合工日	工日	140.00	10.289	12.347	15.163	18.693
材料	低碳钢焊条	kg	6.84	4.220	5.060	5.820	6.120
	二硫化钼	kg	87.61	0.600	0.600	0.700	0.800
	机油	kg	19.66	0.600	0.700	0.800	0.900
	煤油	kg	3.73	0.700	0.800	1.000	1.200
	铅油(厚漆)	kg	6.45	0.200	0.300	0.400	0.500
	石棉绳	kg	3.50	7.000	8.000	9.000	10.000
	氧气	m^3	3.63	4.320	5.190	6.480	9.222
	乙炔气	kg	10.45	1.440	1.730	2.160	3.074
	其他材料费占材料费	%	—	5.000	5.000	5.000	5.000
机械	电动单筒慢速卷扬机 30kN	台班	210.22	0.279	0.279	0.372	0.466
	电焊条恒温箱	台班	21.41	0.197	0.200	0.271	0.317
	电焊条烘干箱 80×80×100cm³	台班	49.05	0.197	0.200	0.271	0.317
	汽车式起重机 16t	台班	958.70	0.028	0.037	0.056	0.074
	载重汽车 5t	台班	430.70	0.028	0.037	0.056	0.074
	直流弧焊机 20kV·A	台班	71.43	1.965	2.356	2.710	3.165
	轴流通风机 7.5kW	台班	40.15	0.326	0.513	0.577	0.662

(6)混合式塔盘安装

工作内容：施工准备,塔盘部件清点、矫正、编号、吊装就位、组对装配、调整、连接螺栓紧固及点焊、配合检查验收。

计量单位：层

定额编号				A3-2-268	A3-2-269	A3-2-270	A3-2-271
项目名称				设备直径(mm以内)			
				1400	1800	2800	3800
基价（元）				**462.44**	**601.76**	**753.31**	**1072.10**
其中	人工费（元）			346.78	416.78	521.50	756.28
	材料费（元）			41.52	57.29	79.81	106.50
	机械费（元）			74.14	127.69	152.00	209.32
名称		单位	单价(元)	消耗量			
人工	综合工日	工日	140.00	2.477	2.977	3.725	5.402
材料	低碳钢焊条	kg	6.84	0.800	0.960	1.200	1.740
	二硫化钼	kg	87.61	0.200	0.300	0.400	0.500
	机油	kg	19.66	0.200	0.300	0.400	0.500
	煤油	kg	3.73	0.200	0.300	0.400	0.500
	铅油(厚漆)	kg	6.45	0.200	0.200	0.200	0.200
	石棉绳	kg	3.50	1.500	2.000	4.000	6.000
	氧气	m^3	3.63	0.750	0.900	1.140	1.650
	乙炔气	kg	10.45	0.250	0.300	0.380	0.550
	其他材料费占材料费	%	—	5.000	5.000	5.000	5.000
机械	电动单筒慢速卷扬机 30kN	台班	210.22	0.130	0.205	0.242	0.298
	电焊条恒温箱	台班	21.41	0.037	0.067	0.084	0.123
	电焊条烘干箱 80×80×100cm³	台班	49.05	0.037	0.067	0.084	0.123
	汽车式起重机 16t	台班	958.70	0.010	0.019	0.019	0.028
	载重汽车 5t	台班	430.70	0.010	0.019	0.019	0.028
	直流弧焊机 20kV·A	台班	71.43	0.372	0.670	0.838	1.220
	轴流通风机 7.5kW	台班	40.15	0.093	0.140	0.223	0.298

工作内容：施工准备,塔盘部件清点、矫正、编号、吊装就位、组对装配、调整、连接螺栓紧固及点焊、配合检查验收。

计量单位：层

定额编号				A3-2-272	A3-2-273	A3-2-274	A3-2-275
项目名称				设备直径(mm以内)			
				4800	6400	8600	10000
基价（元）				**1304.45**	**1669.41**	**2145.64**	**2634.40**
其中	人工费（元）			945.14	1227.10	1606.08	1987.44
	材料费（元）			118.93	144.00	165.69	196.44
	机械费（元）			240.38	298.31	373.87	450.52
名称		单位	单价(元)	消耗量			
人工	综合工日	工日	140.00	6.751	8.765	11.472	14.196
材料	低碳钢焊条	kg	6.84	2.180	3.020	4.040	5.040
	二硫化钼	kg	87.61	0.500	0.600	0.600	0.700
	机油	kg	19.66	0.600	0.600	0.700	0.800
	煤油	kg	3.73	0.600	0.800	1.000	1.200
	铅油(厚漆)	kg	6.45	0.200	0.200	0.300	0.400
	石棉绳	kg	3.50	7.000	8.000	9.000	10.000
	氧气	m^3	3.63	2.070	2.790	3.750	4.710
	乙炔气	kg	10.45	0.690	0.930	1.250	1.570
	其他材料费占材料费	%	—	5.000	5.000	5.000	5.000
机械	电动单筒慢速卷扬机 30kN	台班	210.22	0.326	0.447	0.596	0.652
	电焊条恒温箱	台班	21.41	0.153	0.169	0.188	0.234
	电焊条烘干箱 80×80×100cm^3	台班	49.05	0.153	0.169	0.188	0.234
	汽车式起重机 16t	台班	958.70	0.028	0.037	0.056	0.074
	载重汽车 5t	台班	430.70	0.028	0.037	0.056	0.074
	直流弧焊机 20kV·A	台班	71.43	1.527	1.686	1.881	2.346
	轴流通风机 7.5kW	台班	40.15	0.326	0.513	0.577	0.662

(7)S型塔盘安装

工作内容：施工准备，塔盘部件清点、矫正、编号、吊装就位、组对装配、调整、连接螺栓紧固及点焊、配合检查验收。

计量单位：层

定额编号				A3-2-276	A3-2-277	A3-2-278	A3-2-279
项目名称				设备直径(mm以内)			
				1400	1800	2400	2800
基价（元）				311.83	364.48	424.19	507.41
其中	人工费（元）			187.04	215.74	259.56	324.80
	材料费（元）			43.28	49.24	59.99	69.91
	机械费（元）			81.51	99.50	104.64	112.70
名称		单位	单价(元)	消耗量			
人工	综合工日	工日	140.00	1.336	1.541	1.854	2.320
材料	低碳钢焊条	kg	6.84	0.900	1.040	1.250	1.510
	二硫化钼	kg	87.61	0.230	0.250	0.300	0.330
	机油	kg	19.66	0.200	0.310	0.360	0.420
	煤油	kg	3.73	0.260	0.300	0.450	0.510
	木方	m³	1675.21	0.003	0.003	0.004	0.005
	氧气	m³	3.63	0.900	1.020	1.239	1.560
	乙炔气	kg	10.45	0.300	0.340	0.413	0.520
	其他材料费占材料费	%	—	1.500	1.500	1.500	1.500
机械	电动单筒慢速卷扬机 50kN	台班	215.57	0.186	0.186	0.186	0.186
	电焊条恒温箱	台班	21.41	0.028	0.032	0.039	0.049
	电焊条烘干箱 80×80×100cm³	台班	49.05	0.028	0.032	0.039	0.049
	汽车式起重机 16t	台班	958.70	0.010	0.019	0.019	0.019
	载重汽车 5t	台班	430.70	0.010	0.019	0.019	0.019
	直流弧焊机 20kV·A	台班	71.43	0.279	0.326	0.391	0.494
	轴流通风机 7.5kW	台班	40.15	0.140	0.186	0.186	0.186

工作内容：施工准备,塔盘部件清点、矫正、编号、吊装就位、组对装配、调整、连接螺栓紧固及点焊、配合检查验收。

计量单位：层

定额编号				A3-2-280	A3-2-281	A3-2-282
项目名称				设备直径(mm以内)		
				3200	3800	4500
基价（元）				**535.91**	**638.14**	**744.81**
其中	人工费（元）			342.44	393.12	449.12
	材料费（元）			75.63	87.97	103.80
	机械费（元）			117.84	157.05	191.89
名称		单位	单价(元)	消耗量		
人工	综合工日	工日	140.00	2.446	2.808	3.208
材料	低碳钢焊条	kg	6.84	1.720	1.930	2.280
	二硫化钼	kg	87.61	0.370	0.440	0.520
	机油	kg	19.66	0.430	0.480	0.570
	煤油	kg	3.73	0.530	0.590	0.680
	木方	m^3	1675.21	0.005	0.006	0.007
	氧气	m^3	3.63	1.620	1.860	2.199
	乙炔气	kg	10.45	0.540	0.620	0.733
	其他材料费占材料费	%	—	1.500	1.500	1.500
机械	电动单筒慢速卷扬机 50kN	台班	215.57	0.186	0.279	0.279
	电焊条恒温箱	台班	21.41	0.056	0.060	0.069
	电焊条烘干箱 80×80×100cm^3	台班	49.05	0.056	0.060	0.069
	汽车式起重机 16t	台班	958.70	0.019	0.028	0.047
	载重汽车 5t	台班	430.70	0.019	0.028	0.047
	直流弧焊机 20kV·A	台班	71.43	0.559	0.596	0.689
	轴流通风机 7.5kW	台班	40.15	0.186	0.279	0.308

工作内容：施工准备,塔盘部件清点、矫正、编号、吊装就位、组对装配、调整、连接螺栓紧固及点焊、配合检查验收。

计量单位：层

定额编号				A3-2-283	A3-2-284	A3-2-285
项目名称				设备直径(mm以内)		
				5200	5800	6400
基价（元）				856.44	992.61	1121.35
其中	人工费（元）			515.48	592.90	686.00
	材料费（元）			116.53	128.71	155.78
	机械费（元）			224.43	271.00	279.57
名称		单位	单价(元)	消耗量		
人工	综合工日	工日	140.00	3.682	4.235	4.900
材料	低碳钢焊条	kg	6.84	2.640	3.130	3.700
	二硫化钼	kg	87.61	0.580	0.610	0.830
	机油	kg	19.66	0.630	0.670	0.700
	煤油	kg	3.73	0.710	0.750	0.810
	木方	m³	1675.21	0.008	0.009	0.010
	氧气	m³	3.63	2.460	2.940	3.081
	乙炔气	kg	10.45	0.820	0.980	1.027
	其他材料费占材料费	%	—	1.500	1.500	1.500
机械	电动单筒慢速卷扬机 50kN	台班	215.57	0.326	0.372	0.391
	电焊条恒温箱	台班	21.41	0.079	0.093	0.098
	电焊条烘干箱 80×80×100cm³	台班	49.05	0.079	0.093	0.098
	汽车式起重机 16t	台班	958.70	0.056	0.074	0.074
	载重汽车 5t	台班	430.70	0.056	0.074	0.074
	直流弧焊机 20kV·A	台班	71.43	0.792	0.931	0.978
	轴流通风机 7.5kW	台班	40.15	0.354	0.372	0.391

工作内容：施工准备,塔盘部件清点、矫正、编号、吊装就位、组对装配、调整、连接螺栓紧固及点焊、配合检查验收。

计量单位：层

定额编号				A3-2-286	A3-2-287	A3-2-288
项目名称				设备直径(mm以内)		
				8000	9000	10000
基价（元）				**1238.13**	**1418.79**	**1575.64**
其中	人工费（元）			775.60	918.82	1011.36
	材料费（元）			164.12	182.29	203.43
	机械费（元）			298.41	317.68	360.85
名称		单位	单价(元)	消耗量		
人工	综合工日	工日	140.00	5.540	6.563	7.224
材料	低碳钢焊条	kg	6.84	3.900	4.380	5.150
	二硫化钼	kg	87.61	0.850	0.940	1.060
	机油	kg	19.66	0.740	0.770	0.860
	煤油	kg	3.73	0.880	0.950	1.150
	木方	m^3	1675.21	0.012	0.015	0.016
	氧气	m^3	3.63	3.180	3.300	3.420
	乙炔气	kg	10.45	1.060	1.100	1.140
	其他材料费占材料费	%	—	1.500	1.500	1.500
机械	电动单筒慢速卷扬机 50kN	台班	215.57	0.402	0.417	0.428
	电焊条恒温箱	台班	21.41	0.101	0.104	0.122
	电焊条烘干箱 80×80×100cm³	台班	49.05	0.101	0.104	0.122
	汽车式起重机 16t	台班	958.70	0.084	0.093	0.112
	载重汽车 5t	台班	430.70	0.084	0.093	0.112
	直流弧焊机 20kV·A	台班	71.43	1.005	1.043	1.210
	轴流通风机 7.5kW	台班	40.15	0.402	0.417	0.447

3. 设备填充

(1) 瓷环乱堆

工作内容：施工准备,场内运输、挑选、冲洗、运输、填充、配合检查验收。　　计量单位：t

定额编号				A3-2-289	A3-2-290
项目名称				规格(mm以内)	
				φ15～50	φ80～150
基价（元）				733.58	546.75
其中	人工费（元）			549.50	385.00
	材料费（元）			41.26	37.83
	机械费（元）			142.82	123.92
名称		单位	单价(元)	消耗量	
人工	综合工日	工日	140.00	3.925	2.750
材料	木板	m³	1634.16	0.007	0.005
	水	t	7.96	3.500	3.500
	其他材料费占材料费	%	—	5.000	5.000
机械	电动单筒快速卷扬机 20kN	台班	228.04	0.326	0.279
	载重汽车 5t	台班	430.70	0.159	0.140

工作内容：施工准备,场内运输、挑选、冲洗、运输、填充、配合检查验收。　　计量单位：t

定额编号				A3-2-291	A3-2-292
项目名称				规格(mm以内)	
				50×50×4.5	100×100×10
基价（元）				688.28	518.39
其中	人工费（元）			514.92	348.46
	材料费（元）			41.26	37.83
	机械费（元）			132.10	132.10
名称		单位	单价(元)	消耗量	
人工	综合工日	工日	140.00	3.678	2.489
材料	木板	m³	1634.16	0.007	0.005
	水	t	7.96	3.500	3.500
	其他材料费占材料费	%	—	5.000	5.000
机械	电动单筒快速卷扬机 20kN	台班	228.04	0.279	0.279
	载重汽车 5t	台班	430.70	0.159	0.159

(2)瓷环排列

工作内容：施工准备,场内运输、挑选、冲洗、运输、填充、配合检查验收。　　计量单位：t

定额编号				A3-2-293	A3-2-294	A3-2-295
项目名称				规格(mm以内)		
				φ25	φ80	φ150
基价（元）				**1261.10**	**967.13**	**777.43**
其中	人工费（元）			1046.78	770.84	611.80
	材料费（元）			46.41	42.98	37.83
	机械费（元）			167.91	153.31	127.80
名称		**单位**	**单价(元)**	**消耗量**		
人工	综合工日	工日	140.00	7.477	5.506	4.370
材料	木板	m^3	1634.16	0.010	0.008	0.005
	水	t	7.96	3.500	3.500	3.500
	其他材料费占材料费	%	—	5.000	5.000	5.000
机械	电动单筒快速卷扬机 20kN	台班	228.04	0.419	0.372	0.279
	载重汽车 5t	台班	430.70	0.168	0.159	0.149

(3)乱堆

工作内容：施工准备,场内运输、挑选、冲洗、运输、填充、配合检查验收。 计量单位：t

定额编号				A3-2-296	A3-2-297	A3-2-298	A3-2-299
项目名称				碳钢环	不锈钢环	铝环	塑料环
				乱堆			
基价（元）				**517.04**	**468.91**	**600.80**	**799.90**
其中	人工费（元）			357.00	313.18	407.12	598.92
	材料费（元）			36.12	36.12	37.83	41.26
	机械费（元）			123.92	119.61	155.85	159.72
名称		单位	单价(元)	消耗量			
人工	综合工日	工日	140.00	2.550	2.237	2.908	4.278
材料	木板	m³	1634.16	0.004	0.004	0.005	0.007
	水	t	7.96	3.500	3.500	3.500	3.500
	其他材料费占材料费	%	—	5.000	5.000	5.000	5.000
机械	电动单筒快速卷扬机 20kN	台班	228.04	0.279	0.279	0.419	0.419
	载重汽车 5t	台班	430.70	0.140	0.130	0.140	0.149

4.其他填充

工作内容：施工准备,场内运输、挑选、冲洗、运输、填充、配合检查验收。　　计量单位：t

定额编号				A3-2-300	A3-2-301
项目名称				石英砂	砾(卵)石
基价（元）				308.63	383.44
其中	人工费（元）			168.84	206.64
	材料费（元）			5.15	38.28
	机械费（元）			134.64	138.52
名称		单位	单价(元)	消耗量	
人工	综合工日	工日	140.00	1.206	1.476
材料	低碳钢焊条	kg	6.84	—	0.540
	木板	m³	1634.16	0.003	0.003
	水	t	7.96	—	3.500
	其他材料费占材料费	%	—	5.000	5.000
机械	电动单筒快速卷扬机 20kN	台班	228.04	0.326	0.326
	载重汽车 5t	台班	430.70	0.140	0.149

工作内容：施工准备,场内运输、挑选、冲洗、运输、填充、配合检查验收。 计量单位：10m³

定额编号				A3-2-302
项目名称				冷箱珠光砂
基价（元）				404.21
其中	人工费（元）			143.36
	材料费（元）			43.34
	机械费（元）			217.51
名称		单位	单价(元)	消耗量
人工	综合工日	工日	140.00	1.024
材料	木板	m³	1634.16	0.025
	氧气	m³	3.63	0.060
	乙炔气	kg	10.45	0.020
	其他材料费占材料费	%	—	5.000
机械	汽车式起重机 16t	台班	958.70	0.093
	载重汽车 5t	台班	430.70	0.298

工作内容：施工准备,场内运输、挑选、冲洗、运输、填充、配合检查验收。　　　　计量单位：t

定额编号				A3-2-303	A3-2-304
项目名称				木格子	石英石
基价（元）				582.57	356.64
其中	人工费（元）			432.04	187.60
	材料费（元）			12.01	34.40
	机械费（元）			138.52	134.64
名称		单位	单价(元)	消耗量	
人工	综合工日	工日	140.00	3.086	1.340
材料	木板	m^3	1634.16	0.007	0.003
	水	t	7.96	—	3.500
	其他材料费占材料费	%	—	5.000	5.000
机械	电动单筒快速卷扬机 20kN	台班	228.04	0.326	0.326
	载重汽车 5t	台班	430.70	0.149	0.140

五、热交换器类安装

1. 热交换器安装

(1)基础标高10m以内

工作内容：施工准备,基础处理、垫铁设置、吊装就位、安装找正、垫铁点焊、配合检查验收。

计量单位：台

定额编号				A3-2-305	A3-2-306	A3-2-307
项目名称				设备重量(t以内)		
				2	5	10
基价（元）				1463.52	2262.78	3412.47
其中	人工费（元）			491.68	950.46	1500.66
	材料费（元）			407.66	552.14	872.79
	机械费（元）			564.18	760.18	1039.02
名称		单位	单价(元)	消耗量		
人工	综合工日	工日	140.00	3.512	6.789	10.719
材料	道木	m^3	2137.00	0.090	0.120	0.180
	低碳钢焊条	kg	6.84	0.860	1.650	2.500
	镀锌铁丝 16号	kg	3.57	6.000	12.000	16.000
	二硫化钼	kg	87.61	0.320	0.570	1.000
	黄油	kg	16.58	0.050	0.120	0.350
	尼龙砂轮片 φ150	片	3.32	0.160	0.290	0.380
	平垫铁	kg	3.74	12.180	14.154	24.283
	斜垫铁	kg	3.50	28.427	33.033	56.658
	氧气	m^3	3.63	0.240	0.570	0.660
	乙炔气	kg	10.45	0.080	0.190	0.220
	其他材料费占材料费	%	—	3.000	3.000	3.000
机械	电焊条恒温箱	台班	21.41	0.048	0.087	0.134
	电焊条烘干箱 80×80×100cm³	台班	49.05	0.048	0.087	0.134
	汽车式起重机 16t	台班	958.70	0.466	0.596	0.335
	汽车式起重机 25t	台班	1084.16	—	—	0.410
	载重汽车 5t	台班	430.70	0.186	0.279	—
	载重汽车 8t	台班	501.85	—	—	0.335
	直流弧焊机 20kV·A	台班	71.43	0.475	0.875	1.341

工作内容：施工准备,基础处理、垫铁设置、吊装就位、安装找正、垫铁点焊、配合检查验收。

计量单位：台

定额编号				A3-2-308	A3-2-309	A3-2-310
项目名称				设备重量(t以内)		
				20	30	40
基价（元）				6002.08	8537.01	11281.42
其中	人工费（元）			2264.08	2963.66	3998.82
	材料费（元）			1394.09	1731.56	2372.18
	机械费（元）			2343.91	3841.79	4910.42
名称		单位	单价(元)	消耗量		
人工	综合工日	工日	140.00	16.172	21.169	28.563
材料	道木	m^3	2137.00	0.300	0.400	0.550
	低碳钢焊条	kg	6.84	3.220	4.200	5.660
	镀锌铁丝 16号	kg	3.57	18.000	19.000	20.000
	二硫化钼	kg	87.61	1.820	2.310	2.720
	黄油	kg	16.58	0.700	1.050	1.600
	尼龙砂轮片 φ150	片	3.32	0.540	0.830	0.920
	平垫铁	kg	3.74	37.387	41.202	73.906
	斜垫铁	kg	3.50	87.234	96.138	129.325
	氧气	m^3	3.63	1.140	2.340	2.910
	乙炔气	kg	10.45	0.380	0.780	0.970
	其他材料费占材料费	%	—	3.000	3.000	3.000
机械	电焊条恒温箱	台班	21.41	0.172	0.247	0.324
	电焊条烘干箱 80×80×100cm³	台班	49.05	0.172	0.247	0.324
	平板拖车组 20t	台班	1081.33	0.401	—	—
	平板拖车组 40t	台班	1446.84	—	0.447	0.484
	汽车式起重机 25t	台班	1084.16	0.410	—	—
	汽车式起重机 40t	台班	1526.12	—	0.447	—
	汽车式起重机 50t	台班	2464.07	0.540	—	0.521
	汽车式起重机 75t	台班	3151.07	—	0.736	0.848
	直流弧焊机 20kV·A	台班	71.43	1.723	2.468	3.240

工作内容：施工准备,基础处理、垫铁设置、吊装就位、安装找正、垫铁点焊、配合检查验收。

计量单位：台

定额编号				A3-2-311	A3-2-312	A3-2-313
项目名称				设备重量(t以内)		
				50	60	80
基价（元）				16333.29	14577.00	19255.40
其中	人工费（元）			5672.52	6370.14	6608.28
	材料费（元）			3980.73	5109.56	6543.47
	机械费（元）			6680.04	3097.30	6103.65
名称		单位	单价(元)	消耗量		
人工	综合工日	工日	140.00	40.518	45.501	47.202
材料	道木	m^3	2137.00	0.820	1.110	1.330
	低碳钢焊条	kg	6.84	7.520	7.880	9.280
	镀锌铁丝 16号	kg	3.57	21.000	22.000	24.000
	二硫化钼	kg	87.61	3.100	3.480	4.000
	滚杠	kg	5.98	132.480	182.480	300.120
	黄油	kg	16.58	2.000	2.400	4.000
	尼龙砂轮片 φ150	片	3.32	1.400	1.830	2.110
	平垫铁	kg	3.74	85.862	98.525	110.852
	斜垫铁	kg	3.50	150.878	172.431	193.984
	氧气	m^3	3.63	4.950	5.940	6.960
	乙炔气	kg	10.45	1.650	1.980	2.320
	其他材料费占材料费	%	—	3.000	3.000	3.000
机械	叉式起重机 5t	台班	506.51	—	—	0.680
	电动单筒慢速卷扬机 50kN	台班	215.57	2.886	3.352	3.705
	电动单筒慢速卷扬机 80kN	台班	257.35	1.210	1.444	4.628
	电焊条恒温箱	台班	21.41	0.391	0.416	0.536
	电焊条烘干箱 80×80×100cm³	台班	49.05	0.391	0.416	0.536
	履带式起重机 150t	台班	3979.80	1.024	—	—
	汽车式起重机 40t	台班	1526.12	0.894	1.099	—
	汽车式起重机 50t	台班	2464.07	—	—	1.359
	直流弧焊机 20kV·A	台班	71.43	3.910	4.152	5.363

(2) 10m<基础标高≤20m

工作内容：施工准备,基础处理、垫铁设置、吊装就位、安装找正、垫铁点焊、配合检查验收。

计量单位：台

定额编号				A3-2-314	A3-2-315	A3-2-316
项目名称				设备重量(t以内)		
				2	5	10
基价（元）				1731.45	2828.37	4414.79
其中	人工费（元）			559.44	1092.42	1692.60
	材料费（元）			407.66	552.14	872.79
	机械费（元）			764.35	1183.81	1849.40
名称		单位	单价(元)	消耗量		
人工	综合工日	工日	140.00	3.996	7.803	12.090
材料	道木	m^3	2137.00	0.090	0.120	0.180
	低碳钢焊条	kg	6.84	0.860	1.650	2.500
	镀锌铁丝 16号	kg	3.57	6.000	12.000	16.000
	二硫化钼	kg	87.61	0.320	0.570	1.000
	黄油	kg	16.58	0.050	0.120	0.350
	尼龙砂轮片 φ150	片	3.32	0.160	0.290	0.380
	平垫铁	kg	3.74	12.180	14.154	24.283
	斜垫铁	kg	3.50	28.427	33.033	56.658
	氧气	m^3	3.63	0.240	0.570	0.660
	乙炔气	kg	10.45	0.080	0.190	0.220
	其他材料费占材料费	%	—	3.000	3.000	3.000
机械	电焊条恒温箱	台班	21.41	0.048	0.087	0.134
	电焊条烘干箱 80×80×100cm³	台班	49.05	0.048	0.087	0.134
	汽车式起重机 16t	台班	958.70	0.233	0.279	0.335
	汽车式起重机 25t	台班	1084.16	0.372	—	—
	汽车式起重机 40t	台班	1526.12	—	0.466	—
	汽车式起重机 50t	台班	2464.07	—	—	0.503
	载重汽车 10t	台班	547.99	—	—	0.335
	载重汽车 5t	台班	430.70	0.233	0.317	—
	直流弧焊机 20kV·A	台班	71.43	0.475	0.875	1.341

工作内容：施工准备，基础处理、垫铁设置、吊装就位、安装找正、垫铁点焊、配合检查验收。

计量单位：台

定额编号				A3-2-317	A3-2-318	A3-2-319
项目名称				设备重量(t以内)		
				20	30	40
基价（元）				7273.35	10080.57	12655.29
其中	人工费（元）			2694.86	3714.20	4486.86
	材料费（元）			1394.09	1731.56	2372.18
	机械费（元）			3184.40	4634.81	5796.25
名称		单位	单价(元)	消耗量		
人工	综合工日	工日	140.00	19.249	26.530	32.049
材料	道木	m^3	2137.00	0.300	0.400	0.550
	低碳钢焊条	kg	6.84	3.220	4.200	5.660
	镀锌铁丝 16号	kg	3.57	18.000	19.000	20.000
	二硫化钼	kg	87.61	1.820	2.310	2.720
	黄油	kg	16.58	0.700	1.050	1.600
	尼龙砂轮片 φ150	片	3.32	0.540	0.830	0.920
	平垫铁	kg	3.74	37.387	41.202	73.906
	斜垫铁	kg	3.50	87.234	96.138	129.325
	氧气	m^3	3.63	1.140	2.340	2.910
	乙炔气	kg	10.45	0.380	0.780	0.970
	其他材料费占材料费	%	—	3.000	3.000	3.000
机械	电焊条恒温箱	台班	21.41	0.172	0.247	0.324
	电焊条烘干箱 80×80×100cm³	台班	49.05	0.172	0.247	0.324
	履带式起重机 150t	台班	3979.80	—	0.782	0.894
	平板拖车组 20t	台班	1081.33	0.401	—	—
	平板拖车组 40t	台班	1446.84	—	0.447	0.484
	汽车式起重机 25t	台班	1084.16	0.410	—	—
	汽车式起重机 40t	台班	1526.12	—	0.447	—
	汽车式起重机 50t	台班	2464.07	—	—	0.521
	汽车式起重机 75t	台班	3151.07	0.689	—	—
	直流弧焊机 20kV·A	台班	71.43	1.723	2.468	3.240

工作内容：施工准备,基础处理、垫铁设置、吊装就位、安装找正、垫铁点焊、配合检查验收。

计量单位：台

定额编号				A3-2-320	A3-2-321	A3-2-322
项目名称				设备重量(t以内)		
				50	60	80
基价（元）				12497.59	14846.59	18315.54
其中	人工费（元）			6323.24	7062.86	7394.38
	材料费（元）			3980.73	5109.56	6543.47
	机械费（元）			2193.62	2674.17	4377.69
名称		单位	单价(元)	消耗量		
人工	综合工日	工日	140.00	45.166	50.449	52.817
材料	道木	m^3	2137.00	0.820	1.110	1.330
	低碳钢焊条	kg	6.84	7.520	7.880	9.280
	镀锌铁丝 16号	kg	3.57	21.000	22.000	24.000
	二硫化钼	kg	87.61	3.100	3.480	4.000
	滚杠	kg	5.98	132.480	182.480	300.120
	黄油	kg	16.58	2.000	2.400	4.000
	尼龙砂轮片 φ150	片	3.32	1.400	1.830	2.110
	平垫铁	kg	3.74	85.862	98.525	110.852
	斜垫铁	kg	3.50	150.878	172.431	193.984
	氧气	m^3	3.63	4.950	5.940	6.960
	乙炔气	kg	10.45	1.650	1.980	2.320
	其他材料费占材料费	%	—	3.000	3.000	3.000
机械	电动单筒慢速卷扬机 50kN	台班	215.57	3.165	3.771	5.176
	电动单筒慢速卷扬机 80kN	台班	257.35	1.350	1.872	5.977
	电焊条恒温箱	台班	21.41	0.391	0.416	0.536
	电焊条烘干箱 80×80×100cm³	台班	49.05	0.391	0.416	0.536
	汽车式起重机 16t	台班	958.70	0.894	1.099	1.359
	直流弧焊机 20kV·A	台班	71.43	3.910	4.152	5.363

(3)基础标高20m以上

工作内容：施工准备,基础处理、垫铁设置、吊装就位、安装找正、垫铁点焊、配合检查验收。

计量单位：台

定额编号				A3-2-323	A3-2-324	A3-2-325	A3-2-326
项目名称				设备重量(t以内)			
				2	5	10	20
基价(元)				1976.37	3221.03	5155.54	8605.37
其中	人工费(元)			622.16	1134.00	1781.64	3142.72
	材料费(元)			408.66	559.77	885.89	1412.75
	机械费(元)			945.55	1527.26	2488.01	4049.90
名称		单位	单价(元)	消耗量			
人工	综合工日	工日	140.00	4.444	8.100	12.726	22.448
材料	道木	m³	2137.00	0.090	0.120	0.180	0.300
	低碳钢焊条	kg	6.84	0.860	1.650	2.500	3.220
	镀锌铁丝 16号	kg	3.57	6.000	12.000	16.000	18.000
	二硫化钼	kg	87.61	0.320	0.570	1.000	1.820
	黄油	kg	16.58	0.050	0.120	0.350	0.700
	尼龙砂轮片 φ150	片	3.32	0.160	0.290	0.380	0.540
	平垫铁	kg	3.74	16.240	17.836	30.597	47.110
	斜垫铁	kg	3.50	24.367	31.213	53.543	82.019
	氧气	m³	3.63	0.240	0.570	0.660	1.140
	乙炔气	kg	10.45	0.080	0.190	0.220	0.380
	其他材料费占材料费	%	—	3.000	3.000	3.000	3.000
机械	电焊条恒温箱	台班	21.41	0.048	0.087	0.134	0.172
	电焊条烘干箱 80×80×100cm³	台班	49.05	0.048	0.087	0.134	0.172
	履带式起重机 150t	台班	3979.80	—	—	—	0.763
	平板拖车组 20t	台班	1081.33	—	—	—	0.401
	汽车式起重机 16t	台班	958.70	0.233	0.279	0.335	—
	汽车式起重机 25t	台班	1084.16	—	—	—	0.410
	汽车式起重机 40t	台班	1526.12	0.383	—	—	—
	汽车式起重机 50t	台班	2464.07	—	0.428	—	—
	汽车式起重机 75t	台班	3151.07	—	—	0.596	—
	载重汽车 10t	台班	547.99	—	—	0.335	—
	载重汽车 5t	台班	430.70	0.233	0.317	—	—
	直流弧焊机 20kV·A	台班	71.43	0.475	0.875	1.341	1.723

工作内容：施工准备,基础处理、垫铁设置、吊装就位、安装找正、垫铁点焊、配合检查验收。

计量单位：台

定额编号				A3-2-327	A3-2-328	A3-2-329	A3-2-330
项目名称				设备重量(t以内)			
				30	40	50	60
基价（元）				10836.38	8921.64	13946.78	16054.24
其中	人工费（元）			4260.76	5095.44	7079.94	7637.98
	材料费（元）			1753.76	2372.18	3979.65	5109.56
	机械费（元）			4821.86	1454.02	2887.19	3306.70
名称		单位	单价(元)	消耗量			
人工	综合工日	工日	140.00	30.434	36.396	50.571	54.557
材料	道木	m^3	2137.00	0.400	0.550	0.820	1.110
	低碳钢焊条	kg	6.84	4.200	5.660	7.520	7.880
	镀锌铁丝 16号	kg	3.57	19.000	20.000	21.000	22.000
	二硫化钼	kg	87.61	2.310	2.720	3.100	3.480
	滚杠	kg	5.98	—	—	132.480	182.480
	黄油	kg	16.58	1.050	1.600	2.000	2.400
	尼龙砂轮片 φ150	片	3.32	0.830	0.920	1.400	1.830
	平垫铁	kg	3.74	51.912	73.906	85.582	98.525
	斜垫铁	kg	3.50	90.853	129.325	150.878	172.431
	氧气	m^3	3.63	2.340	2.910	4.950	5.940
	乙炔气	kg	10.45	0.780	0.970	1.650	1.980
	其他材料费占材料费	%	—	3.000	3.000	3.000	3.000
机械	电动单筒慢速卷扬机 50kN	台班	215.57	—	—	4.190	4.748
	电动单筒慢速卷扬机 80kN	台班	257.35	—	—	2.840	3.165
	电焊条恒温箱	台班	21.41	0.247	0.324	0.391	0.416
	电焊条烘干箱 80×80×100cm³	台班	49.05	0.247	0.324	0.391	0.416
	履带式起重机 150t	台班	3979.80	0.829	—	—	—
	平板拖车组 40t	台班	1446.84	0.447	0.484	—	—
	汽车式起重机 16t	台班	958.70	—	0.521	0.987	1.192
	汽车式起重机 40t	台班	1526.12	0.447	—	—	—
	直流弧焊机 20kV·A	台班	71.43	2.468	3.240	3.910	4.152

2. 热交换器类设备地面抽芯检查

工作内容：施工准备，各相关部位螺栓拆卸、地面上抽芯检查、回装把紧、配合检查验收。 计量单位：台

定额编号				A3-2-331	A3-2-332	A3-2-333
项目名称				设备重量(t以内)		
				2	5	10
基价（元）				**1005.33**	**1880.53**	**2708.62**
其中	人工费（元）			536.20	1016.26	1601.88
	材料费（元）			155.28	321.50	448.57
	机械费（元）			313.85	542.77	658.17
名称		**单位**	**单价(元)**	**消耗量**		
人工	综合工日	工日	140.00	3.830	7.259	11.442
材料	道木	m^3	2137.00	0.040	0.100	0.130
	低碳钢焊条	kg	6.84	0.220	0.390	0.630
	二硫化钼	kg	87.61	0.450	0.570	0.940
	耐油橡胶板	kg	20.51	1.000	1.860	2.860
	氧气	m^3	3.63	0.540	1.080	1.740
	乙炔气	kg	10.45	0.180	0.360	0.580
	其他材料费占材料费	%	—	3.000	3.000	3.000
机械	电动单筒慢速卷扬机 50kN	台班	215.57	0.528	1.232	1.299
	电焊条恒温箱	台班	21.41	0.013	0.024	0.037
	电焊条烘干箱 80×80×100cm³	台班	49.05	0.013	0.024	0.037
	汽车式起重机 16t	台班	958.70	0.198	0.270	0.364
	直流弧焊机 20kV·A	台班	71.43	0.130	0.233	0.372

工作内容：施工准备,各相关部位螺栓拆卸、地面上抽芯检查、回装把紧、配合检查验收。 计量单位：台

定额编号				A3-2-334	A3-2-335	A3-2-336
项目名称				设备重量(t以内)		
				20	30	40
基价（元）				4105.14	5130.32	6164.10
其中	人工费（元）			2568.72	3087.28	3236.52
	材料费（元）			618.24	788.35	1015.78
	机械费（元）			918.18	1254.69	1911.80
名称		单位	单价(元)	消耗量		
人工	综合工日	工日	140.00	18.348	22.052	23.118
材料	道木	m^3	2137.00	0.180	0.220	0.290
	低碳钢焊条	kg	6.84	1.040	1.210	1.300
	二硫化钼	kg	87.61	1.360	1.850	2.180
	耐油橡胶板	kg	20.51	3.470	5.080	6.790
	氧气	m^3	3.63	2.550	2.910	3.840
	乙炔气	kg	10.45	0.850	0.970	1.280
	其他材料费占材料费	%	—	3.000	3.000	3.000
机械	电动单筒慢速卷扬机 50kN	台班	215.57	2.044	2.379	2.748
	电焊条恒温箱	台班	21.41	0.062	0.084	0.089
	电焊条烘干箱 80×80×100cm³	台班	49.05	0.062	0.084	0.089
	汽车式起重机 25t	台班	1084.16	0.396	—	—
	汽车式起重机 40t	台班	1526.12	—	0.443	—
	汽车式起重机 50t	台班	2464.07	—	—	0.507
	直流弧焊机 20kV·A	台班	71.43	0.614	0.838	0.894

工作内容：施工准备,各相关部位螺栓拆卸、地面上抽芯检查、回装把紧、配合检查验收。 计量单位：台

定额编号				A3-2-337	A3-2-338	A3-2-339
项目名称				设备重量(t以内)		
				50	60	80
基价（元）				6828.86	7156.76	8092.99
其中	人工费（元）			3442.46	3622.78	3957.94
	材料费（元）			1132.08	1270.26	1474.70
	机械费（元）			2254.32	2263.72	2660.35
名称		单位	单价(元)	消耗量		
人工	综合工日	工日	140.00	24.589	25.877	28.271
材料	道木	m³	2137.00	0.320	0.350	0.410
	低碳钢焊条	kg	6.84	1.350	1.620	1.940
	二硫化钼	kg	87.61	2.500	2.970	3.130
	耐油橡胶板	kg	20.51	7.630	8.760	11.240
	氧气	m³	3.63	4.290	4.830	5.280
	乙炔气	kg	10.45	1.430	1.610	1.760
	其他材料费占材料费	%	—	3.000	3.000	3.000
机械	电动单筒慢速卷扬机 50kN	台班	215.57	3.066	3.385	4.171
	电焊条恒温箱	台班	21.41	0.093	0.112	0.134
	电焊条烘干箱 80×80×100cm³	台班	49.05	0.093	0.112	0.134
	汽车式起重机 25t	台班	1084.16	—	—	0.391
	汽车式起重机 50t	台班	2464.07	0.617	—	—
	汽车式起重机 75t	台班	3151.07	—	0.459	0.391
	直流弧焊机 20kV·A	台班	71.43	0.931	1.117	1.341

六、空气冷却器安装

1. 管束(翅片)安装

工作内容：施工准备,管束水压试验、空气吹扫、吊装就位、找正找平、紧固固定螺栓、配合检查验收。

计量单位：片

定额编号				A3-2-340	A3-2-341	A3-2-342
项目名称				设备重量(t以内)		
				3	5	7
基价（元）				3123.02	3913.50	4334.41
其中	人工费（元）			1857.10	2195.90	2408.56
	材料费（元）			358.56	454.06	553.40
	机械费（元）			907.36	1263.54	1372.45
名称		单位	单价(元)	消耗量		
人工	综合工日	工日	140.00	13.265	15.685	17.204
材料	道木	m^3	2137.00	0.030	0.050	0.070
	低碳钢焊条	kg	6.84	0.360	0.440	0.460
	二硫化钼	kg	87.61	0.050	0.100	0.250
	机油	kg	19.66	0.500	0.550	0.580
	六角螺栓带螺母(综合)	kg	12.20	1.400	1.560	1.760
	盲板	kg	6.07	4.160	4.320	4.640
	煤油	kg	3.73	2.500	3.200	3.900
	耐油石棉橡胶板 中压	kg	25.64	5.000	5.500	5.800
	尼龙砂轮片 φ100	片	2.05	0.560	0.850	1.150
	平垫铁	kg	3.74	16.695	21.195	25.515
	水	t	7.96	2.680	3.640	4.640
	氧气	m^3	3.63	0.360	0.450	0.510
	乙炔气	kg	10.45	0.120	0.150	0.170
	其他材料费占材料费	%	—	3.000	3.000	3.000
机械	电动单级离心清水泵 100mm	台班	33.35	0.047	0.066	0.084
	电动空气压缩机 $9m^3/min$	台班	317.86	0.559	0.773	0.931
	电焊条恒温箱	台班	21.41	0.025	0.029	0.030
	电焊条烘干箱 80×80×100cm^3	台班	49.05	0.025	0.029	0.030
	汽车式起重机 16t	台班	958.70	0.198	0.270	0.277
	汽车式起重机 40t	台班	1526.12	0.277	0.396	0.404
	试压泵 60MPa	台班	24.08	0.466	0.559	0.652
	载重汽车 10t	台班	547.99	—	—	0.277
	载重汽车 5t	台班	430.70	0.198	0.270	—
	直流弧焊机 20kV·A	台班	71.43	0.242	0.289	0.308

工作内容：施工准备,管束水压试验、空气吹扫、吊装就位、找正找平、紧固固定螺栓、配合检查验收。

计量单位：片

定额编号				A3-2-343	A3-2-344	A3-2-345
项目名称				设备重量(t以内)		
				9	11	15
基价（元）				5105.38	5893.31	7464.17
其中	人工费（元）			2737.56	3050.74	3719.80
	材料费（元）			652.72	789.18	1042.48
	机械费（元）			1715.10	2053.39	2701.89
名称		单位	单价(元)	消耗量		
人工	综合工日	工日	140.00	19.554	21.791	26.570
材料	道木	m³	2137.00	0.090	0.110	0.150
	低碳钢焊条	kg	6.84	0.480	0.560	0.650
	二硫化钼	kg	87.61	0.300	0.450	0.610
	机油	kg	19.66	0.680	0.740	0.810
	六角螺栓带螺母(综合)	kg	12.20	1.960	2.280	2.570
	盲板	kg	6.07	5.280	5.600	8.320
	煤油	kg	3.73	4.600	5.300	6.210
	耐油石棉橡胶板 中压	kg	25.64	6.500	7.200	9.900
	尼龙砂轮片 φ100	片	2.05	1.450	1.700	2.500
	平垫铁	kg	3.74	26.640	34.155	41.115
	水	t	7.96	6.560	9.000	12.000
	氧气	m³	3.63	0.540	0.600	0.630
	乙炔气	kg	10.45	0.180	0.200	0.210
	其他材料费占材料费	%	—	3.000	3.000	3.000
机械	电动单级离心清水泵 100mm	台班	33.35	0.112	0.168	0.196
	电动空气压缩机 9m³/min	台班	317.86	1.388	1.909	2.542
	电焊条恒温箱	台班	21.41	0.031	0.037	0.043
	电焊条烘干箱 80×80×100cm³	台班	49.05	0.031	0.037	0.043
	汽车式起重机 16t	台班	958.70	0.293	0.301	0.309
	汽车式起重机 40t	台班	1526.12	0.515	0.569	0.848
	试压泵 60MPa	台班	24.08	0.745	0.838	0.931
	载重汽车 10t	台班	547.99	0.293	—	—
	载重汽车 15t	台班	779.76	—	0.301	0.309
	直流弧焊机 20kV·A	台班	71.43	0.317	0.372	0.428

工作内容：施工准备,管束水压试验、空气吹扫、吊装就位、找正找平、紧固固定螺栓、配合检查验收。

计量单位：片

定额编号				A3-2-346	A3-2-347	A3-2-348
项目名称				设备重量(t以内)		
				20	25	30
基价（元）				9820.28	12650.98	14918.29
其中	人工费（元）			4761.12	5802.72	6844.32
	材料费（元）			1334.41	1626.32	1918.11
	机械费（元）			3724.75	5221.94	6155.86
名称		单位	单价(元)	消耗量		
人工	综合工日	工日	140.00	34.008	41.448	48.888
材料	道木	m^3	2137.00	0.192	0.234	0.276
	低碳钢焊条	kg	6.84	0.832	1.014	1.196
	二硫化钼	kg	87.61	0.781	0.952	1.122
	机油	kg	19.66	1.037	1.264	1.490
	六角螺栓带螺母(综合)	kg	12.20	3.290	4.009	4.729
	盲板	kg	6.07	10.650	12.979	15.309
	煤油	kg	3.73	7.949	9.688	11.426
	耐油石棉橡胶板 中压	kg	25.64	12.672	15.444	18.216
	尼龙砂轮片 φ100	片	2.05	3.200	3.900	4.600
	平垫铁	kg	3.74	52.627	64.139	75.652
	水	t	7.96	15.360	18.720	22.080
	氧气	m^3	3.63	0.807	0.984	1.158
	乙炔气	kg	10.45	0.269	0.328	0.386
	其他材料费占材料费	%	—	3.000	3.000	3.000
机械	电动单级离心清水泵 100mm	台班	33.35	0.251	0.306	0.360
	电动空气压缩机 $9m^3/min$	台班	317.86	3.253	3.965	4.677
	电焊条恒温箱	台班	21.41	0.055	0.067	0.078
	电焊条烘干箱 $80\times80\times100cm^3$	台班	49.05	0.055	0.067	0.078
	汽车式起重机 125t	台班	8069.55	—	0.375	0.442
	汽车式起重机 16t	台班	958.70	0.396	0.482	0.568
	汽车式起重机 75t	台班	3151.07	0.610	—	—
	试压泵 60MPa	台班	24.08	1.192	1.452	1.713
	载重汽车 15t	台班	779.76	0.396	0.482	0.568
	直流弧焊机 20kV·A	台班	71.43	0.549	0.668	0.788

2.空冷器构架及风机安装

工作内容：施工准备，构架检查验收、吊装、组对、螺栓连接(焊接)、配合检查验收。　　计量单位：t

定额编号				A3-2-349
项目名称				空冷器构架安装
基价（元）				1698.36
其中	人工费（元）			477.96
	材料费（元）			234.62
	机械费（元）			985.78
名称		单位	单价(元)	消耗量
人工	综合工日	工日	140.00	3.414
材料	道木	m^3	2137.00	0.020
	低碳钢焊条	kg	6.84	1.200
	平垫铁	kg	3.74	45.000
	氧气	m^3	3.63	1.200
	乙炔气	kg	10.45	0.400
	其他材料费占材料费	%	—	3.000
机械	电焊条恒温箱	台班	21.41	0.037
	电焊条烘干箱 $80\times80\times100cm^3$	台班	49.05	0.037
	汽车式起重机 16t	台班	958.70	0.198
	汽车式起重机 40t	台班	1526.12	0.459
	载重汽车 8t	台班	501.85	0.120
	直流弧焊机 32kV·A	台班	87.75	0.372

工作内容：施工准备,构架检查验收、吊装、组对、螺栓连接(焊接)、配合检查验收。　　计量单位：台

定　额　编　号				A3-2-350	A3-2-351	A3-2-352
项　目　名　称				风机安装		
				设备重量(t以内)		
				1	2	3
基　价（元）				1642.68	2546.31	3537.04
其中	人　工　费（元）			988.82	1661.66	2315.32
	材　料　费（元）			187.47	301.72	436.68
	机　械　费（元）			466.39	582.93	785.04
名　称		单位	单价(元)	消　耗　量		
人工	综合工日	工日	140.00	7.063	11.869	16.538
材料	低碳钢焊条	kg	6.84	0.280	0.340	0.480
	镀锌铁丝 16号	kg	3.57	0.800	1.000	1.440
	黄油钙基脂	kg	5.15	0.840	1.260	1.930
	机油	kg	19.66	1.200	1.800	2.760
	煤油	kg	3.73	3.100	4.200	5.880
	平垫铁	kg	3.74	35.325	59.200	84.960
	石棉橡胶板	kg	9.40	0.600	0.860	1.240
	其他材料费占材料费	%	—	3.000	3.000	3.000
机械	电焊条恒温箱	台班	21.41	0.019	0.028	0.039
	电焊条烘干箱 80×80×100cm^3	台班	49.05	0.019	0.028	0.039
	汽车式起重机 16t	台班	958.70	0.223	0.261	0.298
	汽车式起重机 40t	台班	1526.12	0.093	0.130	0.223
	载重汽车 5t	台班	430.70	0.223	0.261	0.298
	直流弧焊机 20kV·A	台班	71.43	0.186	0.279	0.391

工作内容：施工准备,构架检查验收、吊装、组对、螺栓连接(焊接)、配合检查验收。　　计量单位：台

定额编号				A3-2-353	A3-2-354
项目名称				风机安装	
				设备重量(t以内)	
				5	7
基价（元）				5553.22	7534.30
其中	人工费（元）			3634.96	4931.64
	材料费（元）			685.59	930.13
	机械费（元）			1232.67	1672.53
名称		单位	单价(元)	消耗量	
人工	综合工日	工日	140.00	25.964	35.226
材料	低碳钢焊条	kg	6.84	0.754	1.022
	镀锌铁丝 16号	kg	3.57	2.261	3.067
	黄油钙基脂	kg	5.15	3.030	4.111
	机油	kg	19.66	4.333	5.879
	煤油	kg	3.73	9.232	12.524
	平垫铁	kg	3.74	133.387	180.965
	石棉橡胶板	kg	9.40	1.947	2.641
	其他材料费占材料费	%	—	3.000	3.000
机械	电焊条恒温箱	台班	21.41	0.062	0.083
	电焊条烘干箱 80×80×100cm³	台班	49.05	0.062	0.083
	汽车式起重机 16t	台班	958.70	0.467	0.635
	汽车式起重机 40t	台班	1526.12	0.351	0.475
	载重汽车 5t	台班	430.70	0.467	0.635
	直流弧焊机 20kV·A	台班	71.43	0.613	0.833

七、整体反应器安装

(1)基础标高10m以内

工作内容：施工准备,基础处理、垫铁设置、吊装就位、安装找正、垫铁点焊、配合检查验收。

计量单位：台

定额编号				A3-2-355	A3-2-356	A3-2-357	A3-2-358
项目名称				设备重量(t以内)			
				2	5	10	20
基价(元)				2028.02	2858.08	4426.44	7587.88
其中	人工费(元)			678.72	1151.64	1936.90	2812.46
	材料费(元)			370.33	614.20	802.88	1353.59
	机械费(元)			978.97	1092.24	1686.66	3421.83
名称		单位	单价(元)	消耗量			
人工	综合工日	工日	140.00	4.848	8.226	13.835	20.089
材料	道木	m³	2137.00	0.070	0.120	0.150	0.250
	低碳钢焊条	kg	6.84	1.210	1.510	2.230	4.320
	镀锌铁丝 16号	kg	3.57	6.000	12.000	16.000	18.000
	二硫化钼	kg	87.61	0.300	0.510	0.650	0.700
	木方	m³	1675.21	0.030	0.050	0.060	0.080
	尼龙砂轮片 φ150	片	3.32	1.100	1.200	1.300	1.400
	平垫铁	kg	3.74	10.350	16.320	23.630	52.780
	斜垫铁	kg	3.50	15.530	24.480	35.440	79.180
	氧气	m³	3.63	1.731	2.301	3.360	4.359
	乙炔气	kg	10.45	0.577	0.767	1.120	1.453
	其他材料费占材料费	%	—	1.500	1.500	1.500	1.500
机械	叉式起重机 5t	台班	506.51	0.252	0.285	0.370	0.452
	电焊条恒温箱	台班	21.41	0.046	0.059	0.085	0.164
	电焊条烘干箱 80×80×100cm³	台班	49.05	0.046	0.059	0.085	0.164
	平板拖车组 20t	台班	1081.33	—	—	—	0.401
	汽车式起重机 16t	台班	958.70	0.405	0.434	0.602	—
	汽车式起重机 25t	台班	1084.16	0.300	0.354	—	0.793
	汽车式起重机 40t	台班	1526.12	—	—	0.460	—
	汽车式起重机 75t	台班	3151.07	—	—	—	0.562
	载重汽车 10t	台班	547.99	0.186	0.186	0.279	—
	直流弧焊机 20kV·A	台班	71.43	0.457	0.587	0.857	1.639

工作内容：施工准备,基础处理、垫铁设置、吊装就位、安装找正、垫铁点焊、配合检查验收。

计量单位：台

定额编号				A3-2-359	A3-2-360	A3-2-361	A3-2-362
项目名称				设备重量(t以内)			
				30	40	50	60
基价（元）				12797.08	15061.59	16286.23	18910.53
其中	人工费（元）			3716.02	4433.80	5492.76	6730.22
	材料费（元）			1701.82	2507.96	3779.27	4577.34
	机械费（元）			7379.24	8119.83	7014.20	7602.97
名称		单位	单价(元)	消耗量			
人工	综合工日	工日	140.00	26.543	31.670	39.234	48.073
材料	道木	m^3	2137.00	0.290	0.440	0.700	0.940
	低碳钢焊条	kg	6.84	6.380	7.320	8.470	9.350
	镀锌铁丝 16号	kg	3.57	19.000	20.000	21.000	22.000
	二硫化钼	kg	87.61	0.800	1.000	1.200	1.470
	木方	m^3	1675.21	0.080	0.090	0.090	0.110
	尼龙砂轮片 φ150	片	3.32	1.600	1.800	2.000	2.200
	平垫铁	kg	3.74	76.700	123.870	197.450	219.390
	斜垫铁	kg	3.50	115.050	185.800	296.180	329.090
	氧气	m^3	3.63	6.540	7.200	8.010	9.240
	乙炔气	kg	10.45	2.180	2.400	2.670	3.080
	其他材料费占材料费	%	—	1.500	1.500	1.500	1.500
机械	叉式起重机 5t	台班	506.51	0.459	0.474	0.521	0.549
	电焊条恒温箱	台班	21.41	0.240	0.275	0.319	0.351
	电焊条烘干箱 80×80×100cm³	台班	49.05	0.240	0.275	0.319	0.351
	履带式起重机 150t	台班	3979.80	—	—	0.648	0.692
	平板拖车组 40t	台班	1446.84	0.447	0.484	—	—
	平板拖车组 60t	台班	1611.30	—	—	0.484	0.587
	汽车式起重机 125t	台班	8069.55	0.570	0.589	—	—
	汽车式起重机 40t	台班	1526.12	0.400	—	—	—
	汽车式起重机 50t	台班	2464.07	0.447	0.897	—	—
	汽车式起重机 75t	台班	3151.07	—	—	0.997	1.063
	直流弧焊机 20kV·A	台班	71.43	2.402	2.756	3.184	3.510

工作内容：施工准备,基础处理、垫铁设置、吊装就位、安装找正、垫铁点焊、配合检查验收。

计量单位：台

定额编号				A3-2-363	A3-2-364	A3-2-365	A3-2-366
项目名称				设备重量(t以内)			
				80	100	150	200
基价（元）				20161.12	15177.65	19377.69	24175.08
其中	人工费（元）			7123.34	8421.56	11081.14	14309.68
	材料费（元）			5118.72	5897.11	7383.74	8863.52
	机械费（元）			7919.06	858.98	912.81	1001.88
名称		单位	单价(元)	消耗量			
人工	综合工日	工日	140.00	50.881	60.154	79.151	102.212
材料	道木	m^3	2137.00	1.110	1.330	1.720	2.100
	低碳钢焊条	kg	6.84	10.680	11.820	14.260	16.400
	镀锌铁丝 16号	kg	3.57	24.000	28.000	33.000	44.000
	二硫化钼	kg	87.61	1.540	1.600	1.800	2.200
	木方	m^3	1675.21	0.130	0.140	0.180	0.210
	尼龙砂轮片 φ150	片	3.32	2.400	3.200	3.500	4.200
	平垫铁	kg	3.74	231.160	258.360	314.030	369.180
	斜垫铁	kg	3.50	346.760	387.540	471.050	553.770
	氧气	m^3	3.63	10.320	11.100	12.600	13.800
	乙炔气	kg	10.45	3.440	3.700	4.200	4.600
	其他材料费占材料费	%	—	1.500	1.500	1.500	1.500
机械	叉式起重机 5t	台班	506.51	0.607	0.715	0.760	0.896
	电焊条恒温箱	台班	21.41	0.401	0.633	0.672	0.699
	电焊条烘干箱 80×80×100cm^3	台班	49.05	0.401	0.633	0.672	0.699
	履带式起重机 150t	台班	3979.80	0.912	—	—	—
	汽车式起重机 75t	台班	3151.07	1.164	—	—	—
	直流弧焊机 20kV·A	台班	71.43	4.003	6.331	6.727	6.983

(2)10m＜基础标高≤20m

工作内容：施工准备,基础处理、垫铁设置、吊装就位、安装找正、垫铁点焊、配合检查验收。

计量单位：台

定额编号				A3-2-367	A3-2-368	A3-2-369
项目名称				设备重量(t以内)		
				2	5	10
基价（元）				2651.31	3974.82	6189.87
其中	人工费（元）			890.26	1510.46	2524.20
	材料费（元）			370.33	614.20	802.88
	机械费（元）			1390.72	1850.16	2862.79
	名称	单位	单价(元)	消耗量		
人工	综合工日	工日	140.00	6.359	10.789	18.030
材料	道木	m³	2137.00	0.070	0.120	0.150
	低碳钢焊条	kg	6.84	1.210	1.510	2.230
	镀锌铁丝 16号	kg	3.57	6.000	12.000	16.000
	二硫化钼	kg	87.61	0.300	0.510	0.650
	木方	m³	1675.21	0.030	0.050	0.060
	尼龙砂轮片 φ150	片	3.32	1.100	1.200	1.300
	平垫铁	kg	3.74	10.350	16.320	23.630
	斜垫铁	kg	3.50	15.530	24.480	35.440
	氧气	m³	3.63	1.731	2.301	3.360
	乙炔气	kg	10.45	0.577	0.767	1.120
	其他材料费占材料费	%	—	1.500	1.500	1.500
机械	叉式起重机 5t	台班	506.51	0.252	0.285	0.370
	电焊条恒温箱	台班	21.41	0.046	0.059	0.085
	电焊条烘干箱 80×80×100cm³	台班	49.05	0.046	0.059	0.085
	汽车式起重机 16t	台班	958.70	0.459	0.494	0.681
	汽车式起重机 40t	台班	1526.12	0.449	—	—
	汽车式起重机 50t	台班	2464.07	—	0.440	—
	汽车式起重机 75t	台班	3151.07	—	—	0.572
	载重汽车 10t	台班	547.99	0.186	0.186	0.279
	直流弧焊机 20kV·A	台班	71.43	0.457	0.587	0.857

工作内容：施工准备,基础处理、垫铁设置、吊装就位、安装找正、垫铁点焊、配合检查验收。

计量单位：台

定额编号				A3-2-370	A3-2-371	A3-2-372
项目名称				设备重量(t以内)		
				20	30	40
基价（元）				**12775.76**	**12391.41**	**15298.64**
其中	人工费（元）			3666.74	4843.30	5797.40
	材料费（元）			1353.59	1701.82	2507.96
	机械费（元）			7755.43	5846.29	6993.28
名称		单位	单价(元)	消耗量		
人工	综合工日	工日	140.00	26.191	34.595	41.410
材料	道木	m^3	2137.00	0.250	0.290	0.440
	低碳钢焊条	kg	6.84	4.320	6.380	7.320
	镀锌铁丝 16号	kg	3.57	18.000	19.000	20.000
	二硫化钼	kg	87.61	0.700	0.800	1.000
	木方	m^3	1675.21	0.080	0.080	0.090
	尼龙砂轮片 φ150	片	3.32	1.400	1.600	1.800
	平垫铁	kg	3.74	52.780	76.700	123.870
	斜垫铁	kg	3.50	79.180	115.050	185.800
	氧气	m^3	3.63	4.359	6.540	7.200
	乙炔气	kg	10.45	1.453	2.180	2.400
	其他材料费占材料费	%	—	1.500	1.500	1.500
机械	叉式起重机 5t	台班	506.51	0.452	0.459	0.474
	电焊条恒温箱	台班	21.41	0.164	0.240	0.275
	电焊条烘干箱 80×80×100cm³	台班	49.05	0.164	0.240	0.275
	履带式起重机 150t	台班	3979.80	—	0.728	0.814
	平板拖车组 40t	台班	1446.84	0.401	0.447	0.484
	汽车式起重机 125t	台班	8069.55	0.704	—	—
	汽车式起重机 25t	台班	1084.16	0.484	—	—
	汽车式起重机 40t	台班	1526.12	0.401	0.511	—
	汽车式起重机 50t	台班	2464.07	—	0.447	1.054
	直流弧焊机 20kV·A	台班	71.43	1.639	2.402	2.756

工作内容：施工准备,基础处理、垫铁设置、吊装就位、安装找正、垫铁点焊、配合检查验收。

计量单位：台

定额编号				A3-2-373	A3-2-374	A3-2-375
项目名称				设备重量(t以内)		
				50	60	80
基价（元）				17798.00	20536.96	16896.16
其中	人工费（元）			7111.16	7686.28	7862.96
	材料费（元）			3779.27	4534.85	5118.18
	机械费（元）			6907.57	8315.83	3915.02
名称		单位	单价(元)	消耗量		
人工	综合工日	工日	140.00	50.794	54.902	56.164
材料	道木	m³	2137.00	0.700	0.920	1.110
	低碳钢焊条	kg	6.84	8.470	9.350	10.680
	镀锌铁丝 16号	kg	3.57	21.000	22.000	24.000
	二硫化钼	kg	87.61	1.200	1.480	1.540
	木方	m³	1675.21	0.090	0.110	0.130
	尼龙砂轮片 φ150	片	3.32	2.000	2.200	2.240
	平垫铁	kg	3.74	197.450	219.390	231.160
	斜垫铁	kg	3.50	296.180	329.090	346.760
	氧气	m³	3.63	8.010	9.240	10.320
	乙炔气	kg	10.45	2.670	3.080	3.440
	其他材料费占材料费	%	—	1.500	1.500	1.500
机械	叉式起重机 5t	台班	506.51	0.521	0.549	0.607
	电焊条恒温箱	台班	21.41	0.319	0.351	0.401
	电焊条烘干箱 80×80×100cm³	台班	49.05	0.319	0.351	0.401
	履带式起重机 150t	台班	3979.80	0.968	1.248	—
	平板拖车组 60t	台班	1611.30	0.484	0.587	0.587
	汽车式起重机 75t	台班	3151.07	0.559	0.587	0.745
	直流弧焊机 20kV·A	台班	71.43	3.184	3.510	4.003

八、电解槽、电除雾器、电除尘器及污水处理设备安装

1. 立式隔膜电解槽安装

(1)钢框架底座、玻璃钢盖

工作内容：施工准备,绝缘子安装、阴极板、阳极板清点、组对、底框槽架、槽盖、滴流管及其他附件安装、找正、固定及组装夹具的制作安装拆除、气密试验、密封充氮、配合检查验收。

计量单位：台

定额编号				A3-2-376	A3-2-377	A3-2-378
项目名称				设备重量(t以内)		
				2	3	5
基价(元)				1560.83	2199.10	2962.71
其中	人工费(元)			678.16	972.44	1351.42
	材料费(元)			470.36	637.94	844.29
	机械费(元)			412.31	588.72	767.00
名称		单位	单价(元)	消耗量		
人工	综合工日	工日	140.00	4.844	6.946	9.653
材料	氦气	m³	2.93	4.000	6.000	10.000
	道木	m³	2137.00	0.010	0.010	0.020
	低碳钢焊条	kg	6.84	1.000	1.200	1.500
	凡士林	kg	6.56	0.500	0.500	0.500
	钢垫板(综合)	kg	4.27	17.150	19.050	21.170
	硅酸钠(水玻璃)	kg	1.62	0.410	0.450	0.500
	机油	kg	19.66	1.600	2.100	3.000
	聚氯乙烯薄膜	kg	15.52	5.000	10.000	15.000
	密封垫	m²	10.25	0.130	0.140	0.150
	普通石棉布	kg	5.56	0.700	0.700	0.800
	塑料带 20mm×40m	卷	2.40	5.600	6.600	7.300
	橡胶板	kg	2.91	11.250	13.130	15.000
	橡胶塞	kg	19.35	4.000	6.000	8.000
	型钢	kg	3.70	17.010	18.910	21.030
	氧气	m³	3.63	0.600	0.600	0.900
	乙丙烯橡胶黑带	kg	6.16	5.600	6.600	7.300
	乙炔气	kg	10.45	0.200	0.200	0.300
	其他材料费占材料费	%	—	3.000	3.000	3.000
机械	电焊条恒温箱	台班	21.41	0.028	0.037	0.047
	电焊条烘干箱 80×80×100cm³	台班	49.05	0.028	0.037	0.047
	汽车式起重机 16t	台班	958.70	0.308	0.447	0.587
	载重汽车 15t	台班	779.76	0.122	0.168	0.215
	直流弧焊机 20kV·A	台班	71.43	0.279	0.372	0.466

工作内容：施工准备,绝缘子安装、阴极板、阳极板清点、组对、底框槽架、槽盖、滴流管及其他附件安装、找正、固定及组装夹具的制作安装拆除、气密试验、密封充氮、配合检查验收。

计量单位：台

定额编号				A3-2-379	A3-2-380
项目名称				设备重量(t以内)	
				7	10
基价(元)				3729.52	4727.51
其中	人工费(元)			1728.58	2294.60
	材料费(元)			1050.18	1257.20
	机械费(元)			950.76	1175.71
名称		单位	单价(元)	消耗量	
人工	综合工日	工日	140.00	12.347	16.390
材料	氮气	m³	2.93	14.000	17.000
	道木	m³	2137.00	0.030	0.040
	低碳钢焊条	kg	6.84	2.100	3.000
	凡士林	kg	6.56	0.800	1.000
	钢垫板(综合)	kg	4.27	23.520	25.870
	硅酸钠(水玻璃)	kg	1.62	0.550	0.610
	机油	kg	19.66	3.500	4.000
	聚氯乙烯薄膜	kg	15.52	20.000	25.000
	密封垫	m²	10.25	0.160	0.190
	普通石棉布	kg	5.56	0.900	1.000
	塑料带 20mm×40m	卷	2.40	8.100	9.300
	橡胶板	kg	2.91	16.870	18.750
	橡胶塞	kg	19.35	10.000	12.000
	型钢	kg	3.70	23.570	25.830
	氧气	m³	3.63	1.200	1.500
	乙丙烯橡胶黑带	kg	6.16	8.100	9.300
	乙炔气	kg	10.45	0.400	0.500
	其他材料费占材料费	%	—	3.000	3.000
机械	电焊条恒温箱	台班	21.41	0.066	0.093
	电焊条烘干箱 80×80×100cm³	台班	49.05	0.066	0.093
	汽车式起重机 16t	台班	958.70	0.726	0.885
	载重汽车 15t	台班	779.76	0.261	0.326
	直流弧焊机 20kV·A	台班	71.43	0.652	0.931

(2)混凝土槽底、盖

工作内容：施工准备,绝缘子安装、阴极板、阳极板清点、组对、底框槽架、槽盖、滴流管及其他附件安装、找正、固定及组装夹具的制作安装拆除、气密试验、密封充氮、配合检查验收。

计量单位：t

定额编号				A3-2-381	A3-2-382	A3-2-383
项目名称				设备重量(t以内)		
				2	3	5
基价（元）				1490.22	2082.48	2778.48
其中	人工费（元）			542.22	778.12	1080.94
	材料费（元）			535.69	715.64	930.54
	机械费（元）			412.31	588.72	767.00
名称		单位	单价(元)	消耗量		
人工	综合工日	工日	140.00	3.873	5.558	7.721
材料	氨气	m³	2.93	2.500	2.700	3.000
	道木	m³	2137.00	0.010	0.010	0.020
	低碳钢焊条	kg	6.84	1.000	1.200	1.500
	凡士林	kg	6.56	0.500	0.500	0.500
	钢垫板(综合)	kg	4.27	17.150	19.050	21.090
	硅酸钠(水玻璃)	kg	1.62	0.410	0.450	0.500
	机油	kg	19.66	1.600	2.100	3.000
	聚氯乙烯薄膜	kg	15.52	5.000	10.000	15.000
	密封垫	m²	10.25	8.000	12.000	16.000
	平垫铁	kg	3.74	17.150	19.050	21.090
	橡胶板	kg	2.91	11.250	13.130	15.000
	橡胶塞	kg	19.35	4.000	5.000	6.000
	型钢	kg	3.70	10.210	11.350	12.620
	氧气	m³	3.63	0.600	0.600	0.900
	乙炔气	kg	10.45	0.200	0.200	0.300
	其他材料费占材料费	%	—	3.000	3.000	3.000
机械	电焊条恒温箱	台班	21.41	0.028	0.037	0.047
	电焊条烘干箱 80×80×100cm³	台班	49.05	0.028	0.037	0.047
	汽车式起重机 16t	台班	958.70	0.308	0.447	0.587
	载重汽车 15t	台班	779.76	0.122	0.168	0.215
	直流弧焊机 20kV·A	台班	71.43	0.279	0.372	0.466

工作内容：施工准备,绝缘子安装、阴极板、阳极板清点、组对、底框槽架、槽盖、滴流管及其他附件安装、找正、固定及组装夹具的制作安装拆除、气密试验、密封充氮、配合检查验收。

计量单位：t

定额编号				A3-2-384	A3-2-385
项目名称				设备重量(t以内)	
				7	10
基价(元)				3478.42	4453.11
其中	人工费(元)			1383.06	1835.26
	材料费(元)			1144.60	1442.14
	机械费(元)			950.76	1175.71
	名称	单位	单价(元)	消耗量	
人工	综合工日	工日	140.00	9.879	13.109
材料	氮气	m³	2.93	3.500	4.000
	道木	m³	2137.00	0.030	0.040
	低碳钢焊条	kg	6.84	2.100	3.000
	凡士林	kg	6.56	0.800	1.000
	钢垫板(综合)	kg	4.27	21.170	25.870
	硅酸钠(水玻璃)	kg	1.62	0.550	0.610
	机油	kg	19.66	3.500	4.000
	聚氯乙烯薄膜	kg	15.52	20.000	25.000
	密封垫	m²	10.25	20.000	24.000
	平垫铁	kg	3.74	21.170	25.870
	橡胶板	kg	2.91	16.870	18.750
	橡胶塞	kg	19.35	8.000	12.000
	型钢	kg	3.70	14.140	15.560
	氧气	m³	3.63	0.900	1.500
	乙炔气	kg	10.45	0.300	0.500
	其他材料费占材料费	%	—	3.000	3.000
机械	电焊条恒温箱	台班	21.41	0.066	0.093
	电焊条烘干箱 80×80×100cm³	台班	49.05	0.066	0.093
	汽车式起重机 16t	台班	958.70	0.726	0.885
	载重汽车 15t	台班	779.76	0.261	0.326
	直流弧焊机 20kV·A	台班	71.43	0.652	0.931

2. 箱式玻璃钢电除雾器安装

工作内容：施工准备,金属构架地面组对安装、找正、紧固螺栓、固定焊接、玻璃钢本体废弃出口、漏斗地面组对、外构架与本体连接、固定找正、内集酸板、栅板及其他内件安装、找正,配合玻璃钢接缝积层施工、气密试验、系统调试、配合检查验收。 计量单位：套

定额编号				A3-2-386	A3-2-387
项目名称				壳体金属结构	玻璃钢本体
基价（元）				1032.14	4673.78
其中	人工费（元）			483.28	1855.84
	材料费（元）			66.43	377.52
	机械费（元）			482.43	2440.42
名称		单位	单价(元)	消耗量	
人工	综合工日	工日	140.00	3.452	13.256
材料	道木	m^3	2137.00	0.010	0.010
	低碳钢焊条	kg	6.84	3.440	3.560
	镀锌钢丝网 φ2.5×67×67～φ3×50×50	m^2	10.68	—	5.240
	钢垫板(综合)	kg	4.27	2.240	—
	胶合板 δ3	m^2	11.97	—	0.700
	六角螺栓带螺母(综合)	kg	12.20	—	1.900
	毛毡 5	m^2	2.70	—	1.460
	石棉橡胶板	kg	9.40	—	0.300
	铜接线端子 DT-16	个	1.70	—	6.660
	型钢	kg	3.70	—	46.570
	氧气	m^3	3.63	1.410	6.030
	乙炔气	kg	10.45	0.470	2.010
	其他材料费占材料费	%	—	3.000	3.000
机械	电动空气压缩机 9m³/min	台班	317.86	—	0.215
	电焊条恒温箱	台班	21.41	0.012	0.198
	电焊条烘干箱 80×80×100cm³	台班	49.05	0.012	0.198
	汽车式起重机 12t	台班	857.15	0.056	0.326
	汽车式起重机 40t	台班	1526.12	0.205	1.248
	载重汽车 15t	台班	779.76	0.028	—
	直流弧焊机 32kV·A	台班	87.75	1.127	1.984

3. 电除雾器安装

工作内容：施工准备,壳体安装、沉淀板、电晕板、上下分布板、内框架绝缘箱安装、找正、焊接内框架梁、焊缝严密性试验、配合检查验收。

计量单位：t

定额编号				A3-2-388
项目名称				壳体金属结构
基价（元）				3728.25
其中	人工费（元）			1939.42
	材料费（元）			822.95
	机械费（元）			965.88
	名称	单位	单价(元)	消耗量
人工	综合工日	工日	140.00	13.853
材料	氩气	m³	2.93	22.170
	道木	m³	2137.00	0.020
	低碳钢焊条	kg	6.84	2.130
	钢垫板(综合)	kg	4.27	1.200
	六角螺栓带螺母(综合)	kg	12.20	0.710
	煤油	kg	3.73	0.440
	铅焊丝	kg	29.91	18.900
	石棉橡胶板	kg	9.40	0.500
	铜接线端子 DT-16	个	1.70	1.980
	氧气	m³	3.63	12.360
	乙炔气	kg	10.45	4.120
	其他材料费占材料费	%	—	3.000
机械	电动空气压缩机 9m³/min	台班	317.86	0.084
	电焊条恒温箱	台班	21.41	0.115
	电焊条烘干箱 80×80×100cm³	台班	49.05	0.115
	平板拖车组 40t	台班	1446.84	0.019
	汽车式起重机 16t	台班	958.70	0.670
	汽车式起重机 40t	台班	1526.12	0.037
	载重汽车 5t	台班	430.70	0.242
	直流弧焊机 32kV·A	台班	87.75	1.146

4. 电除尘器安装

工作内容：施工准备,壳体结构分片组对安装、灰斗拼装、保温箱安装、进口喇叭组装、阴阳极板及振钉装置调试、安装、内架固定、气密性试验、配合检查验收。

计量单位：t

定额编号				A3-2-389	A3-2-390
项目名称				壳体安装(70m³)	内件安装(方型、卧型)
基价(元)				1638.61	1933.42
其中	人工费(元)			583.94	674.24
	材料费(元)			187.62	312.96
	机械费(元)			867.05	946.22
	名称	单位	单价(元)	消耗量	
人工	综合工日	工日	140.00	4.171	4.816
材料	道木	m³	2137.00	0.020	0.110
	低碳钢焊条	kg	6.84	16.130	3.740
	二硫化钼	kg	87.61	—	0.168
	钢垫板(综合)	kg	4.27	1.730	—
	黄油钙基脂	kg	5.15	—	0.200
	机油	kg	19.66	—	0.270
	煤油	kg	3.73	—	0.670
	氧气	m³	3.63	3.051	2.760
	乙炔气	kg	10.45	1.017	0.920
	其他材料费占材料费	%	—	3.000	3.000
机械	电动空气压缩机 9m³/min	台班	317.86	0.066	—
	电焊条恒温箱	台班	21.41	—	0.132
	电焊条烘干箱 80×80×100cm³	台班	49.05	0.308	0.132
	门式起重机 20t	台班	644.10	—	0.037
	汽车式起重机 12t	台班	857.15	0.037	—
	汽车式起重机 40t	台班	1526.12	0.340	0.338
	汽车式起重机 75t	台班	3151.07	—	0.084
	载重汽车 8t	台班	501.85	0.028	0.033
	直流弧焊机 32kV·A	台班	87.75	3.035	1.322

5. 污水处理设备安装

工作内容：设备及附件的清洗、安装、调试和电机安装。　　计量单位：台

定额编号				A3-2-391	A3-2-392
项目名称				曝气机叶轮	
				直径(mm)	
				φ1500	φ1930
基价（元）				**2997.39**	**3873.58**
其中	人工费（元）			1464.12	1963.08
	材料费（元）			661.91	750.31
	机械费（元）			871.36	1160.19
名称		单位	单价(元)	消耗量	
人工	综合工日	工日	140.00	10.458	14.022
材料	道木	m^3	2137.00	0.030	0.030
	低碳钢焊条	kg	6.84	2.240	2.510
	镀锌铁丝 16号	kg	3.57	1.600	2.000
	黄油钙基脂	kg	5.15	1.400	1.800
	机油	kg	19.66	2.000	2.800
	煤油	kg	3.73	2.700	3.000
	木板	m^3	1634.16	0.060	0.070
	平垫铁	kg	3.74	59.400	61.980
	汽油	kg	6.77	6.800	11.100
	橡胶盘根 低压	kg	14.53	0.950	1.100
	斜垫铁	kg	3.50	31.030	32.380
	其他材料费占材料费	%	—	5.000	5.000
机械	电动双筒快速卷扬机 50kN	台班	291.85	1.099	1.444
	电焊条恒温箱	台班	21.41	0.123	0.129
	电焊条烘干箱 80×80×100cm^3	台班	49.05	0.123	0.129
	汽车式起重机 16t	台班	958.70	0.279	0.372
	载重汽车 8t	台班	501.85	0.372	0.559
	直流弧焊机 20kV·A	台班	71.43	1.229	1.295

工作内容：设备及附件的清洗、安装、调试和电机安装。　　　　　　　　计量单位：台

定额编号				A3-2-393	A3-2-394
项目名称				调节堰板(mm)	
				3000	4500
基价（元）				1080.44	1355.29
其中	人工费（元）			584.92	706.72
	材料费（元）			105.39	112.31
	机械费（元）			390.13	536.26
名称		单位	单价(元)	消耗量	
人工	综合工日	工日	140.00	4.178	5.048
材料	道木	m³	2137.00	0.010	0.010
	低碳钢焊条	kg	6.84	1.710	1.720
	镀锌铁丝 16号	kg	3.57	3.000	3.000
	黄油钙基脂	kg	5.15	2.500	3.000
	煤油	kg	3.73	6.000	7.000
	氧气	m³	3.63	3.000	3.030
	乙炔气	kg	10.45	1.000	1.010
	其他材料费占材料费	%	—	5.000	5.000
机械	电焊条恒温箱	台班	21.41	0.071	0.072
	电焊条烘干箱 80×80×100cm³	台班	49.05	0.071	0.072
	汽车式起重机 16t	台班	958.70	0.149	0.252
	载重汽车 8t	台班	501.85	0.382	0.475
	直流弧焊机 20kV·A	台班	71.43	0.708	0.717

工作内容：设备及附件的清洗、安装、调试和电机安装。　　　　　　计量单位：台

定额编号				A3-2-395	A3-2-396	A3-2-397
项目名称				刮沫机	刮泥机8.5t	刮泥机24t
					φ20m	φ37m
基价（元）				5929.79	27059.17	39583.07
其中	人工费（元）			4583.04	13955.20	20163.22
	材料费（元）			343.61	1621.28	1986.38
	机械费（元）			1003.14	11482.69	17433.47
名称		单位	单价(元)	消耗量		
人工	综合工日	工日	140.00	32.736	99.680	144.023
材料	道木	m³	2137.00	0.010	0.310	0.310
	低碳钢焊条	kg	6.84	3.780	50.000	50.000
	镀锌铁丝 16号	kg	3.57	1.800	5.000	12.000
	黄油钙基脂	kg	5.15	1.500	2.700	4.800
	机油	kg	19.66	1.500	3.400	9.600
	煤油	kg	3.73	3.000	12.000	24.000
	木板	m³	1634.16	0.010	—	—
	平垫铁	kg	3.74	36.690	51.810	57.760
	汽油	kg	6.77	1.000	4.000	6.000
	热轧薄钢板 δ3.5～4.0	kg	3.93	—	2.500	6.000
	石棉橡胶板	kg	9.40	—	4.000	12.000
	斜垫铁	kg	3.50	18.530	20.710	26.510
	氧气	m³	3.63	—	7.800	7.830
	乙炔气	kg	10.45	—	2.600	2.610
	其他材料费占材料费	%	—	5.000	5.000	5.000
机械	电动双筒快速卷扬机 50kN	台班	291.85	—	3.091	3.417
	电焊条恒温箱	台班	21.41	—	1.862	1.863
	电焊条烘干箱 80×80×100cm³	台班	49.05	—	1.862	1.863
	履带式起重机 15t	台班	757.48	—	8.333	14.524
	汽车式起重机 16t	台班	958.70	0.559	1.117	2.328
	载重汽车 5t	台班	430.70	—	1.862	1.872
	载重汽车 8t	台班	501.85	0.931	1.862	1.862
	直流弧焊机 20kV·A	台班	71.43	—	18.620	18.630

九、设备水压试验

1.容器、反应器类设备水压试验

(1)设计压力1MPa

工作内容：施工准备、临时输水管线、阀门、盲板及压力表安装与拆除、充水升压、稳压检查、消漏、记录、防水、压缩空气吹扫、配合检查验收。 计量单位：台

定额编号				A3-2-398	A3-2-399	A3-2-400
项目名称				设备容积(m³以内)		
				5	10	30
基价（元）				585.84	913.22	1270.34
其中	人工费（元）			322.42	344.96	496.86
	材料费（元）			228.02	517.36	684.17
	机械费（元）			35.40	50.90	89.31
名称		单位	单价(元)	消耗量		
人工	综合工日	工日	140.00	2.303	2.464	3.549
材料	电焊条	kg	5.98	0.500	0.720	1.300
	精制六角带帽螺栓	kg	6.11	1.550	2.210	3.660
	平焊法兰 1.6MPa DN100	片	30.77	—	—	0.100
	平焊法兰 1.6MPa DN50	片	17.09	0.100	0.100	—
	石棉橡胶板	kg	9.40	1.490	1.740	3.080
	水	t	7.96	5.100	10.200	30.600
	无缝钢管 φ108×4	m	75.50	—	—	4.000
	无缝钢管 φ57×3.5	m	27.90	4.000	4.000	—
	压制弯头 90° R=1.5D DN100	个	38.48	—	—	0.100
	压制弯头 90° R=1.5D DN50	个	9.38	0.100	0.100	—
	氧气	m³	3.63	0.760	1.080	1.950
	乙炔气	kg	10.45	0.250	0.360	0.650
	闸阀 Z41H-16 DN100	个	286.00	—	—	0.050
	闸阀 Z41H-16 DN50	个	509.00	0.050	0.500	—
	中低压盲板	kg	5.01	2.490	3.560	6.820
	其他材料费占材料费	%	—	1.519	1.519	1.519
机械	电动单级离心清水泵 100mm	台班	33.35	—	—	0.038
	电动单级离心清水泵 50mm	台班	27.04	0.048	0.095	—
	内燃空气压缩机 9m³/min	台班	429.90	0.019	0.029	0.067
	试压泵 60MPa	台班	24.08	0.371	0.475	0.627
	直流弧焊机 20kV·A	台班	71.43	0.238	0.342	0.618

工作内容：施工准备、临时输水管线、阀门、盲板及压力表安装与拆除、充水升压、稳压检查、消漏、记录、防水、压缩空气吹扫、配合检查验收。 计量单位：台

定额编号				A3-2-401	A3-2-402	A3-2-403
项目名称				设备容积(m^3以内)		
				50	100	200
基价（元）				**1752.23**	**2235.10**	**3494.89**
其中	人工费（元）			600.74	653.38	962.78
	材料费（元）			1024.60	1386.64	2280.80
	机械费（元）			126.89	195.08	251.31
名称		单位	单价(元)	消耗量		
人工	综合工日	工日	140.00	4.291	4.667	6.877
材料	电焊条	kg	5.98	2.060	2.760	3.520
	精制六角带帽螺栓	kg	6.11	4.520	6.320	8.570
	平焊法兰 1.6MPa DN100	片	30.77	0.100	0.100	0.100
	石棉橡胶板	kg	9.40	3.330	4.200	6.030
	水	t	7.96	51.000	101.500	201.500
	无缝钢管 φ108×4	m	75.50	4.000	4.000	4.000
	压制弯头 90° R=1.5D DN100	个	38.48	0.100	0.100	0.100
	氧气	m^3	3.63	3.090	4.140	5.280
	乙炔气	kg	10.45	1.030	1.380	1.760
	闸阀 Z41H-16 DN100	个	286.00	0.500	0.050	0.050
	中低压盲板	kg	5.01	11.610	21.550	29.420
	其他材料费占材料费	%	—	1.519	1.721	1.721
机械	电动单级离心清水泵 100mm	台班	33.35	0.057	0.124	0.238
	内燃空气压缩机 9m^3/min	台班	429.90	0.086	0.171	0.209
	试压泵 60MPa	台班	24.08	0.751	0.988	1.416
	直流弧焊机 20kV·A	台班	71.43	0.979	1.311	1.672

工作内容：施工准备、临时输水管线、阀门、盲板及压力表安装与拆除、充水升压、稳压检查、消漏、记录、防水、压缩空气吹扫、配合检查验收。 计量单位：台

定额编号				A3-2-404	A3-2-405	A3-2-406
项目名称				设备容积(m^3以内)		
				300	400	500
基价（元）				4965.06	6529.32	7880.76
其中	人工费（元）			1454.88	1941.80	2107.14
	材料费（元）			3160.67	4132.72	5179.35
	机械费（元）			349.51	454.80	594.27
名称		单位	单价(元)	消耗量		
人工	综合工日	工日	140.00	10.392	13.870	15.051
材料	电焊条	kg	5.98	5.240	6.980	9.560
	精制六角带帽螺栓	kg	6.11	9.520	15.680	21.270
	平焊法兰 1.6MPa DN100	片	30.77	0.100	0.100	0.100
	石棉橡胶板	kg	9.40	6.640	8.760	10.720
	水	t	7.96	301.500	402.000	502.000
	无缝钢管 φ108×4	m	75.50	4.000	4.000	4.000
	压制弯头 90° R=1.5D DN100	个	38.48	0.100	0.100	0.100
	氧气	m^3	3.63	7.860	10.470	14.370
	乙炔气	kg	10.45	2.620	3.490	4.790
	闸阀 Z41H-16 DN100	个	286.00	0.050	0.050	0.050
	中低压盲板	kg	5.01	35.170	48.960	76.340
	其他材料费占材料费	%	—	1.721	1.721	1.721
机械	电动单级离心清水泵 100mm	台班	33.35	0.361	0.475	0.599
	内燃空气压缩机 $9m^3/min$	台班	429.90	0.257	0.295	0.352
	试压泵 60MPa	台班	24.08	2.043	3.126	4.095
	直流弧焊机 20kV·A	台班	71.43	2.489	3.316	4.541

(2)设计压力2.5MPa

工作内容：施工准备、临时输水管线、阀门、盲板及压力表安装与拆除、充水升压、稳压检查、消漏、记录、防水、压缩空气吹扫、配合检查验收。 计量单位：台

定额编号				A3-2-407	A3-2-408	A3-2-409
项目名称				设备容积(m³以内)		
				5	10	30
基价(元)				665.76	769.53	1462.82
其中	人工费(元)			362.60	379.96	518.84
	材料费(元)			265.30	334.12	846.51
	机械费(元)			37.86	55.45	97.47
名称		单位	单价(元)	消耗量		
人工	综合工日	工日	140.00	2.590	2.714	3.706
材料	电焊条	kg	5.98	0.560	0.800	1.430
	对焊法兰 PN4.0MPa DN100	副	123.08	—	—	0.100
	对焊法兰 PN4.0MPa DN50	副	48.72	0.100	0.100	—
	精制六角带帽螺栓	kg	6.11	2.500	3.570	6.760
	石棉橡胶板	kg	9.40	3.120	3.900	7.310
	水	t	7.96	5.100	10.200	30.600
	无缝钢管 φ108×6	m	81.50	—	—	4.000
	无缝钢管 φ57×4	m	28.46	4.000	4.000	—
	压制弯头 90° R=1.5D DN100	个	38.48	—	—	0.100
	压制弯头 90° R=1.5D DN50	个	9.38	0.100	0.100	—
	氧气	m³	3.63	0.840	1.200	2.150
	乙炔气	kg	10.45	0.280	0.400	0.720
	闸阀 Z41H-16 DN50	个	509.00	0.050	0.050	—
	闸阀 Z41H-40 DN100	个	1016.79	—	—	0.050
	中低压盲板	kg	5.01	4.330	6.190	12.640
	其他材料费占材料费	%	—	1.525	1.525	1.525
机械	电动单级离心清水泵 100mm	台班	33.35	—	—	0.038
	电动单级离心清水泵 50mm	台班	27.04	0.048	0.095	—
	内燃空气压缩机 9m³/min	台班	429.90	0.019	0.029	0.067
	试压泵 60MPa	台班	24.08	0.390	0.551	0.770
	直流弧焊机 20kV·A	台班	71.43	0.266	0.380	0.684

工作内容：施工准备、临时输水管线、阀门、盲板及压力表安装与拆除、充水升压、稳压检查、消漏、记录、防水、压缩空气吹扫、配合检查验收。 计量单位：台

定额编号				A3-2-410	A3-2-411	A3-2-412
项目名称				设备容积(m³以内)		
				50	100	200
基价（元）				1770.10	2586.79	3972.56
其中	人工费（元）			588.70	763.28	1112.44
	材料费（元）			1044.98	1618.93	2591.56
	机械费（元）			136.42	204.58	268.56
名称		单位	单价(元)	消耗量		
人工	综合工日	工日	140.00	4.205	5.452	7.946
材料	电焊条	kg	5.98	2.250	3.040	3.880
	对焊法兰 PN4.0MPa DN100	副	123.08	0.100	0.100	0.100
	精制六角带帽螺栓	kg	6.11	10.400	15.980	23.580
	石棉橡胶板	kg	9.40	4.700	5.890	8.350
	水	t	7.96	51.000	101.500	201.500
	无缝钢管 φ108×4	m	75.50	4.000	4.000	4.000
	压制弯头 90° R=1.5D DN100	个	38.48	0.100	0.100	0.100
	氧气	m³	3.63	3.380	4.560	5.820
	乙炔气	kg	10.45	1.130	1.520	1.940
	闸阀 Z41H-40 DN100	个	1016.79	0.050	0.050	0.050
	中低压盲板	kg	5.01	21.770	42.700	58.350
	其他材料费占材料费	%	—	1.525	1.533	1.533
机械	电动单级离心清水泵 100mm	台班	33.35	0.057	0.124	0.238
	内燃空气压缩机 9m³/min	台班	429.90	0.086	0.171	0.209
	试压泵 60MPa	台班	24.08	0.865	0.988	1.625
	直流弧焊机 20kV·A	台班	71.43	1.074	1.444	1.843

工作内容：施工准备、临时输水管线、阀门、盲板及压力表安装与拆除、充水升压、稳压检查、消漏、记录、防水、压缩空气吹扫、配合检查验收。

计量单位：台

定额编号				A3-2-413	A3-2-414	A3-2-415
项目名称				设备容积(m³以内)		
				300	400	500
基价（元）				5323.40	6847.75	8562.55
其中	人工费（元）			1461.60	1810.76	2159.92
	材料费（元）			3519.19	4618.32	5890.08
	机械费（元）			342.61	418.67	512.55
名称		单位	单价(元)	消耗量		
人工	综合工日	工日	140.00	10.440	12.934	15.428
材料	电焊条	kg	5.98	5.740	7.660	9.560
	对焊法兰 PN4.0MPa DN100	副	123.08	0.100	0.100	0.100
	精制六角带帽螺栓	kg	6.11	25.640	38.220	54.280
	石棉橡胶板	kg	9.40	9.610	12.090	17.340
	水	t	7.96	301.500	402.000	502.000
	无缝钢管 φ108×4	m	75.50	4.000	—	—
	无缝钢管 φ108×6	m	81.50	—	4.000	4.000
	压制弯头 90° R=1.5D DN100	个	38.48	0.100	0.100	0.100
	氧气	m³	3.63	8.610	11.490	14.340
	乙炔气	kg	10.45	2.870	3.490	4.780
	闸阀 Z41H-40 DN100	个	1016.79	0.050	0.050	0.050
	中低压盲板	kg	5.01	70.770	96.710	151.380
	其他材料费占材料费	%	—	1.533	1.533	1.533
机械	电动单级离心清水泵 100mm	台班	33.35	0.361	0.475	0.599
	内燃空气压缩机 9m³/min	台班	429.90	0.257	0.295	0.352
	试压泵 60MPa	台班	24.08	2.347	3.373	4.703
	直流弧焊机 20kV·A	台班	71.43	2.290	2.727	3.192

(3)设计压力4MPa

工作内容：施工准备、临时输水管线、阀门、盲板及压力表安装与拆除、充水升压、稳压检查、消漏、记录、防水、压缩空气吹扫、配合检查验收。

计量单位：台

定额编号				A3-2-416	A3-2-417	A3-2-418
项目名称				设备容积(m³以内)		
				5	10	30
基价（元）				735.92	879.91	1645.42
其中	人工费（元）			389.62	437.08	566.58
	材料费（元）			305.24	382.84	974.80
	机械费（元）			41.06	59.99	104.04
名称		单位	单价(元)	消耗量		
人工	综合工日	工日	140.00	2.783	3.122	4.047
材料	电焊条	kg	5.98	0.620	0.880	1.570
	对焊法兰 PN4.0MPa DN100	副	123.08	—	—	0.100
	对焊法兰 PN6.4MPa DN50	副	63.44	0.100	0.100	—
	精制六角带帽螺栓	kg	6.11	4.630	6.620	13.830
	石棉橡胶板	kg	9.40	1.840	2.390	4.270
	水	t	7.96	5.100	10.200	30.600
	无缝钢管 φ108×6	m	81.50	—	—	4.000
	无缝钢管 φ57×4	m	28.46	4.000	4.000	—
	压制弯头 90° R=1.5D DN100	个	38.48	—	—	0.100
	压制弯头 90° R=1.5D DN50	个	9.38	0.100	0.100	—
	氧气	m³	3.63	0.920	1.320	2.360
	乙炔气	kg	10.45	0.310	0.440	0.780
	闸阀 Z41H-64 DN100	个	2331.43	—	—	0.050
	闸阀 Z41H-64 DN50	个	1006.52	0.050	0.050	—
	中低压盲板	kg	5.01	6.680	9.540	21.840
	其他材料费占材料费	%	—	1.281	1.281	1.281
机械	电动单级离心清水泵 100mm	台班	33.35	—	—	0.038
	电动单级离心清水泵 50mm	台班	27.04	0.048	0.095	—
	内燃空气压缩机 9m³/min	台班	429.90	0.019	0.029	0.067
	试压泵 60MPa	台班	24.08	0.437	0.627	0.844
	直流弧焊机 20kV·A	台班	71.43	0.295	0.418	0.751

工作内容：施工准备、临时输水管线、阀门、盲板及压力表安装与拆除、充水升压、稳压检查、消漏、记录、防水、压缩空气吹扫、配合检查验收。

计量单位：台

定额编号				A3-2-419	A3-2-420	A3-2-421
项目名称				设备容积(m³以内)		
				50	100	200
基价(元)				2095.08	3002.95	4501.06
其中	人工费(元)			644.14	811.02	1175.58
	材料费(元)			1303.89	1970.00	3038.04
	机械费(元)			147.05	221.93	287.44
	名称	单位	单价(元)	消耗量		
人工	综合工日	工日	140.00	4.601	5.793	8.397
材料	电焊条	kg	5.98	2.480	3.340	4.260
	对焊法兰 PN4.0MPa DN100	副	123.08	0.100	0.100	0.100
	精制六角带帽螺栓	kg	6.11	22.970	43.140	58.890
	石棉橡胶板	kg	9.40	5.190	6.980	9.660
	水	t	7.96	51.000	101.500	201.500
	无缝钢管 φ108×6	m	81.50	4.000	4.000	4.000
	压制弯头 90° R=1.5D DN100	个	38.48	0.100	0.100	0.100
	氧气	m³	3.63	3.720	5.010	6.390
	乙炔气	kg	10.45	1.240	1.670	2.130
	闸阀 Z41H-64 DN100	个	2331.43	0.050	0.050	0.050
	中低压盲板	kg	5.01	38.380	58.420	82.630
	其他材料费占材料费	%	—	1.281	1.329	1.329
机械	电动单级离心清水泵 100mm	台班	33.35	0.057	0.124	0.238
	内燃空气压缩机 9m³/min	台班	429.90	0.086	0.171	0.209
	试压泵 60MPa	台班	24.08	0.998	1.311	1.872
	直流弧焊机 20kV·A	台班	71.43	1.178	1.578	2.024

工作内容：施工准备、临时输水管线、阀门、盲板及压力表安装与拆除、充水升压、稳压检查、消漏、记录、防水、压缩空气吹扫、配合检查验收。　　计量单位：台

定额编号				A3-2-422	A3-2-423	A3-2-424
项目名称				设备容积(m³以内)		
				300	400	500
基价（元）				**6028.46**	**7673.98**	**9756.62**
其中	人工费（元）			1596.56	1898.68	2234.12
	材料费（元）			4029.98	5252.70	6864.09
	机械费（元）			401.92	522.60	658.41
名称		**单位**	**单价(元)**	**消耗量**		
人工	综合工日	工日	140.00	11.404	13.562	15.958
材料	电焊条	kg	5.98	6.320	8.440	10.520
	对焊法兰 PN1.6MPa DN100	副	48.72	0.100	0.100	1.000
	精制六角带帽螺栓	kg	6.11	68.080	92.510	149.620
	石棉橡胶板	kg	9.40	10.610	13.440	18.720
	水	t	7.96	301.500	402.000	502.000
	无缝钢管 φ108×6	m	81.50	4.000	4.000	4.000
	压制弯头 90° R=1.5D DN100	个	38.48	0.100	0.100	0.100
	氧气	m³	3.63	9.480	12.660	15.780
	乙炔气	kg	10.45	3.160	4.220	5.260
	闸阀 Z41H-16 DN100	个	286.00	—	—	0.050
	闸阀 Z41H-64 DN100	个	2331.43	0.050	0.050	0.050
	中低压盲板	kg	5.01	100.790	139.820	200.280
	其他材料费占材料费	%	—	1.329	1.329	1.329
机械	电动单级离心清水泵 100mm	台班	33.35	0.361	0.475	0.599
	内燃空气压缩机 9m³/min	台班	429.90	0.257	0.295	0.352
	试压泵 60MPa	台班	24.08	2.698	3.886	5.406
	直流弧焊机 20kV·A	台班	71.43	3.002	4.009	4.997

(4)设计压力10MPa

工作内容：施工准备、临时输水管线、阀门、盲板及压力表安装与拆除、充水升压、稳压检查、消漏、记录、防水、压缩空气吹扫、配合检查验收。

计量单位：台

定额编号				A3-2-425	A3-2-426	A3-2-427
项目名称				设备容积(m³以内)		
				5	10	30
基价（元）				**794.24**	**957.24**	**1730.85**
其中	人工费（元）			365.26	411.04	607.32
	材料费（元）			384.31	481.21	1032.08
	机械费（元）			44.67	64.99	91.45
名称		单位	单价(元)	消耗量		
人工	综合工日	工日	140.00	2.609	2.936	4.338
材料	电焊条	kg	5.98	0.670	0.960	1.740
	对焊法兰 PN1.6MPa DN100	副	48.72	—	—	0.100
	对焊法兰 PN1.6MPa DN50	副	25.67	0.100	0.100	—
	精制六角带帽螺栓	kg	6.11	8.200	11.710	23.490
	石棉橡胶板	kg	9.40	2.100	2.610	5.160
	水	t	7.96	5.100	10.200	30.600
	无缝钢管 φ108×8	m	52.60	—	—	4.000
	无缝钢管 φ57×6	m	30.79	4.000	4.000	—
	压制弯头 90° R=1.5D DN100	个	38.48	—	—	0.100
	压制弯头 90° R=1.5D DN50	个	9.38	0.100	0.100	—
	氧气	m³	3.63	1.010	1.440	2.610
	乙炔气	kg	10.45	0.340	0.480	0.870
	闸阀 Z41H-160 DN100	个	3980.00	—	—	0.050
	闸阀 Z41H-160 DN50	个	1500.00	0.050	0.050	—
	中低压盲板	kg	5.01	11.220	16.030	27.260
	其他材料费占材料费	%	—	1.257	1.257	1.257
机械	电动单级离心清水泵 100mm	台班	33.35	—	—	0.038
	电动单级离心清水泵 50mm	台班	27.04	0.048	0.095	—
	内燃空气压缩机 9m³/min	台班	429.90	0.019	0.029	0.067
	试压泵 60MPa	台班	24.08	0.504	0.722	0.096
	直流弧焊机 20kV·A	台班	71.43	0.323	0.456	0.827

工作内容：施工准备、临时输水管线、阀门、盲板及压力表安装与拆除、充水升压、稳压检查、消漏、记录、防水、压缩空气吹扫、配合检查验收。　　计量单位：台

定额编号				A3-2-428	A3-2-429	A3-2-430
项目名称				设备容积（m³以内）		
				50	100	200
基价（元）				2192.78	3242.91	4093.84
其中	人工费（元）			688.52	883.68	1335.74
	材料费（元）			1344.69	2120.58	2450.50
	机械费（元）			159.57	238.65	307.60
名称		单位	单价（元）	消耗量		
人工	综合工日	工日	140.00	4.918	6.312	9.541
材料	电焊条	kg	5.98	2.730	3.680	4.680
	对焊法兰 PN1.6MPa DN100	副	48.72	0.100	0.100	—
	对焊法兰 PN1.6MPa DN50	副	25.67	—	—	0.100
	精制六角带帽螺栓	kg	6.11	32.310	58.200	83.310
	石棉橡胶板	kg	9.40	5.990	7.330	10.660
	水	t	7.96	51.000	101.500	107.890
	无缝钢管 φ108×8	m	52.60	4.000	4.000	—
	无缝钢管 φ57×6	m	30.79	—	—	4.000
	压制弯头 90° R=1.5D DN100	个	38.48	0.100	0.100	—
	压制弯头 90° R=1.5D DN50	个	9.38	—	—	0.100
	氧气	m³	3.63	3.600	5.520	7.020
	乙炔气	kg	10.45	1.200	1.840	2.340
	闸阀 Z41H-160 DN100	个	3980.00	0.050	0.050	0.050
	中低压盲板	kg	5.01	41.570	74.960	107.890
	其他材料费占材料费	%	—	1.257	1.590	1.590
机械	电动单级离心清水泵 100mm	台班	33.35	0.057	0.124	0.238
	内燃空气压缩机 9m³/min	台班	429.90	0.086	0.171	0.209
	试压泵 60MPa	台班	24.08	1.150	1.501	2.119
	直流弧焊机 20kV·A	台班	71.43	1.302	1.748	2.223

工作内容：施工准备、临时输水管线、阀门、盲板及压力表安装与拆除、充水升压、稳压检查、消漏、记录、防水、压缩空气吹扫、配合检查验收。 计量单位：台

定额编号				A3-2-431	A3-2-432	A3-2-433
项目名称				设备容积(m³以内)		
				300	400	500
基价（元）				4977.53	6365.31	8315.22
其中	人工费（元）			1711.92	2136.96	2352.42
	材料费（元）			2832.77	3663.31	5248.71
	机械费（元）			432.84	565.04	714.09
名称		单位	单价(元)	消耗量		
人工	综合工日	工日	140.00	12.228	15.264	16.803
材料	电焊条	kg	5.98	6.940	9.280	11.580
	对焊法兰 PN1.6MPa DN50	副	25.67	0.100	0.100	0.100
	精制六角带帽螺栓	kg	6.11	98.660	131.440	203.110
	石棉橡胶板	kg	9.40	11.240	16.020	21.580
	水	t	7.96	126.510	167.230	247.050
	无缝钢管 φ57×6	m	30.79	4.000	4.000	4.000
	压制弯头 90° R=1.5D DN50	个	9.38	0.100	0.100	0.100
	氧气	m³	3.63	10.410	13.920	17.370
	乙炔气	kg	10.45	3.270	4.940	5.790
	闸阀 Z41H-160 DN100	个	3980.00	0.050	0.050	0.050
	中低压盲板	kg	5.01	126.510	167.230	247.050
	其他材料费占材料费	%	—	1.590	1.590	1.590
机械	电动单级离心清水泵 100mm	台班	33.35	0.361	0.475	0.599
	内燃空气压缩机 9m³/min	台班	429.90	0.257	0.295	0.352
	试压泵 60MPa	台班	24.08	3.107	4.465	6.223
	直流弧焊机 20kV·A	台班	71.43	3.297	4.408	5.501

2. 热交换器设备水压试验

(1)设计压力1MPa

工作内容：施工准备、临时输水管线、阀门、盲板及压力表安装与拆除、充水升压、稳压检查、消漏、记录、防水、压缩空气吹扫、配合检查验收。　　计量单位：台

定额编号				A3-2-434	A3-2-435	A3-2-436	A3-2-437
项目名称				设备容积(m³以内)			
				5	10	15	20
基价（元）				**664.41**	**766.96**	**890.24**	**1057.57**
其中	人工费（元）			340.34	362.04	416.92	448.56
	材料费（元）			255.07	320.58	372.97	459.39
	机械费（元）			69.00	84.34	100.35	149.62
名称		单位	单价(元)	消耗量			
人工	综合工日	工日	140.00	2.431	2.586	2.978	3.204
材料	电焊条	kg	5.98	0.810	0.930	1.080	2.210
	精制六角带帽螺栓	kg	6.11	2.480	2.800	3.210	3.510
	平焊法兰 1.6MPa DN50	片	17.09	0.100	0.100	0.100	0.100
	石棉橡胶板	kg	9.40	2.440	3.610	3.910	4.970
	水	t	7.96	5.100	10.200	15.300	20.400
	无缝钢管 φ57×3.5	m	27.90	4.000	4.000	4.000	4.000
	压制弯头 90° R=1.5D DN50	个	9.38	0.100	0.100	0.100	0.100
	氧气	m³	3.63	1.230	1.410	1.620	3.300
	乙炔气	kg	10.45	0.410	0.470	0.540	1.100
	闸阀 Z41H-16 DN50	个	509.00	0.050	0.050	0.050	0.050
	中低压盲板	kg	5.01	3.760	5.530	6.170	8.940
	其他材料费占材料费	%	—	1.697	1.697	1.697	1.697
机械	电动单级离心清水泵 50mm	台班	27.04	0.048	0.095	0.143	0.190
	内燃空气压缩机 9m³/min	台班	429.90	0.057	0.076	0.095	0.114
	试压泵 60MPa	台班	24.08	0.637	0.713	0.789	0.865
	直流弧焊机 20kV·A	台班	71.43	0.390	0.447	0.513	1.045

工作内容：施工准备、临时输水管线、阀门、盲板及压力表安装与拆除、充水升压、稳压检查、消漏、记录、防水、压缩空气吹扫、配合检查验收。

计量单位：台

定额编号				A3-2-438	A3-2-439	A3-2-440
项目名称				设备容积(m³以内)		
				30	40	50
基价（元）				1280.03	1599.54	1803.58
其中	人工费（元）			511.14	647.64	714.14
	材料费（元）			588.14	729.77	844.72
	机械费（元）			180.75	222.13	244.72
名称		单位	单价(元)	消耗量		
人工	综合工日	工日	140.00	3.651	4.626	5.101
材料	电焊条	kg	5.98	2.570	3.070	3.220
	精制六角带帽螺栓	kg	6.11	4.720	6.110	7.220
	平焊法兰 1.6MPa DN50	片	17.09	0.100	0.100	0.100
	石棉橡胶板	kg	9.40	5.920	7.890	8.450
	水	t	7.96	30.600	40.800	51.000
	无缝钢管 φ57×3.5	m	27.90	4.000	4.000	4.000
	压制弯头 90° R=1.5D DN50	个	9.38	0.100	0.100	0.100
	氧气	m³	3.63	3.840	4.530	4.740
	乙炔气	kg	10.45	1.280	1.510	1.580
	闸阀 Z41H-16 DN50	个	509.00	0.050	0.050	0.050
	中低压盲板	kg	5.01	13.550	18.090	21.550
	其他材料费占材料费	%	—	1.697	1.756	1.756
机械	电动单级离心清水泵 50mm	台班	27.04	0.285	0.380	0.475
	内燃空气压缩机 9m³/min	台班	429.90	0.143	0.181	0.209
	试压泵 60MPa	台班	24.08	1.026	1.283	1.416
	直流弧焊机 20kV·A	台班	71.43	1.216	1.444	1.511

工作内容：施工准备、临时输水管线、阀门、盲板及压力表安装与拆除、充水升压、稳压检查、消漏、记录、防水、压缩空气吹扫、配合检查验收。　　计量单位：台

定额编号				A3-2-441	A3-2-442	A3-2-443
项目名称				设备容积(m³以内)		
				60	80	100
基价（元）				1993.81	2399.27	2791.19
其中	人工费（元）			769.58	916.16	1041.74
	材料费（元）			948.50	1156.85	1349.63
	机械费（元）			275.73	326.26	399.82
名称		单位	单价(元)	消耗量		
人工	综合工日	工日	140.00	5.497	6.544	7.441
材料	电焊条	kg	5.98	3.340	3.800	4.160
	精制六角带帽螺栓	kg	6.11	8.050	9.180	9.520
	平焊法兰 1.6MPa DN50	片	17.09	0.100	0.100	0.100
	石棉橡胶板	kg	9.40	8.860	9.120	10.200
	水	t	7.96	61.000	81.000	101.500
	无缝钢管 φ57×3.5	m	27.90	4.000	4.000	4.000
	压制弯头 90° R=1.5D DN50	个	9.38	0.100	0.100	0.100
	氧气	m³	3.63	4.920	5.580	6.090
	乙炔气	kg	10.45	1.640	1.860	2.030
	闸阀 Z41H-16 DN50	个	509.00	0.050	0.050	0.050
	中低压盲板	kg	5.01	23.840	29.580	31.230
	其他材料费占材料费	%	—	1.756	1.756	1.756
机械	电动单级离心清水泵 50mm	台班	27.04	0.570	0.760	1.235
	内燃空气压缩机 9m³/min	台班	429.90	0.228	0.285	0.342
	试压泵 60MPa	台班	24.08	2.062	2.280	3.306
	直流弧焊机 20kV·A	台班	71.43	1.577	1.796	1.957

(2)设计压力2.5MPa

工作内容：施工准备、临时输水管线、阀门、盲板及压力表安装与拆除、充水升压、稳压检查、消漏、记录、防水、压缩空气吹扫、配合检查验收。

计量单位：台

定额编号				A3-2-444	A3-2-445	A3-2-446	A3-2-447
项目名称				设备容积(m³以内)			
				5	10	15	20
基价（元）				828.09	947.49	1051.67	1248.02
其中	人工费（元）			448.70	483.14	517.72	552.16
	材料费（元）			293.75	375.91	425.84	535.73
	机械费（元）			85.64	88.44	108.11	160.13
名称		单位	单价(元)	消耗量			
人工	综合工日	工日	140.00	3.205	3.451	3.698	3.944
材料	电焊条	kg	5.98	0.880	0.970	1.130	2.320
	对焊法兰 PN4.0MPa DN50	副	48.72	0.100	0.100	—	—
	精制六角带帽螺栓	kg	6.11	5.040	5.440	6.010	7.930
	平焊法兰 1.6MPa DN50	片	17.09	—	—	0.100	0.100
	石棉橡胶板	kg	9.40	2.800	4.730	4.810	5.780
	水	t	7.96	5.100	10.200	15.300	20.400
	无缝钢管 φ57×4	m	28.46	4.000	4.000	4.000	4.000
	压制弯头 90° R=1.5D DN50	个	9.38	0.100	0.100	0.100	0.100
	氧气	m³	3.63	1.260	1.440	1.650	3.420
	乙炔气	kg	10.45	0.430	0.480	0.550	1.140
	闸阀 Z41H-40 DN50	个	492.99	0.050	0.050	0.050	0.050
	中低压盲板	kg	5.01	6.700	10.330	11.360	16.810
	其他材料费占材料费	%	—	1.326	1.326	1.326	1.326
机械	电动单级离心清水泵 50mm	台班	27.04	0.480	0.095	0.143	0.190
	内燃空气压缩机 9m³/min	台班	429.90	0.057	0.076	0.095	0.114
	试压泵 60MPa	台班	24.08	0.760	0.827	1.055	1.159
	直流弧焊机 20kV·A	台班	71.43	0.418	0.466	0.532	1.093

工作内容：施工准备、临时输水管线、阀门、盲板及压力表安装与拆除、充水升压、稳压检查、消漏、记录、防水、压缩空气吹扫、配合检查验收。　　计量单位：台

定额编号				A3-2-448	A3-2-449	A3-2-450
项目名称				设备容积(m³以内)		
				30	40	50
基价（元）				1526.99	1805.93	2034.09
其中	人工费（元）			621.18	690.20	759.22
	材料费（元）			717.09	885.61	1022.23
	机械费（元）			188.72	230.12	252.64
名称		单位	单价(元)	消耗量		
人工	综合工日	工日	140.00	4.437	4.930	5.423
材料	电焊条	kg	5.98	2.700	3.210	3.360
	精制六角带帽螺栓	kg	6.11	12.900	15.010	15.940
	平焊法兰 1.6MPa DN50	片	17.09	0.100	0.100	0.100
	石棉橡胶板	kg	9.40	7.200	9.450	10.370
	水	t	7.96	30.600	40.800	51.000
	无缝钢管 φ57×4	m	28.46	4.000	4.000	4.000
	压制弯头 90° R=1.5D DN50	个	9.38	0.100	0.100	0.100
	氧气	m³	3.63	3.990	4.740	4.920
	乙炔气	kg	10.45	1.330	1.580	1.640
	闸阀 Z41H-40 DN50	个	492.99	0.050	0.050	0.050
	中低压盲板	kg	5.01	26.340	34.460	41.810
	其他材料费占材料费	%	—	1.326	1.560	1.560
机械	电动单级离心清水泵 50mm	台班	27.04	0.285	0.380	0.475
	内燃空气压缩机 9m³/min	台班	429.90	0.143	0.181	0.209
	试压泵 60MPa	台班	24.08	1.188	1.416	1.549
	直流弧焊机 20kV·A	台班	71.43	1.273	1.511	1.577

工作内容：施工准备、临时输水管线、阀门、盲板及压力表安装与拆除、充水升压、稳压检查、消漏、记录、防水、压缩空气吹扫、配合检查验收。　　计量单位：台

定额编号				A3-2-451	A3-2-452	A3-2-453
项目名称				设备容积(m³以内)		
				60	80	100
基价（元）				**2264.79**	**2713.55**	**3167.57**
其中	人工费（元）			828.24	966.28	1104.32
	材料费（元）			1146.49	1409.66	1668.54
	机械费（元）			290.06	337.61	394.71
名称		**单位**	**单价(元)**	**消耗量**		
人工	综合工日	工日	140.00	5.916	6.902	7.888
材料	电焊条	kg	5.98	3.500	4.000	4.360
	精制六角带帽螺栓	kg	6.11	18.160	22.120	26.040
	平焊法兰 1.6MPa DN50	片	17.09	0.100	0.100	0.100
	石棉橡胶板	kg	9.40	10.930	11.460	13.280
	水	t	7.96	61.000	81.000	101.500
	无缝钢管 φ57×4	m	28.46	4.000	4.000	4.000
	压制弯头 90° R=1.5D DN50	个	9.38	0.100	0.100	0.100
	氧气	m³	3.63	5.130	5.880	6.390
	乙炔气	kg	10.45	1.710	1.960	2.130
	闸阀 Z41H-40 DN50	个	492.99	0.050	0.050	0.050
	中低压盲板	kg	5.01	46.120	58.580	67.540
	其他材料费占材料费	%	—	1.560	1.560	1.560
机械	电动单级离心清水泵 50mm	台班	27.04	0.570	0.760	1.235
	内燃空气压缩机 9m³/min	台班	429.90	0.238	0.285	0.342
	试压泵 60MPa	台班	24.08	2.280	2.499	2.812
	直流弧焊机 20kV·A	台班	71.43	1.644	1.881	2.052

(3)设计压力4MPa

工作内容：施工准备、临时输水管线、阀门、盲板及压力表安装与拆除、充水升压、稳压检查、消漏、记录、防水、压缩空气吹扫、配合检查验收。 计量单位：台

定额编号				A3-2-454	A3-2-455	A3-2-456	A3-2-457
项目名称				设备容积(m³以内)			
				5	10	15	20
基价（元）				883.61	1063.22	1172.64	1441.44
其中	人工费（元）			448.70	483.14	517.72	552.16
	材料费（元）			355.23	485.54	540.69	720.79
	机械费（元）			79.68	94.54	114.23	168.49
名称		单位	单价(元)	消耗量			
人工	综合工日	工日	140.00	3.205	3.451	3.698	3.944
材料	电焊条	kg	5.98	0.960	1.050	1.280	2.520
	精制六角带帽螺栓	kg	6.11	6.850	11.540	12.380	18.890
	平焊法兰 1.6MPa DN50	片	17.09	0.100	0.100	0.100	0.100
	石棉橡胶板	kg	9.40	3.410	5.500	5.940	6.770
	水	t	7.96	5.100	10.200	15.300	20.400
	无缝钢管 φ57×4	m	28.46	4.000	4.000	4.000	4.000
	压制弯头 90° R=1.5D DN50	个	9.38	0.100	0.100	0.100	0.100
	氧气	m³	3.63	1.410	1.560	1.800	3.630
	乙炔气	kg	10.45	0.470	0.520	0.600	1.210
	乙烯泡沫塑料	kg	26.27	—	0.100	—	—
	闸阀 Z41H-64 DN50	个	1006.52	0.050	0.050	0.050	0.050
	中低压盲板	kg	5.01	10.540	17.570	18.370	32.100
	其他材料费占材料费	%	—	1.525	1.525	1.525	1.525
机械	电动单级离心清水泵 50mm	台班	27.04	0.048	0.095	0.143	0.190
	内燃空气压缩机 9m³/min	台班	429.90	0.057	0.076	0.095	0.114
	试压泵 60MPa	台班	24.08	0.855	0.941	1.140	1.254
	直流弧焊机 20kV·A	台班	71.43	0.466	0.513	0.589	1.178

工作内容：施工准备、临时输水管线、阀门、盲板及压力表安装与拆除、充水升压、稳压检查、消漏、记录、防水、压缩空气吹扫、配合检查验收。

计量单位：台

定额编号				A3-2-458	A3-2-459	A3-2-460
项目名称				设备容积(m³以内)		
				30	40	50
基价（元）				1715.77	2153.70	2426.47
其中	人工费（元）			621.18	745.64	812.84
	材料费（元）			894.97	1165.24	1347.83
	机械费（元）			199.62	242.82	265.80
名称		单位	单价(元)	消耗量		
人工	综合工日	工日	140.00	4.437	5.326	5.806
材料	电焊条	kg	5.98	2.920	3.520	3.680
	精制六角带帽螺栓	kg	6.11	25.630	35.060	42.860
	平焊法兰 1.6MPa DN50	片	17.09	0.100	0.100	0.100
	石棉橡胶板	kg	9.40	7.030	10.430	11.660
	水	t	7.96	30.600	40.800	51.000
	无缝钢管 φ57×4	m	28.46	4.000	4.000	4.000
	压制弯头 90° R=1.5D DN50	个	9.38	0.100	0.100	0.100
	氧气	m³	3.63	4.230	5.070	5.280
	乙炔气	kg	10.45	1.410	1.690	1.760
	闸阀 Z41H-64 DN50	个	1006.52	0.050	0.050	0.050
	中低压盲板	kg	5.01	40.100	57.620	65.060
	其他材料费占材料费	%	—	1.525	1.358	1.358
机械	电动单级离心清水泵 50mm	台班	27.04	0.285	0.380	0.475
	内燃空气压缩机 9m³/min	台班	429.90	0.143	0.181	0.209
	试压泵 60MPa	台班	24.08	1.359	1.549	1.701
	直流弧焊机 20kV·A	台班	71.43	1.368	1.644	1.710

工作内容：施工准备、临时输水管线、阀门、盲板及压力表安装与拆除、充水升压、稳压检查、消漏、记录、防水、压缩空气吹扫、配合检查验收。 计量单位：台

定额编号				A3-2-461	A3-2-462	A3-2-463
项目名称				设备容积(m³以内)		
				60	80	100
基价（元）				2701.89	3155.42	3728.81
其中	人工费（元）			878.78	1017.94	1162.70
	材料费（元）			1521.71	1783.07	2160.30
	机械费（元）			301.40	354.41	405.81
名称		单位	单价(元)	消耗量		
人工	综合工日	工日	140.00	6.277	7.271	8.305
材料	电焊条	kg	5.98	3.840	4.360	4.760
	对焊法兰 PN6.4MPa DN50	副	63.44	—	—	0.100
	精制六角带帽螺栓	kg	6.11	48.390	57.470	68.280
	平焊法兰 1.6MPa DN50	片	17.09	0.100	0.100	—
	石棉橡胶板	kg	9.40	11.900	12.460	14.640
	水	t	7.96	61.000	81.000	101.500
	无缝钢管 φ57×4	m	28.46	4.000	4.000	4.000
	压制弯头 90° R=1.5D DN50	个	9.38	0.100	0.100	0.100
	氧气	m³	3.63	5.490	6.270	6.840
	乙炔气	kg	10.45	1.830	2.090	2.280
	闸阀 Z41H-64 DN50	个	1006.52	0.050	0.050	0.050
	中低压盲板	kg	5.01	75.730	81.570	103.800
	其他材料费占材料费	%	—	1.358	1.358	1.358
机械	电动单级离心清水泵 50mm	台班	27.04	0.570	0.760	1.235
	内燃空气压缩机 9m³/min	台班	429.90	0.228	0.285	0.342
	试压泵 60MPa	台班	24.08	2.508	2.746	2.766
	直流弧焊机 20kV·A	台班	71.43	1.786	2.033	2.223

(4)设计压力10MPa

工作内容：施工准备、临时输水管线、阀门、盲板及压力表安装与拆除、充水升压、稳压检查、消漏、记录、防水、压缩空气吹扫、配合检查验收。

计量单位：台

定额编号				A3-2-464	A3-2-465	A3-2-466	A3-2-467
项目名称				设备容积(m³以内)			
				5	10	15	20
基价（元）				1085.71	1248.32	1373.22	1661.30
其中	人工费（元）			524.44	547.68	572.88	626.22
	材料费（元）			464.71	599.25	678.59	855.91
	机械费（元）			96.56	101.39	121.75	179.17
名称		单位	单价(元)	消耗量			
人工	综合工日	工日	140.00	3.746	3.912	4.092	4.473
材料	电焊条	kg	5.98	1.000	1.140	1.440	2.750
	对焊法兰 PN1.6MPa DN50	副	25.67	0.100	0.100	0.100	0.100
	精制六角带帽螺栓	kg	6.11	12.780	18.940	20.940	28.740
	石棉橡胶板	kg	9.40	3.680	4.100	5.050	7.100
	水	t	7.96	5.100	10.200	15.300	20.400
	无缝钢管 φ57×6	m	30.79	4.000	4.000	4.000	4.000
	压制弯头 90° R=1.5D DN50	个	9.38	0.100	0.100	0.100	0.100
	氧气	m³	3.63	1.470	1.680	1.920	3.890
	乙炔气	kg	10.45	0.490	0.560	0.640	1.300
	闸阀 Z41H-160 DN50	个	1500.00	0.050	0.050	0.050	0.050
	中低压盲板	kg	5.01	17.440	27.080	29.690	38.800
	其他材料费占材料费	%	—	1.300	1.300	1.300	1.300
机械	电动单级离心清水泵 50mm	台班	27.04	0.480	0.095	0.143	0.190
	内燃空气压缩机 9m³/min	台班	429.90	0.057	0.076	0.095	0.114
	试压泵 60MPa	台班	24.08	0.988	1.083	1.283	1.416
	直流弧焊机 20kV·A	台班	71.43	0.494	0.561	0.646	1.273

工作内容：施工准备、临时输水管线、阀门、盲板及压力表安装与拆除、充水升压、稳压检查、消漏、记录、防水、压缩空气吹扫、配合检查验收。 计量单位：台

定额编号				A3-2-468	A3-2-469	A3-2-470
项目名称				设备容积(m³以内)		
				30	40	50
基价（元）				1980.41	2387.37	2743.27
其中	人工费（元）			687.12	795.48	863.94
	材料费（元）			1079.78	1337.05	1599.70
	机械费（元）			213.51	254.84	279.63
名称		单位	单价(元)	消耗量		
人工	综合工日	工日	140.00	4.908	5.682	6.171
材料	电焊条	kg	5.98	3.230	3.790	4.000
	对焊法兰 PN1.6MPa DN50	副	25.67	0.100	0.100	0.100
	精制六角带帽螺栓	kg	6.11	38.000	50.200	64.910
	石棉橡胶板	kg	9.40	8.690	9.430	11.520
	水	t	7.96	30.600	40.800	51.000
	无缝钢管 φ57×6	m	30.79	4.000	4.000	4.000
	压制弯头 90° R=1.5D DN50	个	9.38	0.100	0.100	0.100
	氧气	m³	3.63	4.560	5.370	5.640
	乙炔气	kg	10.45	1.520	1.790	1.880
	闸阀 Z41H-160 DN50	个	1500.00	0.050	0.050	0.050
	中低压盲板	kg	5.01	50.910	67.310	80.360
	其他材料费占材料费	%	—	1.300	1.301	1.301
机械	电动单级离心清水泵 50mm	台班	27.04	0.285	0.380	0.475
	内燃空气压缩机 9m³/min	台班	429.90	0.143	0.181	0.209
	试压泵 60MPa	台班	24.08	1.568	1.710	1.881
	直流弧焊机 20kV·A	台班	71.43	1.492	1.758	1.843

工作内容：施工准备、临时输水管线、阀门、盲板及压力表安装与拆除、充水升压、稳压检查、消漏、记录、防水、压缩空气吹扫、配合检查验收。

计量单位：台

定额编号				A3-2-471	A3-2-472	A3-2-473
项目名称				设备容积(m³以内)		
				60	80	100
基价（元）				3034.93	3506.40	4116.29
其中	人工费（元）			931.70	1092.42	1254.12
	材料费（元）			1781.60	2042.95	2442.47
	机械费（元）			321.63	371.03	419.70
名称		单位	单价(元)	消耗量		
人工	综合工日	工日	140.00	6.655	7.803	8.958
材料	电焊条	kg	5.98	4.350	4.700	5.120
	对焊法兰 PN1.6MPa DN50	副	25.67	0.100	0.100	0.100
	精制六角带帽螺栓	kg	6.11	69.950	76.510	93.170
	石棉橡胶板	kg	9.40	12.850	14.330	15.820
	水	t	7.96	61.000	81.000	101.500
	无缝钢管 φ57×6	m	30.79	4.000	4.000	4.000
	压制弯头 90° R=1.5D DN50	个	9.38	0.100	0.100	0.100
	氧气	m³	3.63	5.670	6.660	7.290
	乙炔气	kg	10.45	1.890	2.220	2.430
	闸阀 Z41H-160 DN50	个	1500.00	0.050	0.050	0.050
	中低压盲板	kg	5.01	91.210	98.330	119.970
	其他材料费占材料费	%	—	1.301	1.301	1.301
机械	电动单级离心清水泵 50mm	台班	27.04	0.570	0.760	1.235
	内燃空气压缩机 9m³/min	台班	429.90	0.228	0.285	0.342
	试压泵 60MPa	台班	24.08	2.755	3.012	2.945
	直流弧焊机 20kV·A	台班	71.43	1.986	2.176	2.357

(5)设计压力16MPa

工作内容：施工准备、临时输水管线、阀门、盲板及压力表安装与拆除、充水升压、稳压检查、消漏、记录、防水、压缩空气吹扫、配合检查验收。 计量单位：台

定额编号				A3-2-474	A3-2-475	A3-2-476
项目名称				设备容积(m³以内)		
				5	10	15
基价（元）				1756.75	1907.31	2124.88
其中	人工费（元）			730.24	744.80	762.02
	材料费（元）			929.39	1041.47	1190.47
	机械费（元）			97.12	121.04	172.39
名称		单位	单价(元)	消耗量		
人工	综合工日	工日	140.00	5.216	5.320	5.443
材料	电焊条	kg	5.98	1.430	1.720	2.540
	高压不锈钢垫	kg	39.32	1.610	1.740	2.150
	高压盲板	kg	9.08	19.290	21.600	24.500
	精制六角带帽螺栓	kg	6.11	24.650	28.140	32.680
	水	t	7.96	5.100	10.200	15.300
	梯形槽面法兰 PN6.4MPa DN50	副	324.68	0.100	0.100	0.100
	透镜垫	kg	20.00	9.100	10.010	11.230
	无缝钢管 φ57×6	m	30.79	4.000	4.000	4.000
	压制弯头 90° R=1.5D DN50	个	9.38	0.100	0.100	0.100
	氧气	m³	3.63	2.070	2.550	3.630
	乙炔气	kg	10.45	0.710	0.850	1.210
	闸阀 Z41H-250 DN50	个	2600.00	0.050	0.050	0.050
	其他材料费占材料费	%	—	0.833	0.833	0.833
机械	电动单级离心清水泵 50mm	台班	27.04	0.048	0.095	0.190
	内燃空气压缩机 9m³/min	台班	429.90	0.057	0.076	0.114
	试压泵 60MPa	台班	24.08	0.903	1.083	1.416
	直流弧焊机 20kV·A	台班	71.43	0.694	0.836	1.178

工作内容：施工准备、临时输水管线、阀门、盲板及压力表安装与拆除、充水升压、稳压检查、消漏、记录、防水、压缩空气吹扫、配合检查验收。

计量单位：台

定额编号				A3-2-477	A3-2-478	A3-2-479
项目名称				设备容积(m³以内)		
				20	30	40
基价（元）				2415.56	2771.17	3079.07
其中	人工费（元）			846.02	965.30	985.18
	材料费（元）			1369.60	1587.82	1824.78
	机械费（元）			199.94	218.05	269.11
名称		单位	单价(元)	消耗量		
人工	综合工日	工日	140.00	6.043	6.895	7.037
材料	电焊条	kg	5.98	2.800	3.070	3.400
	高压不锈钢垫	kg	39.32	2.420	2.690	3.030
	高压盲板	kg	9.08	28.950	33.390	39.390
	精制六角带帽螺栓	kg	6.11	33.550	34.420	36.340
	水	t	7.96	20.400	30.600	40.800
	梯形槽面法兰 PN6.4MPa DN50	副	324.68	0.100	0.100	0.100
	透镜垫	kg	20.00	15.060	18.800	22.150
	无缝钢管 φ57×6	m	30.79	4.000	4.000	4.000
	压制弯头 90° R=1.5D DN50	个	9.38	0.100	0.100	0.100
	氧气	m³	3.63	3.990	4.350	4.800
	乙炔气	kg	10.45	1.330	1.450	1.600
	闸阀 Z41H-250 DN50	个	2600.00	0.050	0.050	0.050
	其他材料费占材料费	%	—	0.833	0.833	0.948
机械	电动单级离心清水泵 50mm	台班	27.04	0.285	0.380	0.475
	内燃空气压缩机 9m³/min	台班	429.90	0.143	0.181	0.209
	试压泵 60MPa	台班	24.08	1.568	1.170	2.233
	直流弧焊机 20kV·A	台班	71.43	1.302	1.425	1.577

工作内容：施工准备、临时输水管线、阀门、盲板及压力表安装与拆除、充水升压、稳压检查、消漏、记录、防水、压缩空气吹扫、配合检查验收。 计量单位：台

定额编号				A3-2-480	A3-2-481	A3-2-482
项目名称				设备容积(m³以内)		
				50	60	80
基价（元）				**3409.84**	**3699.85**	**4140.31**
其中	人工费（元）			1049.86	1134.00	1300.04
	材料费（元）			2058.71	2202.81	2427.21
	机械费（元）			301.27	363.04	413.06
名称		单位	单价(元)	消耗量		
人工	综合工日	工日	140.00	7.499	8.100	9.286
材料	电焊条	kg	5.98	3.660	4.040	4.410
	高压不锈钢垫	kg	39.32	3.360	3.360	3.360
	高压盲板	kg	9.08	45.370	46.820	48.270
	精制六角带帽螺栓	kg	6.11	38.260	40.530	42.800
	水	t	7.96	51.000	61.000	81.000
	梯形槽面法兰 PN6.4MPa DN50	副	324.68	0.100	0.100	0.100
	透镜垫	kg	20.00	25.510	27.010	28.510
	无缝钢管 φ57×6	m	30.79	4.000	4.000	4.000
	压制弯头 90° R=1.5D DN50	个	9.38	0.100	0.100	0.100
	氧气	m³	3.63	5.190	5.730	6.270
	乙炔气	kg	10.45	1.730	1.910	2.090
	闸阀 Z41H-250 DN50	个	2600.00	0.050	0.050	0.050
	其他材料费占材料费	%	—	0.948	0.948	0.948
机械	电动单级离心清水泵 50mm	台班	27.04	0.570	0.760	1.235
	内燃空气压缩机 9m³/min	台班	429.90	0.228	0.285	0.342
	试压泵 60MPa	台班	24.08	2.755	3.582	3.601
	直流弧焊机 20kV·A	台班	71.43	1.701	1.872	2.043

3.塔类设备水压试验

(1)设计压力1MPa

工作内容：施工准备、临时输水管线、阀门、盲板及压力表安装与拆除、充水升压、稳压检查、消漏、记录、防水、压缩空气吹扫、配合检查验收。

计量单位：台

定额编号				A3-2-483	A3-2-484	A3-2-485	A3-2-486
项目名称				设备容积(m³以内)			
				10	20	40	60
基价（元）				1293.17	1760.00	2174.60	2484.14
其中	人工费（元）			862.54	969.64	1104.46	1155.56
	材料费（元）			363.60	690.60	909.36	1114.53
	机械费（元）			67.03	99.76	160.78	214.05
名称		单位	单价(元)	消耗量			
人工	综合工日	工日	140.00	6.161	6.926	7.889	8.254
材料	电焊条	kg	5.98	0.890	1.270	2.280	3.130
	精制六角带帽螺栓	kg	6.11	3.800	4.610	6.240	6.830
	平焊法兰 1.6MPa DN100	片	30.77	—	0.100	0.100	0.100
	平焊法兰 1.6MPa DN50	片	17.09	0.100	—	—	—
	石棉橡胶板	kg	9.40	5.590	8.790	9.890	10.320
	水	t	7.96	10.100	20.200	40.800	61.000
	无缝钢管 φ108×4	m	75.50	—	4.000	4.000	4.000
	无缝钢管 φ57×3.5	m	27.90	4.000	—	—	—
	压制弯头 90° R=1.5D DN100	个	38.48	—	0.100	0.100	0.100
	压制弯头 90° R=1.5D DN50	个	9.38	0.100	—	—	—
	氧气	m³	3.63	1.320	1.860	3.390	4.650
	乙炔气	kg	10.45	0.440	0.620	1.130	1.550
	闸阀 Z41H-16 DN100	个	286.00	—	0.050	0.050	0.050
	闸阀 Z41H-16 DN50	个	509.00	0.050	—	—	—
	中低压盲板	kg	5.01	9.630	13.150	16.080	20.070
	其他材料费占材料费	%	—	1.333	1.333	1.333	1.333
机械	电动单级离心清水泵 100mm	台班	33.35	—	0.029	0.048	0.076
	电动单级离心清水泵 50mm	台班	27.04	0.019	—	—	—
	内燃空气压缩机 9m³/min	台班	429.90	0.057	0.105	0.152	0.200
	试压泵 60MPa	台班	24.08	0.475	0.570	0.684	0.817
	直流弧焊机 20kV·A	台班	71.43	0.428	0.559	1.083	1.482

工作内容：施工准备、临时输水管线、阀门、盲板及压力表安装与拆除、充水升压、稳压检查、消漏、记录、防水、压缩空气吹扫、配合检查验收。　计量单位：台

定额编号				A3-2-487	A3-2-488	A3-2-489	A3-2-490
项目名称				设备容积(m³以内)			
				100	200	300	400
基价（元）				**3194.77**	**4795.74**	**6168.44**	**7604.13**
其中	人工费（元）			1382.64	1914.64	2336.04	2819.74
	材料费（元）			1547.48	2555.43	3440.67	4321.83
	机械费（元）			264.65	325.67	391.73	462.56
名称		单位	单价(元)	消耗量			
人工	综合工日	工日	140.00	9.876	13.676	16.686	20.141
材料	电焊条	kg	5.98	3.500	4.410	5.080	6.190
	精制六角带帽螺栓	kg	6.11	10.350	17.320	18.420	19.910
	平焊法兰 1.6MPa DN100	片	30.77	0.100	0.100	0.100	0.100
	石棉橡胶板	kg	9.40	12.400	13.530	17.280	19.320
	水	t	7.96	101.500	201.500	301.500	402.000
	无缝钢管 φ108×4	m	75.50	4.000	4.000	4.000	4.000
	压制弯头 90° R=1.5D DN100	个	38.48	0.100	0.100	0.100	0.100
	氧气	m³	3.63	5.190	6.510	7.470	9.120
	乙炔气	kg	10.45	1.730	2.170	2.490	3.040
	闸阀 Z41H-16 DN100	个	286.00	0.050	0.050	0.050	0.050
	中低压盲板	kg	5.01	30.990	56.670	61.270	65.500
	其他材料费占材料费	%	—	1.536	1.536	1.536	1.536
机械	电动单级离心清水泵 100mm	台班	33.35	0.124	0.238	0.361	0.475
	内燃空气压缩机 9m³/min	台班	429.90	0.276	0.314	0.371	0.390
	试压泵 60MPa	台班	24.08	0.988	1.416	2.043	2.936
	直流弧焊机 20kV·A	台班	71.43	1.653	2.081	2.394	2.917

工作内容：施工准备、临时输水管线、阀门、盲板及压力表安装与拆除、充水升压、稳压检查、消漏、记录、防水、压缩空气吹扫、配合检查验收。

计量单位：台

定额编号				A3-2-491	A3-2-492	A3-2-493
项目名称				设备容积(m³以内)		
				500	600	800
基价（元）				**9027.65**	**10314.34**	**13056.76**
其中	人工费（元）			3311.56	3722.60	4754.54
	材料费（元）			5177.59	6014.39	7671.56
	机械费（元）			538.50	577.35	630.66
名称		单位	单价(元)	消耗量		
人工	综合工日	工日	140.00	23.654	26.590	33.961
材料	电焊条	kg	5.98	6.970	7.400	7.830
	精制六角带帽螺栓	kg	6.11	20.700	21.520	21.970
	平焊法兰 1.6MPa DN100	片	30.77	0.100	0.100	0.100
	石棉橡胶板	kg	9.40	20.030	20.120	21.030
	水	t	7.96	502.000	602.000	802.000
	无缝钢管 φ108×4	m	75.50	4.000	4.000	4.000
	压制弯头 90° R=1.5D DN100	个	38.48	0.100	0.100	0.100
	氧气	m³	3.63	10.260	10.890	11.520
	乙炔气	kg	10.45	3.420	3.630	3.840
	闸阀 Z41H-16 DN100	个	286.00	0.050	0.050	0.050
	中低压盲板	kg	5.01	70.000	73.040	77.380
	其他材料费占材料费	%	—	1.536	1.536	1.536
机械	电动单级离心清水泵 100mm	台班	33.35	0.599	0.713	0.950
	内燃空气压缩机 9m³/min	台班	429.90	0.428	0.447	0.494
	试压泵 60MPa	台班	24.08	4.142	4.665	5.121
	直流弧焊机 20kV·A	台班	71.43	3.287	3.487	3.686

工作内容：施工准备、临时输水管线、阀门、盲板及压力表安装与拆除、充水升压、稳压检查、消漏、记录、防水、压缩空气吹扫、配合检查验收。　　计量单位：台

定额编号				A3-2-494	A3-2-495	A3-2-496
项目名称				设备容积(m³以内)		
				1000	1200	1400
基价（元）				**15808.27**	**18459.44**	**21232.56**
其中	人工费（元）			5716.48	6589.38	7600.60
	材料费（元）			9405.70	11122.26	12838.52
	机械费（元）			686.09	747.80	793.44
名称		单位	单价(元)	消耗量		
人工	综合工日	工日	140.00	40.832	47.067	54.290
材料	电焊条	kg	5.98	8.260	9.110	9.420
	精制六角带帽螺栓	kg	6.11	23.870	25.410	28.280
	平焊法兰 1.6MPa DN100	片	30.77	0.100	0.100	0.100
	石棉橡胶板	kg	9.40	22.650	25.510	27.700
	水	t	7.96	1002.000	1203.000	1403.000
	无缝钢管 φ108×4	m	75.50	4.000	4.000	4.000
	压制弯头 90° R=1.5D DN100	个	38.48	0.100	0.100	0.100
	氧气	m³	3.63	12.150	13.350	13.890
	乙炔气	kg	10.45	4.050	4.450	4.610
	闸阀 Z41H-16 DN100	个	286.00	0.050	0.050	0.050
	中低压盲板	kg	5.01	81.990	87.970	96.740
	其他材料费占材料费	%	—	2.186	2.186	2.186
机械	电动单级离心清水泵 100mm	台班	33.35	1.188	1.425	1.663
	内燃空气压缩机 9m³/min	台班	429.90	0.542	0.570	0.599
	试压泵 60MPa	台班	24.08	5.643	6.194	6.821
	直流弧焊机 20kV·A	台班	71.43	3.886	4.285	4.427

工作内容：施工准备、临时输水管线、阀门、盲板及压力表安装与拆除、充水升压、稳压检查、消漏、记录、防水、压缩空气吹扫、配合检查验收。

计量单位：台

定额编号				A3-2-497	A3-2-498	A3-2-499
项目名称				设备容积(m³以内)		
				1600	1800	2000
基价（元）				**23999.79**	**26775.29**	**29571.15**
其中	人工费（元）			8586.90	9540.72	10502.94
	材料费（元）			14564.01	16299.80	18074.74
	机械费（元）			848.88	934.77	993.47
名称		单位	单价(元)	消耗量		
人工	综合工日	工日	140.00	61.335	68.148	75.021
材料	电焊条	kg	5.98	9.750	10.080	10.420
	精制六角带帽螺栓	kg	6.11	31.120	34.700	39.850
	平焊法兰 1.6MPa DN100	片	30.77	0.100	0.100	0.100
	石棉橡胶板	kg	9.40	29.850	31.380	34.780
	水	t	7.96	1603.000	1803.000	2003.000
	无缝钢管 φ108×4	m	75.50	4.000	4.000	4.000
	压制弯头 90° R=1.5D DN100	个	38.48	0.100	0.100	0.100
	氧气	m³	3.63	14.280	14.730	15.210
	乙炔气	kg	10.45	4.760	4.910	5.070
	闸阀 Z41H-16 DN100	个	286.00	0.050	0.050	0.050
	中低压盲板	kg	5.01	107.530	120.550	135.740
	其他材料费占材料费	%	—	2.186	2.186	2.186
机械	电动单级离心清水泵 100mm	台班	33.35	1.900	2.138	2.375
	内燃空气压缩机 9m³/min	台班	429.90	0.646	0.760	0.808
	试压泵 60MPa	台班	24.08	7.505	8.256	9.028
	直流弧焊机 20kV·A	台班	71.43	4.579	4.731	4.893

(2)设计压力2.5MPa

工作内容：施工准备、临时输水管线、阀门、盲板及压力表安装与拆除、充水升压、稳压检查、消漏、记录、防水、压缩空气吹扫、配合检查验收。 计量单位：台

定额编号				A3-2-500	A3-2-501	A3-2-502	A3-2-503
项目名称				设备容积(m³以内)			
				10	20	40	60
基价(元)				1520.49	2038.36	2442.27	2829.93
其中	人工费(元)			1015.00	1063.72	1180.48	1277.92
	材料费(元)			438.70	869.31	1098.49	1334.26
	机械费(元)			66.79	105.33	163.30	217.75
名称		单位	单价(元)	消耗量			
人工	综合工日	工日	140.00	7.250	7.598	8.432	9.128
材料	电焊条	kg	5.98	0.890	1.290	2.300	3.160
	对焊法兰 PN4.0MPa DN100	副	123.08	—	0.100	0.100	—
	对焊法兰 PN4.0MPa DN50	副	48.72	0.100	—	—	—
	精制六角带帽螺栓	kg	6.11	8.390	11.460	12.440	15.350
	平焊法兰 1.6MPa DN100	片	30.77	—	—	—	0.100
	石棉橡胶板	kg	9.40	6.060	10.090	10.660	11.410
	水	t	7.96	10.100	20.200	40.800	61.000
	无缝钢管 φ108×6	m	81.50	—	4.000	4.000	4.000
	无缝钢管 φ57×4	m	28.46	4.000	—	—	—
	压制弯头 90° R=1.5D DN100	个	38.48	—	0.100	0.100	0.100
	压制弯头 90° R=1.5D DN50	个	9.38	0.100	—	—	—
	氧气	m³	3.63	1.320	1.890	3.390	4.680
	乙炔气	kg	10.45	0.440	0.630	1.130	1.560
	闸阀 Z41H-40 DN100	个	1016.79	—	0.050	0.050	0.050
	闸阀 Z41H-40 DN50	个	492.99	0.050	—	—	—
	中低压盲板	kg	5.01	16.830	23.180	29.890	38.160
	其他材料费占材料费	%	—	1.562	1.562	1.562	1.562
机械	电动单级离心清水泵 100mm	台班	33.35	—	0.029	0.048	0.076
	电动单级离心清水泵 50mm	台班	27.04	0.019	—	—	—
	内燃空气压缩机 9m³/min	台班	429.90	0.057	0.105	0.152	0.200
	试压泵 60MPa	台班	24.08	0.551	0.656	0.789	0.941
	直流弧焊机 20kV·A	台班	71.43	0.399	0.608	1.083	1.492

工作内容：施工准备、临时输水管线、阀门、盲板及压力表安装与拆除、充水升压、稳压检查、消漏、记录、防水、压缩空气吹扫、配合检查验收。 计量单位：台

定额编号				A3-2-504	A3-2-505	A3-2-506	A3-2-507
项目名称				设备容积(m³以内)			
				100	200	300	400
基价（元）				3621.23	5389.60	6832.51	8318.90
其中	人工费（元）			1472.80	1960.00	2447.20	2934.40
	材料费（元）			1879.40	3098.26	3985.54	4910.77
	机械费（元）			269.03	331.34	399.77	473.73
名称		单位	单价(元)	消耗量			
人工	综合工日	工日	140.00	10.520	14.000	17.480	20.960
材料	电焊条	kg	5.98	3.530	4.430	5.100	6.220
	精制六角带帽螺栓	kg	6.11	25.780	43.910	47.210	50.960
	平焊法兰 1.6MPa DN100	片	30.77	0.100	0.100	0.100	0.100
	石棉橡胶板	kg	9.40	14.230	19.070	19.760	21.960
	水	t	7.96	101.500	201.500	301.500	402.500
	无缝钢管 φ108×6	m	81.50	4.000	4.000	4.000	4.000
	压制弯头 90° R=1.5D DN100	个	38.48	0.100	0.100	0.100	0.100
	氧气	m³	3.63	5.220	6.540	7.470	9.120
	乙炔气	kg	10.45	1.740	2.180	2.490	3.040
	闸阀 Z41H-40 DN100	个	1016.79	0.050	0.050	0.050	0.050
	中低压盲板	kg	5.01	61.760	108.300	116.370	125.370
	其他材料费占材料费	%	—	1.554	1.554	1.554	1.554
机械	电动单级离心清水泵 100mm	台班	33.35	0.124	0.238	0.361	0.475
	内燃空气压缩机 9m³/min	台班	429.90	0.276	0.314	0.371	0.390
	试压泵 60MPa	台班	24.08	1.140	1.625	2.347	3.373
	直流弧焊机 20kV·A	台班	71.43	1.663	2.090	2.404	2.926

工作内容：施工准备、临时输水管线、阀门、盲板及压力表安装与拆除、充水升压、稳压检查、消漏、记录、防水、压缩空气吹扫、配合检查验收。 计量单位：台

定额编号				A3-2-508	A3-2-509	A3-2-510
项目名称				设备容积(m^3以内)		
				500	600	800
基价（元）				9771.77	11180.29	13928.24
其中	人工费（元）			3421.60	3908.80	4883.20
	材料费（元）			5797.44	6675.45	8377.67
	机械费（元）			552.73	596.04	667.37
名称		单位	单价(元)	消耗量		
人工	综合工日	工日	140.00	24.440	27.920	34.880
材料	电焊条	kg	5.98	7.000	7.470	7.920
	对焊法兰 PN4.0MPa DN100	副	123.08	0.100	0.100	0.100
	精制六角带帽螺栓	kg	6.11	53.060	55.430	58.510
	石棉橡胶板	kg	9.40	22.320	24.080	25.760
	水	t	7.96	502.000	602.000	802.000
	无缝钢管 φ108×6	m	81.50	4.000	4.000	4.000
	压制弯头 90° R=1.5D DN100	个	38.48	0.100	0.100	0.100
	氧气	m^3	3.63	10.390	10.950	11.580
	乙炔气	kg	10.45	3.430	3.650	3.860
	闸阀 Z41H-40 DN100	个	1016.79	0.050	0.050	0.050
	中低压盲板	kg	5.01	133.810	139.880	148.340
	其他材料费占材料费	%	—	1.554	1.554	1.554
机械	电动单级离心清水泵 100mm	台班	33.35	0.599	0.713	0.950
	内燃空气压缩机 $9m^3/min$	台班	429.90	0.428	0.447	0.532
	试压泵 60MPa	台班	24.08	4.703	5.358	5.881
	直流弧焊机 20kV·A	台班	71.43	3.297	3.515	3.715

工作内容：施工准备、临时输水管线、阀门、盲板及压力表安装与拆除、充水升压、稳压检查、消漏、记录、防水、压缩空气吹扫、配合检查验收。

计量单位：台

定额编号				A3-2-511	A3-2-512	A3-2-513
项目名称				设备容积(m³以内)		
				1000	1200	1400
基价（元）				16684.84	19520.70	22316.74
其中	人工费（元）			5857.60	6832.00	7806.40
	材料费（元）			10129.32	11916.70	13694.42
	机械费（元）			697.92	772.00	815.92
名称		单位	单价(元)	消耗量		
人工	综合工日	工日	140.00	41.840	48.800	55.760
材料	电焊条	kg	5.98	8.380	9.210	9.500
	对焊法兰 PN4.0MPa DN100	副	123.08	0.100	0.100	0.100
	精制六角带帽螺栓	kg	6.11	60.610	67.270	74.180
	石棉橡胶板	kg	9.40	27.770	31.090	34.160
	水	t	7.96	1002.000	1203.000	1403.000
	无缝钢管 φ108×6	m	81.50	4.000	4.000	4.000
	压制弯头 90° R=1.5D DN100	个	38.48	0.100	0.100	0.100
	氧气	m³	3.63	12.240	13.460	13.710
	乙炔气	kg	10.45	4.280	4.490	4.570
	闸阀 Z41H-40 DN100	个	1016.79	0.050	0.050	0.050
	中低压盲板	kg	5.01	157.740	171.460	186.660
	其他材料费占材料费	%	—	2.009	2.009	2.009
机械	电动单级离心清水泵 100mm	台班	33.35	1.188	1.425	1.663
	内燃空气压缩机 9m³/min	台班	429.90	0.542	0.570	0.589
	试压泵 60MPa	台班	24.08	5.995	7.116	7.847
	直流弧焊机 20kV·A	台班	71.43	3.933	4.313	4.456

工作内容：施工准备、临时输水管线、阀门、盲板及压力表安装与拆除、充水升压、稳压检查、消漏、记录、防水、压缩空气吹扫、配合检查验收。 计量单位：台

定额编号				A3-2-514	A3-2-515	A3-2-516
项目名称				设备容积(m³以内)		
				1600	1800	2000
基价（元）				25134.90	28037.74	30845.89
其中	人工费（元）			8780.80	9755.20	10729.60
	材料费（元）			15476.16	17319.83	19087.22
	机械费（元）			877.94	962.71	1029.07
名称		单位	单价(元)	消耗量		
人工	综合工日	工日	140.00	62.720	69.680	76.640
材料	电焊条	kg	5.98	9.820	10.160	10.480
	对焊法兰 PN4.0MPa DN100	副	123.08	0.100	0.100	0.100
	精制六角带帽螺栓	kg	6.11	79.180	85.230	90.000
	石棉橡胶板	kg	9.40	37.120	40.100	45.000
	水	t	7.96	1603.000	1803.000	2003.000
	无缝钢管 φ108×6	m	81.50	4.000	4.000	4.000
	压制弯头 90° R=1.5D DN100	个	38.48	0.100	0.100	0.100
	氧气	m³	3.63	14.340	14.700	15.240
	乙炔气	kg	10.45	4.780	4.900	5.080
	闸阀 Z41H-40 DN100	个	1016.79	0.050	0.050	0.050
	中低压盲板	kg	5.01	204.600	233.700	245.600
	其他材料费占材料费	%	—	2.009	2.009	2.009
机械	电动单级离心清水泵 100mm	台班	33.35	1.900	2.138	2.375
	内燃空气压缩机 9m³/min	台班	429.90	0.646	0.751	0.808
	试压泵 60MPa	台班	24.08	8.626	9.491	10.450
	直流弧焊机 20kV·A	台班	71.43	4.608	4.760	4.912

(3)设计压力4MPa

工作内容：施工准备、临时输水管线、阀门、盲板及压力表安装与拆除、充水升压、稳压检查、消漏、记录、防水、压缩空气吹扫、配合检查验收。

计量单位：台

定额编号				A3-2-517	A3-2-518	A3-2-519	A3-2-520
项目名称				设备容积(m³以内)			
				10	20	40	60
基价(元)				2027.69	2343.60	2828.68	3217.91
其中	人工费(元)			1280.02	1091.58	1254.12	1340.36
	材料费(元)			670.20	1134.90	1391.51	1634.03
	机械费(元)			77.47	117.12	183.05	243.52
名称		单位	单价(元)	消耗量			
人工	综合工日	工日	140.00	9.143	7.797	8.958	9.574
材料	电焊条	kg	5.98	1.100	1.580	2.800	3.840
	对焊法兰 PN6.4MPa DN100	副	143.34	—	0.100	0.100	0.100
	对焊法兰 PN6.4MPa DN50	副	63.44	0.100	—	—	—
	滚杠	kg	5.98	31.800	35.900	41.950	48.050
	精制六角带帽螺栓	kg	6.11	18.290	24.010	28.290	32.280
	石棉橡胶板	kg	9.40	9.330	11.510	11.990	12.380
	水	t	7.96	10.200	20.400	40.800	61.000
	无缝钢管 φ108×6	m	81.50	—	4.000	4.000	4.000
	无缝钢管 φ57×4	m	28.46	4.000	—	—	—
	压制弯头 90° R=1.5D DN100	个	38.48	—	0.100	0.100	0.100
	压制弯头 90° R=1.5D DN50	个	9.38	0.100	—	—	—
	氧气	m³	3.63	1.650	2.310	5.100	5.670
	乙炔气	kg	10.45	0.550	0.770	1.370	1.890
	闸阀 Z41H-64 DN100	个	2331.43	—	0.050	0.050	0.050
	闸阀 Z41H-64 DN50	个	1006.52	0.050	—	—	—
	其他材料费占材料费	%	—	1.458	1.458	1.458	1.458
机械	电动单级离心清水泵 100mm	台班	33.35	—	0.029	0.048	0.076
	电动单级离心清水泵 50mm	台班	27.04	0.019	—	—	—
	内燃空气压缩机 9m³/min	台班	429.90	0.057	0.105	0.152	0.200
	试压泵 60MPa	台班	24.08	0.627	0.751	0.903	1.083
	直流弧焊机 20kV·A	台班	71.43	0.523	0.741	1.321	1.805

工作内容：施工准备、临时输水管线、阀门、盲板及压力表安装与拆除、充水升压、稳压检查、消漏、记录、防水、压缩空气吹扫、配合检查验收。　　计量单位：台

定额编号				A3-2-521	A3-2-522	A3-2-523	A3-2-524
项目名称				设备容积(m³以内)			
				100	200	300	400
基价（元）				4251.23	6262.10	7850.87	9390.28
其中	人工费（元）			1533.84	2049.60	2537.50	3043.46
	材料费（元）			2419.17	3842.64	4869.22	5815.95
	机械费（元）			298.22	369.86	444.15	530.87
名称		单位	单价(元)	消耗量			
人工	综合工日	工日	140.00	10.956	14.640	18.125	21.739
材料	电焊条	kg	5.98	4.280	5.400	6.190	7.550
	对焊法兰 PN6.4MPa DN100	副	143.34	0.100	0.100	0.100	0.100
	滚杠	kg	5.98	86.070	137.560	159.070	168.370
	精制六角带帽螺栓	kg	6.11	62.830	101.800	111.810	118.840
	石棉橡胶板	kg	9.40	15.730	20.330	21.810	23.150
	水	t	7.96	101.500	201.500	301.500	402.000
	无缝钢管 φ108×6	m	81.50	4.000	4.000	4.000	4.000
	压制弯头 90° R=1.5D DN100	个	38.48	0.100	0.100	0.100	0.100
	氧气	m³	3.63	6.300	7.950	9.060	11.070
	乙炔气	kg	10.45	2.100	2.650	3.020	3.690
	闸阀 Z41H-64 DN100	个	2331.43	0.050	0.050	0.050	0.050
	其他材料费占材料费	%	—	1.409	1.409	1.409	1.409
机械	电动单级离心清水泵 100mm	台班	33.35	0.124	0.238	0.361	0.475
	内燃空气压缩机 9m³/min	台班	429.90	0.276	0.314	0.371	0.390
	试压泵 60MPa	台班	24.08	1.311	1.872	2.698	3.886
	直流弧焊机 20kV·A	台班	71.43	2.014	2.546	2.907	3.553

工作内容：施工准备、临时输水管线、阀门、盲板及压力表安装与拆除、充水升压、稳压检查、消漏、记录、防水、压缩空气吹扫、配合检查验收。

计量单位：台

定额编号				A3-2-525	A3-2-526	A3-2-527
项目名称				设备容积(m³以内)		
				500	600	800
基价（元）				10864.86	12384.26	15268.64
其中	人工费（元）			3506.72	4016.88	4987.36
	材料费（元）			6737.63	7698.24	9535.41
	机械费（元）			620.51	669.14	745.87
名称		单位	单价(元)	消耗量		
人工	综合工日	工日	140.00	25.048	28.692	35.624
材料	电焊条	kg	5.98	8.520	9.080	9.610
	对焊法兰 PN6.4MPa DN100	副	143.34	0.100	0.100	0.100
	滚杠	kg	5.98	171.790	186.630	192.370
	精制六角带帽螺栓	kg	6.11	129.130	134.660	160.640
	石棉橡胶板	kg	9.40	24.610	26.720	28.620
	水	t	7.96	502.000	602.000	802.000
	无缝钢管 φ108×6	m	81.50	4.000	4.000	4.000
	压制弯头 90° R=1.5D DN100	个	38.48	0.100	0.100	0.100
	氧气	m³	3.63	12.480	13.260	14.040
	乙炔气	kg	10.45	4.160	4.420	4.680
	闸阀 Z41H-64 DN100	个	2331.43	0.050	0.050	0.050
	其他材料费占材料费	%	—	1.409	1.409	1.409
机械	电动单级离心清水泵 100mm	台班	33.35	0.599	0.713	0.950
	内燃空气压缩机 9m³/min	台班	429.90	0.428	0.447	0.532
	试压泵 60MPa	台班	24.08	5.406	6.166	6.774
	直流弧焊机 20kV·A	台班	71.43	4.009	4.266	4.513

工作内容：施工准备、临时输水管线、阀门、盲板及压力表安装与拆除、充水升压、稳压检查、消漏、记录、防水、压缩空气吹扫、配合检查验收。　　计量单位：台

定额编号				A3-2-528	A3-2-529	A3-2-530
项目名称				设备容积(m³以内)		
				1000	1200	1400
基价（元）				17605.39	20909.67	23896.40
其中	人工费（元）			5645.78	6954.36	7955.64
	材料费（元）			11181.61	13091.62	15023.89
	机械费（元）			778.00	863.69	916.87
名称		单位	单价(元)	消耗量		
人工	综合工日	工日	140.00	40.327	49.674	56.826
材料	电焊条	kg	5.98	10.120	11.150	11.530
	对焊法兰 PN6.4MPa DN100	副	143.34	0.100	0.100	0.100
	滚杠	kg	5.98	202.010	226.900	258.460
	精制六角带帽螺栓	kg	6.11	151.580	166.420	181.750
	石棉橡胶板	kg	9.40	30.840	33.730	36.380
	水	t	7.96	1002.000	1203.000	1403.000
	无缝钢管 φ108×6	m	81.50	4.000	4.000	4.000
	压制弯头 90° R=1.5D DN100	个	38.48	0.100	0.100	0.100
	氧气	m³	3.63	14.760	16.260	16.800
	乙炔气	kg	10.45	4.920	5.420	5.600
	闸阀 Z41H-64 DN100	个	2331.43	0.050	0.050	0.050
	其他材料费占材料费	%	—	1.409	1.409	1.409
机械	电动单级离心清水泵 100mm	台班	33.35	1.188	1.425	1.663
	内燃空气压缩机 9m³/min	台班	429.90	0.542	0.570	0.599
	试压泵 60MPa	台班	24.08	6.897	8.189	9.016
	直流弧焊机 20kV·A	台班	71.43	4.750	5.235	5.415

工作内容：施工准备、临时输水管线、阀门、盲板及压力表安装与拆除、充水升压、稳压检查、消漏、记录、防水、压缩空气吹扫、配合检查验收。 计量单位：台

定额编号				A3-2-531	A3-2-532	A3-2-533
项目名称				设备容积(m³以内)		
				1600	1800	2000
基价（元）				26911.33	29954.58	33015.49
其中	人工费（元）			8936.06	9933.00	10933.02
	材料费（元）			16997.71	18951.99	20941.24
	机械费（元）			977.56	1069.59	1141.23
	名称	单位	单价(元)	消耗量		
人工	综合工日	工日	140.00	63.829	70.950	78.093
材料	电焊条	kg	5.98	11.600	12.320	12.700
	对焊法兰 PN6.4MPa DN100	副	143.34	0.100	0.100	0.100
	滚杠	kg	5.98	288.800	315.800	342.150
	精制六角带帽螺栓	kg	6.11	204.310	224.350	250.730
	石棉橡胶板	kg	9.40	39.800	44.200	48.960
	水	t	7.96	1603.000	1803.000	2003.000
	无缝钢管 φ108×6	m	81.50	4.000	4.000	4.000
	压制弯头 90° R=1.5D DN100	个	38.48	0.100	0.100	0.100
	氧气	m³	3.63	17.160	17.940	18.480
	乙炔气	kg	10.45	5.720	5.980	6.160
	闸阀 Z41H-64 DN100	个	2331.43	0.050	0.050	0.050
	其他材料费占材料费	%	—	1.409	1.409	1.409
机械	电动单级离心清水泵 100mm	台班	33.35	1.900	2.138	2.375
	内燃空气压缩机 9m³/min	台班	429.90	0.646	0.751	0.808
	试压泵 60MPa	台班	24.08	9.918	10.916	12.008
	直流弧焊机 20kV·A	台班	71.43	5.567	5.776	5.957

十、设备气密性试验

1.容器、反应器类设备气密试验

(1)设计压力1MPa

工作内容：施工准备、盲板和压力表安装拆除、充水升压、稳压检查、消漏、记录、放空清理、配合检查验收。

计量单位：台

定额编号				A3-2-534	A3-2-535	A3-2-536
项目名称				设备容积(m^3以内)		
				10	20	40
基价（元）				266.09	376.73	547.63
其中	人工费（元）			145.04	217.56	310.24
	材料费（元）			85.50	109.47	169.33
	机械费（元）			35.55	49.70	68.06
名称		单位	单价(元)	消耗量		
人工	综合工日	工日	140.00	1.036	1.554	2.216
材料	低碳钢焊条	kg	6.84	0.400	0.600	0.860
	肥皂	块	3.56	2.000	2.000	2.000
	六角螺栓带螺母(综合)	kg	12.20	2.210	2.840	4.480
	盲板	kg	6.07	3.560	5.050	8.580
	破布	kg	6.32	0.500	0.500	0.500
	石棉橡胶板	kg	9.40	1.740	2.040	3.270
	氧气	m^3	3.63	0.600	0.900	1.290
	乙炔气	kg	10.45	0.200	0.300	0.430
	其他材料费占材料费	%	—	4.000	4.000	4.000
机械	电动空气压缩机 $6m^3/min$	台班	206.73	0.093	0.122	0.159
	直流弧焊机 32kV·A	台班	87.75	0.186	0.279	0.401

工作内容：施工准备、盲板和压力表安装拆除、充水升压、稳压检查、消漏、记录、放空清理、配合检查验收。

计量单位：台

定额编号				A3-2-537	A3-2-538	A3-2-539
项目名称				设备容积(m³以内)		
				60	100	200
基价（元）				743.07	934.57	1243.47
其中	人工费（元）			424.06	497.84	628.18
	材料费（元）			219.01	297.03	405.02
	机械费（元）			100.00	139.70	210.27
名称		单位	单价(元)	消耗量		
人工	综合工日	工日	140.00	3.029	3.556	4.487
材料	低碳钢焊条	kg	6.84	1.140	1.320	1.660
	肥皂	块	3.56	3.000	3.000	4.000
	六角螺栓带螺母(综合)	kg	12.20	4.550	6.320	8.570
	盲板	kg	6.07	14.630	21.550	29.420
	破布	kg	6.32	0.700	0.700	1.000
	石棉橡胶板	kg	9.40	3.320	4.200	6.030
	氧气	m³	3.63	1.710	1.980	2.490
	乙炔气	kg	10.45	0.570	0.660	0.830
	其他材料费占材料费	%	—	4.000	4.000	4.000
机械	电动空气压缩机 10m³/min	台班	355.21	—	—	0.401
	电动空气压缩机 9m³/min	台班	317.86	0.168	0.270	—
	直流弧焊机 32kV·A	台班	87.75	0.531	0.614	0.773

工作内容：施工准备、盲板和压力表安装拆除、充水升压、稳压检查、消漏、记录、放空清理、配合检查验收。

计量单位：台

定额编号				A3-2-540	A3-2-541	A3-2-542
项目名称				设备容积(m^3以内)		
				300	400	500
基价（元）				1534.25	1934.93	2452.37
其中	人工费（元）			765.94	907.76	1043.70
	材料费（元）			472.15	641.79	939.30
	机械费（元）			296.16	385.38	469.37
名称		单位	单价(元)	消耗量		
人工	综合工日	工日	140.00	5.471	6.484	7.455
材料	低碳钢焊条	kg	6.84	1.980	2.280	2.600
	肥皂	块	3.56	5.000	5.000	6.000
	六角螺栓带螺母(综合)	kg	12.20	9.520	14.000	21.270
	盲板	kg	6.07	35.170	48.890	76.340
	破布	kg	6.32	1.500	1.500	2.000
	石棉橡胶板	kg	9.40	6.640	8.760	10.720
	氧气	m^3	3.63	2.970	3.420	3.900
	乙炔气	kg	10.45	0.990	1.140	1.300
	其他材料费占材料费	%	—	4.000	4.000	4.000
机械	电动空气压缩机 10m^3/min	台班	355.21	0.606	—	—
	电动空气压缩机 20m^3/min	台班	506.55	—	0.577	0.717
	直流弧焊机 32kV·A	台班	87.75	0.922	1.061	1.210

(2)设计压力2.5MPa

工作内容：施工准备、盲板和压力表安装拆除、充水升压、稳压检查、消漏、记录、放空清理、配合检查验收。

计量单位：台

定额编号				A3-2-543	A3-2-544	A3-2-545
项目名称				设备容积(m³以内)		
				10	20	40
基价(元)				**352.02**	**506.35**	**754.79**
其中	人工费(元)			170.66	255.92	363.16
	材料费(元)			121.78	167.39	271.96
	机械费(元)			59.58	83.04	119.67
名称		单位	单价(元)	消耗量		
人工	综合工日	工日	140.00	1.219	1.828	2.594
材料	低碳钢焊条	kg	6.84	0.420	0.620	0.900
	肥皂	块	3.56	2.000	2.000	2.000
	六角螺栓带螺母(综合)	kg	12.20	3.570	5.110	8.400
	盲板	kg	6.07	6.190	9.170	16.100
	破布	kg	6.32	0.500	0.500	0.500
	石棉橡胶板	kg	9.40	1.950	2.320	3.750
	氧气	m³	3.63	0.630	0.930	1.350
	乙炔气	kg	10.45	0.210	0.310	0.450
	其他材料费占材料费	%	—	4.000	4.000	4.000
机械	电动空气压缩机 6m³/min	台班	206.73	0.205	0.279	0.401
	直流弧焊机 32kV·A	台班	87.75	0.196	0.289	0.419

工作内容：施工准备、盲板和压力表安装拆除、充水升压、稳压检查、消漏、记录、放空清理、配合检查验收。

计量单位：台

定额编号				A3-2-546	A3-2-547	A3-2-548
项目名称				设备容积(m^3以内)		
				60	100	200
基价（元）				**1064.02**	**1389.74**	**1911.51**
其中	人工费（元）			476.42	552.02	682.36
	材料费（元）			411.88	570.00	800.78
	机械费（元）			175.72	267.72	428.37
名称		**单位**	**单价(元)**	**消耗量**		
人工	综合工日	工日	140.00	3.403	3.943	4.874
材料	低碳钢焊条	kg	6.84	1.180	1.340	1.660
	肥皂	块	3.56	3.000	3.000	4.000
	六角螺栓带螺母(综合)	kg	12.20	12.400	15.980	23.580
	盲板	kg	6.07	27.430	42.700	58.350
	破布	kg	6.32	0.700	0.700	1.000
	石棉橡胶板	kg	9.40	4.520	5.890	8.350
	氧气	m^3	3.63	1.770	2.010	2.490
	乙炔气	kg	10.45	0.590	0.670	0.830
	其他材料费占材料费	%	—	4.000	4.000	4.000
机械	电动空气压缩机 $10m^3/min$	台班	355.21	—	—	1.015
	电动空气压缩机 $9m^3/min$	台班	317.86	0.401	0.670	—
	直流弧焊机 32kV·A	台班	87.75	0.550	0.624	0.773

工作内容：施工准备、盲板和压力表安装拆除、充水升压、稳压检查、消漏、记录、放空清理、配合检查验收。

计量单位：台

定额编号				A3-2-549	A3-2-550	A3-2-551
项目名称				设备容积(m^3以内)		
				300	400	500
基价（元）				2371.38	3065.99	3980.96
其中	人工费（元）			820.82	955.36	1074.78
	材料费（元）			930.45	1294.03	1897.18
	机械费（元）			620.11	816.60	1009.00
名称		单位	单价(元)	消耗量		
人工	综合工日	工日	140.00	5.863	6.824	7.677
材料	低碳钢焊条	kg	6.84	1.980	2.320	2.640
	肥皂	块	3.56	5.000	5.000	6.000
	六角螺栓带螺母(综合)	kg	12.20	25.640	38.220	54.280
	盲板	kg	6.07	70.770	96.710	151.380
	破布	kg	6.32	1.500	1.500	2.000
	石棉橡胶板	kg	9.40	9.610	13.090	17.340
	氧气	m^3	3.63	2.970	3.480	3.960
	乙炔气	kg	10.45	0.990	1.160	1.310
	其他材料费占材料费	%	—	4.000	4.000	4.000
机械	电动空气压缩机 10m^3/min	台班	355.21	1.518	—	—
	电动空气压缩机 20m^3/min	台班	506.55	—	1.425	1.779
	直流弧焊机 32kV·A	台班	87.75	0.922	1.080	1.229

(3)设计压力4MPa

工作内容：施工准备、盲板和压力表安装拆除、充水升压、稳压检查、消漏、记录、放空清理、配合检查验收。

计量单位：台

定额编号				A3-2-552	A3-2-553	A3-2-554
项目名称				设备容积(m³以内)		
				10	20	40
基价(元)				458.00	673.78	1054.21
其中	人工费(元)			179.76	269.22	383.88
	材料费(元)			192.86	281.20	498.97
	机械费(元)			85.38	123.36	171.36
	名称	单位	单价(元)	消耗量		
人工	综合工日	工日	140.00	1.284	1.923	2.742
材料	低碳钢焊条	kg	6.84	0.440	0.660	0.940
	肥皂	块	3.56	2.000	2.000	2.000
	六角螺栓带螺母(综合)	kg	12.20	6.620	9.810	17.840
	盲板	kg	6.07	9.540	14.630	29.050
	破布	kg	6.32	1.500	1.500	1.500
	石棉橡胶板	kg	9.40	2.390	3.590	5.610
	氧气	m³	3.63	0.660	0.990	1.410
	乙炔气	kg	10.45	0.220	0.330	0.470
	其他材料费占材料费	%	—	4.000	4.000	4.000
机械	电动空气压缩机 6m³/min	台班	206.73	0.326	0.466	0.643
	直流弧焊机 32kV·A	台班	87.75	0.205	0.308	0.438

工作内容：施工准备、盲板和压力表安装拆除、充水升压、稳压检查、消漏、记录、放空清理、配合检查验收。

计量单位：台

定额编号				A3-2-555	A3-2-556	A3-2-557
项目名称				设备容积(m³以内)		
				60	100	200
基价（元）				1517.67	1998.09	2769.33
其中	人工费（元）			500.78	566.58	701.96
	材料费（元）			762.66	1031.80	1422.43
	机械费（元）			254.23	399.71	644.94
名称		单位	单价(元)	消耗量		
人工	综合工日	工日	140.00	3.577	4.047	5.014
材料	低碳钢焊条	kg	6.84	1.220	1.380	1.700
	肥皂	块	3.56	3.000	3.000	4.000
	六角螺栓带螺母(综合)	kg	12.20	28.100	43.140	58.890
	盲板	kg	6.07	47.700	58.420	82.630
	破布	kg	6.32	1.700	1.700	2.040
	石棉橡胶板	kg	9.40	6.190	6.980	9.660
	氧气	m³	3.63	1.830	2.070	2.550
	乙炔气	kg	10.45	0.610	0.690	0.850
	其他材料费占材料费	%	—	4.000	4.000	4.000
机械	电动空气压缩机 10m³/min	台班	355.21	—	—	1.620
	电动空气压缩机 9m³/min	台班	317.86	0.643	1.080	—
	直流弧焊机 32kV·A	台班	87.75	0.568	0.643	0.792

工作内容：施工准备、盲板和压力表安装拆除、充水升压、稳压检查、消漏、记录、放空清理、配合检查验收。

计量单位：台

定额编号				A3-2-558	A3-2-559	A3-2-560
项目名称				设备容积(m³以内)		
				300	400	500
基价（元）				3452.91	4551.90	6091.37
其中	人工费（元）			835.38	1033.34	1102.22
	材料费（元）			1674.99	2267.47	3437.27
	机械费（元）			942.54	1251.09	1551.88
名称		单位	单价(元)	消耗量		
人工	综合工日	工日	140.00	5.967	7.381	7.873
材料	低碳钢焊条	kg	6.84	2.020	2.340	2.660
	肥皂	块	3.56	5.000	5.000	6.000
	六角螺栓带螺母(综合)	kg	12.20	68.080	92.510	149.620
	盲板	kg	6.07	100.790	139.820	200.280
	破布	kg	6.32	2.420	2.820	3.180
	石棉橡胶板	kg	9.40	10.610	13.440	18.720
	氧气	m³	3.63	3.030	3.510	3.990
	乙炔气	kg	10.45	1.010	1.170	1.330
	其他材料费占材料费	%	—	4.000	4.000	4.000
机械	电动空气压缩机 10m³/min	台班	355.21	2.421	—	—
	电动空气压缩机 20m³/min	台班	506.55	—	2.281	2.849
	直流弧焊机 32kV·A	台班	87.75	0.941	1.090	1.239

(4)设计压力10MPa

工作内容：施工准备、盲板和压力表安装拆除、充水升压、稳压检查、消漏、记录、放空清理、配合检查验收。

计量单位：台

定额编号				A3-2-561	A3-2-562	A3-2-563
项目名称				设备容积(m³以内)		
				10	20	40
基价（元）				652.52	919.45	1341.16
其中	人工费（元）			188.30	280.28	396.06
	材料费（元）			293.47	420.47	652.53
	机械费（元）			170.75	218.70	292.57
名称		单位	单价(元)	消耗量		
人工	综合工日	工日	140.00	1.345	2.002	2.829
材料	低碳钢焊条	kg	6.84	0.460	0.680	0.960
	肥皂	块	3.56	2.000	2.000	2.000
	六角螺栓带螺母(综合)	kg	12.20	11.710	17.070	29.900
	盲板	kg	6.07	16.030	23.780	30.740
	破布	kg	6.32	0.500	0.500	0.500
	石棉橡胶板	kg	9.40	2.520	3.140	5.210
	氧气	m³	3.63	0.690	1.020	1.440
	乙炔气	kg	10.45	0.230	0.340	0.480
	其他材料费占材料费	%	—	4.000	4.000	4.000
机械	电动空气压缩机 10m³/min	台班	355.21	0.093	0.130	0.205
	电动空气压缩机 20m³/min	台班	506.55	0.022	0.031	0.045
	电动空气压缩机 6m³/min	台班	206.73	0.521	0.624	0.763
	直流弧焊机 32kV·A	台班	87.75	0.215	0.317	0.447

工作内容：施工准备、盲板和压力表安装拆除、充水升压、稳压检查、消漏、记录、放空清理、配合检查验收。

计量单位：台

定额编号				A3-2-564	A3-2-565	A3-2-566
项目名称				设备容积(m³以内)		
				60	100	200
基价（元）				**1874.84**	**2660.71**	**3820.34**
其中	人工费（元）			512.40	580.02	715.26
	材料费（元）			867.80	1319.82	1888.27
	机械费（元）			494.64	760.87	1216.81
名称		**单位**	**单价(元)**	**消耗量**		
人工	综合工日	工日	140.00	3.660	4.143	5.109
材料	低碳钢焊条	kg	6.84	1.240	1.400	1.740
	肥皂	块	3.56	3.000	3.000	4.000
	六角螺栓带螺母(综合)	kg	12.20	34.720	58.200	83.310
	盲板	kg	6.07	52.900	74.960	107.890
	破布	kg	6.32	0.700	0.700	1.000
	石棉橡胶板	kg	9.40	5.630	6.850	9.930
	氧气	m³	3.63	1.860	2.100	2.610
	乙炔气	kg	10.45	0.620	0.700	0.870
	其他材料费占材料费	%	—	4.000	4.000	4.000
机械	电动空气压缩机 10m³/min	台班	355.21	0.242	0.345	3.110
	电动空气压缩机 20m³/min	台班	506.55	0.058	0.066	0.081
	电动空气压缩机 9m³/min	台班	317.86	1.034	1.723	—
	直流弧焊机 32kV·A	台班	87.75	0.577	0.652	0.810

工作内容：施工准备、盲板和压力表安装拆除、充水升压、稳压检查、消漏、记录、放空清理、配合检查验收。

计量单位：台

定额编号				A3-2-567	A3-2-568	A3-2-569
项目名称				设备容积(m³以内)		
				300	400	500
基价（元）				4789.20	5342.15	7047.23
其中	人工费（元）			850.64	976.64	1118.60
	材料费（元）			2217.99	2941.07	4417.96
	机械费（元）			1720.57	1424.44	1510.67
名称		单位	单价(元)	消耗量		
人工	综合工日	工日	140.00	6.076	6.976	7.990
材料	低碳钢焊条	kg	6.84	2.060	2.380	2.700
	肥皂	块	3.56	5.000	5.000	6.000
	六角螺栓带螺母(综合)	kg	12.20	98.660	131.440	203.110
	盲板	kg	6.07	126.510	167.230	247.050
	破布	kg	6.32	1.500	1.500	2.000
	石棉橡胶板	kg	9.40	10.400	14.930	20.130
	氧气	m³	3.63	3.090	3.570	4.050
	乙炔气	kg	10.45	1.030	1.190	1.350
	其他材料费占材料费	%	—	4.000	4.000	4.000
机械	电动空气压缩机 10m³/min	台班	355.21	4.470	0.726	0.912
	电动空气压缩机 20m³/min	台班	506.55	0.096	2.111	2.125
	直流弧焊机 32kV·A	台班	87.75	0.959	1.108	1.257

2.热交换器类设备气密试验

(1)设计压力1MPa

工作内容：施工准备、盲板和压力表安装拆除、充水升压、稳压检查、消漏、记录、放空清理、配合检查验收。

计量单位：台

定额编号				A3-2-570	A3-2-571	A3-2-572	A3-2-573
项目名称				设备容积(m^3以内)			
				5	10	15	20
基价（元）				277.31	333.80	396.84	485.27
其中	人工费（元）			154.14	177.94	223.02	269.92
	材料费（元）			94.12	122.68	136.61	170.08
	机械费（元）			29.05	33.18	37.21	45.27
名称		单位	单价(元)	消耗量			
人工	综合工日	工日	140.00	1.101	1.271	1.593	1.928
材料	低碳钢焊条	kg	6.84	0.240	0.350	0.440	0.540
	肥皂	块	3.56	2.000	2.000	2.000	2.000
	六角螺栓带螺母(综合)	kg	12.20	2.480	2.800	3.210	3.510
	盲板	kg	6.07	3.760	5.530	6.170	8.940
	破布	kg	6.32	0.500	0.500	0.500	0.500
	石棉橡胶板	kg	9.40	2.440	3.610	3.910	4.970
	氧气	m^3	3.63	0.360	0.510	0.660	0.810
	乙炔气	kg	10.45	0.120	0.170	0.220	0.270
	其他材料费占材料费	%	—	4.000	4.000	4.000	4.000
机械	电动空气压缩机 6m^3/min	台班	206.73	0.093	0.093	0.093	0.112
	直流弧焊机 32kV·A	台班	87.75	0.112	0.159	0.205	0.252

工作内容：施工准备、盲板和压力表安装拆除、充水升压、稳压检查、消漏、记录、放空清理、配合检查验收。

计量单位：台

定额编号				A3-2-574	A3-2-575	A3-2-576	A3-2-577
项目名称				设备容积(m³以内)			
				30	40	60	100
基价（元）				613.32	769.07	988.33	1180.74
其中	人工费（元）			333.34	394.24	518.56	592.20
	材料费（元）			226.08	292.35	373.90	454.46
	机械费（元）			53.90	82.48	95.87	134.08
	名称	单位	单价(元)	消耗量			
人工	综合工日	工日	140.00	2.381	2.816	3.704	4.230
材料	低碳钢焊条	kg	6.84	0.670	0.780	1.040	1.180
	肥皂	块	3.56	2.000	2.000	3.000	3.000
	六角螺栓带螺母(综合)	kg	12.20	4.720	6.000	8.050	9.520
	盲板	kg	6.07	13.550	18.090	23.840	31.230
	破布	kg	6.32	0.500	0.500	0.700	0.700
	石棉橡胶板	kg	9.40	5.920	7.890	8.860	10.160
	氧气	m³	3.63	0.990	1.170	1.560	1.770
	乙炔气	kg	10.45	0.330	0.390	0.520	0.590
	其他材料费占材料费	%	—	4.000	4.000	4.000	4.000
机械	电动空气压缩机 6m³/min	台班	206.73	0.130	—	—	—
	电动空气压缩机 9m³/min	台班	317.86	—	0.159	0.168	0.270
	直流弧焊机 32kV·A	台班	87.75	0.308	0.364	0.484	0.550

(2)设计压力2.5MPa

工作内容：施工准备、盲板和压力表安装拆除、充水升压、稳压检查、消漏、记录、放空清理、配合检查验收。

计量单位：台

定额编号				A3-2-578	A3-2-579	A3-2-580	A3-2-581
项目名称				设备容积(m³以内)			
				5	10	15	20
基价（元）				377.65	435.03	516.91	642.80
其中	人工费（元）			173.04	191.24	239.40	287.00
	材料费（元）			149.16	186.67	211.35	286.40
	机械费（元）			55.45	57.12	66.16	69.40
名称		单位	单价(元)	消耗量			
人工	综合工日	工日	140.00	1.236	1.366	1.710	2.050
材料	低碳钢焊条	kg	6.84	0.320	0.360	0.440	0.530
	肥皂	块	3.56	2.000	2.000	2.000	2.000
	六角螺栓带螺母(综合)	kg	12.20	5.040	5.440	6.010	7.930
	盲板	kg	6.07	6.700	10.330	11.360	16.810
	破布	kg	6.32	0.500	0.500	0.500	0.500
	石棉橡胶板	kg	9.40	2.700	3.600	4.570	6.080
	氧气	m³	3.63	0.480	0.540	0.660	0.780
	乙炔气	kg	10.45	0.160	0.180	0.220	0.260
	其他材料费占材料费	%	—	4.000	4.000	4.000	4.000
机械	电动空气压缩机 6m³/min	台班	206.73	0.205	0.205	0.233	0.233
	直流弧焊机 32kV·A	台班	87.75	0.149	0.168	0.205	0.242

工作内容：施工准备、盲板和压力表安装拆除、充水升压、稳压检查、消漏、记录、放空清理、配合检查验收。

计量单位：台

定额编号				A3-2-582	A3-2-583	A3-2-584	A3-2-585
项目名称				设备容积(m³以内)			
				30	40	60	100
基价（元）				837.94	1057.79	1373.28	1802.78
其中	人工费（元）			337.54	419.30	544.18	622.58
	材料费（元）			405.98	525.02	653.45	918.18
	机械费（元）			94.42	113.47	175.65	262.02
名称		单位	单价(元)	消耗量			
人工	综合工日	工日	140.00	2.411	2.995	3.887	4.447
材料	低碳钢焊条	kg	6.84	0.670	0.810	1.050	1.200
	肥皂	块	3.56	2.000	2.000	3.000	3.000
	六角螺栓带螺母(综合)	kg	12.20	12.900	15.010	18.160	26.040
	盲板	kg	6.07	23.640	34.460	46.120	67.540
	破布	kg	6.32	0.500	0.500	0.700	0.700
	石棉橡胶板	kg	9.40	7.190	9.380	9.940	12.670
	氧气	m³	3.63	0.990	1.200	1.560	1.800
	乙炔气	kg	10.45	0.330	0.400	0.520	0.600
	其他材料费占材料费	%	—	4.000	4.000	4.000	4.000
机械	电动空气压缩机 6m³/min	台班	206.73	0.326	0.391	—	—
	电动空气压缩机 9m³/min	台班	317.86	—	—	0.419	0.670
	直流弧焊机 32kV·A	台班	87.75	0.308	0.372	0.484	0.559

(3)设计压力4MPa

工作内容：施工准备、盲板和压力表安装拆除、充水升压、稳压检查、消漏、记录、放空清理、配合检查验收。

计量单位：台

定额编号				A3-2-586	A3-2-587	A3-2-588	A3-2-589
项目名称				设备容积(m³以内)			
				5	10	15	20
基价（元）				425.64	617.30	693.16	936.33
其中	人工费（元）			185.22	204.12	255.36	305.90
	材料费（元）			159.95	329.46	350.84	529.83
	机械费（元）			80.47	83.72	86.96	100.60
名称		单位	单价(元)	消耗量			
人工	综合工日	工日	140.00	1.323	1.458	1.824	2.185
材料	低碳钢焊条	kg	6.84	0.330	0.400	0.490	0.590
	肥皂	块	3.56	2.000	2.000	2.000	2.000
	六角螺栓带螺母(综合)	kg	12.20	3.410	11.570	12.380	18.890
	盲板	kg	6.07	10.540	17.570	18.370	32.100
	破布	kg	6.32	0.500	0.500	0.500	0.500
	石棉橡胶板	kg	9.40	3.410	5.500	5.940	6.770
	氧气	m³	3.63	0.510	0.600	0.750	0.870
	乙炔气	kg	10.45	0.170	0.200	0.250	0.290
	其他材料费占材料费	%	—	4.000	4.000	4.000	4.000
机械	电动空气压缩机 6m³/min	台班	206.73	0.326	0.326	0.326	0.372
	直流弧焊机 32kV·A	台班	87.75	0.149	0.186	0.223	0.270

工作内容：施工准备、盲板和压力表安装拆除、充水升压、稳压检查、消漏、记录、放空清理、配合检查验收。

计量单位：台

定额编号				A3-2-590	A3-2-591	A3-2-592	A3-2-593
项目名称				设备容积(m³以内)			
				30	40	60	100
基价（元）				1171.52	1535.04	2057.57	2739.99
其中	人工费（元）			371.14	434.42	568.54	644.14
	材料费（元）			670.93	936.24	1243.75	1702.72
	机械费（元）			129.45	164.38	245.28	393.13
名称		单位	单价(元)	消耗量			
人工	综合工日	工日	140.00	2.651	3.103	4.061	4.601
材料	低碳钢焊条	kg	6.84	0.720	0.830	1.080	1.230
	肥皂	块	3.56	2.000	2.000	3.000	3.000
	六角螺栓带螺母(综合)	kg	12.20	25.630	35.060	48.390	68.280
	盲板	kg	6.07	40.110	57.620	75.730	103.800
	破布	kg	6.32	0.500	0.500	0.700	0.700
	石棉橡胶板	kg	9.40	7.030	10.430	11.900	14.640
	氧气	m³	3.63	1.080	1.230	1.620	1.830
	乙炔气	kg	10.45	0.360	0.410	0.540	0.610
	其他材料费占材料费	%	—	4.000	4.000	4.000	4.000
机械	电动空气压缩机 6m³/min	台班	206.73	0.484	0.633	—	—
	电动空气压缩机 9m³/min	台班	317.86	—	—	0.643	1.080
	直流弧焊机 32kV·A	台班	87.75	0.335	0.382	0.466	0.568

(4)设计压力10MPa

工作内容：施工准备、盲板和压力表安装拆除、充水升压、稳压检查、消漏、记录、放空清理、配合检查验收。

计量单位：台

定额编号				A3-2-594	A3-2-595	A3-2-596	A3-2-597
项目名称				设备容积(m³以内)			
				5	10	15	20
基价（元）				600.95	796.19	925.82	1195.40
其中	人工费（元）			191.24	215.74	267.54	321.16
	材料费（元）			321.22	477.14	524.85	697.05
	机械费（元）			88.49	103.31	133.43	177.19
名称		单位	单价(元)	消耗量			
人工	综合工日	工日	140.00	1.366	1.541	1.911	2.294
材料	低碳钢焊条	kg	6.84	0.320	0.400	0.490	0.600
	肥皂	块	3.56	2.000	2.000	2.000	2.000
	六角螺栓带螺母(综合)	kg	12.20	12.780	18.940	20.940	28.740
	盲板	kg	6.07	17.440	27.080	29.690	38.800
	破布	kg	6.32	0.500	0.500	0.500	0.500
	石棉橡胶板	kg	9.40	3.320	4.900	5.320	6.690
	氧气	m³	3.63	0.480	0.600	0.750	0.960
	乙炔气	kg	10.45	0.160	0.200	0.250	0.320
	其他材料费占材料费	%	—	4.000	4.000	4.000	4.000
机械	电动空气压缩机 10m³/min	台班	355.21	0.093	0.093	0.093	0.122
	电动空气压缩机 6m³/min	台班	206.73	0.205	0.261	0.391	0.521
	直流弧焊机 32kV·A	台班	87.75	0.149	0.186	0.223	0.298

工作内容：施工准备、盲板和压力表安装拆除、充水升压、稳压检查、消漏、记录、放空清理、配合检查验收。

计量单位：台

定额编号				A3-2-598	A3-2-599	A3-2-600	A3-2-601
项目名称				设备容积(m^3以内)			
				30	40	60	100
基价（元）				1535.21	1956.46	2679.23	3508.22
其中	人工费（元）			386.96	455.14	588.56	665.42
	材料费（元）			905.84	1193.20	1623.58	2121.07
	机械费（元）			242.41	308.12	467.09	721.73
名称		单位	单价(元)	消耗量			
人工	综合工日	工日	140.00	2.764	3.251	4.204	4.753
材料	低碳钢焊条	kg	6.84	0.730	0.860	1.120	1.260
	肥皂	块	3.56	2.000	2.000	3.000	3.000
	六角螺栓带螺母(综合)	kg	12.20	38.000	50.200	69.950	93.170
	盲板	kg	6.07	50.910	67.310	91.210	119.970
	破布	kg	6.32	0.500	0.500	0.700	0.700
	石棉橡胶板	kg	9.40	8.030	10.740	12.700	14.620
	氧气	m^3	3.63	1.120	1.290	1.680	1.890
	乙炔气	kg	10.45	0.340	0.430	0.560	0.630
	其他材料费占材料费	%	—	4.000	4.000	4.000	4.000
机械	电动空气压缩机 10m^3/min	台班	355.21	0.149	0.205	0.261	0.345
	电动空气压缩机 6m^3/min	台班	206.73	0.782	0.968	—	—
	电动空气压缩机 9m^3/min	台班	317.86	—	—	1.034	1.723
	直流弧焊机 32kV·A	台班	87.75	0.317	0.401	0.521	0.587

(5)设计压力22MPa

工作内容：施工准备、盲板和压力表安装拆除、充水升压、稳压检查、消漏、记录、放空清理、配合检查验收。

计量单位：台

定额编号				A3-2-602	A3-2-603	A3-2-604	A3-2-605
项目名称				设备容积(m³以内)			
				5	10	20	40
基价（元）				1057.87	1293.43	1756.79	2581.99
其中	人工费（元）			199.78	286.44	428.96	608.16
	材料费（元）			709.15	796.63	921.69	1188.37
	机械费（元）			148.94	210.36	406.14	785.46
名称		单位	单价(元)	消耗量			
人工	综合工日	工日	140.00	1.427	2.046	3.064	4.344
材料	低碳钢焊条	kg	6.84	0.490	0.730	1.120	1.600
	肥皂	块	3.56	2.000	2.000	2.000	2.000
	高压不锈钢垫	kg	39.32	1.610	1.740	2.150	2.690
	六角螺栓带螺母(综合)	kg	12.20	24.650	28.140	32.680	34.420
	盲板	kg	6.07	19.290	21.600	24.500	33.390
	破布	kg	6.32	0.500	0.500	0.500	0.500
	透镜垫	kg	20.00	9.100	10.010	11.220	18.800
	氧气	m³	3.63	0.720	1.080	1.680	2.400
	乙炔气	kg	10.45	0.240	0.360	0.560	0.800
	其他材料费占材料费	%	—	4.000	4.000	4.000	4.000
机械	电动空气压缩机 10m³/min	台班	355.21	0.093	0.130	0.261	0.521
	电动空气压缩机 6m³/min	台班	206.73	0.466	0.652	1.295	2.588
	直流弧焊机 32kV·A	台班	87.75	0.223	0.335	0.521	0.745

工作内容：施工准备、盲板和压力表安装拆除、充水升压、稳压检查、消漏、记录、放空清理、配合检查验收。

计量单位：台

定额编号				A3-2-606	A3-2-607	A3-2-608	A3-2-609
项目名称				设备容积(m³以内)			
				60	100	150	200
基价（元）				3152.07	3867.74	4985.77	6156.08
其中	人工费（元）			785.96	893.20	940.10	1077.30
	材料费（元）			1492.72	1649.27	1879.02	2212.99
	机械费（元）			873.39	1325.27	2166.65	2865.79
名称		单位	单价(元)	消耗量			
人工	综合工日	工日	140.00	5.614	6.380	6.715	7.695
材料	低碳钢焊条	kg	6.84	2.040	2.380	2.440	2.800
	肥皂	块	3.56	3.000	3.000	4.000	4.000
	高压不锈钢垫	kg	39.32	3.360	3.660	4.030	5.100
	六角螺栓带螺母(综合)	kg	12.20	38.260	42.800	46.500	52.370
	盲板	kg	6.07	45.370	48.270	56.920	66.300
	破布	kg	6.32	0.700	0.700	1.000	1.000
	透镜垫	kg	20.00	25.510	28.510	33.610	40.820
	氧气	m³	3.63	3.060	3.540	3.660	4.200
	乙炔气	kg	10.45	1.020	1.180	1.220	1.400
	其他材料费占材料费	%	—	4.000	4.000	4.000	4.000
机械	电动空气压缩机 10m³/min	台班	355.21	0.670	0.866	5.819	7.746
	电动空气压缩机 6m³/min	台班	206.73	2.412	4.041	—	—
	电动空气压缩机 9m³/min	台班	317.86	0.168	0.270	—	—
	直流弧焊机 32kV·A	台班	87.75	0.950	1.099	1.136	1.303

3. 塔器类设备气密试验

(1)设计压力1MPa

工作内容：施工准备、盲板和压力表安装拆除、充水升压、稳压检查、消漏、记录、放空清理、配合检查验收。

计量单位：台

定额编号				A3-2-610	A3-2-611	A3-2-612	A3-2-613
项目名称				设备容积(m³以内)			
				5	10	30	50
基价（元）				428.58	596.67	755.30	885.84
其中	人工费（元）			211.40	297.92	383.32	434.42
	材料费（元）			181.63	249.05	303.92	350.63
	机械费（元）			35.55	49.70	68.06	100.79
名称		单位	单价(元)	消耗量			
人工	综合工日	工日	140.00	1.510	2.128	2.738	3.103
材料	低碳钢焊条	kg	6.84	0.400	0.600	0.860	1.160
	肥皂	块	3.56	2.000	2.000	2.000	3.000
	六角螺栓带螺母(综合)	kg	12.20	3.800	4.610	6.240	6.830
	盲板	kg	6.07	9.630	13.150	16.080	20.070
	破布	kg	6.32	0.500	0.500	0.500	0.700
	石棉橡胶板	kg	9.40	5.590	8.790	9.910	10.320
	氧气	m³	3.63	0.600	0.900	1.290	1.680
	乙炔气	kg	10.45	0.200	0.300	0.430	0.560
	其他材料费占材料费	%	—	4.000	4.000	4.000	4.000
机械	电动空气压缩机 6m³/min	台班	206.73	0.093	0.122	0.159	—
	电动空气压缩机 9m³/min	台班	317.86	—	—	—	0.168
	直流弧焊机 32kV·A	台班	87.75	0.186	0.279	0.401	0.540

工作内容：施工准备、盲板和压力表安装拆除、充水升压、稳压检查、消漏、记录、放空清理、配合检查验收。

计量单位：台

定额编号				A3-2-614	A3-2-615	A3-2-616	A3-2-617
项目名称				设备容积(m³以内)			
				100	200	300	400
基价（元）				1258.32	1783.25	2102.92	2397.46
其中	人工费（元）			630.70	812.84	955.92	1101.66
	材料费（元）			487.92	761.02	851.71	910.42
	机械费（元）			139.70	209.39	295.29	385.38
名称		单位	单价(元)	消耗量			
人工	综合工日	工日	140.00	4.505	5.806	6.828	7.869
材料	低碳钢焊条	kg	6.84	1.320	1.640	1.710	1.960
	肥皂	块	3.56	3.000	4.000	5.000	5.000
	六角螺栓带螺母(综合)	kg	12.20	10.350	17.320	18.420	19.910
	盲板	kg	6.07	30.990	56.670	61.270	65.600
	破布	kg	6.32	0.700	1.000	1.500	1.500
	石棉橡胶板	kg	9.40	12.400	13.530	17.280	18.010
	氧气	m³	3.63	1.980	2.460	2.940	3.420
	乙炔气	kg	10.45	0.660	0.820	0.980	1.140
	其他材料费占材料费	%	—	4.000	4.000	4.000	4.000
机械	电动空气压缩机 10m³/min	台班	355.21	—	0.401	0.606	—
	电动空气压缩机 20m³/min	台班	506.55	—	—	—	0.577
	电动空气压缩机 9m³/min	台班	317.86	0.270	—	—	—
	直流弧焊机 32kV·A	台班	87.75	0.614	0.763	0.912	1.061

工作内容：施工准备、盲板和压力表安装拆除、充水升压、稳压检查、消漏、记录、放空清理、配合检查验收。

计量单位：台

定额编号				A3-2-618	A3-2-619	A3-2-620
项目名称				设备容积(m³以内)		
				500	600	800
基价（元）				2670.41	2960.68	3215.86
其中	人工费（元）			1216.18	1426.88	1557.36
	材料费（元）			984.86	1016.08	1077.88
	机械费（元）			469.37	517.72	580.62
名称		单位	单价(元)	消耗量		
人工	综合工日	工日	140.00	8.687	10.192	11.124
材料	低碳钢焊条	kg	6.84	2.280	2.740	3.240
	肥皂	块	3.56	6.000	6.000	8.000
	六角螺栓带螺母(综合)	kg	12.20	20.790	21.520	21.970
	盲板	kg	6.07	70.000	73.040	77.380
	破布	kg	6.32	2.000	2.000	2.500
	石棉橡胶板	kg	9.40	20.330	20.120	21.030
	氧气	m³	3.63	3.900	4.110	4.860
	乙炔气	kg	10.45	1.300	1.370	1.620
	其他材料费占材料费	%	—	4.000	4.000	4.000
机械	电动空气压缩机 20m³/min	台班	506.55	0.717	0.801	0.885
	直流弧焊机 32kV·A	台班	87.75	1.210	1.276	1.508

工作内容：施工准备、盲板和压力表安装拆除、充水升压、稳压检查、消漏、记录、放空清理、配合检查验收。

计量单位：台

定额编号				A3-2-621	A3-2-622	A3-2-623
项目名称				设备容积(m³以内)		
				1000	1200	1400
基价（元）				**3727.27**	**3903.65**	**4170.12**
其中	人工费（元）			1851.08	1891.68	2015.02
	材料费（元）			1166.72	1268.49	1384.59
	机械费（元）			709.47	743.48	770.51
名称		单位	单价(元)	消耗量		
人工	综合工日	工日	140.00	13.222	13.512	14.393
材料	低碳钢焊条	kg	6.84	3.740	4.060	4.220
	肥皂	块	3.56	10.000	12.000	12.000
	六角螺栓带螺母(综合)	kg	12.20	23.870	25.410	28.280
	盲板	kg	6.07	81.990	87.970	96.740
	破布	kg	6.32	3.000	3.500	3.500
	石棉橡胶板	kg	9.40	22.650	25.510	27.700
	氧气	m³	3.63	5.610	6.090	6.330
	乙炔气	kg	10.45	1.870	2.030	2.110
	其他材料费占材料费	%	—	4.000	4.000	4.000
机械	电动空气压缩机 20m³/min	台班	506.55	1.099	—	—
	电动空气压缩机 40m³/min	台班	705.29	—	0.819	0.848
	直流弧焊机 32kV·A	台班	87.75	1.741	1.890	1.965

工作内容：施工准备、盲板和压力表安装拆除、充水升压、稳压检查、消漏、记录、放空清理、配合检查验收。

计量单位：台

定额编号				A3-2-624	A3-2-625	A3-2-626
项目名称				设备容积(m³以内)		
				1600	1800	2000
基价（元）				**4606.28**	**5208.37**	**5798.08**
其中	人工费（元）			2220.26	2532.18	2796.64
	材料费（元）			1529.56	1685.24	1893.92
	机械费（元）			856.46	990.95	1107.52
名称		单位	单价(元)	消耗量		
人工	综合工日	工日	140.00	15.859	18.087	19.976
材料	低碳钢焊条	kg	6.84	4.720	5.440	6.220
	肥皂	块	3.56	14.000	14.000	14.000
	六角螺栓带螺母(综合)	kg	12.20	31.120	34.700	39.850
	盲板	kg	6.07	107.530	120.550	135.740
	破布	kg	6.32	4.000	4.000	4.000
	石棉橡胶板	kg	9.40	29.850	31.380	34.780
	氧气	m³	3.63	7.080	8.160	9.330
	乙炔气	kg	10.45	2.360	2.720	3.110
	其他材料费占材料费	%	—	4.000	4.000	4.000
机械	电动空气压缩机 40m³/min	台班	705.29	0.941	1.090	1.210
	直流弧焊机 32kV·A	台班	87.75	2.197	2.532	2.896

(2)设计压力2.5MPa

工作内容：施工准备、盲板和压力表安装拆除、充水升压、稳压检查、消漏、记录、放空清理、配合检查验收。

计量单位：台

定额编号				A3-2-627	A3-2-628	A3-2-629	A3-2-630
项目名称				设备容积(m^3以内)			
				5	10	30	50
基价（元）				**567.70**	**810.69**	**1054.65**	**1375.13**
其中	人工费（元）			213.22	324.80	464.24	609.28
	材料费（元）			289.99	412.36	477.53	584.40
	机械费（元）			64.49	73.53	112.88	181.45
名称		单位	单价(元)	消耗量			
人工	综合工日	工日	140.00	1.523	2.320	3.316	4.352
材料	低碳钢焊条	kg	6.84	0.410	0.620	0.890	1.180
	肥皂	块	3.56	2.000	2.000	2.000	3.000
	六角螺栓带螺母(综合)	kg	12.20	8.390	11.460	12.440	15.350
	盲板	kg	6.07	16.830	23.180	29.890	38.160
	破布	kg	6.32	0.500	0.500	0.500	0.700
	石棉橡胶板	kg	9.40	6.060	10.090	10.660	11.410
	氧气	m^3	3.63	0.600	0.930	1.320	1.770
	乙炔气	kg	10.45	0.200	0.310	0.440	0.590
	其他材料费占材料费	%	—	4.000	4.000	4.000	4.000
机械	电动空气压缩机 $6m^3/min$	台班	206.73	0.233	0.233	0.372	—
	电动空气压缩机 $9m^3/min$	台班	317.86	—	—	—	0.419
	直流弧焊机 32kV·A	台班	87.75	0.186	0.289	0.410	0.550

工作内容：施工准备、盲板和压力表安装拆除、充水升压、稳压检查、消漏、记录、放空清理、配合检查验收。

计量单位：台

定额编号				A3-2-631	A3-2-632	A3-2-633	A3-2-634
项目名称				设备容积(m³以内)			
				100	200	300	400
基价（元）				1856.78	2761.83	3234.52	3746.83
其中	人工费（元）			692.86	861.00	1027.88	1197.28
	材料费（元）			896.20	1478.85	1590.08	1723.32
	机械费（元）			267.72	421.98	616.56	826.23
名称		单位	单价(元)	消耗量			
人工	综合工日	工日	140.00	4.949	6.150	7.342	8.552
材料	低碳钢焊条	kg	6.84	1.340	1.660	1.820	2.320
	肥皂	块	3.56	3.000	4.000	5.000	5.000
	六角螺栓带螺母(综合)	kg	12.20	25.780	43.910	47.210	50.960
	盲板	kg	6.07	61.760	108.300	116.370	125.370
	破布	kg	6.32	0.700	1.000	1.500	1.500
	石棉橡胶板	kg	9.40	14.230	19.070	19.760	21.960
	氧气	m³	3.63	2.010	2.490	2.970	3.480
	乙炔气	kg	10.45	0.670	0.830	0.990	1.160
	其他材料费占材料费	%	—	4.000	4.000	4.000	4.000
机械	电动空气压缩机 10m³/min	台班	355.21	—	0.997	1.508	—
	电动空气压缩机 20m³/min	台班	506.55	—	—	—	1.444
	电动空气压缩机 9m³/min	台班	317.86	0.670	—	—	—
	直流弧焊机 32kV·A	台班	87.75	0.624	0.773	0.922	1.080

工作内容：施工准备、盲板和压力表安装拆除、充水升压、稳压检查、消漏、记录、放空清理、配合检查验收。

计量单位：台

定额编号				A3-2-635	A3-2-636	A3-2-637
项目名称				设备容积(m³以内)		
				500	600	800
基价（元）				4197.44	4436.58	4934.81
其中	人工费（元）			1364.30	1446.48	1699.32
	材料费（元）			1819.58	1861.65	1983.54
	机械费（元）			1013.56	1128.45	1251.95
名称		单位	单价(元)	消耗量		
人工	综合工日	工日	140.00	9.745	10.332	12.138
材料	低碳钢焊条	kg	6.84	2.640	2.800	3.280
	肥皂	块	3.56	6.000	6.000	8.000
	六角螺栓带螺母(综合)	kg	12.20	53.060	55.430	58.410
	盲板	kg	6.07	133.810	139.880	148.340
	破布	kg	6.32	2.000	2.000	2.500
	石棉橡胶板	kg	9.40	22.320	19.330	20.480
	氧气	m³	3.63	3.960	4.200	4.920
	乙炔气	kg	10.45	1.320	1.400	1.640
	其他材料费占材料费	%	—	4.000	4.000	4.000
机械	电动空气压缩机 20m³/min	台班	506.55	1.788	2.002	2.207
	直流弧焊机 32kV·A	台班	87.75	1.229	1.303	1.527

工作内容：施工准备、盲板和压力表安装拆除、充水升压、稳压检查、消漏、记录、放空清理、配合检查验收。

计量单位：台

定额编号				A3-2-638	A3-2-639	A3-2-640
项目名称				设备容积(m³以内)		
				1000	1200	1400
基价（元）				5603.56	5961.75	6370.02
其中	人工费（元）			1952.86	2117.36	2182.46
	材料费（元）			2104.77	2331.35	2523.36
	机械费（元）			1545.93	1513.04	1664.20
名称		单位	单价(元)	消耗量		
人工	综合工日	工日	140.00	13.949	15.124	15.589
材料	低碳钢焊条	kg	6.84	3.770	4.000	4.200
	肥皂	块	3.56	10.000	12.000	12.000
	六角螺栓带螺母(综合)	kg	12.20	60.610	67.270	74.180
	盲板	kg	6.07	157.740	171.460	186.660
	破布	kg	6.32	3.000	3.500	3.500
	石棉橡胶板	kg	9.40	21.960	26.010	26.540
	氧气	m³	3.63	5.640	6.120	6.360
	乙炔气	kg	10.45	1.880	2.040	2.120
	其他材料费占材料费	%	—	4.000	4.000	4.000
机械	电动空气压缩机 20m³/min	台班	506.55	2.747	—	—
	电动空气压缩机 40m³/min	台班	705.29	—	1.909	2.114
	直流弧焊机 32kV·A	台班	87.75	1.760	1.899	1.974

工作内容：施工准备、盲板和压力表安装拆除、充水升压、稳压检查、消漏、记录、放空清理、配合检查验收。

计量单位：台

定额编号				A3-2-641	A3-2-642	A3-2-643
项目名称				设备容积(m³以内)		
				1600	1800	2000
基价（元）				7043.70	7950.00	8873.94
其中	人工费（元）			2454.34	2809.52	3245.76
	材料费（元）			2741.96	2987.54	3238.18
	机械费（元）			1847.40	2152.94	2390.00
名称		单位	单价(元)	消耗量		
人工	综合工日	工日	140.00	17.531	20.068	23.184
材料	低碳钢焊条	kg	6.84	4.500	5.400	6.200
	肥皂	块	3.56	14.000	14.000	14.000
	六角螺栓带螺母(综合)	kg	12.20	79.180	85.230	90.000
	盲板	kg	6.07	204.600	223.700	245.500
	破布	kg	6.32	4.000	4.000	4.000
	石棉橡胶板	kg	9.40	28.970	32.070	36.290
	氧气	m³	3.63	7.080	8.640	9.390
	乙炔气	kg	10.45	2.360	2.880	3.130
	其他材料费占材料费	%	—	4.000	4.000	4.000
机械	电动空气压缩机 40m³/min	台班	705.29	2.346	2.719	3.026
	直流弧焊机 32kV·A	台班	87.75	2.197	2.681	2.915

(3)设计压力4MPa

工作内容：施工准备、盲板和压力表安装拆除、充水升压、稳压检查、消漏、记录、放空清理、配合检查验收。

计量单位：台

定额编号				A3-2-644	A3-2-645	A3-2-646	A3-2-647
项目名称				设备容积(m³以内)			
				5	10	30	50
基价(元)				861.93	1128.06	1421.24	1763.51
其中	人工费(元)			225.40	339.36	484.40	630.00
	材料费(元)			542.43	666.21	768.42	871.49
	机械费(元)			94.10	122.49	168.42	262.02
名称		单位	单价(元)	消耗量			
人工	综合工日	工日	140.00	1.610	2.424	3.460	4.500
材料	低碳钢焊条	kg	6.84	0.430	0.650	0.920	1.200
	肥皂	块	3.56	2.000	2.000	2.000	3.000
	六角螺栓带螺母(综合)	kg	12.20	18.290	24.010	28.290	32.280
	盲板	kg	6.07	31.800	35.900	41.950	48.050
	破布	kg	6.32	0.500	0.500	0.500	0.700
	石棉橡胶板	kg	9.40	9.330	11.510	11.990	12.380
	氧气	m³	3.63	0.630	0.960	1.380	1.800
	乙炔气	kg	10.45	0.210	0.320	0.460	0.600
	其他材料费占材料费	%	—	4.000	4.000	4.000	4.000
机械	电动空气压缩机 6m³/min	台班	206.73	0.372	0.466	0.633	—
	电动空气压缩机 9m³/min	台班	317.86	—	—	—	0.670
	直流弧焊机 32kV·A	台班	87.75	0.196	0.298	0.428	0.559

工作内容：施工准备、盲板和压力表安装拆除、充水升压、稳压检查、消漏、记录、放空清理、配合检查验收。

计量单位：台

定额编号				A3-2-648	A3-2-649	A3-2-650	A3-2-651
项目名称				设备容积(m^3以内)			
				100	200	300	400
基价(元)				2648.94	3932.79	4697.54	5355.80
其中	人工费(元)			715.26	884.66	1054.76	1223.46
	材料费(元)			1534.85	2410.82	2701.12	2867.95
	机械费(元)			398.83	637.31	941.66	1264.39
名称		单位	单价(元)	消耗量			
人工	综合工日	工日	140.00	5.109	6.319	7.534	8.739
材料	低碳钢焊条	kg	6.84	1.370	1.690	2.010	2.330
	肥皂	块	3.56	3.000	4.000	5.000	5.000
	六角螺栓带螺母(综合)	kg	12.20	62.830	101.800	111.810	118.840
	盲板	kg	6.07	86.070	137.560	159.070	168.370
	破布	kg	6.32	0.700	1.000	1.500	1.500
	石棉橡胶板	kg	9.40	15.730	20.330	21.810	23.150
	氧气	m^3	3.63	2.040	2.520	3.030	3.510
	乙炔气	kg	10.45	0.680	0.840	1.010	1.170
	其他材料费占材料费	%	—	4.000	4.000	4.000	4.000
机械	电动空气压缩机 $10m^3/min$	台班	355.21	—	1.601	2.421	—
	电动空气压缩机 $20m^3/min$	台班	506.55	—	—	—	2.309
	电动空气压缩机 $9m^3/min$	台班	317.86	1.080	—	—	—
	直流弧焊机 32kV·A	台班	87.75	0.633	0.782	0.931	1.080

工作内容：施工准备、盲板和压力表安装拆除、充水升压、稳压检查、消漏、记录、放空清理、配合检查验收。

计量单位：台

定额编号				A3-2-652	A3-2-653	A3-2-654
项目名称				设备容积(m³以内)		
				500	600	800
基价（元）				**5999.49**	**6449.98**	**7042.85**
其中	人工费（元）			1392.30	1477.56	1730.96
	材料费（元）			3047.07	3234.72	3384.84
	机械费（元）			1560.12	1737.70	1927.05
名称		单位	单价(元)	消耗量		
人工	综合工日	工日	140.00	9.945	10.554	12.364
材料	低碳钢焊条	kg	6.84	2.650	2.830	3.310
	肥皂	块	3.56	6.000	6.000	8.000
	六角螺栓带螺母(综合)	kg	12.20	129.130	134.660	140.640
	盲板	kg	6.07	171.770	186.630	192.370
	破布	kg	6.32	2.000	2.000	2.500
	石棉橡胶板	kg	9.40	24.610	26.720	28.620
	氧气	m³	3.63	3.990	4.230	4.950
	乙炔气	kg	10.45	1.330	1.410	1.650
	其他材料费占材料费	%	—	4.000	4.000	4.000
机械	电动空气压缩机 20m³/min	台班	506.55	2.867	3.203	3.538
	直流弧焊机 32kV·A	台班	87.75	1.229	1.313	1.537

工作内容：施工准备、盲板和压力表安装拆除、充水升压、稳压检查、消漏、记录、放空清理、配合检查验收。

计量单位：台

定额编号				A3-2-655	A3-2-656	A3-2-657
项目名称				设备容积(m³以内)		
				1000	1200	1400
基价（元）				7993.96	8519.64	9261.63
其中	人工费（元）			1987.02	2155.16	2255.54
	材料费（元）			3625.93	4016.12	4439.40
	机械费（元）			2381.01	2348.36	2566.69
名称		单位	单价(元)	消耗量		
人工	综合工日	工日	140.00	14.193	15.394	16.111
材料	低碳钢焊条	kg	6.84	3.800	4.120	4.320
	肥皂	块	3.56	10.000	12.000	12.000
	六角螺栓带螺母(综合)	kg	12.20	151.580	166.420	181.750
	盲板	kg	6.07	202.010	226.900	258.460
	破布	kg	6.32	3.000	3.500	3.500
	石棉橡胶板	kg	9.40	30.840	33.730	36.380
	氧气	m³	3.63	5.700	6.180	6.480
	乙炔气	kg	10.45	1.900	2.060	2.160
	其他材料费占材料费	%	—	4.000	4.000	4.000
机械	电动空气压缩机 20m³/min	台班	506.55	4.394	—	—
	电动空气压缩机 40m³/min	台班	705.29	—	3.091	3.389
	直流弧焊机 32kV·A	台班	87.75	1.769	1.918	2.011

工作内容：施工准备、盲板和压力表安装拆除、充水升压、稳压检查、消漏、记录、放空清理、配合检查验收。

计量单位：台

定额编号				A3-2-658	A3-2-659	A3-2-660
项目名称				设备容积(m³以内)		
				1600	1800	2000
基价（元）				10315.01	11649.56	12981.35
其中	人工费（元）			2496.34	2867.20	3297.00
	材料费（元）			4970.04	5461.08	6012.67
	机械费（元）			2848.63	3321.28	3671.68
名称		单位	单价(元)	消耗量		
人工	综合工日	工日	140.00	17.831	20.480	23.550
材料	低碳钢焊条	kg	6.84	4.800	6.080	6.300
	肥皂	块	3.56	14.000	14.000	14.000
	六角螺栓带螺母(综合)	kg	12.20	204.310	224.350	250.730
	盲板	kg	6.07	288.800	315.800	342.150
	破布	kg	6.32	4.000	4.000	4.000
	石棉橡胶板	kg	9.40	39.800	44.200	48.960
	氧气	m³	3.63	7.200	9.120	9.450
	乙炔气	kg	10.45	2.400	3.040	3.150
	其他材料费占材料费	%	—	4.000	4.000	4.000
机械	电动空气压缩机 40m³/min	台班	705.29	3.761	4.357	4.841
	直流弧焊机 32kV·A	台班	87.75	2.234	2.830	2.933

十一、设备清洗、钝化

1. 水冲洗

(1)容器类设备水冲洗

工作内容：施工准备、冲洗、检查、放水、封闭、记录整理、配合检查验收。　　计量单位：台

定额编号				A3-2-661	A3-2-662	A3-2-663
项目名称				VN(m³以内)		
				5	10	20
基价（元）				**29.08**	**48.49**	**76.88**
其中	人工费（元）			11.62	17.64	25.62
	材料费（元）			16.95	29.85	49.75
	机械费（元）			0.51	1.00	1.51
名称		单位	单价(元)	消耗量		
人工	综合工日	工日	140.00	0.083	0.126	0.183
材料	水	t	7.96	2.130	3.750	6.250
机械	电动单级离心清水泵 50mm	台班	27.04	0.019	0.037	0.056

工作内容：施工准备、冲洗、检查、放水、封闭、记录整理、配合检查验收。　　　　计量单位：台

定额编号				A3-2-664	A3-2-665	A3-2-666
项目名称				VN(m³以内)		
				30	40	50
基价（元）				**90.18**	**105.25**	**118.09**
其中	人工费（元）			28.70	33.60	35.98
	材料费（元）			59.70	69.65	79.60
	机械费（元）			1.78	2.00	2.51
名称		单位	单价(元)	消耗量		
人工	综合工日	工日	140.00	0.205	0.240	0.257
材料	水	t	7.96	7.500	8.750	10.000
机械	电动单级离心清水泵 50mm	台班	27.04	0.066	0.074	0.093

工作内容：施工准备、冲洗、检查、放水、封闭、记录整理、配合检查验收。　　　　计量单位：台

定额编号				A3-2-667	A3-2-668	A3-2-669
项目名称				VN(m^3以内)		
				60	80	100
基价（元）				133.22	175.13	218.16
其中	人工费（元）			40.88	51.94	64.12
	材料费（元）			89.55	119.40	149.25
	机械费（元）			2.79	3.79	4.79
名称		单位	单价(元)	消耗量		
人工	综合工日	工日	140.00	0.292	0.371	0.458
材料	水	t	7.96	11.250	15.000	18.750
机械	电动单级离心清水泵 50mm	台班	27.04	0.103	0.140	0.177

(2)热交换器类设备水冲洗

工作内容：施工准备、冲洗、检查、放水、封闭、记录整理、配合检查验收。　　计量单位：台

定额编号				A3-2-670	A3-2-671	A3-2-672	A3-2-673
项目名称				VN(m³以内)			
				5	10	20	30
基价（元）				**65.43**	**84.47**	**134.40**	**169.94**
其中	人工费（元）			24.36	28.00	42.00	51.94
	材料费（元）			39.80	54.69	89.61	114.48
	机械费（元）			1.27	1.78	2.79	3.52
名称		单位	单价(元)	消耗量			
人工	综合工日	工日	140.00	0.174	0.200	0.300	0.371
材料	水	t	7.96	5.000	6.870	11.257	14.382
机械	电动单级离心清水泵 50mm	台班	27.04	0.047	0.066	0.103	0.130

工作内容：施工准备、冲洗、检查、放水、封闭、记录整理、配合检查验收。　　计量单位：台

定额编号				A3-2-674	A3-2-675	A3-2-676	A3-2-677
项目名称				VN(m³以内)			
				40	50	60	80
基价（元）				199.18	240.70	259.81	334.29
其中	人工费（元）			55.58	71.26	74.90	98.14
	材料费（元）			139.30	164.14	179.10	228.85
	机械费（元）			4.30	5.30	5.81	7.30
名称		单位	单价(元)	消耗量			
人工	综合工日	工日	140.00	0.397	0.509	0.535	0.701
材料	水	t	7.96	17.500	20.620	22.500	28.750
机械	电动单级离心清水泵 50mm	台班	27.04	0.159	0.196	0.215	0.270

2. 压缩空气吹扫

(1)容器类设备压缩空气吹洗

工作内容：施工准备、空气加压、检查、记录、吹洗、配合检查验收。　　计量单位：台

定额编号				A3-2-678	A3-2-679	A3-2-680
项目名称				VN(m³以内)		
				5	10	20
基价（元）				11.91	15.59	24.46
其中	人工费（元）			7.98	9.80	12.88
	材料费（元）			—	—	—
	机械费（元）			3.93	5.79	11.58
名称		单位	单价(元)	消耗量		
人工	综合工日	工日	140.00	0.057	0.070	0.092
机械	电动空气压缩机 6m³/min	台班	206.73	0.019	0.028	0.056

工作内容：施工准备、空气加压、检查、记录、吹洗、配合检查验收。 计量单位：台

定额编号				A3-2-681	A3-2-682	A3-2-683
项目名称				VN(m^3以内)		
				30	40	50
基价（元）				28.90	31.82	35.71
其中	人工费（元）			15.26	16.52	18.34
	材料费（元）			—	—	—
	机械费（元）			13.64	15.30	17.37
名称		单位	单价(元)	消耗量		
人工	综合工日	工日	140.00	0.109	0.118	0.131
机械	电动空气压缩机 $6m^3/min$	台班	206.73	0.066	0.074	0.084

工作内容：施工准备、空气加压、检查、记录、吹洗、配合检查验收。　　计量单位：台

定额编号				A3-2-684	A3-2-685	A3-2-686
项目名称				VN(m³以内)		
				60	80	100
基价（元）				41.45	54.00	64.55
其中	人工费（元）			20.16	25.06	29.82
	材料费（元）			—	—	—
	机械费（元）			21.29	28.94	34.73
名称		单位	单价(元)	消耗量		
人工	综合工日	工日	140.00	0.144	0.179	0.213
机械	电动空气压缩机 6m³/min	台班	206.73	0.103	0.140	0.168

(2)热交换器类设备压缩空气吹洗

工作内容：施工准备、空气加压、检查、记录、吹洗、配合检查验收。 计量单位：台

定额编号				A3-2-687	A3-2-688	A3-2-689
项目名称				VN(m^3以内)		
				5	10	20
基价（元）				**26.14**	**31.82**	**45.69**
其中	人工费（元）			14.56	16.52	22.54
	材料费（元）			—	—	—
	机械费（元）			11.58	15.30	23.15
名称		**单位**	**单价(元)**	**消耗量**		
人工	综合工日	工日	140.00	0.104	0.118	0.161
机械	电动空气压缩机 6m^3/min	台班	206.73	0.056	0.074	0.112

工作内容：施工准备、空气加压、检查、记录、吹洗、配合检查验收。　　　　　　　计量单位：台

定额编号				A3-2-690	A3-2-691	A3-2-692
项目名称				VN(m³以内)		
				30	40	50
基价（元）				**55.68**	**68.23**	**77.66**
其中	人工费（元）			26.74	31.64	35.28
	材料费（元）			—	—	—
	机械费（元）			28.94	36.59	42.38
名称		单位	单价(元)	消耗量		
人工	综合工日	工日	140.00	0.191	0.226	0.252
机械	电动空气压缩机 6m³/min	台班	206.73	0.140	0.177	0.205

工作内容：施工准备、空气加压、检查、记录、吹洗、配合检查验收。　　计量单位：台

定额编号				A3-2-693	A3-2-694	A3-2-695
项目名称				VN(m^3以内)		
				60	80	100
基价（元）				84.46	104.02	124.83
其中	人工费（元）			38.36	46.34	55.58
	材料费（元）			—	—	—
	机械费（元）			46.10	57.68	69.25
名称		单位	单价(元)	消耗量		
人工	综合工日	工日	140.00	0.274	0.331	0.397
机械	电动空气压缩机 6m^3/min	台班	206.73	0.223	0.279	0.335

(3)塔类设备压缩空气吹洗

工作内容：施工准备、空气加压、检查、记录、吹洗、配合检查验收。　　　　计量单位：台

定额编号				A3-2-696	A3-2-697	A3-2-698	A3-2-699
项目名称				VN(m^3以内)			
				5	10	20	30
基价（元）				**27.12**	**32.36**	**54.16**	**65.68**
其中	人工费（元）			12.18	14.56	21.42	24.36
	材料费（元）			—	—	—	—
	机械费（元）			14.94	17.80	32.74	41.32
名称		单位	单价(元)	消耗量			
人工	综合工日	工日	140.00	0.087	0.104	0.153	0.174
机械	电动空气压缩机 9m^3/min	台班	317.86	0.047	0.056	0.103	0.130

工作内容：施工准备、空气加压、检查、记录、吹洗、配合检查验收。　　计量单位：台

定额编号				A3-2-700	A3-2-701	A3-2-702	A3-2-703
项目名称				VN(m^3以内)			
				40	50	60	80
基价（元）				**75.36**	**87.90**	**97.02**	**118.36**
其中	人工费（元）			28.00	31.64	34.72	41.44
	材料费（元）			—	—	—	—
	机械费（元）			47.36	56.26	62.30	76.92
名称		**单位**	**单价(元)**	**消耗量**			
人工	综合工日	工日	140.00	0.200	0.226	0.248	0.296
机械	电动空气压缩机 $9m^3/min$	台班	317.86	0.149	0.177	0.196	0.242

工作内容：施工准备、空气加压、检查、记录、吹洗、配合检查验收。　　　　　　计量单位：台

定额编号				A3-2-704	A3-2-705	A3-2-706
项目名称				VN(m³以内)		
				100	150	200
基价（元）				130.90	140.58	147.88
其中	人工费（元）			45.08	48.72	49.98
	材料费（元）			—	—	—
	机械费（元）			85.82	91.86	97.90
名称		单位	单价(元)	消耗量		
人工	综合工日	工日	140.00	0.322	0.348	0.357
机械	电动空气压缩机 9m³/min	台班	317.86	0.270	0.289	0.308

工作内容：施工准备、空气加压、检查、记录、吹洗、配合检查验收。　　　　　　　　　　计量单位：台

定额编号				A3-2-707	A3-2-708	A3-2-709
项目名称				VN(m^3以内)		
				300	400	500
基价（元）				172.96	183.58	200.24
其中	人工费（元）			57.26	62.16	67.06
	材料费（元）			—	—	—
	机械费（元）			115.70	121.42	133.18
名称		单位	单价(元)	消耗量		
人工	综合工日	工日	140.00	0.409	0.444	0.479
机械	电动空气压缩机 9m^3/min	台班	317.86	0.364	0.382	0.419

工作内容：施工准备、空气加压、检查、记录、吹洗、配合检查验收。　　　　计量单位：台

定额编号				A3-2-710	A3-2-711	A3-2-712
项目名称				VN(m³以内)		
				600	800	1000
基价（元）				209.36	241.21	252.92
其中	人工费（元）			70.14	75.60	84.14
	材料费（元）			—	—	
	机械费（元）			139.22	165.61	168.78
名称		单位	单价(元)	消耗量		
人工	综合工日	工日	140.00	0.501	0.540	0.601
机械	电动空气压缩机 9m³/min	台班	317.86	0.438	0.521	0.531

工作内容：施工准备、箱(槽)制作安装、临时管线安拆、泵的安装及修理。　　计量单位：次

定额编号				A3-2-713
项目名称				设备气体吹洗措施用消耗量摊销
基价（元）				226.44
其中	人工费（元）			90.16
	材料费（元）			127.08
	机械费（元）			9.20
名称		单位	单价(元)	消耗量
人工	综合工日	工日	140.00	0.644
材料	薄砂轮片	片	6.08	0.010
	低碳钢焊条	kg	6.84	0.100
	法兰 DN150	片	23.33	0.030
	法兰截止阀 DN50	个	101.10	0.400
	法兰止回阀 H44T-10 DN50	个	88.03	0.100
	钢轨鱼尾板 24～50kg/m	kg	2.82	0.030
	钢丝(综合)	kg	5.10	1.000
	尼龙砂轮片 φ100	片	2.05	0.030
	平焊法兰 1.6MPa DN50	片	17.09	0.140
	砂轮片 φ200	片	4.00	0.010
	石棉橡胶板	kg	9.40	0.840
	双头螺栓带螺母 M6～20×55～75	10套	23.80	0.120
	无缝钢管 φ57×3.5	m	27.90	1.800
	压制弯头 90° R=1.5D DN50	个	9.38	0.180
	其他材料费占材料费	%	—	5.000
机械	管子切断机 325mm	台班	81.31	0.010
	试压泵 30MPa	台班	22.67	0.010
	直流弧焊机 32kV·A	台班	87.75	0.093

3. 蒸汽吹扫

(1)容器类设备蒸汽吹洗

工作内容：施工准备、吹洗、检查、记录、配合检查验收。　　计量单位：台

定额编号				A3-2-714	A3-2-715	A3-2-716
项目名称				VN(m^3以内)		
				5	10	20
基价（元）				25.16	31.39	40.79
其中	人工费（元）			9.80	12.18	15.82
	材料费（元）			15.36	19.21	24.97
	机械费（元）			—	—	—
名称		单位	单价(元)	消耗量		
人工	综合工日	工日	140.00	0.070	0.087	0.113
材料	蒸汽	t	182.91	0.080	0.100	0.130
	其他材料费占材料费	%	—	5.000	5.000	5.000

工作内容：施工准备、吹洗、检查、记录、配合检查验收。　　　　计量单位：台

定额编号				A3-2-717	A3-2-718	A3-2-719
项目名称				VN(m^3以内)		
				30	40	50
基价（元）				**44.53**	**47.71**	**54.07**
其中	人工费（元）			17.64	18.90	21.42
	材料费（元）			26.89	28.81	32.65
	机械费（元）			—	—	—
名称		单位	单价(元)	消耗量		
人工	综合工日	工日	140.00	0.126	0.135	0.153
材料	蒸汽	t	182.91	0.140	0.150	0.170
	其他材料费占材料费	%	—	5.000	5.000	5.000

工作内容：施工准备、吹洗、检查、记录、配合检查验收。　　计量单位：台

定额编号				A3-2-720	A3-2-721	A3-2-722
项目名称				VN(m³以内)		
				60	80	100
基价（元）				57.11	70.25	82.83
其中	人工费（元）			22.54	28.00	32.90
	材料费（元）			34.57	42.25	49.93
	机械费（元）			—	—	—
名称		单位	单价(元)	消耗量		
人工	综合工日	工日	140.00	0.161	0.200	0.235
材料	蒸汽	t	182.91	0.180	0.220	0.260
	其他材料费占材料费	%	—	5.000	5.000	5.000

(2)热交换器类设备水冲洗

工作内容：施工准备、吹洗、检查、记录、配合检查验收。　　计量单位：台

定额编号				A3-2-723	A3-2-724	A3-2-725
项目名称				VN(m³以内)		
				5	10	20
基价（元）				31.39	38.31	57.11
其中	人工费（元）			12.18	15.26	22.54
	材料费（元）			19.21	23.05	34.57
	机械费（元）			—	—	—
名称		单位	单价(元)	消耗量		
人工	综合工日	工日	140.00	0.087	0.109	0.161
材料	蒸汽	t	182.91	0.100	0.120	0.180
	其他材料费占材料费	%	—	5.000	5.000	5.000

工作内容：施工准备、吹洗、检查、记录、配合检查验收。　　计量单位：台

定额编号				A3-2-726	A3-2-727	A3-2-728
项目名称				VN(m³以内)		
				30	40	50
基价（元）				67.07	79.65	89.06
其中	人工费（元）			26.74	31.64	35.28
	材料费（元）			40.33	48.01	53.78
	机械费（元）			—	—	—
名称		单位	单价(元)	消耗量		
人工	综合工日	工日	140.00	0.191	0.226	0.252
材料	蒸汽	t	182.91	0.210	0.250	0.280
	其他材料费占材料费	%	—	5.000	5.000	5.000

工作内容：施工准备、吹洗、检查、记录、配合检查验收。　　计量单位：台

定额编号				A3-2-729	A3-2-730	A3-2-731
项目名称				VN(m^3以内)		
				60	80	100
基价（元）				**95.98**	**117.40**	**140.08**
其中	人工费（元）			38.36	46.34	55.58
	材料费（元）			57.62	71.06	84.50
	机械费（元）			—	—	—
名称		单位	单价(元)	消耗量		
人工	综合工日	工日	140.00	0.274	0.331	0.397
材料	蒸汽	t	182.91	0.300	0.370	0.440
	其他材料费占材料费	%	—	5.000	5.000	5.000

工作内容：施工准备、箱(槽)制作安装、临时管线安拆、泵的安装及修理。　　　　　　　计量单位：次

定额编号				A3-2-732
项目名称				蒸气吹扫系统用消耗量摊销
基价（元）				1305.22
其中	人工费（元）			737.94
	材料费（元）			162.62
	机械费（元）			101.66
名称		单位	单价(元)	消耗量
人工	综合工日	工日	140.00	5.271
材料	低碳钢焊条	kg	6.84	9.990
	尼龙砂轮片 φ100	片	2.05	1.380
	砂轮片 φ200	片	4.00	0.030
	石棉橡胶板	kg	9.40	0.330
	铈钨棒	g	0.38	30.000
	碳钢焊丝	kg	7.69	0.610
	氩气	m³	19.59	1.740
	氧气	m³	3.63	4.120
	乙炔气	kg	10.45	1.470
	其他材料费占材料费	%	—	5.000
机械	单速电动葫芦 5t	台班	40.03	0.289
	电动空气压缩机 6m³/min	台班	206.73	0.019
	普通车床 660×2000mm	台班	274.41	0.298
	汽车式起重机 16t	台班	958.70	0.093
	氩弧焊机 500A	台班	92.58	0.680
	载重汽车 5t	台班	430.70	0.093
	直流弧焊机 32kV·A	台班	87.75	1.313

4. 设备酸洗、钝化

(1)碳钢、低合金钢

工作内容：施工准备、箱(槽)制作安装、酸洗用泵的检修和安装等。 计量单位：台

定额编号				A3-2-733	A3-2-734	A3-2-735	A3-2-736
项目名称				VN(m^3以内)			
				1	2	3	4
基价(元)				1176.58	2215.47	3400.50	4439.66
其中	人工费(元)			117.60	157.22	344.26	385.00
	材料费(元)			989.92	1979.83	2969.75	3959.67
	机械费(元)			69.06	78.42	86.49	94.99
名称		单位	单价(元)	消耗量			
人工	综合工日	工日	140.00	0.840	1.123	2.459	2.750
材料	氨水	kg	0.55	14.000	28.000	42.000	56.000
	水	t	7.96	16.600	33.200	49.800	66.400
	乌洛托品	kg	7.09	4.700	9.400	14.100	18.800
	亚硝酸钠	kg	3.07	60.700	121.400	182.100	242.800
	盐酸	kg	12.41	47.000	94.000	141.000	188.000
	其他材料费占材料费	%	—	5.000	5.000	5.000	5.000
机械	电动空气压缩机 9m^3/min	台班	317.86	0.168	0.168	0.168	0.168
	耐腐蚀泵 50mm	台班	48.02	0.326	0.521	0.689	0.866

工作内容：施工准备、箱(槽)制作安装、酸洗用泵的检修和安装等。　　计量单位：台

定额编号				A3-2-737	A3-2-738	A3-2-739	A3-2-740
项目名称				VN(m³以内)			
				5	6	8	10
基价（元）				5487.13	6543.95	8587.31	10502.12
其中	人工费（元）			439.88	481.32	533.12	585.62
	材料费（元）			4949.58	5938.92	7919.34	9770.46
	机械费（元）			97.67	123.71	134.85	146.04
名称		单位	单价(元)	消耗量			
人工	综合工日	工日	140.00	3.142	3.438	3.808	4.183
材料	氨水	kg	0.55	70.000	84.000	112.000	140.000
	水	t	7.96	83.000	99.600	132.800	150.600
	乌洛托品	kg	7.09	23.500	28.200	37.600	47.000
	亚硝酸钠	kg	3.07	303.500	364.020	485.600	607.000
	盐酸	kg	12.41	235.000	282.000	376.000	470.000
	其他材料费占材料费	%	—	5.000	5.000	5.000	5.000
机械	电动空气压缩机 9m³/min	台班	317.86	0.168	0.233	0.233	0.233
	耐腐蚀泵 50mm	台班	48.02	0.922	1.034	1.266	1.499

(2)不锈耐酸钢(覆层、衬里)

工作内容：施工准备、箱(槽)制作安装、酸洗用泵的检修和安装等。　　计量单位：台

定额编号				A3-2-741	A3-2-742	A3-2-743	A3-2-744
项目名称				VN(m^3以内)			
				1	2	3	4
基价（元）				**787.71**	**1446.79**	**2227.64**	**2894.20**
其中	人工费（元）			105.42	139.58	299.18	339.92
	材料费（元）			617.27	1234.55	1851.82	2469.09
	机械费（元）			65.02	72.66	76.64	85.19
名称		单位	单价(元)	消耗量			
人工	综合工日	工日	140.00	0.753	0.997	2.137	2.428
材料	氢氟酸 45%	kg	4.87	23.300	46.600	69.900	93.200
	水	t	7.96	11.100	22.200	33.300	44.400
	硝酸	kg	2.19	116.700	233.400	350.100	466.800
	重铬酸钾 98%	kg	14.03	9.300	18.600	27.900	37.200
	其他材料费占材料费	%	—	5.000	5.000	5.000	5.000
机械	电动空气压缩机 $9m^3/min$	台班	317.86	0.168	0.168	0.168	0.168
	耐腐蚀泵 50mm	台班	48.02	0.242	0.401	0.484	0.662

工作内容：施工准备、箱(槽)制作安装、酸洗用泵的检修和安装等。　　　　计量单位：台

定额编号				A3-2-745	A3-2-746	A3-2-747	A3-2-748
项目名称				VN(m³以内)			
				5	6	8	10
基价（元）				3551.27	4222.89	5499.74	6777.28
其中	人工费（元）			378.42	410.76	445.48	481.32
	材料费（元）			3086.36	3703.64	4938.18	6172.73
	机械费（元）			86.49	108.49	116.08	123.23
名称		单位	单价(元)	消耗量			
人工	综合工日	工日	140.00	2.703	2.934	3.182	3.438
材料	氢氟酸 45%	kg	4.87	116.500	139.800	186.400	233.000
	水	t	7.96	55.500	66.600	88.800	111.000
	硝酸	kg	2.19	583.500	700.200	933.600	1167.000
	重铬酸钾 98%	kg	14.03	46.500	55.800	74.400	93.000
	其他材料费占材料费	%	—	5.000	5.000	5.000	5.000
机械	电动空气压缩机 9m³/min	台班	317.86	0.168	0.233	0.233	0.233
	耐腐蚀泵 50mm	台班	48.02	0.689	0.717	0.875	1.024

(3)酸洗措施用消耗量摊销

工作内容：施工准备、箱(槽)制作安装、管线安拆、泵的安装及修理。 计量单位：次

定额编号				A3-2-749	A3-2-750	A3-2-751
项目名称				VN≤1.0m³	VN≤5.0m³	VN≤10.0m³
基价（元）				967.45	1151.14	1333.31
其中	人工费（元）			160.30	235.20	320.46
	材料费（元）			807.15	915.94	1012.85
	机械费（元）			—	—	—
名称		单位	单价(元)	消耗量		
人工	综合工日	工日	140.00	1.145	1.680	2.289
材料	磁力启动器 QC-30A	个	259.04	0.030	0.030	0.030
	电缆 3×6+1×4	m	10.26	0.670	0.670	0.670
	防水按钮 LN-10S3P	个	12.21	0.030	0.030	0.030
	截止阀(不锈钢密封圈) PN1.6MPa DN50	个	397.00	0.800	0.800	0.800
	金属滤网	m²	8.12	0.300	0.960	1.500
	平焊法兰 1.6MPa DN50	片	17.09	0.300	0.300	0.300
	热轧薄钢板 δ3.5～4.0	kg	3.93	15.330	40.330	62.700
	双头螺栓带螺母 M6～20×55～75	10套	23.80	12.800	12.800	12.800
	铁壳开关 3P 30A	个	46.15	0.030	0.030	0.030
	温度计插座	个	16.24	0.030	0.030	0.030
	无缝钢管 φ57×3.5	m	27.90	0.870	0.870	0.870
	压制弯头 90° R=1.5D DN50	个	9.38	0.370	0.370	0.370
	止回阀(不锈钢密封圈) PN1.6MPa DN50	个	170.18	0.200	0.200	0.200
	其他材料费占材料费	%	—	5.000	5.000	5.000

5. 设备焊缝酸洗、钝化

工作内容：施工准备、箱(槽)制作安装、酸洗用泵的检修和安装等。　　　　计量单位：10m

定额编号				A3-2-752	A3-2-753
项目名称				不锈钢焊缝	铝材焊缝(焊后)酸洗
基价(元)				35.84	29.40
其中	人工费(元)			20.16	18.34
	材料费(元)			13.61	8.99
	机械费(元)			2.07	2.07
名称		单位	单价(元)	消耗量	
人工	综合工日	工日	140.00	0.144	0.131
材料	破布	kg	6.32	0.100	0.100
	水	t	7.96	0.170	0.170
	硝酸	kg	2.19	0.380	0.890
	盐酸	kg	12.41	0.870	—
	重铬酸钾 98%	kg	14.03	—	0.360
机械	电动空气压缩机 6m³/min	台班	206.73	0.010	0.010

十二、设备脱脂

1.容器类设备脱脂

工作内容：施工准备、脱水、脱脂、排放脱脂剂、吹干、清除残液、检查、涂密封剂、封闭标记等。

计量单位：10m²

定额编号				A3-2-754	A3-2-755	A3-2-756
项目名称				二氯乙烷脱脂设备直径		
				DN(mm)600	DN(mm)900	DN(mm)1200
基价（元）				331.94	282.36	252.31
其中	人工费（元）			170.66	135.80	123.06
	材料费（元）			122.87	114.67	103.87
	机械费（元）			38.41	31.89	25.38
名称		单位	单价(元)	消耗量		
人工	综合工日	工日	140.00	1.219	0.970	0.879
材料	白布	m²	5.64	0.600	0.500	0.400
	二氯乙烷	kg	4.14	23.700	22.700	21.100
	聚氯乙烯薄膜	kg	15.52	1.000	0.800	0.600
	其他材料费占材料费	%	—	5.000	5.000	5.000
机械	无油空气压缩机 9m³/min	台班	342.93	0.112	0.093	0.074

工作内容：施工准备、脱水、脱脂、排放脱脂剂、吹干、清除残液、检查、涂密封剂、封闭标记等。

计量单位：10m²

定额编号				A3-2-757	A3-2-758
项目名称				二氯乙烷脱脂设备直径	
				DN(mm)1500	DN(mm)＞1500
基价（元）				215.80	177.92
其中	人工费（元）			102.34	82.32
	材料费（元）			94.26	82.91
	机械费（元）			19.20	12.69
名称		单位	单价(元)	消耗量	
人工	综合工日	工日	140.00	0.731	0.588
材料	白布	m²	5.64	0.300	0.200
	二氯乙烷	kg	4.14	19.400	17.300
	聚氯乙烯薄膜	kg	15.52	0.500	0.400
	其他材料费占材料费	%	—	5.000	5.000
机械	无油空气压缩机 9m³/min	台班	342.93	0.056	0.037

工作内容：施工准备、脱水、脱脂、排放脱脂剂、吹干、清除残液、检查、涂密封剂、封闭标记等。

计量单位：10m²

定额编号				A3-2-759	A3-2-760	A3-2-761
项目名称				三氯乙烷脱脂设备直径		
				DN(mm)600	DN(mm)900	DN(mm)1200
基价（元）				437.21	383.02	350.21
其中	人工费（元）			170.66	135.80	123.06
	材料费（元）			228.14	215.33	201.77
	机械费（元）			38.41	31.89	25.38
名称		单位	单价(元)	消耗量		
人工	综合工日	工日	140.00	1.219	0.970	0.879
材料	白布	m²	5.64	0.600	0.500	0.400
	聚氯乙烯薄膜	kg	15.52	1.000	0.800	0.600
	三氯乙烯	kg	7.11	27.900	26.700	25.400
	其他材料费占材料费	%	—	5.000	5.000	5.000
机械	无油空气压缩机 9m³/min	台班	342.93	0.112	0.093	0.074

工作内容：施工准备、脱水、脱脂、排放脱脂剂、吹干、清除残液、检查、涂密封剂、封闭标记等。

计量单位：10m²

定额编号				A3-2-762	A3-2-763
项目名称				三氯乙烷脱脂设备直径	
				DN(mm)1500	DN(mm)＞1500
基价（元）				301.68	254.26
其中	人工费（元）			102.34	82.32
	材料费（元）			180.14	159.25
	机械费（元）			19.20	12.69
名称		单位	单价(元)	消耗量	
人工	综合工日	工日	140.00	0.731	0.588
材料	白布	m²	5.64	0.300	0.200
	聚氯乙烯薄膜	kg	15.52	0.500	0.400
	三氯乙烯	kg	7.11	22.800	20.300
	其他材料费占材料费	%	—	5.000	5.000
机械	无油空气压缩机 9m³/min	台班	342.93	0.056	0.037

工作内容：施工准备、脱水、脱脂、排放脱脂剂、吹干、清除残液、检查、涂密封剂、封闭标记等。

计量单位：10m²

定额编号				A3-2-764	A3-2-765	A3-2-766
项目名称				四氯乙烷脱脂设备直径		
				DN(mm)600	DN(mm)900	DN(mm)1200
基价（元）				**365.92**	**314.44**	**285.09**
其中	人工费（元）			170.66	135.80	123.06
	材料费（元）			156.85	146.75	136.65
	机械费（元）			38.41	31.89	25.38
名称		**单位**	**单价(元)**	**消耗量**		
人工	综合工日	工日	140.00	1.219	0.970	0.879
材料	白布	m²	5.64	0.600	0.500	0.400
	聚氯乙烯薄膜	kg	15.52	1.000	0.800	0.600
	四氯化碳	kg	4.25	30.700	29.300	27.900
	其他材料费占材料费	%	—	5.000	5.000	5.000
机械	无油空气压缩机 9m³/min	台班	342.93	0.112	0.093	0.074

工作内容：施工准备、脱水、脱脂、排放脱脂剂、吹干、清除残液、检查、涂密封剂、封闭标记等。

计量单位：10m²

定额编号				A3-2-767	A3-2-768
项目名称				四氯乙烷脱脂设备直径	
				DN(mm)1500	DN(mm)＞1500
基价（元）				243.47	202.23
其中	人工费（元）			102.34	82.32
	材料费（元）			121.93	107.22
	机械费（元）			19.20	12.69
名称		单位	单价(元)	消耗量	
人工	综合工日	工日	140.00	0.731	0.588
材料	白布	m²	5.64	0.300	0.200
	聚氯乙烯薄膜	kg	15.52	0.500	0.400
	四氯化碳	kg	4.25	25.100	22.300
	其他材料费占材料费	%	—	5.000	5.000
机械	无油空气压缩机 9m³/min	台班	342.93	0.056	0.037

工作内容：施工准备、脱水、脱脂、排放脱脂剂、吹干、清除残液、检查、涂密封剂、封闭标记等。

计量单位：10m²

定额编号				A3-2-769	A3-2-770	A3-2-771
项目名称				工业酒精脱脂设备直径		
				DN(mm)600	DN(mm)900	DN(mm)1200
基价（元）				349.21	298.60	270.12
其中	人工费（元）			170.66	135.80	123.06
	材料费（元）			140.14	130.91	121.68
	机械费（元）			38.41	31.89	25.38
名称		单位	单价(元)	消耗量		
人工	综合工日	工日	140.00	1.219	0.970	0.879
材料	白布	m²	5.64	0.600	0.500	0.400
	酒精	kg	6.40	17.900	17.100	16.300
	聚氯乙烯薄膜	kg	15.52	1.000	0.800	0.600
	其他材料费占材料费	%	—	5.000	5.000	5.000
机械	无油空气压缩机 9m³/min	台班	342.93	0.112	0.093	0.074

工作内容：施工准备、脱水、脱脂、排放脱脂剂、吹干、清除残液、检查、涂密封剂、封闭标记等。

计量单位：10m²

定额编号				A3-2-772	A3-2-773
项目名称				工业酒精脱脂设备直径	
				DN(mm)1500	DN(mm)＞1500
基价（元）				230.25	190.07
其中	人工费（元）			102.34	82.32
	材料费（元）			108.71	95.06
	机械费（元）			19.20	12.69
名称		单位	单价(元)	消耗量	
人工	综合工日	工日	140.00	0.731	0.588
材料	白布	m²	5.64	0.300	0.200
	酒精	kg	6.40	14.700	13.000
	聚氯乙烯薄膜	kg	15.52	0.500	0.400
	其他材料费占材料费	%	—	5.000	5.000
机械	无油空气压缩机 9m³/min	台班	342.93	0.056	0.037

2. 塔类设备脱脂

工作内容：施工准备、脱水、脱脂、排放脱脂剂、吹干、清除残液、检查、涂密封剂、封闭标记等。

计量单位：10m²

定额编号				A3-2-774	A3-2-775	A3-2-776
项目名称				二氯乙烷脱脂设备直径		
				DN(mm)600	DN(mm)900	DN(mm)1200
基价（元）				391.52	338.96	292.43
其中	人工费（元）			207.20	170.66	140.14
	材料费（元）			145.91	136.41	126.91
	机械费（元）			38.41	31.89	25.38
名称		单位	单价(元)	消耗量		
人工	综合工日	工日	140.00	1.480	1.219	1.001
材料	白布	m²	5.64	0.600	0.500	0.400
	二氯乙烷	kg	4.14	29.000	27.700	26.400
	聚氯乙烯薄膜	kg	15.52	1.000	0.800	0.600
	其他材料费占材料费	%	—	5.000	5.000	5.000
机械	无油空气压缩机 9m³/min	台班	342.93	0.112	0.093	0.074

工作内容：施工准备、脱水、脱脂、排放脱脂剂、吹干、清除残液、检查、涂密封剂、封闭标记等。

计量单位：10m²

定额编号				A3-2-777	A3-2-778
项目名称				二氯乙烷脱脂设备直径	
				DN(mm)1500	DN(mm)＞1500
基价（元）				**241.91**	**209.69**
其中	人工费（元）			109.76	97.58
	材料费（元）			112.95	99.42
	机械费（元）			19.20	12.69
名称		单位	单价(元)	消耗量	
人工	综合工日	工日	140.00	0.784	0.697
材料	白布	m²	5.64	0.300	0.200
	二氯乙烷	kg	4.14	23.700	21.100
	聚氯乙烯薄膜	kg	15.52	0.500	0.400
	其他材料费占材料费	%	—	5.000	5.000
机械	无油空气压缩机 9m³/min	台班	342.93	0.056	0.037

工作内容：施工准备、脱水、脱脂、排放脱脂剂、吹干、清除残液、检查、涂密封剂、封闭标记等。

计量单位：10m²

定额编号				A3-2-779	A3-2-780	A3-2-781
项目名称				三氯乙烷脱脂设备直径		
				DN(mm)600	DN(mm)900	DN(mm)1200
基价（元）				**531.23**	**472.37**	**416.56**
其中	人工费（元）			207.20	170.66	140.14
	材料费（元）			285.62	269.82	251.04
	机械费（元）			38.41	31.89	25.38
名称		单位	单价(元)	消耗量		
人工	综合工日	工日	140.00	1.480	1.219	1.001
材料	白布	m²	5.64	0.600	0.500	0.400
	聚氯乙烯薄膜	kg	15.52	1.000	0.800	0.600
	三氯乙烯	kg	7.11	35.600	34.000	32.000
	其他材料费占材料费	%	—	5.000	5.000	5.000
机械	无油空气压缩机 9m³/min	台班	342.93	0.112	0.093	0.074

工作内容：施工准备、脱水、脱脂、排放脱脂剂、吹干、清除残液、检查、涂密封剂、封闭标记等。

计量单位：10m²

定额编号				A3-2-782	A3-2-783
项目名称				三氯乙烷脱脂设备直径	
				DN(mm)1500	DN(mm)＞1500
基价（元）				356.88	311.33
其中	人工费（元）			109.76	97.58
	材料费（元）			227.92	201.06
	机械费（元）			19.20	12.69
名称		单位	单价(元)	消耗量	
人工	综合工日	工日	140.00	0.784	0.697
材料	白布	m²	5.64	0.300	0.200
	聚氯乙烯薄膜	kg	15.52	0.500	0.400
	三氯乙烯	kg	7.11	29.200	25.900
	其他材料费占材料费	%	—	5.000	5.000
机械	无油空气压缩机 9m³/min	台班	342.93	0.056	0.037

工作内容：施工准备、脱水、脱脂、排放脱脂剂、吹干、清除残液、检查、涂密封剂、封闭标记等。

计量单位：10m²

定额编号				A3-2-784	A3-2-785	A3-2-786
项目名称				四氯乙烷脱脂设备直径		
				DN(mm)600以内	DN(mm)900以内	DN(mm)1200以内
基价（元）				440.39	385.45	336.53
其中	人工费（元）			207.20	170.66	140.14
	材料费（元）			194.78	182.90	171.01
	机械费（元）			38.41	31.89	25.38
名称		单位	单价(元)	消耗量		
人工	综合工日	工日	140.00	1.480	1.219	1.001
材料	白布	m²	5.64	0.600	0.500	0.400
	聚氯乙烯薄膜	kg	15.52	1.000	0.800	0.600
	四氯化碳	kg	4.25	39.200	37.400	35.600
	其他材料费占材料费	%	—	5.000	5.000	5.000
机械	无油空气压缩机 9m³/min	台班	342.93	0.112	0.093	0.074

工作内容：施工准备、脱水、脱脂、排放脱脂剂、吹干、清除残液、检查、涂密封剂、封闭标记等。

计量单位：10m²

定额编号				A3-2-787	A3-2-788
项目名称				四氯乙烷脱脂设备直径	
				DN(mm)1500以内	DN(mm)＞1500
基价（元）				**281.68**	**245.15**
其中	人工费（元）			109.76	97.58
	材料费（元）			152.72	134.88
	机械费（元）			19.20	12.69
名称		单位	单价(元)	消耗量	
人工	综合工日	工日	140.00	0.784	0.697
材料	白布	m²	5.64	0.300	0.200
	聚氯乙烯薄膜	kg	15.52	0.500	0.400
	四氯化碳	kg	4.25	32.000	28.500
	其他材料费占材料费	%	—	5.000	5.000
机械	无油空气压缩机 9m³/min	台班	342.93	0.056	0.037

工作内容：施工准备、脱水、脱脂、排放脱脂剂、吹干、清除残液、检查、涂密封剂、封闭标记等。

计量单位：10m²

定额编号				A3-2-789	A3-2-790	A3-2-791
项目名称				工业酒精脱脂设备直径		
				DN(mm)600以内	DN(mm)900以内	DN(mm)1200以内
基价（元）				421.36	367.73	319.46
其中	人工费（元）			207.20	170.66	140.14
	材料费（元）			175.75	165.18	153.94
	机械费（元）			38.41	31.89	25.38
名称		单位	单价(元)	消耗量		
人工	综合工日	工日	140.00	1.480	1.219	1.001
材料	白布	m²	5.64	0.600	0.500	0.400
	酒精	kg	6.40	23.200	22.200	21.100
	聚氯乙烯薄膜	kg	15.52	1.000	0.800	0.600
	其他材料费占材料费	%	—	5.000	5.000	5.000
机械	无油空气压缩机 9m³/min	台班	342.93	0.112	0.093	0.074

工作内容：施工准备、脱水、脱脂、排放脱脂剂、吹干、清除残液、检查、涂密封剂、封闭标记等。

计量单位：10m²

定额编号				A3-2-792	A3-2-793
项目名称				工业酒精脱脂设备直径	
				DN(mm)1500以内	DN(mm)＞1500
基价（元）				266.56	231.54
其中	人工费（元）			109.76	97.58
	材料费（元）			137.60	121.27
	机械费（元）			19.20	12.69
名称		单位	单价(元)	消耗量	
人工	综合工日	工日	140.00	0.784	0.697
材料	白布	m²	5.64	0.300	0.200
	酒精	kg	6.40	19.000	16.900
	聚氯乙烯薄膜	kg	15.52	0.500	0.400
	其他材料费占材料费	%	—	5.000	5.000
机械	无油空气压缩机 9m³/min	台班	342.93	0.056	0.037

3. 热交换器设备脱脂

工作内容：施工准备、脱水、脱脂、排放脱脂剂、吹干、清除残液、检查、涂密封剂、封闭标记等。

计量单位：10m²

定额编号				A3-2-794	A3-2-795	A3-2-796
项目名称				二氯乙烷脱脂设备直径		
				DN(mm)300以内	DN(mm)600以内	DN(mm)900以内
基价（元）				**538.21**	**485.71**	**439.56**
其中	人工费（元）			286.44	252.28	224.84
	材料费（元）			203.67	191.99	180.31
	机械费（元）			48.10	41.44	34.41
名称		单位	单价(元)	消耗量		
人工	综合工日	工日	140.00	2.046	1.802	1.606
材料	白布	m²	5.64	0.700	0.600	0.500
	二氯乙烷	kg	4.14	41.400	39.600	37.800
	聚氯乙烯薄膜	kg	15.52	1.200	1.000	0.800
	其他材料费占材料费	%	—	5.000	5.000	5.000
机械	电动单级离心清水泵 50mm	台班	27.04	0.130	0.112	0.093
	无油空气压缩机 9m³/min	台班	342.93	0.130	0.112	0.093

工作内容：施工准备、脱水、脱脂、排放脱脂剂、吹干、清除残液、检查、涂密封剂、封闭标记等。

计量单位：10m²

定额编号				A3-2-797	A3-2-798	A3-2-799
项目名称				二氯乙烷脱脂设备直径		
				DN(mm)1200以内	DN(mm)1500以内	DN(mm)＞1500
基价（元）				400.70	353.71	310.53
其中	人工费（元）			204.68	183.96	163.94
	材料费（元）			168.64	149.03	132.90
	机械费（元）			27.38	20.72	13.69
名称		单位	单价(元)	消耗量		
人工	综合工日	工日	140.00	1.462	1.314	1.171
材料	白布	m²	5.64	0.400	0.300	0.200
	二氯乙烷	kg	4.14	36.000	32.000	28.800
	聚氯乙烯薄膜	kg	15.52	0.600	0.500	0.400
	其他材料费占材料费	%	—	5.000	5.000	5.000
机械	电动单级离心清水泵 50mm	台班	27.04	0.074	0.056	0.037
	无油空气压缩机 9m³/min	台班	342.93	0.074	0.056	0.037

工作内容：施工准备、脱水、脱脂、排放脱脂剂、吹干、清除残液、检查、涂密封剂、封闭标记等。

计量单位：10m²

定额编号				A3-2-800	A3-2-801	A3-2-802
项目名称				三氯乙烷脱脂设备直径		
				DN(mm)300以内	DN(mm)600以内	DN(mm)900以内
基价（元）				721.81	660.71	606.72
其中	人工费（元）			286.44	252.28	224.84
	材料费（元）			387.27	366.99	347.47
	机械费（元）			48.10	41.44	34.41
名称		单位	单价(元)	消耗量		
人工	综合工日	工日	140.00	2.046	1.802	1.606
材料	白布	m²	5.64	0.700	0.600	0.500
	聚氯乙烯薄膜	kg	15.52	1.200	1.000	0.800
	三氯乙烯	kg	7.11	48.700	46.500	44.400
	其他材料费占材料费	%	—	5.000	5.000	5.000
机械	电动单级离心清水泵 50mm	台班	27.04	0.130	0.112	0.093
	无油空气压缩机 9m³/min	台班	342.93	0.130	0.112	0.093

工作内容：施工准备、脱水、脱脂、排放脱脂剂、吹干、清除残液、检查、涂密封剂、封闭标记等。

计量单位：10m²

定额编号				A3-2-803	A3-2-804	A3-2-805
项目名称				三氯乙烷脱脂设备直径		
				DN(mm)1200以内	DN(mm)1500以内	DN(mm)＞1500
基价（元）				560.00	499.04	437.67
其中	人工费（元）			204.68	183.96	163.94
	材料费（元）			327.94	294.36	260.04
	机械费（元）			27.38	20.72	13.69
名称		单位	单价(元)	消耗量		
人工	综合工日	工日	140.00	1.462	1.314	1.171
材料	白布	m²	5.64	0.400	0.300	0.200
	聚氯乙烯薄膜	kg	15.52	0.600	0.500	0.400
	三氯乙烯	kg	7.11	42.300	38.100	33.800
	其他材料费占材料费	%	—	5.000	5.000	5.000
机械	电动单级离心清水泵 50mm	台班	27.04	0.074	0.056	0.037
	无油空气压缩机 9m³/min	台班	342.93	0.074	0.056	0.037

工作内容：施工准备、脱水、脱脂、排放脱脂剂、吹干、清除残液、检查、涂密封剂、封闭标记等。

计量单位：10m²

定额编号				A3-2-806	A3-2-807	A3-2-808
项目名称				四氯乙烷脱脂设备直径		
				DN(mm)300以内	DN(mm)600以内	DN(mm)900以内
基价（元）				592.97	541.60	493.02
其中	人工费（元）			286.44	252.28	224.84
	材料费（元）			258.43	247.88	233.77
	机械费（元）			48.10	41.44	34.41
名称		单位	单价(元)	消耗量		
人工	综合工日	工日	140.00	2.046	1.802	1.606
材料	白布	m²	5.64	0.700	0.600	0.500
	聚氯乙烯薄膜	kg	15.52	1.200	1.000	0.800
	四氯化碳	kg	4.25	52.600	51.100	48.800
	其他材料费占材料费	%	—	5.000	5.000	5.000
机械	电动单级离心清水泵 50mm	台班	27.04	0.130	0.112	0.093
	无油空气压缩机 9m³/min	台班	342.93	0.130	0.112	0.093

工作内容：施工准备、脱水、脱脂、排放脱脂剂、吹干、清除残液、检查、涂密封剂、封闭标记等。

计量单位：10m²

定额编号				A3-2-809	A3-2-810	A3-2-811
项目名称				四氯乙烷脱脂设备直径		
				DN(mm)1200以内	DN(mm)1500以内	DN(mm)＞1500
基价（元）				**451.71**	**401.58**	**351.34**
其中	人工费（元）			204.68	183.96	163.94
	材料费（元）			219.65	196.90	173.71
	机械费（元）			27.38	20.72	13.69
名称		**单位**	**单价(元)**	**消耗量**		
人工	综合工日	工日	140.00	1.462	1.314	1.171
材料	白布	m²	5.64	0.400	0.300	0.200
	聚氯乙烯薄膜	kg	15.52	0.600	0.500	0.400
	四氯化碳	kg	4.25	46.500	41.900	37.200
	其他材料费占材料费	%	—	5.000	5.000	5.000
机械	电动单级离心清水泵 50mm	台班	27.04	0.074	0.056	0.037
	无油空气压缩机 9m³/min	台班	342.93	0.074	0.056	0.037

工作内容：施工准备、脱水、脱脂、排放脱脂剂、吹干、清除残液、检查、涂密封剂、封闭标记等。

计量单位：10m²

定额编号				A3-2-812	A3-2-813	A3-2-814
项目名称				工业酒精脱脂设备直径		
				DN(mm)300以内	DN(mm)600以内	DN(mm)900以内
基价（元）				567.90	514.50	467.44
其中	人工费（元）			286.44	252.28	224.84
	材料费（元）			233.36	220.78	208.19
	机械费（元）			48.10	41.44	34.41
名称		单位	单价(元)	消耗量		
人工	综合工日	工日	140.00	2.046	1.802	1.606
材料	白布	m²	5.64	0.700	0.600	0.500
	酒精	kg	6.40	31.200	29.900	28.600
	聚氯乙烯薄膜	kg	15.52	1.200	1.000	0.800
	其他材料费占材料费	%	—	5.000	5.000	5.000
机械	电动单级离心清水泵 50mm	台班	27.04	0.130	0.112	0.093
	无油空气压缩机 9m³/min	台班	342.93	0.130	0.112	0.093

工作内容：施工准备、脱水、脱脂、排放脱脂剂、吹干、清除残液、检查、涂密封剂、封闭标记等。

计量单位：10m²

定额编号				A3-2-815	A3-2-816	A3-2-817
项目名称				工业酒精脱脂设备直径		
				DN(mm)1200以内	DN(mm)1500以内	DN(mm)＞1500
基价（元）				426.99	379.24	331.83
其中	人工费（元）			204.68	183.96	163.94
	材料费（元）			194.93	174.56	154.20
	机械费（元）			27.38	20.72	13.69
名称		单位	单价(元)	消耗量		
人工	综合工日	工日	140.00	1.462	1.314	1.171
材料	白布	m²	5.64	0.400	0.300	0.200
	酒精	kg	6.40	27.200	24.500	21.800
	聚氯乙烯薄膜	kg	15.52	0.600	0.500	0.400
	其他材料费占材料费	%	—	5.000	5.000	5.000
机械	电动单级离心清水泵 50mm	台班	27.04	0.074	0.056	0.037
	无油空气压缩机 9m³/min	台班	342.93	0.074	0.056	0.037

4. 钢结构脱脂

工作内容：施工准备、脱水、脱脂、排放脱脂剂、吹干、清除残液、检查、涂密封剂、封闭标记等。

计量单位：t

定额编号				A3-2-818	A3-2-819	A3-2-820	A3-2-821
项目名称				二氯乙烷	三氯乙烯	四氯化碳	工业酒精
基价（元）				1306.08	2120.01	1545.76	1287.73
其中	人工费（元）			417.90	417.90	417.90	417.90
	材料费（元）			814.11	1628.04	1053.79	795.76
	机械费（元）			74.07	74.07	74.07	74.07
名称		单位	单价(元)	消耗量			
人工	综合工日	工日	140.00	2.985	2.985	2.985	2.985
材料	白布	m²	5.64	1.400	1.400	1.400	1.400
	二氯乙烷	kg	4.14	182.000	—	—	—
	酒精	kg	6.40	—	—	—	115.000
	聚氯乙烯薄膜	kg	15.52	0.900	0.900	0.900	0.900
	三氯乙烯	kg	7.11	—	215.000	—	—
	四氯化碳	kg	4.25	—	—	231.000	—
	其他材料费占材料费	%	—	5.000	5.000	5.000	5.000
机械	无油空气压缩机 9m³/min	台班	342.93	0.216	0.216	0.216	0.216

工作内容：施工准备、脱水、脱脂、排放脱脂剂、吹干、清除残液、检查、涂密封剂、封闭标记等。

计量单位：次

定额编号				A3-2-822
项目名称				设备脱脂措施用消耗量摊销
基价（元）				527.98
其中	人工费（元）			73.78
	材料费（元）			394.64
	机械费（元）			59.56
名称		单位	单价（元）	消耗量
人工	综合工日	工日	140.00	0.527
材料	磁力启动器 QC-30A	个	259.04	0.030
	低碳钢焊条	kg	6.84	0.820
	电缆 3×6+1×4	m	10.26	2.000
	法兰截止阀 J41H-6 DN25	个	124.71	0.200
	法兰截止阀 J41H-6 DN50	个	279.12	0.200
	防水按钮 LN-10S3P	个	12.21	0.030
	钢板 δ4～10	kg	3.18	31.000
	尼龙砂轮片 φ150	片	3.32	0.200
	平焊法兰 0.6MPa DN25	片	12.45	0.030
	平焊法兰 0.6MPa DN50	片	15.68	0.170
	砂轮片 φ200	片	4.00	0.020
	石棉橡胶板	kg	9.40	0.640
	铁壳开关 3P 30A	个	46.15	0.030
	无缝钢管 φ57×3.5	m	27.90	4.800
	压制弯头 90° R=1.5D DN50	个	9.38	0.330
	氧气	m^3	3.63	0.620
	乙炔气	kg	10.45	0.220
	止回阀 H41H-6 DN25	个	94.87	0.100
	其他材料费占材料费	%	—	5.000
机械	管子切断机 325mm	台班	81.31	0.010
	剪板机 20×2000mm	台班	316.68	0.010
	普通车床 630×2000mm	台班	247.10	0.010
	汽车式起重机 16t	台班	958.70	0.019
	载重汽车 8t	台班	501.85	0.019
	直流弧焊机 32kV·A	台班	87.75	0.289

十三、设备制作安装其他项目

1.吊耳制作安装

工作内容：施工准备、放料、号料、切料、组对、焊接。　　计量单位：个

定额编号				A3-2-823	A3-2-824	A3-2-825
项目名称				荷载(t以内)		
				30	50	100
基价(元)				513.16	1356.26	2286.62
其中	人工费(元)			186.48	599.62	798.84
	材料费(元)			235.30	565.72	1093.46
	机械费(元)			91.38	190.92	394.32
名称		单位	单价(元)	消耗量		
人工	综合工日	工日	140.00	1.332	4.283	5.706
材料	低碳钢焊条	kg	6.84	2.200	5.630	11.410
	热轧厚钢板 δ10～20	kg	3.20	38.730	109.210	218.590
	热轧厚钢板 δ40～70	kg	3.20	16.280	28.100	53.000
	氧气	m^3	3.63	4.641	8.559	13.251
	乙炔气	kg	10.45	1.547	2.853	4.417
	其他材料费占材料费	%	—	5.000	5.000	5.000
机械	电焊条恒温箱	台班	21.41	0.068	0.164	0.313
	电焊条烘干箱 80×80×100cm³	台班	49.05	0.068	0.164	0.313
	剪板机 20×2000mm	台班	316.68	0.010	0.010	0.037
	卷板机 40×3500mm	台班	514.10	0.010	0.010	0.010
	立式钻床 35mm	台班	10.59	0.037	0.037	0.037
	汽车式起重机 16t	台班	958.70	0.019	0.028	0.084
	直流弧焊机 32kV·A	台班	87.75	0.680	1.639	3.128

工作内容：施工准备、放料、号料、切料、组对、焊接。　　计量单位：个

定额编号				A3-2-826	A3-2-827	A3-2-828
项目名称				荷载(t以内)		
				150	200	250
基价（元）				**3854.90**	**6023.78**	**7396.55**
其中	人工费（元）			1255.80	1627.50	1910.72
	材料费（元）			1930.16	3293.63	4109.89
	机械费（元）			668.94	1102.65	1375.94
名称		单位	单价(元)	消耗量		
人工	综合工日	工日	140.00	8.970	11.625	13.648
材料	低碳钢焊条	kg	6.84	21.050	37.400	47.720
	热轧厚钢板 δ10～20	kg	3.20	382.700	849.970	1060.400
	热轧厚钢板 δ40～70	kg	3.20	106.880	—	—
	氧气	m³	3.63	17.940	22.644	27.342
	乙炔气	kg	10.45	5.980	7.548	9.114
	其他材料费占材料费	%	—	5.000	5.000	5.000
机械	电焊条恒温箱	台班	21.41	0.560	0.967	1.201
	电焊条烘干箱 80×80×100cm³	台班	49.05	0.560	0.967	1.201
	剪板机 20×2000mm	台班	316.68	0.066	0.103	0.140
	卷板机 40×3500mm	台班	514.10	0.019	0.019	0.028
	立式钻床 35mm	台班	10.59	0.037	0.037	0.037
	汽车式起重机 16t	台班	958.70	0.112	0.149	0.186
	直流弧焊机 32kV·A	台班	87.75	5.596	9.674	12.010

工作内容：施工准备、放料、号料、切料、组对、焊接。　　　　计量单位：个

定额编号				A3-2-829	A3-2-830	A3-2-831
项目名称				荷载(t以内)		
				300	400	400以上
基价（元）				9263.25	12503.09	15395.95
其中	人工费（元）			2434.74	3117.80	3625.30
	材料费（元）			5129.79	7097.25	8930.74
	机械费（元）			1698.72	2288.04	2839.91
名称		单位	单价(元)	消耗量		
人工	综合工日	工日	140.00	17.391	22.270	25.895
材料	低碳钢焊条	kg	6.84	60.960	86.930	112.150
	热轧厚钢板 δ10～20	kg	3.20	1325.200	1849.640	2336.390
	氧气	m³	3.63	32.040	34.560	36.821
	乙炔气	kg	10.45	10.680	11.520	12.273
	其他材料费占材料费	%	—	5.000	5.000	5.000
机械	电焊条恒温箱	台班	21.41	1.494	2.076	2.611
	电焊条烘干箱 80×80×100cm³	台班	49.05	1.494	2.076	2.611
	剪板机 20×2000mm	台班	316.68	0.196	0.233	0.261
	卷板机 40×3500mm	台班	514.10	0.028	0.028	0.028
	立式钻床 35mm	台班	10.59	0.047	0.056	0.066
	汽车式起重机 16t	台班	958.70	0.215	0.242	0.279
	直流弧焊机 32kV·A	台班	87.75	14.933	20.752	26.105

2.设备制作安装胎具与加固件

(1)设备制作胎具

工作内容：样板制作、号料、切割、坡口、修口打磨、组对、焊接、压制调试、整修、更换胎具等。

计量单位：个

定额编号				A3-2-832	A3-2-833	A3-2-834	A3-2-835
项目名称				有折边锥形封头压制胎具			
				设备直径(mm以内)			
				600	1000	1600	2000
基价（元）				272.80	394.92	744.73	900.27
其中	人工费（元）			22.54	54.88	87.78	139.58
	材料费（元）			81.10	124.42	175.50	231.68
	机械费（元）			169.16	215.62	481.45	529.01
名称		单位	单价(元)	消耗量			
人工	综合工日	工日	140.00	0.161	0.392	0.627	0.997
材料	低碳钢焊条	kg	6.84	0.220	0.587	1.146	1.700
	钢板 δ4～10	kg	3.18	18.700	30.370	43.550	58.160
	木方	m^3	1675.21	0.010	0.010	0.010	0.010
	尼龙砂轮片 φ180	片	3.42	0.070	0.220	0.480	0.750
	砂轮片 φ200	片	4.00	0.067	0.217	0.479	0.750
	氧气	m^3	3.63	0.072	0.258	0.528	0.849
	乙炔气	kg	10.45	0.024	0.086	0.176	0.283
	其他材料费占材料费	%	—	3.000	3.000	3.000	3.000
机械	半自动切割机 100mm	台班	83.55	0.010	0.010	0.008	0.012
	电动单筒慢速卷扬机 50kN	台班	215.57	0.029	0.036	0.083	0.089
	电焊条恒温箱	台班	21.41	0.003	0.007	0.014	0.021
	电焊条烘干箱 60×50×75cm^3	台班	26.46	0.003	0.007	0.014	0.021
	工业锅炉 4t/h	台班	2211.75	0.060	0.073	0.166	0.177
	剪板机 20×2500mm	台班	333.30	0.010	0.010	0.010	0.010
	桥式起重机 15t	台班	293.90	0.012	0.038	0.082	0.122
	液压机 2000kN	台班	393.81	0.051	0.062	0.141	0.150
	直流弧焊机 32kV·A	台班	87.75	0.026	0.072	0.138	0.206

工作内容：样板制作、号料、切割、坡口、修口打磨、组对、焊接、弧度尺寸检查、压制调试、整修、更换胎具等。

计量单位：t

定额编号				A3-2-836
项目名称				筒体卷弧胎具 设备直径(mm以内) 2000～8000
基价(元)				82.31
其中	人工费(元)			10.92
	材料费(元)			61.66
	机械费(元)			9.73
名称		单位	单价(元)	消耗量
人工	综合工日	工日	140.00	0.078
材料	槽钢	kg	3.20	4.000
	低碳钢焊条	kg	6.84	0.133
	钢板 δ4～10	kg	3.18	14.000
	尼龙砂轮片 φ100	片	2.05	0.050
	氧气	m³	3.63	0.216
	乙炔气	kg	10.45	0.072
	其他材料费占材料费	%	—	3.000
机械	电焊条恒温箱	台班	21.41	0.004
	电焊条烘干箱 60×50×75cm³	台班	26.46	0.004
	卷板机 20×2500mm	台班	276.83	0.010
	桥式起重机 15t	台班	293.90	0.012
	直流弧焊机 32kV·A	台班	87.75	0.037

工作内容：放样号料、切割、卷弧、组对、焊接、法兰制作、密封圈装配及胎具装拆等。 计量单位：台

定额编号				A3-2-837	A3-2-838
项目名称				浮头式换热器试压胎具	
				设备直径(mm以内)	
				300～600	700～1000
基价（元）				231.80	363.36
其中	人工费（元）			40.88	90.16
	材料费（元）			125.95	188.70
	机械费（元）			64.97	84.50
名称		单位	单价(元)	消耗量	
人工	综合工日	工日	140.00	0.292	0.644
材料	低碳钢焊条	kg	6.84	0.076	0.126
	钢板 δ4～10	kg	3.18	0.463	0.236
	高强度双头螺栓 M24×130	条	11.97	6.400	—
	高强度双头螺栓 M24×170	条	13.42	—	6.400
	黑铅粉	kg	5.13	0.010	0.005
	尼龙砂轮片 φ100	片	2.05	0.016	0.027
	尼龙砂轮片 φ150	片	3.32	0.151	0.322
	清油	kg	9.70	0.012	0.016
	热轧厚钢板 δ10～20	kg	3.20	—	0.643
	热轧厚钢板 δ20～40	kg	3.20	13.358	—
	热轧厚钢板 δ40～70	kg	3.20	—	28.729
	氧气	m^3	3.63	0.033	0.057
	乙炔气	kg	10.45	0.011	0.019
	其他材料费占材料费	%	—	3.000	3.000
机械	半自动切割机 100mm	台班	83.55	0.010	0.010
	等离子切割机 400A	台班	219.59	0.089	0.206
	电动空气压缩机 $1m^3/min$	台班	50.29	0.089	0.206
	电焊条恒温箱	台班	21.41	0.002	0.004
	电焊条烘干箱 80×80×100cm^3	台班	49.05	0.002	0.004
	卷板机 20×2500mm	台班	276.83	0.010	0.010
	立式钻床 25mm	台班	6.58	—	0.097
	立式钻床 50mm	台班	19.84	0.017	0.025
	门式起重机 20t	台班	644.10	0.008	0.011
	普通车床 1000×5000mm	台班	400.59	0.056	—
	桥式起重机 15t	台班	293.90	0.025	0.047
	直流弧焊机 32kV·A	台班	87.75	0.022	0.034

工作内容：放样号料、切割、卷弧、组对、焊接、法兰制作、密封圈装配及胎具装拆等。 计量单位：台

定额编号				A3-2-839	A3-2-840
项目名称				浮头式换热器试压胎具	
				设备直径(mm以内)	
				1100～1600	1700～2000
基价（元）				669.83	903.38
其中	人工费（元）			159.60	268.10
	材料费（元）			357.91	434.88
	机械费（元）			152.32	200.40
名称		单位	单价(元)	消耗量	
人工	综合工日	工日	140.00	1.140	1.915
材料	低碳钢焊条	kg	6.84	0.205	0.259
	钢板 δ4～10	kg	3.18	0.377	0.471
	高强度双头螺栓 M27×200	条	14.53	11.200	12.000
	黑铅粉	kg	5.13	0.006	0.007
	尼龙砂轮片 φ100	片	2.05	0.042	0.052
	尼龙砂轮片 φ150	片	3.32	0.699	0.932
	清油	kg	9.70	0.024	0.030
	热轧厚钢板 δ10～20	kg	3.20	1.201	1.930
	热轧厚钢板 δ40～70	kg	3.20	54.678	73.146
	氧气	m³	3.63	0.093	0.114
	乙炔气	kg	10.45	0.031	0.038
	其他材料费占材料费	%	—	3.000	3.000
机械	半自动切割机 100mm	台班	83.55	0.010	0.010
	等离子切割机 400A	台班	219.59	0.401	0.535
	电动空气压缩机 1m³/min	台班	50.29	0.401	0.535
	电焊条恒温箱	台班	21.41	0.005	0.006
	电焊条烘干箱 80×80×100cm³	台班	49.05	0.005	0.006
	卷板机 20×2500mm	台班	276.83	0.010	0.010
	立式钻床 25mm	台班	6.58	0.145	0.194
	立式钻床 50mm	台班	19.84	0.036	0.047
	门式起重机 20t	台班	644.10	0.015	0.018
	桥式起重机 15t	台班	293.90	0.084	0.112
	直流弧焊机 32kV·A	台班	87.75	0.047	0.060

(2)设备组装胎具

工作内容：制作、安装、拆除。　　　　　　　　　　　　　　　　　　　　　　　　　　计量单位：台

定额编号				A3-2-841	A3-2-842	A3-2-843	A3-2-844
项目名称				设备分段组对胎具			
				设备重量(t以内)			
				50	100	200	300
基价（元）				1445.79	2322.06	4097.17	6962.60
其中	人工费（元）			828.66	1242.92	2175.18	3697.82
	材料费（元）			401.26	706.00	1260.01	2141.97
	机械费（元）			215.87	373.14	661.98	1122.81
名称		单位	单价(元)	消耗量			
人工	综合工日	工日	140.00	5.919	8.878	15.537	26.413
材料	槽钢	kg	3.20	37.540	65.280	115.200	195.840
	低碳钢焊条	kg	6.84	2.550	4.440	7.830	13.310
	钢板 δ4～10	kg	3.18	27.200	47.600	84.000	142.800
	无缝钢管 φ57～219	kg	4.44	25.020	43.520	76.800	130.560
	氧气	m³	3.63	7.650	14.280	27.132	46.119
	乙炔气	kg	10.45	2.550	4.760	9.044	15.373
	其他材料费占材料费	%	—	3.000	3.000	3.000	3.000
机械	电焊条恒温箱	台班	21.41	0.120	0.207	0.365	0.620
	电焊条烘干箱 80×80×100cm³	台班	49.05	0.120	0.207	0.365	0.620
	汽车式起重机 16t	台班	958.70	0.074	0.130	0.233	0.391
	载重汽车 5t	台班	430.70	0.074	0.122	0.215	0.372
	直流弧焊机 32kV·A	台班	87.75	1.192	2.067	3.650	6.200

工作内容：制作、安装、拆除。

计量单位：台

定额编号				A3-2-845	A3-2-846	A3-2-847
项目名称				设备分段组对胎具		
				设备重量(t以内)		
				400	500	600
基价(元)				10759.57	16129.48	22569.50
其中	人工费(元)			5547.08	8319.92	11647.86
	材料费(元)			3427.13	5140.65	7197.02
	机械费(元)			1785.36	2668.91	3724.62
名称		单位	单价(元)	消耗量		
人工	综合工日	工日	140.00	39.622	59.428	83.199
材料	槽钢	kg	3.20	313.340	470.020	658.020
	低碳钢焊条	kg	6.84	21.290	31.930	44.710
	钢板 δ4～10	kg	3.18	228.480	342.720	479.810
	无缝钢管 φ57～219	kg	4.44	208.900	313.340	438.680
	氧气	m^3	3.63	73.794	110.691	154.974
	乙炔气	kg	10.45	24.598	36.897	51.658
	其他材料费占材料费	%	—	3.000	3.000	3.000
机械	电焊条恒温箱	台班	21.41	0.992	1.487	2.082
	电焊条烘干箱 80×80×100cm^3	台班	49.05	0.992	1.487	2.082
	汽车式起重机 16t	台班	958.70	0.614	0.912	1.266
	载重汽车 5t	台班	430.70	0.596	0.894	1.248
	直流弧焊机 32kV·A	台班	87.75	9.916	14.869	20.817

工作内容：制作、安装、拆除。　　　　计量单位：台

定额编号				A3-2-848	A3-2-849	A3-2-850
项目名称				设备分片组对胎具		
				设备重量(t以内)		
				100	200	300
基价（元）				23540.32	42210.21	69629.40
其中	人工费（元）			9910.18	18424.98	29392.16
	材料费（元）			9655.35	16811.84	28207.23
	机械费（元）			3974.79	6973.39	12030.01
名称		单位	单价(元)	消耗量		
人工	综合工日	工日	140.00	70.787	131.607	209.944
材料	槽钢	kg	3.20	667.690	1210.000	2145.070
	低碳钢焊条	kg	6.84	49.330	87.640	152.400
	无缝钢管	kg	4.44	667.760	1061.760	1693.760
	无缝钢管 φ57～219	kg	4.44	443.670	804.000	1430.050
	氧气	m^3	3.63	251.190	457.710	715.230
	乙炔气	kg	10.45	83.730	152.570	238.410
	其他材料费占材料费	%	—	5.000	5.000	5.000
机械	电焊条恒温箱	台班	21.41	1.837	3.264	5.675
	电焊条烘干箱 80×80×100cm^3	台班	49.05	1.837	3.264	5.675
	汽车式起重机 16t	台班	958.70	1.694	2.942	5.046
	载重汽车 5t	台班	430.70	1.415	2.458	4.208
	直流弧焊机 32kV·A	台班	87.75	18.369	32.641	56.754

工作内容：制作、安装、拆除。

计量单位：台

定额编号				A3-2-851	A3-2-852	A3-2-853
项目名称				设备分片组对胎具		
				设备重量(t以内)		
				400	500	600
基价（元）				**99468.19**	**126459.08**	**154235.16**
其中	人工费（元）			40359.34	51326.52	62293.70
	材料费（元）			41085.93	52266.65	63948.72
	机械费（元）			18022.92	22865.91	27992.74
名称		单位	单价(元)	消耗量		
人工	综合工日	工日	140.00	288.281	366.618	444.955
材料	槽钢	kg	3.20	3309.790	4245.700	5268.770
	低碳钢焊条	kg	6.84	230.150	289.090	350.940
	无缝钢管	kg	4.44	2325.760	2957.760	3589.760
	无缝钢管 φ57～219	kg	4.44	2206.530	2830.460	3512.510
	氧气	m^3	3.63	961.650	1196.970	1421.130
	乙炔气	kg	10.45	320.550	398.990	473.710
	其他材料费占材料费	%	—	5.000	5.000	5.000
机械	电焊条恒温箱	台班	21.41	8.571	10.770	13.069
	电焊条烘干箱 80×80×100cm^3	台班	49.05	8.571	10.770	13.069
	汽车式起重机 16t	台班	958.70	7.514	9.608	11.842
	载重汽车 5t	台班	430.70	6.256	8.007	9.869
	直流弧焊机 32kV·A	台班	87.75	85.708	107.661	130.694

(3)设备组对及吊装加固

工作内容：施工准备、加固件制作、安装与拆除、配合检查验收。　　　　计量单位：t

定额编号				A3-2-854	A3-2-855
项目名称				设备组对加固	设备吊装加固
基价（元）				2205.23	2608.87
其中	人工费（元）			1040.06	1161.30
	材料费（元）			300.71	397.96
	机械费（元）			864.46	1049.61
名称		单位	单价(元)	消耗量	
人工	综合工日	工日	140.00	7.429	8.295
材料	低碳钢焊条	kg	6.84	21.800	27.450
	氧气	m³	3.63	12.750	11.400
	乙炔气	kg	10.45	4.250	3.800
	圆钢(综合)	kg	3.40	13.700	32.400
	其他材料费占材料费	%	—	5.000	5.000
机械	电焊条恒温箱	台班	21.41	0.362	0.458
	电焊条烘干箱 80×80×100cm³	台班	49.05	0.362	0.458
	履带式起重机 25t	台班	818.95	0.168	0.130
	汽车式起重机 16t	台班	958.70	0.186	0.186
	汽车式起重机 30t	台班	1127.57	0.140	0.140
	载重汽车 5t	台班	430.70	0.112	0.401
	直流弧焊机 32kV·A	台班	87.75	3.612	4.581

3. 临时支撑架制作、安装、拆除

工作内容：施工准备、场内运输、装拆。

计量单位：t

定额编号				A3-2-856	A3-2-857
项目名称				临时支撑架	尾部铰链及裙部加强板
				制作安装拆除	
基价（元）				2415.25	3310.46
其中	人工费（元）			1414.70	1636.46
	材料费（元）			275.15	795.26
	机械费（元）			725.40	878.74
名称		单位	单价(元)	消耗量	
人工	综合工日	工日	140.00	10.105	11.689
材料	低碳钢焊条	kg	6.84	20.260	63.120
	氧气	m³	3.63	19.200	16.800
	乙炔气	kg	10.45	6.400	5.600
	轴销螺栓	kg	5.81	—	42.000
机械	电焊条恒温箱	台班	21.41	0.521	0.735
	电焊条烘干箱 80×80×100cm³	台班	49.05	0.521	0.735
	剪板机 20×2000mm	台班	316.68	—	0.168
	履带式起重机 15t	台班	757.48	0.186	—
	汽车式起重机 16t	台班	958.70	0.066	0.093
	摇臂钻床 50mm	台班	20.95	—	0.093
	载重汽车 4t	台班	408.97	0.066	0.093
	直流弧焊机 32kV·A	台班	87.75	5.214	7.346